아두이노 뮤직 & 오디오 프로젝트

Arduino Music & Audio Projects

ARDUINO MUSIC AND AUDIO PROJECTS

융합기술 시리즈 7

아두이노 뮤직 & 오디오 프로젝트

Arduino Music & Audio Projects

마이크 쿡(Mike Cook) 저

임지순, 손민식 역

씨아이알

평생의 친구 아서 브루턴Arthur Broughton에게 이 책을 바칩니다. 학생 시절 평생의 친구를 만드는 사람은 많지만, 친구의 아버지를 평생의 친구로 만드는 사람은 흔치 않을 것입니다. 그는 제게 좋은 맥주, 좋은 음악, 멋진 유머 감각의 즐거움을 선사했습니다. 그는 구세대이지만 신사이고, 90세가 넘었음에도 처음 만났을 때처럼 정정하십니다.

서 문

아두이노 시리즈는 발명가와 메이커가 상상력을 실현할 수 있는 방법을 혁신했다. 아두이노는 1980년대 초반의 취미용 컴퓨터 수준의 컴퓨팅 성능을 제공하면서도 크기와 비용을 획기적으로 줄인 저가형 플랫폼으로, 지난 10년 동안 다양한 폼팩터와 성능을 확장하며 다양한 컨트롤러 보드를 갖춘 시리즈로 성장했다. 운영체제를 탑재하지 않는 덕택에 아두이노의 모든 컴퓨팅 성능은 프로젝트를 위해서만 온전히 쓰일 수 있다. 지금으로서는 상상할 수 있는 대부분의 작업을 하나의 아두이노만으로 구현할 수 있는 수준까지 도달했다.

아두이노는 회사의 공식 포럼을 중심으로 열성적인 애호가 커뮤니티를 구축했다. 자발적인 기여자들에 의해 만들어진 이 플랫폼은 새로운 유저를 위해 플랫폼을 교육하고 의욕을 고취시키는 것을 목표로 한다. 커뮤니티의 유기적 합의는 통해 행동과 행동에 관한 집단적 정신을 발전시켰다. 어떠한 질문도 바보 같거나 너무 단순한 것으로 취급하지 않으며, 불법적인 요소만 없다면 모든 프로젝트를 존중하는 것이다. 입문자 친화적인 커뮤니티로서, 입문자가 성장하고 나면 다른 입문자들을 돕게 만드는 것이 이 커뮤니티의 지향점이다. 또한 이 분야에서 오랜 경력을 쌓고 지혜를 나눌 준비가 된 전문 엔지니어의 공간도 있다. 다양한 회원이 이루어내는 시너지 효과는 놀라운 수준이다.

아두이노를 응용하는 프로젝트 중 오디오에 관련된 프로젝트를 간과하는 경우가 많은데, 이 책의 목표가 바로 아두이노를 오디오에 적용하는 것이다. 아두이노와 오디오! 바로 이곳이 이론과 실습이 완전하게 결합할 수 있는 영역이다. 이 책은 오디오에 대한 전문서는 아니다. 오디오에 대해서만 다루기 위해서도 상당한 지면이 필요하기 때문이다. 다만 이 책은 프로젝트에서 필요한 오디오 이론에 대한 전반적인 기초를 제공한다.

이 책은 세 부분으로 나뉜다. 1부에서는 주로 MIDI 시스템 및 OSC Open Sound Control의 메시지

시스템과 관련된 고급 오디오 제어 기법을 살펴볼 것이다. 2부에서는 아두이노에서 직접 오디오 신호를 생성하는 방법을 살펴볼 것이다. 마지막 3부에서는 실시간 오디오 데이터를 읽고 처리하여 다시 출력하는 신호 처리에 대해 알아볼 것이다. 이 책은 이론뿐 아니라 이론을 사용한 프로젝트 사례를 고루 다루었으며, 10분짜리 데모 프로젝트부터 3개월간의 긴 프로젝트까지 다양하게 수록되어 있다. 프로젝트의 길이에 관계없이 모두 자유롭게 응용하며 자신만의 독창적인 작품을 만들 수 있을 것이다.

추천의 글

:: 마시모 반지, 데이비드 쿠아르티엘레스

아두이노 프로젝트 공동 창업자

'그럼피' 마이크 쿡을 처음 만난 건, 전 세계 아두이노 커뮤니티를 지원하기 위한 아두이노 포럼에서였습니다. 당시 우리는 포럼에서 질문에 대한 답변을 얼마나 썼는지에 따라 분류되는 사용자 레벨을 도입했습니다. 500개가 넘는 게시물에 답변하면 'God' 레벨이 되는데, 2010년에 이미 누군가 9,000개가 넘는 게시물에 답변을 달고 있었습니다. '그럼피 마이크'만의 레벨이 정의된 것이죠.
우리는 잘 알려진 과학자와 기술자의 이름을 차용해서 새로운 레벨을 추가하기 시작했는데, 마이크는 15,000개 이상의 게시물에 답변한 사용자를 위한 최상위 레벨인 브래튼Brattain에 순식간에 도달했습니다.

그럼피 마이크는 놀라운 역량으로 사람들을 도울 뿐 아니라 자신의 프로젝트를 만들기도 합니다. 우리는 로마 메이커페어에서 처음으로 그를 만나서 RFID 음악 시퀀서를 접했습니다. 여러 RFID 리더로 큰 안테나 배열을 처리하는 것은 매우 복잡한 기술인데, 그럼피 마이크는 문제없이 이를 해결했습니다.

그는 기술적으로 우수할 뿐 아니라 포럼에서 복잡한 질문을 해결할 때도 더없이 친절합니다! 그럼피 마이크는 그의 별명(그럼피grumpy: 심술궂은)과는 완전히 상반된 성격의 소유자입니다.

우리가 그의 프로젝트를 보면서 느낀 즐거움을, 독자 여러분도 이 책을 통해 느낄 수 있으면 좋겠습니다.

:: 채진욱

(주)에스엠알씨 기술이사, 경기대학교 전자 디지털 음악학과 겸임교수

드디어 손꼽아 기다리던 책이 출간이 되었네요.

어린 시절에 정말 많이 들었던 이야기가 노하우Know-How라는 말이었습니다. 남들이 모르는 나만의 비법, 그것이 곧 힘이었던 시대라고 생각합니다. 그리고 시간이 흘러 인터넷이 일상이 되면서는 노웨어Know-Where의 시대가 왔습니다. 필요한 정보가 어디에 있는지를 찾는 능력이 힘이 되는 시대이며 검색을 통해서 다른 사람들의 노하우를 쉽고 빠르게 얻어낼 수도 있는 시대입니다. 그런데 원하는 정보와 노하우를 이렇게 쉽고 빠르게 얻을 수 있는 시대가 되고 난 후, 재미있는 상황을 마주하게 되었습니다. 바로 무엇을 하고 싶은지에 대한 아이디어가 없다는 것입니다. 다양한 비법을 검색을 통해서 어렵지 않게 얻을 수 있지만 정작 하고 싶은 것이 무엇인지가 불분명한 시대가 되었습니다.

(물론 이 책을 읽고 계신 분들은 이미 음악적인 무엇인가를 하고 싶은 것이 있는 분들이라 생각이 됩니다. 그러니까 이 책을 읽고 계시겠죠.)

그래서 현대를 살아가는 우리들에게 '융합'이라는 주제가 화두로 등장했는지도 모르겠습니다. 우리가 마주한 다양한 문제를 파악하고 그에 대한 해법을 찾기 위해서 융합이라는 능력이 필요한 것이죠.

이 책은 바로 기술과 음악 그리고 사운드를 융합하는 책입니다.

2011년 《아두이노 for 인터랙티브 뮤직》을 탈고하고 나서 '조금 더 깊이 있는 내용을 다뤘으면 어땠을까?', 'DSP에 대한 내용까지 다룰 수 있었다면 좋았을 텐데…'라는 아쉬움이 있었습니다. 이후에 나온 《Octave/Matlab으로 실습하며 익히는 사운드 엔지니어를 위한 DSP》는 어쩌면 그런 아쉬움이 남긴 또 다른 결과물일지도 모르겠습니다. 그러던 어느 날 우연히 《Arduino Music and Audio Projects》라는 책을 보게 되었고 책에서 다루고

있는 깊이 있는 내용을 보며 이 책을 꼭 국내에 소개하고 싶다는 생각을 하기도 했었습니다. 하지만 깊이 있게 다루고 있는 방대한 내용은 감히 번역할 엄두를 내지 못할 만큼의 두께를 가지고 있었죠.

그러던 어느 날 오래전부터 음악과 기술에 대한 이야기를 함께 나누길 즐겨 하는 지인으로부터 이 책을 번역하기로 했다는 소식을 전해 들었습니다. 공학을 전공하였지만 내가 아는 누구보다 음악에 대한 열정과 다양한 음악적 아이디어를 가지고 있는, 거기다가 이 두꺼운 책을 번역하겠다는 생각을 할 정도로 용기 있는 분이죠.

그래서 어서 빨리 이 책의 번역이 마무리되길 기다리고 또 응원하였습니다.

그리고 이 글을 쓰기 위해 최종 편집본을 읽고는 국내에 꼭 소개하고 싶었던 책이 정말 완벽한 모습으로 번역이 되었다는 생각이 들었습니다.

이 책은 단순히 아두이노Arduino에 대한 기술서가 아니라 음악과 사운드를 공학과 융합하고자 하는 분들에게 친절한 안내서이자 교과서가 될 것입니다.

:: **정현우**

(주)에스엠알씨 대표

국내에 출간된 대부분의 아두이노 관련 책들이 LED 켜기와 같은 일반적인 작동법과 비슷비슷한 예제 프로젝트만 소개하고 있다면, 저자의 《아두이노 뮤직 & 오디오 프로젝트》는 "내 손으로 전자 악기를 만든다."라는 뚜렷한 주제의식이 흔들리지 않고, 마지막 장까지 이어지는 책입니다.

그리고 이 책에 포함된 프로젝트들을 통해 이미 충분한 지식을 가진 독자들은 생각의 확장을, 전자악기를 만드는 것에 이제 막 관심을 가진 독자들이나 "나도 한번 해볼까?"라는 생각으로 책을 접하는 독자들은 훌륭한 가이드라인을 얻을 수 있으리라 확신합니다.

특히 13장의 세계에서 가장 정교한 숟가락 악기 프로젝트인 '스푼두이노'는 이전까지는 아두이노를 활용한 프로젝트에서는 볼 수 없었던 사례인 것은 물론이고, 저자 특유의 기발한 발상까지 더해져 읽는 내내 놀라움이 가득한 프로젝트였습니다.

이 책을 통해 독자들 역시 특별한 경험을 할 수 있을 거라 생각하며, 동시에 저자의 '스푼두이노'와 같이 기발한 자신만의 전자악기를 만들고 연주하는 것을 통해, 더욱더 삶을 풍요롭게 만들 수 있길 바랍니다.

CONTENTS

제3부

신호 처리

제1부

MIDI와 OSC

1부에서는 전자 악기를 비롯한 모든 음악 시스템 사이에 통용되는 범용 프로토콜인 MIDI 시스템에 대해 살펴볼 것이다. MIDI는 소리 자체를 직접 전달하는 수단이 아니다. 그보다는 소리를 어떻게 만들어낼지 전달하는 메시지에 대한 규약이다. 마치 악보와 테이프 음원 사이의 관계와도 유사하다고 할 수 있다. OSC(오픈 사운드 컨트롤)는 이와 유사한 개념을 네트워크 시스템에 맞게 적용한 것이다.

건반을 눌렀을 때 발생하는 데이터, 즉 컴퓨터가 음을 발생시키도록 만드는 연주의 모든 세부 정보는 MIDI 데이터로 표현될 수 있다. MIDI 데이터를 수신하는 쪽에서는 소리 생성기를 통해 이 데이터를 들을 수 있는 소리로 변환한다. MIDI는 음악을 제어할 수 있을 뿐 아니라 조명이나 모터를 제어할 수도 있다. 이제부터 MIDI가 가진 다양한 가능성과 그 밖의 메시지 프로토콜에 대해서 살펴보자.

01 아두이노 기본

이 장에서 다룰 내용은 다음과 같다.

- 여러 가지 아두이노 기종과 성능
- 회로도 보고 이해하기
- 프로토타입 제작을 위한 기본 기술
- 아두이노에 부속 연결하기

1.1 이 책의 소개

이 책은 아두이노를 음악 및 오디오에 응용하는 내용을 다루고 있다. 이 분야에 전혀 배경 지식이 없는 초심자에게는 어려울 수도 있지만, 아두이노에 대한 약간의 지식이 있고 예제 프로그램을 실행해본 경험이 있다면 이 책을 즐길 수 있을 것이다. 기본적인 C언어의 구조, 즉 함수와 for 반복문, if 조건문에 대해서는 미리 알고 있어야 한다. 하지만 그렇다고 프로그래밍 전문가만이 이 책을 이해할 수 있는 것은 아니다. 다양한 배경을 가진 사람들이 이 책을 접할 것을 고려해서 초반에는 기본적인 이해 수준을 맞추기 위한 쉬운 도입부 내용을 배치했다. 아마 이 책의 대상 독자층이라면 첫 장의 내용을 이미 대부분 알고 있겠지만, 첫 장을 이해하는 데 어려움을 겪는다면 뒤에 이어지는 내용도 난해하게 느껴질 수 있으므로 보다 기초적인 내용을 우선 학습하는 것을 권장한다.

이 책에는 프로젝트도 포함되어 있다. 간단한 프로젝트는 한두 시간이면 끝낼 수 있는 정도이고, 그보다 복잡해서 한 장을 통째로 할애한 프로젝트는 몇 달이 걸려야 완성할 수 있는 정도이다. 그 정도로 복잡한 프로젝트를 하려면, 필자가 제시하는 예를 그대로 모방하는 것보다는 독자 자신만의 독창적인 요소를 넣어서 프로젝트를 변형하는 것이 좋을 것이다. 큰 프로젝트를 설명하고 나서는 이러한 응용 및 확장에 대한 방안도 제시되어 있다. 우선, 아두이노에 대해 살펴보면서 우리의 여정을 시작하자.

1.2 아두이노

아두이노 프로젝트의 역사는 나름 길고 유서가 깊다. 그 뿌리는 케이시 리즈Casey Rease의 지도교수였던 존 마에다John Maeda까지 거슬러 올라간다. 존 마에다의 2004년 저서 《*Creative Code*》를 읽어보면 두 사람의 천재성을 어렵지 않게 직감할 수 있는데, 케이시와 벤 프라이Ben Fry가 기술 배경이 없는 예술가들을 위해 만들어낸 코딩 도구가 바로 프로세싱Processing이라는 프로그래밍 언어이다(아마도 컴퓨터 언어의 이름으로는 최악이 아닐까 생각한다). 케이시는 마시모 밴지와 함께 에르난도 바라간Hernando Barragan이라는 학생을 지도하고 있었는데, 에르난도가 진행한 프로젝트는 하드웨어 개발을 위한 프로세싱과 같은 도구를 개발하는 일이었고 그 결과물에는 와이어링Wiring이라는 이름이 붙여졌다. 결국 2005년, 마시모와 다비드 쿠아르티에예스가 와이어링과 프로세싱, 두 가지 오픈 소스 프로젝트의 기본적인 코드를 통합해서 아두이노 프로젝트를 만들었고, 이는 하드웨어와 소프트웨어 양쪽에서 오픈 소스 라이선스를 가지게 된다. 이러한 진행 과정은 오픈 소스라는 개념이 가지는 잠재력을 잘 보여주는데, 기존에 만들어진 오픈 소스 플랫폼을 상업적 제한이나 보안 문제없이 확장시켜 새로운 것을 빠르게 만들어낼 수 있다는 대표적인 사례이다. 아무것도 없는 상태에서 개발을 시작했을 때 수반되었을 천문학적인 비용도 고려하지 않을 수 없다.

아두이노의 개발 요구 사항은 간단했다. 하드웨어와 소프트웨어 양쪽 측면에서 모두 단순하면서 접근성이 좋아야 했다. 그리고 지금 여러분이 이 책을 읽고 있다는 사실은 아두이노가 이러한 요구 사항을 너무나 잘 충족시켰다는 사실을 반증한다. 아두이노 프로젝트의 성공과 계속되는 진화 과정은 흐름을 읽는 그들의 식견과 그들이 들인 수고의 증거이기도 하다. 처음에 아두이노는 이탈리아 북부의 토리노 근방에 있는 작은 공장에서 생산했지만, 오늘날에는 미국과 유럽, 아시아 곳곳의 생산 시설에서 만들어지고 있다. 2015년에 아두이노 경영진 내에서 일어난 법적 분쟁으로 인해 현재 미국에서는 아두이노라는 브랜드명으로 그리고 그 외의 지역에서는 지누이노Genuino라는 브랜드명으로 판매되고 있다.[1]

1.3 아두이노 구조

아두이노의 모델 종류는 해가 갈수록 계속 늘어나고 있으며, 독자 여러분도 최소한 하나 정도는 가지고 있을 것이라고 생각한다. 그러므로 기존의 아두이노 모델과 최신 모델을 비교해서 파악하는 것이 좋을 것이다. 이번에는 아두이노의 구조를 살펴보고 각각의 모델에 따른 차이와 특이점을 알아보자.

아두이노는 기본적인 설계 개념을 공통적으로 차용하며 거기에 부가적인 특징이나 기능을 덧붙이는 방향으로 발전하고 있다. 현 시점에서 아두이노의 기본이라고 할 수 있는 모델은 우노Uno인데, 기본 모델이기에 이탈리아어를 하지 못해도 충분히 발음할 수 있는 쉬운 이름을 택한 것으로 보인다. 이전에는 기본 모델의 이름이 두에밀라노베Duemilanove, 아두이노 NG(누오바 제네라치오네Nuova Generazione), 디에시밀라Diecimila와 같았다. 기본 모델의 파생임에는 분명했지만 굉장히 발음하기 힘든 이름을 가지고 있었다. 그림 1-1은 아두이노의 해부학적 단면이며, 다섯 개의 주요 블록으로 이루어져 있다.

- 프로세서
- 통신

1 역자 주: 해당 분쟁은 2016년 10월에 마무리되어 아두이노와 지누이노의 상표권은 하나의 회사로 합쳐졌고, 이후로부터는 전 지역에서 아두이노라는 이름으로 판매가 가능해졌다.

- 입출력 핀
- 전원 공급 제어
- 주변 회로

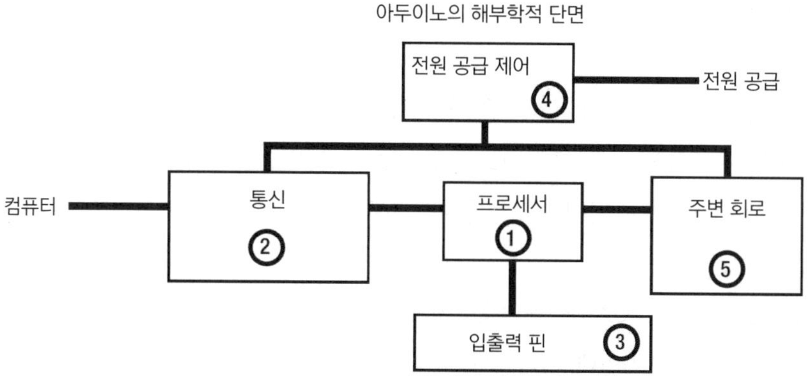

그림 1-1 아두이노를 구성하는 기본 블록

▌프로세서 블록

프로세서는 아두이노의 심장이며, 전체 보드의 성능을 결정한다. 프로세서 역시 프로세서 제품군의 일부이며, 아두이노 보드는 보통 프로세서의 성능을 최대한 끌어낼 수 있도록 설계된다. 제조사가 프로세서를 만들 때는 보통 핵심 코어와 기능은 유지한 채 메모리 크기를 다양하게 해서 제품군을 만들어낸다. 예를 들어, 아두이노 기본 보드는 언제나 ATmega x8 프로세서 시리즈를 차용해왔다. x8에서 x에는 서로 다른 숫자가 들어가는데, 최초의 아두이노는 ATmega 8 칩을 사용했고 이는 곧 ATmega 168로 대체되었으며 요즘은 ATmega 328이 쓰이고 있다. 세 프로세서의 차이는 주로 메모리 크기이다. 메모리는 곧 프로그램을 저장하는 플래시 메모리, 데이터를 저장하는 SRAM 그리고 비휘발성 데이터를 저장하는 EEPROM을 말한다.

보통 DIL(Dual In Line) 패키지의 프로세서가 쓰인다. 즉, 프로세서에 플러그가 달려 있고 보드에 소켓이 달려 있어서 탈착이 가능하게 되어 있다. 덕택에 불상사로 인해 프로세서가 손상되어도 아두이노에서 프로세서를 교체할 수 있다. 하지만 칩 제조사의 수급 문제로 인해 최근에는 여러 아두이노 보드가 표면 실장형 프로세서를 사용하고 있다. 아두이노 메가에 쓰이는 ATmega 2560은 코어 프로세서가 동일하지만 내장된 주변 회로, 즉 타이머, 시리얼 포트, GPIO가 더욱 풍부하다. 32uX 시리즈는 USB 기능을 지원해서 컴퓨터가 아두이노 보드를 키보드, 마우스, MIDI 장치 등으로 인식할 수 있다. 아두이노 레오나르도Leonardo 및 아두이노 마이크로Micro는 32u4모델을 사용하는데, 32uX와 동일하지만 칩의 크기만 작다. 아두이노 듀에Due 및 아두이노 제로Zero에는 SAM3X8E ARM Cortex-M3가 탑재되어 있는데, 이는 이전 모델에 탑재된 프로세서에 비해 100배 이상의 성능 차이를 가져오는 상당한 업그레이드이다.

최근에는 2개 이상의 프로세서를 탑재한 새로운 아두이노 제품군이 등장하고 있다. 대표적인 예가 아두이노 윤Yun인데, 여기에는 일반적인 Atmel사의 프로세서와 함께 훨씬 강력한 프로세서가 하나 더 달려 있어 리눅스 운영체제를 구동하며, 두 개의 프로세서가 '브릿지bridge'를 통해 통신하는 구조를 가지고 있다.

통신 블록

그림 1-1의 통신 블록 역시 아두이노 제품군의 각 제품을 차별화하는 요소 중 하나이다. 보통은 USB/시리얼 컨버터가 쓰이지만, 다른 방식도 있다. 최초의 아두이노는 단순한 시리얼 인터페이스를 사용했지만 최신 컴퓨터는 더 이상 이와 호환되지 않기 때문에 USB와 시리얼을 이어주는 컨버터가 필요해졌다. 많은 아두이노 보드는 FTDI 칩이라는 USB/시리얼 컨버터 전용 칩으로 이 부분을 해결하고 있는데, FTDI 칩 대신에 ATmega8U2라는 프로세서를 사용한 아두이노 모델도 등장하고 있다. 어떤 아두이노 모델은 아예 PC와 통신하기 위한 블록이 없는데, 이러한 모델은 프로젝트 결과물에 영구적으로 고정시켜서 완성 후에 PC와의 통신이 필요 없는 경우 사용할 수 있다.

❙ 입출력 핀

입출력 핀은 굉장히 중요하게 취급된다. 특히 초보자들 사이에서 이런 경향이 강한데, 사실 모든 아두이노는 입출력 핀을 무제한으로 확장하는 것이 가능하다. 입출력 핀의 '핀'은 사실 아두이노에서만 쓰이는 표현이고 보통 다른 IC 칩에서는 물리적인 다리 하나하나를 가리키는 말인데, 보통 프로세서의 입출력은 8비트를 묶어서 하나의 '포트'라는 그룹을 이룬다. 아두이노는 이러한 하나하나의 비트를 추상화해서 개별적인 핀에 할당한다. 포트 내의 비트를 핀에 할당하는 것은 아두이노의 소프트웨어 역할이며, 이 소프트웨어 덕에 서로 다른 아두이노 모델이라도 같은 번호의 핀에 같은 비트가 할당되어서 아두이노 프로그램을 작성한 후 다른 모델에서도 돌리는 것이 가능하고, 전체 제품군이 일관된 통일성을 가지는 것처럼 보일 수 있는 것이다.

참고 여기서 '핀'은 아두이노의 고유한 개별 입출력 라인을 의미하며, 반도체 칩의 물리적 핀과는 다른 의미이다.

❙ 전원 공급 제어 블록

아마도 아두이노에서 가장 평범한 부분이 전원 공급 제어 블록일 것이다. 최초의 아두이노에서는 이 블록이 단순히 USB 전원과 외부 전원 잭 전원 사이를 선택하는 링크로 되어 있었다. 하지만 사용자들은 항상 이 부분이 있다는 사실을 모르고 보드가 고장이 난 줄로 오해하고는 했다. 최근의 모든 아두이노 제품은 전원이 외부 전원 잭으로 들어오는지 USB로 들어오는지 확인해서 자동으로 스위치하는 회로가 탑재되어 있다. 설계가 조금 바뀌어도 기본적인 기능은 동일하게 유지되고 있다.

❙ 주변 회로 블록

주변 회로는 프로세서 내에 집적된 주변 회로와 아두이노 보드상에 실장된 주변 회로, 두 가지로 나눠진다. 지금 단계에서는 여기에 대해 전부 이해할 필요가 없다. 오디오에 대해 다룰 때 여기에 대해 다시 자세하게 설명할 기회가 있을 것이다.

1. 프로세서 내의 주변 회로

프로세서 내에는 하드웨어 카운터, 타이머, 시리얼 포트, 인터럽트 핀, ADC(아날로그-디지털 컨버터) 등이 내장되어 있다. 프로세서 내의 주변 회로에 대해 확인하는 가장 좋은 방법은 프로세서의 데이터시트를 읽어보는 것이다. 프로세서 별로 다른 특성을 가지며 덕택에 서로 다른 아두이노 모델끼리 핀 기능이 다를 때도 있다.

예를 들어, 하드웨어 타이머/카운터는 독자적으로 동작하는 레지스터로써 프로그램이 개입할 필요가 없다. 고정 주파수의 PWM(펄스폭 변조Pulse Width Modulation) 신호를 만들어 낼 때 타이머/카운터를 사용하며, 각각의 타이머/카운터 쌍이 2개의 PWM 포트를 제어할 수 있다. 가장 기본적인 ATmega 328 프로세서에는 세 쌍의 타이머/카운터가 들어 있어서 총 6개의 PWM 신호를 만들 수 있다. ATmega 2560을 탑재한 아두이노 메가는 더욱 많은 타이머/카운터를 가지고 있어서 총 15개의 PWM 신호를 만들어 제어할 수 있다.

2. 보드에 실장된 주변 회로

보드에 실장된 주변 회로는 상대적으로 이해하기 쉬우며, 서로 다른 아두이노 모델을 차별화하는 주 요소이기도 하다. 예를 들어, 아두이노 이더넷Ethernet은 이더넷 컨트롤러가 보드에 실장되어 있고, 아두이노 WiFi는 WiFi 모듈이 실장되어 있다. 아두이노 블루투스에 무엇이 들어 있는지는 굳이 언급할 필요가 없을 것이다. 이러한 주변 회로는 보드에 고정되어 있으며, '실드shield'라고 부르는 탈착식 아두이노 모듈과는 구별된다. 실드는 아두이노 보드에 꽂을 수 있는 별도의 외부 모듈로써 기본적인 기능을 가진 아두이노 보드에 추가 기능을 더해 확장시키는 역할을 하는데, 실드에 대해서는 뒤에서 다시 한번 언급할 기회가 있을 것이다. 아주 흔한 기능을 보드상에 실장시킨 경우도 있는데, 이를테면 그림 1-2의 아두이노 에스플로라Esplora는 마이크, 슬라이더, 조이스틱, 버튼, 스피커, 광센서와 LED를 보드에 모두 실장한 형태를 가지고 있다. 게임 컨트롤러와도 비슷한 외양을 가지고 있다. 마이크가 달려 있어서 소리를 인식할 수 있는 것이 아닌가 생각할 수도 있는데, 사실은 엔벨로프 감지기로써 단순히 음량만을 인식할 수 있는 센서이므로 오해하지 말자.

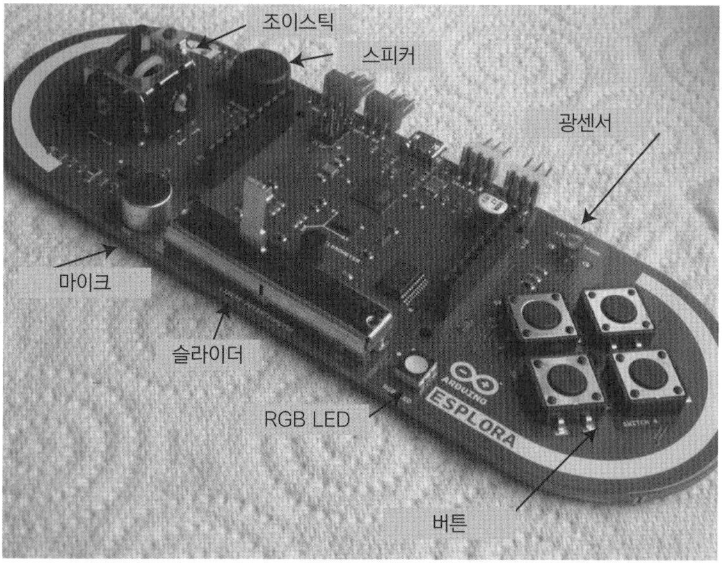

그림 1-2 아두이노 에스플로라

1.4 아두이노 짝퉁, 클론 및 호환 모델

아두이노의 성공에 이어 많은 복제품이 생겨났다. 아두이노가 오픈소스 프로젝트인 덕택에 모든 회로도와 PCB(인쇄 회로 기판Printed Circuit Board) 레이아웃 파일은 무료로 공개되어 있다. 그런데 뭐가 문제일까? 문제는 복제품임을 명시하고 파는 사람들이 있는 반면 어떤 사람들은 '진품'을 파는 것처럼 사람들을 속인다는 것이다. 그러므로 짝퉁과 클론 그리고 호환 모델을 구분하는 것이 중요하다.

❙ 짝퉁

자신만의 아두이노를 만들고 판매하는 데에는 법적인 문제가 없다. 하지만 공식 아두이노와 똑같은 이름과 로고를 사용하고 외양을 그대로 복사하는 것은 불법이며 '사칭'에 해당한다. 규정상으로는 나라의 세관에서 이러한 짝퉁 보드가 걸릴 수도 있다. 자주 있는 일은 아니지만 실제로 일어난 적이 있다. 이러한 짝퉁은 저급의 PCB나 LED, 커넥터를 사용했을 확률이 높은데, 프로세서만은 진짜 제품과 동일해서 큰 문제없이 돌아간다. 하지만 이러한 짝퉁 모델의 진짜 문제는 품질이 아니라, 불법 제품의 판매자가 전체 생태계에 기여하는 바 없이 기생충과 같이 자기 이익만을 추구한다는 것이다. 아두이노 프로젝트가 벌어들인 돈은 교육 프로젝트나 차세대 제품 개발을 위한 연구비용, 아두이노 포럼을 위한 자금 등에 쓰이며 생태계를 선순환시킨다. 짝퉁 제품을 만들어내는 지역은 낮은 인건비와 열악한 노동 환경과 같은 사회적 문제 역시 안고 있다.

❙ 클론

클론은 짝퉁과 다르다. 공식 보드가 아니라는 표시가 명확히 되어 있어서 구분이 가능하다. 아두이노와 차별적인 요소를 가지는 클론도 있는데, 예를 들면 인터넷으로 전원을 제어하는 기능이나 내장 RGB LED 매트릭스 등의 기능을 가진 것도 있다. 물리적인 레이아웃이 다르거나, PCB 실장 형태가 다른 종류도 있다. 입출력 핀이 손상되지 않도록 단단하게 보호한 모델도 있고, 아예 커넥터의 형태가 다른 모델도 있다. 이와 같이 클론의 종류는 굉장히 다양하다. 하지만 클론이 가지는 의의라면 가격이 저렴하다는 점뿐이며 전체 아두이노 프로젝트의 수입원을 희석시키는 역할을 하기 때문에 개인적으로는 클론의 사용을 권장하고 싶지 않다.

❙ 아두이노 인증 보드

아두이노 갈릴레오Galileo는 최초의 아두이노 인증 보드이다. 인텔과 아두이노 프로젝트의 협업으로 탄생한 덕분에 공식 아두이노 중 하나로 간주할 수도 있다. 기본적으로 갈릴레오는 펜티엄급 프로세서를 탑재하고 아두이노 스타일의 인터페이스를 결합한 것이다. 즉, 외부의 물리적 하드웨어를 아두이노와 같이 연결할 수 있으며 아두이노 IDE와 유사한 환경에서 개발할 수 있다. 비교적 고성능의 프로세서를 탑재한 덕에 리눅스 역시 구동이 가능하며, 그 장점과 단점을 고스란히 안고 사용할 수 있을 것이다.

호환 보드

일부 보드 중에는 '아두이노 호환'을 명시해서 시류에 영합하는 것도 있다. 아두이노와 동일한 커넥터 형태로 입출력 핀을 가지고 있는 것이다. 이 중에는 대형 반도체 제조사에서 출시하는 모델도 있다. 아두이노라는 브랜드 이름에 기대서 제품을 홍보하는 것이다.

호환 모델 중에는 아두이노 환경의 제약을 넓히는 종류의 보드도 있다. 대표적인 예가 PRJC에서 만드는 틴지Teensy 보드이다. 가장 최근에 나온 틴지 모델 3.2는 MK20DX256VLH7 32비트 ARM Cortex-M4 프로세서 기반으로 만들어졌다. 틴지 시리즈는 프로세서의 물리적 크기에 따라 보드의 이름을 붙이는데, 이전의 모델 1.5나 모델 0.8은 실제로 1.5"나 0.8" 크기의 프로세서를 탑재했다. 틴지가 중요한 진짜 이유는, 이 책에 나오는 USB MIDI 장치를 구현하기 위한 가장 손쉬운 방법이기 때문이다. 3장에서 살펴볼 테지만, 공식 아두이노 중에서도 USB MIDI 장치를 구현할 수 있는 모델이 있지만 틴지보다는 까다로운 편이다.

1.5 자작 보드

자기 프로젝트를 만들고 프로세서를 영구적으로 고정할 생각이라면, 굳이 아두이노 보드 하나를 희생하지 않아도 된다. 주요 기능은 만능 기판으로 쉽게 구현할 수 있으므로, 아두이노에 프로그램을 심은 후에 프로세서만 분리해서 만능 기판 회로로 옮기고, 아두이노에는 다른 프로세서를 옮겨 붙여서 재생시키면 된다. 한 가지 주의할 점이 있다면, 옮겨 붙일 프로세서에 '부트로더'가 내장되어 있어야 한다는 점이다. 부트로더가 내장된 프로세서를 구하는 것은 어렵지 않고, 만약 부트로더가 내장되어 있지 않다면 하드웨어 프로그래밍 장비를 가지고 부트로더 프로그램을 심을 수도 있다. 아두이노 프로젝트의 가장 큰 장점 중 하나는 아두이노 자체를 가지고 하드웨어 프로그래밍 장비를 만들 수 있다는 점이고, 이를 이용하면 아두이노로 다른 프로세서에 부트로더를 심는 것도 가능하다. 개인적으로 필자가 선호하는 다른 방법도 있는데, 프로젝트 회로에 프로그래밍 전용 헤더 핀을 만들어 놓고 아두이노나 그 외의 USB-시리얼 변환 보드를 사용해서 프로그래밍하는 방법이다. 이렇게 하면 아두이노 호환 가능한 프로젝트임에도 독자적인 주변 회로를 사용할 수 있게 된다.

❙ 아두이노와 오디오

오디오 용도로 활용하기 위해서는 프로세서의 성능이 좋으면 좋을수록 좋다. 하지만 평범한 성능을 가진 보드로도 여전히 할 수 있는 일이 있다. 이 책에서는 두 가지를 모두 다룰 것이다. 보드에 달린 주변 회로가 모자란다고 해도 대부분의 경우 외부 칩을 사용해 입출력을 확장하는 것이 가능하기 때문이다. 아두이노 우노가 가진 메모리의 한계 역시 메모리칩을 추가해서 확장하는 것이 가능하다. 이때의 메모리는 일반적인 메모리는 아닌지라, 변수나 배열을 저장하는 데 사용할 수는 없다. 하지만 내장된 비휘발성 EEPROM과 같은 방식으로 데이터를 저장하는 것은 가능하다. 이에 대해서는 13장에서 다룰 것이다.

❙ 아두이노 듀에

아두이노 듀에는 현 시점에서 오디오 용도로 사용하기에 가장 좋은 아두이노 모델로 꼽을 수 있다(그림 1-3). 96kB의 충분한 SRAM을 가지고 있지만, 그럼에도 오디오 용도로 쓸 때는 메모리에 여유가 있을 일은 없을 것이다. ADC는 일반 아두이노(10비트, 1,024단계)와는 달리 12비트 해상도를 가지고 있어 입력 신호를 4,096단계로 구별할 수 있다. 또한 아두이노 중에서는 이례적으로 DAC(디지털-아날로그 컨버터digital to analogue converters) 2채널을 내장하고 있어서, 이 책의 후반부에서 사용할 기법으로 소리의 파형을 만들어내기에 안성맞춤이다. 입출력 핀의 개수도 많아서 컨트롤러 제작에도 용이하다.

듀에의 유일한 단점이라면, 3V3(3.3V를 이렇게 표현한다)로 동작하기 때문에 핀의 출력 전류가 다른 아두이노에 비해 적다는 점이다. 점차 낮은 전압을 사용하는 것이 전자 업계의 유행이고, 저전압을 사용하면서도 칩에 더 많은 기능을 집적시키는 것이 가능해진 것이 사실이다. 저전압을 사용하면 회로가 스위칭하면서 열을 덜 발생시키고, 그만큼 같은 공간에 많은 회로를 집적할 수 있기 때문이다. 요즘은 2V3이나 1V8을 사용하는 칩도 있지만 아직 그 정도의 저전압으로 동작하는 아두이노는 등장하지 않았다. 결론적으로, 듀에는 오디오에 가장 적합한 아두이노이지만 외부 회로나 전자기기를 연결할 때에는 전압 차이를 고려해야 하기 때문에 조심스러운 면이 있다. 최근에는 이 보드의 업그레이드 버전인 아두이노 제로가 등장하였다.

그림 1-3 아두이노 듀에

▌아두이노 우노

초보자에게는 아두이노 우노를 가장 추천한다. 입출력 확장이 용이하고, 실수해도 망가질 가능성이 적고 가격도 저렴하기 때문이다. 성능이 뛰어나다고 할 수는 없지만, 그래도 몇 가지 소리의 파형을 만들어내기에는 충분하며 컨트롤러로 사용하기에는 충분하고도 남는다. 3장에서 다루겠지만 아두이노 우노를 컴퓨터가 진짜 MIDI 장치로 인식하게 하는 것도 가능한데, 이와 같이 구현하려면 프로그래밍이 상당히 까다롭다. 진짜 MIDI 장치를 만들려면 틴지를 사용하는 것이 가장 적합하지만, 틴지는 공식 아두이노가 아니기 때문에 이를 익히는 것이 필수라고 하기는 어렵다. 다행히도 2015년 11월 업데이트된 아두이노 IDE 1.6.6 버전에서는 이와 같은 MIDI 장치 기능을 아두이노 레오나르도 및 아두이노 마이크로에서 사용할 수 있도록 지원하고 있는데, MIDIUSB라는 라이브러리(https://github.com/arduino-liberaries/MIDIUSB)를 사용하면 된다. 이를 사용하면 컴퓨터가 아두이노를 USB HID MIDI 장치로 인식하게 된다. 책의 웹사이트에 있는 예제 중에 이를 활용하는 예제가 있으니 참조하기 바란다.

그림 1-4는 아두이노 우노와 틴지의 실물 크기를 비교한 것이다.

참고 아두이노를 다시 프로그래밍할 때는 'Downloading'이라는 메시지가 나타날 때까지 리셋 버튼을 누르고 있다가 떼도록 하자.

그림 1-4 아두이노 우노와 PJRC의 틴지 3.0 보드

1.6 회로도

전자회로를 설계하려고 한다면 회로도를 읽고 그릴 줄 알아야 한다. 개인적으로, 회로도를 그리는 방법에는 특별한 규칙이 없다고 생각해왔다. 하지만 인터넷상에서 말도 안 되는 회로도를 몇 번 접한 이후에 생각이 바뀌었다. 분명한 규칙이 있다. 회로 입문자들은 어떻게 생각할지 모르겠지만, 회로도의 핵심은 전자회로를 간결하고, 명료하고, 깔끔하게 표현하는 것이다. 몇 년 전 가족과 함께 러시아를 방문했을 때 아들을 위한 전자공학 키트를 사준 적이 있는데, 부품을 감싸고 있는 블록 위에 회로도 기호가 그려져 있는 덕분에 러시아어를 전혀 읽을 줄 모르는 우리도 설명서의 그림을 보며 조립을 마칠 수 있었다. 이처럼 회로도의 기호는 만국 공용이다.

입문자들은 보통 회로도를 그리려면 특별한 소프트웨어가 필요하다고 생각하고, 실제로 회로도 전용 소프트웨어가 많이 있다. 하지만 주의해야 한다. 대부분의 이러한 소프트웨어는 인쇄 회로 기판 레이아웃을 제작하는 소프트웨어의 앞단으로 설계되어 있으며 IC의 핀 위치 변경과 같은 작업을 하기에 굉장히 유연성이 떨어진다. 그 결과 소프트웨어로 작성한 회로도가 굉장히 지저분하고 읽기 어렵게 될 수도 있다. 회로도 소프트웨어의 또 다른 문제점은 필요한 회로 기호를 찾기 위해 상당한 시간을 써야 하며 심지어는 필요한 기호가 없을 수도 있다는 점이다. 어떤 사람들은 없는 부품 기호를 다른 부품 기호로 대체하기도 하는데 그로 인해 쓸모없는 회로도가 만들어질 수도 있다. 필자는 회로도 소프트웨어의 한계 때문에 시간을 낭비하는 것보다는 일반적인 드로잉 소프트웨어로 회로도를 그릴 것을 추천한다.

회로도의 실체

회로도는 부품, 연결부, 핀 등의 연결 상태를 나타내는 도면이다. 회로도에는 부품과 배선의 물리적인 배치를 표현하지 않는다. 회로도에서 보여주어야 할 것은 물리적인 연결이 아니라 위상적인 연결 도면인 것이다. 물리적인 연결 배치를 표현하려면 도면으로써 가독성이 매우 떨어지고 읽기가 어려울 것이다. 회로도를 물리적인 레이아웃으로 옮기는 작업은 별도의 작업이며 굳이 문서화할 필요가 없다. 이러한 작업의 문서화 자체가 어려울 뿐 아니라 읽는 입장에서도 큰 의미가 없기 때문이다.

회로를 제작할 때 물리적인 레이아웃부터 작성한다면 문제가 생겨도 돌이킬 수 있는 방법이 없을 것이다. 하지만 회로도부터 작성한다면, 신호의 흐름을 따라가며 문제를 추적하는 것이 가능하다. 물론 회로도를 레이아웃으로 옮기는 과정에서 오류가 발생할 수 있고, 그로 인해 예측하지 못한 신호가 발생한다면 배선 단계부터 다시 검토하면 된다. 회로도 없이 레이아웃만 가지고 있다면 이런 문제 추적이 불가능하다. 사실 많은 사람들이 물리적인 레이아웃만 가지고 문제 추적을 시도하지만 그 결과 대부분 회로를 해체하고 처음부터 작업하고는 한다. 시간의 낭비인 동시에, 같은 실수를 반복하지 않기 위한 기회를 잃어버리는 것이다.

물론 실제 부품을 기호나 상자로 옮길 때에는 언제나 예외가 발생한다. 개인적으로는 몇 가지 특이한 부품, 특히 플러그나 소켓과 같은 부품의 기호에 녹아들어 있는 실제 물리적 형상을 찾아보는 것을 재미있게 생각하는데, MIDI 커넥터 역시 그 예 중 하나이다. 사실 MIDI 커넥터의 번호가 직관적인 순서로 매겨져 있지 않아서 사람들이 MIDI 프로젝트에서 실수를 많이 하고는 한다. 3장과 7장에서 이러한 회로도의 예를 많이 볼 수 있을 것이다.

기호

회로도를 읽는 비결은 기호의 의미를 이해하는 것이다. 하지만 아쉽게도 회로도의 기호는 완전한 만국 공용어가 아니며, 몇 가지 표준이 뒤죽박죽되어 있다. 새로운 종류의 부품이 언제나 새로 만들어지고 공식 기호 표준이 이를 따라가는 데에 시간이 걸린다는 점도 그 원인 중 하나이다. 그렇다고 해서 그런 이유로 회로도를 이해할 수 없는 것은 아니다. 대부분의 기호는 이해할 수 있는 표준을 따르며, 기호 옆에는 식별 가능한 부품 번호가 표시되기 때문이다.

1. 부품 기호

어떤 부품에 대한 정보를 찾고 싶으면, 부품의 모델 번호를 구글에 바로 검색하면 된다. 데이터시트와 구매처까지 찾을 수 있을 것이다. 부품의 물리적 외양은 굉장히 다양하지만, 같은 종류의 부품의 회로도 기호는 언제나 동일하다. 예를 들어, 커패시터 중에는 좁쌀만 한 크기의 부품도 있고 맥주 캔보다 큰 부품도 있지만 그 기능은 원론적으로 동일하므로 회로도상에서도 같은 기호로 표기된다. 말이 나온 김에, 사실 기호도 여러 가지 종류로 나뉘는데 여러 학술 기관이 제각각의 표준을 정의했기 때문이다. 보통 크게는 미국에서 쓰이는 표준과 그 외의 국가에서 쓰이는 표준으로 나누어진다. 하지만 그 차이는 크지 않고 사실 대부분의 회로도에서 혼용되고 있다. 그림 1-5는 몇 가지 대표적인 회로도 기호의 서로 다른 버전을 보여주고 있다.

그림 1-5 몇 가지 회로도 기호

2. 연결부 기호

회로도에서 또 한 가지 특기할 점이라면, 공통 연결부 기호의 특징이다(그림 1-6). 가장 대표적인 것이 접지 기호이다. 회로도상에서 접지 기호로 표시된 모든 부분은 사실상 전기적으로 다 같이 연결되어 있다고 볼 수 있다. 접지 기호가 가지는 이 특징을 이용하면 회로도에서 불필요한 배선 표시를 상당히 줄이고 깔끔하게 그릴 수 있다. 이러한 연결부 기호의 특징은 접지 기호와 전원 기호에 보통 해당하지만 그 외의 연결에도 '신호 기호'를 사용해서 이 특징을 적용할 수 있다. 하지만 이 표기법을 남발하면 회로도가 오히려 읽기 어려워질 수 있으니 주의하자. 신호 기호를 주로 사용하는 것은 주로 회로도를 작성할 의무가 있으나 일부러 정보를 애매하게 표기하고자 하는 장비 제조사이다. 회로도가 한 페이지를 넘어가면 신호 기호를 사용해서 한 페이지의 신호를 다른 페이지의 신호로 연결하는 것도 가능하다.

그림 1-6 회로도 기호 및 배선

3. 배선 교차

배선이 교차하거나 접할 때를 처리하는 표기법도 있다(그림 1-7). 배선이 서로 접하지 않고 교차하는 상황을 표현하는 표기법에는 그림 1-7과 같이 세 가지가 있다. 개인적으로는 B 방식을 선호하는데, C에 비해 그리기가 쉽고 두 선이 교차하지 않는다는 것이 시각적으로 확실하게 드러나기 때문이다. 하지만 A 방식을 마주해야 할 상황도 분명 있을 것이다. A 방식을 사용할 경우, 배선 교차와 배선 접점을 구분하기 위해 배선 접점에는 반드시 접점에 점이 찍혀 있어야 하며 4개의 선이 한 곳에서 만나지 않아야 한다. B나 C 방식을 사용할 때 역시 명확한 표기를 위해 4개의 선이 한 곳에서 만나지 않게 그려야 한다.

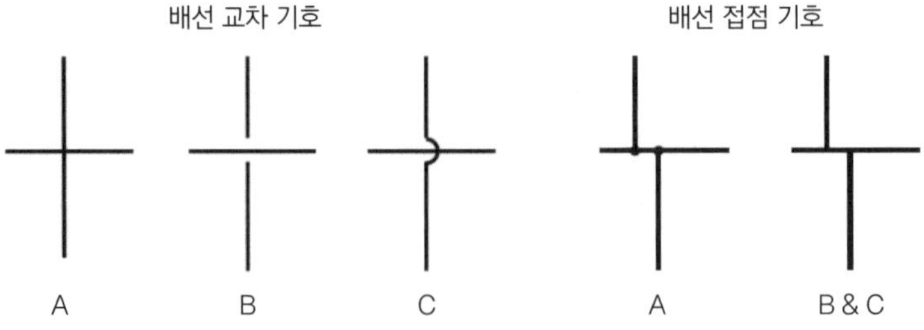

그림 1-7 배선 접점과 배선 교차를 표현하는 회로도

4. 집적 회로

IC(집적 회로)를 회로도에 표현하는 방법에는 두 가지가 있다. 첫 번째는 단순한 직사각형을 그리고 그 안에 핀 번호만 적는 방법이다. 두 번째는 집적 회로 내의 각각의 부품에 해당하는 기호를 사용하는 방법이다. 예를 들어, 6개의 논리 인버터를 내장한 IC가 있다고 하자. 이 IC를 회로도에서 표현하는 가장 이상적인 방법은 각각의 인버터를 회로도 내에 분산시켜서 표현하는 것이다. 그림 1-8은 그 예시이다.

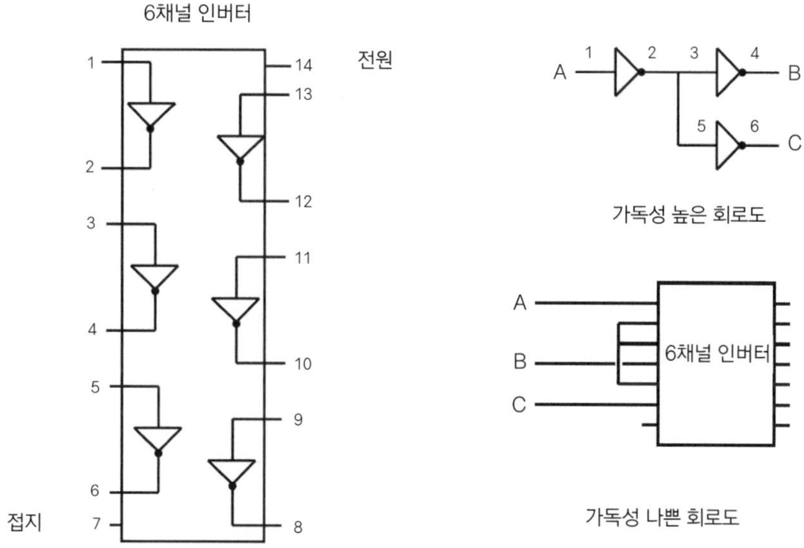

그림 1-8 회로도와 IC

참고로 여기서 말하는 인버터란 논리 입력의 반대되는 결과를 논리 출력으로 내놓는 소자이다. 예를 들어 논리값 1, 즉 HIGH가 입력으로 들어오면 논리값 0, 즉 LOW를 출력한다.

어쨌든, 지금 이야기한 IC 표기법은 IC에 포함된 기능이 아주 일반적인 기능일 때에만 적용 가능하다. 어떤 IC는 기호로 표현할 수 없는 독자적인 기능을 가지고 있기도 하다. 이런 경우에는 직사각형을 그리고 핀 번호를 표시하는 방법 말고는 수가 없지만, 그 방법도 좋은 방법과 나쁜 방법으로 구분된다. 그림 1-8의 예와 같이 IC의 핀을 물리적인 순서대로 회로도에 그리는 것은 나쁜 방법의 예이며, 회로도를 읽기 힘들게 만드는 요소가 된다. 오로지 레이아웃 전 단계로써만 쓰이는, 수준이 떨어지는 회로도 소프트웨어를 쓰다 보면 이런 결과가 나오고는 한다. 좋은 회로도 소프트웨어를 쓰거나 손으로 직접 회로도를 그리면 IC의 직사각형 어디에든 핀이나 연결부를 지정할 수 있고 회로도상의 배선을 간결하게 만들 수 있다. 최대한 배선의 길이를 짧게 하고 교차하는 부분을 줄이는 방향으로 회로도를 작성해야 한다.

레이아웃

회로도의 레이아웃 역시 중요하다. 회로도에서 높은 전압에 해당하는 연결부를 위로, 음의 전압이나 접지에 해당하는 부분을 아래로 배치하면 회로도를 읽기가 매우 수월해진다. 사실 이러한 작업이 중요하다는 걸 체감하려면 누군가 엉망으로 만든 회로도를 봐야 한다.

또한 신호는 최대한 왼쪽에서 오른쪽으로 흐르도록 배치하는 것이 좋다. 즉, 입력을 좌측으로, 출력을 우측으로 하는 것이 좋다는 뜻이다. 강제적인 것은 아니지만 회로도를 읽는 사람이 훨씬 쉽게 신호의 흐름을 해석할 수 있다.

회로도의 레이아웃을 단순명료하게 만드는 또 다른 기법으로 버스 와이어링bus wiring이 있다. 이는 하나의 두꺼운 선으로 여러 개의 배선을 묶어서 표현하는 기법이다. 선이 끝나는 지점에서는 각각의 배선이 무엇인지 명시해야 하지만, 각각의 배선이 지나는 경로를 모두 겹쳐서 표시하면 마찬가지로 회로도가 지저분해지는 요인이 된다. 버스 와이어링은 여러 개의 배선이 유사한 기능을 가지고 유사한 경로로 연결될 때 많이 쓰인다. 7-세그먼트 디스플레이의 배선이 대표적인 예이다. 각각의 세그먼트를 제어하려면 독립적인 배선이 필요한데, 기본적으로 7개의 배선이 하는 역할은 세그먼트를 켜고 끄는 것으로 동일하기 때문이다. 그러므로 7-세그먼트 회로도는 버스 와이어링을 적용하기에 좋은 경우이며, 그림 1-9를 통해 이를 확인할 수 있다.

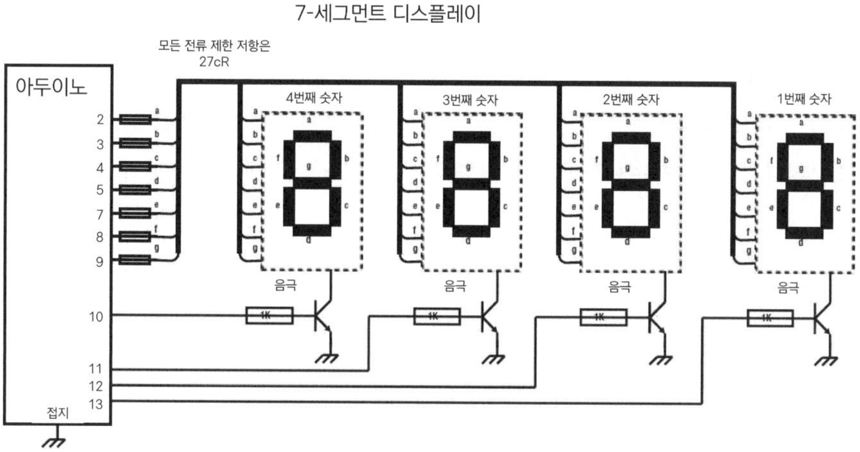

그림 1-9 버스 와이어링

검은색 두꺼운 선이 버스, 혹은 배선 묶음에 해당한다. 버스에 진입하거나 버스에서 나가는 각각의 배선은 살짝 원호를 그리며 버스와 직각을 이루고 있다. 예를 들어 g 세그먼트는 디스플레이의 모든 g 세그먼트 및 아두이노의 9번 핀 저항에 연결되어 있다. 만약 이와 같은 방법을 쓰지 않고 각각의 세그먼트에 연결되는 배선을 하나씩 모두 그린다면, 엄청난 수의 배선이 서로 교차하는 회로도를 마주하게 될 것이다. 버스 와이어링을 사용하면 해석하기 쉽고 깔끔한 회로도를 만들 수 있다.

1.7 회로 제작 기법

회로도가 주어졌다면, 다음으로 할 일은 회로를 실제로 만드는 일이다. 이제부터 다양한 보드, 수공구, 납땜, 전압 디커플링에 대해 알아보자.

▌보드

프로토타이핑에는 많은 기법이 있으며, 프로토타이핑은 언제나 PCB 제작 이전에 이루어져야 한다. PCB의 표면 실장 부품은 수리나 교체가 어려워서 프로토타입에는 적절하지 않기 때문이다. 하지만 범용 어댑터 PCB의 경우는 프로토타이핑에도 응용할 수 있을 것이다.

1. 브레드보드

많은 회로 초보자들이 즐겨 사용하는 것이 바로 브레드보드이다(그림 1-10). 브레드보드의 행과 열은 대부분 0.1" 간격을 가지고 있지만 그 행과 열의 수는 브레드보드마다 천차만별이다.

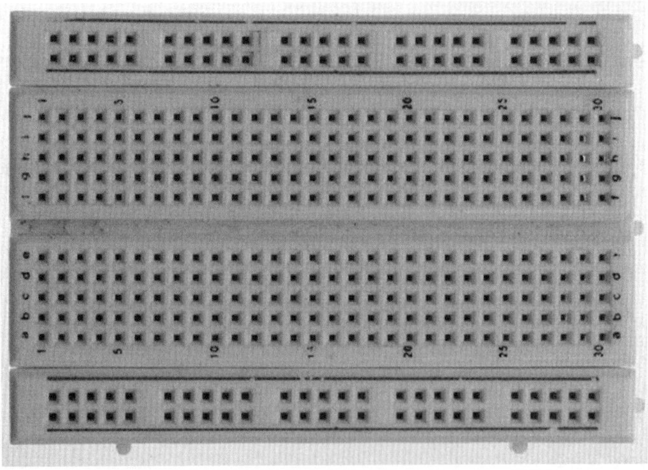

그림 1-10 브레드보드

브레드보드는 부품의 다리를 구멍에 꽂기만 하면 내부에 이미 내장된 배선에 부품이 연결되는 구조를 가지고 있다. 그림 1-10의 위와 아래쪽 끝에 2줄씩 있는 구멍들은 모두 가로 방향으로 내부에서 연결되어 있으며, 중앙에 위아래로 5개씩 있는 구멍들은 세로 방향으로 연결되어 있다. 브레드보드에 꾸민 회로는 사실 일회성 실험을 위한 용도로만 사용할 수 있다. 프로토타이핑에는 적절하지 않다는 말이다. 브레드보드의 구멍을 자주 사용하면 내부의 접점이 점점 벌어지다가 어느 순간부터는 접촉 불량이 일어나게 된다. 또한, 부품 중에는 브레드보드에 꽂기에 적합하지 않은 두께의 다리를 가진 것도 있다. 그래서 사람들은 종종 브레드보드로 실험을 하다가 문제가 생가면 부품을 잡고 흔들면서 접촉 불량이 해결되기를 바라고는 한다. 그러다가 구멍의 접점이 더 벌어져서 오히려 상황이 더 악화되기는 하지만. 전시회에서 온갖 부품으로 콩나물시루처럼 가득 찬 브레드보드의 회로가 동작하지 않아서 절망에 빠진 팀을 본 적도 있다. 어지간해서는, 예산에 쪼들리는 전자공학 기초 수업이 아니라면 브레드보드로 프로토타입을 구현하는 것은 추천하고 싶지 않다.

2. 만능 기판

브레드보드 대신에 추천하는 방법은 만능 기판이나 프로토타이핑 전용 보드를 사용하는 것이다. 만능 기판 중에는 납땜이 가능한 뒷면에 그림 1-11과 같이 구리로 각 행의 모든 구멍이 '스트립'으로 연결되어 있는 것이 있다.

그림 1-11 프로토타입용 만능 기판

윗면에 부품을 꽂고 아랫면에서 부품의 다리를 연결하면 회로를 구성하기 편리하다. 얇은 전선을 따로 써서 아랫면이나 윗면에서 부품을 연결해도 된다. 이렇게 회로를 만들면 굉장히 많은 전선 때문에 촉수 괴물이 만들어질 수도 있지만, 기능별로 각각의 전선에 다른 색상을 사용하면 문제가 생겼을 때 추적하기가 용이하다. 만능 기판으로 만든 프로젝트의 결과는 그림 1-12와 같을 것이다.

그림 1-12 만능 기판을 활용한 프로젝트

스트립으로 모든 행이 연결된 만능 기판이라면 스트립을 끊어야 할 필요가 생길 것이다. 스트립을 끊는 가장 쉬운 방법은 구멍이 있는 위치를 끊는 것이다. 드릴 비트를 구멍에 대고 눌러도 되고, '스팟 정면 커터spot face cutter'라는 특수 도구를 사용해도 된다. 어떤 도구를 쓰건 결국은 큰 구멍을 내서 주변의 구리를 제거한다는 점에선 같은 방법이다. 이 방법을 배운 학생 중 한 명은 "끊어진 틈이 너무 작은데요."라고 말했고, 나는 "전자가 얼마나 크길래?"라고 대답했다. 그 정도면 이해가 됐을 것이다.

메스도 괜찮은 도구로 사용할 수 있다. 메스로 스트립을 그어서 구리 패턴에 자국을 내는 것이다. 그리고 보드를 180° 돌려서 반대 방향으로 다시 메스를 그으면 구멍 주위의 구리가 벗겨져 나갈 것이다. 이렇게 메스를 사용하면 좀 더 깔끔하게 구리 패턴을 제거할 수 있다.

최근에는 메스를 사용해서 구멍 상하의 틈을 자르는 새로운 비법을 익혔다. 스트립을 끊어야 하지만 공간이 모자라고 0.1"씩이나 틈을 낼 수 없을 때에 유용한 방법이다. 표면 실장형 부품을 넣어서 스트립 사이를 연결하려고 할 때에도 사용할 수 있다.

그림 1-13은 스트립으로 이루어진 만능 기판 뒷면에서 스트립을 자르고 표면 실장형 저항 몇 개를 달아둔 모습이다.

역자 주 필자는 모든 행이 연결된 스트립형 만능 기판을 주로 예로 들고 있지만, 국내에서 구할 수 있는 대부분의 만능 기판은 각각의 구멍이 연결되지 않고 분리되어 있어서 이렇게 스트립을 자르는 작업이 필요하지 않을 것이다. 그 대신 배선 연결이 좀 더 까다로울 것이다.

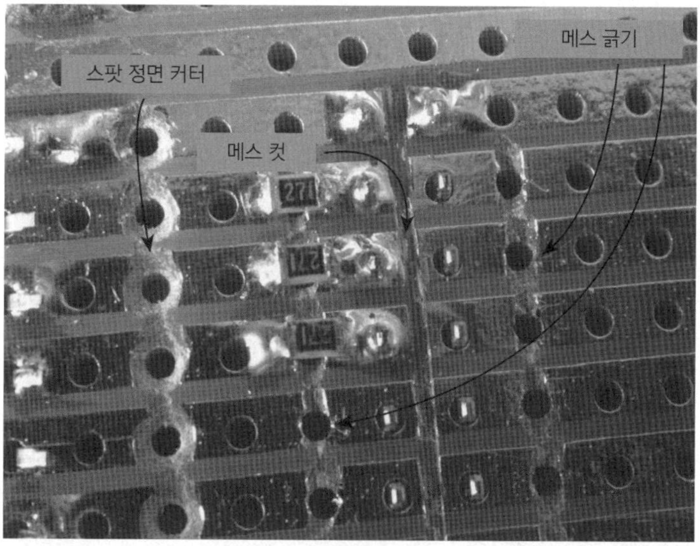

그림 1-13 트랙을 끊는 세 가지 방법

왼쪽은 스팟 정면 커터로 잘라낸 틈이고, 그 오른쪽은 메스로 홀과 홀 사이를 잘라내서 만든 틈이며, 가장 오른쪽은 메스로 구멍 상하를 잘라내서 만든 틈이다.

표면 실장형 저항 위에 쓰인 값은 옴 단위의 저항값이다. 앞의 두 자리는 십의 자리와 일의 자리의 값이고, 마지막 값은 그 뒤에 붙일 0의 개수이다. 즉, 그림 1-13에 있는 저항의 값은 270Ω이 된다.

3. 다양한 만능 기판

만능 기판의 뒷면에 있는 스트립도 일직선만 있는 것이 아니라 여러 종류가 있고, 마감도 제각각이어서 구리로 된 것도 있고 납땜이 되어 있는 것도 있다. 사실 가장 일반적인 만능 기판은 모든 구멍이 각각 분리되어 있는 만능 기판이다. 이러한 만능 기판을 쓸 때에는 전선으로 자신만의 스트립을 만들거나 부품의 다리를 굽혀서 이를 배선으로 활용해야 한다. 또한 앞면과 뒷면이 모두 납땜 가능한 양면 만능 기판도 있다. 구리층이 전체적으로 깔려서 접지층을 이루는 만능 기판도 있는데, 이러한 접지층은 전기적 잡음이나 간섭을 차폐해주는 역할을 한다. 개인적으로 사용해본 만능 기판 중 가장 특이한 종류는 모든 구멍이 분리되어 있는데 그 간격이 0.05"인 만능 기판이었다(그림 1-14).

그림 1-14 독특한 구멍 간격을 가진 만능 기판

앞에서 사용한 얇은 전선이 무엇인지 궁금해 하는 독자도 있을 것이다. 베로 와이어링 시스템Vero Wiring System이라는 회사의 제품을 사용한 것인데, 보드에 전선을 많이 만들어야 할 때 유용하게 쓸 수 있다. 그림 1-15와 같이 연필 모양의 디스펜서에서 얇은 전선을 뽑아서 쓰는 제품인데, 보드의 아랫면에서 IC의 다리를 전선으로 몇 번 감고 펜을 옮겨서 연결 목표 지점에 대고 또다시 감은 후 끊는 방식으로 배선을 한다. 전선은 폴리우레탄 피복으로 감싸져 있으며 납땜을 하면 녹아내린다.

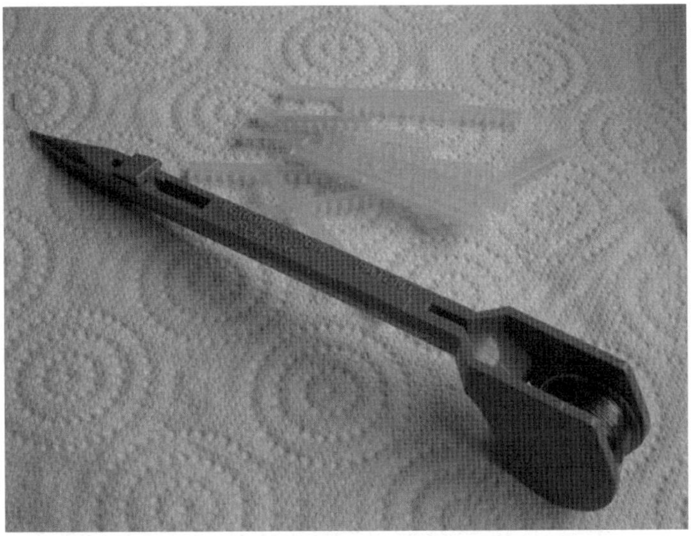

그림 1-15 베로 와이어링 펜

필자는 베로 와이어를 신호 전달용 전선에만 사용한다. 전원용으로는 일반 전선을 사용해야 임피던스를 낮출 수 있고 디커플링에 도움이 되기 때문이다. 얇은 전선으로 만든 패턴 사이에 끼워 넣은 표면 실장형 커패시터를 알아보기는 힘들 것이다. 표면 실장형 저항과는 달리 커패시터에는 아무것도 쓰여 있지 않아서 똑같이 보이기 때문이다.

그 외의 여러 가지 프로토타이핑 보드에 대해 알아보고 싶으면 구글을 검색해보자.

4. 실드 프로토타입 보드

실드를 논하지 않고 아두이노 프로토타이핑에 대해 설명하기는 어렵다. '실드'는 아두이노 보드의 핀헤더 소켓에 맞춰 끼울 수 있는 회로 기판을 말한다. 배선을 할 줄 모르는 초보자도 실드를 아두이노에 부착하기만 하면 아두이노에 외부 회로를 추가할 수 있는 것이다. 실드의 설계만 잘 되어 있다면, 여러 개의 실드를 아두이노 위에 쌓아 올리는 것도 가능하다. 기본적으로 실드 역시 아두이노와 마찬가지로 핀헤더 소켓을 가지고 있어서 그 위에 다른 실드를 올릴 수 있게 만들어져 있기 때문이다. 물론 이상적으로 보이는 이 개념도 실제로는 문제가 있다. 두 개의 실드를 쌓았을 때, 두 실드가 아두이노의 동일한 핀을 사용할 수도 있기 때문이다. 실드 중에는 사용할 핀의 위치를 점퍼로 바꿀 수 있는 제품도 있지만 모든 실드가 그렇게 만들어진 것은 아니다. 프로세서의 어떤 기능을 필요로 하며 대체 불가능한 실드도 있다. 예를 들어, TLC5940이라는 IC를 장착하고 많은 수의 LED를 제어할 수 있는 실드는 프로세스의 내부 타이머를 필요로 할 것이다. 그러면 프로세서의 타이머로 PWM 신호를 제어하는 다른 실드는 함께 사용할 수가 없게 된다. 그러므로 어지간해서는 실드를 하나만 사용하는 편이 좋다. 아두이노를 위한 실드 프로토타이핑 보드는 쉽게 구할 수 있으며, 그림 1-16은 아두이노 메가용으로 나온 실드 프로토타이핑 보드의 모습이다. 실드를

그림 1-16 플라스틱 가이드와 베로 와이어링 시스템을 함께 사용한 결과

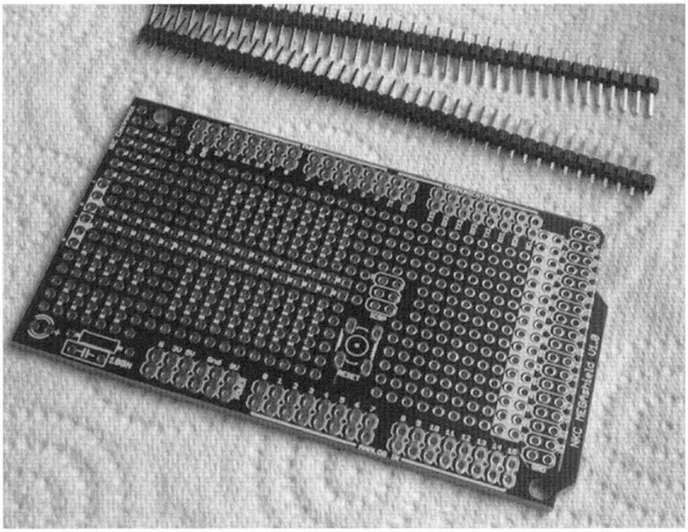

그림 1-17 메가 또는 우노를 위한 프로토타입 실드 보드

쌓기 위한 핀헤더를 꽂을 수 있는 구멍과 리셋 버튼 및 LED를 위한 자리가 있고 그 외의 구멍은 별도의 회로를 꾸리기 위한 자리로 만들어져 있다.

물론 자신만의 실드 제작을 시도할 수도 있겠지만 여기에는 문제가 있다. 아두이노의 핀헤더 소켓 두 줄 사이의 간격이 일반적인 0.1"가 아니라 0.05"만큼 더 떨어져 있기 때문이다. 초창기 아두이노 때에 만들어진 실수가 아직까지 이어져 내려오고 있는 것인데, 이 때문에 모든 실드는 그 규격을 맞추어야 한다. 일부 아두이노 호환 보드 중에는 소켓 간격을 모두 0.1"로 통일한 경우도 있다. 아두이노 실드를 만드는 방법에는 여러 가지가 있으며 인터넷 검색을 통해 찾아볼 수 있을 것이다. 필자가 사용하는 방법은 http://www.thebox.myzen.co.uk/Hardware/Arduino_Shield.html에 소개되어 있다.

5. 인쇄 회로 기판

물론, 궁극의 프로토타이핑은 인쇄 회로 기판PCB을 직접 만드는 것이다. 요즘은 아시아권에서 소량의 PCB도 저렴한 가격에 제작이 가능하다. 하지만 여전히 다른 방법에 비해 비싼 방법이기 때문에 처음부터 시도할 만한 프로토타이핑은 아니다. PCB를 만들었는데 설계가 잘못되었다면 칼과 점퍼선으로 PCB를 고치거나 처음부터 다시 만들어야 한다.

PCB를 만들기 위해서는 PCB 배선의 물리적 설계, 즉 레이아웃(또는 아트워크)이 필요하며 이는 보통 레이아웃 소프트웨어를 사용해서 설계한다. 무료 레이아웃 소프트웨어도 몇 가지 있는데 성능이 그저 그런 편이다. 레이아웃 소프트웨어는 또한 사용법을 배우는 데 시간이 많이 걸리며, 초심자는 간단한 회로의 레이아웃을 만드는 데에도 며칠이 걸릴 수도 있다.

PCB를 사용하면 사용할 수 있는 부품의 범위가 줄어든다. 예를 들어, 커패시터는 그 형태와 핀의 길이, 간격이 천차만별이지만 PCB를 한번 제작하고 나면 커패시터를 실장하기 위해 만든 패턴에 맞는 단 하나의 규격 부품만을 사용할 수 있게 된다. 물론 PCB를 한번 만들고 나면 부품 조립이 무척 쉽고 심지어 자동화까지도 가능하다는 장점이 있다. 개인적으로는 동일한 회로를 10개 이상 제작할 것이 아니라면 PCB 제작은 불필요하다고 생각한다.

수공구

조립 및 제작을 위해서는 수공구가 필요한데, 최소한 다음 목록 정도는 갖추기를 권장한다.

- 롱노즈 플라이어
- 집게
- 사이드 커터

개인적으로는 끝이 굽어진 롱노즈 플라이어를 선호하는데, 괜찮은 품질의 제품은 가격이 좀 나가는 편이다. 지금까지 사용해 본 바로는 린드스트롬Lindstrom사의 제품이 가장 우수하며 투자할 가치가 있다. 그림 1-18은 필자가 사용하는 플라이어와 사이드 커터이다.

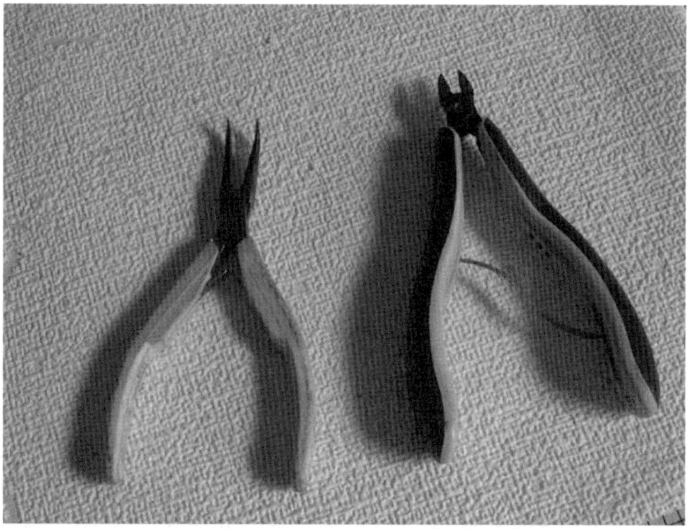

그림 1-18 끝이 굽어진 롱노즈 플라이어와 사이드 커터

그림 오른쪽의 사이드 커터는 손잡이 덩치가 큰 편인데, 저항이 높은 전도체이기 때문이다. 이런 수공구는 정전기 분산이 가능하면서도 사용자가 실수로 전기가 흐르는 부분을 건드렸을 때 감전이 일어나지 않도록 만들어진 것이다. 하지만 필자가 이 사이드 커터를 사용하는 가장 큰 이유는, 이 수공구를 들고 다니면서 주변의 금속에 갖다 대면 몸의 정전기를 쉽게, 고통 없이 방전할 수 있기 때문이다.

▌납땜

드디어 납땜을 이야기할 때가 왔다. 납땜에 필요한 기본 공구는 다음과 같다.

- 납(22게이지 또는 그보다 얇은 로진 코어 60/40 땜납을 추천)
- 온도 조절이 가능한 인두
- 인두 스탠드
- 스펀지

어떤 납을 사용하는 것이 좋은지(이를 테면 유연납이 좋은지 무연납이 좋은지)에 대한 잘못된 정보가 너무나 많으며 그 책임은 보통 정부에 있다. 필자는 예전 직장에서 3년 동안 제품의 RoHS 등록 직무를 수행했는데, 덕택에 다양한 규제에 대한 유럽 규격 및 국제 규격을 읽으며 정보를 모을 수 있었다. 썩 매력적인 직업은 아니었지만 덕택에 필자는 여러 가지 상황에 대한 규제 정보에 대한 답을 줄 수 있다.

우선, 가장 널리 알려진 미신 중 하나를 떨쳐 버리자. 꼭 무연납을 쓸 필요는 없다. 이는 법적인 강제 사항도 아닐뿐더러, 건강상으로도 특별히 좋을 것이 없다. 기본적으로 땜납에 포함된 납 성분은 인체에 흡수될 수 없는 성분이다. 상용 전자 제품에서 땜납을 규제하는 이유는 단 하나, 다 쓰고 버려진 제품이 땅에 매립되었을 때 지하수를 오염시킬 수 있는 가능성 때문이다. 사실 지하수 오염의 잠재적 요인으로는 땜납보다 심각한 것이 훨씬 많다. 어쨌든, 만약 유럽 지역에 상용 제품을 판매할 생각이 있다면 제품이 RoHS(전기전자제품 유해물질 사용제한 지침Reduction of Hazardous Substances) 규제사항을 준수해야 하며, 여기에는 납 성분의 제한 역시 포함된다. 하지만 RoHS의 납 규제에는 예외 조항이 많기에, 무연납 사용이 필수라고 말할 수는 없다.

무연납은 가격이 비싸고 녹는점이 높다. 또한 불량 접점 발생 가능성이 높고 조립의 수명 자체가 일반 땜납보다 짧은 편이다. 무연납으로 인해 불량이나 고장이 생기면 오히려 전자제품이 버려지고 땅에 묻혀 오염을 일으킬 가능성이 높아지는 것이다. 무연납은 접점을 따라 흐르기보다는 납덩이로 뭉치려는 성향이 더 강하다는 문제도 있다. 필자가 추천하는 납땜용 땜납은 24게이지 혹은 그보다 얇은 60/40 로진 코어 땜납이다. 이 정도 땜납을 사용하면 땜납 때문에 조립이 잘못될 일은 없다.

납땜용 인두 역시 중요하다. 온도 조절 기능은 필수적이다. 온도 조절 기능이 있으면 인두가 빠르게 예열되면서도 과열되지는 않기 때문이다. 인두 스탠드와 스펀지도 필요하다. 물에 적신 스펀지에 인두를 살짝 묻히면 남은 플럭스를 제거할 수 있고, 사용한 인두를 스탠드에 거치하면 안전하기 때문이다. 인두를 거치하기 전에 플럭스를 제거하지 않으면 플럭스가 인두의 팁에 절연층을 형성하고, 이는 인두를 사용할 때 열전달을 방해하는 요소가 된다.

납땜할 때 발생하는 연기는 플럭스에서 발생하는 것이다. 무연 플럭스를 사용하는 것도 가능하지만 유연 플럭스보다 성능이 확실히 떨어진다. 물론 건강을 위해서 플럭스의 연기를 최대한 흡입하지 않는 것이 좋다. 납땜을 하다 보면 연기가 본인을 따라오는 듯한 느낌이 들 것이다. 얼굴에서 발생하는 열이 공기를 데우고 그로 인해 플럭스 연기가 끌려오기 때문이다. 그러므로 납연 흡입기를 장만하거나 환기 장치를 설치하거나, 하다못해 선풍기를 사용하는 것이 좋을 것이다.

전원 디커플링

전원 디커플링의 중요성은 아무리 강조해도 모자람이 없는데, 그럼에도 자주 언급되지 않는 편이다. 현업의 엔지니어들 모두가 그 중요성을 알고 있음에도 불구하고 말이다. 아두이노 포럼에서도 전원 디커플링 문제로 인한 글이 많이 올라오는 편이다. 전원 디커플링은 전원 커플링을 해결하기 위한 방법이다. 자, 그럼 전원 커플링이 무엇인가? 이는 시스템 내에서 하나의 칩이 다른 칩의 정상적인 작동을 방해하는 간섭을 말한다. 이 간섭은 전원선 및 접지선을 타고 칩 사이로 전달된다. 칩이 동작하면서 끌어당기는 전류가 계속 변동하는 데에 그 근본 원인이 있다. 이는 전원 전압의 작은 변동을 만들어내는 데 그 변화가 다른 칩에 전달되고, 다른 칩에서도 전원 전압을 변동시키며 그 효과가 누적되는 것이다(그림 1-19). 특히 많은 전류를 빠르게 소모하면서도 간헐적으로 작동하는 칩이 있을 때 그 정도가 심해진다.

이를 막기 위한 디커플링 방법은 첫 번째, 약 100nF 용량의 세라믹 커패시터를 모든 칩의 전원 공급 핀과 접지 사이에 배치하는 것이다. 어떤 경우에는 이보다 훨씬 큰 47uF 용량이 필요할 때도 있을 것이다. 작은 용량의 커패시터는 높은 주파수의 간섭을 차단하는 효과가 있고, 큰 용량의 커패시터는 낮은 주파수의 간섭을 차단하는 효과가 있다. 필자의 웹사이트에 디커플링에 대해 특집으로 다룬 글(http://www.thebox.myzen.co.uk/Tutorial/De-coupling.html)을 참소하고, 더 자세한 정보가 필요하다면 구글을 통해 검색해보자.

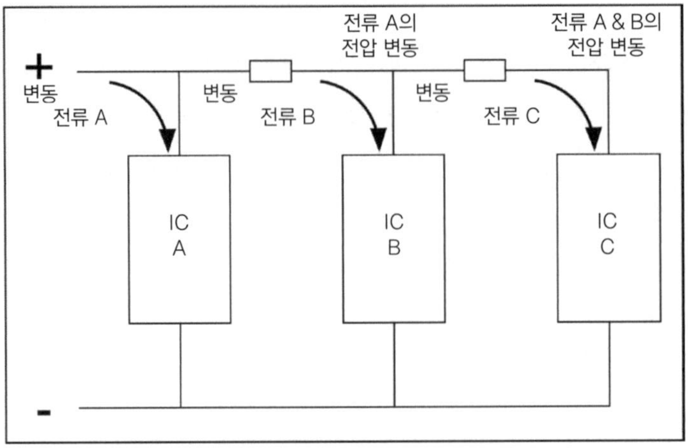

그림 1-19 전원 커플링으로 인한 전압의 흔들림

1.8 아두이노에 외부 장치 연결하기

프로젝트를 진행하다 보면 아두이노에 외부의 장치를 연결할 필요가 많이 생긴다. 입출력을 추가하거나 ADC를 더하는 것과 같은 필요가 생기는 것이다. 여기에는 기본적으로 두 가지 방법이 있는데, 첫 번째는 아두이노 프로세서에 내장된 버스 시스템을 이용하는 것이고, 두 번째는 아두이노에 달린 개별 입출력 포트를 이용하는 것이다.

아두이노 프로세서에는 크게 두 가지 버스 시스템, I2C와 SPI가 내장되어 있다. 같은 프로젝트에서 두 가지를 모두 사용하는 것도 가능하다.

우선 I2C 버스에 대해 알아보자.

❙ I2C 버스

I2C(아이 스퀘어 씨)는 집적회로 간 연결Inter-Integrated Circuit Connection의 약자로, '스퀘어'는 일종의 덕후적인 명명법이라고 할 수 있다. 이름에서 알 수 있듯이 회로 사이를 연결하는 프로토콜을 의도하고 설계한 것이며, 초창기에 TV 세트의 통신에 사용되었다. 현재에는 여

러 가지 전자기기 사이에서 폭넓게 쓰이고 있다. I2C는 버스의 한 종류인데, 버스란 여러 장치가 같은 연결을 공유하는 것을 뜻한다.

❙ 버스의 특징

아이러니하게도, 오늘날 사람들이 가장 많이 사용하는 버스는 엄밀히 말해서 버스라고 할 수 없는 범용 직렬 버스USB이다. USB가 버스가 아닌 이유는 연결 구조가 일대일 구조이기 때문이다. 버스는 그 정의상 일대다 구조가 이루어져야 하기 때문이다. 일대다 구조에서는 여러 장치가 버스를 공유하기 때문에 장치를 구분할 수 있는 방법이 있어야 한다. 그래서 I2C IC는 자체 주소를 가지고 있다. 물론 이는 시스템 설계자의 역할이고, 독자 여러분이 앞으로 시스템 디자이너 역할을 할 것이기 때문에 각각의 장치가 시스템 내에서 유일무이하게 만드는 일은 독자 여러분의 몫이다. I2C 주소는 7비트로 이루어져 있어서 하나의 버스 안에서 128개의 서로 다른 장치를 사용할 수 있다. 물론 이렇게 많은 장치를 사용할 일은 거의 없고, 보통 3개 이내면 충분할 것이다.

대부분의 I2C 장치에는 한두 개의 외부 핀이 달려 있어서 아두이노가 버스상에서 이러한 외부 장치를 식별할 수 있도록 주소를 부여하는 것이 가능하다. 장치의 I2C 연결선은 두 가닥으로 이루어지는데, 클럭 선과 데이터 선 두 가지가 버스로 연결된다. 그래서 I2C를 '2선식' 통신이라고도 한다. 아두이노 프로그램에서는 통칭 '와이어wire(선)'라는 이름으로 부른다. 이름은 비슷하지만 아두이노 프로세서가 기본적으로 지원하지 않는 '원 와이어' 버스도 있는데, 이를 아두이노에서 구현하려면 버스의 규약에 맞추어 개별 GPIO 포트를 소프트웨어적으로 제어하는 '비트 충돌bit-banging' 기법을 사용해야 한다.

I2C 버스를 비트 충돌로 구현할 필요는 없다. 아두이노 프로세서에 프로토콜이 내장되어 있어서 프로세서의 주 기능을 간섭하지 않고도 동작시킬 수 있기 때문이다. I2C 버스는 마스터/슬레이브로 이루어지는데, 마스터는 특정한 주소를 가진 슬레이브에게 메시지를 전송하는 주체이며 슬레이브는 준비되었을 때 이 메시지를 수신한다. 그러면 마스터는 슬레이브에게 바이트 전송을 요청할 수도 있고 바이트를 자신이 전송할 수도 있다. 바이트 교

환이 끝나면, 마스터는 버스 점유를 해제하고 버스상의 모든 슬레이브가 자신의 주소 호출을 대기하기 시작한다. I2C 프로토콜이 어떻게 이러한 동작을 수행하는지 더 자세히 들여다보는 것은 노력 대비 효과가 떨어지고 이 책의 범위도 벗어나므로, 그냥 연결하기만 하면 마술 같이 동작한다고 알아두도록 하자.

1. 신호선

I2C의 두 신호선 중 클럭 신호는 마스터로부터 나와 모든 슬레이브를 동기화시키는 역할을 한다. 그러므로 클럭 신호는 단방향 신호라고 할 수 있다. 데이터 신호는 슬레이브에서 마스터로 데이터를 전달할 수도 있고 그 반대로 마스터에서 슬레이브로 데이터를 전달할 수도 있다. 두 가지 방향으로 흐를 수 있는 양방향 신호이지만, 동시에 두 방향으로 흐를 수는 없고 한 번에 한 방향으로만 흐를 수 있다.

I2C 신호선은 일반적인 디지털 신호선과는 달리 '오픈 컬렉터open collector'의 특성을 가진다. 즉, 출력이 접지에 연결되어 있지 않고 개방되어 있는 것이다. 이렇게 출력이 개방되어 있을 때의 상태는 '플로팅floating' 상태라고 불리는데 시스템 입장에서 변수가 되는 불안정한 상태이다. 그러므로 플로팅 상태를 제거하기 위해 출력과 전원 전압 사이를 저항으로 연결해서 출력을 '끌어올린다.' 이때 쓰이는 저항은 말 그대로 접지에 연결되지 않은 출력을 끌어올린다는 의미에서 '풀업pull-up 저항'이라고 부른다. 아두이노는 프로세서의 내부에 풀업 저항을 가지고 있기는 하지만 충분히 안정적이지 않기 때문에 I2C 버스를 사용할 때에는 외부 풀업 저항을 연결하는 편을 추천한다.

5V 시스템에서는 주로 4K7 저항을 사용하고 3V3 시스템에서는 주로 2K7 저항을 사용하는데, 저항값을 엄수해야 하는 것은 아니다. 클럭 및 데이터 핀의 위치는 프로세서 내의 하드웨어에 의해 고정되어 있어서 변경이 불가능하다. 불행히도 프로세서마다 I2C 클럭/데이터 핀의 위치가 다를 수 있다. 최근에 나오는 아두이노 보드 중에는 I2C 전용 별도 핀이 추가된 것이 있어서 실드를 추가할 때의 사용이 좀 편리해졌다. 그림 1-20에서 I2C 버스의 일반적인 구조를 확인할 수 있다.

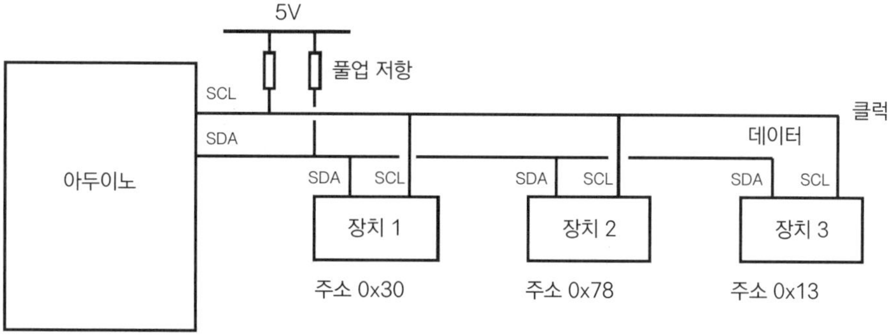

그림 1-20 I2C 버스 시스템

I2C의 속도는 몇몇 칩에 의해 좌우되지만, 아두이노의 표준 I2C 라이브러리는 모두 100kHz 클럭을 사용한다. 한 바이트를 전송할 때 10클럭이 필요하므로, 실제 통신 속도는 초당 10kB가 된다. 전자공학의 세계에서는 그리 빠른 속도라고 할 수 없지만 그렇다고 느린 속도도 아니다. 오늘날 대부분의 칩이 이보다 빠른 속도로 동작하고 일부 I2C 라이브러리는 클럭 속도를 조절해서 빠른 전송률을 얻을 수 있게 해준다. 그와 같은 방법으로 400kHz에서 1MHz까지 통신 속도를 올릴 수 있는데, 버스의 속도를 올리려면 버스 내의 모든 칩이 그 속도를 소화할 수 있어야 한다. 또한 버스의 최대 속도는 버스의 길이와도 관련이 있다. 버스가 길면 길수록 속도도 낮아진다. 버스는 그 설계상 약 1.5피트(45cm) 정도 이내에서만 잘 작동하며, 그보다 길게 사용하려면 특별한 드라이버와 기생 커패시턴스를 줄이는 배선이 필요하다. 기생 커패시턴스를 피하고 싶다면, 버스 배선을 할 때에 두 개의 선을 꼬는 일은 절대 없어야 할 것이다.

SPI 버스

SPI 버스는 I2C 버스와 다른 장점과 단점을 가지고 있다. 5장에서 SPI를 사용하는 예시를 접할 수 있을 것이다. I2C 버스에서는 마스터/슬레이브 구성을 가지고 있어 아두이노가 마스터 역할을 하고 각각의 슬레이브가 주소를 가지고 있었지만, SPI에서는 이러한 주소 개념이 없다. SPI 장치는 주소를 사용하는 대신, 칩 선택(CS) 핀의 상태를 LOW로 만들어서 버스 수신 상태임을 알린다. 그러므로 SPI 버스의 장치는 각각 자신만의 출력 핀을 가지고 있어야 하며, 아두이노 소프트웨어에서는 통신을 시작하기 전에 칩 선택 핀을 활성화해야 한다. I2C 버스와 유사하게 데이터 신호와 클럭 신호를 가지고 있는데, 데이터 신호가 단방향이라서 마스터와 슬레이브 간 양방향 통신을 하려면 두 개의 데이터 신호선이 있어야 한다. 그림 1-21에서 SPI 마스터와 슬레이브의 통신 구성 예시를 볼 수 있다.

그림 1-21에서는 마스터 출력MOSI: Master Out Slave In만 나타나 있지만, 양방향 송수신을 위해서는 슬레이브 출력MISO: Master In Slave Out도 있어야 한다. 위 그림과 같은 도표를 타이밍 다이어그램timing diagram이라 부르며 시스템이 시간에 따라 신호를 주고받는 순서와 타이밍을 표시한다. 논리 신호 0LOW과 1HIGH간의 전환은 사선으로 표시되어 신호 전환에 걸리는 시간을 표시할 수 있으며, 모든 신호는 0과 1 그리고 플로팅 상태(고임피던스 상태라고도 부른다)의 3가지 중 하나의 상태를 가진다. 플로팅 상태는 해당 신호가 동작하지 않을 때 유효하며 이때에는 어디에 연결되어도 다른 신호나 회로에 영향을 주지 않는다. 시리얼 출력 신호를 보면 논리 상태가 0인 동시에 1인 것처럼 표시되어 있지만, 실제로는 두 가지 상태를 한 번에 가지는 것은 불가능하므로 그림이 뜻하는 것은 데이터의 내용에 따라 0 혹은 1의 상태를 가진다는 뜻이 된다.

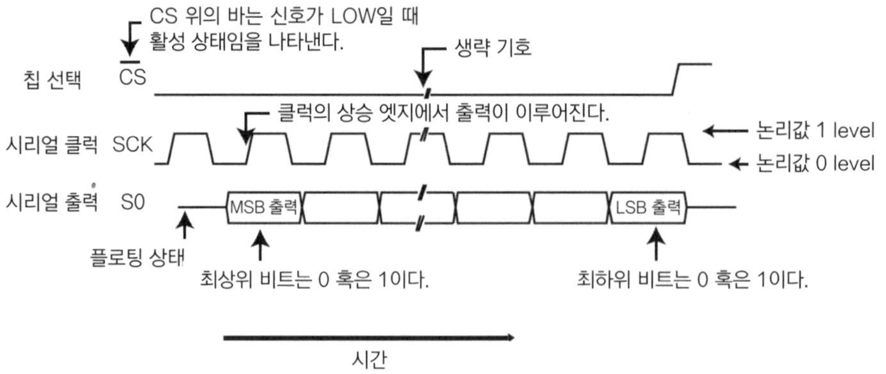

그림 1-21 기본적인 SPI 통신 타이밍

SPI는 많은 바이트를 전달할 수 있기 때문에 타이밍 다이어그램에서는 생략 기호를 넣어서 데이터 전송이 보이는 것보다 길게 이루어짐을 표시한다. I2C 버스와는 달리 SPI에는 몇 가지 옵션 변수가 있는데, 그중 하나가 데이터 입출력의 순서이다. 그림 1-20에서는 최상위 비트가 가장 먼저 출력되지만 반대로 최하위 비트가 가장 먼저 나올 수도 있다. 또한, 그림상에서는 클럭의 상승 엣지에서 데이터가 출력되지만 클럭의 하강 엣지에서 데이터기 출력되어야 인식하는 장치도 있다. 아두이노의 SPI 라이브러리는 이와 같은 옵션을 설정하는 것이 가능하다.

아두이노 SPI 라이브러리에서는 클럭의 속도도 설정할 수 있다. 보통 SPI 장치의 통신 속도는 I2C보다 훨씬 빠르므로, 1MHz나 5MHz도 자주 쓰인다. 버스 내의 장치를 칩 선택 핀을 통해 선택하기 때문에, 버스 내의 모든 장치가 동일한 속도로 통신할 필요는 없다. 빠른 통신이 가능한 장치와 통신할 때는 속도를 올리고, 느린 통신만 가능한 장치와 통신할 때는 속도를 내리면 된다. 그리고 I2C 버스와 마찬가지로 SPI에 쓰이는 핀은 프로세서 내부의 하드웨어에 고정되어 있다.

아두이노의 SPI 라이브러리는 프로세서에 내장된 SPI 인터페이스를 사용하므로 프로그램의 개입 없이 통신이 가능하다. 하지만 몇 가지 제약도 있는데, 그중 하나가 한 번에 8비트씩만 전송할 수 있다는 점이다. 1바이트씩 통신하는 SPI 장치를 사용할 때는 문제가 없지만 다른 비트 수를 사용해야 하는 장치를 쓸 때는 문제가 된다. 이런 경우에는 비트 충돌, 즉 입출력 핀으로 SPI를 직접 프로그래밍해서 사용하면 된다. 비트 충돌로 I2C를 구현하는 것보다 SPI를 구현하는 쪽이 훨씬 쉽다.

자작 인터페이스

아두이노와 외부 장치 사이의 인터페이스를 위해 꼭 버스를 사용해야 하는 것은 아니다. 일반 입출력 핀으로 비트 충돌을 프로그래밍해서 인터페이스를 만들 수도 있다. 널리 쓰이는 방법 중 하나가 외부 시프트 레지스터를 사용해서 입출력을 추가하는 것이다. 입력과 출력 각각에 별도의 시프트 레지스터가 필요하긴 하지만, 세 개의 입출력 핀만 사용하면 사실상 무한정으로 입출력을 확장할 수 있다. 시프트 레지스터는 소프트웨어적으로 정의하며 제한 없이 연결과 확장이 가능하기 때문이다. 하지만 시프트 레지스터를 길게 연결할수록 프로그램 메모리 자원이 많이 소모되고 입출력 데이터를 읽고 쓰는 데도 시간이 더 걸린다. 또한 비트 하나하나를 개별적으로 읽을 수 없으며 한 번에 전체를 읽어야 한다는 단점도 있다. 그림 1-22는 시프트 레지스터에 데이터를 입력하는 예시이다.

그림에서 볼 수 있듯 각각의 데이터 비트는 클럭 펄스에 맞추어 시프트 레지스터로 들어간다. 사실 I2C와 SPI 내부에도 이미 시프트 레지스터가 있으며, 새로운 데이터 비트가 들어오면 기존에 있던 데이터 비트는 자리를 한 칸씩 옮긴다. 8비트 레지스터에 8비트가 꽉 찬 상태에서 새로운 데이터가 들어오면, 제일 먼저 들어왔던 비트는 다음 시프트 레지스터로 자리를 옮겨간다.

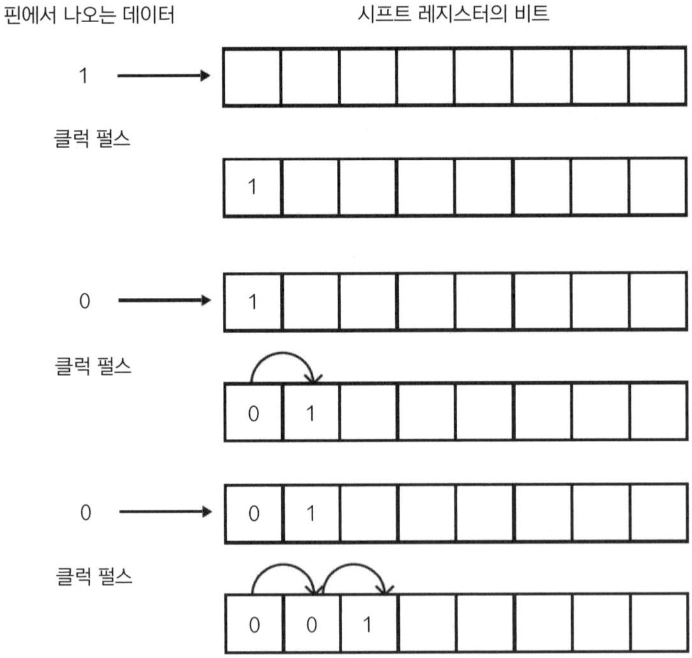

그림 1-22 시프트 레지스터로 데이터 전달하기

사실 대부분의 장치는 I2C, SPI와 같은 시리얼 인터페이스가 필요하지 않다. 적절한 입출력 핀 제어를 통해 LOW, HIGH로 제어해주면 되는 경우가 대부분일 것이다.

1.9 마치며

1장에서는 다양한 아두이노 모델의 서로 다른 기능을 확인하는 방법을 알아보았다. 오디오 용도로 사용하기 위해서는 기본적으로 아두이노 우노와 듀에를 사용하면 된다. 아두이노 호환 보드인 틴지를 사용하면 몇몇 프로젝트에서 특별한 기능을 활용할 수도 있다. 또한 회로도에 대해 알아보며 깔끔한 회로도를 그리는 방법도 살펴보았고, 프로토타입 하드웨어를 만드는 기법도 몇 가지 소개하였다. 마지막으로 아두이노에 외부 장치를 연결하는 방법까지 알아보았다.

2장에서는 아두이노로 소리를 제어하기 위한 가장 기본적인 방법, MIDI에 대해 본격적으로 알아보자.

02 MIDI 기본

이 장에서 다룰 내용은 다음과 같다.

- MIDI 신호 사용법
- MIDI 메시지의 이해
- 하드웨어 수준에서 MIDI 신호 다루기
- MIDI 실드 만들기
- MIDI 메시지 송수신

아두이노를 음악적으로 활용하는 가장 쉬운 방법은 아마도 MIDI를 사용하는 방법일 것이다. MIDI 메시지는 송수신이 간편하고, 이미 전 세계에 깔려 있는 셀 수 없는 전자 악기와 컨트롤러들이 MIDI 신호를 이해할 수 있도록 만들어져 있다. MIDI는 전기적으로 매우 간단한 인터페이스이고, 굉장히 호환성이 좋게 설계되어 있다. 현대의 전자음악에서 MIDI는 빼놓을 수 없는 공기와도 같은 존재이며, 꽤나 역사가 오래되었음에도 불구하고 더 오래 살아남을 것이다. 아두이노를 음악적으로 활용하는 첫 단계로 매우 적합하다고 할 수 있다.

이 장에서는 MIDI 신호의 기본적인 구성, 즉 어떤 바이트로 이루어진 신호가 비동기 데이터 링크로 전송되고, 바이트가 어떻게 메시지를 구성하고, 두 개의 메시지가 어떻게 해석되는지 등을 다룰 것이다. 그리고 이러한 MIDI 메시지를 아두이노가 보내고 받게 만들 것이며, 아두이노와 함께 사용 가능한 MIDI 입출력 실드를 만드는 법과 그에 관련된 코드를 함께 다룰 것이다.

2.1 MIDI란?

MIDI는 악기 디지털 인터페이스Musical Instrument Digital Interface의 준말이며 그 역사가 꽤나 길다. 1983년에 처음으로 대중에게 공개되었지만 그보다도 2년 전에 처음 고안되었으며, 이름에서 알 수 있듯이 악기를 제어하기 위한 용도로 만들어졌다. 그동안 서로 다른 제조사가 만든 전자 신시사이저의 통신 규격은 파편화되어 있었지만, MIDI의 등장으로 인해 이 규격이 통일되었다. MIDI가 아니었으면 전자 악기 프로토콜 역시 바벨탑의 길을 걸었을 것이다. MIDI는 빠르게 혼란을 정리하고 질서를 가져왔다. 더구나, MIDI는 음악적 정보만을 제어하는 데에 그치지 않고 음악이 아닌 다른 정보를 제어하는 데에도 응용할 수 있다. MIDI를 통해 조명을 제어하고, 로봇의 움직임을 자동화하고 음악과 관련된 다른 요소도 제어하는 것이 가능하다. MIDI의 강점은 구현이 쉽고, 이해하기도 쉽고, 널리 보급되어 있다는 점이다. MIDI 표준은 프로토콜에 국한되지 않으며, 전압, 전류, 커넥터와 같은 물리적 요소 역시 정의하고 있다. 이제부터 MIDI에 대해 자세히 알아보고 아두이노에 응용해 보자. 지금부터 다룰 세부 사항이 MIDI를 단순히 이용하기만 할 때에 꼭 필요한 것은 아니지만, 작업의 내용을 이해하려면 중요한 정보가 될 것이다.

▌전기 신호

MIDI는 컴퓨터의 표준인 비동기 시리얼 인터페이스를 사용하는데, 보통 잘 쓰지 않는 통신 속도(또는 보 레이트baud rate)를 사용한다. MIDI의 속도는 31.260kHz로, 처음 보면 이상한 숫자로 느껴질 수 있다. 하지만 비동기 신호를 생성하고 수신하는 칩인 범용 비동기 송수신기UART: Universal Asynchronous Receive Transmitters 칩이 통신 속도의 16배에 해당하는 클럭 오실레이터를 필요로 한다는 점을 감안하면, 널리 쓰이고 저렴한 1MHz 크리스탈을 2분주해서 사용할 것을 감안해서 MIDI의 속도를 31.260kHz로 정했다는 사실을 알 수 있다. 일반적인 보 레이트는 기계식 텔레프린터 기계의 속도를 기반으로 해서 300, 1200, 9600 등의 배수를 사용한다. 깔끔하고 간단한 수치인 것 같지만, 막상 UART 칩에 필요한 클럭의 주파수는 전혀 깔끔하지 않고 소수점이 엄청나게 쓰이게 된다. 즉, 이러한 통신 속도를 만들어내려면 고생이 많이 들거나 비용이 많이 들게 된다.

UART 칩에는 비동기 데이터 스트림을 송수신하기 위한 모든 논리 회로가 포함되어 있으며, 여타 마이크로컨트롤러와 마찬가지로 아두이노의 프로세서에도 UART 칩이 내장되어 있다. 아두이노 메가의 ATmega2560을 예로 들면 4개의 UART 채널이 내장되어 있어 개발이 매우 편리하다. 예를 들어, UART 채널 중 하나는 MIDI 인터페이스에 연결하고 다른 UART 채널로는 컴퓨터로부터 스케치를 다운로드받는 동시에 디버그 메시지를 출력할 수 있는 것이다. 아두이노 우노처럼 UART 채널이 하나밖에 없다면, 소프트웨어적으로 UART를 에뮬레이션하는 소프트웨어 시리얼을 사용해야 한다. 하지만 이는 소프트웨어의 속도를 저하시킬 수 있으므로 하드웨어 채널을 여럿 사용하는 방법만 못하다.

비동기 시리얼 데이터는 한 번에 한 비트를 전송하는 방식으로 전달된다. 이러한 방식으로 수신 회로는 매 바이트마다 데이터를 동기화한다. 여러 가지 방식이 있지만, 기본적으로는 시작 신호, 데이터 신호, 종료 신호의 순서로 전달된다. 신호는 두 가지의 상태를 갖는 이진 신호이지만, 물리적 형태에는 여러 가지가 있을 수 있다. 그래서 보통 시리얼 데이터를 이야기할 때에는 논리 레벨처럼 HIGH와 LOW라고 표현하지 않고 '마크'와 '스페이스'라고 표현한다.

이러한 용어는 1844년 뉴욕 기계공학원에서 처음 선보였던 초창기의 전신기로부터 기인한다. 마크는 회선이 휴식 상태에 있을 때를 가리키고, 스페이스는 회선이 활성 상태에 있을 때를 가리키는 용어였다. 시리얼 회선에 아무것도 전송되지 않을 때는 마크 상태가 유지되고 데이터 한 바이터가 전송될 때면 회선이 스페이스 상태로 변화하는데, 이때 스페이스 상태를 유지하는 시간 간격은 통신 속도, 즉 보 레이트에 따라 결정되었다. 보baud라는 용어는 '1초당 전달되는 데이터 비트의 수'를 의미하며 초창기 전신 발명자 중 한 명인 에밀 보도Émile Baudot의 이름에서 따온 것이다. 이 용어는 아직도 컴퓨터 용어로 널리 쓰이고 있다. 간단한 시스템에서는 일대일 통신에서 1초당 회선 상태가 전환되는 최대 속도를 의미하지만, 보다 복잡한 변조 시스템에서는 회선의 전환 속도보다 빠른 보 레이트를 얻을 수 있다. 이 책에서는 여기에 대해 더 이상 깊게 들어갈 필요는 없을 것 같다.

데이터 전송은 보 시간에 대한 공백 상태인 시작 비트의 전송으로 시작되며, 마크를 나타내는 논리 1과 공백을 나타내는 논리 0이 이어서 전송된다. 데이터가 모두 전송되고 나면 선택적 항목인 패리티 비트가 전송되고, 정지 비트로 하나의 패킷 전송이 완료된다. 이 정지 신호는 마크 상태가 1, 1.5 또는 2의 보 시간만큼 유지됨으로써 형성된다. 정지 비트가 전송된 뒤에는 언제든지 데이터의 다음 패킷이 이어질 수 있다. 다음 바이트의 시작이 이전 바이트의 전송 속도와 동기화되지 않았기 때문에 이를 비동기 형식이라고 부른다.

그림 2-1은 시간이 왼쪽에서 오른쪽으로 진행되는 타이밍 다이어그램이다. 시작 비트 다음에 데이터 비트가 이어지며, 이때 최하위 비트 우선LSM 방식이 쓰인다. 시간 경과 외에는 한 비트와 다음 비트를 분간하는 요소가 없다는 점에 주목하자. 다음 비트가 같은 상태이면 회선에는 같은 신호가 유지된다. 다음 비트가 다른 상태라면 보 시간만큼 경과된 후 신호가 변경된다. 보 시간의 기준은 시작 비트로부터 참조된다. 즉, 동기화 포인트인 첫 번째 하강 에지부터 인식되는 것이다. 바이트당 단 하나의 포인트만 있기 때문에 송신기와 수신기의 타이밍 정확도가 높아야 한다. 그림 2-2는 세 가지 다른 바이트 값이 전송되는 것을 보여준다.

마지막 데이터 비트와 정지 비트 사이에는 '패리티 비트parity bit'라 부르는 선택적인 추가 비트가 있으며 그 상태는 마크 상태의 개수가 홀수인지 또는 짝수인지에 따라 달라진다. 즉, 홀수 또는 짝수 패리티가 존재한다. 패리티 비트의 존재 목적은 데이터를 전송할 때 오류가 없었는지 확인하는 것이다. 수신기는 패리티 비트가 무엇인지 계산한 다음 수신된 것과 일치하는지 확인한다. 일치하지 않으면 수신기가 오류 발생을 알린다. 하지만 두 가지 오류가 중복으로 발생하면 이러한 오류 인식조차 이루어지지 않고, 간단한 시스템에서는 감지하기 어려울 것이다. 어쨌든, MIDI 신호에서는 패리티 비트 옵션이 사용되지 않는다.

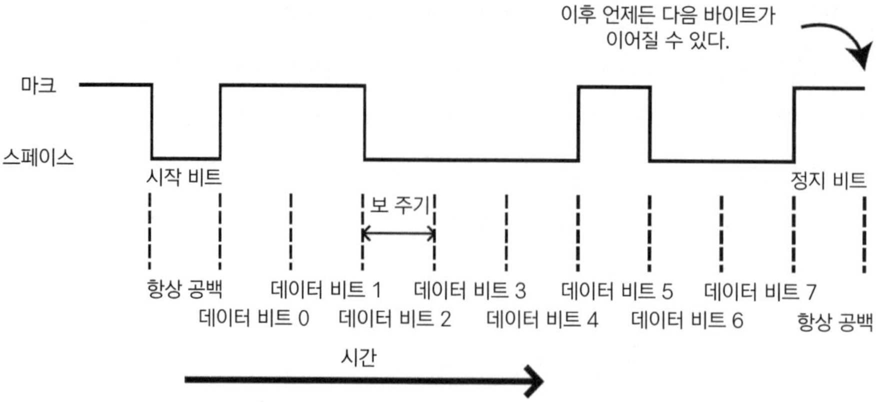

그림 2-1 시리얼 데이터의 타이밍 다이어그램

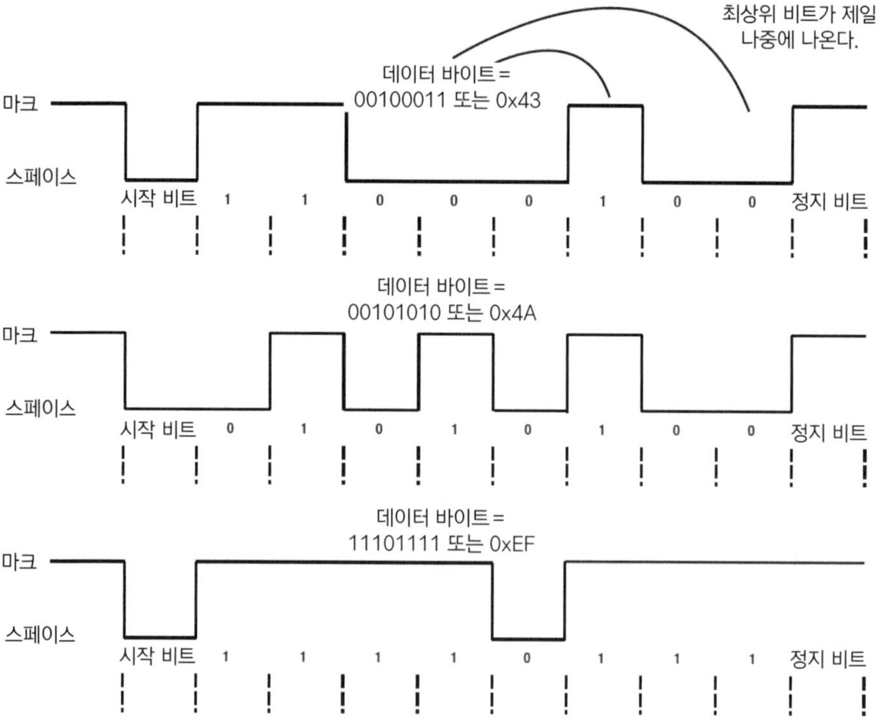

그림 2-2 세 가지 다른 데이터 값의 패턴

시리얼 데이터가 가질 수 있는 형식은 다양하다. 데이터 비트의 수는 5, 7 또는 8이 될 수 있고 패리티는 홀수, 짝수 또는 패리티 없음이 쓰일 수 있고, 스톱 비트는 1, 1.5 또는 2 비트가 쓰일 수 있다. 이러한 선택을 데이터의 워드 형식이라고 한다. MIDI 시스템은 하나의 시작 비트로 시작되며 8개의 데이터 비트, 패리티 없음 및 1 정지 비트를 사용한다(8-N-1 형식이라고 줄여 부르기도 한다). 패리티는 MIDI 형식에서 쓰는 선택 사항이 아니며, 패리티를 추가하면 1바이트(8비트)의 데이터를 전송하는 데 10보 시간이 걸리는 것을 알 수 있다. MIDI 신호는 초당 3,125바이트의 데이터 속도를 제공한다.

2.2 MIDI 메시지

MIDI 장치를 제어하기 위해 여러 바이트가 결합되어 MIDI 메시지를 형성한다. 사용되는 바이트 수는 메시지의 내용에 따라 다르며 음악 시스템의 다양한 측면을 제어하는 MIDI 메시지 클래스가 있다. 이에 대해 학습하는 가장 좋은 방법은 '노트 온note on' 메시지가 어떻게 형성되는지 알아보는 것이다.

노트 온

일반적으로 MIDI 메시지는 MIDI 채널을 대상으로 한다. 각 MIDI 연결은 16개의 MIDI 채널과 통신할 수 있다. 각 MIDI 기기는 하나 또는 여러 개의 다른 MIDI 채널을 사용하도록 설정될 수 있으며 일반적으로 장치에 각 채널을 제어하는 스위치가 있다. 보통은 MIDI 수신 장치는 모든 채널에 응답하도록 설정되고, MIDI 송신 장치는 메시지를 하나의 채널에 속하는 것으로만 태그를 지정하게 설정된다.

채널 번호는 MIDI 메시지의 첫 번째 바이트에 4개의 최하위 비트로 포함되어 있으며, 이 부분에서 컴퓨터와 음악가 사이에 인식의 괴리가 조금 발생한다. 인간은 자연스럽게 채널을 1에서 16까지의 숫자로 생각하지만, 2진 시스템이 인식하는 4비트는 실제로 16개의 다른 조합이 있고 비트가 모두 0인 조합이 포함되기 때문에 컴퓨터 입장에서는 채널 번호가 실제로 0에서 15까지 매겨진다. 이로 인해 약간의 혼란이 있을 수 있다. 어쨌든 채널 번호를 나타내는 컴퓨터 번호는 1에서 16까지의 채널 번호보다 하나 작은 숫자라고 알아두면 된다.

메모의 첫 번째 바이트에는 채널 번호와 메시지 종류의 두 가지 정보가 들어 있다. 이 마지막 정보는 전체 메시지를 구성하는 다른 바이트의 수를 결정하며, MIDI 메시지의 첫 번째 바이트는 '상태 바이트'라고도 부른다. 노트 온 메시지의 경우 이 메시지와 연관된 두 개의 다른 바이트가 있다. 그림 2-3은 3바이트의 메시지에 대한 노트의 구조를 보여준다.

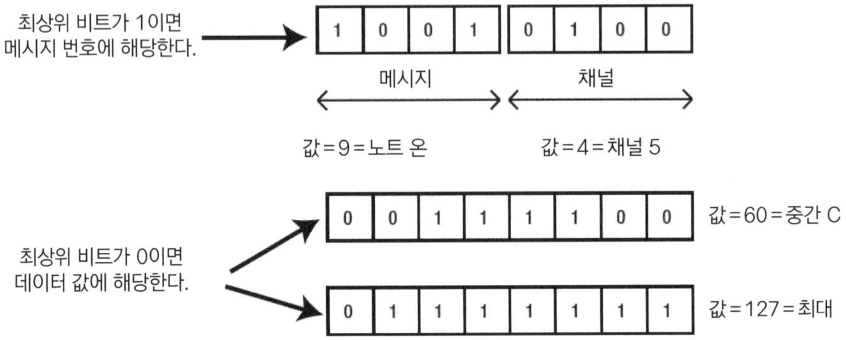

그림 2-3 노트 온 메시지의 구조

여기에서 중요한 것은 MIDI 메시지의 첫 번째 바이트는 최상위 비트가 1이지만 이어지는 모든 후속 바이트는 최상위 비트가 0이라는 점이다. 이 메시지의 다른 두 바이트는 노트의 번호 그리고 벨로시티(노트를 얼마나 강하게 두드리는지)에 해당한다. 이 두 바이트는 최상위 비트가 0이기 때문에 0에서 127 사이의 값만 가질 수 있다. 노트 번호는 그 숫자가 증가하면 반음만큼 음 높이가 올라가며, 0에서 127까지의 반음 범위는 MIDI의 모든 오디오 스펙트럼을 포함한다.

사실, 대부분의 MIDI 사운드 생성기는 범위의 128이라는 범위 내에서 양 극단의 숫자에 해당하는 사운드를 거의 생성하지 않는다. 벨로시티값은 노트를 얼마나 세게 치는지 외의 아무런 물리적 의미를 가지지 않으며, 127을 내기는 굉장히 어렵다. 고가의 MIDI 노트 생성 장비는 건반의 강도에 따라 피아노의 음색이 변경되거나, 해당 사운드의 팀버가 변화하게 만들 수도 있지만 일반적으로는 벨로시티에 따라 음량만이 변화한다.

노트 오프

노트 온 메시지는 거의 언제나 그에 해당하는 노트 오프note off 메시지를 동반한다. 여기서 MIDI 시스템은 음을 끄는 방법으로 두 가지를 허용한다. 첫 번째는 자체적인 노트 오프 메시지이며, 그 데이터는 노트 번호와 릴리즈 속도를 포함한다. 보통 많은 사운드 모듈이 이 데이터를 무시되고 일부 키보드는 고정된 값, 일반적으로 0을 반환한다. 그러나 이 매개 변수에는 몇 가지 용도가 있다. 예를 들어 일부 샘플링 모듈은 이를 사용하여 사운드 끝의 최종 샘플을 트리거한다. 일반적인 용도는 팀파니 롤이다. 노트 오프는 최종 히트 및 페이드 샘플을 트리거하고, 릴리스 속도는 최종 히트의 음정 또는 속도에 영향을 줄 수 있다. 노트 오프의 릴리즈 속도는 노트의 릴리스 시간을 제어하는 데 사용할 수도 있지만, 노트 오프 릴리즈 속도의 사용은 여러 장치에서 일관되게 구현되지 않았다.

노트를 끄는 다른 방법은 노트 온 메시지를 보낸 이후 그 벨로시티를 0으로 설정하는 것이다. MIDI를 수신하는 모든 시스템은 노트를 끄는 두 가지 방법을 모두 처리할 수 있어야 한다. 메시지의 이전 노트와 일치하는 노트 오프 메시지가 없는 경우 노트가 계속 켜진 상태를 유지할 수도 있다. 타악기 소리에서는 이런 현상이 문제가 되지 않겠지만, 다른 종류의 MIDI 음색에서 이런 일이 벌어지면 소리가 계속 꺼지지 않고 울리게 된다. 다행히도, 이러한 문제를 처리할 MIDI 메시지로 올 노트 오프all notes off 또는 리셋 메시지가 있다. 불행히도, 모든 시스템이 이를 올바르게 구현하는 것은 아니기에 음악가는 필요할 경우 전원을 끄고 다시 켜야 한다.

16진수 표기법

MIDI를 다룰 때 적어도 메시지의 첫 번째 바이트는 그림 2-4와 같이 16진수 표기법을 사용하는 것이 더 쉽다. 이는 그림 2-3에서 보았듯 메시지 유형과 채널 번호가 같은 바이트에 포함되어 있기 때문이다. 16진수 표기법을 사용하면 메시지와 채널이 두 자리 숫자로 분리되므로 쉽게 구분할 수 있다.

2진수	10진수	16진수	2진수	10진수	16진수
0000	0	0	1000	8	8
0001	1	1	1001	9	9
0010	2	2	1010	10	A
0011	3	3	1011	11	B
0100	4	4	1100	12	C
0101	5	5	1101	13	D
0110	6	6	1110	14	E
0111	7	7	1111	15	F

그림 2-4 16진수 표기법

16진수로 표기된 숫자에는 종종 16진수임을 명확히 하기 위해 접두사로 0x가 붙는다. 따라서 채널 5에 대한 노트 온 메시지는 0x94, 채널 9에 대한 노트 온 메시지는 0x98이 된다. 채널 번호 비트 패턴은 사람의 인식과는 달라 실제 숫자에서 1을 빼야 한다는 점을 잊지 말자. 이 두 예제를 보면 채널 9에 해당되는 명령인 두 번째 바이트를 쉽게 분리할 수 있다 16진수 표기법을 대신 동일한 비트 패턴을 10진수로 표현한다고 생각해보자. 첫 번째 예의 채널 5에 대한 노트 온은 148이고, 채널 9에 대한 노트 온은 152이다. 이렇게 하면 명령과 채널을 쉽게 분리하기 어렵기 때문에 16진법 표기법이 더 편리하다는 점을 이해할 수 있을 것이다.

노트 온과 벨로시티는 그리 복잡하지 않으므로 편의상 10진수로 표시된다. 물론 16진수를 사용해도 아무런 문제가 없다. 더 중요한 점은 노트 온과 벨로시티의 최상위 비트가 0이어야 한다는 점이다. 즉, 노트와 벨로시티의 최대 숫자는 127이다.

2.3 MIDI 연결

모든 MIDI 연결은 동일한 종류의 케이블을 사용한다. 그런데 보통 MIDI 장치에는 사용 가능한 MIDI 소켓이 3가지(IN, OUT, THRU)가 있다. 가장 명시적인 규칙은 서로 다른 장치를 연결할 때는 MIDI OUT을 MIDI IN으로 연결해야 한다는 규칙이다. MIDI THRU는 단순히 MIDI IN 신호의 사본이며, 하나의 MIDI OUT을 여러 장치에 연결하는 데 사용할 수 있다. 그림 2-5를 참조하자. THRU 연결은 실제로 OUT이 된다. THRU의 신호는 장치에 의해 어떤 식으로든 수정되지 않으며, 단순히 MIDI IN에 있는 그대로이다. 즉, 모든 정보는 MIDI IN에서 온다. 장치는 데이터를 필터링하지 않는다. THRU는 간단한 분배기라고 생각할 수 있다. 그런데 이 간단한 분배기를 통해 하나의 간단한 MIDI 인터페이스로 복잡

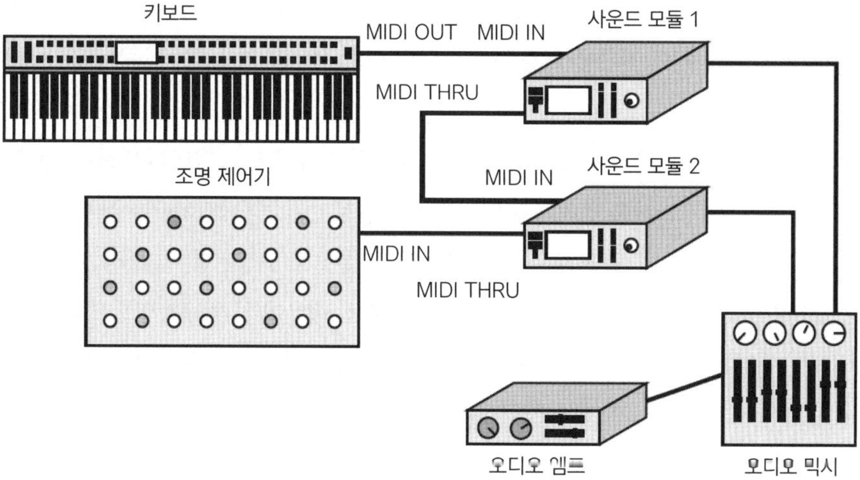

그림 2-5 MIDI 상호 연결 구성

한 구성을 구동할 수 있다. 실제로 모든 MIDI 장치가 MIDI THRU 소켓을 가지고 있지 않는데, 그에 대한 수단으로 하나의 MIDI IN과 여러 개의 MIDI THRU 출력을 가지고 있는 상자를 별도로 구입할 수도 있다.

MIDI 신호는 180도 5핀 DIN 커넥터의 5번과 4번 핀을 통해 물리적으로 연결된다. 이 커넥터는 저렴하며, 오늘날의 다른 커넥터에 비하면 다소 투박한 편이다.

커넥터의 5개의 핀 중 실제로 2개 또는 3개만 사용되며, MIDI 케이블은 2개의 선으로 구성된다. 때로는 신호선에 대한 전기적 간섭 픽업을 줄이기 위해 신호선만 철망으로 절연하기도 한다. 사실, MIDI 표준은 모든 케이블이 양 끝의 핀 2에 연결된 철망으로 절연되고 신호선은 꼬인 구조로 만들어져야 한다고 말한다. 하지만 실제로는 철망이 MIDI OUT 끝에서만 접지에 연결해야 한다. MIDI IN에 접지를 연결하면 접지 루프라고 하는 전기적 문제가 발생할 수 있다. 또한 오디오 시스템에서 잡음을 생성할 수도 있다. 올바르게 제작된 MIDI 케이블은 최대 50피트(15m)까지 사용할 수 있다. 그러나 저자의 경우 비표준 트윈 코어 케이블로 연결된 짧은 MIDI 케이블을 아무 문제없이 사용하고 있다.

불행히도, DIN 소켓의 핀은 예상대로 번호가 매겨져 있지 않으며, 소켓이 배선 면이나 플러그 면에서 보이는지 다이어그램에 나타나지 않으면 혼란이 생길 수 있다. 그 결과 때로는 MIDI 시스템을 만들 때 핀 5와 4를 서로 바꿔 연결할 수도 있으며, 이로 인해 시스템이 작동하지 않게 된다. 이 문제를 해결하려면 모든 입력 회로에 역 보호 기능을 포함시켜야 한다.

기술적으로 데이터를 전송하는 방법은 5mA 평형 전류 루프로 알려져 있으며, 다른 전위에 있을 수 있는 시스템을 분리하기 위해 입력에 옵토아이솔레이터opto isolator가 사용된다. 옵토아이솔레이터는 LED와 포토트랜지스터의 두 부분으로 구성된다. 입력 전류는 LED를 켜고, 그 빛이 포토트랜지스터를 켠다. 이 모든 것은 칩 내부에 밀폐되어 있으므로 빛은 외부로 보이지 않는다. 입력 회로와 출력 회로를 빛으로 연결하기 때문에 일반적인 전기 연결 또는 신호 접지가 필요하지 않다. 모든 MIDI 입력 회로에는 데이터를 전송하는 시스템과 MIDI 입력 시스템 사이에 전기적 연결을 분리하기 위한 옵토아이솔레이터가 있어야 한다.

아두이노 구현

자, 지금까지 설명한 내용이 아두이노와 어떻게 관련될까? 아두이노는 프로세서 칩에 내장된 UART를 가지고 있으며 이를 통해 스케치를 업로드하고 시리얼 데이터를 컴퓨터로 내려받는다. 시리얼 입력 및 출력 라인에 올바른 회로를 연결하면 이 라인을 MIDI 라인으로 변환할 수 있다. 그런 다음 시리얼 인터페이스를 올바른 보 레이트(속도)로 설정하면 표준 MIDI 장치와 통신이 가능하다!

모든 아두이노 MIDI 프로젝트가 MIDI IN과 MIDI OUT을 필요로 하는 것은 아니다. 예를 들어 컨트롤러를 만드는 중이라면 노트나 기타 메시지를 트리거하는 것이므로 MIDI IN은 필요하지 않다. 반대로, 사운드 생성기 또는 MIDI 메시지에 응답하는 출력 장치를 만드는 경우에는 MIDI OUT이 필요 없다. 마지막으로, 프로젝트를 훨씬 더 큰 시스템에 연동하는 것이 아니라면 MIDI THRU도 굳이 필요하지 않을 것이다.

MIDI OUT

MIDI OUT 연결은 가장 구현하기 쉬운 부분이다. 아두이노의 출력 핀을 몇 개의 저항만으로 MIDI 소켓에 직접 연결하는 예가 많이 있다. 이 방법은 대부분의 경우 효과적이지만 몇 가지 이유 때문에 최상의 방법은 아니다. 우선 핀의 길이가 길고, 이 핀이 정전기를 받아서 프로세서 칩을 손상시킬 수 있으므로 프로세서 핀을 긴 리드에 직접 연결하는 것은 결코 좋은 생각이 아니다. 또한 MIDI 소켓이 아닌 잘못된 소켓에 꽂으면 프로세서가 손상될 수 있다.

따라서 어느 정도의 절연을 제공하기 위해 약간의 버퍼링을 두는 것이 가장 좋다. 트랜지스터로 이를 구현할 수 있다. 그림 2-6은 필자가 즐겨 사용하는 출력 회로이며, 몇 개의 저항과 하나의 PNP 트랜지스터를 사용한다. 아두이노의 TX 라인으로부터의 신호는 이미 HIGH 신호로 이는 논리 1(마크 상태)에 해당하고, 그 상태에서 현재 루프 인터페이스를 통해 전류가 흐르지 않기를 원한다. 트랜지스터의 베이스가 HIGH일 때, 그 트랜지스터는 꺼진 상태가 되고 전류는 흐르지 않는다. 그러나 시작 비트가 생성될 때와 같이 트랜지스터의 베이스가 LOW가 될 때 트랜지스터는 켜지고 전류가 흐르게 된다. MIDI OUT이 어디에라도 연결되면 이런 구성이 형성된다. 따라서 HI/LOW 전압은 전류 흐름/전류 차단에 대응되게 된다.

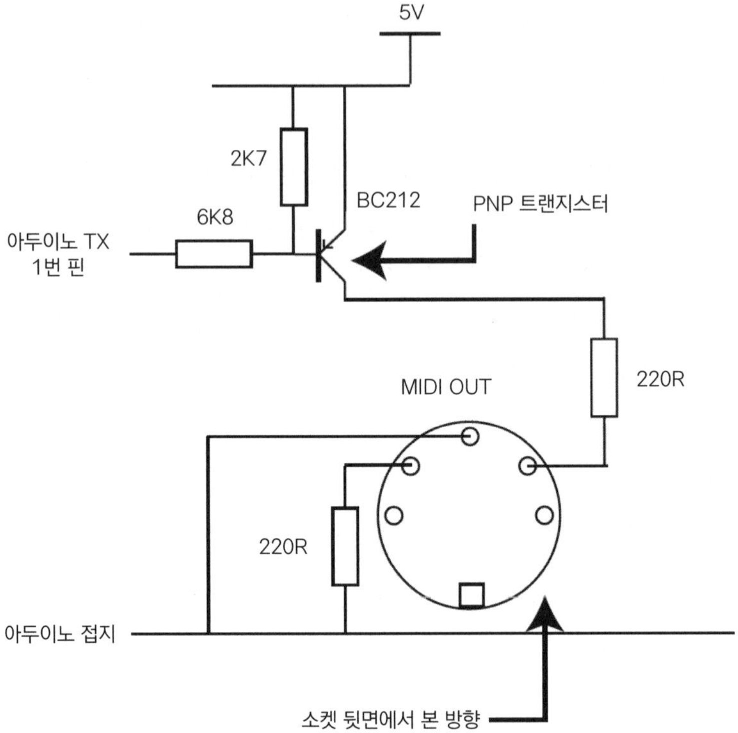

그림 2-6 MIDI OUT 회로

▌MIDI IN

MIDI 수신 측의 전류는 옵토아이솔레이터 내부의 LED를 밝히는 데 사용된다. 그림 2-7은 수신 회로를 보여준다. 옵토아이솔레이터 안쪽에 보이는 구성 요소는 점선 상자 안에 간단히 표시되어 있다. 때로는 이 옵토아이솔레이터가 핀 번호만 있는 단순한 블록으로 표시되기도 하지만, 회로의 기능을 익히기 위해 부품 내부 구조를 함께 보는 것이 도움이 될 것이다.

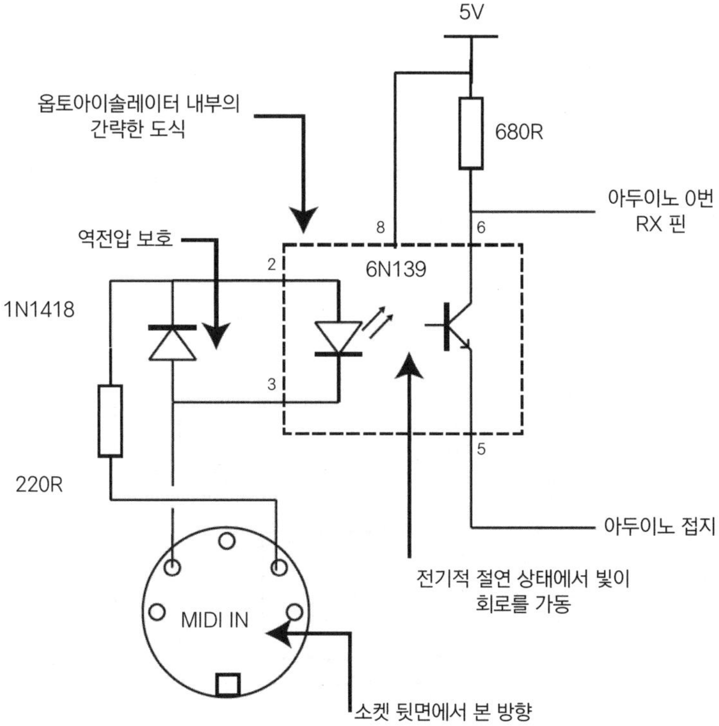

그림 2-7 MIDI IN 회로

신호는 MIDI 소켓에서 나오고 저항을 통과하여(전류 제한) LED로 흐른다. LED를 가로질러 반대 방향으로 연결된 다이오드도 있다. 일반적으로 이 다이오드에는 전류가 흐르지 않는다. 왜냐하면, 말하자면 역방향으로 바이어스되기 때문이다. 그러나 배선 오류가 있고 입력 전압이 반전될 경우 이 다이오드는 역전압의 영향으로부터 LED를 보호한다. 이러한 기능을 역극성 보호 기능이라고도 부른다. 모든 것이 항상 올바르게 연결되어 있다면 이러한 요소는 필요하지 않겠지만, 카시트 벨트처럼 사고에 대비해 장착하는 것이 좋다. 옵토아이솔레이터의 출력 트랜지스터는 아두이노의 시리얼 입력 핀에 직접 연결될 수 있다.

❙ MIDI 실드

앞에서 언급했듯, 대부분의 프로젝트는 이 두 회로 중 하나 이상을 필요로 한다. 이 두 회로를 하나의 MIDI 입출력 인터페이스로 결합하는 것은 쉽다. 많은 상업용 아두이노 실드가 기성품으로 준비되어 있지만, 직접 제작하는 것이 훨씬 더 보람이 있을 것이다. 입력/출력 회로를 결합한 회로는 그림 2-8에서 볼 수 있다.

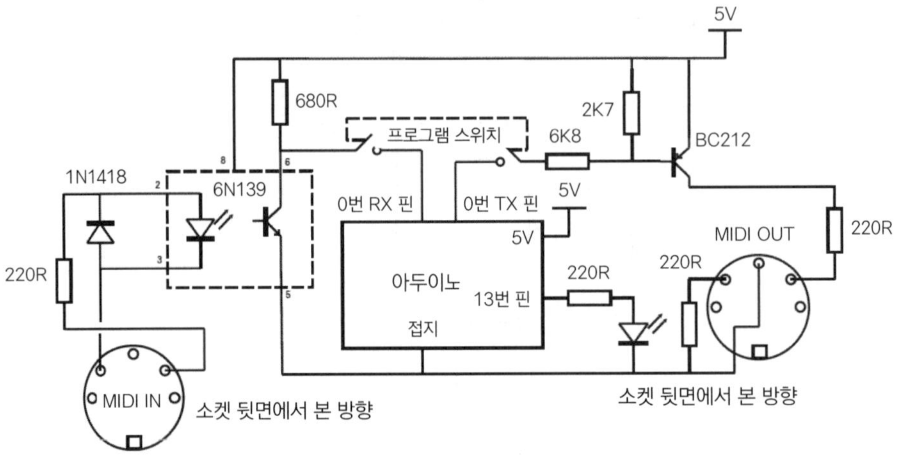

그림 2-8 MIDI 실드의 회로도

두 가지가 추가되었다. LED와 스위치이다. LED는 단순히 핀 13에 연결된 아두이노 보드의 LED를 표시한 것이다. 다른 많은 책에 기술된 바와는 달리 이 LED에도 직렬 저항이 필요하다. 전류 제한 저항은 2008년 이래로 더 이상 아두이노 보드에 내장되어 있지 않기 때문이다. 실드가 보드의 커버를 덮기 때문에 이 LED는 꽤 유용하다.

시리얼 포트는 스케치를 업로드하거나 프로그래밍할 때도 쓰이기 때문에 아두이노에 대한 시리얼 연결을 전환하는 데 필요한 추가 기능이 필요하다. 업로드 프로세스 중에 해당 핀에 연결된 것이 있으면 두 가지 일이 발생할 수 있다.

첫째, 아두이노에서 프로그래머에게 다시 다른 블록에 대한 준비가 되었다는 메시지가

MIDI 인터페이스 밖으로 전송된다. 이것은 보통의 MIDI 메시지와는 다른 속도가 될 것이며 무작위 데이터일 뿐이다. 하지만 MIDI 장치가 가짜 응답을 내는 것 외에는 큰 문제가 되지는 않는다.

둘째, RX 또는 수신 핀은 시리얼 출력에서 USB 컨버터로의 출력과 MIDI 인터페이스로부터의 출력 중 하나에 의해 구동된다. 두 개의 출력을 직접 연결하는 것은 전자 제품에는 큰 문제가 아니며 아두이노의 회로에는 이러한 일이 발생하면 손상을 방지하는 저항기가 포함되어 있다. 그럼에도 불구하고 이것은 MIDI 입력 회로가 RX 핀을 안정적으로 유지하고 프로그램 정보가 아두이노에 들어갈 수 없음을 의미한다.

그래서 코드 업로드 중에는 MIDI 회로가 분리되도록 스위치를 포함하는 것이 좋다. 두 개의 스위치는 위 회로도에 점선으로 표시되어 있다. 하나의 스위치 동작으로 두 개의 스위치를 제어하는 회로로, 이를 '이중 극' 스위치라고 한다.

▎실드 제작

제작에는 여러 가지 방법이 있지만 가장 보편적인 방법 중 하나는 회로를 실드로 만드는 것이다. 1장에서 다룬 바와 같이 대부분 아두이노를 위한 프로토타입 실드 보드를 쉽게 구할 수 있으며 그러한 실드를 사용하면 수고를 덜 수 있다. 그러나 경제적인 면을 극대화하고 학습 효과를 높이고 싶다면 스트립 보드로 직접 실드를 제작할 수 있다. 이때 문제는 아두이노의 7번 핀과 8번 핀 사이의 0.15인치 간격에 대처하는 방법을 찾아야 한다는 점이다.

그림 2-9는 이 회로를 사용하여 만든 실드의 사진이다. 주목할 점은 MIDI IN과 OUT을 위해 PCB 마운팅 DIN 소켓을 사용했다는 점이다. 최소한 실드에 있어서는 이 편이 저렴한 패널 마운팅 소켓을 쓰는 것보다 더 편리하며, 소켓을 위해 실드에 브래킷을 붙이는 일을 줄여 줄 것이다. 어떤 소켓이 IN인지 OUT인지 표시하기 위해 라벨지를 붙인 것을 볼 수 있다.

그림 2-9 MIDI 실드

2.4 소프트웨어 MIDI 출력

MIDI 실드의 구동은 간단하다. 예제 2-1은 이를 어떻게 구현하는지 보여준다. 이는 단순히 MIDI 소켓에서 임의의 일련의 노트를 보내는 코드로, MIDI 출력을 MIDI 사운드 모듈에 연결하면 해당 노트를 들을 수 있다.

예제 2-1 MIDI 출력 생성

```
/* MIDI note fire - Mike Cook
 *
 * send MIDI serial data, automatically for a test
 *
*/

#define midiChannel (byte)0 // Channel 1
```

예제 2-1 MIDI 출력 생성(계속)

```
void setup() {
// Setup serial
   Serial.begin(31250); // MIDI speed
}

void loop() {
   int val;
   val = random(20,100);
   noteSend(0x90, val, 127); // note on
   delay(200);
   noteSend(0x80, val, 127); // note off
   delay(800);
} // end loop function

// plays a MIDI note
void noteSend(char cmd, char data1, char data2) {
   cmd = cmd | char(midiChannel); // merge channel number
   Serial.write(cmd);
   Serial.write(data1);
   Serial.write(data2);
}
```

setup ()함수는 단순히 시리얼 포트를 MIDI 속도로 설정하고, loop ()함수는 임의의 노트를 생성하고 해당 노트에 대한 메시지를 보낸다. 그런 다음, 0.2초의 지연 후 해당 노트에 대한 노트 오프 메시지를 보내고 0.8초 동안 지연시킨다. 이 동작은 계속 반복된다. noteSend 함수는 명령, 노트 번호, 벨로시티의 세 가지 인수를 받는다. 그런 다음 명령은 포괄적인 OR 연산을 사용하여 채널 번호와 병합되고, 마지막으로 세 바이트가 모두 시리얼 포트에서 전송된다.

컴퓨터에서 MIDI 모니터 용도로 실행할 수 있는 프로그램은 여러 가지가 있다. 단순한 터미널 프로그램과 비슷하지만 숫자가 아닌 단어로 시스템에 들어오는 MIDI 메시지를 표시한다. 구글에 'MIDI monitor'를 검색하면 특정 기기와 운영체제에 대한 몇 가지 옵션이 표시된다. 그림 2-10은 예제 2-1을 실행하는 프로그램의 일반적인 출력을 보여준다.

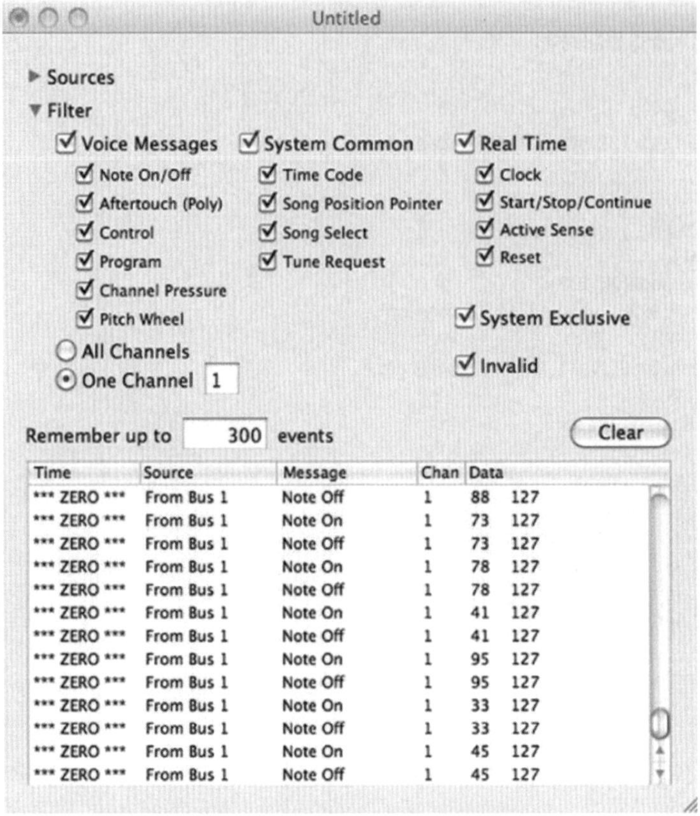

그림 2-10 MIDI 모니터의 출력 예

2.5 소프트웨어 MIDI 입력

MIDI 입력을 보는 것은 출력을 만드는 것보다 조금 복잡하다. MIDI 메시지가 종류가 굉장히 방대하기 때문이며, 지금까지 다룬 예는 그중 두 가지, 노트 온과 노트 오프에 불과하다. 따라서 이 두 가지 메시지만 인식하는 구현 예를 먼저 다룰 것이다. 메시지를 '파싱'하는 이 코드를 통해 다른 메시지의 흐름으로부터 이 메시지를 추출하고 정렬해야 한다. 예제 2-2

에 있는 코드에서 메시지의 모든 노트는 아두이노 13번 핀의 LED를 켜고, 모든 노트 오프 메시지는 LED를 끈다.

예제 2-2 노트 온/노트 오프 메시지 파싱

```
/* Midi input - Mike Cook
 * -----------------
 * listen for MIDI serial data,
*/

//variables setup
  byte channel = 1; // MIDI channel to respond to
                    // (in this case channel 2)

//setup: declaring inputs and outputs and begin serial
void setup() {
  pinMode(13, OUTPUT); // LED to light up
  digitalWrite(13, LOW); // Turn LED off
  Serial.begin(31250); // start serial with MIDI baud rate
}

//loop: wait for serial data, and interpret the message
void loop() {
  checkIn(); // see if anything has arrived at the input
}

void checkIn() {
  static int state = 0;  // state machine variable 0 = command waiting
                         // 1 = note waiting : 2 = velocity waiting
  static char note = 60;
  static boolean noteDown = LOW;

  if(Serial.available() > 0) {
    // read the incoming byte:
    byte incomingByte = Serial.read();

    switch(state) {
      case 0:
      // look for as status-byte, our channel, note on
        if (incomingByte == (0x90 | channel)) { // read only one channel
          noteDown = HIGH;
          state = 1;
```

예제 2-2 노트 온/노트 오프 메시지 파싱(계속)

```
        }
      // look for as status-byte, our channel, note off
        if(incomingByte == (0x80 | channel)) { // read only one channel
          noteDown = LOW;
          state=1;
        }
      case 1:
      // get the note to play or stop
        if(incomingByte < 128) {
          note = incomingByte;
          state = 2;
        }
        else {
          state = 0; // reset state machine as this should be a note number
        }
      break;

      case 2:
      // get the velocity
        if (incomingByte < 128) {
          doNote(note, incomingByte, noteDown); // do something with the note on message
        }
        state = 0; // reset state machine to start
    }
  }
}
```

이 프로그램은 상태 시스템으로 작동한다. 우선, 다음에 해야 할 일에 대한 열쇠를 가지고 있는 state라는 변수가 있다. 이 상태 변수가 필요한 이유는 MIDI 메시지를 구성하는 바이트가 한 번에 하나씩 도착하기 때문이다. 따라서 도착할 때 무엇을 해야 하는지 알 필요가 있다. checkIn() 함수는 시리얼 버퍼에서 읽을 수 있는 바이트가 하나 이상 있는지 확인하고, 바이트가 있으면 읽는다. 이 함수는 정적 변수로 선언된 3개의 변수를 사용한다. 즉, 함수 호출 간에 값이 계속 유지된다. 이렇게 만들어진 변수는 다른 함수에 의해 우연히 변경될 수 없으므로 전역 변수로 선언하는 것보다 더 나은 프로그래밍 습관이다. 초기 상태 변수는 0으로 설정되어 명령 메시지를 기다린다. MIDI 메시지는 항상 최상위 비트가 1이지만 이 코드에서는 노트 온 또는 노트 오프 메시지만을 찾는다.

메시지가 응답하고자 하는 채널의 메시지인지 확인하기 위해, 메시지 바이트와 채널 번호로 OR 연산을 수행하고 일치하는 것이 있으면 상태 변수가 1로 변경된다. 즉, 다음에 바이트를 수신하면 case 1의 동작을 수행하게 된다. 바이트가 이 두 메시지 중 하나가 아닌 경우 상태 변수는 변하지 않고 다음 바이트가 수신될 때 다시 확인해서 상태를 바꾸어야 하는지 확인한다. 이 방법을 사용하면 MIDI 스트림을 동기화할 수 있으며, 바이트를 하나 누락해도 이후의 모든 신호를 놓치지는 않을 수 있다. 또한 noteDown이라는 변수 세트가 있다. 이 변수 세트는 나중에 코드에서 사용되어 0의 벨로시티를 가지는 노트의 메시지를 노트 오프 메시지로 처리하는 데 사용된다. 이 단계에서는 벨로시티 바이트가 아직 도착하지 않았기 때문에 아직 의미를 가지지 않는다.

상태 변수가 1이면, 다음에 수신된 바이트를 note라는 변수에 저장한 후 그 값이 128보다 작은지 확인하고, 작으면 상태 변수를 2로 바꾼다. 그러나 바이트가 127보다 크면 이는 데이터 바이트가 아닌 메시지 바이트이기 때문에 상태 변수는 0으로 재설정된다. 그러면 다음 메시지가 있는지 확인하기 위해 다음 바이트가 검사된다. 마지막으로 상태 변수가 2이고 다음에 들어온 바이트가 128보다 작으면 메시지의 모든 데이터 바이트를 받은 셈이므로, 이제는 메시지의 내용으로 행동을 취해야 한다. 이를 위해 doNote() 함수를 호출한다. 이 간단한 예제에서는 13번 핀의 LED를 켜거나 끈다. noteDown 변수는 이 함수에 전달되어, 벨로시티값과 함께 LED에 쓰는 논리 레벨을 결정하는 데 사용된다. 함수의 마지막 행은 그에 따라 LED를 설정한다.

결과적으로 모든 노트 온 메시지는 LED를 켜고 노트 오프 메시지는 LED를 끄게 된다. MIDI 데이터를 전송할 수 있는 키보드에서 채널 2로 신호를 보내서 이를 확인할 수 있다. 건반을 누르고 있으면 소리가 꺼질 때까지 LED가 점등된다. 여러 개의 키를 눌러도 LED가 켜지고 어떤 키라도 꺼지면 LED는 꺼진다.

연습 삼아, 어떤 키를 눌러도 LED가 켜지지만 모든 키를 놓아야 LED가 꺼지도록 코드를 구현해보자. 이를 위해서는 각 노트 온 메시지 수에 따라 증가하고 각 노트 오프 메시지 수에 따라 감소하는 count 변수가 필요하다. 이 count가 0일 때만 LED가 꺼지면 된다.

2.6 마치며

이제는 MIDI 신호의 기본 사항을 이해하고 단순한 메시지가 어떻게 형성되는지 알게 되었을 것이다. 아두이노로 MIDI 신호의 통신까지 구현했으므로 MIDI의 가능성을 탐구할 준비가 끝났다. 이후의 장에서는 다른 종류의 MIDI 메시지를 보고 악기와 컨트롤러를 만들어볼 것이다.

03 MIDI 심화

이번 장에서는 다음과 같은 내용을 다룬다.

- 다양한 MIDI 메시지
- 시스템 MIDI 메시지
- 컴퓨터에서 MIDI를 다루기 위한 응용 프로그램 사용
- 아두이노를 MIDI 장치처럼 만들기

앞 장에서 기본적인 MIDI 메시지인 노트 온, 노트 오프를 알아보고 구현하면서 MIDI 메시지의 기본적인 핵심을 살펴보았다. 이제 MIDI가 제공하는 광범위한 메시지를 살펴보면서 MIDI의 더 많은 요소를 탐구할 시간이다. MIDI 음색 또는 사운드를 변경하는 방법과 MIDI 제어 매개 변수를 변경하는 방법을 알아보고, 전체 시스템에 영향을 주는 실시간 메시지를 살펴보자. 다음으로 랩톱이나 PC에서 응용 프로그램을 사용하여 아두이노의 시리얼 데이터를 MIDI 스트림으로 변환하는 방법을 살펴볼 것이다. 이렇게 하면 MIDI 표준 하드웨어 및 변환기가 필요하지 않게 된다. 마지막으로 아두이노를 진짜 USB MIDI 장치처럼 보이게 만드는 방법을 살펴볼 것이다.

3.1 다양한 MIDI 메시지

MIDI에는 노트 온, 노트 오프 외에도 수많은 메시지를 가지고 있다. 이 두 메시지는 연주에

필수적인 요소이지만, 그 외에도 다른 유용한 MIDI 메시지 클래스가 많다. 따라서 이들을 살펴보고 어떤 기능이 있는지 알아보자. MIDI 컨트롤러는 사운드의 내용을 제어하는 장치 또는 메시지로, 음량, 비브라토 같은 효과 또는 스테레오 스테이지의 악기 위치 등을 제어할 수 있다. 기본적으로 한 가지 재생 채널을 겨냥한 채널 메시지와 전체 시스템을 겨냥한 시스템 메시지라는 두 가지 유형의 메시지가 있다. 채널 메시지를 먼저 알아보고 다음으로 시스템 메시지를 알아보자.

채널 음색 메시지에는 다섯 가지 종류가 있다.

- 노트 온/노트 오프
- 컨트롤러 변경
- 프로그램 변경
- 피치 벤드
- 애프터터치

노트 온/노트 오프는 이미 앞 장에서 다룬 바 있다. 나머지 컨트롤러 변경, 프로그램 변경, 피치 벤드, 애프터터치 등 MIDI의 전체 사양은 MIDI 제조업체 협회 웹사이트(http://www.midi.org/techspecs/)에 수록되어 있다. 처음에는 사양을 이해하기 다소 어려울 수 있으므로 사용 가능한 메시지에 대해 설명과 함께 간단히 살펴보자.

▌컨트롤러 변경(CC) 메시지

MIDI에서 CC라는 용어는 '컨트롤러 변경Controller Change'의 약자이며, 이름에서 알 수 있듯이 제어 정보를 제공하기 위한 방법이다. 원하는 모든 것을 제어하기 위해 각 MIDI 채널에 최대 120개의 컨트롤러가 존재할 수 있다. 각 컨트롤러 채널은 0에서 127 사이의 값을 포함하며 CC 메시지로 이 값을 변경할 수 있다. 일부 제어 채널에는 표준 사용이 있지만 이는 고정되거나 강제적이지 않다. 장비가 사용할 수 있는, 혹은 컨트롤러가 조작할 수 있는 다양한 변수로 생각하자.

컨트롤러 채널은 간단한 온/오프 스위치로 사용될 수도 있다. 이 경우 0 또는 127의 값이 쓰인다. 반면 연속적인 제어를 위해 0과 127 사이의 어느 숫자라도 담을 수 있으며, 두 개의 컨트롤러 채널을 함께 사용하면 0에서 16,384 사이의 숫자를 담을 수 있다. 여기서 한 채널은 상위 비트를, 다른 채널은 하위 비트를 제어한다. 이것이 실제로 어떻게 작동하는지는 뒤에서 알아볼 것이다.

그림 3-1은 컨트롤러 변경 메시지의 구조를 보여준다. 앞 장에서 본 노트 온 메시지와 유사한 점이 보이는가? 메시지의 니블 값(바이트의 상위 4비트)은 십진수 11 또는 16진수 0xB이다. 하위 니블에는 이전처럼 채널 번호가 포함되어 있다. 다음 두 바이트는 컨트롤러 번호와 할당하기 위한 새 값이다. 따라서 하나의 간단한 메시지로 컨트롤러 값을 0에서 127 사이의 새 값으로 설정할 수 있다. 컨트롤러 번호 공간에는 앞에서 언급한 120개가 아닌 127개의 컨트롤러를 넣을 수 있는 공간이 있다. 여분의 8개의 컨트롤러는 채널 모드 메시지 용도로 예약되어 있다. 이는 컨트롤러와 같지만 MIDI 스펙에서 특별한 의미가 있다. 이것들은 표 3-1에 요약되어 있으며 컨트롤러 채널 메시지는 표와 같이 CC와 번호의 조합으로 부른다.

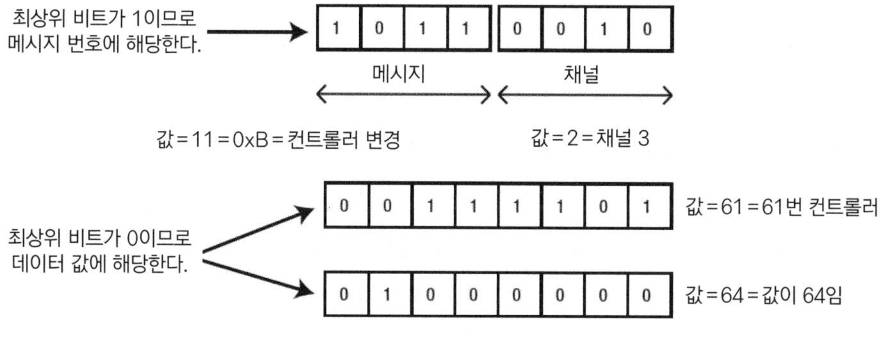

그림 3-1 제어 메시지의 구조

표 3-1 컨트롤러 채널 메시지

컨트롤러	값	의미
120	0	모든 사운드 끄기 - 이 채널의 모든 노트를 끈다.
121	0	모든 컨트롤러를 디폴트 값으로 초기화한다.
122	0	로컬 컨트롤 끄기 - MIDI 메시지에만 반응
122	127	로컬 컨트롤 켜기 - 키보드와 같은 로컬 입력에 반응
123	0	모든 노트 끄기
124	0	옴니 모드 끄기
125	0	옴니 모드 켜기
126	M	모노 모드 켜기(폴리 모드 끄기), M은 채널의 수에 해당
127	0	폴리 모드 켜기(모노 모드 끄기).

* 124, 125, 126, 127 메시지는 모든 노트를 끄는 역할도 수행한다.

메시지 CC120(모든 사운드 끄기)과 CC123(모든 노트 끄기)이 비슷한 작업을 수행한다는 것은 사실이다. 가장 큰 차이점은 CC120이 릴리즈되지 않은 CC64(서스테인 페달 홀드) 또는 CC65 메시지(포르타멘토 페달)로 인해 지속되는 노트에 영향을 미치지 않는 반면 CC120은 그러한 노트 지속까지 끊는다는 점이다.

컨트롤러는 무엇이든 될 수 있지만, 표 3-2에서 볼 수 있듯이 상호 연결을 돕는 권장 표준이 있다. 이러한 기능을 구현하려면 최대한의 호환성을 위해 컨트롤러 번호를 사용하는 것이 가장 좋다. 표를 보고 어떤 독자는 일부 컨트롤러 번호가 누락되었다는 점을 눈치 챘을 것이다. 이것들은 '정의되지 않은' 컨트롤러라고 불리며 어떤 것에도 사용될 수 있다. 혹시, 처음 64개의 컨트롤러가 MSB(최상위 바이트)와 LSB(최하위 바이트)의 두 부분으로 주로 나뉘어져 있음을 눈치 챘는가? 엄밀히 말하자면 이는 잘못된 것인데, 8비트가 아니라 각각 7비트로 제어하기 때문이다. 각 컨트롤러의 LSB 번호는 MSB에 정확히 32를 더한 컨트롤러 번호를 사용한다. 이진수상으로 컨트롤러 번호의 비트 6이 추가된 것과 같다. 이를 표현한 것이 그림 3-2이다. 여기에서는 CC7과 CC39, 두 개의 컨트롤러가 결합되어 채널의 메인 볼륨 컨트롤을 구성한다.

표 3-2 채널 컨트롤러 메시지

컨트롤러 번호	기능	컨트롤러 번호	기능
0	뱅크 선택 MSB	32	뱅크 선택 LSB
1	모듈레이션 MSB	33	모듈레이션 LSB
2	브레스 컨트롤 MSB	34	브레스 컨트롤 LSB
4	풋 페달 MSB	36	풋 페달 LSB
5	포르타멘토 시간 MSB	37	포르타멘토 시간 LSB
6	데이터 엔트리 MSB	38	데이터 엔트리 LSB
7	채널 음량 MSB	39	채널 음량 LSB
8	밸런스 MSB	40	밸런스 LSB
10	팬 MSB	42	팬 LSB
11	익스프레션 MSB	43	익스프레션 LSB
12	이펙터 종류 선택 #1	44	정의되지 않음
13	이펙터 종류 선택 #2	45	정의되지 않음
16	범용 컨트롤러 1 MSB	48	범용 컨트롤러 1 LSB
17	범용 컨트롤러 2 MSB	49	범용 컨트롤러 2 LSB
18	범용 컨트롤러 3 MSB	50	범용 컨트롤러 3 LSB
19	범용 컨트롤러 4 MSB	51	범용 컨트롤러 4 LSB
64	서스테인 페달 (온/오프)	65	포르타멘토 페달 (온/오프)
66	소스테누토 페달 (온/오프)	67	소프트 페달 (온/오프)
68	레가토 페달 (온/오프)	69	홀드 2 (온/오프)
70	사운드 제어 1 (사운드 변화)	71	사운드 제어 2 (하모닉)
72	사운드 제어 3 (릴리즈 시간)	73	사운드 제어 4 (어택 타임)
74	사운드 제어 5 (밝기)	75~79	사운드 제어 6~10 (정의되지 않음)
80	범용 컨트롤러 5	81	범용 컨트롤러 6
82	범용 컨트롤러 7	83	범용 컨트롤러 8
84	포르타멘토 제어	91	리버브 깊이
92	트레몰로 깊이	93	코러스 깊이
94	셀레스트 디튠 깊이	95	페이저 깊이
96	데이터 증가	97	데이터 감소
98	NRPN LSB	99	NRPN MSB
100	RPN LSB	101	RPN MSB

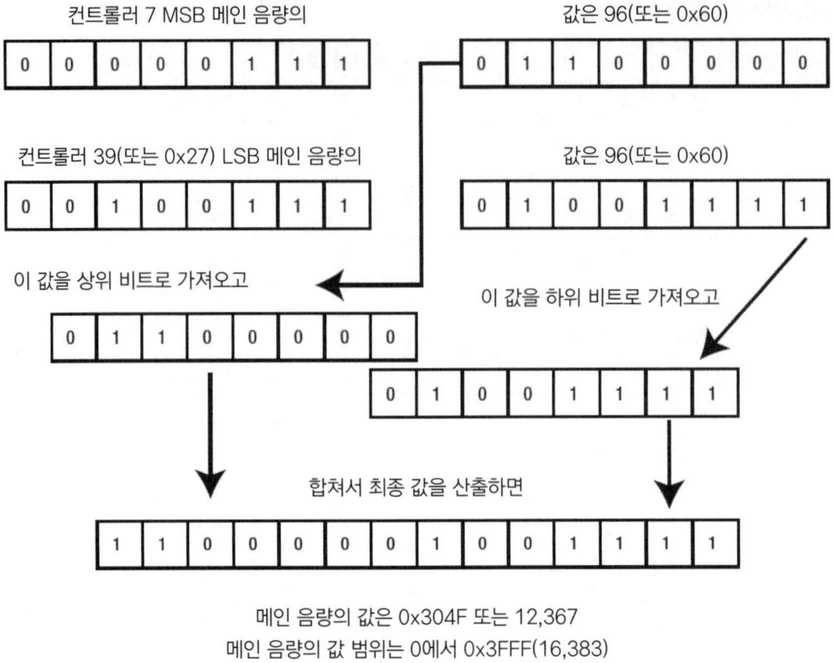

그림 3-2 메인 음량 컨트롤러

최하위 바이트의 최상위 비트는 항상 0이라는 점에 유의하자. 이로써 14비트의 제어 값, 즉 0에서 16,383까지의 값의 범위를 활용할 수 있으며 이는 대부분의 목적에 충분한 제어 기능을 제공한다.

특수 목적 제어에 사용할 수 있는 많은 컨트롤러가 있지만, 더 많은 컨트롤러를 확보할 수 있는 백도어도 있다. 이는 '뱅크 전환'이라고 알려져 있으며 여기에 사용할 수 있는 두 개의 뱅크가 있다. 바로 CC100, C101의 RPN(등록된 파라미터 번호registered parametric numbers) 그리고 CC98, CC99의 NRPN(등록되지 않은 파라미터 번호non-registered parametric numbers)이다. RPN은 해당 기능이 MIDI 표준기구에 등록되어 있다는 의미이고, NRPN은 표준에 등록되지 않았으므로 원하는 것을 자유롭게 할 수 있다는 의미이다.

이를 사용하는 방법은 다음과 같다. 우선 확장 파라미터 번호의 값을 컨트롤러 값

CC100, CC101로 보낸 다음, 이 파라미터에 대한 데이터의 MSB를 CC6에 보내고 LSB 데이터를 CC38에 보낸 후, 마지막으로 CC100, CC101을 모두 127로 설정하여 해당 파라미터의 문을 닫는다. 어렵게 느껴질 수 있지만 실제 작업은 매우 간단하다. 예를 들어, RPN 0은 피치 벤드 컨트롤(피치 벤드 감도라고도 한다)의 범위를 설정한다. 이것을 +/-8 반음과 +50센트(반음의 1/100)의 범위로 설정한다고 가정해보자. 이를 위해 다음과 같은 일련의 컨트롤러 변경 메시지를 보내야 한다.

```
CC101 -> 0
CC100 -> 0
CC6 -> 7
CC38 -> 96
CC101 -> 127
CC100 -> 127
```

예를 들어, CC101 -> 0은 컨트롤러 채널 101에 메시지를 보내서 값을 0으로 설정한다는 것을 의미한다. 여기서 센트의 의미를 설명할 필요가 있는데, 128개의 값으로 -100센트와 +99.99센트 사이의 범위를 나타내기 때문에 계산기가 필요할 것이다. 64의 값은 0센트를 나타내므로, 반음 상승에 해당하는 +50 센트를 나타내는 값은 64+32=96이 된다. 마찬가지로 반음 하강에 해당하는 -50센트의 값은 64-32=32가 된다. RPN 시스템의 주된 용도는 악기의 미세 조정이라고 할 수 있다.

걱정하지 말자. 이 부분이 가장 복잡한 부분이었고, 다른 MIDI 메시지는 훨씬 더 간단하다.

프로그램 변경 MIDI 메시지

프로그램 변경 메시지는 MIDI 사운드 모듈이 재생할 음색을 설정한다. 이를 프로그램program이라고 부르는 이유는, 초기의 신시사이저 시대에는 프로그램 또는 패치 코드 구성을 사용해서 오실레이터를 라우팅하고 전압을 제어하여 게이트, 샘플 홀드 블록, 엔벨로프 생성기 등의 다양한 기능 블록에 사용했기 때문이다. 지금까지 살펴본 다른 메시지와 달리 이 메시지는 단순한 2바이트 메시지이다. 첫 번째 바이트는 메시지 번호와 채널을 포함하고 두 번째 바이트는 새 음색의 번호를 나타낸다. 그림 3-3은 음색을 바순Bassoon으로 변경하는 프로그램 변경 메시지를 보여준다.

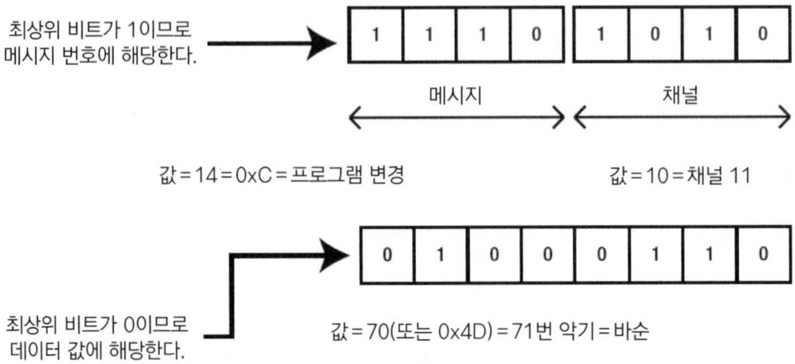

그림 3-3 프로그램 변경 메시지

채널 번호와 마찬가지로, 악기 번호는 1에서 128까지만 표시되지만 그 실제 값은 0에서 127까지이다. 그러므로 71번 악기에 대한 실제 값은 71인 셈이다. MIDI 초기에는 음색에 특별히 할당된 번호가 없었기에 초기의 시스템에서는 표준 없이 여러 규격이 파편화되어 있었다. 즉, 프로그램 변경 8이 바이올린일 수도, 더블베이스일 수도 있었던 것이다. 이 문제를 해결하기 위해 128가지 가능한 모든 음색의 이름을 정의하기 위한 표준이 MIDI에 추가되었다. 이것은 '일반 MIDIGeneral MIDI' 또는 줄여서 GM으로 알려져 있다. 기본적으로 음색 번호 범위를 표 3-3에 표시된 악기 군으로 정의한 다음, 각 악기 군을 개별 음색 이름으로 분할하였다. 그러나 이 규격은 사운드 특성에 대해서는 아무것도 기술하지 않았다는 점에 유의하자. 이 규격은 단지 지침일 뿐이다. 첫 번째 악기 군인 피아노Piano의 음색은 8개의 개별 음색으로 나뉘며 표 3-4에서 확인할 수 있다.

표 3-3 GM 규격의 악기 군

범위	악기 군 이름	범위	악기 군 이름
1-8	피아노Piano	9-16	반음계 타악기Chromatic Percussion
17-24	오르간Organ	25-32	기타Guitar
33-40	베이스Bass	41-48	스트링Strings
49-56	앙상블Ensemble	57-64	브라스Brass
65-72	리드Reed	73-80	파이프Pipe
81-88	신스 리드Synth Lead	89-96	신스 패드Synth Pad
97-104	신스 이펙트Synth Effects	105-112	에스닉Ethnic
113-120	퍼커션Percussive	121-128	사운드 이펙트Sound Effects

표 3-4 피아노 악기 군의 개별 악기

범위	악기 명
1	어쿠스틱 그랜드 피아노Acoustic Grand Piano
2	밝은 어쿠스틱 피아노Bright Acoustic Piano
3	전자 그랜드 피아노Electric Grand Piano
4	홍키통크 피아노Honky-tonk Piano
5	전자 피아노 1Electric Piano 1
6	전자 피아노 2Electric Piano 2
7	하프시코드Harpsichord
8	클라비Clavi

일부 제조업체에서는 음색을 128가지로 제한하는 것에 한계를 느끼고, 더 다양한 음색을 사용하기 위해 컨트롤러 채널 CC0의 최상위 바이트와 CC32의 최하위 바이트에서 뱅크 전환을 사용하였다. 이를 각 음색에 적용하면 최대 16,384가지 버전의 어쿠스틱 그랜드 피아노가 있을 수 있다. 이를 128가지 음색에 대한 경우로 곱하면 16,384×128 = 2,097,152의 음색 수가 존재할 수 있고, 이는 누구에게나 충분할 것이다. 일부 사운드 모듈은 300가지 이상의 음색을 제공하지만 뱅크 전환을 통해 선택 가능한 음색은 6~7개 정도에 불과하다.

또한 GM은 채널 10을 타악기를 위한 채널로 정의한다. 여기서 35~81 범위의 모든 노트 번호는 노트의 음정이 아니라 서로 다른 드럼 또는 타악기 음향에 해당한다. 실제로 많은 제조업체는 이 범위를 벗어나는 노트 값에 서로 다른 사운드를 할당한다. 또한 뱅크 선택의 CC값을 사용하여 하드 록 키트 또는 재즈 키트와 같이 다양한 종류의 드럼 키트를 구현할 수 있다. 특정 사운드 모듈 또는 사운드 합성 소프트웨어의 설명서를 확인하여 사운드 모듈이 지원하는 기능을 확인하자. 이러한 사운드는 구현할 수 있는 선택 사항일 뿐이며 반드시 구현되어야 하는 사운드가 아님을 기억하자. GM 사운드의 전체 목록은 MIDI 제조 연합의 웹사이트(http://www.midi.org/techspecs/gm1sound.php#instrument)에서 찾을 수 있다.

GM 표준에 대한 추가 업그레이드가 이루어졌으며 이전 버전과 모두 호환된다. 전체 목록은 http://www.midi.org/techspecs/gm.php를 참조하자.

❙ 피치 벤드 MIDI 메시지

이 메시지는 피치 벤드Pitch Bend라는 이름에서 알 수 있듯이 연주되는 음의 음정을 변경하는 연속적인 제어 메시지로, 보통 악기의 피치 휠이나 리본 컨트롤러에 연결된다. 이것은 3바이트 메시지이지만 뒤따라오는 두 개의 데이터 바이트 모두가 14비트값을 형성하는 드문 경우이다. 그림 3-4를 통해 메시지의 구성 요소를 알아보자.

데이터의 최하위 비트가 먼저 전송됨을 알 수 있다. 이를 리틀 엔디안little endian 시스템이라 한다. 사람이 숫자를 쓰는 방법은 빅 엔디안big endian이라 할 수 있다. 리틀 엔디안 시스템을 사용하면 숫자 642를 246이라 표기해야 할 것이다. 컴퓨터 공학에서 리틀 엔디안과 빅 엔디안의 우열은 오랜 세월 동안 논쟁거리였으며, 일부 마이크로컴퓨터 아키텍처는 엔디안이 없는 시스템을 도입하기도 했다. 그러나 여기에서는 피치 벤드 명령이 리틀 엔디안을 따르도록 MIDI 규격에 명시되었으므로 선택의 여지가 없다. 음정을 바꾸지 않는 피치 벤드 메시지의 가운데 값 데이터는 0x2000이다.

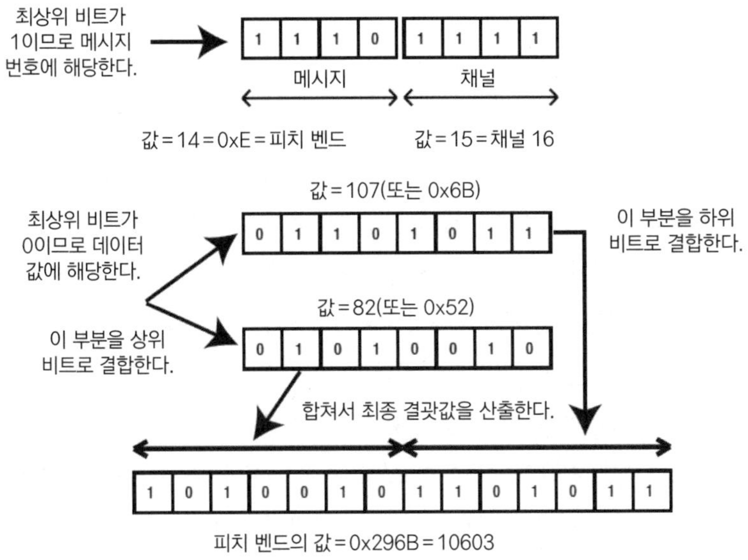

그림 3-4 피치 벤드 메시지

피치 벤드는 다른 종류의 컨트롤러보다 더 많은 메시지를 생성한다. 이것은 연주자의 손을 타는 메시지이면서, 해당 컨트롤러의 아주 미세한 움직임도 메시지를 생성하기 때문이다. 다른 컨트롤러는 조정된 후 해당 값이 유지되는 경향이 있지만 벤딩 컨트롤은 끊임없이 변화하는 값을 만든다. 이는 MIDI 시스템에 부하를 걸고 노트 온/오프 메시지가 통과하는 데 오래 걸리게 하는 효과를 일으킬 수도 있다. 악기에서 MIDI 입력을 녹음하는 경우, 특히 노트가 연주되기 전에 피치 벤드 메시지를 편집하거나 줄이려는 경우가 있다. 이는 컨트롤러를 터치할 때마다 노트 관련 메시지뿐 아니라 피치 벤드 메시지가 전송되기 때문이다. 피치 벤드가 컨트롤러 채널로 구현되지 않고 자체 명령으로 존재하는 이유는 시스템에서 보내는 바이트의 수를 줄이기 위한 의도이다. 전체 피치 벤드 메시지는 3바이트를 사용하는데, 2개의 컨트롤러 채널을 사용하는 경우에는 그 2배의 데이터인 6바이트를 사용한다.

❙ 애프터터치 MIDI 메시지

채널 음색 메시지의 마지막은 모든 메시지 중 가장 드물게 구현되는 기능, 애프터터치 메시지이다. 기본적으로 애프터터치는 키를 얼마나 세게 누르는지를 나타낸다. 애프터터치에는 모노포닉monophonic과 폴리포닉polyphonic의 두 가지 유형이 있다. 모노포닉 애프터터치를 사용하면 모든 건반의 총 압력을 나타내는 하나의 값이 전송되며, 이는 보통 건반 아래의 압력 감지 센서로 구현된다. 이것은 애프터터치를 구현할 수 있는 가장 저렴한 방법이다. 폴리포닉 애프터터치는 개별 키마다 센서를 구비하여야 구현 가능하다. 이는 많은 비용이 드는 방법이지만 더 많은 데이터를 생성한다.

많은 사운드 모듈은 애프터터치 형식 중 하나만을 구현한다. 두 가지 양식을 모두 구현하는 경우는 거의 없다. 사운드 모듈이 애프터터치를 구현하지 않는다면 처음부터 메시지를 생성할 필요가 없다. 애프터터치는 그림 3-5와 같이 2바이트 메시지로 구현된다.

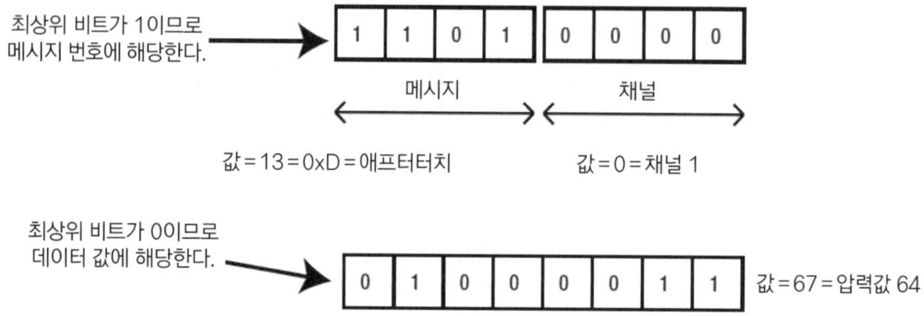

그림 3-5 애프터터치 메시지

압력 값은 절대값과 일치하지 않는다. 단지 상대적인 수치이며, 127은 가능한 한 힘껏 눌렀을 때의 값, 0은 가장 가벼운 터치 값을 나타낸다. 노트를 누르고 있는 동안 압력을 변경하면 새로운 애프터터치 메시지가 생성된다.

3.2 시스템 MIDI 메시지

또 다른 종류의 MIDI 메시지로 시스템 메시지가 있다. 이 메시지의 특징은 특정 채널을 대상으로 하지 않고 MIDI 시스템 전체를 대상으로 한다는 점이다. 따라서 시스템 메시지의 구조는 이전에 다룬 채널 메시지와 다소 다르다. 채널 메시지에서는 첫 번째 바이트가 두 부분으로 나누어져 있었고, 앞쪽 반은 메시지 번호, 뒤쪽 반은 채널 번호에 해당했다. 시스템 메시지에서는 채널을 지정할 필요가 없다. 메시지 번호는 모든 비트가 1, 즉 0xF의 값을 가지고 채널을 제공하는 데 사용된 바이트의 뒤쪽 절반은 이제 시스템 메시지 유형을 나타낸다. 그림 3-6에서는 리셋 메시지의 예를 보여주고 있다.

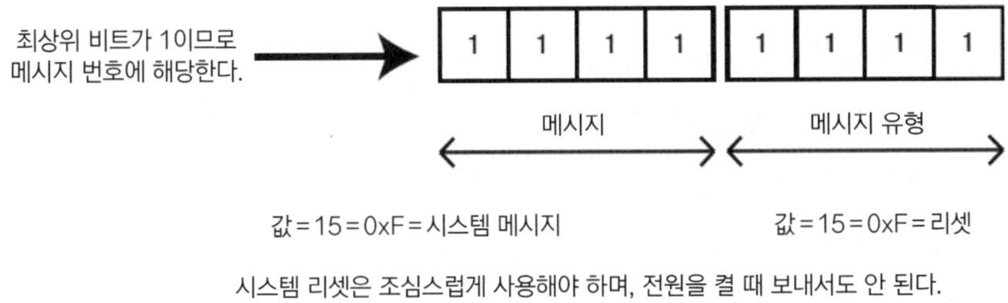

그림 3-6 리셋 메시지

그림의 예시는 하나의 바이트로 구성된 메시지를 보여주며, 그 값은 0xFF이다. 시스템 메시지 중 일부 유형은 둘 이상의 바이트를 가질 수도 있다. 기본적으로 세 가지 종류의 시스템 메시지가 있다.

- 시스템 실시간
- 시스템 공통
- 시스템 전용

이제 각각에 대해 살펴보자.

❚ 시스템 실시간 메시지

시스템 실시간system real-time 메시지는 여러 MIDI 장비 사이 또는 장비와 녹음 시스템 사이의 타이밍을 동기화하는 데 사용된다. 시스템 실시간 메시지에는 기본적으로 다섯 가지 메시지가 있다.

- 시스템 리셋system reset(0xFF) : 강한 리셋을 위한 메시지다. 장치의 메모리 내용을 모두 지울 수 있다. 실제로 이 메시지에 반응하는 시스템은 거의 없다.
- MIDI 클럭(0xF8) : ¼ 노트를 24번 전송한다. 이는 수신 장치가 송신 장치와 동일한 시간을 유지하도록 하는 일종의 메트로놈이다.
- 시작start(0xFA), 정지stop(0xFC), 재생continue(0xF9) : 시퀀서 제어용으로 사용된다.
- 액티브 센싱active sensing(0xFE) : 이것은 선택 사항이지만, 이 메시지가 전송되면 수신기는 이 같은 메시지를 초당 세 번 받게 된다. 수신기가 이러한 메시지를 받지 못하면 무언가 잘못되었다고 가정하고 모든 노트를 끄게 된다.
- 예비용reserved(0xF9) : 이 메시지는 향후 개정을 위해 예약되어 있다. 현재는 아무 용도가 없다.

이러한 메시지를 사용하는 것이 장치를 동기화하는 가장 간단한 방법이다. 예를 들어, 드럼머신을 시퀀서와 동기화하려면 시퀀서가 MIDI 클럭을 보내도록 설정하고 드럼 머신이 수신하도록 설정하면 된다.

❚ 시스템 공통 메시지

시스템 공통 메시지의 목적은 다른 장치를 제어하고 동기화하는 것이다. 이들 중 일부 메시지는 첫 바이트 뒤에 2 또는 3바이트를 포함한다. 시스템 공통 메시지의 종류는 다음과 같다.

- MIDI 타임 코드(0xF1 + 데이터 1개) : MIDI를 오디오 또는 비디오테이프와 동기화하는 데 사용되는 초당 100 속도의 펄스
- 송 포인터Song Pointer(0xF2 + 데이터 2개) : 노래 시작 이후 얼마나 많은 MIDI 비트가 있었는지 기록하는 14비트값이다. 하나의 MIDI 비트는 6개의 MIDI 클럭으로 구성
- 송 셀렉터Song Selector(0xF3 + 데이터 1개) : 재생될 시퀀스 또는 노래를 지정한다. 드럼 머신의 경우 재생할 패턴을 지정
- 튠 요청Tune Request(0xF6) : 아날로그 신시사이저의 오실레이터를 재조정하기 위한 메시지
- 예비용(0xF4 & 0xF5) : 사용되지 않는 두 개의 메시지

시스템 전용 메시지

시스템 전용 메시지SysEx: System Exclusive Messages는 MIDI 시스템에서 가장 복잡한 메시지일 것이다. 이 책의 목적을 생각하면 시스템 전용 메시지를 너무 깊이 파고들지 않아도 된다. 기본적으로 이 메시지 군은 특정 제조업체의 MIDI 프로토콜을 확장하는 모든 방법을 포괄한다. 각 제조업체는 MIDI 표준 단체에 고유한 번호를 등록해야 하며, 그 번호는 시스템 독점 메시지에 통합된다. 일반적으로 시스템 전용 메시지는 장치에 사운드 샘플이나 다른 데이터를 로드하거나 저장하도록 지시한다. 장치는 자체 제조업체 ID 번호에만 응답해야 한다. 따라서 이러한 메시지는 특정 장치에만 적용된다.

이 메시지는 바이트 0xF0으로 시작하여 바이트 0xF7로 끝나기 때문에 다른 메시지와는 다른 방식으로 작동한다. 길이는 임의의 바이트일 수 있지만, 이러한 시작 및 정지 바이트 사이의 데이터 바이트는 MIDI의 다른 모든 데이터 바이트와 마찬가지로 최상위 비트가 0이어야 한다. 그림 3-7로 살펴보자.

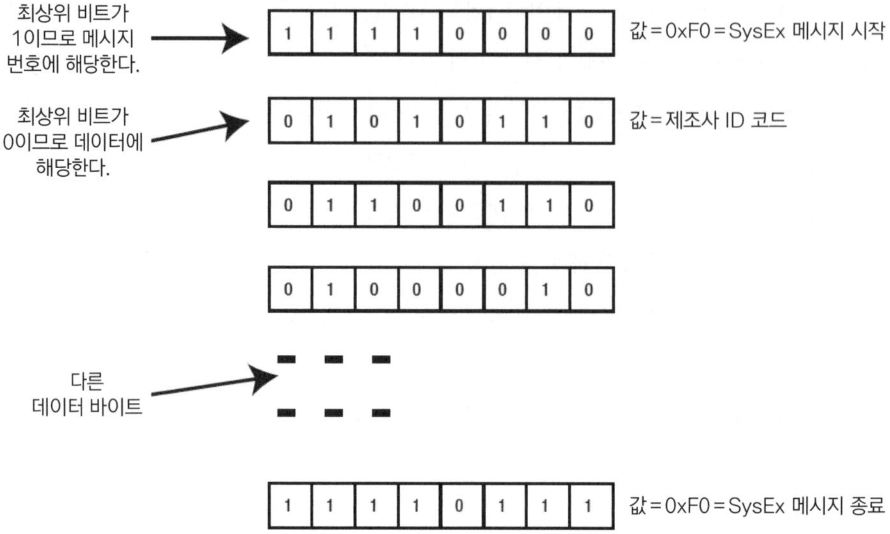

그림 3-7 시스템 전용 메시지

그림 3-7에서 시작 SysEx와 끝 SysEx의 프레이밍 바이트 사이에 불확실한 수의 바이트가 있음을 알 수 있다. 실시간 메시지는 단일 바이트이며, 최상위 비트가 1이므로 SysEx 메시지에 섞일 수 있다.

1. 유니버설 시스템 전용 메시지

유니버설 시스템 전용 메시지Universal System Exclusive Messages라고 하는 시스템 전용 메시지 클래스가 있다(실제로 '전용'은 아니다). 여기에 포함되는 메시지는 다음과 같다.

- 마스터 볼륨 : 장치의 전체 음량
- 마스터 팬 : 전체 장치 출력의 팬 위치
- 타임 시그니처 : 현재 메트로놈 속도
- MIDI 머신 컨트롤 : 테이프 레코더 비디오 및 DAT와 같은 다른 하드웨어를 제어한다.

- MIDI 쇼 컨트롤 : 조명 및 불꽃과 같은 공연장 장비를 제어한다.
- 일반 MIDI : 일반 MIDI에 대한 장치 음성 맵핑을 켜거나 끈다.

마지막 요소를 주의 깊게 살펴보자. 이것은 제조업체에 관계없이 모든 일반 MIDI(GM) 장치에서 인식할 수 있으며, 기본적으로 GM 켜기와 GM 끄기의 두 가지 동작이 있다. 이 메시지를 보내려면 다음 바이트를 보내야 한다.

```
F0 - SysEx 메시지 시작
7E - 유니버설 ID 번호
7F - 장치 ID(또 다른 예비 번호)
09 - GM 메시지 식별자
01 - GM 켜기(값이 02이면 끄기에 해당한다)
F7 - SysEx 메시지 종료
```

다른 범용 SysEx 메시지에 대해 알아보고 싶다면 표준 문서에서 찾아볼 수 있을 것이다.

MIDI는 아주 간단한 시스템으로 시작했지만, 굉장히 복잡하고 정교한 방향으로 발전했다. 복잡하게 느껴지는 이유 중 하나는, 동일한 일을 하는 방법이 여러 가지 있는 것처럼 보이기 때문일 것이다. 그러나 일반적으로 각 컨트롤의 범위는 각 경우마다 다르다. 음량을 예로 들어 보자. 음량을 제어하는 방법으로는 벨로시티, 채널 볼륨 CC7 및 CC39에 의한 노트 레벨, 범용 SysEx 마스터 볼륨에 의한 장치 레벨 등이 있다. 채널 레벨 음량은 트랙 믹싱에 적합한 반면, 마스터 음량은 장치에서의 믹싱에 적합하다.

하지만 MIDI로 결과물을 만들기 위해 MIDI의 대가가 될 필요는 없다. 노트 온/오프, 컨트롤러 채널, 프로그램 변경 메시지만으로도 엄청나게 많은 일을 할 수 있다. 다음 장에서는 지금까지 익힌 이론 중 일부를 실습하기 시작할 것이다.

3.3 MIDI와 USB의 직접 연결

2장에서 읽은 바와 같이, MIDI 표준에는 악기를 서로 연결하기 위해 정의된 하드웨어 인터페이스가 있다. 이것은 MIDI 사운드 모듈, 키보드, 컨트롤러를 서로 연결하기 위한 규격이다. 그러나 믹싱 작업에서 컴퓨터의 역할이 늘어나고, MIDI-USB 어댑터를 구하기가 아무리 쉽다 해도 이를 사고 연결하는 일은 꽤 번거롭다. 최근의 추세는 USB 소켓을 통해 MIDI 장치를 컴퓨터에 직접 연결하는 것이며, 이런 구성은 확실히 편리하다. 물론 악기를 서로 USB로 연결할 수는 없다. USB는 클라이언트(장치)와 호스트(컴퓨터) 사이의 연결일 뿐이다. 컴퓨터의 운영체제에 가상 MIDI 구성 요소가 상호 연결될 수 있도록 가상 MIDI 버스 시스템이 구현되는 경우가 점점 늘어나고 있는 덕분이다.

USB 시스템은 여러 종류의 장치로 구성된다. MIDI 장치는 HID(휴먼 인터페이스 장치) 클래스에 속하는 하나의 장치이다. 이 클래스에는 키보드, 마우스, 조이스틱, 전자 악기가 포함된다. 기본적으로 인간의 행동에 따라 데이터 전송 속도가 결정되기 때문에 비교적 느리다. USB HID MIDI 인터페이스는 공식적인 MIDI 사양의 일부는 아니지만 사양에 그 존재가 간접적으로 포함되어 있다.

기존의 MIDI 전송 하드웨어를 사용하지 않고도 MIDI를 컴퓨터로 가져올 수 있는 여러 가지 방법이 있다. 가장 널리 구현된 두 가지 방법은 USB 시리얼 포트 에뮬레이터를 사용하고 USB HID MIDI 장치를 직접 에뮬레이트하는 것이다.

MIDI-시리얼-USB 변환기

아두이노는 전용 칩을 사용하여 컴퓨터가 시리얼 장치와 통신하고 있다고 생각하게 하고, 실제로는 USB 장치와 통신하고 있다. 이는 USB를 실제 시리얼 데이터로 변환하는 전용 USB 브리지 칩을 사용하여 수행한다. 이전 모델의 아두이노는 FTDI 칩을 이 용도로 사용했으며, 나중에는 마이크로컨트롤러가 USB에서 직렬 장치처럼 작동하도록 프로그래밍된 작은 마이크로컨트롤러를 사용했다. 덕택에 아두이노는 컴퓨터와 직접 대화할 수 있다.

유감스럽게도 MIDI를 사용하는 많은 응용 프로그램은 시리얼 포트에 직접 연결되는 것이 아니라 컴퓨터의 내부 MIDI 버스하고만 통신할 수 있으므로, 시리얼 데이터를 MIDI 데이터처럼 MIDI 소프트웨어에 제공하는 응용 프로그램이 필요하다. 이러한 응용 프로그램은 기성품도 있지만, 직접 제작해서 쓸 수도 있다.

이런 종류의 응용 프로그램 중 최초이자 가장 대중적인 변환기 중 하나는 http://www.spikenzielabs.com/SpikenzieLabs/Serial_MIDI.html에 있는 'Serial MIDI converter'라는 프로그램이다. 무료이며 맥, 윈도우 버전이 있다. 하지만 이 프로그램은 3바이트 MIDI 메시지만 처리할 수 있고, 메시지를 보낼 때와 사운드 시작 사이에 약 26밀리 초의 지연 시간이 있다는 점에서 한계를 가지고 있다.

최근에 부상하는 프로그램은 http://projectgus.github.io/hairless-midiserial/에서 받을 수 있는 헤어리스Hairless MIDI 시리얼이다. 마찬가지로 무료이며, 설치하기가 훨씬 쉽다. 맥, 윈도우, 리눅스 버전이 있으며 소스코드로 직접 빌드할 수도 있고, 실행 파일을 직접 받을 수도 있다. 정말 사용하기 쉽고, 적절한 MIDI 하드웨어를 사용하기만 하면 아두이노의 스케치도 그대로 사용할 수 있다. 예외적으로 보 레이트는 일반적인 MIDI 속도인 31,250 대신 115,200로 설정된다.

헤어리스 MIDI를 실행하면 그림 3-8과 같은 창이 나타난다. 화면 왼쪽에 시스템에 연결된 모든 시리얼 포트가 표시된 드롭다운 메뉴가 있고, 여기서 아두이노와 관련된 것을 선택하기만 하면 된다. 화면 오른쪽에는 두 개의 드롭다운 메뉴가 있다. 이 메뉴를 사용하면 아두이노에서 출력되는 MIDI 신호를 보낼 MIDI 버스와 아두이노가 입력받을 MIDI 신호를 어느 버스에서 가져올지 선택할 수 있다. 이 MIDI 버스의 선택은 실행 중인 소프트웨어에 따라 다를 수 있다.

또한 MIDI 메시지 디버깅을 위한 대화 상자가 있다. 이것은 시리얼 포트를 통해 전송되는 데이터를 위한 내장형 MIDI 모니터와 같다. 메시지는 디코딩되어 노트 온/오프, 프로그램 변경 메시지 또는 기타 매개 변수 데이터 표시 여부를 나타낸다. 왼쪽에는 메시지가 시스템을 통과한 시간(초)도 표시된다. 컴퓨터의 대역폭을 절약하기 위해 시스템을 실행한 후에는 이 메시지를 끄는 것이 좋다.

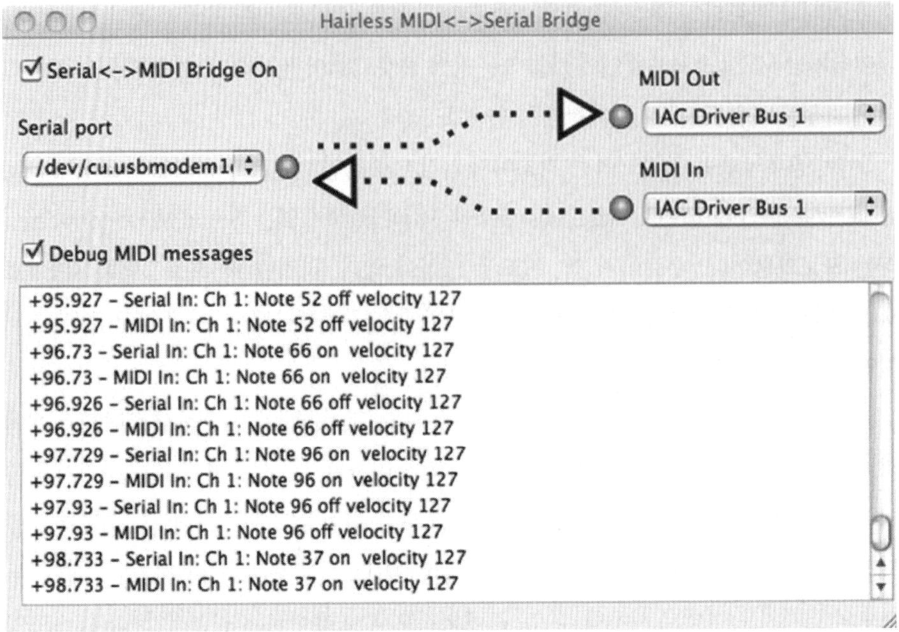

그림 3-8 헤어리스 MIDI 실행 창

헤어리스와 함께 사용 가능한 아두미디Ardumidi라는 MIDI 라이브러리도 있다. 아두미디는 작성중인 코드를 줄이기 위해 간단한 호출을 제공하고 원시 바이트를 보내지 않고 한 단계만 거치게 한다. 필자 개인적으로는 많은 아두이노 라이브러리를 즐겨 사용하지 않는데, 실제로 일어나는 메커니즘을 감추는 경향이 있으며 대체로 최적의 공간보다 더 많은 공간을 차지하기 때문이다. 라이브러리에 보통 사용하지 않을 기능이 포함되어 있지만 이러한 기능도 코드에 로드해야 하기 때문에 불필요한 공간을 차지하게 된다.

MIDI 라이브러리에서 빼놓을 수 없는 것 중 하나는 아두이노 MIDI 라이브러리이다. http://playground.arduino.cc/Main/MIDILibrary를 참조하자. 이것은 다음 장에서 다룰 것이다.

자신만의 응용 프로그램을 만들기 위해 이 두 응용 프로그램의 소스코드를 모두 무료로 사용할 수 있으며, 거기에서 시작하여 코드를 수정하는 것이 좋다. 사실 헤어리스 MIDI

가 워낙 간단하고 설치하기 쉽기 때문에 굳이 자신만의 버전을 만들 필요는 없을 것이다.

❙ MIDI-HID USB

변환기 또는 브리지 응용 프로그램이 완벽하게 작동할 수 있지만, 필요에 따라 아두이노가 플러그를 꽂은 컴퓨터의 USB 포트에 대한 MIDI 인터페이스처럼 보이기를 원할 수도 있다. 이렇게 하면 컴퓨터에서 별도의 응용 프로그램을 사용하는 일에 대해 신경 쓰지 않아도 되므로 특히 다른 사람의 컴퓨터를 사용하는 경우 큰 도움이 된다. 사람들은 일반적으로 다른 사람이 자신의 컴퓨터에 응용 프로그램을 설치하는 것을 그리 기쁘게 생각하지 않을 테니까.

1. 아두이노 우노, 아두이노 메가

아두이노를 사용하려면 https://github.com/ddiakopoulos/hiduino에서 Hiduino 프로젝트를 찾아보자. 이 소프트웨어를 사용하여 Arduino Uno rev 2 또는 3에서 시리얼-USB 어댑터 칩으로 사용되는 ATmega 8u2 또는 16u2를 재프로그래밍할 수 있다. 하드웨어 프로그래밍 장치로 칩의 기존 코드를 대체해야만 하지만, 그 자체는 어렵지 않다. 그러나 여기서 문제는 소프트웨어가 8U2/16u2 칩에 있으면 IDE의 정상적인 부트로더 프로세스를 통해 더 이상 아두이노를 프로그래밍할 수 없다는 점이다. 이것은 개발 중에 HID 소프트웨어와 일반 USB 시리얼 소프트웨어를 끊임없이 교체해야 한다는 것을 의미한다. 따라서 코드를 테스트하는 데 소요되는 시간은 평소보다 훨씬 길고 복잡해진다. 이것은 상당한 단점이며 아두이노의 최대 장점인 단순성을 무효화시킨다. 이러한 복잡성 때문에 이 방법은 소프트웨어에 전문화된 뮤지션에게는 유용할 수 있지만 보통은 권장하지 않는다.

2. 틴지 보드

아두이노로 USB MIDI 장치를 쉽게 에뮬레이트할 수 없는데, 덕택에 틴지Teensy의 장점은 두드러진다. 틴지 역시 사용하기가 쉽지만 아두이노와는 다르다. 틴지 3은 아두이노보다

6배 빠른 최대 96MHz의 클럭 속도로 작동할 수 있는 ARM 기반 아두이노 외장 보드이다. 32비트 ARM 칩을 사용하는 덕택에 실행 속도 역시 상당히 빠르다. 그러나 프로세싱 속도보다 중요한 것은 USB 연결의 용이성이다.

틴지를 사용하려면, 먼저 http://www.pjrc.com/teensy/loader.html에서 로더 응용 프로그램을 다운로드하고 이 응용 프로그램이 가지고 있는 아두이노 IDE 버전을 지원하는지 확인해야 한다. 각 IDE 릴리스마다 고유한 버전이 있으며 새 버전의 IDE와 호환되는 로더 간에 약간의 시간 지연이 있을 수 있다. 화면의 지침에 따라 로더를 실행하자. 아두이노 IDE에 패치를 적용하면 다음번에 열 때 도구 → 보드 메뉴 목록에서 지원되는 틴지 보드를 찾을 수 있다. 또한 그림 3-9와 같이 도구 메뉴에 몇 가지 다른 항목이 표시될 것이다.

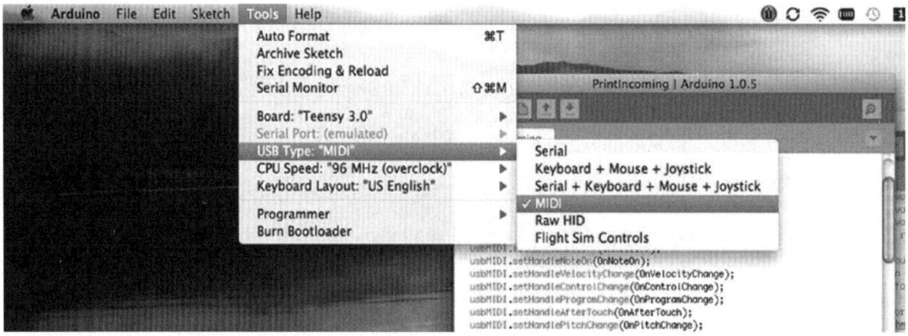

그림 3-9 틴지 로드 배치를 실행한 후의 도구 메뉴

몇 가지 새로운 항목이 있음을 알 수 있다. 여기서 가장 흥미로운 점은 USB Type 옵션이다. 그림 3-9에서는 이것을 MIDI로 선택했음을 알 수 있다. 즉, 스케치가 로드되어 실행 중일 때 보드는 일반 시리얼 포트 에뮬레이터처럼 표시되지 않고 HID MIDI 장치로 컴퓨터에 표시된다.

3. 틴지로 MIDI 메시지 보내기

틴지에는 MIDI 드라이버에 접근할 수 있는 몇 가지 새로운 함수가 포함되어 있다. 송신 측에서는 예제 3-1에 표시된 것처럼 MIDI 메시지 유형을 보내는 함수가 있다.

예제 3-1 틴지의 MIDI 메시지 유형

```
usbMIDI.sendNoteOn(note, velocity, channel)
usbMIDI.sendNoteOff(note, velocity, channel)
usbMIDI.sendPolyPressure(note, pressure, channel)
usbMIDI.sendControlChange(control, value, channel)
usbMIDI.sendProgramChange(program, channel)
usbMIDI.sendAfterTouch(pressure, channel)
usbMIDI.sendPitchBend(value, channel)
usbMIDI.sendSysEx(length, array)
```

이러한 함수를 호출하면 한 번에 최대 16개의 메시지를 보낼 수 있도록 메시지가 잠시 동안 버퍼에 보관된다. 다른 메시지가 전송되지 않으면 함수를 호출하고 메시지를 보내는 사이에 1밀리초 미만의 매우 짧은 지연이 발생한다. 그러나 이러한 지연 없이 메시지를 즉시 보내려는 경우 다음 명령을 사용하여 메시지 함수 호출을 수행할 수 있다.

```
usbMIDI.send_now()
```

예상대로 메시지가 바로 전송될 것이다.

4. 틴지로 MIDI 메시지 받기

수신 측에서는 어떤 MIDI 메시지가 틴지로 전송되었는지 보는 두 가지 방법이 있다. 가장 간단한 방법은 새 메시지가 있는 경우 True 값을 반환하는 usbMIDI.read() 함수를 호출하는 것이다. 그런 다음 함수를 호출하여 메시지 유형, 채널, 데이터를 가져올 수 있다.

들어오는 메시지를 처리하는 훨씬 더 편리한 방법은 '콜백callback 함수'라고 알려진 것을 사용하는 것이다. 일부 아두이노 MIDI 라이브러리도 이와 같이 작동한다. 이는 특정 메시지가 도착할 때 호출할 코드의 기능을 시스템에 알려줌으로써 작동한다. 스케치의 setup 함수에 다음 행을 삽입하면,

```
usbMIDI.setHandleNoteOn(OnNoteOn);
```

스케치는 프로그램이 OnNoteOn이라는 이름의 함수를 호출하게 할 것이다. 물론 이 함수를 직접 작성하여 원하는 대로 코드 본문에 배치할 수도 있지만, 콜백을 잘 사용하면 각 메시지를 보고 필요한 함수를 호출하는 코드 작성의 번거로움을 덜어줄 것이다.

5. 아두이노 레오나르도, 아두이노 마이크로

아두이노 레오나르도Leonardo와 마이크로Micro는 ATmega 32u4 프로세서를 사용하며 별도의 칩 없이도 USB 인터페이스를 직접 처리한다. IDE 버전 1.6.6에서 PluggableUSB 시스템을 사용하면 호스트 USB와 다른 종류의 장치를 제공하는 라이브러리를 사용할 수 있다. 이 책의 작업과 특히 관련이 있는 것들 중 하나는 https://github.com/arduino-libraries/MIDIUSB에 있는 MIDIUSB 라이브러리로, 아두이노를 MIDI 인터페이스로 만드는 가장 간단한 방법을 제공하며 단순히 바이트의 모음인 midiEventPacket_t라는 데이터 구조를 사용한다. 이 구조를 출력 버퍼로 전송하기 위해서는 MidiUSB.sendMIDI 함수가 호출된다. 그러나 이 데이터는 버퍼가 꽉 찬 경우(바람직하지 않은 상태이다) 또는 버퍼에서 모든 것을 보내는 MidiUSB.flush 함수를 호출할 때만 전송된다. 이 함수는 여러 개의 MIDI 메시지를 누적하여 가능한 한 한꺼번에 보낼 때 유용하다. 아두이노가 더 이상 시리얼 인터페이스를 가지고 있지 않기 때문에, IDE 메시지에 'Uploading'이 표시되기

전까지는 보드의 리셋 버튼을 계속 누르고 있어야 한다.

3.4 마치며

MIDI 메시지에 익숙해졌다면, 이제 다음 장으로 이동하여 MIDI 음악 제작 실력을 키울 수 있는 실용적인 프로젝트를 살펴볼 차례이다. MIDI 메시지를 가로채고 수정하여 음악에 에코 또는 코러스 효과를 추가하는 작업을 할 수 있다. 피치 벤드 메시지를 생성하는 벤드 센서와 같이 실제 입력을 MIDI 메시지로 변환할 수 있는 컨트롤러를 만들 수도 있다. MIDI 테레민Theremin과 같은 MIDI 사운드 생성기를 제어하거나 MIDI 메시지에 대한 응답으로 실제 악기를 연주하는 악기를 만들 수 있는 악기를 만들 수도 있다. 이어지는 세 장에서 이 모든 것들이 독자 여러분을 기다리고 있다.

04 MIDI 조작

이번 장에서는 다음과 같은 내용을 다룬다.

- MIDI 조작
- 더블, 트리플 트랙
- 트라이어드 코드triad chords 자동 생성하기
- MIDI 아르페지에이터
- 딜레이와 에코
- MIDI 루퍼 페달

지난 장에서는 사용 가능한 다양한 MIDI 메시지를 살펴보았다. 이제 MIDI를 조작하는 재주를 부려볼 차례다. 이 장에서 할 프로젝트는 모두 전체적인 구조가 동일하다. 들어오는 MIDI 메시지를 확인하고 거기에 어떠한 조작을 가할 것이다. 기본적으로 메시지를 수정한 다음 수정 사항을 출력할 것이다. 노트 메시지가 지나가는 동안 단순히 노트를 추가하거나 뺄 수도 있고, 노트의 음정을 변경할 수도, 메시지를 계속 누르고 나중에 보내거나 반복적으로 MIDI 메시지를 보낼 수도 있다. 이런 방식으로 얻을 수 있는 다양한 음악적 효과가 있으며, 자신만의 새로운 아이디어를 구현할 수 있다는 것은 의심의 여지가 없다.

4.1 MIDI 설정

이번 장에서 소개할 프로젝트는 키보드나 다른 MIDI 장치로부터 MIDI 데이터를 가로채고 조작을 가한 뒤 다시 전달하는 방식이다. 필요한 것은 MIDI 입출력을 가진 아두이노 시스템으로, 2장에서 설명한 MIDI 실드가 이상적인 예이다. 기본 구성은 그림 4-1과 같다.

그림 4-1은 두 가지 가능한 설정법을 나타낸 것이다. 양쪽 다 MIDI 키보드가 표준 MIDI 신호를 MIDI 실드로 보내는 구성을 갖고 있다. 위쪽의 구성도에서는 MIDI 실드가 사운드 모듈, 그 다음엔 오디오 앰프와 스피커로 연결되어 있다. 이 방법은 라이브 공연에

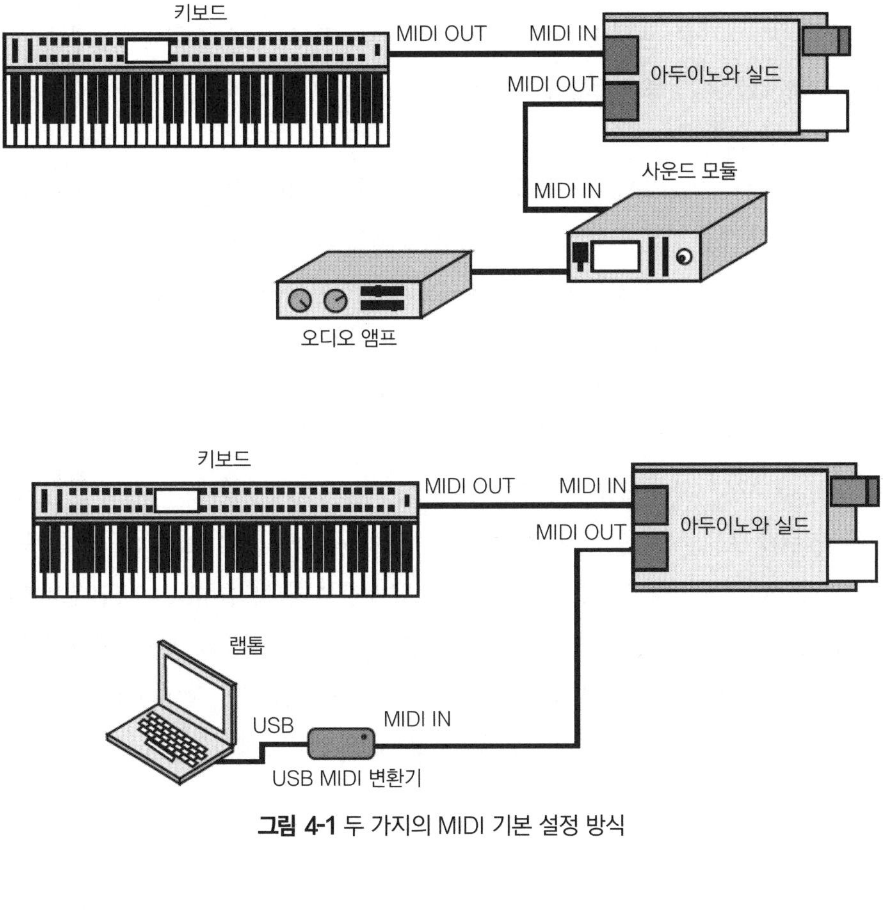

그림 4-1 두 가지의 MIDI 기본 설정 방식

적합하며 컴퓨터 시스템과 완전히 독립적으로 동작한다. 아래쪽의 구성에서는 MIDI 실드의 출력이 USB/MIDI 인터페이스를 통해 컴퓨터 또는 랩톱으로 연결된다. 두 구성 모두 표준 MIDI 출력이 가능한 키보드가 필요하다.

근래의 보급형 키보드는 대부분 USB 출력만 갖고 있는데, 이를 사용하려면 조금 다른 구성이 필요하다. 2장에서 아두이노나 틴지를 USB HID MIDI 장치로 동작하게 할 수 있다고 봤으니, USB에 대해 잘 모르는 경우 키보드를 이들 장치에 연결하는 방법을 떠올릴지도 모르겠다. 안타깝게도 USB에는 호스트와 클라이언트의 두 가지 장치 유형이 있다. 호스트 장치는 컴퓨터나 랩톱과 같이 동작한다고 보면 되는데, USB 클라이언트 장치로부터 정보를 모으고 제어하는 기능을 수행한다. 클라이언트 장치는 때때로 슬레이브slave 장치라고도 부른다. 이들은 USB 장치로 행동하면서 호스트로부터의 요청에 응답하는 일을 한다. 그래서 클라이언트 시스템 구성은 상대적으로 쉽지만, 호스트 장치를 구성하는 것은 매우 복잡하다.

결과적으로 아두이노나 틴지를 호스트 장치로 만드는 것이 쉽지 않기 때문에 이들 장치에 키보드를 그냥 연결할 수는 없다. 이 문제를 해결하려면 다른 방식의 구성 방법을 써야 하는데, 하나는 먼저 키보드를 컴퓨터의 USB에 연결한 다음 USB/MIDI 인터페이스나 USB HID MIDI가 활성화된 아두이노 또는 틴지에 연결하는 것이다. 또 일반 아두이노와 헤어리스와 같은 응용 프로그램을 실행하는 방법도 생각해볼 수 있다. 이 두 가지 방법이 그림 4-2이다.

첫 번째 구성은 매번 랩톱 컴퓨터를 싸들고 다녀야 하겠지만 라이브 연주에는 더 적합하다. 두 번째 구성은 녹음할 때나 에이블톤 라이브Ableton Live와 같은 프로그램을 함께 쓸 때 유용하다. 이 두 가지 방법이 갖고 있는 유일한 문제점은 키보드를 MIDI/USB 컨버터나 MIDI USB HID 장치를 통해 연결해야 한다는 것이다. 컴퓨터상의 MIDI 소프트웨어에 따라 차이는 있겠지만 다른 MIDI 라우팅과 거의 비슷하다. 예를 들어, 헤어리스 프로그램을 쓴다고 가정하면 키보드를 아두이노의 MIDI IN에 연결하고, 헤어리스의 MIDI OUT을 사운드 모듈이나 DAWDigital Audio Workstation로 연결하면 된다.

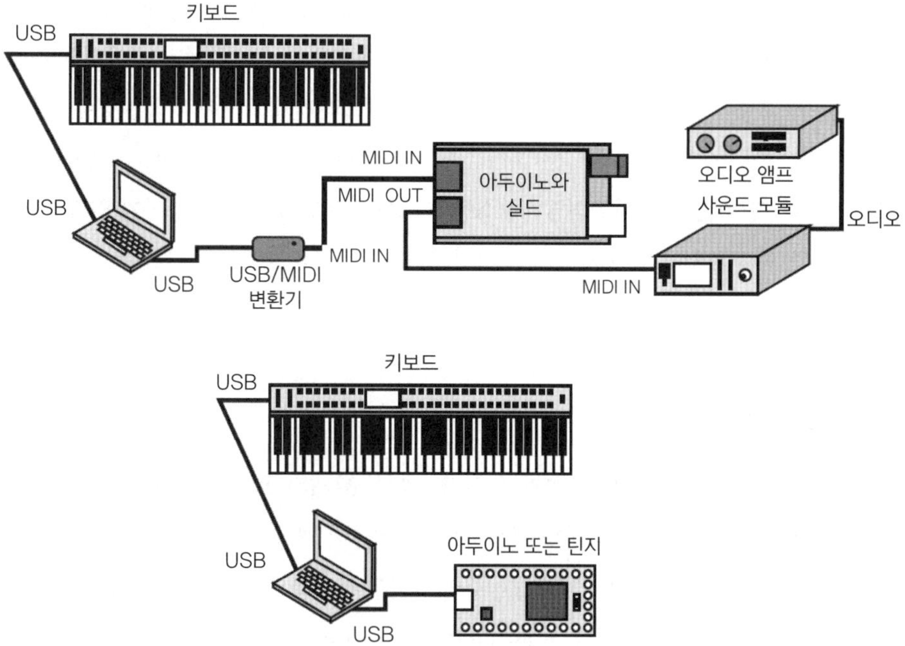

그림 4-2 두 가지 USB 키보드 설정

필자는 개러지밴드GarageBand로도 이 구성을 시도해보았지만 상당히 많은 난점을 마주하게 되었는데, 개러지밴드가 MIDI를 잘 처리하지 못하기 때문이다. 결국 출력 노트가 입력 노트를 트리거하는 무한 루프 때문에 일종의 MIDI 하울링까지 발생했다. PD와 같은 언어로 라우팅하는 것이 훨씬 쉬운 편이다.

가장 쉬운 방법은 http://notahat.com/midi_patchbay/의 응용 프로그램 MIDI 패치 베이patch bay를 사용하는 것이다. 이를 통해 어떤 MIDI IN 또는 OUT이 어떤 장치로 보내지는지 쉽게 설정할 수 있다. 맥 OSX 10.8 이상을 실행하는 맥에서 두 번 클릭하면 인식할 수 없는 개발자가 실행 중이며 실행하지 않는다는 메시지가 나타난다. 다행히도 이 문제를 해결하는 쉬운 방법이 있다. 앱 아이콘을 Control-클릭한 다음 단축 메뉴에서 열기를 선택하면 실행 제한을 우회할 수 있는 대화 상자가 나타난다.

아두이노를 USB 호스트로 만들어 USB키보드를 직접 연결하는 것은 불가능하지만, 다른 프로세서를 호스트로 동작하게 하고 이것을 아두이노에 연결할 수는 있다. 시중에서 USB 호스트 실드라고 불리는 장치로 그림 4-2에 있는 아두이노와 키보드 사이의 랩톱 컴퓨터를 대체할 수 있다. 이 중 인기 있는 실드는 Circuits@home(http://www.circuitsathome.com)에서 제작한 것인데, 풀 사이즈의 5V 시스템과 소형 버전인 3V3의 두 종류가 있다. 한편, MIDI 관련 사례는 없지만, Xbox USB 인터페이스도 MIDI 호스트로 사용할 수 있다.

4.2 더블 트래킹

가장 간단하게 만들어볼 수 있는 효과 중 하나는 더블 트래킹 종류인데, 다른 채널에서 노트 온/오프 메시지가 반복될 때마다 발생하는 것이다. 이 채널에서는 같은 음색이나 다른 보완적인 소리를 재생할 수 있다. 한 가지 주의할 점은 전체적으로 부자연스러운 소리를 내는 플랜징 효과가 나타날 수 있다는 것이다(물론 이걸 바라는 경우도 있겠지만). 이 효과를 극복하기 위한 방법은 반복되는 소리 사이에 약간의 지연 시간을 넣는 것인데, 프로그램에 대한 다른 접근법이 필요하므로 이 장의 뒷부분에서 자세히 설명하겠다.

기본적인 더블 트래킹

아두이노 스케치로 더블 트래킹을 구현하는 것은 개념적으로 간단하다. 모든 입력 바이트를 읽고 출력 쪽에 그대로 보내기만 하면 된다. 그 다음 입력 스트림에서 노트 온/오프 메시지를 모니터링하다가 메시지가 발견되면 그 노트를 다음 채널로 보낸다. 예제 4-1이 아두이노와 MIDI 실드로 이를 수행하기 위한 코드이다.

예제 4-1 실드를 통한 더블 트래킹 코드

```
/* MIDI Double Track - Mike Cook
 * -----------------
 * listen for MIDI note on/off data,
 * and plays it on the next track up
*/

//variables setup
boolean noteDown = LOW;
byte channel = 0; // MIDI channel to respond to (in this case channel 1)
                  // change this to change the channel number
                  // MIDI channel = the value in 'channel' + 1

// setup: declaring inputs and outputs and begin serial
void setup() {
  Serial.begin(31250); //start serial with MIDI baud rate
}

// loop: wait for serial data, and interpret the message
void loop() {
  checkIn(); // see if anything has arrived at the input
}

void checkIn() {                                                      #A
  static byte note = 60;
  static byte state=0; // state machine variable 0 = command waiting
                       //: 1 = note waiting : 2 = velocity waiting
  if (Serial.available() > 0) {
    // read the incoming byte:
    byte incomingByte = Serial.read();
    Serial.write(incomingByte); // act as a MIDI THRU

    switch (state) {
      case 0:                                                         #B
      // look for as status-byte, our channel, note on
        if (incomingByte == (0x90 | channel)) { // read only one channel
          noteDown = HIGH;
          state=1;
        }
      // look for as status-byte, our channel, note off
        if (incomingByte == (0x80 | channel)) { // read only one channel
          noteDown = LOW;
          state=1;
        }
```

예제 4-1 실드를 통한 더블 트래킹 코드(계속)

```
      // look for any after touch, or program message
        if ((incomingByte & 0xE0) == 0xC0) {
          state=4; // just wait for the data
        }
      // look for any control or polyphonic after touch
        if ((incomingByte & 0xE0) == 0xA0) {
          state=3; // just wait for two bytes of data
        }
      // look for any pitch wheel or Channel Mode data
        if ((incomingByte & 0xF0) == 0xA0 || (incomingByte & 0xF0) == 0xB0) {
          state=3; // just wait for two bytes of data
        }
        break;
      case 1:                                                              #C
      // get the note to play or stop
        if(incomingByte < 128) {
          note=incomingByte;
          state=2;
        }
        else {
          state = 0; // reset state machine as this should be a note number
        }
        break;
      case 2:                                                              #D
      // get the velocity
        if(incomingByte < 128) {
          doNote(note, incomingByte, noteDown);
        }
        state = 0; // reset state machine to start
        break;
      case 3: // first of two bytes to discard                             #E
        state = 4; // next byte to discard
        break;
      case 4: // data to discard #E
        state = 0; // reset state machine
    }
  }
}

void doNote(byte note, byte velocity, int down) {
// if velocity = 0 on a 'Note ON' command, treat it as a note off
  if ((down == HIGH) && (velocity == 0)) {
    down = LOW;
```

예제 4-1 실드를 통한 더블 트래킹 코드(계속)

```
    }
    // send out this note message
    if(down == LOW) noteSend(0x80, note, velocity); // note off
    else noteSend(0x90, note, velocity); // note on
}

void noteSend(byte cmd, byte data1, byte data2) {
    cmd = cmd | byte((channel +1) & 0xf); // next channel number up
    Serial.write(cmd);
    Serial.write(data1);
    Serial.write(data2);
}

#A 수 바이트 정도의 MIDI 메시지를 읽는 상태 머신
#B 첫 번째 바이트에서 메시지의 종류를 알아냄
#C 노트 메시지의 두 번째 바이트는 노트 번호가 됨
#D 세 번째 바이트는 벨로시티. 이것으로 모든 노트 메시지를 갖추게 됨
#E 나머지 관심 없는 부분의 데이터는 그냥 흘려보냄
```

CheckIn() 함수의 코드가 각각의 바이트를 읽어 들이고 선택한 채널에 노트 온과 노트 오프 메시지를 맞춰 보낸다. 필요한 코드가 발견되면 다음 채널에 노트 온 메시지를 보내는 것은 간단하다. 채널에 메시지를 단순히 얹는 대신에, 메시지를 덧붙인 뒤 그 결과에 0xf와 AND 연산을 수행한다. 이 방법으로 채널을 정확하게 랩핑wrapping할 수 있다. 가령, 시스템에서 응답할 채널을 가장 높은 번호인 15(MIDI 채널 16)로 했을 때, 여기에 메시지를 더하면 5바이트가 더 긴 메시지가 되고, 메시지 절반의 바이트에 영향을 주게 된다. AND 연산으로 채널 번호에서 하위 4비트만 남긴 채 불필요한 부분을 간단히 삭제할 수 있다.

아날로그 더블 트래킹

아날로그 스튜디오 이펙트 중 ADTAnalogue Double Tracking라는 것이 있는데, 스테레오 스테이지상 중심에 위치한 소리를 잡아 증폭해 왼쪽과 오른쪽으로 팬pan하는 효과이다. 예제 4-2처럼 setup() 함수를 교체하고 controlSend()라는 다른 함수를 추가하기만 하면 이 동작을 구현할 수 있다.

예제 4-2 예제 4-1을 수정해서 구현한 ADT 효과

```
void setup() {
	Serial.begin(31250); //start serial with MIDI baud rate
// set pan for the two channels
	controlSend(10, 0, channel); // MSB                                   #A
	controlSend(42, 0, channel); // LSB                                   #A
	controlSend(10, 127, (channel+1) & 0xf); // MSB                       #A
	controlSend(42, 127, (channel+1) & 0xf); // LSB                       #A
}

void controlSend(byte CCnumber, byte CCdata, byte CCchannel) {           #B
	CCchannel |= 0xB0; // convert to Controller message
	Serial.write(CCchannel);
	Serial.write(CCnumber);
	Serial.write(CCdata);
}


#A 각 채널의 스테레오 위치를 설정
#B 특정 채널에 컨트롤러 변경 메시지를 전송하는 함수
```

여기서 볼 수 있는 것은 setup() 함수가 두 채널에 대해 팬 위치를 왼쪽과 오른쪽으로 세게 설정하는 제어기 메시지를 생성한다는 것이다. 추가적인 controlSend() 함수는 noteSend() 함수와 비슷하지만 명령 번호를 전달하고 채널과 병합하는 대신 채널이 전달되어 컨트롤러 변경 메시지의 명령 번호와 병합된다.

4.3 트리플 트래킹

두 노트가 좋다면, 세 노트가 안 될 이유도 없다. 이를 트리플 트래킹이라 한다. 3개의 노트를 하나의 왼쪽, 하나는 오른쪽, 다른 하나는 채널의 중간에 보냄으로써 이 효과를 만들 수

있다. 소리가 더 깔끔하게 들리도록 중앙 노트는 한 옥타브 낮고 음량을 조금 줄일 수도 있다. 예제 4-1을 기본으로 하며, 변경 사항은 예제 4-3과 같다.

예제 4-3 예제 4-1을 변경해서 구현한 트리플 트래킹 효과

```
void setup() {
	Serial.begin(31250); //start serial with MIDI baud rate
	// set pan for the three channels
	controlSend(10, 0, channel); // MSB                                    #A
	controlSend(42, 0, channel); // LSB
	controlSend(10, 127, (channel + 1) & 0xf); // MSB                      #A
	controlSend(42, 127, (channel + 1) & 0xf); // LSB
	controlSend(10, 64, (channel + 2) & 0xf); // MSB                       #A
	controlSend(42, 0, (channel + 2) & 0xf); // LSB
}

void doNote(byte note, byte velocity, int down) {
	// if velocity = 0 on a 'Note ON' command, treat it as a note off
	if ((down == HIGH) && (velocity == 0)) {
		down = LOW;
	}
	// send out this note message
	if (down == LOW) { // note off
		noteSend(0x80, note, velocity, 0x1);
		noteSend(0x80, note - 12, velocity, 0x2);                     #B
	}
	else { // note on
		noteSend(0x90, note, velocity, 0x1);
		float v = (float)velocity * 0.75;                            #C
		noteSend(0x90, note - 12, (byte)v, 0x2); // send third note
	}
}

void noteSend(byte cmd, byte data1, byte data2, byte offset) {
	cmd = cmd | byte((channel + offset) & 0xf); // next channel number up
	Serial.write(cmd);
	Serial.write(data1);
	Serial.write(data2);
}

void controlSend(byte CCnumber, byte CCdata, byte CCchannel) {
```

예제 4-3 **예제 4-1을 변경해서 구현한 트리플 트래킹 효과(계속)**

```
        CCchannel |= 0xB0; // convert to Controller message
        Serial.write(CCchannel);
        Serial.write(CCnumber);
        Serial.write(CCdata);
}

#A 각 채널에 스테레오 위치 설정
#B 노트를 1옥타브(12반음) 아래로 이동
#C 음량을 75%로 감소
```

controlSend() 함수는 ADT 효과와 동일하고 setup() 함수에는 그 안에 여분의 채널을 담는다. 하지만 가장 중요한 변경 사항은 doNote() 함수를 예제의 함수로 바꾸고 noteSend() 함수를 변경하여 채널 오프셋 매개 변수를 허용한다는 점이다. 특히 관심을 가져야 하는 부분은 다음과 같다.

```
float v = (float)velocity * 0.75;
noteSend(0x90, note - 12, (byte)v, 0x2); // send third note
```

이것은 두 가지 일을 한다. 먼저 노트를 한 옥타브 아래로 수정한다. 이것은 단순히 노트 번호에서 12를 빼는 동작이다. 노트 번호 사이의 각 간격이 반음이기 때문에, 12를 빼면 12반음, 즉 1옥타브 아래로 이동한다. 둘째, 노트의 벨로시티, 즉 음량을 75% 줄인다. 벨로시티값에 0.75를 곱하면 된다. 벨로시티값은 일반적으로 바이트이고 여기에 소수를 곱하면 값이 0이 되는 불상사가 생길 수도 있기 때문에, 곱셈의 결과를 유지하기 위해 float 유형의 새 변수를 만든 다음 벨로시티 변수 v를 float 형식으로 캐스팅한다. 캐스팅은 일시적으로 하나의 변수를 다른 자료형으로 바꾸는 C 용어이다. noteSend() 함수의 바이트로 결과를 다시 캐스팅해야 한다는 점에 유의하자. 또한 사운드 모듈이 폴리포니를 지원하는지 확인해야 한다. 누르는 모든 키에 대해 3개 노트 메시지를 보내고, 언제든지 소리 나는 총 노트 수를 빠르게 늘릴 수 있기 때문이다.

보너스: 트리플 트래킹으로 노트 늘리기

마지막으로 재미를 위해서 프로그램을 수정하여 채널 9에서 음을 한 번 또는 두 번 반복하자. 이 채널은 일반 MIDI에서 타악기의 기본 트랙이며 각 노트는 서로 다른 타악기이다. 그 결과 각종 손뼉, 휘파람 등의 소리가 무작위로 튀어나올 것이다. 예술적인지는 모르겠지만 유머로 받아들이기엔 충분할 것이다.

이 모든 것은 아두이노와 MIDI 실드에서 구현 가능하다. USB 전용 구성에서 틴지를 사용하려면 예제 4-4를 참조하자. 이것은 코드의 트리플 트래킹 버전을 보여준다.

예제 4-4 틴지용 트리플 트래킹 코드

```
/* MIDI Double Track 3 - Mike Cook
 * for the Teensy board
 * -----------------
 * listen for MIDI note on/off data,
 * and play it on the next track up
 * pan this channel hard left and the other hard right
 * send a third note panned in the middle
*/

//variables setup
       const int led = 13;
       long time;
       boolean noteDown = LOW;
       const byte ourChannel = 1; // MIDI channel to respond to (in this case channel 1)

//setup: declaring inputs and outputs
void setup() {
       pinMode(led, LOW);
       time = millis() + 2000;

       // set up call back channels                                               #A
```

예제 4-4 틴지용 트리플 트래킹 코드(계속)

```
    usbMIDI.setHandleNoteOff(doNoteOff);
    usbMIDI.setHandleNoteOn(doNoteOn);
    usbMIDI.setHandleVelocityChange(doVelocityChange);
    usbMIDI.setHandleControlChange(doControlChange);
    usbMIDI.setHandleProgramChange(doProgramChange);
    usbMIDI.setHandleAfterTouch(doAfterTouch);
    usbMIDI.setHandlePitchChange(doPitchChange);

    // set pan for the three channels                                        #B
    usbMIDI.sendControlChange(10, 0, ourChannel); // MSB
    usbMIDI.sendControlChange(42, 0, ourChannel); // LSB
    usbMIDI.sendControlChange(10, 127, (ourChannel + 1) & 0xf); // MSB
    usbMIDI.sendControlChange(42, 127, (ourChannel + 1) & 0xf); // LSB
    usbMIDI.sendControlChange(10, 64, (ourChannel + 2) & 0xf); // MSB
    usbMIDI.sendControlChange(42, 0, (ourChannel + 2) & 0xf); // LSB
}

//loop: wait for serial data, and interpret the message
void loop() {
    usbMIDI.read();                                                          #C
}

// call back functions basically echo most stuff
void doVelocityChange(byte channel, byte note, byte velocity) {              #D
    usbMIDI.sendPolyPressure(note, velocity, channel);
}

void doControlChange(byte channel, byte control, byte value) {               #D
    usbMIDI.sendControlChange(control, value, channel);
}

void doProgramChange(byte channel, byte program) {                           #D
    usbMIDI.sendProgramChange(program, channel);
}

void doAfterTouch(byte channel, byte pressure) {                             #D
    usbMIDI.sendAfterTouch(pressure, channel);
}

void doPitchChange(byte channel, int pitch) {                                #D
    usbMIDI.sendPitchBend(pitch, channel);
}
```

예제 4-4 틴지용 트리플 트래킹 코드(계속)

```
void doNoteOn(byte channel, byte note, byte velocity) {                    #E
       digitalWrite(led, HIGH);
       usbMIDI.sendNoteOn(note, velocity, channel);
       if(channel == ourChannel) { // pick out the note we are looking for
          doNote(note, velocity, true);
       }
}

void doNoteOff(byte channel, byte note, byte velocity) {                   #E
       digitalWrite(led, LOW);
       usbMIDI.sendNoteOn(note, velocity, channel);
       if(channel == ourChannel) { // pick out the note we are looking for
          doNote(note, velocity, false);
       }
}

void doNote(byte note, byte velocity, int down) {
       // if velocity = 0 on a 'Note ON' command, treat it as a note off
       if((down == HIGH) && (velocity == 0)) {
           down = LOW;
       }
       // send out this note message
       if(down == LOW) { // note off
          usbMIDI.sendNoteOff(note, velocity, (ourChannel + 1) & 0xf);
          usbMIDI.sendNoteOff(note, velocity, (ourChannel + 2) & 0xf);
       }
       else { // note on
         usbMIDI.sendNoteOn(note, velocity, (ourChannel + 1) & 0xf);
         float v = (float)velocity * 0.75;
         usbMIDI.sendNoteOff(note - 12, (byte)v, (ourChannel + 2) & 0xf);
       }
}
```

#A 내장 MIDI 라이브러리에 MIDI 이벤트 발생 시 호출할 함수를 지시
#B 스테레오 위치 정보를 사운드 모듈에 전달
#C MIDI 메시지가 있는지 확인하고, 있으면 앞에서 정의한 함수를 호출
#D 아무런 행동을 취하지 않고 통과시킬 메시지
#E 특정 조작을 가할 메시지

이 코드는 MIDI 라이브러리 함수를 사용하기에 분량이 짧다. 대부분의 코드는 콜백 함수를 포함하고 MIDI THRU처럼 작동하는 함수를 포함한다. 노트 온/오프 메시지가 감지되면 doNote() 함수가 실행되며, 이는 일반적인 아두이노 함수와 크게 다르지 않다. 이 프로그램을 공부하면 이 장 뒤에서 틴지에 대한 다른 스케치를 수정하는 방법을 볼 수 있을 것이다.

4.4 손가락 하나의 기적

키보드 연주는 잘 못해도, 한 손가락으로 노트를 누르면 화려한 화음을 낼 수 있다고 상상해보자. 이러한 '손가락 하나의 기적'을 프로그램으로 구현할 수 있다. 이것은 더블 트래킹 프로그램과 비슷한데, 여기서는 아두이노가 입력 노트를 통해 트라이어드 코드를 생성할 것이다. 또한 외부 스위치로 화음의 형식을 변경할 수 있으며, 풋 스위치로 전체 효과를 켜거나 끌 수 있어 훨씬 더 정교한 효과를 낼 수 있다. 이를 위해서는 아두이노에 몇 가지 하드웨어 스위치를 추가해야 하지만 그리 어려운 작업은 아니다. 우선, 트라이어드 코드에 대한 이론을 먼저 알아보자.

❙ 트라이어드 코드 기초

이름에서 알 수 있듯이 트라이어드는 3개의 노트이다. 루트 노트(근음)가 루트에서 1/3과 1/5 간격으로 떨어진 다른 두 개의 노트와 동시에 누를 때의 조합이다. 트라이어드에는 메이저, 마이너, 디미니시, 오그먼트의 4가지 유형이 있는데, 루트와 나머지 두 노트의 간격에 따른 차이로 나누어진다. 표 4-1은 네 가지 유형과 이를 구성하는 참고 사항을 보여준다.

표 4-1 4가지 트라이어드 코드

유형	3음	5음
메이저	루트 +4	루트 +7
마이너	루트 +3	루트 +7
디미니시	루트 +3	루트 +6
오그먼트	루트 +4	루트 +8

음악적 관점에서 트라이어드 코드는 그림 4-3과 같다.

그림 4-3 4가지 트라이어드 코드를 악보에 표기한 모습

▌아두이노로 트라이어드 코드 만들기

트라이어드 유형을 제어하는 가장 좋은 방법은 4비트 로터리 스위치를 2비트 바이너리 카운트로 배선하는 것이다. 이렇게 하려면 4방향 2극 스위치가 필요하다. 그러나 부품 공급업체에서 찾을 수 있는 것은 4방향 3극 스위치이다. 괜찮다. 극 중 하나를 무시하면 된다.

스위치의 배선은 그림 4-4에 나와 있다. 내부 풀업 저항이 소프트웨어에서 활성화되므로 풀업 저항이 필요하지 않다.

그림 4-4는 물리적 레이아웃과 회로도를 보여준다. 4방향 스위치는 두 개의 막대가 점선으로 연결되어 있는 것으로 나타나 있는데, 이들은 실제로 함께 움직이다. 실제 다이어그램에는 가장 일반적인 3극 스위치가 표시되어 있으며, 세 극 중 하나는 사용되지 않는다.

정확히 어떤 접점이 무엇인지 파악하기 어려울 수 있는데, 의심될 때마다 멀티미터로 확인하자. 스위치 위치는 0에서 3으로 표시되며 표 4-1에 표시된 코드 유형과 일치한다. 트라이어드 온/오프 스위치는 연주자가 효과를 쉽게 켜거나 끌 수 있게 하기 위해 풋 스위치로 구현하는 것이 가장 좋다. 일단 스위치를 연결했다면 아두이노를 위해 예제 4-5의 코드를 업로드해야 한다.

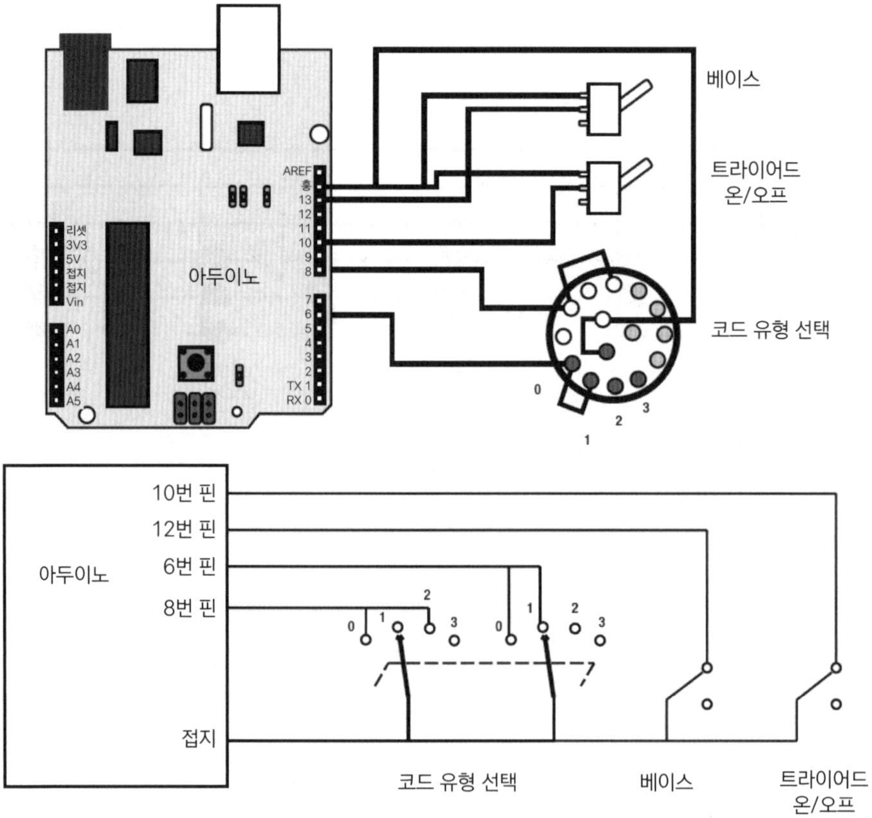

그림 4-4 손가락 하나의 기적을 위한 아두이노 회로도 배선

예제 4-5 손가락 하나의 기적

```
/* Midi One Finger Wonder - Mike Cook
 * -----------------
 * Generates triads,
*/

//variables setup
boolean noteDown = LOW;
byte channel = 0; // MIDI channel to respond to

// MIDI channel = the value in 'channel' + 1
boolean bass = true, enableTriad = true;
byte triad = 0;
const int bassPin = 12, triadPin = 10;
const int triadPin1 = 8, triadPin2 = 6;

// Major, minor, diminished, augmented
byte thirds[] = {4, 3, 3, 4};
byte fifths[] = {7, 7, 6, 8};

//setup: declaring inputs and outputs and begin serial
void setup() {
  pinMode(bassPin, INPUT_PULLUP);                                          #A
  pinMode(triadPin, INPUT_PULLUP);                                         #A
  pinMode(triadPin1, INPUT_PULLUP);                                        #A
  pinMode(triadPin2, INPUT_PULLUP);                                        #A
  Serial.begin(31250); //start serial with MIDI baud rate
}

//loop: wait for serial data, and interpret the message
void loop() {
  checkIn(); // see if anything has arrived at the input
  getControls(); // get switch values
}

void getControls() {                                                       #B
  bass = digitalRead(bassPin);
  triad = (digitalRead(triadPin1) & 0x1) | ((digitalRead(triadPin2) & 0x1) << 1);
  enableTriad = digitalRead(triadPin);
}

void doNote(byte note, byte velocity, int down) {
// if velocity = 0 on a 'Note ON' command, treat it as a note off
```

예제 4-5 손가락 하나의 기적(계속)

```
  if ((down == HIGH) && (velocity == 0)){
    down = LOW;
  }

  // send the other notes of the triad
  if(down == LOW) { // note off
    if(enableTriad) {                                                   #C
      noteSend(0x80, note+thirds[triad], velocity);
      noteSend(0x80, note+fifths[triad], velocity);
      if(bass) noteSend(0x80, note - 12, velocity);
    }
  }
  else { // note on
    if(enableTriad) {                                                   #C
      noteSend(0x90, note+thirds[triad], velocity);
      noteSend(0x90, note+fifths[triad], velocity);
      if(bass) noteSend(0x90, note - 12, velocity);
    }
  }
}

void noteSend(char cmd, char data1, char data2) {
  cmd = cmd | char(channel); // next channel number up
  Serial.write(cmd);
  Serial.write(data1);
  Serial.write(data2);
}

void checkIn() {
  static byte note = 60;
  static byte state = 0; // state machine variable
  if (Serial.available() > 0) {
    // read the incoming byte:
    byte incomingByte = Serial.read();
    Serial.write(incomingByte);

    switch(state) {                                                     #D
      case 0:
        // look for as status-byte, our channel, note on
        if(incomingByte == ( 0x90 | channel)) { // read only one channel
          noteDown = HIGH;
          state = 1;
```

예제 4-5 손가락 하나의 기적(계속)

```
        }
        // look for as status-byte, our channel, note off
        if(incomingByte == (0x80 | channel)) { // read only one channel
          noteDown = LOW;
          state = 1;
        }
        break;
      case 1:
        // get the note to play or stop
        if(incomingByte < 128) {
          note = incomingByte;
          state = 2;
        }
        else {
          state = 0; // reset state machine as this should be a note number
        }
        break;
      case 2:
        // get the velocity
        if (incomingByte < 128) {
        doNote(note, incomingByte, noteDown); // do something with the note on message
        }
        state = 0; // reset state machine to start
    }
  }
}

#A 아두이노에게 내부 풀업 레지스터를 활성화시키도록 지시하여 입력 신호 플로팅을 막음
#B 스위치의 상태를 확인하여 스위치가 바뀌지 않았는지 확인
#C 루트 노트와 관련된 3개의 노트를 모두 보냄
#D 이전 예제에도 있던 내용으로, 입력 스트림의 MIDI 메시지를 정리
```

일부 기능은 다른 예제에서 본 것과 매우 비슷하다. checkIn() 함수는 노트 온/오프 메시지를 찾아내기만 하면 되기 때문에 더 간단하다. 그러나 스위치 입력을 처리하는 데 필요한 다른 함수가 있다. 4개의 물리적 핀은 자료형 const int로 코드에 설정되어 있다. 즉, 컴파일 오류를 생성하지 않고서는 코드상에서 이를 변경할 수 없다. 스위치 입력을 다른 핀에 지정하려면 여기에서 할당을 변경하자. thirds와 fifths라는 이름의 두 개의 배열은 루트 노트로부터 오프셋된 반음의 수를 유지한다. 셋업 함수는 이 핀을 입력으로 설정하고 내부 풀업 저항을 활성화한다. 이는 핀에 연결된 것이 없으면 논리 1로 읽음을 의미한다. 마찬가지로 핀이 접지에 연결되면 논리 0을 읽는다.

loop() 함수는 이전처럼 checkIn() 함수를 호출하고 getControls() 함수를 호출하여 스위치를 읽는 두 가지 작업을 수행한다. enableTriad와 bass 변수의 설정은 적절한 디지털 입력 핀을 읽는 것으로 끝나지만, 트라이어드 변수에서는 4방향 스위치를 읽어야 하며 triadPin1 핀에서 읽은 값을 바이트의 최하위 비트로 합치고 triadPin2 입력에서 읽은 값을 다음 비트로 합쳐야 한다. 따라서 0에서 3까지의 범위를 가지는 2 비트 숫자가 형성되며 이는 룩업 테이블 또는 배열의 색인으로 사용된다.

doNote() 함수는 보낼 노트가 있을 때 호출되며, 트라이어드 온/오프 스위치가 켜져 있는 경우 세 번째와 다섯 번째 간격을 형성하는 두 노트는 사용할 노트 오프셋을 통해 생성된다. 이 오프셋은 루트 노트의 노트 번호에 추가되어 사용할 노트 번호를 계산한다. 다음으로 베이스 노트가 활성화되어 있으면 세 번째 음으로부터 한 옥타브를 내린 음이 함께 생성된다.

결과는 그럭저럭 괜찮게 들릴 것이다. 화려한 화성과 함께 음악적으로 한 경지를 뛰어넘은 느낌이 들지 않는가?

4.5 아르페지에이터

아르페지에이터는 누르고 있는 노트를 규칙적인 간격으로 연주한다. 따라서 하나의 음을 누르고 있으면 동일한 음의 일정한 흐름을 얻을 수 있다. 두 개의 노트를 누르고 있으면 이 두 노트가 교대로 연속 재생된다. 많은 노트가 눌러져 있을 때도 마찬가지이다. 이것은 전에 보지 못했던 개념을 불러온다. 이 장의 이전 프로그램에서는 아두이노가 다른 노트를 받았을 때만 노트를 생성했지만, 이제는 키보드 입력이 없을 때도 노트가 생성되어야 한다. 이를 위해서는 두 가지 새로운 기술이 필요하다. 첫째, 노트와 그것이 연주되는 시간은 프로세서의 메모리 영역이나 버퍼처럼 유지되어야 한다. 둘째, 이 노트를 보낼 때가 되면 메시지의 왜곡을 방지하기 위해 다른 MIDI 메시지가 수신되거나 전달되는 중간에 생성되지 않도록 조심해야 한다. 이를 구현하기 위해 상태 변수를 보고 상태 변수가 메시지의 시작을 기다리고 있다는 것을 나타낼 때, 그리고 메시지를 출력할 때만 MIDI 메시지를 생성할 것이다. 새로운 노트 메시지를 보내는 도중에 MIDI 메시지가 시작되면, 아두이노의 시리얼 버퍼에서 모든 노트를 읽기 때문에 문제가 되지 않는다. 이것은 시간 지연의 가능성처럼 들리지만, 실제로는 모두 매우 빠르게 실행되므로 추가로 지연되는 부분을 사람이 인식하기는 어렵다.

간단한 아르페지에이터 만들기

아르페지에이터의 간단한 버전에서는 하나의 외부 컨트롤, 즉 노트 사이의 지연을 제어하는 가변 저항potentiometer만 구현하면 된다. 그림 4-5는 물리적 배선과 배선을 보여준다.

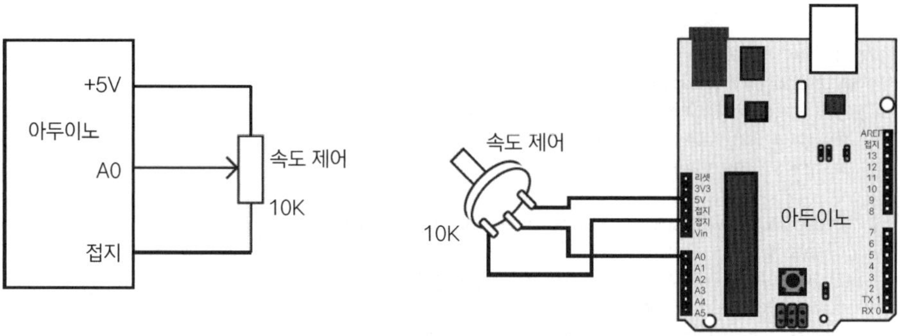

그림 4-5 아르페지에이터 속도 제어 회로

아날로그 입력 핀에 연결하는 부분은 와이퍼, 즉 가변 저항의 중앙 연결부이다. 최대 50K를 사용할 수 있지만 가장 좋은 값은 10K이다(더 크면 판독값이 간섭을 받기 쉽고, 가변 저항에서 일정한 값을 읽지 못하게 된다).

회로 구성이 끝나면 예제 4-6과 같은 코드를 올리자.

예제 4-6 간단한 아르페지에이터

```
/* Midi arpeggiator - Mike Cook
 * -----------------
 * Repeats all notes held down note
 * interval controlled by pot on A0
*/

#define bufferLength 40
//variables setup
  boolean noteDown = LOW;
  const int led = 13;
  byte channel = 0; // MIDI channel = the value in 'channel' + 1
  byte state = 0;   // state machine variable 0 = command waiting :
                   // 1 = note waiting : 2 = velocity waiting

// buffer for delayed notes
  byte storeNote[bufferLength];
  byte storeVel[bufferLength];
  unsigned long aDelay = 300;
  unsigned long time = 0;

//setup: declaring inputs and outputs and begin serial
void setup() {
   pinMode(led, OUTPUT);    // LED to light up
   digitalWrite(led LOW);  // Turn LED off
   Serial.begin(31250);    //start serial with MIDI baud rate
   time = millis() + aDelay;
}

// loop: wait for serial data, and interpret the message
void loop() {
   checkIn(); // see if anything has arrived at the input
   if(state == 0) checkOut(); // see if we need to send anything out                 #A
   aDelay = analogRead(0); // read delay value
```

예제 4-6 간단한 아르페지에이터(계속)

```
}

void checkIn() {                                                        #B
  static byte note = 60;

  if (Serial.available() > 0) {
    // read the incoming byte:
    byte incomingByte = Serial.read();
    Serial.write(incomingByte); // make thru everything received

    switch(state) {
      case 0:
        // look for a status-byte, our channel, note on
        if(incomingByte == (0x90 | channel)) { // read only one channel
          noteDown = HIGH;
          state = 1;
        }
        // look for a status-byte, our channel, note off
        if(incomingByte == (0x80 | channel)) { // read only one channel
          noteDown = LOW;
          state = 1;
        }
        // look for as after touch, our channel
        if(incomingByte == (0xD0 | channel)) { // read only one channel
          state = 3;
        }
        break;
      case 1:
        // get the note to play or stop
        if(incomingByte < 128) {
          note = incomingByte;
          state = 2;
        }
        else {
          state = 0; // reset state machine as this should be a note number
        }
        break;
      case 2:
        // get the velocity
        if(incomingByte < 128) {
          doNote(note, incomingByte, noteDown); // do something with the note on message
        }
```

예제 4-6 간단한 아르페지에이터(계속)

```
            state = 0; // reset state machine to start
            break;
        case 3: // aftertouch data
            state = 0; // reset state machine
        }
    }
}

void doNote(byte note, byte velocity, int down) {
// if velocity = 0 on a 'Note ON' command, treat it as a note off
    if ((down == HIGH) && (velocity == 0)) {
        down = LOW;
    }
    // do something with the note message
    if (down == LOW) { // remove the note from the buffer
        bufferRemove(note, velocity);
        digitalWrite(led, LOW); // Turn LED off
    }
    else { // save the note on in a buffer
        bufferSave(note, velocity);
        digitalWrite(led, HIGH); // Turn LED on
    }
}

void noteSend(byte cmd, byte data1, byte data2) {
    cmd = cmd | channel; // add channel
    Serial.write(cmd);
    Serial.write(data1);
    Serial.write(data2);
}

void bufferSave(byte note, byte vel) {                                          #C
    // search for a free space
    int place = 0;
    while(storeNote[place] !=(byte)0 && place < bufferLength) place++;
    if (place < bufferLength) { // found one
        storeNote[place] = note;
        storeVel[place] = vel;
        time = millis() + aDelay; // reset arpeggiator timing
    }
}
```

예제 4-6 간단한 아르페지에이터(계속)

```
void bufferRemove(byte note, byte vel) {                                   #D
  // search for the note
  int place = 0;
  while(storeNote[place] != note && place < bufferLength) place++;

  if (place < bufferLength) { // found it
    noteSend(0x80, storeNote[place], 0); // stop note from sounding
    storeNote[place] = 0;
  }
}

void checkOut() { // see if we need to send anything from the buffer
  static int place =0;
  int count = 0;
  if(millis() > time) {                                                    #E
    place++;
    if(place >= bufferLength) place = 0;
    time = millis() + aDelay;
    while(storeNote[place] == 0 && count < bufferLength) {
      place++;
      if(place >= bufferLength) place = 0;
      count++;
    }
    if (count < bufferLength) { // found next note to output
      noteSend(0x80, storeNote[place], 0); // turn previous note off
      noteSend(0x90, storeNote[place], storeVel[place]); // trigger note again
    }
  }
}
```

#A 메시지가 시작되기를 기다리고 있을 때만 MIDI 메시지를 보냄. 그렇지 않으면 그 시점에 보내지는 메시지가 엉망이 됨
#B 앞에서 보았듯 상태 변수만이 전역 변수이므로 다른 루틴이 그것을 볼 수 있고 메시지 중간에 뭔가를 보내지 않을 수 있음
#C 나중에 연주할 수 있도록 노트와 벨로시티를 저장
#D 해당 노트 키가 릴리즈되었으므로 계속 연주할 필요가 없음
#E 노트를 재생할 시간인지 확인하고 맞다면 버퍼에서 복사본을 가져와 재생

이번 예제도 이전 프로젝트에서 많은 부분을 빌려왔다. chockIn() 함수의 주요 변경 사항은 이제 state 변수가 함수에 대해 로컬이 아니고 전역 변수라는 점이다. 이는 코드의 어느 위치에서나 읽을 수 있음을 의미하다. 이것은 코드 내의 어느 위치에서나 바뀔 수 있고 상태 머신을 엉망으로 만들 수 있다는 점에서 위험하다. 최대한 주의를 기울이는 수밖에 없다.

현재 눌려져 있는 노트에 관한 정보를 저장하는 메모리 버퍼는 storeNote와 storeVel이라는 크기가 동일한 두 배열로 구성된다. 이것은 bufferLength 해시 정의에 의해 제어된다. 노트온 메시지가 수신되면 해당 노트와 해당 벨로시티가 bufferSave() 함수에 의해 버퍼에 저장된다. 노트 오프 메시지가 수신되면 bufferRemove() 함수에 의해 해당 노트가 버퍼에서 제거된다. 삭제는 단순히 노트 번호를 0으로 설정하는 방식으로 이루어진다.

노트는 순서에 관계없이 켜고 끌 수 있으며 이로 인해 구멍으로 가득한 버퍼가 만들어진다. 즉, 버퍼의 어디에든 사용되는 항목이 있을 수 있다. 따라서 버퍼에서 노트를 연주할 시간이 되면, 프로그램은 0이 아닌 노트 값을 찾을 때까지 버퍼를 검색해야 한다. 0이 아닌 값을 찾으면 해당 노트를 연주하고, 노트가 있던 찾은 위치를 기억해서 다음에 노트를 연주할 때 다음 항목을 보게 된다.

버퍼 출력 속도는 아날로그 입력에 연결된 가변 저항에 의해 제어된다. 이 값은 0에서 1023 사이의 값을 가지며 이 값은 밀리초 단위의 지연 값으로 직접 사용될 수 있다. 이 프로그램은 아두이노의 전원이 켜진 후 경과된 밀리초 수를 반환하는 밀리초 시스템 클럭을 사용한다. 현재 시간에 가변 저항값을 더한 값을 통해 time 변수를 생성할 수 있다. time 변수는 다음 노트가 출력되기 전에 시스템 클럭을 통해 도달해야 하는 값이다. checkout() 함수는 다음 노트를 생성할 시간인지 테스트하고, 그럴 경우 버퍼를 검색한다. 노트를 찾으면 노트 오프 메시지를 보내서 마지막 노트를 끄고, 노트 온 메시지를 보내서 다시 재생한다.

▌아르페지에이터 업그레이드

이 간단한 아르페지에이터는 재미있고 쓸 만하게 작동하지만, 몇 개의 스위치와 LED가 추가되면 이를 훨씬 더 재미있게 만들 수 있으며 심지어 스스로 리듬을 생성할 수도 있다. 그림 4-6은 업그레이드된 아르페지에이터의 배선을 보여준다. 이렇게 구성 요소가 많은 경우 배선에 대한 물리적인 도식은 잔뜩 꼬인 전선 더미 모양을 하게 되기에 아무 도움이 되지 않는다. 회로도를 사용하면 다이어그램을 매우 간단하게 만들 수 있으며, 구현에도 훨씬 용이하다.

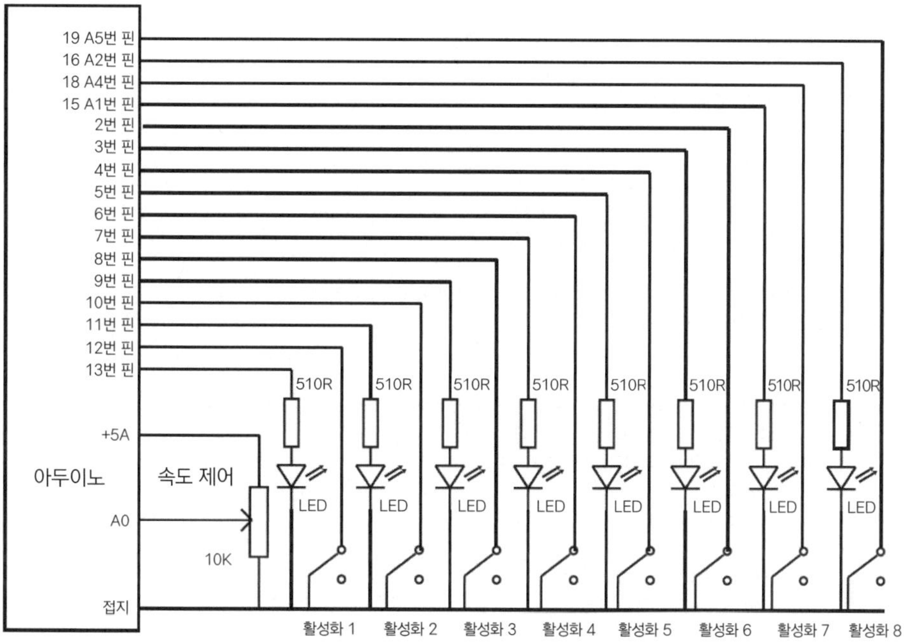

그림 4-6 업그레이드 아르페지에이터의 회로도

이번 프로젝트의 특징은 각 스위치가 노트가 버퍼에서 전송될지 여부를 제어하는 반면, 노트가 재생될 때 스위치 옆의 LED가 켜지는 것이다. 위 회로도에서는 LED 전류 제한을 위해 510R 저항을 사용했는데, 이렇게 하면 완전히 밝아지지 않지만 직접 볼 수 있을 정도로 밝다. 저조도 환경에서 이것을 사용한다면 이러한 저항을 더 크게 만드는 것을 고려할 수도 있다. 1K 또는 2K2 저항값은 문제가 되지 않는다. 또한 아날로그 입력 중 일부를 디지털 입력 또는 출력으로 사용했음을 유의하자. 입력 A0은 핀 14, A1은 핀 15 등으로 표시된다. 이 프로젝트의 코드는 단순한 아르페지에이터와 기본적으로 동일하지만 근소한 변화가 있다. 이러한 변경 사항은 코드 4-7에 나와 있다.

예제 4-7 예제 4-6을 개선한 업그레이드 아르페지에이터

```
byte inPins[] = {12, 10, 8, 6, 4, 2, 15, 16};                              #A
byte outPins[] = {13, 11, 9, 7, 5, 3, 18, 19};
byte sequenceLength = 8;

void setup() {
  for(int i = 0; i < 8; i++) {
    pinMode(inPins[i], INPUT_PULLUP);
    pinMode(outPins[i], OUTPUT);
  }
  Serial.begin(31250); //start serial with MIDI baud rate
  time = millis() + aDelay;
}

void checkOut() { // see if we need to send anything from the buffer
  static int place = 0;
  static int lastStep = 0, arpStep = 0;
  int count = 0;
  if(millis() > time) {
    place++;
    if(place >= bufferLength) place = 0;
    time = millis() + aDelay;
    while(storeNote[place] == 0 && count < bufferLength) {
      place++;
      if(place >= bufferLength) place = 0;
      count++;
    }
    if (count < bufferLength) { // found next note to output
      arpStep++;
      if(arpStep >= sequenceLength) arpStep = 0;
      digitalWrite(outPins[lastStep], LOW); // turn last LED off
      if (digitalRead(inPins[arpStep])) {                                   #B
        noteSend(0x80, storeNote[place], 0); // turn previous note off
        noteSend(0x90, storeNote[place], storeVel[place]); // trigger note again
        digitalWrite(outPins[arpStep], HIGH);
      }
```

예제 4-7 예제 4-6을 개선한 업그레이드 아르페지에이터(계속)

```
        lastStep = arpStep;
      }
    }
}

#A 입력과 출력에 쓰이는 핀을 정의
#B 스위치로 연주 위치를 활성화한 경우, 해당 노트와 LED만 재생, 점등
```

입력과 출력에 사용되는 핀을 정의하는 처음 두 줄은 함수 외부의 코드 시작 부분에 배치해야 하며, setup() 및 checkout() 함수는 예제 4-6의 함수 코드를 대체해야 한다. 이제 하나의 키를 누른 상태에서 각 노트가 생성될 때 조명이 따라 움직이는 것을 지켜보자. 스위치를 클릭하면 출력에 갭이 생기고 아르페지오 노트에 리듬이 생긴다. 반복하기 전에 시퀀스에 8단계가 있으므로 4/4 박자의 음악에 이상적이다. 다른 박자에 더 적합한 것을 원하면 변수 sequenceLength를 6이나 5와 같은 다른 값으로 변경하면 된다. 물론 8보다 작은 값은 어떤 값이라도 가능하다. 아두이노의 17번 핀(A3)은 아직 남아 있으므로, 스위치를 추가해서 두 개의 서로 다른 시퀀스 길이를 선택할 수도 있다.

4.6 에코와 딜레이

더블, 트리플 트래킹 프로젝트로 돌아가서, 플랜지를 피하는 한 가지 방법은 키보드의 노트와 반복되는 노트 사이에 약간의 지연을 두는 방법이라고 말한 것을 기억하는가? 사실 이것이 바로 '에코'가 뜻하는 효과이다. 이전 프로젝트에서와 마찬가지로 이 효과에는 단순한 단일 에코와 구성 가능한 다중 에코 시스템의 두 가지 버전이 있다. 먼저 간단한 것부터 시작해보자.

▎단일 에코

그림 4-5의 기본 아르페지에이터 프로젝트에서와 마찬가지로, 아두이노에 속도 조절 가변 저항을 추가해야 한다. 이것은 에코의 지연 양을 제어한다. 어떻게 보면 이것은 아르페지에이터와 더블 트래킹의 조합이다. 노트 온/오프 메시지가 감지될 때마다 해당 노트를 버퍼에 저장되고 노트를 재생해야 하는 시간은 다른 배열에도 저장된다. 이 시간은 노트가 시스템 클럭에 의해 주어진 시간에 더해진 시간과 가변 저항 판독값에 의해 주어진 지연 시간으로 구성된다. 노트를 출력할 때 재생 함수는 시간 배열의 모든 항목을 검색하여, 0이 아니며 시간 값이 현재 시스템 시간을 지난 것을 찾는다. 해당 항목이 발견되면, 그 노트 메시지를 보내고 버퍼 항목은 시간 배열 항목을 0으로 설정해서 지운다. 예제 4-8에 있는 코드를 보자.

예제 4-8 단일 에코

```
/* Midi Echo 1 - Mike Cook
 * -----------------
 * Echoes a note on the same channel after a delay
*/

#define bufferLength 20

//variables setup                                                              #A
boolean noteDown = LOW;
byte channel = 0; // MIDI channel = the value in 'channel' + 1
static int state = 0; // state machine variable 0 = command waiting

// buffer for delayed notes
unsigned long time[bufferLength];
byte storeAction[bufferLength];
byte storeNote[bufferLength];
byte storeVel[bufferLength];
unsigned long eDelay = 800;

//setup: declaring inputs and outputs and begin serial
void setup() {
   Serial.begin(31250); //start serial with MIDI baud rate
```

예제 4-8 단일 에코(계속)

```
}

//loop: wait for serial data, and interpret the message
void loop() {
  checkIn(); // see if anything has arrived at the input
  if(state == 0) checkOut(); // see if we need to send anything out
  eDelay = analogRead(0); // read delay value
}

void checkIn() {                                                              #B
  static byte note = 60;
  if(Serial.available() > 0) {
    // read the incoming byte:
    byte incomingByte = Serial.read();
    Serial.write(incomingByte);

    switch(state) {
      case 0:
        // look for as status-byte, our channel, note on
        if (incomingByte == (0x90 | channel)) { // read only one channel
          noteDown = HIGH;
          state = 1;
        }
        // look for as status-byte, our channel, note off
        if (incomingByte == (0x80 | channel)) { // read only one channel
          noteDown = LOW;
          state = 1;
        }
        // look for any after touch, or program message
        if((incomingByte & 0xE0) == 0xC0) {
          state = 4; // just wait for the data
        }
        // look for any control or polyphonic after touch
        if((incomingByte & 0xE0) == 0xA0) {
          state = 3; // just wait for two bytes of data
        }
        // look for any pitch wheel or Channel Mode data
        if((incomingByte & 0xF0) == 0xA0 || (incomingByte & 0xF0) == 0xB0) {
          state = 3; // just wait for two bytes of data
        }
        break;
      case 1:
```

예제 4-8 단일 에코(계속)

```
        // get the note to play or stop
        if(incomingByte < 128) {
          note = incomingByte;
          state = 2;
        }
        else {
          state = 0; // reset state machine as this should be a note number
        }
        break;
      case 2:
        // get the velocity
        if(incomingByte < 128) {
          doNote(note, incomingByte, noteDown); // do something withh the note on message
        }
        state = 0; // reset state machine to start
        break;
      case 3: // first of two bytes to discard
        state = 4; // next byte to discard
        break;
      case 4: // data to discard
        state = 0; // reset state machine
    }
  }
}

void doNote(byte note, byte velocity, int down) {
// if velocity = 0 on a 'Note ON' command, treat it as a note off
  if ((down == HIGH) && (velocity == 0)) {
    down = LOW;
  }

  // do something with the note message
  if(down == LOW) { // save the note off in a buffer
    bufferSave(0x80, note, velocity);
  }
  else { // save the note on in a buffer
    bufferSave(0x90, note, velocity);
  }
}

void noteSend(byte cmd, byte data1, byte data2) {
  cmd = cmd | ((channel+1) & 0xf); // next channel number up
```

예제 4-8 단일 에코(계속)

```
  Serial.write(cmd);
  Serial.write(data1);
  Serial.write(data2);
}

void bufferSave(byte action, byte note, byte vel) {
  // search for a free space
  int place = 0;
  while(time[place] !=0 && place < bufferLength) place++;
  if (place < bufferLength) { // found one
    time[place] = millis() + eDelay;
    storeAction[place] = action;                                        #C
    storeNote[place] = note;
    storeVel[place] = vel;
  }
}

void checkOut() { // see if we need to send anything from the buffer
  for(int place=0; place < bufferLength; place++) {
    if(time[place] !=0 && millis() > time[place]) { // time to send something out
      noteSend(storeAction[place], storeNote[place], storeVel[place]);
      time[place] = 0; // wipe buffer entry
    }
  }
}

#A 노트를 제어하고 저장하는 데 사용되는 전역 변수
#B 이 함수는 지금쯤이면 익숙할 것
#C 메시지의 종류(노트 온 또는 노트 오프)를 여기에 저장
```

앞의 예제들과는 달리 이 프로그램에는 버퍼를 구성하는 4 개의 배열이 있다. 여분의 두 배열은 MIDI 메시지가 재생되어야 하는 시스템 시간을 저장하는 시간이고, storeAction은 메시지의 종류, 즉 노트 온인지 노트 오프인지를 저장하기 위한 것이다. 대부분의 코드는 이전과 동일하므로 이전과 다른 부분에 초점을 맞추자. 이 코드는 가변 저항에서 읽은 값에서 1초 이상 지연될 수 없게 되어 있다. 이 범위를 두 배 또는 반으로 바꾸는 쉬운 방법은 다음과 같이 해당 행에 간단한 시프트 연산을 적용하는 것이다.

```
eDelay = analogRead(0) << 1; // give a 2 second maximum delay
eDelay = analogRead(0) >> 1; // give a 0.5 second maximum delay
```

가변 저항의 지연 범위를 변경하려면 해당 행 중 하나가 함수의 원래 행을 대체해야 한다. 단일 에코를 길게 설정한 경우, 짧은 프레이즈를 연주하면서 자동으로 반복시킬 수 있으며 지연 시간을 아주 짧게 설정하면 하나의 노트에 풍부한 음색을 줄 수 있다. 트리플 트랙킹 프로그램에서와 같이 에코 노트의 벨로시티를 줄이는 실험을 할 수도 있다. 이것은 보통 일반적으로 에코가 천천히 사라지는 효과를 노리기 때문이지만, 원한다면 이를 크게 들리게 할 수도 있다.

다중 에코

단일 에코가 좋다면, 그 이상은 어떨까? 약간의 하드웨어를 추가할 여력이 있다면, 에코의 수와 그 사이의 타이밍을 제어할 수 있다. 이렇게 하면 설정한 지연 값에 따라 여러 효과가 나타난다. 예를 들어, 최대 에코 수를 4개(원래 노트까지 합치면 5개)로 설정하고 그 사이에 매우 짧은 시간을 설정하고 기타 사운드를 사용하면 인디 뮤지션이 즐겨 쓰는 다양한 효과를 구현할 수 있다.

이 효과를 제어하려면 지연을 설정하기 위해 4개의 가변 저항을 추가하고, 각 에코를 활성화하는 4개의 스위치와 지연 모드를 설정하는 2개의 스위치를 추가해야 한다. 이것은 그림 4-7의 회로도에 나와 있다.

다시 말하면, 이 많은 구성 요소로 물리적 레이아웃 다이어그램을 만들면 실제 것보다 더 위압적으로 보이기 때문에 회로도로 대체하였다. 접지 기호를 잘 사용하면 서로 교차하는 선을 줄이고, 접점도 줄일 수 있다는 점에 주목하자. 아날로그 포트의 5V도 마찬가지이다.

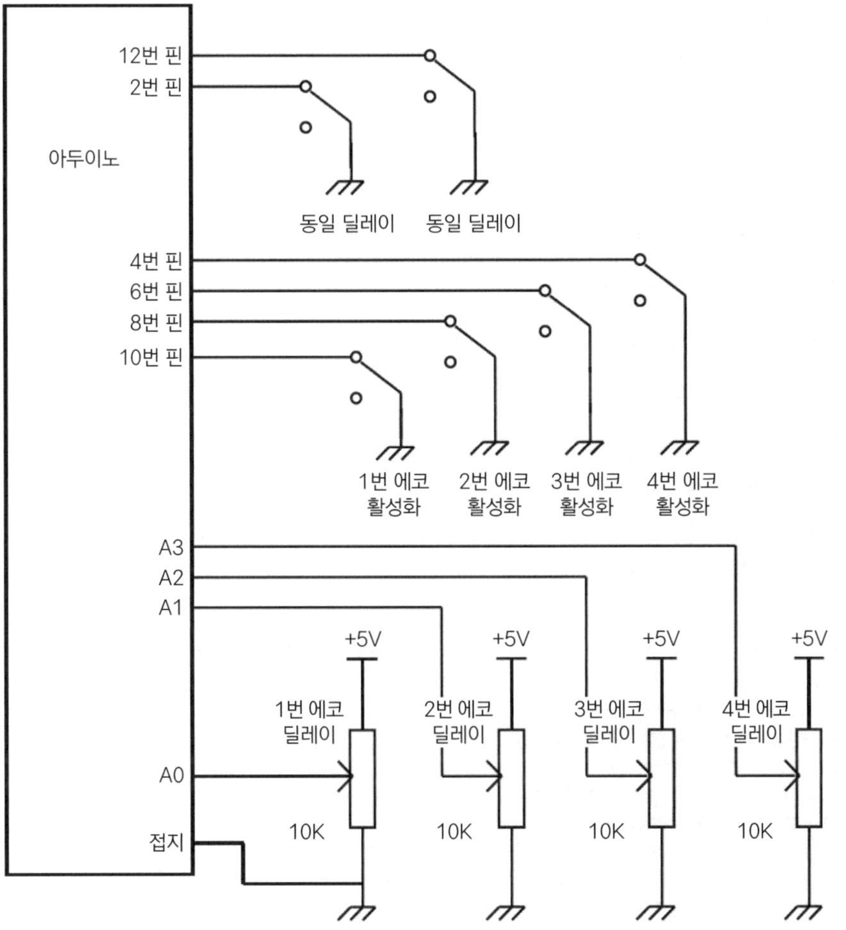

그림 4-7 업그레이드된 에코 회로도

에코 활성화 스위치는 네 개의 가능한 지연 시간마다 에코가 생성되는지를 제어한다. 노트가 메모리 버퍼에 입력되면 이러한 스위치가 작동한다. 동일 딜레이 스위치는 모든 에코 간의 지연이 같은지 여부를 결정한다. 동일하다면, 모든 에코가 1번 에코 딜레이라고 불리는 첫 번째 가변 저항에 의해 제어된다. 그렇지 않다면, 각각의 가변 저항은 다음 에코 노트에 대한 지연을 제어한다. 여기에는 지연이 억제되는 상황도 포함되는데, 억제된 지연 시간도 다음 노트의 지연에 여전히 영향을 주기 때문이다. 예제 4-9는 이것이 소프트웨어에서 어떻게 이루어지는지 보여준다. 이번에는 전체 코드를 포함시켰다. 간단한 에코 코드에서부터 가장 간단한 옵션을 변경하기에 충분한 변경 사항이 있기 때문이다.

예제 4-9 업그레이드 에코 코드

```
/* Midi Echo 2 - Mike Cook
 * -----------------
 * Echoes a note on the same channel after a delay
 * Up to four echoes with individual time control
 * and mode control for the timing.
*/

#define bufferLength 80                                                    #A

//variables setup
boolean noteDown = LOW;
const int led = 13;
byte channel = 0; // MIDI channel = the value in 'channel' + 1
static int state = 0; // state machine variable 0 = command waiting

// buffer for delayed notes
unsigned long time[bufferLength];
byte storeAction[bufferLength];
byte storeNote[bufferLength];
byte storeVel[bufferLength];
unsigned long eDelay1 = 800, eDelay2 = 800, eDelay3 = 800, eDelay4 = 800;
boolean echoChan = false, delay1 = false, delay2 = false, delay3 = false;
boolean delay4 = false, sameDelay = false;
const byte echoChanPin = 12;                                               #B
const byte delay1Pin = 10;                                                 #B
const byte delay2Pin = 8;                                                  #B
const byte delay3Pin = 6;                                                  #B
const byte delay4Pin = 4;                                                  #B
const byte sameDelayPin = 2; // gives all echos same delay from one pot

//setup: declaring inputs and outputs and begin serial
void setup() {
  pinMode(led,OUTPUT); // LED to light up
  pinMode(echoChanPin, INPUT_PULLUP);
  pinMode(delay1Pin, INPUT_PULLUP);
```

예제 4-9 업그레이드 에코 코드(계속)

```
  pinMode(delay2Pin, INPUT_PULLUP);
  pinMode(delay3Pin, INPUT_PULLUP);
  pinMode(delay4Pin, INPUT_PULLUP);
  pinMode(sameDelayPin, INPUT_PULLUP);
  digitalWrite(led, LOW); // Turn LED off
  Serial.begin(31250); //start serial with MIDI baud rate
}

//loop: wait for serial data, and interpret the message
void loop() {
  checkIn(); // see if anything has arrived at the input
  if (state == 0) digitalWrite(led, LOW); else digitalWrite(led,HIGH);
  if (state == 0) checkOut(); // see if we need to send anything out
  else {
    getControls();
  }
}

void getControls() {
  // get analogue delays
  eDelay1 = analogRead(0) << 1;                                      #C
  eDelay2 = analogRead(1) << 1;
  eDelay3 = analogRead(2) << 1;
  eDelay4 = analogRead(3) << 1;
  // get digital controls
  echoChan = digitalRead(echoChanPin);
  delay1 = digitalRead(delay1Pin);
  delay2 = digitalRead(delay2Pin);
  delay3 = digitalRead(delay3Pin);
  delay4 = digitalRead(delay4Pin);
  sameDelay = digitalRead(sameDelayPin);
}

void checkIn() {
  static byte note = 60;

  if(Serial.available() > 0) {
    // read the incoming byte:
    byte incomingByte = Serial.read();
    Serial.write(incomingByte

    switch(state) {
      case 0:
```

예제 4-9 업그레이드 에코 코드(계속)

```
      // look for as status-byte, our channel, note on
      if(incomingByte == ( 0x90 | channel)) { // read only one channel
        noteDown = HIGH;
        state = 1;
      }
      // look for as status-byte, our channel, note off
      if(incomingByte == (0x80 | channel)) { // read only one channel
        noteDown = LOW;
        state = 1;
      }
      // look for any after touch, or program message
      if((incomingByte & 0xE0) == 0xC0) {
        state = 4; // just wait for the data
      }
      // look for any control or polyphonic after touch
      if((incomingByte & 0xE0) == 0xA0) {
        state = 3; // just wait for two bytes of data
      }
      // look for any pitch wheel or Channel Mode data
      if((incomingByte & 0xF0) == 0xA0 || (incomingByte & 0xF0) == 0xB0) {
        state = 3; // just wait for two bytes of data
      }
      break;
    case 1:
      // get the note to play or stop
      if(incomingByte < 128) {
        note = incomingByte;
        state = 2;
      }
      else {
        state = 0; // reset state machine as this should be a note number
      }
      break;
    case 2:
      // get the velocity
      if (incomingByte < 128) {
        doNote(note, incomingByte, noteDown); // do something with the note on message
      }
      state = 0; // reset state machine to start
      break;
    case 3: // first of two bytes to discard
      state = 4; // next byte to discard
      break;
```

예제 4-9 업그레이드 에코 코드(계속)

```
      case 4: // data to discard
        state = 0; // reset state machine
    }
  }
}

void doNote(byte note, byte velocity, int down) {
// if velocity = 0 on a 'Note ON' command, treat it as a note off
  if((down == HIGH) && (velocity == 0)) {
    down = LOW;
  }
  // do something with the note message
  byte action = 0x90;
  if (down == LOW) { // save the note off in a buffer
    action = 0x80;
  }

  if(sameDelay) {// use one pot for all delays                        #D
    if(delay1) bufferSave(action, note, velocity, eDelay1);
    if(delay2) bufferSave(action, note, velocity, eDelay1 * 2);
    if(delay3) bufferSave(action, note, velocity, eDelay1 * 3);
    if(delay4) bufferSave(action, note, velocity, eDelay1 * 4);
  }
  else { // use a separate pot for each delay                         #E
    if(delay1) bufferSave(action, note, velocity, eDelay1);
    if(delay2) bufferSave(action, note, velocity, eDelay1 + eDelay2);
    if(delay3) bufferSave(action, note, velocity, eDelay1 + eDelay2 + eDelay3);
    if(delay4) bufferSave(action, note, velocity, eDelay1 + eDelay2 + eDelay3 + eDelay4);
  }
}

void noteSend(byte cmd, byte data1, byte data2) {
  if(echoChan) {
    cmd = cmd | channel;
  }
  else {
    // cmd = cmd | 9; // send on drum channel
    cmd = cmd | ((channel + 1) & 0xf); // next channel number up
  }
  Serial.write(cmd);
  Serial.write(data1);
  Serial.write(data2);
}
```

예제 4-9 업그레이드 에코 코드(계속)

```
void bufferSave(byte action, byte note, byte vel, long int echo) {
   // search for a free space
   int place = 0;
   while(time[place] != 0 && place < bufferLength) place++;
   if(place < bufferLength) { // found one
      time[place] = millis() + echo;
      storeAction[place] = action;
      storeNote[place] = note;
      storeVel[place] = vel;
   }
}

void checkOut() { // see if we need to send anything from the buffer                 #F
   for(int place = 0; place < bufferLength; place++) {
      if(time[place] != 0 && millis() > time[place]) { // time to send something out
         noteSend(storeAction[place], storeNote[place], storeVel[place]);
         time[place] = 0; // wipe buffer entry
      }
   }
}
```

#A 아두이노에 사용하기 위한 버퍼의 크기를 설정. 아두이노에는 여유 메모리가 많지 않으므로 여기에 많이 할당할 수는 없음
#B 에코 억제 스위치에 사용할 핀을 설정
#C 왼쪽 시프트 연산을 1만큼 수행, 즉 2를 곱함
#D 모든 지연 시간이 균등
#E 지연 시간은 pot 값에 모든 이전 지연을 더한 값에 의해 결정됨
#F 파이프라인의 모든 지연으로 버퍼가 이전 프로그램보다 더 가득 차게 됨

많은 함수가 이전 예제와 동일하지만, 새로운 함수도 많이 있다. 처음에는 컨트롤을 위한 핀과 논리 변수를 정의하는 여러 행이 있다. 그런 다음 setup() 함수는 이 핀을 풀업 핀이 활성화된 입력으로 초기화해야 한다. 또한 스위치와 가변 저항을 읽는 getControls() 함수가 있다. 여기서 가변 저항의 값은 왼쪽 시프트 연산을 통해 2배로 증가하여, 하나의 가변 저항당 최대 2초의 최대 시간을 줄 수 있다. 이 역시 원하는 대로 변경할 수 있다.

doNote() 함수는 좀 더 복잡하다. down 변수는 action 변수를 노트 온/오프 메시지로 만들기 위해 사용한다. 그런 다음 sameDelay 변수를 사용하여 다른 지연 시간을 갖는 버퍼를 준비한다. 이것은 하나의 가변 저항 판독값 또는 모든 지연값을 필요한 지연까지 합산한 값에 따라 증가하는 지연이다.

4.7 MIDI 루퍼

이 장의 마지막 프로젝트는 앞의 예제들이 가진 기능을 뒤섞어 만들어낸 MIDI 루퍼 페달이라는 프로젝트이다. 여기에서는 녹음 버튼이나 페달을 밟은 상태에서 노트를 연주하면서 녹음을 수행할 수 있다. 녹음된 노트는 녹음이 끝나거나 정지 버튼을 누를 때까지 연속 루프로 재생된다. 샘플 페달과 비슷해 보이지만, MIDI 데이터용이다.

먼저 제어 및 피드백에 필요한 스위치와 LED 몇 가지를 조립해야 한다. 그림 4-8을 살펴보자.

그림 4-8은 매우 간단한 회로를 보여주기 때문에 회로도와 물리적 레이아웃을 모두 표시했다. 이 장의 모든 이전 프로젝트에서 토글 스위치를 사용했다. 그러나 이러한 스위치는 푸시 방식이다. 여기에는 서로 다른 종류의 회로도 기호가 있다. 푸시를 통해 두 개의 터미널을 연결하는 방식이다. 이 프로젝트의 경우 두 스위치가 발로 작동하는 것이 가장 좋다. LED는 훨씬 더 명확한 표시를 위해 다른 색상일 수 있다. 물리적 레이아웃을 잘 보면 LED의 음극이 평평한 것을 볼 수 있다. 때때로 양극이 평평한 LED가 있지만 드문 경우이다. 일반적으로 양극은 두 개의 리드 중 더 긴 부분으로 표시된다. LED가 켜지지 않는 경우 LED를 반대 방향으로 삽입해보자.

버퍼를 사용하는 다른 프로젝트와는 달리, 이 프로젝트는 버퍼를 처음부터 채우며 버퍼가 비워질 일이 결코 없다. 즉, 구멍이 생기지 않는다. 실제로 버퍼 전체가 0으로 초기화되는 경우는 단 한 가지, 녹음이 시작될 때이다. 그런 다음 각 노트 이벤트가 감지되면 버퍼의 다음 항목에 배치된다. 재생할 때 시간 값이 0인 항목에 오면 버퍼의 끝에 있다는 것을 알게 되고, 루프백해서 처음부터 다시 버퍼 읽기를 시작하게 된다.

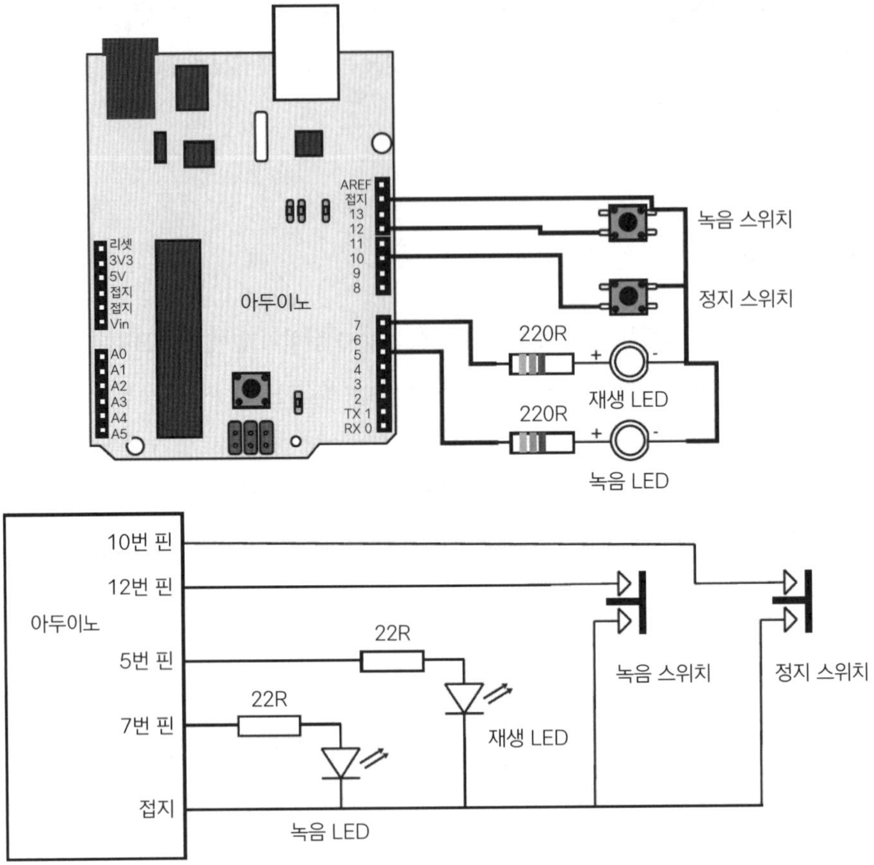

그림 4-8 MIDI 샘플 페달 회로도

노트 이벤트를 녹음할 때는 전체 녹음 시간을 모르기 때문에 언제 재생이 이루어질 지도 모른다. 그래서 처음에는 시간 항목이 현재 시스템 시간으로 채워진다. 녹음이 끝나면 전체 녹음 시간이 얼마나 되는지 알 수 있으므로, 버퍼를 통해 이 레코딩 시간을 각 시간 항목에 추가할 수 있다. 그런 다음, 시간을 시스템 클럭이 도달하기 전에 도달해야 하는 값으로 설정한다. 각 노트가 연주될 때마다 이 녹음 시간이 시간 항목에 추가되어서 다음에 루프를 따라 재생되어야 하는 시간을 표시한다. 지금까지 설명한 내용을 기억하며 예제

4-10에서 필요한 코드를 살펴보자.

예제 4-10 MIDI 루퍼 페달

```
/* MIDI Looper - Mike Cook
 * -----------------
 * records MIDI input then plays it out continuously
*/

#define bufferLength 100

//variables setup
boolean noteDown = LOW;
const int recordLed = 7, replayLed = 5; // onboard LED
byte channel = 0; // MIDI channel = the value in 'channel' + 1
int state = 0; // state machine variable
int place;

// buffer for delayed notes
unsigned long time[bufferLength];
byte storeAction[bufferLength];
byte storeNote[bufferLength];
byte storeVel[bufferLength];
unsigned long startTime = 0, endTime = 0, bufferTime = 0;
boolean recording = false, playback = false, empty = false;
const byte recordPin = 12, stopPin = 10;

// setup: declaring inputs and outputs and begin serial
void setup() {
  pinMode(recordLed, OUTPUT); // LED to light up when recording
  pinMode(replayLed, OUTPUT); // LED to light up when replaying
  digitalWrite(recordLed, LOW); // Turn LED off
  digitalWrite(replayLed, LOW); // Turn LED off
  pinMode(recordPin, INPUT_PULLUP);
  pinMode(stopPin, INPUT_PULLUP);
  Serial.begin(31250); //start serial with MIDI baud rate
}

// loop: wait for serial data, and interpret the message
void loop() {
  checkIn(); // see if anything has arrived at the input
  if (state == 0) checkOut(); // see if we need to send anything out
  getControls(); // read switches
```

예제 4-10 MIDI 루퍼 페달(계속)

```
}

void getControls() {
  static long debounce = 0;
  static long debounceTime = 25;                                    #A
  boolean rec = !digitalRead(recordPin);

  if(!recording && rec && digitalRead(stopPin) && millis() > debounce) {
    recording = true;
    debounce = millis() + debounceTime;

    if(playback) {
      playback = false;
      wipeBuffer();
    }
    startTime = millis();
    digitalWrite(recordLed, HIGH);
  }

  if(recording && !rec && millis() > debounce) { // debounce
    recording = false;
    playback = true;
    debounce = millis() + debounceTime;
    time[place] = 0; // mark buffer end
    bufferTime = millis() - startTime;
    digitalWrite(recordLed, LOW);
    prepBuffer();
  }

  if(!digitalRead(stopPin)) {
    recording = false;
    playback = false;
    wipeBuffer();
  }
}

void wipeBuffer() {                                                 #B
  for (int i = 0; i < bufferLength; i++) {
    time[i] = 0L;
  }
  place = 0;
}
```

예제 4-10 MIDI 루퍼 페달(계속)

```
void prepBuffer() { // set buffer for next time it should play          #C
  int i = 0;
  while(time[i] != 0) {
    time[i] += bufferTime;
    i++;
  }
  place = 0;
}

void checkIn() {
  static byte note = 60;

  if(Serial.available() > 0) {
    // read the incoming byte:
    byte incomingByte = Serial.read();
    Serial.write(incomingByte);

    switch(state) {
      case 0:
        // look for as status-byte, our channel, note on
        if(incomingByte == (0x90 | channel)) { // read only one channel
          noteDown = HIGH;
          state = 1;
        }
        // look for as status-byte, our channel, note off
        if(incomingByte == (0x80 | channel)) { // read only one channel
          noteDown = LOW;
          state = 1;
        }
        // look for any after touch, or program message
        if((incomingByte & 0xE0) == 0xC0) {
          state = 4; // just wait for the data
        }
        // look for any control or polyphonic after touch
        if((incomingByte & 0xE0) == 0xA0) {
          state = 3; // just wait for two bytes of data
        }
        // look for any pitch wheel or Channel Mode data
        if((incomingByte & 0xF0) == 0xA0 || (incomingByte & 0xF0) == 0xB0) {
          state = 3; // just wait for two bytes of data
        }
        break;
      case 1:
```

예제 4-10 MIDI 루퍼 페달(계속)

```
        // get the note to play or stop
        if(incomingByte < 128) {
          note = incomingByte;
          state = 2;
        }
        else {
          state = 0; // reset state machine as this should be a note number
        }
        break;
      case 2:
        // get the velocity
        if(incomingByte < 128) {
          doNote(note, incomingByte, noteDown); // do something with the note on message
        }
        state = 0; // reset state machine to start
        break;
      case 3: // first of two bytes to discard
        state = 4; // next byte to discard
        break;
      case 4: // data to discard
        state = 0; // reset state machine
    }
  }
}

void doNote(byte note, byte velocity, int down) {
  // if velocity = 0 on a 'Note ON' command, treat it as a note off
  if((down == HIGH) && (velocity == 0)) {
    down = LOW;
  }
  // do something with the note message
  if(down == LOW) { // record the note off in the buffer
    bufferSave(0x80, note, velocity);
  }
  else {
    bufferSave(0x90, note, velocity);
  }
}

void noteSend(byte cmd, byte data1, byte data2) {
  cmd = cmd | channel;
  Serial.write(cmd);
  Serial.write(data1);
```

예제 4-10 MIDI 루퍼 페달(계속)

```
  Serial.write(data2);
}

void bufferSave(byte action, byte note, byte vel) {
  // place note in next position in buffer                                #D
  if (recording) {
    time[place] = millis();
    storeAction[place] = action;
    storeNote[place] = note;
    storeVel[place] = vel;
    place++; // for next time

    if(place >= bufferLength) { // come to the end of the buffer
      // make it start recording again because record key is still held
      recording = false;
      playback = true;
    }
  }
}

void checkOut() { // see if we need to send anything from the buffer
  if(playback && time[0] != 0L) {
    digitalWrite(replayLed, HIGH);

    if(millis() > time[place]) {
      noteSend(storeAction[place], storeNote[place], storeVel[place]);
      time[place] += bufferTime; // set buffer entry for next play        #E
      place++; // point at next play
      if(time[place] ==0) place = 0; // wrap pointer around
    }
    digitalWrite(replayLed, LOW);
  }
}
```

#A 전환 후 스위치가 안정화되는 데 걸리는 시간(밀리초)
#B 버퍼의 time 배열만 0으로 초기화. time이 0이면 빈 항목으로 간주하기 때문
#C 이제 녹음이 얼마나 오래 지속되는지 다시 알 수 있음. 다시 이벤트를 재생할 때 소리가 들리기까지 이벤트의 시간 길이를 추가할 수 있음
#D 빈 항목을 찾을 필요가 없음. 버퍼는 각 노트 이벤트가 발생할 때 채워짐
#E 이제 총 녹음 시간을 추가하여 다시 재생할 시간을 설정

코드의 전체적인 모습은 익숙할 것이다. 그러나 여기에 몇 가지 새로운 요소가 있다. getControls() 함수는 실제로 녹음과 재생 간의 전환 기능을 제어한다. 이것을 개발할 때 접점의 전기적 바운스에 관련된 몇 가지 문제가 있었기 때문에, 모드를 얼마나 빨리 바꿀 수 있는지를 제어하는 debounceTime 변수를 두었다. 모드가 변경되면 이 시간이 시스템 시간에 추가되고, 스위치가 올바른 상태에 있는 것처럼 보이더라도 이 시간이 경과할 때까지는 모드 변경이 다시 발생할 수 없다.

checkout() 함수는 각 버퍼 항목을 검사할 때 재생 LED를 켜고 끈다. 프로그램이 다음 항목을 재생할 시간인지 여부를 결정하는 데 대부분의 시간을 소비하기 때문에, LED는 매우 짧은 시간 동안만 꺼진다. 그 결과 LED가 계속 켜져 있는 것처럼 보이지만 버퍼가 읽히지 않으면 바로 꺼진다. bufferSave() 함수에는 도달하는 버퍼의 한계를 확인하는 행이 있다. 버퍼 길이는 100개의 메시지이며 보통 이를 초과할 일은 없을 것이다. 길이를 초과하면 하면 코드가 처음부터 노트를 덮어쓰기 시작할 것이다. 이런 일이 발생할 경우에 대비해 '초과 LED'를 시스템에 추가하고 wipeBuffer() 함수에서 끌 수도 있겠지만, 굳이 필요할지는 모르겠다.

4.8 마치며

지금까지 MIDI 메시지를 가로채고 조작하여 수행할 수 있는 몇 가지 트릭을 알아보았다. 결국 MIDI 메시지는 사운드 시스템에 무엇을 해야 하는지 알려주며, 조작하기 쉽다. 일부 매개 변수에 숫자를 더하거나, 빼거나, 메시지를 저장해두었다가 나중에 보내면 된다.

이 장에서 본 것처럼 동일한 기술을 사용하여 구현할 수 있는 더 많은 트릭이 있다. 악기가 스테레오 위치에서 자동으로 앞뒤로 스윕하거나, 특정 노트 트리거가 빠른 스윕 또는 위치 변경을 하도록 컨트롤러 변경 팬 메시지를 주기적으로 보내는 시스템은 어떨까? MIDI 루퍼 페달을 사용하는 것은 어떨까? 하지만 이번에는 동시에 쓰고 출력할 버퍼를 두 개 이상 놓고 루프를 계층화할 수 있을까? C키를 계속해서 플레이할 수 있지만, 원하는 키로 언제든 바꿀 수 있는 시스템은 어떨까? 몇 가지 기본 기술을 습득하고 나면, 상상하는 모든 것을 만들 수 있을 것이다.

지금까지의 예제는 MIDI 메시지를 수정하는 것으로 제한되어왔다. 다음 장에서는 MIDI 컨트롤러 또는 악기를 만들어 실제 동작을 MIDI 신호로 변환하는 방법을 배우게 될 것이다. 이것은 완전히 새로운 가능성의 세계를 열어준다.

05 MIDI 악기

이번 장에서는 다음과 같은 내용을 다룰 것이다.

- 아두이노 입출력 확장
- 센서 사용
- 스푸노폰 만들기
- MIDI 테레민
- MIDI 에어 드럼
- MIDI 조명 쇼

지금까지 MIDI 메시지에 대해 알아보고, MIDI 메시지가 아두이노를 들락날락하게 하는 방법과 딜레이, 자동 코드, 에코와 같은 효과를 내는 방법을 살펴보았다. 이 장에서는 장비와 컨트롤러를 만들기 위해 스위치와 센서로 MIDI 메시지를 생성하는 방법을 설명할 것이다. 아두이노 우노가 가지고 있는 제한된 수의 핀에 더 많은 것들을 인터페이스할 수 있는 테크닉과 여러 MIDI 장비에서 정교한 센서를 사용하는 방법도 설명할 것이다. 마지막으로 MIDI 제어 조명 시스템을 같이 만들어 보면서 사운드를 생성하는 대신 MIDI 메시지를 사용하여 수행할 수 있는 작업에 대해 논의할 것이다.

5.1 센서와 I/O

기본 아두이노 우노에는 20개의 입출력I/O 핀이 있으며 대부분의 프로젝트는 이 정도면 충분하지만, 항상 추가 I/O가 필요해지는 프로젝트가 있기 마련이다. 그러면 아두이노 메가와 같이 I/O가 더 많은 아두이노로 전환하거나, 별도의 포트 확장기를 추가하는 방법을 쓸 수 있다. 필자 개인적으로는 후자의 솔루션을 선호하는데, 더 경제적일 뿐 아니라 프로젝트의 실제 I/O 요구 사항과도 일치할 수 있기 때문이다.

센서는 기본적으로 어떤 형태의 물리적 현상을 받아 전기 신호로 바꾸는 장치이며, 그 신호를 사용하여 현상을 모니터하거나 다른 것을 제어하는 데 사용할 수 있다. 이 책에서 우리가 제어하는 대상은 일반적으로 MIDI 메시지이다. 그래서 노브와 같은 간단한 센서를 돌리면서 그 값을 읽을 수 있다. 이전 장에서 노브를 사용하여 시간 지연을 제어하는 예제를 이미 살펴본 바 있다. 노브 신호를 MIDI CCController Change 메시지로 변환하면 DAW 전체를 조절할 수도 있다.

노브는 유용하지만 재미있는 센서는 아니다. 오히려 평범한 편이다. X-Y 패드를 사용하여 두 가지 파라미터를 제어하거나, 광센서를 사용하거나, 패드를 누르는 세기를 감지해서 노트 온/오프 등의 음악적 정보로 바꾸면 어떨까? 이 장에서는 이러한 것들을 아두이노에 연결하는 방법을 설명하겠다.

5.2 포트 확장기

아두이노에서 더 많은 I/O를 확보하기 위한 일반적인 방법은 시프트 레지스터를 사용하는 법이며, 이 방법은 상대적으로 이해하기 쉽다. 그러나 이 방법의 가장 큰 단점은 입력 또는 출력에 대해 다른 유형의 시프트 레지스터가 필요하다는 점이다. 또한 시프트 레지스터를 사용하는 인터럽트는 지원되지 않으므로, 클럭킹 및 개별 입력 비트 검사 이외의 방법으로는 시프트 레지스터 체인 전체에서 입력 신호가 바뀌었는지 여부를 알 수 있는 방법이 없다. 필자의 의견으로, I/O를 추가하는 훨씬 더 좋은 방법은 포트 확장기 칩을 사용하는 것이다. 포트 확장기에는 다양한 형태가 있지만, 가장 추천하는 것은 MCP32S17이다. 이 칩은 SPI 연결을 사용하며, 포트 A와 B로 식별되는 2개의 완전한 8비트 I/O 포트를 포함한다. 또한 최대 8개까지는 언제든지 아두이노에 쉽게 연결될 수 있어 최대 128개의 추가 I/O를 확보할 수 있고, 조금만 더 복잡하게 작업하면 거의 무제한의 숫자를 수용할 수 있다. 이제 이 칩을 사용하는 방법을 살펴보자. 그림 5-1과 같이 하드웨어 배선은 매우 간단하다.

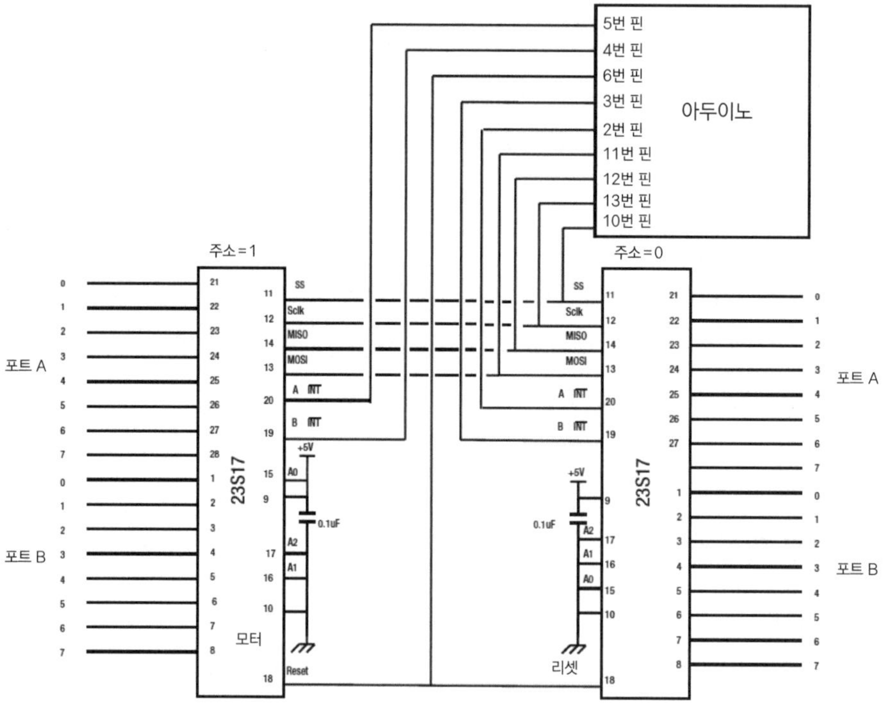

그림 5-1 아두이노에 MCP32S17 칩 2개 연결하기

두 칩 모두 아두이노의 동일한 4개 핀에 연결되어 있다. 각 칩은 3개의 주소 라인 각각의 논리 레벨로부터 고유한 주소를 얻는다. 각 칩은 여기서 서로 다른 논리 레벨을 가져야만 한다. 즉, 3 개의 라인이 서로 다른 8개의 연결 방식을 가질 수 있기 때문에 함께 연결된 총 칩 수는 8개가 될 수 있다. 여러 라인 수의 조합이 몇 개가 되는지 파악하려면 2의 라인 수만큼의 승수를 구하면 된다.

소프트웨어 측면에서 볼 때 각 칩은 다수의 레지스터 또는 주소처럼 보이다. 데이터시트를 다운로드하여 보면 전체 세부 정보를 볼 수 있다. 그러나 데이터시트가 너무 많은 데이터를 포함하기 때문에 데이터시트가 어렵게 느껴질 수도 있을 것이다. 이 칩의 데이터시트에는 두 가지 버전의 칩에 대한 정보가 들어 있으므로 더 복잡한 편이다. MCP32017은 I2C 버전이며 MCP32S17은 SPI 버전이다(예제에서는 SPI 버전을 사용한다).

이 칩과 통신하려면 22개의 제어 레지스터를 사용해야 한다. 이들은 포트 A와 포트 B의 두 개의 개별 뱅크로 나누어 설정될 수 있다. 또한 각 포트 A 레지스터가 등가의 포트 B 레지스터를 가지는 인터리브interleaved 뱅크로 설정될 수도 있다. 인터리브 모드에서는 전원이 켜지므로 이 모드에서 사용하는 것이 가장 간단하다. 각 레지스터에는 이름과 주소가 연관되어 있다. 칩은 주소만 이해할 수 있지만, 우리 입장에서는 이름을 프로그래밍하는 편이 기억하기 쉬우므로, 소프트웨어에서 이름과 주소 간의 연관성을 설정하는 편이 좋다. 예제 5-1의 코드는 이를 어떻게 수행하는지 보여준다.

칩을 MCP23x17이라고 부른다는 점에 유의하자. 중간에 있는 x는 둘 이상의 종류가 있고 모든 종류의 칩을 포함한다는 것을 의미한다. 이것은 전자 부품 산업에서 표준으로 쓰이는 단편이다. 필자는 보통 이 코드를 아두이노 스케치의 별도 탭에 포함시킨다. 어렵지 않은 작업이지만 초보자는 종종 모르는 기능이다. 스케치 창의 오른쪽 위 모서리에는 돋보기 아이콘이 있으며 그 아래에는 아래쪽을 가리키는 아이콘이 있다. 그것을 클릭하고 드롭다운 메뉴에서 새 탭을 선택하자. 그런 다음 탭의 이름을 입력하면 상단에 나타난다. 코드를 클릭하면 포함된 코드에 접근할 수 있다. 자주 보지만 편집하지는 않는 코드를 숨기는 데는 아주 좋은 기능이다. 이 장치를 사용할 때마다 예제 5-1의 코드를 새 탭에 지정하지.

예제 5-1 MCP23x17 주소 이름/번호 연관시키기

```
// MCP23S17 addresses in IOCON.BANK = 0
#define IODIRA (byte) 0x00
#define IODIRB (byte) 0x01
#define IPOLA (byte) 0x02
#define IPOLB (byte) 0x03
#define GPINTENA (byte) 0x04
#define GPINTENB (byte) 0x05
#define DEFVALA (byte) 0x06
#define DEFVALB (byte) 0x07
#define INTCONA (byte) 0x08
#define INTCONB (byte) 0x09
#define IOCON (byte) 0x0A
#define GPPUBA (byte) 0x0C
#define GPPUBB (byte) 0x0d
#define INTFA (byte) 0x0E
#define INTFB (byte) 0x0F
#define INTCAPA (byte) 0x10
#define INTCAPB (byte) 0x11
#define GPIOA (byte) 0x12
#define GPIOB (byte) 0x13
#define OLATA (byte) 0x14
#define OLATB (byte) 0x15

// Bits in the IOCON register
#define BANK (byte) 0x80
#define MIRROR (byte) 0x40
#define SEQOP (byte) 0x20
#define DISSLW (byte) 0x10
#define HAEN (byte) 0x08
#define ODR (byte) 0x04
#define INTPOL (byte) 0x02\
```

이와 같은 칩의 가장 큰 특징 중 하나는 인터럽트 출력이다. 꼭 인터럽트를 트리거하는 데 사용할 필요는 없지만, 정의된 입력 그룹의 하나 이상의 입력이 변경되었음을 나타내는 데 사용할 수 있다. 이렇게 하면 변경 여부를 확인하기 위해 컴퓨터의 시간 판독값이 모든 입력에 저장된다. 각 포트당 하나씩, 칩당 2개의 출력이 있다. 이들은 연결 논리합 구성이라고 불리는 방식으로 함께 연결될 수 있으며, 보다 세분화된 모니터링을 위해 별도의 핀으

로 배선될 수도 있다. 그림 5-1에서 이 구성을 볼 수 있으며, 출력은 아두이노의 2~5번 핀에 연결된다. 또한 이 칩에는 리셋 핀이 있어 모두 함께 연결되면 하나의 출력 핀으로 제어할 수 있다.

5.3 아날로그 멀티플렉서

더 많은 디지털 입력 출력을 얻을 수 있는 건 확인했지만, 더 많은 아날로그 입력은 어떻게 확보할까? 이를 위해서는 아날로그 멀티플렉서multiplexer라고 하는 다른 종류의 회로가 필요하다. 멀티플렉서는 멀티웨이 스위치라고도 불리며, 그 앞에 붙은 아날로그는 기본적으로 입력 전압에 해당하는 출력 전압을 얻을 수 있다는 것을 의미한다. 중요한 것은 이 회로가 양방향 프로세스를 가져, 기계식 버전과 마찬가지로 입출력을 상호 교환할 수 있다는 점이다. 멀티플렉서는 여러 가지 종류가 있지만 가장 유용한 것은 4051이다. 이 칩은 8개의 채널 중 하나에 연결될 수 있는 하나의 채널을 가지고 있다. 이를 8채널 아날로그 멀티플렉서/디멀티플렉서라고 한다. 일반적인 구성은 그림 5-2에 나와 있다. 듀얼 4채널 아날로그 멀티플렉서/디멀티플렉서(4052)와 트리플 2채널 아날로그 멀티플렉서/디멀티플렉서(4053)도 있다. 가장 많은 기능을 지닌 것은 4067로, 선택 가능한 16개의 채널을 제공한다.

이론적으로는 공통 커넥터가 스위치 커넥터로 직접 연결되지만 실제로는 작은 직렬 저항이 중간에 삽입된다. 이 값은 어떤 제조업체가 만드는 4051인가에 따라 다르다. 제조업체를 표시하는 ID 접두사 또는 접미사가 있으며, 해당 데이터시트에 저항값이 나열된다. 이 저항에 대한 파라미터는 데이터시트에 R_{on}으로 표시되어 있으며, 온도 및 전원 전압에 따라 변할 수 있지만 MC14051B의 경우 일반적인 값은 250R이다. 실제로 이 저항값의 영향은 미미한데, 일반적으로 스위칭하는 대상의 저항이 훨씬 크기 때문이다. 또 다른 포인트는 스위칭하면서 흐를 수 있는 전류의 크기에 25mA 정도의 한계가 있다는 점이다. 아두이노 사이트의 온라인 튜토리얼에는 멀티플렉서로 더 많은 출력 핀을 생성하는 내용이 있지만, 그리 바람직한 방식은 아니다. 멀티플렉서가 스위칭되지 않을 때는 출력에 아무것도

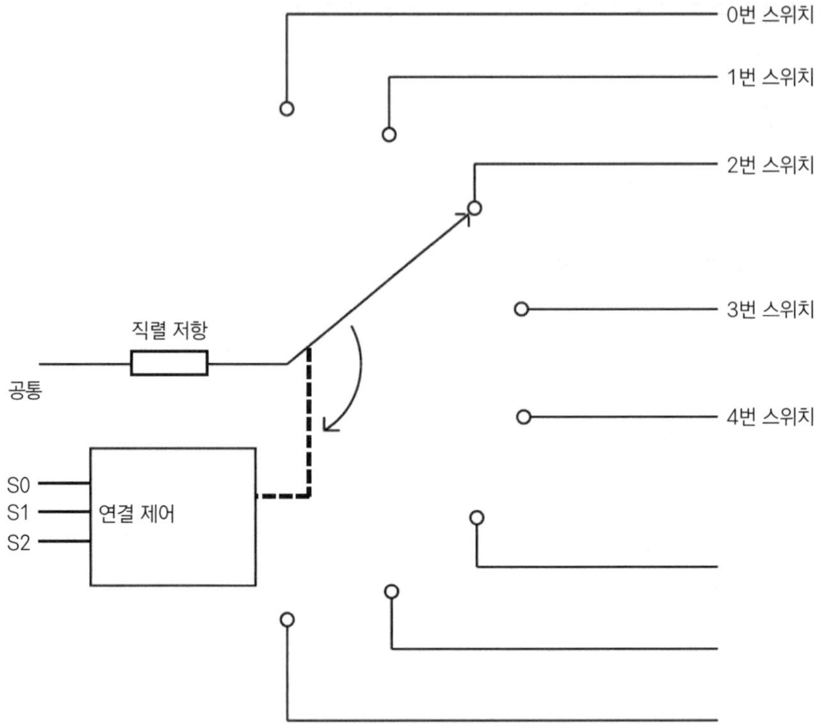

그림 5-2 아날로그 멀티플렉서

연결되지 않기 때문이다.

공통 라인에 연결된 스위치 입/출력을 결정하는 선택 또는 제어 핀은 논리 레벨 입력 핀이며, 일반적으로 아두이노에 의해 구동된다. 아두이노 모델에 6개의 아날로그 입력이 있는 경우 이 입력의 각각에 4051을 연결하여 총 48개의 아날로그 입력을 가질 수 있다. 그들 각각에 가변저항을 달면 거대한 MIDI 컨트롤러를 만들 수도 있다. 이마저 충분하지 않다면, 4067을 사용하여 두 배의 규모인 96개의 아날로그 입력을 만들 수도 있다. 그래도 부족하다면 … 거의 무제한의 입력에 대해 멀티플렉서를 캐스케이드할 수 있으므로 신호가 두 개의 멀티플렉서를 통과하여 아두이노의 아날로그 입력으로 전달될 수도 있다. 아두이노 프로세서 자체는 아날로그 A/D 컨버터 앞에 멀티플렉서가 있어 6개의 채널 중 하나를 선택할 수 있다. 그림 5-3은 이 두 가지 배열을 보여준다.

그림 5-3은 단순화를 위해 캐스케이드 회로에 연결된 두 개의 멀티플렉서만을 보여 주지만, 최대 8개의 멀티플렉서를 이 두 번째 뱅크에 포함할 수 있다. 이것으로 64개의 아날로그 입력을 확보할 수 있다. 세 번째 멀티플렉서 뱅크를 사용하면 512개의 입력을 확보할 수 있지만, 이 정도로 많은 아날로그 입력을 필요로 할 일이 있을까?

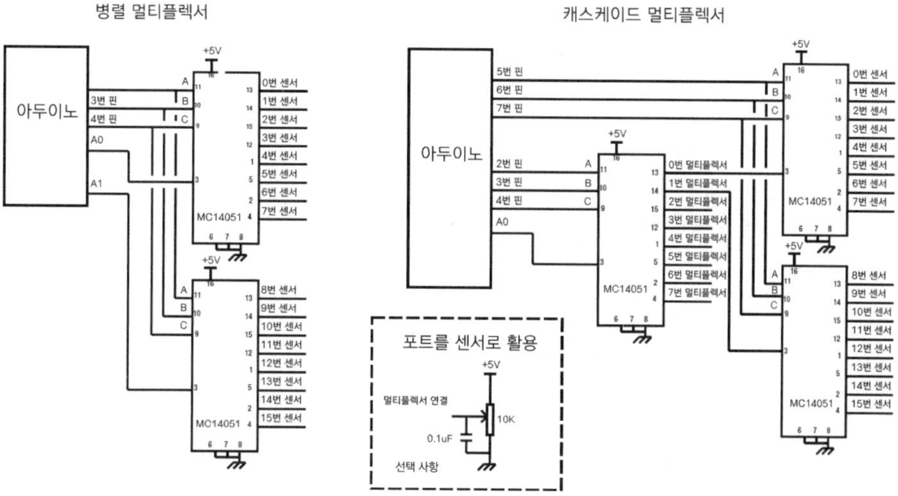

그림 5-3 병렬 멀티플렉서 회로와 캐스케이드 멀티플렉서 회로

병렬 회로에서 각 멀티플렉서는 별도의 아날로그 입력으로 공급되는 반면, 직렬 연결 유형에서는 아두이노의 하나의 아날로그 입력만 사용된다. 캐스케이드 시스템은 R_{on}의 유효값을 두 배로 만드는 단점이 있다. 신호가 아날로그 입력에 도달하기 전에 두 개의 멀티플렉서를 통과하기 때문이다.

또한 두 회로 모두 멀티플렉서의 선택 라인에 연결된 핀에 읽을 입력에 해당하는 적절한 2진수를 입력해야 필요한 출력을 처리할 수 있다는 문제가 있다. 이것은 초보 프로그래머가 코드에서 혼란을 겪을 수 있는 부분이다. 각각의 아날로그 입력에 대해 3개의 디지털 쓰기 명령을 필요로 하며, 이를 위해 상당한 코드를 작성해야 한다. 적절한 방법은 멀티플렉서 입력 선택 핀을 설정하기 위해 비트 조작을 사용하고 2진수를 사용하는 방법이다. 예제 5-2의 코드는 "select multiplexer channel" 주석 다음 세 번째 행에서 이 작업을 수행하는 방법을 보여준다. 마지막으로, 멀티플렉서 입력으로 가변저항을 연결하는 방법을 보여주는 회로도에 작은 블록이 있다. 와이퍼와 접지 사이에 커패시터(옵션)가 있는데, 이 값은 판독값에 잡음이 너무 많이 들어가는 경우에만 사용하자. 이 잡음은 환경 또는 회로의 열악한 물리적 레이아웃으로 인해 발생하는 간섭으로 인해 발생한다.

예제 5-2 멀티플렉서 입력을 이용한 CC 메시지 생성 코드

```
/* Multiplexed analogue inputs - Mike Cook
 * For two 4051 multiplexers parallel wiring
 * 16 inputs with threshold control
*/

// Define constants
const int s0Pin = 2; // multiplexer select pins
const int s1Pin = 3;
const int s2Pin = 4;
const int mux1 = 0;                                                       #A
const int mux2 = 1;                                                       #A
const byte channel = 0;                                                   #A

// Variable definitions
int currentState[16]; // current state of sensors
int lastState[16]; // the last state of the sensors
int threshold = 0x4; // sets the threshold value in deciding if a sensor has changed

// MIDI controller channels to send control data out on
char control[16] = { 16, 17, 18, 19, 20, 21, 22, 23, 24, 25, 26, 27, 28, 29, 30, 31};

// Start of code
void setup() {                                                            #B
  pinMode(s0Pin, OUTPUT);
  pinMode(s1Pin, OUTPUT);
  pinMode(s2Pin, OUTPUT);
  Serial.begin(31250); //MIDI baud rate
}
```

예제 5-2 멀티플렉서 입력을 이용한 CC 메시지 생성 코드(계속)

```
//********************* MAIN LOOP ***********************************
void loop() {
  doSensorScan();
  lookForChange();
  saveCurrentState();
} // end loop function

//******************** Functions ***********************************
void doSensorScan() {                                                    #C
  for (int i = 0; i < 8; i++) {
    // select multiplexer channel
    digitalWrite(s0Pin, i & 0x1);
    digitalWrite(s1Pin, (i >> 1) & 0x1);
    digitalWrite(s2Pin, (i >> 2) & 0x1);
    currentState[i] = analogRead(mux1); // dummy read to allow sample & hold capacitor to charge
    currentState[i] = analogRead(mux1); // read mux1 in first 8 array locations
    currentState[i + 8] = analogRead(mux2); // dummy read to allow sample & hold capacitor to charge
    currentState[i + 8] = analogRead(mux2); // read mux2 in last 8 array locations
  }
}

void saveCurrentState() {                                                #D
  for (int i = 0; i < 16; i++) {
    lastState[i] = currentState[i];
  }
}

void lookForChange() {                                                   #E
  for(int i = 0; i < 16; i++) {
    if(abs(currentState[i] - lastState[i]) > threshold) { // if we have a sufficient change
      controlSend(channel, control[i], currentState[i] >> 3); // send control change message
    }
  }
}

void lookForChange2() {                                                  #F
  for(int i = 0; i < 16; i++) {
    if(abs(currentState[i] - lastState[i]) > threshold) { // if we have a sufficient change
      controlSend(channel, control[i], currentState[i] >> 3); // send MSB
      controlSend(channel, control[i] + 32, (currentState[i] & 0x7) << 4); // send LSB
    }
  }
```

예제 5-2 멀티플렉서 입력을 이용한 CC 메시지 생성 코드(계속)

```
}

void controlSend(byte channel, byte controller, byte value) {
  byte cmd = 0xB0 | channel; // merge channel number
  Serial.write(cmd);
  Serial.write(controller);
  Serial.write(value);
}

#A 멀티플렉서 1, 2 및 MIDI 채널용 아날로그 포트
#B 센서 멀티플렉서를 구동하기 위해 I/O 핀의 상태를 설정
#C 모든 센서를 읽음
#D 다음 번 비교를 위해 현재 상태를 저장
#E 새 메시지를 보낼지를 결정하는 임계값
#F MSB 및 LSB CC 메시지를 보내려는 경우 이 함수를 사용
```

이 코드는 멀티플렉서에 연결된 16개의 센서 입력을 모니터하고 그 값이 변경되면 컨트롤러 변경(CC) MIDI 메시지를 생성한다. 센서에서 읽은 값을 먼저 배열로 읽어 들인 다음, 배열을 검색하며 마지막으로 읽은 값이 크게 변경되었는지 확인하여 변경 사항이 있으면 CC 메시지가 전송된다. 이러한 방식을 사용하면 센서에 실제 변화가 없어도 노이즈 때문에 MIDI 채널에 불필요한 메시지가 전송되는 것을 막을 수 있다. 마지막으로 현재의 판독값이 다른 배열로 전송되어 반복문 주변의 다음 패스의 변경 사항을 비교한다.

여기서 주목할 사항 중 하나는 아날로그 입력을 두 번 읽는다는 점이다. 이는 실수가 아니며 내부 멀티플렉서에서 여러 채널을 읽을 때 유용한 방식이다. analogRead() 함수로 값을 읽으면 내부 멀티플렉서가 해당 채널로 전환되고 판독값을 읽게 되는데, 때때로 높은 임피던스 소스가 있는 경우 내부 A/D의 입력에 있는 샘플 및 홀드 커패시터가 입력 전압까지 충전하기에 충분한 시간이 없게 된다. 판독값을 두 번 읽고 두 번째 판독값만 사용하면 회로에 올바른 전압에 도달할 수 있는 기회가 부여된다. 필요하다면, 기회를 더 주기 위해 두 판독값 사이에 짧은 지연을 추가할 수도 있다. analogRead() 전후에 지연이 있어도 별다른 영향이 없지만 인터넷 상에는 이에 대한 오해가 많다. 입력 커패시터 충전 시간의 부족 때문에 일어나는 현상을, 한 판독값의 잘못된 전압이 다른 판독값의 전압 오류로 이어지는 것처럼 생각하는 사람들이 있다. 지금 설명한 내용을 잘 이해하면, 이를 어떻게 해석해야 하는지 알 수 있을 것이다.

컨트롤러 번호는 컨트롤 배열에 정의되어 있으며 이는 사용자가 원하는 대로 변경할 수 있다. 이 배열에 수를 배열해서 센서를 컨트롤러에 효과적으로 할당할 수 있다. 아날로그 읽기는 0에서 1023까지의 10비트값을 반환하는데, 이것은 CC 메시지가 취할 수 있는 0에서 127의 범위(7비트)보다 훨씬 넓은 범위이다. 이를 맞추기 위한 두 가지 해결책이 있다. 첫 번째는 판독값에 3비트 시프트 연산을 취해서 7비트로 줄이는 것이다(8로 나누기와 동일하지만 더 효율적이다). 이는 예제 코드와 동일한 방식이다.

두 번째 해결책은 상위 비트와 하위 비트를 나누어 두 개의 컨트롤러 메시지를 보내는 것이다. 3장에서 보았듯이 일반적으로 컨트롤러 번호는 32만큼 떨어져 있기 때문에 예제의lookForChange()를 lookForChange2() 함수로 대체해서 구현할 수 있다. 사실상 2바이트 CC 메시지는 14비트이므로, 10비트 판독값의 하위 3비트를 취한 후 14비트 CC 메시지 값의 상위 10비트에 맞춰서 4비트 시프트 연산을 취한다.

마지막으로 전역 변수 임계값은 새 메시지를 트리거하기 전에 센서 판독값을 변경해야 하는 정도를 결정하는 데 사용된다. 센서를 가변 저항만으로 제한할 필요는 없다. 이 장에서 앞으로 설명할 아날로그 센서 중 어떤 것이라도 사용할 수 있으며 언급하지 않은 센서도 사용할 수 있다!

이제 원하는 만큼 많은 아날로그 입력을 가질 수 있게 되었다. 다음으로 이 입력에 연결할 수 있는 센서의 종류를 알아보자.

5.4 센서

센서는 물리적인 현상을 전기적인 신호로 변환시키는 장치이다. 센서에는 다양한 종류가 있으며, 모두 오디오 어플리케이션에 사용 가능하다. 기존의 스위치, 푸시 버튼, 로터리 가변 저항, 선형 슬라이더는 대부분의 상용 MIDI 키보드 및 컨트롤러에서 찾을 수 있다. 그러나 창조적인 작업에 새로운 차원을 추가할 수 있는 다른 센서도 많이 있다.

동력 슬라이더도 훌륭하고 매력적이지만, 단가가 비싸고 보통 최고급 장비에만 쓰이곤 한다. 가격 때문에 자신만의 장비를 구축하기에는 그리 매력적이지 않다. 게다가 비용 지출과 별개로 센서로서의 쓸모도 애매한 편이다. 그러니 악기 프로젝트에 어울릴 만한 독특한 센서를 주로 살펴보자.

5.5 포스 센서

포스 센서는 비교적 새로운 종류의 센서이다. 기본적으로 이는 손가락으로 누르는 정도의 힘이 가해질 때 저항의 현저한 변화를 보여주는 필름 저항 센서로, 다양한 크기와 형태를 가지고 있다. 그림 5-4는 두 개의 센서를 보여준다. 정사각형은 1/3인치이고, 둥근 것은 5/8인치이며 손가락에 맞는 크기이다.

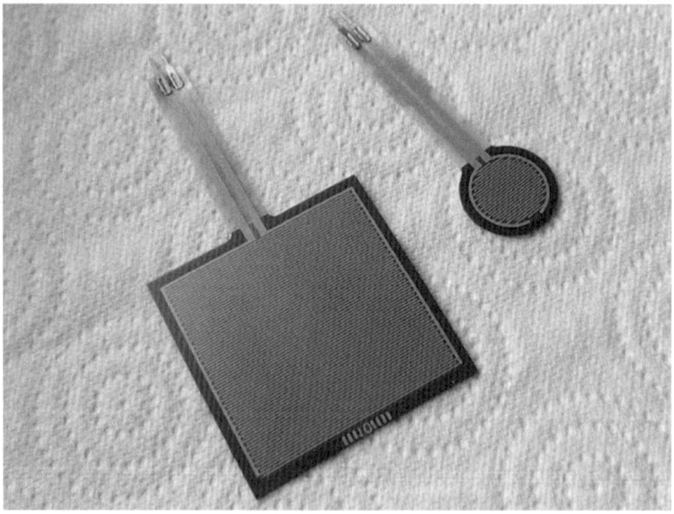

그림 5-4 저항막 방식 포스 센서

센서는 아무런 힘을 가하지 않으면 그 저항값은 거의 무한에 가깝다. 이 상태로는 아두이노와의 인터페이스 측면에서 그다지 도움이 되지 않는다. 조금이라도 터치하면 저항이 약 50K로 내려가고, 세게 누르면 500R 이하로 떨어진다. 이러한 값을 그대로 사용하면 그리 도움이 되지 않는다. 즉, 유용한 판독값을 얻으려면 그 값의 범위를 줄이기 위해 다른 저항에 연결해야 한다. 다른 저항을 연결하는 방법에는 여러 가지가 있는데, 그림 5-5는 가장 일반적인 세 가지 방법을 보여준다.

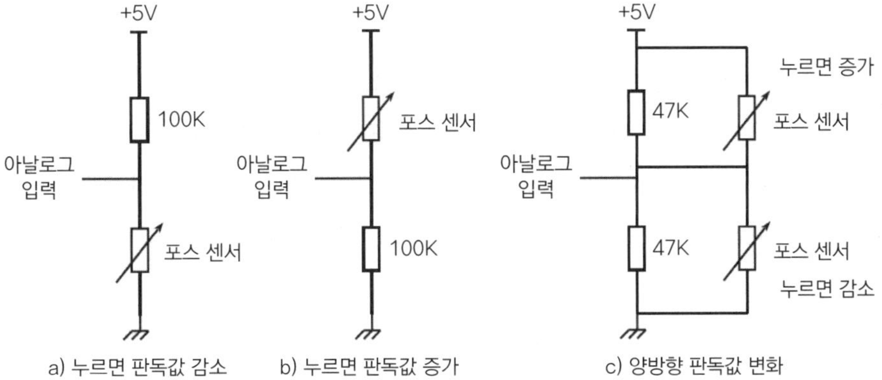

그림 5-5 포스 센서를 연결하는 다양한 방법

회로 a에서 센서는 입력과 접지 사이에 배치된다. 아마도 가장 일반적인 회로일 것이다. 왜냐하면 더 세게 누를수록 판독값이 감소하기 때문이다. 그런데 누를수록 판독값이 증가하기를 원할 수도 있는데, 원한다면 소프트웨어에서 이것을 뒤집을 수 있다. 간단하다. 1023에서 판독값을 빼면 된다. 회로 b는 풀업 저항이 아닌 풀다운 저항을 가지고 있으며, 세게 누를수록 판독값이 내려간다. 두 회로 모두 100K 저항을 사용한다. 저항이 높을수록 센서의 압력 감지 범위가 넓어지지만, 누를 때 더 많은 간섭이 발생한다.

회로 C는 필자의 발명품이다. 적어도 다른 곳에서는 본 적이 없다. 두 개의 포스 센서를 사용한다. 한쪽을 누르면 판독값이 증가하고, 다른 쪽을 누르면 줄어든다. 둘 다 누르면 다

세게 눌리는 쪽으로 판독값이 움직인다. 이러한 회로는 피치 벤드 컨트롤러에 이상적이다. 누르지 않으면 판독값이 중간값으로 돌아가기 때문이다.

5.6 압전 센서

압전 센서는 여러 가지 다른 직경의 매우 저렴한 평면 금속 디스크이다. 압전 센서는 기계적 응력이 변화할 때 전압을 발생시키는 결정체로 만들어진다. 사람들이 생각하는 것과는 달리, 압전 센서는 스트레스가 있을 때 전압을 발생시키는 것이 아니라 스트레스가 변화할 때 전압을 발생시킨다. 스트레스가 가해질 때는 양의 전압을 만들고, 줄어들 때는 음의 전압을 만들어내는 것이다. 전압의 크기는 수백 볼트에 달하지만 그럼에도 아두이노의 입력에 직접 연결될 수 있다. 왜냐하면, 전압은 높지만 전류가 거의 없기 때문이다. 불꽃놀이 때 튀는 불똥과도 비슷하다. 매우 뜨겁지만 질량이 거의 없어 열에너지가 거의 없는 것이다.

압전 센서의 경우 내부에 보호 다이오드가 있어 고전압이 흘러도 손상이 발생하지 않는다. 높은 전압이 매우 오랫동안 지속되지 않도록 센서를 가로질러 1MΩ의 저항이 충분한 부하를 만들어낸다. 덕택에 압전 센서는 전자 드럼 키트와 같은 충격 감지기를 만들 때 널리 사용된다. 그러나 몇 가지 문제가 있다. 우선, 펄스의 길이가 매우 짧다. 다행히 아두이노는 매우 빠르고 쉽게 8개의 센서를 스캔할 수 있다. 그러나 이것이 더 많은 센서로 확대되면 프로세서가 다른 센서를 모니터링하는 동안 펄스를 놓칠 수 있다.

두 번째 문제는 출력 전압의 진동이다. 즉, 펄스가 진동하기 때문에 동일한 충격을 여러 번 감지 할 수 있다. 센서의 전압 출력은 충격 속도에 비례하므로 센 타격과 약한 타격 사이의 차이를 감지할 수 있다. 그러나 아날로그 값을 읽는 작업은 디지털 값을 읽는 작업보다 오래 걸리므로 펄스를 놓칠 수도 있다. 센서를 가로지르는 작은 커패시터를 통해 전압을 충분히 길게 유지하여 읽는 방법으로 이 문제를 해결할 수 있다. 그림 5-6에서 여러 가지 압전 센서의 모습을 볼 수 있다.

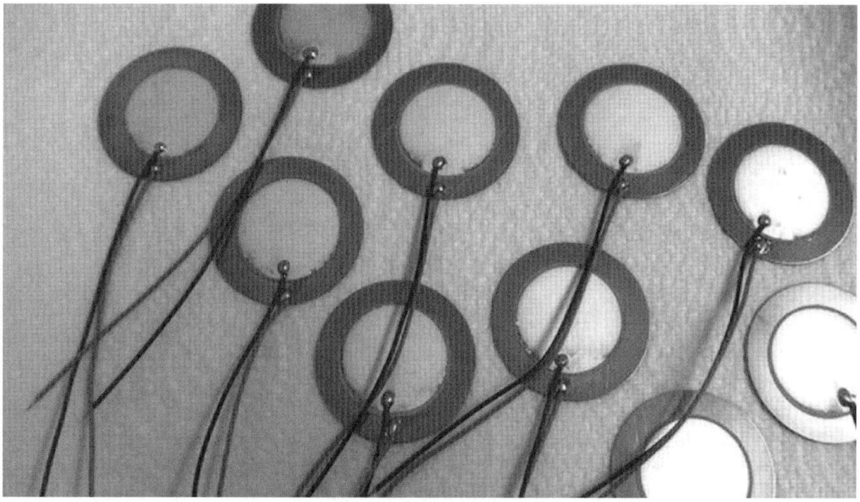

그림 5-6 압전 센서

5.7 휨 센서

휨 센서는 포스 센서와 비슷한 방식이지만, 이름에서 추측할 수 있듯이 그 저항이 센서가 휜 정도에 비례한다. 직선일 때는 약 8K5의 저항을 가지며, 오른쪽 방향으로 90° 구부리면 저항이 약 15K로 증가한다. 더 구부리면 센서가 영구적인 손상을 입을 수 있다. 반대쪽 방향으로 90° 구부리면 저항이 7K8로 아주 조금 낮아지므로, 기본적으로 한 방향의 휨만 잘 측정할 수 있다. 센서의 밝은 사각형이 안쪽 방향에 오도록 굽히게 된다. 그림 5-7을 통해 센서의 모습을 볼 수 있으며 2.2인치 및 4.4인치 길이가 있다.

포스 센서와 같은 방법으로 배선하면, 휨의 유무에 따라 저항의 차이가 극단적으로 발생하는 문제는 겪지 않을 것이다. 두 개의 휨 센서가 등을 맞대게 배치해서 푸시-풀 회로를 구성할 수도 있겠지만 필자 개인적으로는 아직 시도해보지 않았다. 센서를 구부리는 데는 거의 힘이 들지 않기에 다양한 기구와 결합할 수 있다. 테디 베어의 팔에 이것을 장착하는 사례도 본 적 있다.

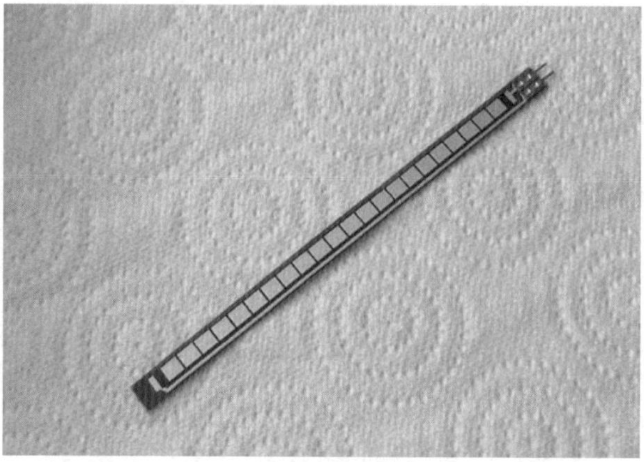

그림 5-7 휨 센서

이와 같은 센서와 포스 센서를 연결할 때, 전선에 직접 납땜하다 보면 인해 유연한 플라스틱이 손상 될 수 있다. 소켓을 사용할 수 있다면 훨씬 더 좋을 것이다. 센서에 0.1인치 피치 소켓 핀을 단단히 고정하면 안전한 연결이 가능하다. 소켓의 핀 끝부분이 실수로 쇼트되는 것을 막기 위해 열 수축 슬리브를 사용했다. 그 결과는 그림 5-8과 같다.

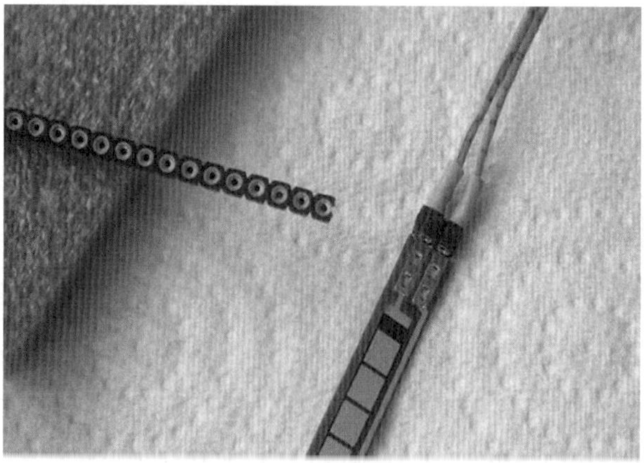

그림 5-8 휨 센서에 소켓을 장착한 모습

5.8 소프트팟

소프트팟에는 다양한 모양과 크기가 있다. 기본적으로 소프트팟은 선형 슬라이더 가변 저항과 같은 적층 플라스틱 센서이다. 저항은 일반 가변 저항과 마찬가지로 센서의 어느 부분을 누르는지에 따라 달라진다. 회전식 가변 저항과 같은 역할을 하는 원형 소프트팟도 있다. 이러한 종류의 센서는 값이 저렴한 편이 아니고, 기술적인 문제도 있다. 즉, 센서를 누르지 않으면 아날로그 입력에서 정상적인 입력을 받지 못한다는 점이다. 이것은 플로팅 floating 입력으로 알려져 있으며, 그 결과 임의의 값이 출력된다. 이 외에도 원형 소프트팟은 원형 궤적의 맨 끝에서 누를 때 트랙의 두 끝이 쇼트될 수도 있다. 전원 및 접지에 연결된 끝이 있는 가변 저항을 배선하는 것이 일반적인 방식이므로, 이 때문에 전원 공급 장치를 가로지르는 회로 쇼트가 발생하여 가변 저항, 전원 또는 두 가지 모두가 손상될 수도 있다.

포스 센서나 휨 센서를 쓸 때의 정석은 출력을 가로질러 풀업 저항을 배치하는 방식이지만, 이것은 판독값의 범위를 제한하고 판독의 선형성을 왜곡한다. 필자는 이러한 제한 없이, 그리고 쇼트로 인한 손상의 위험 없이 부드럽게 소프트팟의 판독값을 읽을 수 있는 방법을 고안했다. 소프트팟을 올바르게 배선하는 비결은 전원과 접지가 아닌 디지털 출력 라인을 연결하는 것이다. 이 방식을 사용하면 디지털 출력을 켜고 끄면서 센서 구동을 테스트할 수도 있다. 간단한 선형 소프트팟의 경우 다음과 같은 절차로 테스트할 수 있다.

1. 두 개의 디지털 핀을 출력으로 설정한다.
2. 하나의 출력을 LOW로, 다른 출력을 HIGH로 설정하고 아날로그 입력을 측정한다.
3. 두 디지털 핀의 출력을 서로 바꾸고 다시 아날로그 입력을 측정한다.
4. 두 개의 판독값을 함께 더했을 때 최댓값에 근접하지 않으면, 판독값이 유효하지 않은 것이다.

원리는 간단하다. 전원 전압을 반대로 바꾸면 저항의 비율을 보완할 수 있다. 판독값이 너무 높을 때의 정상적인 방법은 적용된 전압을 반대로 하는 것이므로, 매우 낮은 판독값을 얻는다. 이 두 값을 합치면 1023이라는 최댓값을 얻게 된다. 이 값을 얻지 못했다면, 입력값이 부동 상태가 되어 임의의 값을 반환한 것이다. 실제로 이 테스트를 수행하면 정확한 최댓값을 얻지는 못할 것이므로 약간의 오차를 허용해야 한다.

원형 소프트팟의 경우 먼저 두 가지 출력을 측정하기 전에 핀이 쇼트되어 있는지를 확인해야 한다. 따라서 이 경우 디지털 핀은 일반적으로 입력으로 구성된다. 다음 절차로 측정을 수행하자.

1. 하나의 디지털 핀을 내부 풀업 저항이 활성화된 입력으로 만들자.
2. 다른 디지털 핀을 LOW로 설정한다.
3. 디지털 입력 핀을 읽는다.
4. LOW가 표시되면, 센서 끝이 쇼트되어 측정을 포기해야 함을 의미한다.
5. HIGH가 보인다면 이전과 같이 보완적인 측정을 진행한다.

예제 5-3은 이 두 가지를 수행하기 위한 코드이다.

예제 5-3 소프트팟 신호 읽기

```
/* Soft pot reading example - Mike Cook
 * Linear soft pot wired to:-
 * wiper to analogue input 0
 * ends to Pins 2 & 3
 * Circular soft pot wired to:-
 * wiper to analogue input 1
 * ends to Pins 4 & 5
*/

const byte end1a = 2, end1b = 3;
const byte end2a = 4, end2b = 5;
int threshold = 40;                                                    #A

void setup() {
   // set up the pot end pins
```

예제 5-3 소프트팟 신호 읽기(계속)

```
  pinMode(end1a, OUTPUT);
  pinMode(end1b, OUTPUT);
  pinMode(end2a, INPUT_PULLUP);
  pinMode(end2b, INPUT_PULLUP);
  Serial.begin(9600);
}

void loop() {
  int pot1 = readLin();
  int pot2 = readCir();

  if (pot1 != -1) {
    Serial.print("Linear Pot reading ");
    Serial.println(pot1);
  }
  else {
    Serial.println("Linear Pot not touched");
  }

  if (pot2 != -1) {
    Serial.print("Circular Pot reading ");
    Serial.println(pot2);
  }
  else {
    Serial.println("Circular Pot not touched");
  }
  delay(800); // stop the display going too fast
}

int readLin() {                                                          #B
  digitalWrite(end1a, HIGH);
  digitalWrite(end1b, LOW);
  int read1 = analogRead(0); // read one way
  digitalWrite(end1b, HIGH);
  digitalWrite(end1a, LOW);
  int read2 = analogRead(0); // read the other way
  if( abs((read1 + read2) - 1023) > threshold ) return -1; else return read1;
}

int readCir() { // returns -1 for an invalid reading
  pinMode(end2a, INPUT_PULLUP);
  pinMode(end2b, OUTPUT);
```

예제 5-3 소프트팟 신호 읽기(계속)

```
  digitalWrite(end2b, LOW);

  if (digitalRead(end2a) == LOW) { // short across pot ends
    pinMode(end2b, INPUT_PULLUP);
    return -1; // not safe to proceed - abandon
  }

  pinMode(end2a, OUTPUT); #C
  digitalWrite(end2a, HIGH);
  digitalWrite(end2b, LOW);
  int read1 = analogRead(0); // read one way
  digitalWrite(end2b, HIGH);
  digitalWrite(end2a, LOW);
  int read2 = analogRead(0); // read the other way

  // return wiper pins to safe mode
  pinMode(end2a, INPUT_PULLUP);
  pinMode(end2b, INPUT_PULLUP);
  if( abs((read1 + read2)-1023) > threshold ) return -1; else return read1;
}

#A 유효한 판독값의 임계값
#B 유효하지 않은 판독값에 대해 -1을 반환
#C 판독값 읽기 진행 가능
```

5.9 터치패드

악기로써의 터치패드는 코르그Korg의 카오스 패드Kaoss Pad로 이미 상용화되어 널리 알려진 바 있다. 일반적으로 터치패드 부품은 상당히 비싸지만, 닌텐도 휴대용 콘솔의 성공 덕분에 작은 터치패드는 교체 품목으로 손쉽게 접할 수 있게 되었다. 터치패드는 비브라토 속도와 깊이, 필터의 공진 주파수와 Q, 주파수와 볼륨과 같은 두 가지 상호 연관된 파라미터를 제어하는 데 적합하다. 닌텐도 교체 스크린 커버는 유리로 만들어졌으며, 그래픽 프린트나 아트웍 뒤에 장착할 때 유용하다.

저항막 방식 터치패드는 접촉하지 않는 두 개의 투명한 저항성 전도성 플라스틱 막을 이용한다. 특정 지점을 누르면 두 저항막 사이에 접촉이 이루어진다. 저항막층 중 하나에 전압을 가하면 눌린 지점이 전압 분배를 형성하여, 접촉점에 전압이 인가된 상태에서 축과 얼마나 멀리 떨어져 있는지 확인할 수 있다. 따라서 하나의 축에서 위치를 결정할 수 있다.

다른 축에서 위치를 찾으려면 전압을 적용하고 측정하려는 축을 교체해야 한다. 그 회로도는 그림 5-9에서 볼 수 있다.

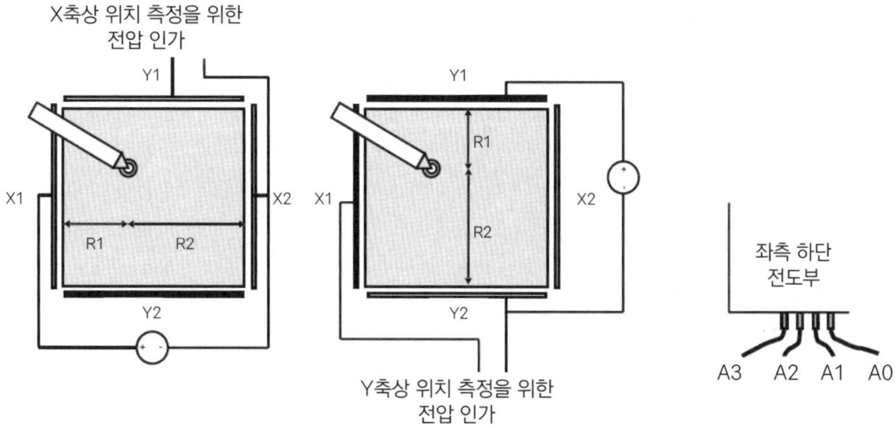

그림 5-9 저항막 터치 센서의 작동 방식

터치를 감지하기 위한 판독값을 얻으려면 아날로그 핀 4개를 사용하는 편이 가장 좋지만, 부족하다면 2개만으로도 가능하다.

이런 종류의 일을 할 아두이노 라이브러리가 따로 있지만, 예제 5-4와 같이 어렵지 않게 코드를 작성할 수 있다.

예제 5-4 저항식 터치패드 읽기

```
// Touch sensor test - Mike Cook
void setup() {
  Serial.begin(9600);
}

void loop() {
  int xPos = measureX();
  int yPos = measureY();
  if(xPos != -1 && yPos != -1) {
    Serial.print("X = ");
    Serial.print(xPos);
    Serial.print(" & Y = ");
    Serial.println(yPos);
  }
  delay(100);
}

int measureX() {
  int v1, v2, v;
  pinMode(14, OUTPUT);
  pinMode(16, OUTPUT);
  digitalWrite(14, LOW);
  digitalWrite(16, LOW);
  v1 = analogRead(A3);
  digitalWrite(14, HIGH);
  digitalWrite(16, HIGH);
  v2 = analogRead(A3);
  if (v1 < 60 && v2 > 990) {
    digitalWrite(16, LOW);
    digitalWrite(14, HIGH);
    v = analogRead(A3);
  }
  else {
    /*
    Serial.print(" low reading ");                              #A
    Serial.print(v1);
    Serial.print(" high reading ");
    Serial.println(v2);
    */
    v=-1;
  }
  pinMode(16, INPUT);
```

예제 5-4 저항식 터치패드 읽기(계속)

```
  digitalWrite(14, LOW);
  pinMode(14, INPUT);
  return v;
}

int measureY() {
  int v1, v2, v;
  pinMode(15, OUTPUT);
  pinMode(17, OUTPUT);
  digitalWrite(15, LOW);
  digitalWrite(17, LOW);
  v1 = analogRead(A0);
  digitalWrite(15, HIGH);
  digitalWrite(17, HIGH);
  v2 = analogRead(A0);
  if (v1 < 60 && v2 > 990) {
    digitalWrite(15, LOW);
    digitalWrite(17, HIGH);
    v = analogRead(A0);
  }
  else {
    /*
    Serial.print(" low reading ");                                          #A
    Serial.print(v1);
    Serial.print(" high reading ");
    Serial.println(v2);
    */
    v=-1;
  }
  pinMode(15, INPUT);
  digitalWrite(17, LOW);
  pinMode(17, INPUT);
  return v;
}
```

#A 판독값이 유효하지 않을 경우에 사용하는 디버깅 코드

다시 말하지만, 소프트팟과 마찬가지로 문제는 터치가 없을 때 무엇을 해야 하는지이다. 측정하려는 입력이 플로팅되기 때문이다. 이 코드는 전압을 낮추고 측정할 두 핀을

LOW로 만들어 이 문제를 해결한다. 이 값은 터치가 있으면 0이 되고, 그렇지 않으면 플로팅된다. 그런 다음이 두 핀을 모두 HIGH로 놓고 다른 값을 읽는다. 터치가 있는 경우 최대 판독값 1023이 읽힐 것이다. 그런 다음이 핀 중 하나를 HIGH로 설정하고 다른 핀을 LOW로 설정한 후 위치를 측정하기 위한 판독값을 취한다. X축에는 82와 940 사이의 값이, Y축에는 128과 855 사이의 값이 읽힌다.

5.10 눈차크

닌텐도의 Wii 컨트롤러를 음악 인터페이스로 생각하지 않을 수도 있지만, 실제로 이 눈차크Nunchuck 컨트롤러는 아두이노에 쉽게 연결할 수 있는 저렴한 인터페이스 장치이다. 이 장치는 2개의 푸시 버튼 스위치, 엄지손가락으로 조종되는 조이스틱, 3축 가속도계로 이루어져 있으며 이 모두가 1장에서 살펴본 I2C 버스에 인터페이스되어 있다. 이 장치를 아두이노에 연결하는 예가 인터넷에 많이 있지만 슬프게도 대부분이 잘못되었다. 세 가지 근본적인 실수가 있다.

- 눈차크의 칩은 3V3를 필요로 하는데 대부분의 가이드가 5V로 연결하게 하고 있다.
- I2C 라인은 3V3로 풀업시켜야 한다.
- 아두이노의 내부 풀업 저항이 활성화된 상태로 5V로 풀업되면 안 된다.

이러한 튜토리얼의 저자들은 의심의 여지없이 "어쨌든 작동하는데?"라고 말할 것이다. 필자는 그에 대고 "얼마나 오래 작동할까"라고 묻고 싶다. 이러한 설계가 눈차크 내부의 칩에 스트레스를 가하는 데에는 의심의 여지가 없다. 칩이 즉시 소진되지 않는다는 사실만으로 칩이 안정적으로 작동할 것이라는 보장이 없으며, 결과적으로 칩의 수명이 단축되고 빠르게 고장 날 것이다. 어쨌든 위의 세 가지 문제를 개선하는 편이 낫다.

아두이노 우노와 다른 많은 보드는 제한된 전류 용량의 3V3 출력을 가지고 있지만 이것은 눈차크에 충분한 전력이다. 눈차크를 물리적으로 연결하기 위해 커넥터를 잘라내어 전선을 벗겨 내고 아두이노에 꽂을 핀 헤더에 직접 납땜할 수도 있지만, 필자는 어댑터 플러그가 충분히 싸기 때문에 이 중 하나를 사용했다. 아두이노의 아날로그 입력 핀의 상위 4개 연결에 직접 연결되는 플러그가 있지만 이 경우 아날로그 입력 핀 중 2개를 사용하여 전원을 공급해야 하며, 이렇게 하면 위에서 언급한 세 가지 실수를 모두 안고 가게 된다. 이렇게 하는 대신, 눈차크 플러그에서 리드를 만들어 클럭은 A5핀에 연결하고 데이터는 3K 풀업 저항으로 A4에 연결하자. 그림 5-10과 같이 전원이 3V3 출력으로 바뀐다.

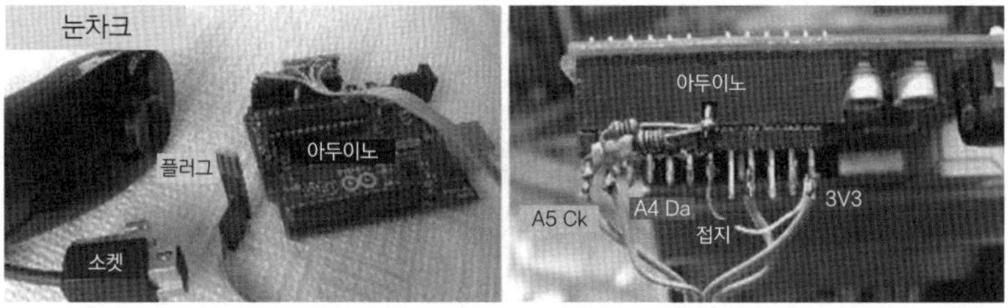

그림 5-10 아두이노와 눈차크 연결하기

판독값을 읽으려면 눈차크가 0x52의 고정 I2C 주소를 가지고, 그것을 초기화하기 위해 숫자 0x40 다음에 0x00을 보내야 한다. 그러면 장치에서 6바이트를 다시 읽을 수 있다. 데이터를 더 읽으려면 숫자 0x00을 다시 전송해야 한다. 눈차크에서 반환한 바이트는 암호화된 상태이므로, 실제 바이트 값을 얻으려면 바이트와 0x17을 배타적 OR로 계산한 다음 그 결과에 0x17을 추가해야 한다. 이렇게 얻은 데이터의 의미는 그림 5-11과 같다.

조이스틱은 8비트(1바이트) 데이터를 반환하는 반면 가속도계는 10비트 데이터를 반환한다. 상위 8비트는 바이트로 반환되고, 하위 2비트는 스위치 판독값과 함께 마지막 바이트로 압축된다. 즉, 가속도계 데이터의 대략의 값만 원한다면 바이트 데이터만 가져와도 되고, 그렇지 않으면 마지막에 최하위 비트를 붙여야 한다. 스위치 데이터는 마지막 바이트의 하위 2비트이다.

바이트									
0	X7	X6	X5	X4	X3	X2	X1	X0	조이스틱 X-41에서 242-중간값 139
1	Y7	Y6	Y5	Y4	Y3	Y2	Y1	Y0	조이스틱 Y-35에서 230-중간값 129
2	AX9	AX8	AX7	AX6	AX5	AX4	AX3	AX2	X축 가속도계-상위 8비트
3	AY9	AY8	AY7	AY6	AY5	AY4	AY3	AY2	Y축 가속도계-상위 8비트
4	AZ9	AZ8	AZ7	AZ6	AZ5	AZ4	AZ3	AZ2	Z축 가속도계-상위 8비트
5	AZ1	AZ0	AY1	AY0	AX1	AX0	S1	S0	스위치 값 및 가속도계 값의 하위 2비트 모음

Z버튼=S0

C버튼=S1

그림 5-11 눈차크가 반환한 데이터의 구조

I2C 라인에는 내부 풀업 저항을 사용할 필요가 없기 때문에, 아두이노의 표준 라이브러리를 해킹하거나 이러한 저항을 사용할 수 없게 하는 라이브러리를 찾아야 한다. 둘 다 가능하지만 아마도 가장 간단한 방법은 새로운 I2C 라이브러리를 로드하는 방법일 것이다. 필자가 찾은 라이브러리 http://dsscircuits.com/articles/arduino-i2c-master-library.html는 표준 I2C 라이브러리보다 훨씬 낫다. 사용법은 표준 라이브러리와 다르지만 충분히 간단하다. 예제 5-5를 통해 이 라이브러리를 사용하고 눈차크를 읽는 방법을 살펴보자.

예제 5-5 눈차크 읽기

```
// Nunchuck test
#include <I2C.h>

int outbuf[6]; // array to store results

void setup() {
   Serial.begin (19200);
   I2c.begin();
   I2c.pullup(0); // disable I2C pull ups
   I2c.timeOut(500); // half a second to prevent lock up
   Serial.print ("Finished setup\n");
```

예제 5-5 눈차크 읽기

```
  nunchuck_init (); // send the initialisation handshake
}

void nunchuck_init() {
  I2c.write(0x52, 0x40, 0x00);                                        #A
}

void send_zero() {
  I2c.write(0x52, 0x00);
}

void loop() {
  // I2c.read(address, numberBytes)
  Serial.println(" ");
  Serial.println(" ");
  Serial.println("Raw data");
  I2c.read(0x52, 6);
  for(int j = 0; j < 6; j++) { // now get the bytes one at a time
    outbuf[j] = I2c.receive(); // receive a byte
    if(outbuf[j] < 0x10) Serial.print("0"); // print leading zero if needed
    Serial.print(outbuf[j], HEX); // print the byte
    Serial.print(" ");
  }
  Serial.println(" "); // new line
  printResults();
  send_zero(); // send the request for next bytes
  delay(800);
}

void printResults() {                                                 #B
  int z_button = 0;
  int c_button = 0;
  z_button = outbuf[5] & 1;                                           #C
  c_button = 1 ^ ((outbuf[5] >> 1) & 1) ^ (outbuf[5] & 1);
  outbuf[2] = (outbuf[2] << 2) | (outbuf[5] >> 2) & 0x3; // acc x
  outbuf[3] = (outbuf[3] << 2) | (outbuf[5] >> 4) & 0x3; // acc y
  outbuf[4] = (outbuf[4] << 2) | (outbuf[5] >> 6) & 0x3; // acc x

  for(int i = 0; i < 5; i++) {
    Serial.print(outbuf[i], DEC);
    Serial.print("\t");
  }
```

예제 5-5 눈차크 읽기(계속)

```
    Serial.print(z_button, DEC);
    Serial.print("\t");
    Serial.print(c_button, DEC);
    Serial.print("\t");
    Serial.println(" ");
}

#A 읽기 시작 설정
#B 입력 데이터를 출력. 가속도계 데이터는 10비트 길이이므로, 8비트를 읽고 최하위 2비트는 마지
   막 바이트에서 추출
#C outbuf[5]에는 가속도계 데이터에 대한 최하위 비트 및 z 및 c버튼에 대한 비트가 포함되어 있으
   므로 바이트의 각 비트를 검사해야 함
```

Z버튼을 누르면 판독값이 출력된다. 즉, Z버튼은 항상 0으로 표시된다. 이는 해당 버튼의 값이 1일 때 프로그램이 판독값을 인쇄하지 않기 때문이다. 이것은 눈차크를 얼마나 빨리 읽을 수 있는지를 테스트할 수 있도록 하기 위해서이다. timeBetweenReads 변수는 최대 속도를 제어하며, 눈차크에 비해 너무 빠르면 Z버튼이 0으로 표시되지 않으므로 시리얼 모니터에 출력이 표시되지 않는다. 필자가 테스트한 결과 변수를 1로 설정해도 여전히 값을 읽을 수 있지만 0으로 설정하면 출력이 나오지 않는다. 일부 초기 버전의 눈차크는 이보다 더 빨리 읽을 수 없으며, 중국산 모조품에도 성능 문제가 많다.

눈차크는 고정 주소이므로 아두이노에 둘 이상을 연결할 수 없다. 하지만 아날로그 멀티플렉서로 I2C 신호를 전환하면 더 많은 눈차크를 연결할 수 있다. 2장에서 살펴본 아날로그 멀티플렉서 사용 방법을 적용해서 그림 5-12에서와 같이 눈차크를 추가하려면 4052 또는 4053이 필요하다.

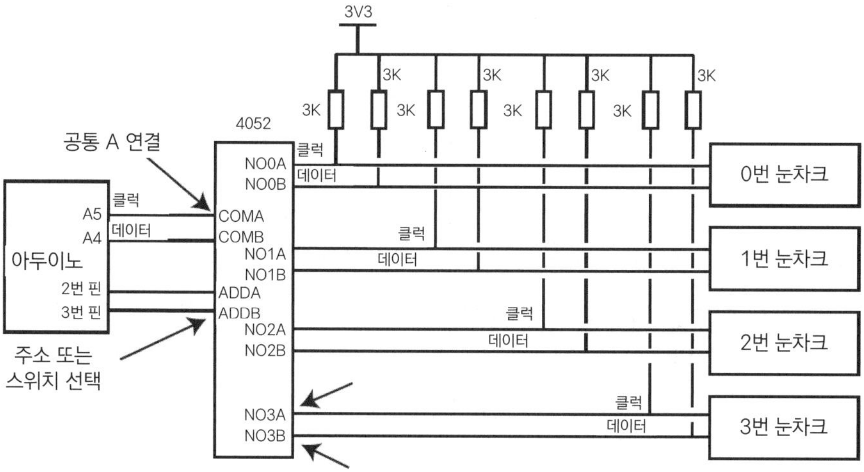

그림 5-12 둘 이상의 눈차크를 연결하는 법

각 눈차크에는 자체 풀업 저항과 전원 연결이 필요하다. 필자는 4052에 핀 번호가 아닌 함수 이름을 표시하여 어떤 일이 벌어지고 있는지 쉽게 볼 수 있었다. 4개의 눈차크를 모두 연결할 필요는 없다. 2~3개만 사용해도 된다. 스위치 선택 라인은 아두이노의 2번 핀과 3번 핀에서 나오지만 다른 핀으로 대체해도 무방하다. 멀티플렉스 선택 라인을 설정하여 0x00 번호를 전송하고 데이터를 다시 읽음으로써 읽으려는 눈차크를 선택할 수 있다.

5.11 거리 센서

거리 센서에는 정전 용량, 초음파, 적외선IR 등 몇 가지 유형이 있지만 음악적 목적을 위해서는 IR 센서가 가장 좋다. 이것은 정전 용량 거리 센서가 주위 환경에 영향을 받을 수 있고, 둘 이상의 센서를 사용하려고 할 때는 초음파 센서가 간섭을 받기 때문이다.

적외선 거리 센서는 빛 간섭의 영향을 받지 않으며 가장 신뢰할 만한 거리 센서이다. 기본적으로 반사된 IR 빛의 각도를 감지하여 작동한다. 가장 널리 사용되는 IR 센서는 샤프

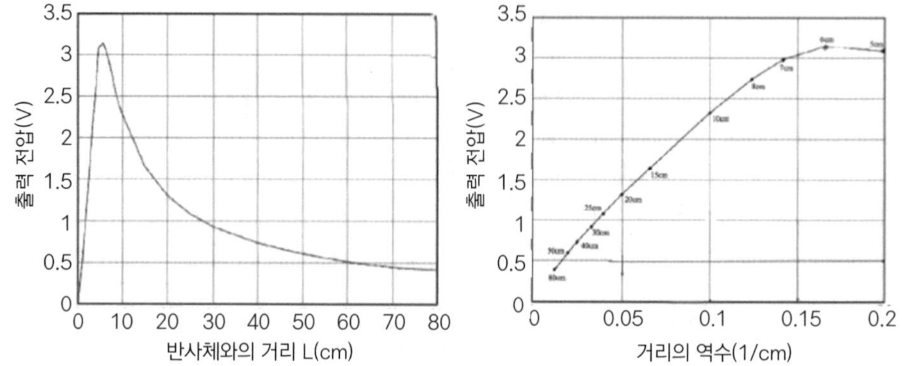

그림 5-13 전압/거리 그래프

Sharp에서 만드는 센서로, 고정 거리와 가변 거리의 두 가지 유형이 있다. 고정 거리 센서는 반사하는 물체가 특정 거리보다 가깝다면 디지털 출력을 제공한다. 이것은 여러 상황에 쓰일 수 있지만 음악에 적용하기에는 그리 재미가 없을 것이다. 가변 거리 센서는 거리와 관련된 아날로그 출력을 가지고 있다. 여기까지 이야기하면 거리 센서가 마법의 센서처럼 들릴 수 있지만, 독자 여러분이 생각하는 만큼 간단하지는 않을 수 있다. 거리 센서 부품은 종류가 아주 다양하며 부품 번호에 따라 성능이 미묘하게 다르다. 필자가 예제를 위해 선택한 것은 GP2Y0A21YKOF 부품이며, 이것은 최대 80cm까지 판독값을 제공한다. 그림 5-13에서 거리/판독값 그래프를 볼 수 있다.

가장 먼저 눈에 띄는 점은 그래프가 선형적이지 않다는 점이다. 실제로 매우 작은 거리에서 출력 거리가 약 8cm까지 증가함에 따라 출력이 빠르게 상승한다. 그 후 거리가 멀어질수록 출력이 떨어지며, 처음에는 빠르다가 뒤에는 천천히 내려간다. 거리의 역수를 취하면 오른쪽 그래프와 같이 그래프가 더 직선으로 보인다. 그러나 이 그래프는 매우 가까운 거리에 대한 값을 표시하지 않는다. 이것은 단순히 센서의 전압을 읽음으로써 거리를 알 수 없다는 것을 의미한다. 예를 들어 1.5V의 출력 전압을 읽었다고 가정하자. 반사체가 0.3cm 떨어져 있을 수도 또는 17cm 떨어져 있을 수도 있다. 이를 파악하기 위해 고정 거리 센서를 활용할 수도 있고, 측정하려는 물체가 기계적으로 8cm 이상 떨어져 있게 기계적으로 차단할 수도 있다. 음악적인 목적을 생각해보면 이 현상은 문제가 되지 않는다. 손을 흔들어 다양한 신호를 받는 컨트롤러로써 작동하기만 하면 된다.

최대 출력은 3V보다 조금 높은데, 즉 일반적인 아날로그 입력 및 측정 기술을 사용하면 최대 판독값이 약 670이 된다. 이 값을 높이기 위한 잔기술을 쓸 수도 있는데, 조심성이 조금 필요하다. 바로 Aref 핀에 전압을 입력하는 것이다. 아두이노 우노에 3V3 전압 출력이 있기 때문에 이를 직접 연결할 수 있다. 그러나 아두이노에게 이 핀에 외부 전압이 연결되었다는 사실을 알려줘야 하는데, 이를 위한 코드는 다음과 같다.

```
analogReference(EXTERNAL);
```

이를 setup() 함수에 포함시켜야 한다. 외부 Vref 전압을 기준으로 아날로그 판독값을 읽는 상황에서 위 라인이 호출되지 않은 경우 내부 참조 전압과 외부 참조 전압이 쇼트되어 아두이노를 손상시킬 수 있다. 3V3 기준 전압을 사용하면 5V도 아날로그 입력 핀에 아무런 문제없이 넣을 수 있다. 3.3V 이상의 모든 전압에 대해 동일한 최대 판독값 1023을 얻게 된다. 이 기법을 사용하면 가용한 판독값이 거의 두 배가 되지만, Aref 핀을 3V3 라인에 연결하지 않은 다른 스케치로 전환할 때는 주의해야 한다.

지금까지 설명한 센서가 사용 가능한 전부는 아니지만, 이제부터는 앞에서 설명한 센서를 사용하여 만들 수 있는 몇 가지 악기를 살펴볼 차례이다. 예제를 본 후 이를 변경해서 자신만의 악기를 만들어 보기를 권장한다. 실습이야말로 학습의 지름길이다.

5.12 MIDI 악기

60년대 중반부터 반도체를 내장한 전자 제품이 일반 소비자 시장에 등장하기 시작했다. 초기에 등장한 전자 악기 중 하나가 바로 스타일로폰Stylophone이다. 1968년에 출시된 이 제품은 저렴한 가격에 판매되었는데, 소형차 정도의 가격에 팔린 전자 오르간과 비교하면 큰 대조를 이뤘다. 스타일로폰은 인쇄 회로 기판의 패치를 누르는 용도의 스타일러스 펜으로 연주하는 방식이었고, 탁한 음색을 가져서 데이빗 보위David Bowie의 스페이스 오디티Space Oddity에 완벽하게 어울렸다. 그림 5-14는 필자의 부모님이 소장한 스타일로폰의 실제 사진이다.

스타일로폰은 간단한 톱니파 발진기를 사용하여 윙윙거리는 소리를 생성했다. 이제부터 스타일로폰에서 영감을 얻은 필자의 발명품, '스푸노폰'이라는 악기를 만드는 법을 선보일 것이다.

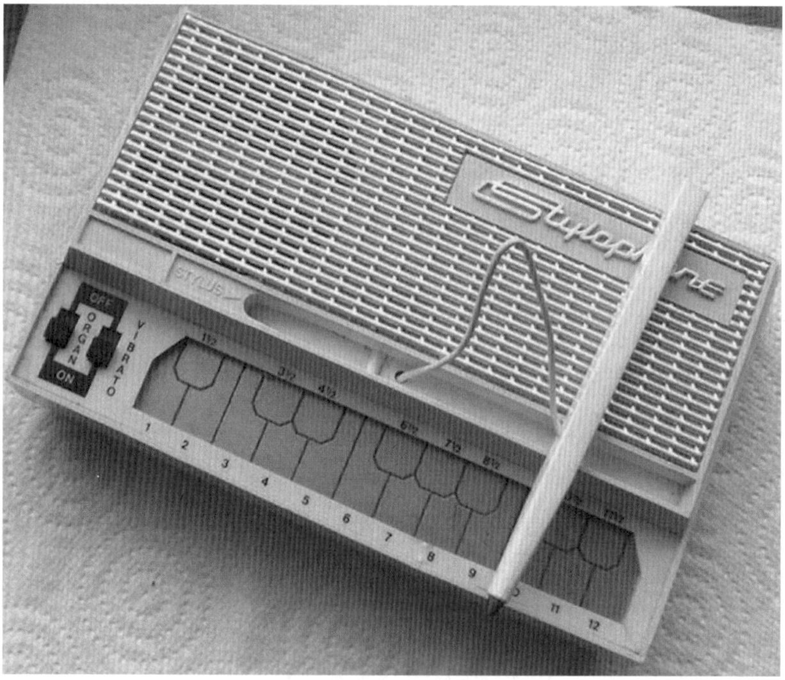

그림 5-14 스타일로폰

5.13 스푸노폰

이름에서 알 수 있듯이, 스푸노폰Spoon-o-Phone은 노트를 선택하기 위해 숟가락(스푼)을 사용한다. 그러나 MIDI 악기이기 때문에 현대적인 사운드 모듈의 풍부한 음색을 가지고 있다. 게다가, 원하는 어떤 키나 연주할 수 있는 지능형 키보드이기 때문에, 키보드 표면에 날카로운 부분이나 평평한 부분이 따로 없다. 스푸노폰의 비밀은 페인트를 사용하여 만든 키보드라는 점이다. MDF 또는 합판 위에 전도성 페인트를 사용하여 키보드를 그렸다. 페인트는 점성이 적으며 치약과 같은 색을 띠기 때문에, 이를 칠하는 가장 좋은 방법은 스텐실을 사용하는 방법이다. 먼저 컴퓨터에서 건반 모양을 디자인하고 종이에 인쇄하여 스텐실을 만들자. 그런 다음 그림 5-15와 같이 기계를 라미네이팅할 때 사용하는 플라스틱 필름으로 종이를 덮고, 날카로운 메스를 사용하여 페인트를 원하는 위치를 잘라내자.

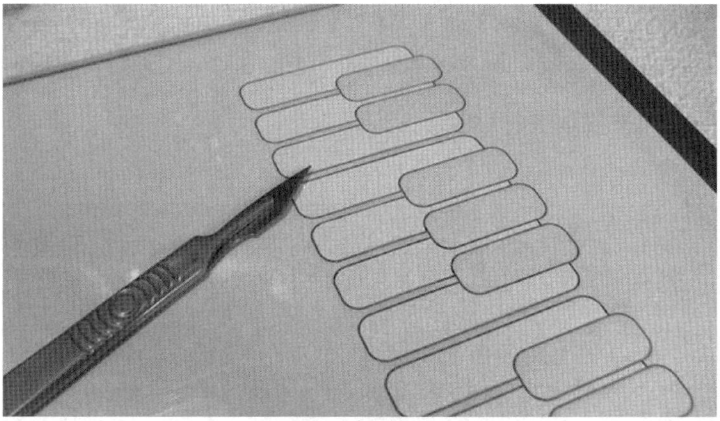

그림 5-15 스텐실 잘라내기

그런 다음 박스 테이프를 써서 스텐실을 목재 위에 고정하고 그림 5-16과 같이 붓을 사용해 전도성 페인트를 도포하자.

그림 5-16 스텐실에 그리기

페인트가 건조되면 조심스럽게 스텐실을 떼어내고, 페인트가 뜬 부분은 메스로 잘라내서 사용 중에 페인트가 찢어지지 않게 만들자. 그 결과는 그림 5-17과 같다. 스텐실 아래로 페인트가 흘러나오면, 이 역시 메스로 긁어내어 정리하자. 스텐실을 약간의 스프레이 마운트 접착제로 붙이는 것도 좋은 방법일 것이다.

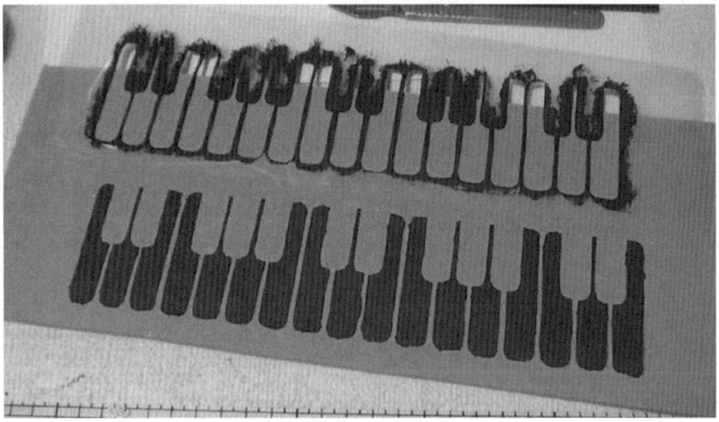

그림 5-17 스텐실을 들어낸 모습

완성된 악기의 모습은 그림 5-18에서 볼 수 있다. 연주를 위한 스푼, 그리고 연주 키를 선택하는 악어 클립을 볼 수 있다. 필자는 검은색 펜을 사용하여 각 키를 표시했다.

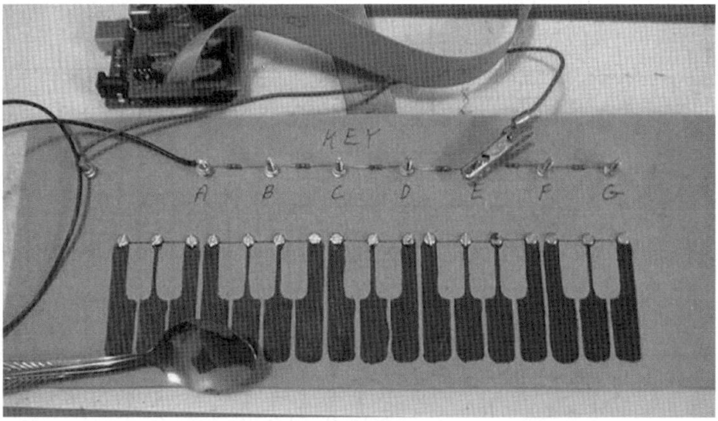

그림 5-18 완성된 스푸노폰

이것을 아두이노에 연결하는 회로도는 그림 5-19와 같다.

기본적으로 매우 간단한 회로이며, 디지털 핀 중 하나만 디지털 입력 핀으로 사용한다. 스푼은 접지에 연결되고, 키는 내부 풀업 저항이 활성화된 입력 핀에 연결된다. 스푼이 키를 터치하면, 입력은 논리값 0이 되어 소프트웨어가 이를 MIDI 노트 온 메시지로 변환한다. 이 키보드는 실제 건반을 C키로 연주하면서도 다른 키로 쉽게 조옮김을 할 수 있다는 점에서 매력적이다. 악어 클립을 저항 체인의 탭 지점에 연결된 아날로그 입력에 물리면 소프트웨어는 사용자가 연주한 것을 해당 키로 조옮김한다.

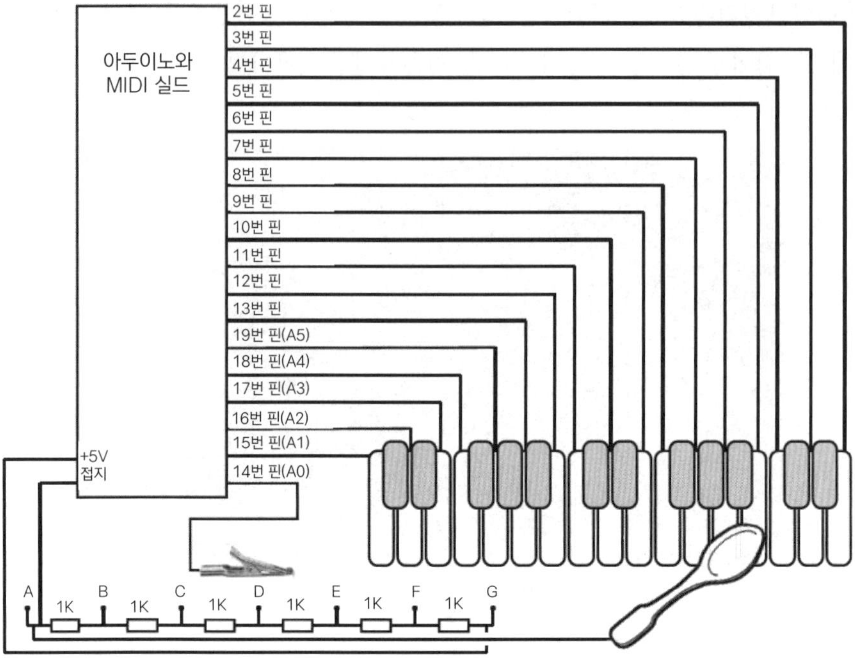

그림 5-19 스푸노폰의 회로도

이 모든 것을 가능하게 하는 소프트웨어 코드는 예제 5-6에서 볼 수 있다.

예제 5-6 스푸노폰 소프트웨어

```
/* MIDI Spoon-o-phone - Mike Cook
 * simple pull down inputs for piano keys
 * Alligator clip defines the key
*/

const byte keyPins[] = {15,16,17,18,19,13,12,11,10,9,8,7,6,5,4,3,2};                #A
const byte notes[] = {0,2,4,5,7,9,11,12,14,16,17,19,21,23,24,26,28,29,31,33,35,36,38,
40,41,43,45,47,48};
const int keyThreshold[] = {85, 255, 426, 596, 767, 937, 1024};
const int musicKeyPin = A0; // key select alligator clip input pin
const int numberOfKeys = 17;
```

예제 5-6 스푸노폰 소프트웨어

```
boolean keyUp[numberOfKeys];
byte channel = 0; // MIDI channel to send data on
byte octave = 3; // two below Middle C
byte lookUpOffset, keyOffset, playingKey;

void setup() {
 Serial.begin(31250); // MIDI baud rate

  for (int i = 0; i < numberOfKeys; i++) {
   pinMode(keyPins[i], INPUT_PULLUP);
   keyUp[i] = true;
  }
  playingKey = findKey(); // 1 to 7 is A to G
  keyOffset = notes[playingKey];
  lookUpOffset = 7+ (octave * 12);

  // setup voice to use
  controlSend(0, 0, channel); // set bank 0 MSB
  controlSend(32, 0, channel); // set bank 0 LSB
  programChange(19); // send voice number - Church organ
}

void loop() {                                                          #B
 boolean key;
 for(int i = 0; i < numberOfKeys; i++) {
  key = digitalRead(keyPins[i]);
  if (key != keyUp[i]) { // change in key state
   if (keyUp[i]) {
    midiSend(0x90, lookUpNote(i), 127); // note on
   }
   else {
    midiSend(0x80, lookUpNote(i), 0); // note off
   }
   keyUp[i] = key;                                                     #C
  }
 }
}

void midiSend(byte cmd, byte d1, byte d2) {
 cmd = cmd | channel;
 Serial.write(cmd);
 Serial.write(d1);
 Serial.write(d2);
```

예제 5-6 스푸노폰 소프트웨어(계속)

```
}

byte lookUpNote(int i) {
 byte note
 note = notes[i] + lookUpOffset + keyOffset;
 return note;
}

byte findKey() { // look up what key we are in
 int i = 0;
 int clipVoltage = analogRead(musicKeyPin);
 while (keyThreshold[i] < clipVoltage) i++;
 i++;
 return (byte) i;
}

void controlSend(byte CCnumber, byte CCdata, byte CCchannel) {
 CCchannel |= 0xB0; // convert to Controller message
 Serial.write(CCchannel);
 Serial.write(CCnumber);
 Serial.write(CCdata);
}

void programChange(byte voice) {
 Serial.write((byte)0xC0 | channel);
 Serial.write(voice);
}

#A 베이스 노트 -7 (G에서 시작)
#B 키가 눌려 있는지 확인 - MIDI 메시지가 있으면 전송
#C // 새 키 상태 저장
```

코드 앞부분에서는 먼저 입력으로 사용될 핀 번호 배열을 정의한다. 필자가 아두이노에 악기를 연결하는 방식으로 이것을 결정했으므로 리본 케이블 연결을 가능한 한 깔끔하게 만들 수 있었다. 이 배열을 다시 정의하면 악기가 배선되는 방식을 변경할 수도 있다. 다음으로 키를 결정하는 전압 탭에 대한 임계값 배열이 있다. 필자는 저항 체인의 각 노드에서 전압을 계산하고 그 전압에 5/1024를 곱함으로써 예상되는 판독값으로 변환했다. 그런 다음 임계값을 두 인접 노드 판독값 중간 값으로 설정했다. 이는 소프트웨어는 시동시에만 확인하며, 키를 변경하려면 클립을 다른 노드로 이동하고 재설정 버튼을 누르면 된다. 원한다면 이 findKey() 함수를 주 루프로 이동할 수도 있지만 키를 자주 변경해야 하는 상황은 보통 없을 것이다.

필자는 음색을 교회 오르간으로 설정했지만, 좋아하는 어떤 MIDI 음색을 선택하더라도 무방하다. 개인적으로는 오르간 음색의 무게가 음이 생성되는 방식과 뚜렷한 대조를 이룬다고 생각한다. 사운드 모듈이 일반 MIDI 확장을 사용하는 경우도 고려해서 뱅크 선택 컨트롤러 채널에 쓰는 호출을 포함시켰다. 다른 함수는 다른 코드에서 자주 봐서 익숙한 함수일 것이다. 이 코드가 폴리포닉 방식을 구현했다는 점에 유의하자. 2개의 스푼을 접지에 연결하면 화음을 연주할 수도 있다. 스푼을 앞뒤로 빠르게 움직이면서 두 음표를 건드리면 트릴을 쉽게 연주할 수도 있다.

4장에서 다룬 '손가락 하나의 기적' 같은 기법을 여기에 적용할 수도 있을 것이다. 독자 여러분의 실력을 발휘해보자.

5.14 테레민

테레민Theremin은 발명자인 레온 테레민Leon Theremin의 이름을 따서 지어졌으며, 레온 테레민은 1928년에 이 악기에 대한 특허를 출원했다. 물리적인 접촉이 필요하지 않은 악기라는 점에서 당시로써는 혁신적인 발명이었다. 테레민 연주자는 오실레이터를 제어하기 위해 악기의 전기장 속에서 두 손을 사용했다. 한 손으로 음량을 조절하고 다른 한 손으로는 음정을 조절했다. 앞에서 살펴본 적외선 거리 센서를 사용하면 자기장을 쓰지 않는 간단한 테레민을 만들 수 있다.

원래 테레민은 노트 기반 악기가 아니며, 연속적인 가변 오실레이터를 사용한다. 특정 노트에 맵핑하기 위해 손의 불연속적인 위치를 사용하여 MIDI 노트 기반으로 만들 수 있지만, 필자는 원래의 테레민 설계에 충실하고 싶었다. 그래서 이번에 구현할 방식은 왼손으로 볼륨 컨트롤을 트리거하여 고정된 음정에서 단일 노트를 연주하고, 이를 서스테인 페달로 유지하면서 오른손으로 넓은 범위의 피치 벤드 신호를 제어하는 방식이다. 그림 5-20은 이를 구현하는 간단한 회로도를 보여준다.

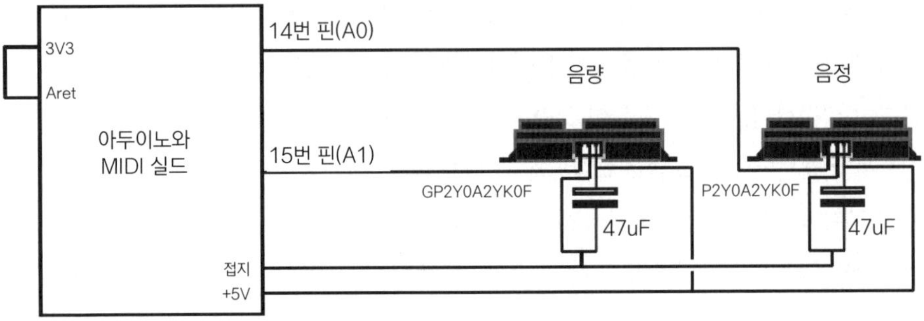

그림 5-20 아두이노 테레민

Aref에 연결된 3V3에 주목하자. 이 장의 앞부분에 있는 '거리 센서' 절에서도 설명했지만, 회로를 구성하기 전에 이 코드를 업로드하고, 다른 코드를 업로드하기 전에 이 연결을 제거하자. 회로도에서 주목할 만한 점이 있다면, 각 센서의 전원 공급 장치를 가로 지르는 47uF 커패시터일 것이다. 이는 데이터시트에 언급된 요소로, 전원 공급을 안정화하고 센서에서 나오는 판독값을 안정화하는 데 좋은 요소이다.

회로도에는 내용이 그리 많지 않으니, 예제 5-7에 있는 소프트웨어를 살펴보자.

예제 5-7 테레민

```
// Theremin - Mike Cook
boolean playing = false;
const byte channel = 0;
const byte baseNote = 72;

void setup() {
 Serial.begin(31250); // MIDI baud rate
```

예제 5-7 테레민(계속)

```
 analogReference(EXTERNAL);
 controlSend(0, 0); // set bank 0 MSB
 controlSend(32, 0); // set bank 0 LSB
 programChange(52); // send voice number
 controlSend(101, 0);                                              #A
 controlSend(100, 0);
 controlSend(6, 72); // set to 6 octaves
 controlSend(38, 0); // and zero cents
}

void loop() {
 int av1 = 1027 - analogRead(0);
 int av2 = 1027 - analogRead(1);
 if (av1 <870 && av2 < 870) {
  if (!playing) noteOn();
  else {
   trackNote(av2, av1);
  }
 }
 else {
  if(playing) noteOff();
 }
}

void noteOff() {
 playing= false;
 noteSend(0x80, baseNote, 127);                                    #B
 controlSend(64, 0);
}

void noteOn() {
 // note on + sustain on
 noteSend(0x90, baseNote, 127);
 controlSend(64, 127);
 playing = true;
}

int trackNote(int freq, int volume) {
 int pb = 0x2000 - (435 - freq);
 sendPB(pb);
 int vel = volume>> 3;
 controlSend(7, vel);
}
```

예제 5-7 테레민(계속)

```
void noteSend(byte cmd, byte data1, byte data2) {
 cmd = cmd | channel;
 Serial.write(cmd);
 Serial.write(data1);
 Serial.write(data2);
}

void controlSend(byte CCnumber, byte CCdata) {
 byte CCchannel = channel | 0xB0; // convert to Controller message
 Serial.write(CCchannel);
 Serial.write(CCnumber);
 Serial.write(CCdata);
}

void sendPB(int pb) {                                                      #C
 Serial.write((byte)0xE0 | channel);
 Serial.write(pb & (byte)0x7f);
 Serial.write((pb>>7) & (byte)0x7f);
}

void programChange(byte voice) {
 Serial.write((byte)0xC0 | channel);
 Serial.write(voice);
}

#A 피치 벤드 감도 설정
#B 노트 꺼짐 + 서스테인 꺼짐
#C 피치 벤드 메시지 보내기
```

setup() 함수에서는 음색을 설정한다. 예제에서는 합창단 음색을 사용하는데, 서스테인이 유지되는 어떠한 음색이라도 잘 작동한다. 단 음색에 어택이 너무 크면 듣기 좋지 않은 것으로 보인다. 물론 개인 취향이므로 여러 음색을 시도해보기를 바란다. 컨트롤러 100과 101은 피치 벤드 범위를 설정하고, 컨트롤러 6과 38은 범위를 설정한다. 무려 6옥타브를 커버한다.

볼륨 및 주파수 센서에서 유효한 값을 읽으면 노트 온 메시지가 트리거된다. 둘 다 트리거되면 미디 노트가 켜지고, 서스테인 온 메시지가 전송된다. 연주하는 동안 음은 지속적으로 조정된다. 왼손은 CC7 메시지로 볼륨을 조절하고, 오른손은 피치 벤드 메시지를 전송한다.

5.15 MIDI 에어 드럼

앞에서 다룬 눈차크를 응용한 회로를 통해 MIDI 에어 드럼을 만들 수 있다. 눈차크는 드럼 비트를 트리거하며, 눈차크의 버튼은 4개의 드럼 소리 중 어느 소리가 나오는지 결정하는 데 사용된다. 이를 위한 코드는 예제 5-8과 같다.

예제 5-8 MIDI 에어 드럼

```
/* Nunchuck Air Drums - Mike Cook
 * plays a different drum depending on the buttons pressed
*/

#include <I2C.h>

int outbuf[6]; // array to store results
int z_button = 0;
int c_button = 0;
long timeBetweenReads = 2; // max speed to read
long timeOfNextRead=0;
boolean yTrig = false;
const byte led = 13;
byte drums[] = {56, 49, 40, 35}; // drums to use
byte lastDrum;

void setup() {
 Serial.begin(31250); // MIDI baud rate
 I2c.begin();
 I2c.pullup(0);                                                  #A
 I2c.timeOut(500);                                               #A
 I2c.write(0x52, 0x40, 0x00);                                    #A
 pinMode(led, OUTPUT);
```

예제 5-8 MIDI 에어 드럼(계속)

```
  digitalWrite(led, LOW);
  lastDrum = drums[0]; // for first turn off
}

void loop() {
  readNunchuck();
  processResults();
}

void readNunchuck() {
  while(millis() < timeOfNextRead) { }                                  #B
  I2c.read(0x52, 6); // I2c.read(address, numberBytes)
  for (int j = 0; j < 6; j++){ // now get the bytes one at a time
    outbuf[j] = 0x17 + (0x17 ^ I2c.receive()); // receive a byte
  }
  I2c.write(0x52, 0x00); // send the request for next bytes
  timeOfNextRead = millis() + timeBetweenReads;
}

void processResults() {
  if(outbuf[3] < 120 && !yTrig) { // arm trigger
    digitalWrite(led, HIGH);
    yTrig = true;
  }
  if(outbuf[3] > 160 && yTrig) { // fire trigger
    digitalWrite(led, LOW);
    noteSend(0x80, lastDrum, 0); // turn off last note
    lastDrum = drums[outbuf[5] & 0x03];
    noteSend(0x90, lastDrum, 127);                                      #C
    yTrig = false;
  }
}

void noteSend(byte cmd, byte data1, byte data2) {
  cmd = cmd | (byte)9; // drums
  Serial.write(cmd);
  Serial.write(data1);
  Serial.write(data2);
}

// test function only
void TestProcessResults() {
  if(outbuf[3] < 120 && !yTrig) { // arm trigger
```

예제 5-8 MIDI 에어 드럼(계속)

```
    digitalWrite(led, LOW);
    Serial.println("Armed trigger");
    yTrig = true;
  }
  if(outbuf[3] > 160 && yTrig) { // fire trigger
    digitalWrite(led, LOW);
    Serial.println("Hit");
    Serial.print("X reading ");
    Serial.print(outbuf[2]);
    Serial.print ("\t Y reading ");
    Serial.println(outbuf[4]);
    yTrig = false;
  }
}

#A I2C 풀업을 사용하지 못하도록 잠시 멈추고, 잠김 방지 및 초기화 핸드셰이크 메시지를 보낸다.
#B 판독값을 너무 빨리 읽으려고 하면 홀드한다.
#C 최대치 사운드를 출력한다.
```

기본적으로 Y 판독값이 드럼 비트를 트리거한다. 판독값이 임계값 이상이면 트리거가 활성화되고, Y값이 또다른 임계값 아래로 떨어지면 드럼 타격이 등록된다. 이와 같은 방식을 쓰면 눈차크를 크게 휘두를 때만 트리거링이 발생하여 의도하지 않은 트리거를 방지할 수 있다. TestProcessResults() 함수는 코드에 포함되어 있지만 호출되지 않는데, 드럼 소리는 내지 않으면서 센서의 판독값을 조사하려는 경우에 쓰인다. 이 함수를 사용하여 트리거할 드럼을 바꾸거나 사운드에 피치 벤드를 적용하는 등의 수정을 가할 수 있다.

5.16 MIDI 조명 쇼

이 장의 마지막 프로젝트로서, 악기가 아닌, 악기의 반대 역할을 하는 간단한 MIDI 라이트 컨트롤러를 살펴보자. 이 기기는 조명을 루프처럼 프로그래밍하여 DAW에서 가벼운 시퀀스를 설정할 수 있다. 이번에 다룰 예제 프로젝트는 8개의 LED 스트립으로 제한되어 있지만, 더 많은 조명과 긴 스트립으로 쉽게 확장할 수 있다. 우선 그림 5-21으로 시스템의 회로도를 살펴보자.

회로도를 보면, 동시에 8개의 12-LED 스트립을 구동할 수 있는 ULN2803을 사용한다는 것을 알 수 있다. 개별 버퍼가 이보다 더 처리할 수도 있지만, 모든 스트립의 LED가 동시에 켜지면 칩이 공급할 수 있는 전력 이상이 필요하게 된다. 물론, ULN2803을 BD679 또는 TIP101 등과 같은 개별 달링턴Darlington 버퍼로 대체하면 더 긴 스트립에도 손쉽게 전원을 공급할 수 있다.

LED 스트립의 전원 공급은 쉽다. 12V를 한쪽 끝에 연결하고 다른 쪽을 접지에 연결하기만 하면 된다. LED 스트립은 유연해서, 3개 단위로 LED를 자를 수도 있고, 자르고 다양한 색상을 켤 수도 있다. 그림 5-22는 팬 모양의 베이스 보드에 8개의 스트립을 장착한 모습이다.

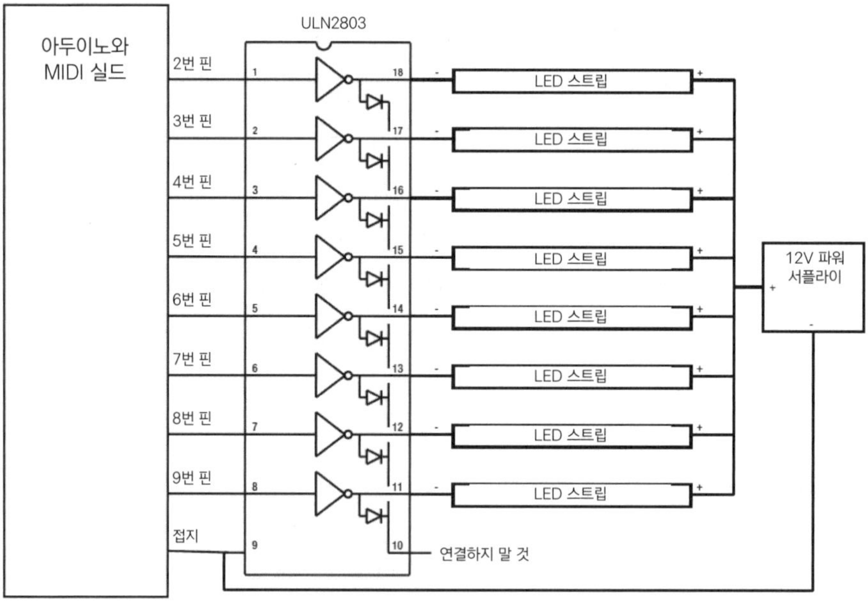

그림 5-21 MIDI 조명 쇼

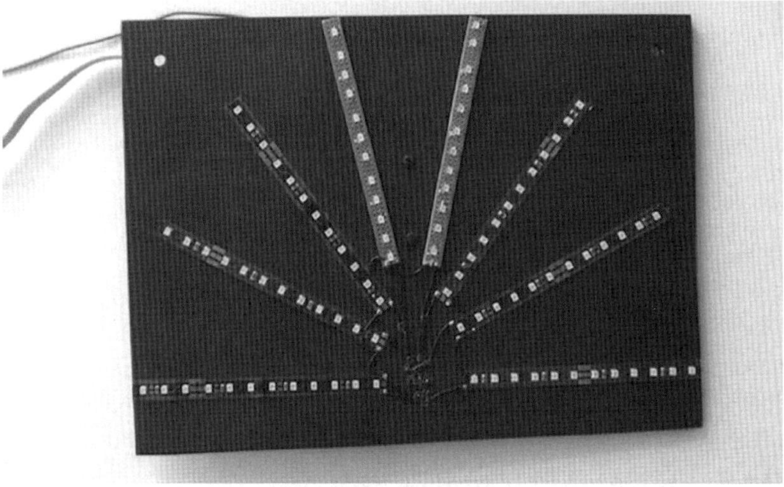

그림 5-22 스트립 LED

팁을 하나 주자면, 버블 랩(뽁뽁이)으로 LED를 덮으면 저렴한 조명 디퓨저를 만들 수 있다.

이 프로젝트의 소프트웨어는 매우 간단하다. 콜백 함수를 사용하는 방법의 예로 아두이노 MIDI 라이브러리를 사용했으며, 이는 틴지 시스템과 매우 흡사하다. MIDI 라이브러리는 http://playground.arduino.cc/Main/MIDILibrary에서 가져올 수 있고, 그 사용법은 예제 5-9와 같다.

예제 5-9 MIDI 조명 쇼

```
// MIDI Light Show - Mike Cook
#include <MIDI.h>

byte led[] = {2,3,4,5,6,7,8,9};
// pitch range to respond to
byte minPitch = 60, maxPitch = 68;
```

예제 5-9 MIDI 조명 쇼(계속)

```
void setup()
{
 MIDI.begin(1);
 for(int i = 0; i < 10; i++) {
  pinMode(led[i], OUTPUT);
 }
 MIDI.setHandleNoteOn(HandleNoteOn);                                            #A
 MIDI.setHandleNoteOff(HandleNoteOff);
}

void loop() {
 MIDI.read();
}

void HandleNoteOn(byte channel, byte pitch, byte velocity) {
 if (pitch >= minPitch && pitch <=maxPitch ) {
  if (velocity == 0) digitalWrite(led[pitch - minPitch], LOW);
  else digitalWrite(led[pitch - minPitch], HIGH);
 }
}

void HandleNoteOff(byte channel, byte pitch, byte velocity) {
 if (pitch >= minPitch && pitch <= maxPitch) {
  digitalWrite(led[pitch - minPitch], LOW);
 }
}

#A HandleNoteOn 함수를 라이브러리에 연결하면 NoteOn 수신 시 호출됨
```

노트 번호 60~68은 LED 배열의 핀에 맵핑된다. 이 코드는 단순히 핀을 출력으로 초기화하고 콜백 함수를 설정한다. 다음 처리 루틴은 적절한 노트에 해당하는 LED를 켜거나 끈다.

5.17 마치며

지금까지 수많은 센서를 어떻게 다양한 종류의 MIDI 악기로 작동하도록 가공할 수 있는지 보았다. 대부분은 간단하고, 빠르게 만들 수 있는 쉬운, 초보자를 위한 프로젝트였다. 이 책을 최대한 활용하려면 이 프로젝트의 변형 버전을 만드는 것이 좋다. 이는 학습을 위한 지름길이다. 다음 장에서는 중급자를 위해 훨씬 더 복잡한 MIDI 악기를 살펴볼 것이다.

06 MIDI 하프 연주기

이번 장에서는 다음과 같은 내용을 다룬다.

- 실제 악기를 연주하기 위한 필요 요소
- 연주 기기의 기계적 프레임워크를 만드는 방법
- 논리 게이트로 모터 전원 공급 순서를 제어하는 방법
- MIDI 신호로 연주기를 구동시키는 데 필요한 아두이노 코드
- 하프 연주기의 응용 방법

4장에서 MIDI 메시지 스트림을 통해 정보를 가져와 LED를 켜는 방법을 설명하였다. 또한 2장에서는 사운드 모듈을 제어하는 데 사용되는 MIDI 메시지의 구조에 대해서도 설명했다. 3장에서는 MIDI 메시지를 아두이노에 전달하는 방법에 대해 설명했다. 이제 이번이 장에서는, 이 모든 것을 하나로 모아서 실제 악기를 연주하는 방법을 보여줄 것이다. 이것은 1장에서 언급했던 주요 프로젝트 중 하나이다. 필자의 작업물을 그대로 따라서 만들 필요는 없으며, 이 프로젝트의 주된 목적은 할 수 있는 일을 보여주고 독자가 자신만의 창의적인 작품을 만들 수 있게 독려하는 것이다. 이 과정에서 논리 게이트 및 타이머를 사용하여 모터를 제어함으로써 아두이노의 짐을 덜어주는 방법을 살펴볼 수도 있을 것이다.

이 프로젝트에는 톱, 드릴, 손 라우터와 같은 작업장 도구를 사용할 것이다. 전자 회로는 큰 스트립 보드에 구현하며, 다소 복잡한 편이다.

이번 프로젝트에서 쓸 악기는 중세 류트 하프이다. 이론적으로는 어떠한 현악기라도 여기에 응용할 수 있다. 필자가 사용한 하프는 22현 버전이었지만, 모든 현을 연주할 메커니즘이 필요하지는 않다. 실제로 이 프로젝트는 10개 현만 재생하지만 하드웨어 자체는 전체 현을 연주할 수 있게 설계되었다. 즉, 더 큰 프로젝트로 확장할 수 있는 여지를 고려한 설계이다.

이 프로젝트의 현 연주를 위한 기구 구동부는 매우 드문 방식인데, 구식 CD 드라이브의 헤드 이동 메커니즘을 응용한 것이다. 개러지밴드GarageBand와 같은 MIDI 시퀀서로 이를 제어하거나, MIDI 키보드에 연결해서 직접 연주할 수도 있다. 여타 MIDI 악기 또는 미티어 아트 작품의 출력으로 사용할 수도 있다.

이 책의 모든 프로젝트와 마찬가지로, 이 하프는 정확하게 복사할 수 있도록 설계된 것이 아니며 단지 독자 자신만의 구현을 위한 참조가 될 뿐이다. 이 설계는 자신만의 악기 연주기를 설계하고 주변 기기에 통합하는 몇 가지 유용한 기술을 보여준다. 사람들이 이 악기를 보았을 때, 일부는 모터에 의해 만들어지는 다양한 소음에 대해 언급했다. 어떤 사람들

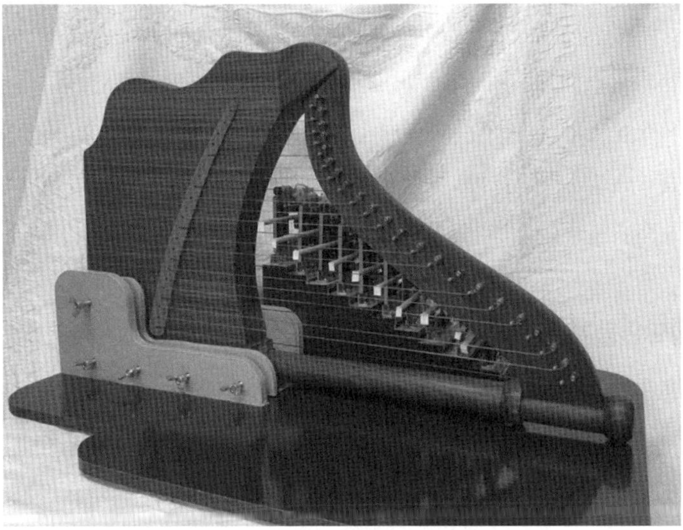

그림 6-1 MIDI로 제어하는 하프 연주기

은 이것이 산만하다고 생각하지만, 대부분은 그것 역시 악기의 필수적인 부분으로 간주한다. 현 연주 메커니즘의 시각적 외관은 확실히 매력적이며, 악기의 경험을 상당히 살려준다(그림 6-1).

6.1 기구 설계

기구 설계는 이 프로젝트의 중추이며, 하프의 디자인에 따라 크게 달라질 수 있다. 여기에서는 중세 류트 하프를 사용했다. 사실, 실제로는 현대 악기지만 중세 디자인의 복제품이라고 할 수 있다. 앉은 연주자의 무릎에 올리기 위해 고안된 하프로, 주로 맑은 나일론으로 된 두꺼운 현을 가지고 있다. C현에는 파란색, G현에는 빨간색이 채색되어 있어 음을 쉽게 찾을 수 있다. 하프의 종류는 다양해서, 소형 하프에는 헤더 하프Heather Harp, 켈트 하프Celtic Harp, 리라 하프Lyre Harp 등이 있고 대형 콘서트용인 웰시 하프Welsh Harp와 같은 종류도 있다. 다행스럽게도 작은 하프는 생각만큼 비싸지 않다. 필자는 150달러 이하의 가격으로 중고 류트 하프를 구입했다. 조율이 어렵다면, 전자 튜너를 사용하는 것이 좋을 것이다.

이 프로젝트의 기구 설계는 여러 가지 요소가 포함되기 때문에 이를 상세히 살펴볼 것이다. 하프를 안정된 상태로 유지하거나 고정하기 위해서는 이를 위한 클램프 기구가 필요하다. 클램프가 준비되면, 현 연주 메커니즘으로 사용할 CD 드라이브를 구해야 한다. 각각의 현을 튕길 수 있으려면 각각을 적절한 높이의 바닥면에 설치해야 한다. 마지막으로, 기계식 리미트 스위치를 CD 드라이브에 붙여서 개조할 것이다.

▌하프 클램프 만들기

이와 같은 비정상적인 악기를 만들기 위한 첫 번째 작업은 악기를 제 위치에 고정시키는 프레임워크를 설계하는 것이다. 필자는 하프가 바닥에 연결된 긴 막대기에 기대고 서 있도록 하는 방법을 선택했다. 받침대는 두 개의 수직 벽 사이에 세 번째 조각을 단단히 고정해서 만들었다. 전체 클램프는 12mm 두께의 MDF로 만들어졌다. 한 면의 안쪽에 5개의 M6 너트를 사용해서 조임 나사를 쓸 수 있게 하고 M6 볼트와 나비 너트를 사용해서 이를 고정했다. 이것들이 왼쪽 판의 안쪽에 있어야만 너트가 조여질 때 너트가 MDF 안쪽으로 힘을 작용해서 지탱한다는 점을 유의하자. 이 모든 작업을 베이스에 부착하기 전에 하는 것이 가장 좋다.

먼저 바닥에 5mm 정도의 작은 슬롯을 먼저 배치하여 옆면을 수직으로 세우도록 만든다. 그런 다음, 옆면을 슬롯에 설치하고 베이스에 5.5인치 구멍을 뚫는다. 그런 다음 슬롯에서 옆면을 제거하고 두 조각에 목공 접착제를 바른다. 약간의 접착제가 옆면의 막힌 구멍에 들어가도록 하자. 이제 각 구멍에 꽂임촉을 꽂아 넣자. 접착제가 건조한 상태에서 옆면을 세운 다음, 베이스와 옆판 사이에 접착제를 추가하여 강도를 높이자(그림 6-2).

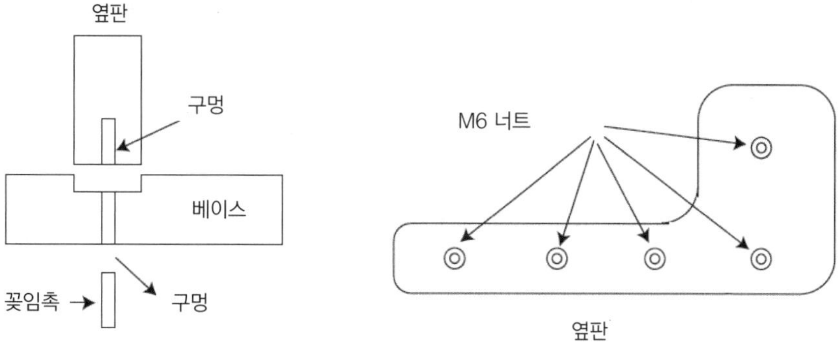

그림 6-2 수직 판 세우기

옆면의 한쪽은 펠트로 덮고, 클램핑 피스는 악기를 긁지 않으면서 적절한 연주 범위를 확보하기 위해 측면에 접착제로 1/4인치 폼 고무를 붙였다. 여기까지 완성하면 하프를 아주 튼튼하게 똑바로 세울 수 있다. 그림 6-3에서 하프가 단단히 고정되어 있음을 볼 수 있다. 하프 클램프를 너무 많이 조이지 말고 한 번에 조금씩 조이자. 자동차 바퀴를 조일 때처럼 균등하게 조이면 된다.

그림 6-3 완성된 하프 클램프 기구

▌현 연주 메커니즘

하프를 단단히 고정시켰으니, 이제 어떤 기구로 실제 연주를 구현할지를 이야기해보자. 필자는 이를 위해 극도의 창의력을 발휘했다. 며칠 동안 작업실 쓰레기통을 뒤지며 오래된 데스크탑 컴퓨터를 골라내고, 이 프로젝트에서 CD 드라이브를 모으기 시작했다. 약 25개를 모은 후 분해를 시작했다. 필자가 관심을 가진 부분은 다른 사람들이 생각하는 것처럼 CD 사출 메커니즘이 아니라 CD의 면을 가로질러 광학 장치를 이동시키는 메커니즘이었다. 여러 CD 드라이브를 해부해본 결과 이 메커니즘은 거의 제각각이었다. 동일한 제조업체의 제품일지라도 설계가 변경된 경우도 있고, 원가 절감을 위해 변경된 경우도 많았다. 수많은 설계가 동일한 작업을 수행할 수 있다는 점이 놀랍지 않은가?

분석 결과 기본적으로 CD 드라이브의 광학 구동부는 세 가지 방식을 사용하고 있었다. 가장 많이 쓰이는 방식은 간단한 DC 모터를 사용하는 방법으로, 이 프로젝트에는 이 방식을 쓰는 CD 드라이브를 투입했다. 그림 6-5를 보면 모터에서 나오는 전선이 2개뿐임을 알 수 있다. 이 종류에는 트래블의 각 끝에 리미트 스위치가 있고, 때로는 과도한 기계적 변형을 방지하는 래칫 기구도 있다. 그림 6-4의 왼쪽을 보면 스테핑 모터로 광학 장치를 구동하는 유형이 있다. 이것들은 이 프로젝트에는 적합하지 않지만, 필자가 염두에 두고 있는 다른 프로젝트에 유용할 수 있으므로 따로 모셔 두었다. 마지막으로 브러시리스 모터로 광학 장치를 구동하는 유형을 오른쪽에서 볼 수 있다. 아직 이 종류를 사용할 방법을 찾지는 못했지만 마찬가지로 고이 모셔두었다.

그림 6-4 신기하긴 하지만, 다음 기회에 사용하도록 하자.

DC 모터를 찾아내려면, 두 개의 전선만 달린 모터를 찾으면 된다. 모터 드라이브의 차이 외에도, 일부 CD 드라이브는 광학 장치가 대각선 방향 새시로 이동한다(그림 6-5). 이것들을 사용할 수는 있지만, 수평 스트로크가 스트링에 수직으로 만들어지도록 마운트를 기울여야 한다. 기울어진 방향으로 현을 치면 연주하려는 현의 위 또는 아래로 빗맞을 수도 있다.

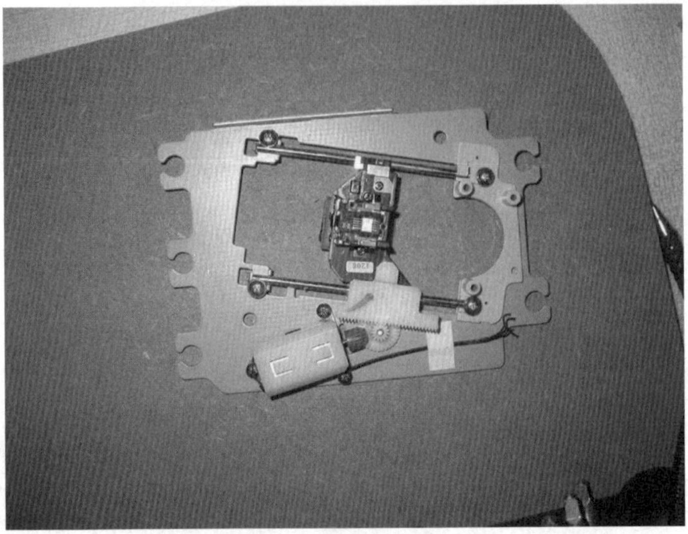

그림 6-5 대각선 방향의 드라이브 구동부는 방향을 기울여서 부착해야 한다.

그림 6-6은 필자가 선택한 다양한 종류의 드라이브의 모습이다.

그림 6-6 다양한 CD 드라이브 기구의 모습

❙ 계단식 마운트 만들기

CD 드라이브 기구를 설치하기 위해서는 일종의 계단형 마운트 기구를 만들어야 한다. 계단의 간격은 하프의 현 사이의 간격과 일치해야 한다. 마찬가지로 MDF로 제작했는데, 이번에는 6mm 두께의 판재를 사용했다. 밴드 클램프를 사용해서 바깥쪽 프레임을 고정시키고 접착제를 발라서 사각형 각이 틀어지지 않도록 했다(그림 6-7).

그림 6-7 드라이브 설치용 계단형 마운트

그런 다음 계단 디딤대에 해당하는 조각을 붙여 계단에 고정시켰다. 각 계단에 CD 메커니즘을 마운트하기 위해 두 개의 M3 너트를 삽입했다(그림 6-8). 접착제를 사용하여 각 계단을 따로 고정해야 하고, 다음 단계로 이동하기 전에 접착제가 마르지 않았는지 확인하려면 약간 시간이 걸리게 된다.

그림 6-8 계단 부착 단계

베이스상에 계단의 양쪽 간격을 잡아줄 수 있는 블록을 붙이면 여기에 계단을 고정시킬 수 있는데, 배선을 위해 계단 기구 자체는 일단은 접착하지 않고 블록 사이에 밀어 넣자. 블록을 계단 간격에 맞게 정확하게 배치하는 것이 관건인데, 먼저 한 블록을 베이스에 붙이고 계단을 대서 반대쪽 블록의 위치를 잡는 것이 작업의 비결이다. 반대쪽 블록 위치를 잡고 나면 마찬가지로 접착제로 붙인다. 접착제가 건조되는 과정에서 계단까지 베이스에 붙지 않도록 계단에 묻은 접착제는 닦아 주어야 한다.

이 단계에서 전체 기구에 페인트를 칠하는 것이 가장 좋다. MDF 재질이므로 흡습성이 있으며 광택 마감을 하기 전에 MFD 프라이머 2개를 사용해야 한다. 필자는 각 계단에 서로 다른 색을 칠했다.

CD 드라이브에 리미트 스위치 붙이기

다음으로 CD 드라이브 작업을 시작하자. 필자가 꺼낸 CD 드라이브 대부분에는 광학 구동부에 리미트 스위치가 없었지만, 디스크 사출 기구에는 리미트 스위치가 있었다. 관건은 캐리지가 끝까지 이동할 때 어느 위치에서 스위치가 눌리는지를 찾는 것이었다. 드라이브의 설계에 따라 이 위치는 제각각이었다. 랙 기어가 스위치를 누르는 방식이 있는가 하면, 광학 구동부가 스위치를 누르도록 장착된 것도 있다. 눌렸다가 풀린 스위치는 원 위치로 돌아가고 실리콘 고무를 통해 고정된다. 필자는 배관 수리에 쓰는 실리콘 고무를 썼지만, 필러로 많이 도핑되지 않은 어떤 고무를 사용해도 무방하다. 기계 몸체가 스위치 몸체를 밀기 전에 기계식 멈춤 장치에 걸려서 모터의 움직임을 차단시키도록 해야 한다. 기계적 종단점에서 쿠션 역할을 하는 작은 폼이나 고무 조각이 필요하다. 이것은 기계 장치에 대한 충격뿐 아니라 소음도 상당히 감소시킨다. 그림 6-9는 CD 드라이브 메커니즘에 맞는 두 개의 리미트 스위치를 보여준다.

그림 6-9 리미트 스위치 끼우기

그림의 상단에서 전선이 부착되어 있는 두 개의 리미트 스위치를 볼 수 있다. 스위치에도 다양한 종류가 있다. 그림 6-10은 리미트 스위치가 있는 다른 드라이브를 확대한 것이다. 감지하고자 하는 광학 구동부와 수평을 이루도록 리미트 스위치를 적절한 위치에 부착했다는 점을 주목하자.

그림 6-10 또 다른 종류의 리미트 스위치를 확대한 모습

▌모터 마운트하기

마지막으로, 해부한 CD 드라이브 기구부를 알루미늄 조각에 마운트하고 각 알루미늄 계단에 부착할 차례이다. 가능하다면, CD 드라이브의 각 광학 구동부가 현의 위치와 일치하는지 확인하자.

이제 프레임에 하프를 부착할 차례이다. 핫멜트 접착제를 많이 사용하여 5.5인치 길이에 1/4인치 두께의 나무 기둥을 광학 장치에 부착할 것이다. 각각의 기둥이 현 위에 위치하되 닿지는 않도록 배치하자. 또한 기둥이 광학 구동부 이동 중에 현에 도달하는지 확인하자. 그런 다음 0.5mm 두께의 스티렌 조각을 핫멜트 접착제로 붙이자. 이 조각이 각 기둥 끝부분에서 현을 튕기는 피크 역할을 하게 할 것이다. 기둥의 상단에 접착제를 적용하여 약간의 유연성을 허용해야 한다. 전체적으로 만들어진 모습은 그림 6-11과 같다.

그림 6-11 모터 조립

6.2 전자부 설계

다음으로 하프 연주기의 전자부 설계를 살펴보자. 모든 설계는 하드웨어와 소프트웨어 간에 트레이드 오프가 있다. 이번 프로젝트에서는 소프트웨어와 입출력 규모의 부담을 줄이는 쪽을 선택할 것이다. 현당 하나의 출력만 사용할 것인가, 혹은 현당 3개의 출력과 2개의 입력을 사용할 것인가 사이에서 선택을 해야 하는데, 10현 하프에서 후자를 선택할 경우, 최대 50개의 I/O 라인을 추가해야 한다. 22현 하프를 연주하려면 110개의 I/O 라인이 필요하다. 모든 절충안에는 비용이 들며, 여기에서는 모터 드라이버에 필요한 복잡성이 더 커진다.

필자는 최종 프로젝트 산출물을 만들기 전까지 여러 번의 설계 변경 작업을 거쳤는데, 필자의 프로젝트 중에서는 드문 경우였다. 처음에는 모터가 켜진 후 리미트 스위치가 눌렸을 때 모터가 꺼져야 한다고 생각했다. 작업을 하다 보니, 이렇게 단순한 방식으로는 구현할 수 없었다. 모터에 전원이 공급되지 않으면 모터는 구속이 풀린 상태가 되고, 외력에 의해 움직이기 매우 쉬워진다. 그래서 이 단순한 방식을 쓰면 구동부가 끝까지 이동했을 때 즉시 모터의 동력이 제거되고, 그 다음 반동 에너지가 구동부를 원래 위치로 복구시키면서 현을 두 번 튕기게 된다. 따라서 구동부가 끝까지 도달한 시점을 감지한 다음 약 60ms 지연 후 모터에서 전원을 제거해야 한다. 이 지연은 반동 에너지가 흡수되는 시간으로 간주할 수 있으며, 이 시간 동안 구동부는 전원이 공급되는 모터에 의해 단단히 고정된다.

이와 같은 방식을 양쪽 방향에 모두 적용해야 하지만, 두 개의 리미트 스위치를 함께 연결하면 모터가 움직일 수 없게 된다. 모터가 시작하기도 전에 회로가 리미트 스위치가 눌린 것을 인식해서 모터에 전원 공급을 차단하기 때문이다. 따라서 데이터 선택 회로를 사용하여 회로가 어떤 리미트 스위치를 제어할지 선택하게 해야 한다. 방향 신호를 사용해서 이를 구동해야 하는데, 기구와 배선을 적절하게 배치하면 모터의 방향을 설정하는 신호를 이 스위치 선택 용도로 그대로 사용할 수 있다. 자, 방향 신호와 스위치 신호가 있다. 여기 약간의 독창성을 발휘해서, 방향 신호의 전환을 스위치 선택으로 인식하게 하여 이 두 신호를 하나로 결합할 수 있다. 방향 신호의 상승 에지 또는 하강 에지가 트리거를 형성하게 만들면 된다.

▌시스템 블록 다이어그램

설계의 요구 사항을 전반적으로 살펴보려면, 블록 다이어그램을 만든 다음 각 블록을 구체적으로 작업하는 것이 일반적인 방법이다. 그림 6-12는 모터 드라이브 회로의 전반적인 블록 다이어그램을 보여준다.

방향 신호가 트리거, 모터 드라이버, 리미트 스위치 선택기의 세 블록으로 이동하는 것을 볼 수 있다. 플립플롭에는 추가로 리셋 입력이 있다. 이것은 모든 모터 드라이버에 공통적이며 아두이노의 출력 핀 하나에 연결된다. 방향 신호의 역할은 전원을 켰을 때 시스템을 안정되게 유지하는 것이다. 플립플롭은 쌍안정 래치를 일컫는 전자회로 용어로, 말 그대로 두 가지 안정 상태를 가진 회로이다. 기본적으로 두 상태를 가지는데, 펄스가 한 번 들어오면 상태가 변화하고, 한 번 더 들어오면 또 다른 상태로 변화한다.

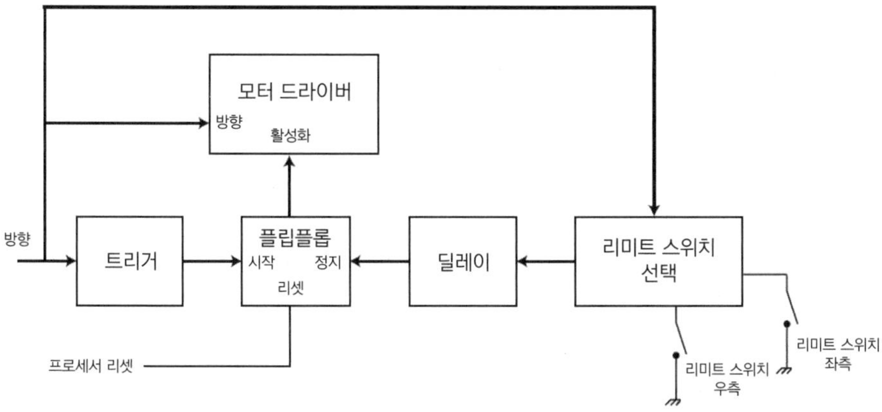

그림 6-12 모터 구동 회로의 블록 다이어그램

이제 블록 다이어그램에 디테일을 추가해서 자세히 살펴보자. 그림 6-12의 각 블록에 포함된 회로를 함께 표시한 블록 다이어그램은 그림 6-13과 같다.

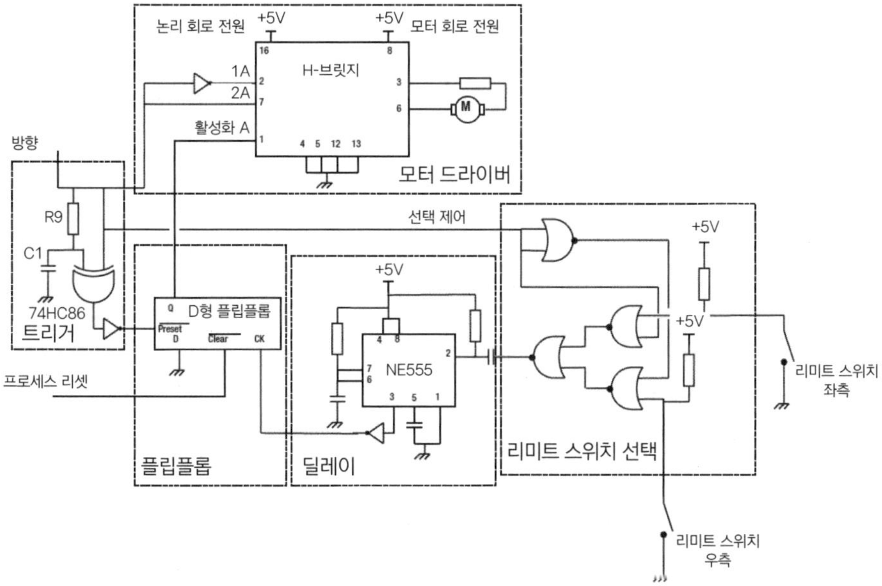

그림 6-13 모터 구동 회로의 회로도

드라이브 회로의 각 구획에 무엇이 있는지 볼 수 있다. 이전에 보지 못했던 심볼과 회로가 있으므로 한 번에 한 블록씩 살펴보고 어떻게 작동하는지 살펴보자.

▍트리거

첫 번째 블록은 트리거(그림 6-14)로, 방향 신호의 논리 레벨 변화를 펄스로 바꾸는 역할을 한다.

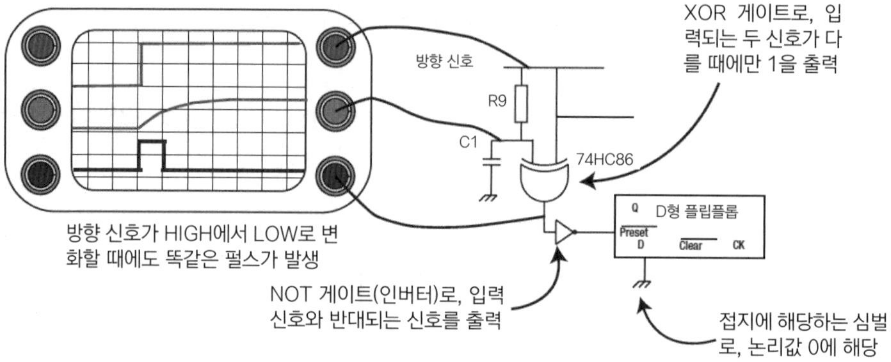

그림 6-14 트리거 회로를 확대한 모습

이 회로는 XOR(배타적 OR) 게이트와 저항/커패시터 지연 회로라는 두 가지 기법을 사용한다. XOR 게이트는 간단히 말해서 두 입력이 다른 경우에만 논리값 1을 출력하는 회로이다. 두 입력이 동일하면 논리값 0이 출력된다. 일반적으로 두 입력이 동일한 신호 라인에서 공급되기 때문에 출력은 0이다. 두 신호 중 하나는 작은 저항만을 통과하므로 신호가 변화하지 않을 것 같지만, 이 입력과 접지 사이에 있는 작은 커패시터가 핵심이다. 이 커패시터 덕에 방향 신호 변경과 그 변화가 게이트의 출력 핀으로 가는 사이에 약간의 지연이 발생한다. 그림 좌측의 오실로스코프를 통해 각 신호가 어떻게 변화하는지 볼 수 있다. 처음에는 방향 신호가 LOW 상태이므로, 두 입력이 모두 LOW이고 출력도 LOW이다. 방향 신호가 HIGH로 전환되면 커패시터가 충전을 시작하고 전압이 상승하기 시작한다. 그러나 전압 상승 전에 XOR 게이트에 대한 입력이 LOW이고 다른 입력은 HIGH이기 때문에 게이트의 출력은 HIGH가 된다. 짧은 시간 후에, 커패시터는 전압이 논리값 1까지 충분히 충전되고, 두 입력이 동일해지기 때문에 게이트의 출력은 0으로 떨어진다.

방향 신호가 HIGH에서 LOW로 변화할 때에도 정확히 똑같은 일이 역으로 발생한다. 처음에는 커패시터의 전하가 논리값 1로 입력을 유지하므로 게이트에 서로 다른 두 입력이 들어와서 XOR 게이트가 1을 출력한다. 잠시 후, 커패시터는 저항을 통해 방전되고 그 전압은 논리값 0이 된다. 두 입력이 모두 동일하므로 방향 신호의 하강 에지에서 출력에 펄스가 생성된다. 이 펄스는 다음 단계인 플립플롭으로 전달되기 전에 NOT 게이트(인버터)에 의해 반전된다. 플립플롭으로 나아가기 전에, 방향 신호가 다른 경로로 흘러가는 부분을 먼저 살펴보자.

리미트 스위치 선택 회로

그림 6-15와 같은 리미트 스위치 선택 회로도 방향 신호를 받는다. 이 회로의 역할은 적절한 리미트 스위치로부터의 신호를 딜레이에 공급하여 모터를 끄는 것이다.

그림 6-15에서는 방향 신호의 논리값을 나타내는 신호등을 함께 표기했다. 이번에 등장하는 게이트는 NOR 게이트로, 이는 두 개의 기본 게이트(OR과 NOT 게이트)의 조합이다. 즉 입력 중 하나 또는 둘 다가 논리값 1이면 출력이 0이 되고, 두 입력이 모두 논리값 0인 경우에만 출력이 1이 된다. 방향 신호가 들어오는 첫 번째 게이트에는 두 입력이 모두 연결되어 있기에 이 게이트는 사실상 NOT 게이트 역할을 한다. 물론 그냥 NOT 게이트를 사용할 수도 있지만 하나의 칩 패키지에 4개의 NOR 게이트가 탑재되었기 때문에 위와 같은 회로를 쓰면 하나의 칩 패키지로 깔끔하게 구현된다. 방향 신호가 논리 1이므로 X자 기호가 표시된 NOR 게이트의 출력은 리미트 스위치의 상태에 상관없이 아무런 변화가 없다.

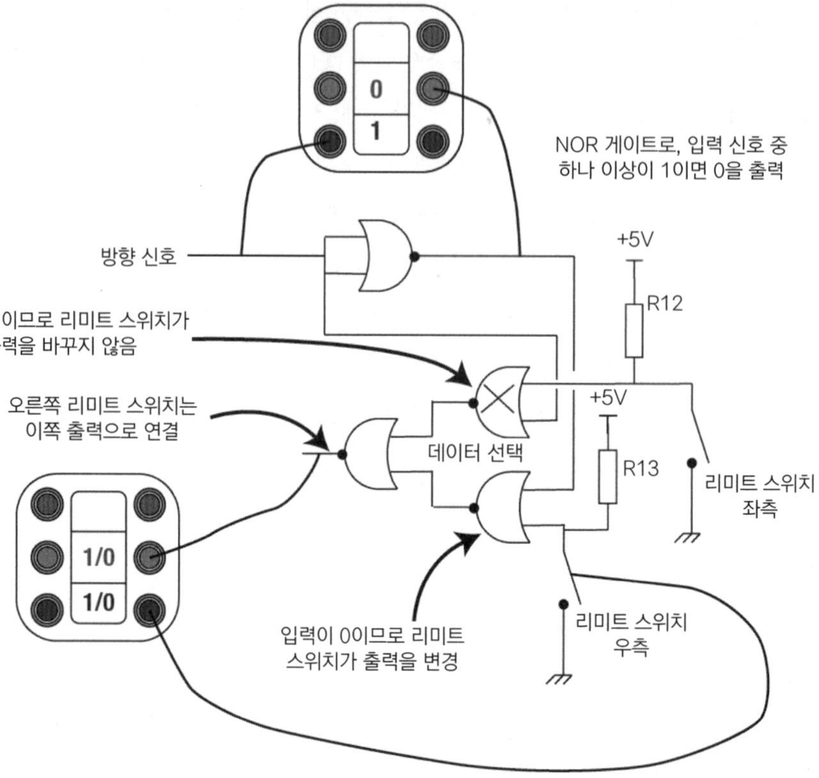

그림 6-15 스위치 선택 회로 1을 확대한 모습

그러나 오른쪽 리미트 스위치의 신호는 논리값 0과 함께 NOR 게이트에 들어가고, 따라서 이 게이트의 출력은 리미트 스위치의 반대가 된다. 이것은 최종 게이트로 전달되며 최종 게이트는 앞의 신호를 반전하므로 최종 출력은 오른쪽 리미트 스위치에 의해 생성된다.

반대로 그림 6-16과 같이 방향 신호가 낮으면, 아래쪽 게이트의 신호가 차단되고 위쪽 게이트의 신호가 활성 상태가 된다. 이렇게 하면 왼쪽 리미트 스위치의 논리 레벨이 최종 게이트의 출력으로 연결된다.

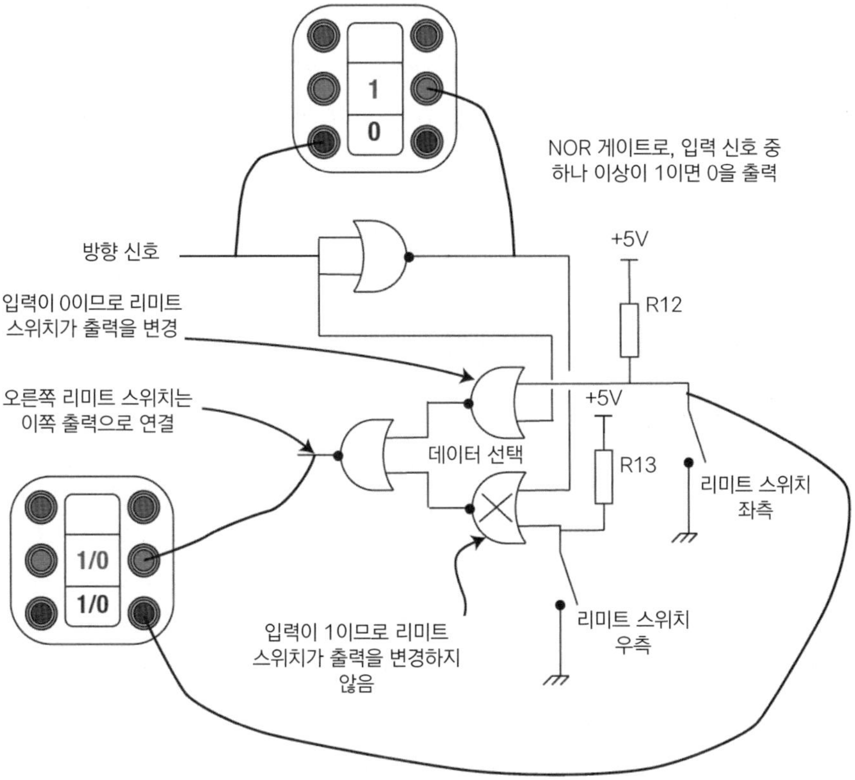

그림 6-16 스위치 선택 회로 2를 확대한 모습

❙ 모터 제어 블록

방향 신호는 SN754410의 절반을 사용하는 모터 제어 블록으로도 전달된다.

모터 드라이버 칩은 본질적으로 블랙박스이기 때문에, 등가 회로를 보는 것이 도움이 된다. 등가 회로는 실제로 동일한 회로가 아니지만 동일한 방식으로 작동하는 회로로, 보통 단순화된 형태로 모델링된다. 이 칩은 하프 H-브리지 4개를 패키징한 칩인데, 이 회로를 이해하려면 H-브리지가 무엇인지 먼저 이해해야 한다. 하프 H 브리지는 전원 공급 장치 사이에 직렬로 연결된 두 개의 스위치이다. 두 스위치를 모두 켜면 쇼트가 발생하고 내캐한 연기가 생길 것이다. 따라서 두 스위치 중 하나만 언제든지 닫을 수 있도록 설계되어 있다. 또한 스위치가 켜지기 전에 HIGH가 되어야 하는 활성화 입력이 있다. 이 회로 중 두 개를 선택하여 모터 사이에 부하를 걸면 그림 6-17과 같이 풀 H-브리지가 된다.

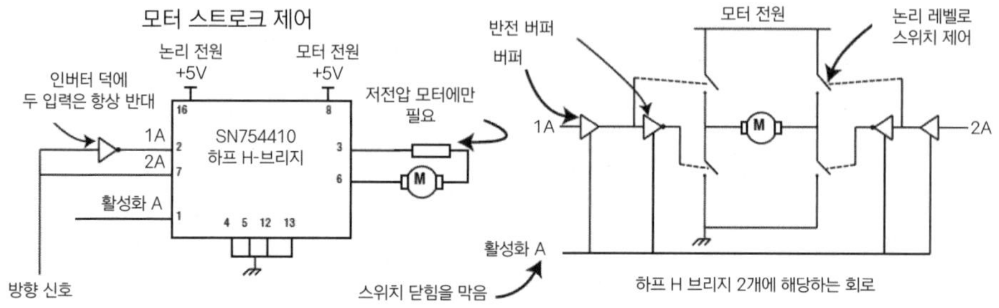

그림 6-17 모터 드라이버를 확대한 모습

DC 모터의 방향을 제어하려면 모터를 통과하는 전류의 흐름 방향을 제어해야 한다. 전류를 한쪽 방향으로 넣으면 시계 방향으로 회전하고, 반대 방향으로 돌리면 반시계 방향으로 회전한다. SN754410의 입력에 있는 인버터 또는 NOT 게이트는 방향 신호가 어느 레벨에 있든 간에 두 입력(1A 및 2A)이 항상 반대가 되는 논리 레벨을 유지하게 한다. 모터와 직렬로 연결된 저항도 있는데, 이것은 주어진 모터 전압보다 낮은 전압에서 작동하는 모터를 가지고 있을 때에만 필요하다. 일반적으로는 모터 전압이 5V이므로 저항이 필요하지 않지만, 모터를 조금 더 강하게 구동하고 싶다면 모터 공급 핀 8에 더 큰 전압, 예를 들어 12V를 공급할 수도 있다. 이것 자체로는 5V 모터에게 과한 전압이므로 저항이 있으면 전류를 제한하면서 약간의 오버 드라이브를 구현할 수 있다.

그림 6-18은 H-브리지에서 전류 흐름 반전이 작동하는 방법을 보여준다. 단순화를 위해 활성화 회로는 생략했다. 왼쪽에서 논리 프로브는 논리값 0이 입력 1A로 들어갈 때 하단 스위치가 닫힌다는 것을 보여준다. 논리값 1이 입력 2A로 들어가고 상단 스위치가 닫힌다. 이것은 모터의 양극 전원이 모터의 오른쪽 커넥터에, 접지가 모터의 왼쪽 커넥터에

연결된 회로에서 화살표 방향의 전류 흐름을 만든다. 오른쪽에서는 정확히 반대의 상황이 발생한다. 양쪽 입력의 논리 레벨이 반대이기 때문에 반대쪽 스위치가 닫힌다. 모터의 양극 전원이 모터의 왼쪽 커넥터에, 접지가 모터의 오른쪽 커넥터에 연결되면 전류 흐름의 방향이 바뀌고 모터의 회전 방향도 바뀐다.

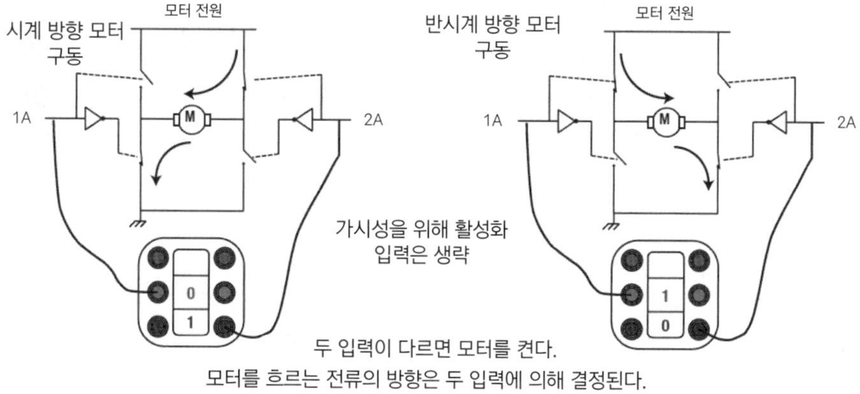

그림 6-18 H-브릿지 회로를 확대한 모습

딜레이 블록

다음으로 딜레이 회로를 살펴보자. 이것은 선택된 리미트 스위치로부터의 신호를 받아 약 60ms 정도 지연시켜서, 모터에 에너지를 축적하고 CD 광학 장치의 반동에 저항하게 한다.

이 회로의 NE555 칩은 단안정 회로로 작동한다. 단안정monostable 회로는 불안정한 상태로 트리거될 수 있는 회로이며, 이는 준안정quasi-stable 상태라고도 부른다. 이 회로는 정확하게 결정된 시간 간격 후에 원래의 상태로 되돌아가는 속성을 구현하며, 두 상태는 핀 3에 있는 회로의 출력이며 논리 0은 안정, 논리 1은 준안정 상태이다.

NE555 칩은 1972년부터 사용된 유서 깊은 칩이다. 오늘날에도 여전히 쓸모가 많으며 그 사용법을 다룬 책도 많이 있다. 여기서는 기본 모드 중 하나인 단안정 모드를 사용하고 있다.

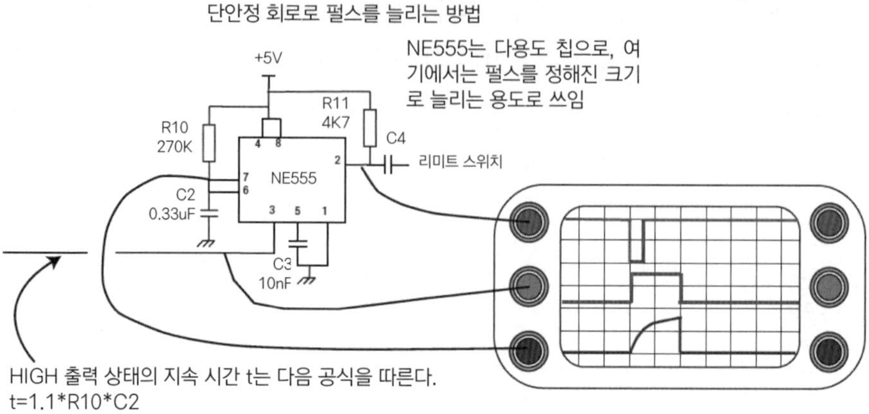

그림 6-19 딜레이 회로를 확대한 모습

회로가 준안정 상태에 머무르는 시간은 저항 R10을 통해 커패시터 C2를 충전하는 데 걸리는 시간에 따라 결정된다. 이 시간은 '시정수'라고 불리며, 이를 계산하려면 커패시터의 커패시턴스 값과 저항의 저항값을 곱해야 한다. 이 회로의 경우, NE555의 내부 설계에 의해 결정되는 시간 상수의 1.1배로 준안정 상태가 지속된다. 리미트 스위치의 입력은 트리거 회로가 엣지에서 펄스를 얻는 것과 비슷한 방식으로 커패시터를 통과한다. 통과한 펄스는 단안정 회로를 트리거한다. 출력 핀 3은 즉시 HIGH가 되고, 커패시터는 충전을 시작한다. 일단 커패시터가 특정 레벨로 충전되면 칩은 출력을 다시 논리 0으로 설정하고 커패시터를 방전시킨다. 결과적으로 필요한 60ms 지연 동안 지속되는 출력 펄스를 얻게 된다. 그런 다음 구동 회로의 마지막 단계인 플립플롭에서 모터를 정지시키기 위해 이 펄스의 하강 에지를 사용할 수 있게 된다.

플립플롭

플립플롭은 모터 작동 시간을 제어한다. 기본 에지 트리거 플립플롭은 클럭 신호의 상승 에지에서 D 입력의 논리 레벨을 Q 출력으로 전송한다. 또한, 회로는 프리셋 및 클리어 입력을 갖는다. 그림 6-20을 보면 이 두 입력에는 이름 위에 막대가 표시되어 있어 LOW에서 활성화됨을 나타낸다. 그러므로 플립플롭을 프리셋하려면, 즉 출력을 논리값 1로 설정하려면 프리셋 입력에 0을 넣어야 한다. 트리거 회로의 출력 펄스는 반대 방향이므로 반전시켜야 한다. 이것은 오실로스코프 맨 위에 표시된다. 이를 통해 트리거 회로가 모터를 켜는 출력을 HIGH로 만들게 된다. CD의 광학 장치가 리미트 스위치에 도달하면 지연이 시작된다. 지연 회로의 신호 역시 반전시켜 올바른 방향으로 끌어올려야 한다. 지연이 끝나면 신호의 상승 에지가 D 입력의 논리값 0을 Q 출력으로 전송하므로 모터가 정지한다. 결과적으로 이 회로는 리미트 스위치가 활성화된 후 60ms가 될 때까지 모터를 켠다.

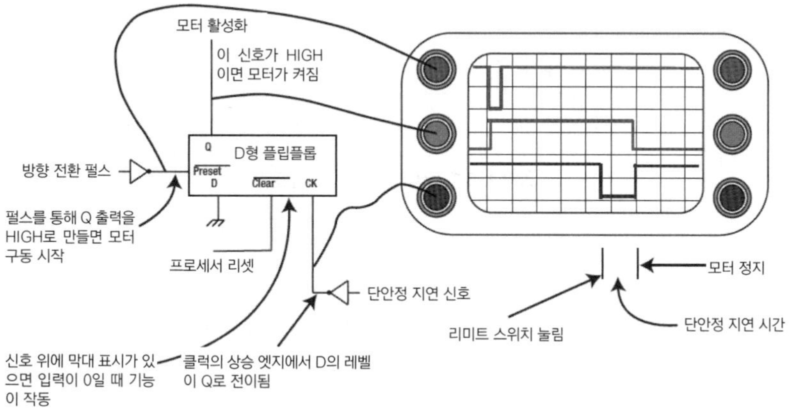

그림 6-20 플립플롭 회로를 확대한 모습

▌게이트와 패키지 할당

회로의 각 부분을 차례로 살펴보았으므로 이제 전체를 어떻게 연결시킬지 볼 시간이다. 각 IC에는 여러 개의 동일한 게이트가 있으므로 그림 6-21에서와 같이 하나의 모터 드라이브에 대해 하나의 IC 세트만 갖는 것이 아니라, 다른 모터 드라이브 간에도 IC를 공유할 수 있다.

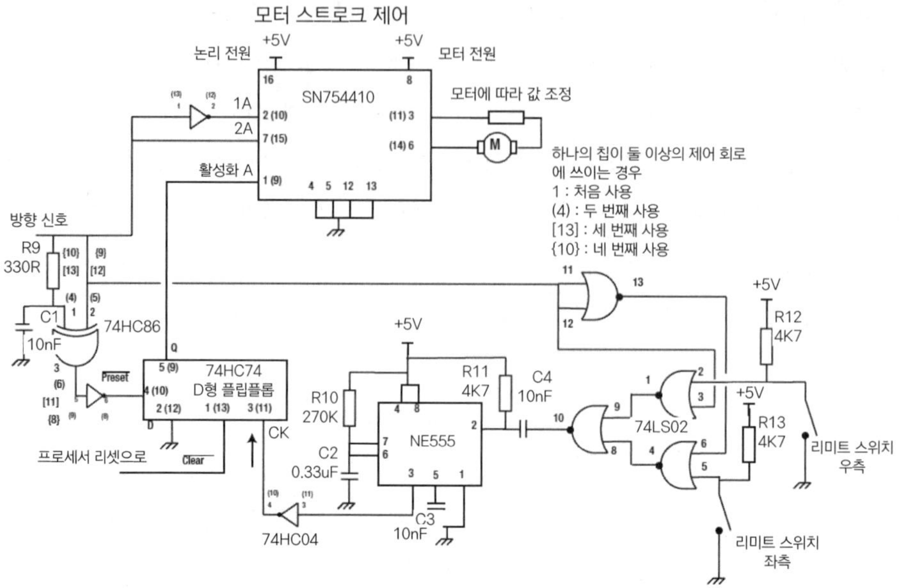

그림 6-21 모터 구동 회로 전체

이것은 모터 드라이브의 전체 회로도이다. 연주할 현 하나하나에 이 회로 각각이 필요하다는 점을 기억하자. 칩이 둘 이상의 드라이브에서 사용될 수 있는 경우, 대체 핀 번호가 괄호 안에 표시된다. 예를 들어, 74HC86은 하나의 패키지에 4개의 XOR 게이트가 있어 하나의 칩을 4개의 모터 드라이브 회로에 사용할 수 있다. 칩의 첫 번째 게이트에 대한 핀 번호는 평범하게 표시되고 두 번째는 둥근 괄호 ()로 표시되며, 세 번째는 대괄호 []로 표시되고, 네 번째는 중괄호 {}로 표시된다. NE555 및 74LS02와 같은 칩은 한 회로에서만 사용할 수 있는 반면, 플립플롭 74HC74 및 H 브리지 SN774410은 두 개의 드라이버 회로에서 사용할 수 있다. 이것은 터치를 더 복잡하게 만들지만, 사용해야 하는 칩의 수를 크게 절약할 수 있다.

▌아두이노 컨트롤러

이제 아두이노를 연결할 차례다. 17개 이하의 현을 사용하는 경우 추가 I/O없이 아두이노를 그대로 사용하면 된다. 기성품 아두이노를 쓸 수도 있고, 부품 단위로 회로를 짜서 아두이노를 직접 구현할 수도 있다. 그림 6-22는 수제 아두이노의 회로도를 보여준다.

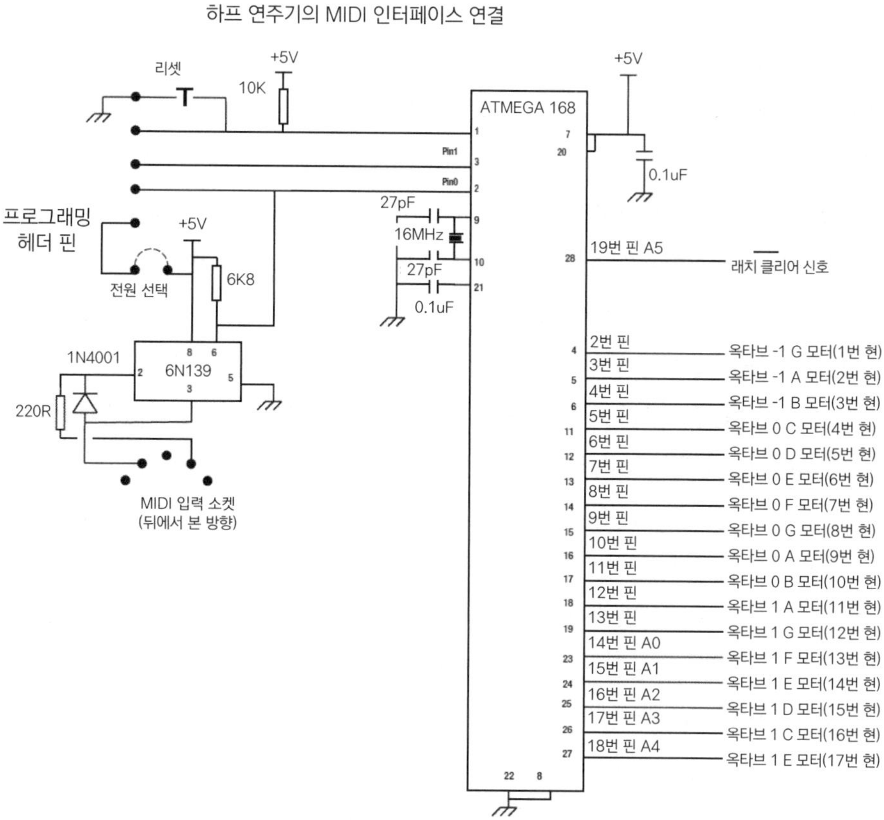

그림 6-22 아두이노 연주기

이것은 본질적으로 이전 장에서 본 회로의 일부이며 광학적으로 분리된 MIDI 입력, 프로그래밍 헤더, 클럭 회로, 디커플링으로 구성된다. 아두이노의 출력은 개별 모터 드라이브 회로로 곧바로 이어진다. 실제 아두이노를 사용한다면 추가로 필요한 것은 MIDI 입력 파트뿐인데, 이 파트는 직접 만들 수도 있고 실드를 구입해서 확보할 수도 있다.

1. 전원 배선

이 프로젝트의 회로의 마지막 부분은 전원 공급 분배 회로이다. 모터, 특히 DC 모터는 많은 전기적 노이즈를 생성한다. 이것을 해결하지 않으면 모터 드라이브 논리나 마이크로컨트롤러 자체에 일시적인 오작동이 발생할 수 있다. 초보자가 아두이노 포럼에서 하소연하는 일반적인 문제는 모터를 가동시킬 때는 회로가 오작동하는데, 모터를 LED로 교체하면 문제가 사라지는 문제이다. 이것은 항상 모터 소음의 결과이다. 이를 막기 위한 몇 가지 방법이 있다. 한 가지 간단한 방법은 논리 회로와 모터를 위한 별도의 전원 공급 장치를 갖추는 것이다. 일반적으로 효과가 괜찮지만 비용이 많이 드는 방법이라는 점이 문제다. 훨씬 더 나은 솔루션은 인덕터와 커패시터를 사용하여 모터 전원과 논리/프로세서 전원을 분리하는 것이다. 그림 6-23은 이 프로젝트에서 필자가 취한 접근법을 보여준다.

이 프로젝트는 5V 전원 공급 장치를 사용했으며, 주 전원은 회로 모터 전원과 논리 전원의 두 부분으로 분리되었다. 모터 공급 장치는 SN754410 칩의 핀 8에 있으며 회로도는 파이 필터라고 하는(그리스 문자 Π와 유사해서 붙은 이름) 회로에 의해 논리 공급 장치와 분리되어 있다. 이 회로는 하나의 직렬 인덕터와 여러 개의 병렬 커패시터로 구성되어 있다. 인덕터의 값은 중요하지 않다. 기본적으로 인덕턴스가 높을수록 좋지만 회로의 부피가 커질 수 있다. 커패시터는 두 종류가 쓰이는데, 저주파수 안정화를 위한 대형 커패시터와 고주파 잡음을 차단하는 소형 세라믹 커패시터가 함께 쓰인다. 필자의 실험 결과 모터 드라이브 중 하나가 나머지 드라이브보다 노이즈가 심했으며, 디커플링 회로를 갖추었음에도 불구하고 문제가 있었다. 이를 해결하기 위해 디커플링을 위한 추가 커패시터와 인덕터를 CD 드라이브에 직접 장착했다. 전체 회로는 모두 스트립 보드상에 조립한 후 비대칭 알루미늄 채널로 감싸고 하프 보드의 바닥에 올린 후, 3mm 두께의 스티렌 뚜껑으로 마감했다.

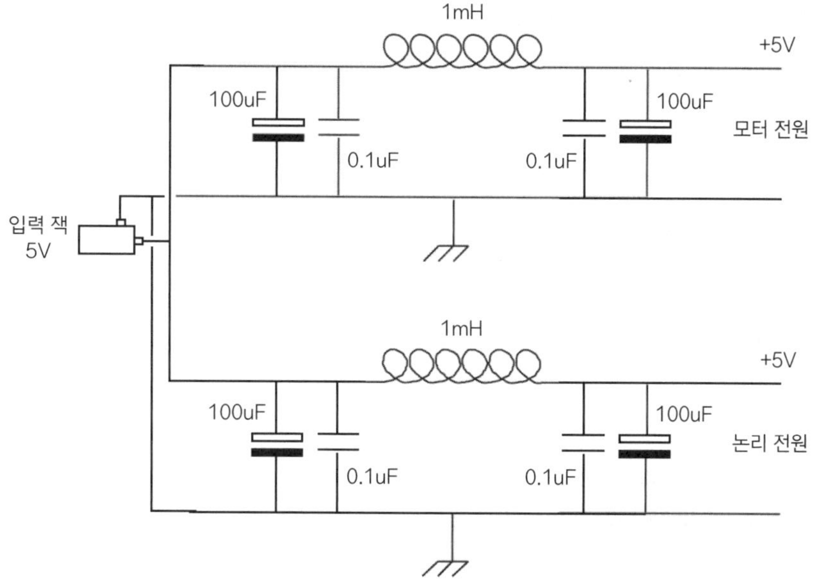

그림 6-23 전원 공급 디커플링

그림 6-24 조립을 마친 구동 회로

6.3 펌웨어

모든 하드웨어가 준비되었으니 펌웨어를 작성할 차례이다. 먼저 준비된 하드웨어를 테스트하는 펌웨어를 마련하자.

❙ 테스트 소프트웨어

테스트 용도로는 MIDI 입력이 필요하지 않다. 시리얼 모니터만으로 충분하다. 테스트 펌웨어의 코드는 예제 6-1과 같다.

예제 6-1 하프 연주기 테스트 프로그램

```
// MIDI Harp player test by Mike Cook

void setup() {
  Serial.begin(9600);

  // make all bits outputs and low
  for(int i = 2; i < 20; i++) {
    pinMode(i, OUTPUT); // make the pin an output
    digitalWrite(i, LOW); // set it low
  }

  while(!Serial) { } // needed for Leonardo only
  Serial.println("Harp test");
  Serial.println("type in the string number");
  delay(20);
  digitalWrite(19, HIGH); // remove motor flip flop clear
}

void loop() {
  int number = Serial.parseInt();
  if(number != 0) {
    if(number > 17) {
      Serial.println("String number too big");
    }
    else {
      Serial.print("String number ");
```

예제 6-1 하프 연주기 테스트 프로그램(계속)

```
        Serial.print(number);
        Serial.println(" moved");
        if(digitalRead(number + 1) == HIGH) { // toggle the output pin
          digitalWrite(number + 1, LOW);
        }
        else {
          digitalWrite(number + 1, HIGH);
        }
      }
    }
}
```

이 코드를 아두이노에 업로드하고 시리얼 모니터를 열자. 줄 바꿈 옵션을 'New Line'으로 하고 보 레이트는 9600을 선택하자. 그런 다음 현 번호를 입력하고 엔터키를 누르자. 현에 해당하는 모터가 전환되어야 하고, 같은 현을 다시 입력하면 모터가 복귀해야 한다. 모터의 운동이 끝난 후 살짝 건드려서 확실히 전원이 빠졌는지 확인하자. 현의 번호와 핀의 번호가 다르기 때문에, 코드상에는 핀 번호가 아니라 현 번호를 넣는다. 아날로그 입력 핀은 여기에서 디지털 출력으로 사용되기 때문에 17번 현은 아날로그 핀 A4에 연결된다. 이 핀은 디지털로 사용될 때 핀 18에 해당한다.

코드를 빠르게 살펴보자. 이것은 setup()과 loop()의 두 가지 필수 함수만으로 구성된다. setup()에서 보 레이트를 설정하고 2에서 19 사이의 모든 핀은 LOW 출력으로 설정된다. 여기에는 모든 모터 드라이브에 대한 플립플롭 클리어 공통 신호인 핀 19(A5로 표시)가 포함된다. 그리고 다음 코드는 아두이노 내부에 시리얼 포트가 준비될 때까지 대기한다. 그 대기 명령은 다음과 같다.

```
while(!Serial) { }
```

이 코드는 ATmega 32u4 프로세서 버전을 사용하는 아두이노에서 반드시 필요하며, 다른 버전의 아두이노 코드에 포함되어도 아무런 해가 되지 않는다. 약간의 인쇄 및 약간의 지연 후 ~clear 신호를 제거함으로써 모터 드라이버가 작동한다. 신호 이름 앞에 ~는 회로도의 이름을 가리키는 막대처럼 LOW를 통해 활성화시키는 신호임을 의미한다.

```
int number = Serial.parseInt();
```

위 코드는 입력 스트림을 보고 정수 값을 반환한다. 1초 내에 아무 입력이 없으면 0을 반환한다. 숫자 0을 입력하는 입장에서는 난감한 설정이지만, 다행히 0을 입력할 일은 없을 것이다. 숫자가 0이 아니지만 가장 큰 현 번호보다 크면 프로그램에서 오류 메시지를 출력한다. 그렇지 않으면, 현재 설정되어 있는 내용을 읽고 역 논리 상태를 만들어 해당 현에 해당하는 출력을 토글한다.

본 소프트웨어

하프 모터를 테스트하고 나면, 하프를 프레임에 넣고 숫자를 입력하여 몇 가지 음을 연주해 볼 수 있다. 그러나 그 전에 이를 처리할 소프트웨어를 작성하여 회로의 MIDI 부분을 활성화해야 한다. 예제 6-2에서 MIDI 하프 연주기의 전체 코드를 볼 수 있다.

예제 6-2 하프 연주기 프로그램

```
// MIDI Harp by Mike Cook
// MIDI values
// play only notes in the key of C (that is no sharps or flats)
// define pin numbers:-
byte midiString[] = {2, 0, 3, 0, 4, 5, 0, 6, 0, 7, 8, 0, // 55 to 66
                     9, 0, 10, 0, 11, 12, 0, 13, 0, 14, 15, 0, // 67 to 78
                     16, 0, 17, 0 }; // 79 to 82
```

예제 6-2 하프 연주기 프로그램(계속)

```
const int lowString = 55, highString = 82;
byte incomingByte;
byte note;
byte velocity;
int state = 0; // state machine variable 0 = command waiting
           // 1 = note waiting : 2 = velocity
int channel = 0; // MIDI channel to respond to (in this case channel 1)
             // change this to change the channel number
             // MIDI channel = the value in 'channel' + 1

void setup() {
  Serial.begin(31250); // for MIDI speed

  // make all bits outputs and low
  for(int i = 2; i < 20; i++) {
    pinMode(i, OUTPUT); // make the pin an output
    digitalWrite(i, LOW); // set it low
  }

  while(!Serial) { } // needed for Leonardo only
  delay(20);
  digitalWrite(19, HIGH); // remove motor flip flop clear
}

void loop() {
  if(Serial.available() > 0) {
    // read the incoming byte:
    incomingByte = Serial.read();

    switch(state) {
      case 0:
        // look for as status-byte, our channel, note on
        if(incomingByte == (0x90 | channel)) {
          state=1;
        }
        break;
      case 1:
        // get the note to play or stop
        if(incomingByte < 128) {
          note = incomingByte;
          state = 2;
        }
```

예제 6-2 하프 연주기 프로그램(계속)

```
            else {
               state = 0; // reset state machine as this should be a note number
            }
            break;
         case 2:
            // get the velocity
            if(incomingByte < 128) {
               playNote(note, incomingByte); // turn the servo
            }
            state = 0; // reset state machine to start
      }
   }
}

void playNote(byte note, byte velocity) {
  // if velocity = 0 on a 'Note ON' command, treat it as a note off
   if(velocity == 0) return;
   if(note >= lowString && note <= highString) { // is it in the range of our strings and to play
      note -= lowString; // start the MIDI notes in our range from zero

      if(midiString[note] != 0) { // if we have a string for this
         // move the motor
         if(digitalRead(midiString[note]) == HIGH) { // toggle output pin
            digitalWrite(midiString[note], LOW);
         }
         else {
            digitalWrite(midiString[note], HIGH);
         } // end of toggle the output pin
      } // end of if we have a string for this
   } // end of is it in the range of our strings and to play
} // end of function
```

1. MIDIString

이 코드에서 가장 먼저 살펴볼 것은 midiString 배열이다. 이 배열은 MIDI 시스템이 보낼 노트 간의 맵핑을 해당 노트에 응답하여 활성화해야 하는 아두이노 핀으로 정의한다. 이 배열을 오프셋 룩업 테이블로 사용할 것이다. 가장 낮은 문자열은 MIDI 노트 55에 해당한다. 따라서 들어오는 MIDI 노트에서 55를 빼면 midiString 배열을 인덱싱하는 데 사용할 수 있는 숫자를 얻을 수 있다. 이 배열의 항목이 0이라는 것은 해당 MIDI 노트에 대응하는 현이 없는 것을 의미한다. 이는 하프가 일반적으로 한 키에서만 연주되도록 조율되기 때문인데, 반면 MIDI 노트 번호는 반음계 상승 구조를 따른다. 이 배열의 값은 이 악기의 일반 조성인 C키로 튜닝된 하프의 현들을 나타낸다. 하프를 다른 키로 조율하려면 이 배열의 값을 변경해야 한다.

2. 프로그램 구조

setup() 함수의 초기화는 예제 6-1에 있는 테스트 예제와 거의 동일하다. 유일한 차이점은 이제 시리얼 보 레이트가 표준 MIDI 속도인 31250라는 점이다. loop() 함수는 기본적으로 MIDI 메시지를 찾는 하나의 대형 상태 머신이다. 하나씩 도착한 각 바이트는 상태 머신의 상태를 전이시킨다. 상태 0의 첫 번째 단계에서는 노트 온 메시지를 찾는다. 연주 메커니즘의 성질 때문에 노트 오프 메시지에 대해서는 신경 쓰지 않는다(그 정보로 할 수 있는 것이 없기 때문이다). 노트 온 메시지를 찾는 것 외에도 하프로 설정되어 있는 MIDI 채널의 메시지를 인식해야 하므로, 채널 번호를 노트 온 메시지 번호와 합쳐서 비교 연산을 수행한다. 일단 찾는 바이트를 발견하면 상태 변수를 1로 상태를 전이시킨다.

다음으로는 연주할 노트를 찾는다. 이 값이 128보다 작으면 유효한 노트 번호이므로 상태 변수를 2로 만들어 상태를 전이시킨다. 128보다 큰 경우 다른 종류의 MIDI 메시지라는 뜻이므로, 상태는 다시 0으로 설정되고 상태 시스템은 노트 온 메시지를 다시 찾기 시작할 것이다.

마지막으로 상태 2에서 128 이하의 다른 바이트를 수신하면 이는 벨로시티를 담고 있는 바이트로 노트 온 메시지를 완성하므로, 이 조건을 충족하면 playNote() 함수를 호출하고 상태 변수에는 다시 0을 할당하게 된다. 상태 머신은 다음 노트 온 메시지를 기다리게 된다.

3. PlayNote 함수

마지막으로 playNote() 함수를 살펴보자. 이것은 노트와 벨로시티를 받아 그에 맞는 현을 재생한다. 벨로시티가 0이면 이는 사실 노트 오프 메시지에 해당하므로 아무 동작도 하지 않고 리턴하면 된다. 다음으로, 노트가 유효한 현 범위 내에 있는지 확인한 다음 배열을 검사하여 노트 번호가 실제로 현과 일치하는지 확인한다. 앞서 언급했듯 이는 하프를 어떻게 조율했는지에 따라 달라지며 조율은 midiString 배열에 의해서도 정의된다. 이러한 모든 테스트를 통과하면 midiString 배열을 사용하여 정확히 어떤 아두이노 핀을 제어할 것인지 결정한다. 이것은 앞에서 설명한 테스트 프로그램과 동일한 방식으로 수행된다.

6.4 하프 연주기 제어

MIDI 인터페이스를 사용하면 이 프로젝트가 자체적으로 사운드 생성기가 되며, DAW에서 솔로 악기 또는 앙상블의 일부로 제어할 수 있다. 하지만 하프의 음이 생성되는 기계적 성질은 생각해보면 솔로 악기가 되기에 더 적합하다. 일단 연주할 수 있는 현 수가 제한되어 있고, 한 키에서만 연주할 수 있다는 사실로 인해 재생할 수 있는 곡이 제한된다. 물론 특정한 노래를 반드시 연주하고 싶다면 다른 튜닝, 이를테면 펜타토닉 스케일 또는 심지어 마이크로 튜닝을 시도해볼 수도 있다.

하프 연주기가 컴퓨터로 프로그래밍된 시퀀스를 연주하도록 하는 것도 좋지만, MIDI 키보드에 연결하면 더 큰 즐거움을 누릴 수 있다. 뮤지션은 하프 연주기의 기계적 핑거링 속도에 의해 정해진 리듬과 템포에 맞게 연주 스타일을 적용할 수 있다. 또한 아르페지에이터 또는 키 쉬프터와 같이 신시사이저에서 낼 수 있는 모든 효과를 사용할 수 있다. 하나의 현을 얼마나 빨리 연타할 수 있는지에 대한 제한이 있지만, 서로 다른 현을 연주하는 시간은 MIDI가 허용하는 만큼 유연하다. 그림 6-25에서 완성된 하프의 뒷모습을 볼 수 있다.

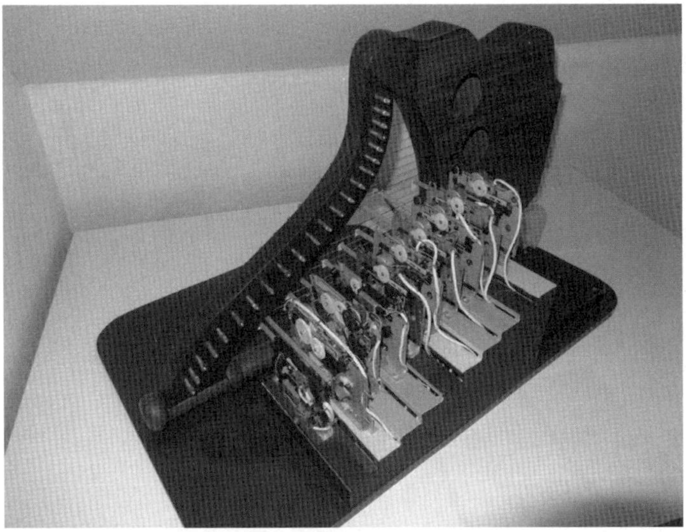

그림 6-25 완성된 하프 연주기의 뒷면

첨언하자면, 이를 꼭 악기로 사용할 필요는 없다. 이는 주변의 물건에 반응하는 미술 작품의 일부로 쓰일 수도 있고, 몇 가지 얼굴 인식 소프트웨어와 결합하여 누군가가 얼마나 행복한지를 표현하는 멜로디를 연주할 수도 있다. 계단에 센서를 달아 계단을 밟을 때마다 해당 현이 연주되는, 일종의 '천국의 계단'을 만들 수도 있고, 인터넷을 연결해서 트위터, 이메일, 페이스북 메시지를 알릴 수도 있고, 심지어 주식 시장이나 그 밖의 다른 데이터를 모니터할 수도 있다. 선택은 독자의 몫이다.

07 듀노캐스터

이번 장에서는 다음과 같은 내용을 다룬다.

- MIDI 기타 만들기
- 6현 에뮬레이션하기
- I2C 포트 확장기의 사용
- 터치 센서 만들기
- 숨겨진 LED 조립 기법
- 연속 회전 인코더의 사용

지금까지 MIDI 시스템과 메시지를 살펴보았다. MIDI 스트림을 조작하여 환상적인 효과를 만들고, 간단한 악기와 컨트롤러를 살펴보았다. 마지막 장에서는 실제 하프를 연주하는 MIDI 사운드 모듈을 제작하는 대규모 프로젝트를 함께 살펴보았다. 이제 더 복잡한 악기인, 듀노캐스터DunoCaster를 함께 만들어보자. 듀노캐스터는 기본적으로 기타의 감성을 지닌 MIDI 악기이다. 이러한 악기는 키타Keytar라고도 부르는데, 기타의 형상을 가지고 있지만 건반을 누르는 방식으로 작동하기 때문이다. 듀노캐스터는 연주하기 쉬우면서도 실제 기타를 연상시키는 MIDI 패턴을 생성한다는 점에서 독특한 악기이다. 리액터블Reactable 시스템을 개발한 팀의 세르지 조르다Sergi Jorda 이사는 "잘 칠 수밖에 없는 악기는 진짜 악기가 아니다."라고 필자에게 말한 적이 있다. 이 점을 감안하면 듀노캐스터는 확실히 진짜 악기이다. 비교적 다른 악기들보다 배우기 쉬울 뿐이다.

7.1 개념

필자의 아들은 5살 때 기타를 치기 쉽다고 말했다. 한쪽 끝에서 손가락을 움직이고 다른 쪽 끝에서 손으로 현을 치기만 하면 되니까. 근본적으로 맞는 말이지만, 다른 모든 것과 마찬가지로 모든 어려움은 디테일에 있다.

기타에서는 손가락으로 어느 지점을 짚는지가 연주에 엄청난 영향을 준다. 코드를 치려면 특정 위치에서 현을 누르고 있어야 한다. 손가락 끝부분에 굳은살이 생기는 것은 말할 것도 없고, 기계적 손재주와 힘을 필요로 한다. 필자의 아들이 십대가 되었을 때, 손가락 끝의 굳은살을 유지한다는 핑계로 수년간 설거지를 피해왔다. 물론 굳은 살 외에도 배우는 데 필요한 것들이 있다. 스트로크 주법만 보면 쉬워 보이지만, 개별 현을 연주하기 위해서는 반복적인 핑거 피킹 방식을 연습해야 한다. 피킹에 쓰이는 패턴도 상당히 다채로우며 모두 배울 필요가 있다. 결국 필자가 듀노캐스터를 만든 것은 연주를 위한 손동작이 더 쉽게 만들고 싶은 필요에서 기인한 것이다. 완성된 악기의 모습은 그림 7-1과 같다.

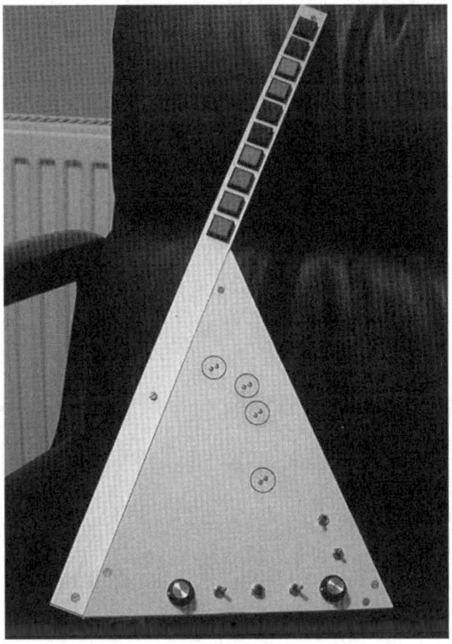

그림 7-1 완성된 듀노캐스터

❙ 기타 코드

기타에는 표준 튜닝 상태에서 E, A, D, G, B, E의 음을 가지는 6개의 현이 있으며 그 외의 음으로도 여러 방식의 튜닝이 가능하다. 기타 넥에 달린 각 프렛은 반음으로 간격으로 배치되어 있으며 여러 현의 특정 프렛을 손가락으로 짚으면 코드를 연주할 수 있다. 인간의 손이 가진 한계 때문에 일부 코드 패턴에 대해서는 정확한 프렛을 모두 짚을 수 없기 때문에, 일부 코드는 음악적 절충안으로 만들어지며 특정 코드에서는 특정 현을 연주하지 않는 경우도 많다. 전자 악기로써 이러한 한계를 극복하는 것은 쉽지만, 전자 악기가 실제 악기처럼 소리를 내기 위해서는 이러한 제한 사항 중 적어도 일부를 재현하는 것이 필요하다.

듀노캐스터의 넥에 있는 여러 스위치는 E에서 D까지의 코드를 설정하므로 스위치를 누르기만 하면 코드를 만들 수 있다. 따라서 7개의 스위치로 모든 코드를 커버할 수 있다. 하지만 실제로 음악에는 7개 이상의 코드가 있기 때문에 그리 간단하지 않다. 메이저 코드와 마이너 코드는 말할 것도 없고, 메이저 7 코드, 마이너 7 코드를 비롯하여 수많은 코드 변형이 있다. 모든 코드가 자체 푸시 버튼을 가져야 한다면 버튼의 수는 엄청나게 늘어나고 결국 피아노 건반에 가까운 버튼이 생길 것이다. 사실, 이러한 구조를 실제로 가지고 있는 악기가 바로 아코디언이다.

키를 누를 때 최대 4개의 손가락까지만 자유롭게 사용할 수 있으므로, 효율적인 연주를 위해서는 독창적인 시스템이 필요하다. 필자가 고안한 시스템에서는 검지로 키/스위치를 누르고 이를 통해 코드의 근음(루트)을 정의한다. 아무것도 누르지 않으면 해당 근음의 메이저 코드를 설정한다. 근음으로부터 넥 아래쪽으로 3개의 스위치를 누르면 코드 유형이 수정된다. 예를 들어, 근음 바로 다음 키를 누르면 해당 근음의 마이너 코드를 설정한다. 근음에서 두 번째 키를 누르면 메이저 7 코드를 설정한다. 근음 바로 다음 키와 두 번째 키를 둘 다 누르면 마이너 7 코드를 설정한다. 근음 버튼에 이어지는 3개의 버튼을 조합할 수 있기 때문에 각 코드의 변형을 최대 8개까지 확보할 수 있으므로, 서로 다른 총 56개의 코드를 설정할 수 있다. 특정 코드를 연주하기 위해 어떤 조합의 버튼을 눌러야 하는지만 외우면 되기 때문에 연주 학습이 굉장히 편해지며, 같은 손 모양으로 넥을 오르내리기만 하면 코드의 근음을 바꿀 수 있다. 그림 7-2의 가이드를 확인해보자.

덕택에 이 악기를 사용하면 코드를 쉽게 배우고 연주할 수 있다. 또한 넥에 필요한 스위치의 수는 근음 코드 7개에, 코드 변주를 위한 3개를 더한 10개에 불과하다. 키를 누르면

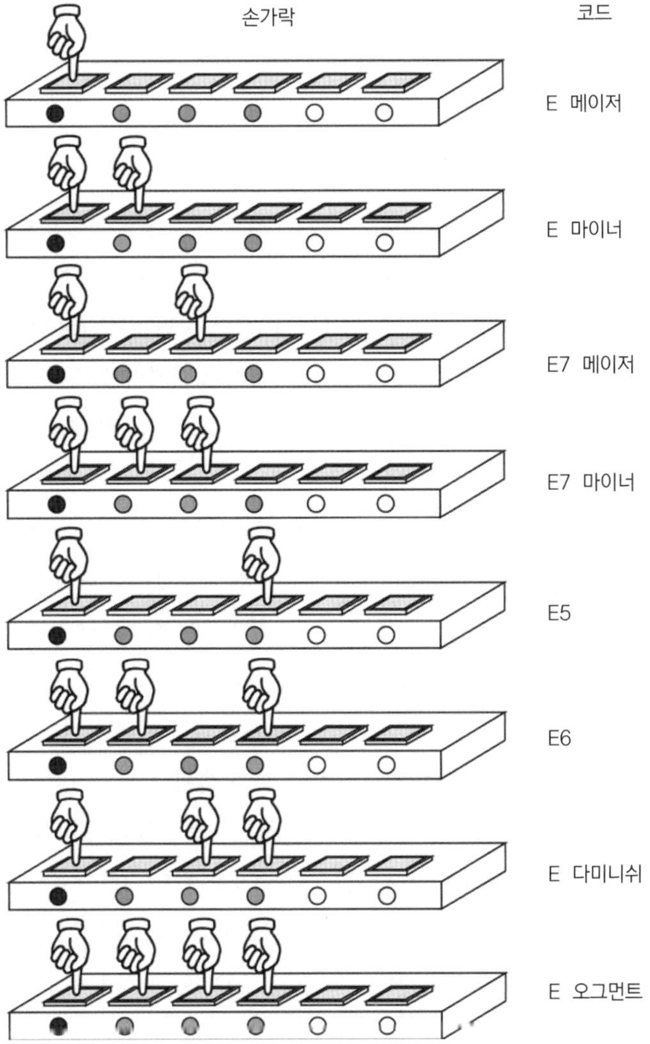

그림 7-2 코드 설정 방법

눌렸는지를 확인하기 위한 표시자로서 LED가 켜진다. 근음에 해당하는 LED는 빨간색으로 표시되고, 코드 변주목적의 나머지 세 키는 초록색으로 표시된다. 세 키 중 하나를 누르면 LED의 초록색이 노란색으로 바뀐다. 따라서 현재 누른 패턴과 해당 코드를 수정하는 데 사용할 수 있는 키를 즉시 확인할 수 있다.

이 악기는 더 넓은 다이나믹 레인지를 얻기 위한 옥타브 시프트 스위치도 가지고 있다. 이것은 코드를 구성하는 노트를 옥타브 위나 아래로 이동시킬 수 있는 간단한 스위치이다.

피킹

기타 연주자(오른손잡이 기준으로 설명하자면)의 오른손은 현을 치는 역할을 하며, 여기에는 많은 기법이 있는데 가장 간단한 방식은 스트로크 주법이다. 가장 낮은 현에서 가장 높은 현까지를 엄지손가락이나 피크로 치고, 다시 가장 높은 현에서 가장 낮은 현 방향으로 연주하는 방식이다. 스트로크는 시작일 뿐이며, 개별 현을 손가락으로 치는 핑거 피킹finger picking을 비롯해서 수많은 연주 방법이 있다. 핑거 피킹은 하나의 현만 치는 것이 아니라 둘 이상을 칠 수도 있다.

이 악기에서는 학습하기 쉬운 연주 방식을 구현하기 위해, 현을 치는 패턴을 자동으로 만들어내는 패턴을 미리 설정해두었다. 피킹 패턴 시퀀스의 반복 트리거링을 제어하는 썸thumb 스위치를 만들었으며, 이 버튼을 누르고 있는 동안에는 스트로크나 피킹이 연속적으로 일어난다. 또한 4개의 터치 스위치가 있어서 각 스위치에 대해 스윕, 싱글 피킹 등의 서로 다른 패턴이 프로그램된다. 4개의 버튼으로는 4개의 피킹 패턴만 기억할 수 있으므로, 3방향 피킹 뱅크 스위치를 추가하여 패턴의 수를 12로 늘렸다.

악기에서 생성되는 사운드를 결정할 때 가장 중요한 매개 변수 중 하나는 피킹 패턴의 속도이다. 피킹이 느리면 노트 하나하나를 잘 들을 수 있는 반면 피킹이 빠르면 스트로크처럼 들릴 수 있다. 따라서 악기의 피킹 속도 조절이 필요하다. 피킹 속도는 매우 넓은 다이내믹 레인지를 가져야 하므로, 로터리 엔코더 노브를 사용하여 악기의 속도를 제어했다.

그 외의 제어

코드와 피킹은 악기의 두 가지 주요 조절 장치이지만 그 외에도 이 악기에서 제어해야 하는 몇 가지 사항이 있다. 첫 번째, 음량이다. 두 번째 로터리 엔코더 노브는 음량을 결정하거나 메시지에서 MIDI 노트의 벨로시티를 정확하게 정의하는 데 사용된다. 이 노브는 듀노캐스터가 사용할 사운드를 MIDI 사운드 모듈에 알려주는 음색 선택 노브의 역할도 한다. 푸시 버튼이 MIDI 프로그램 변경 메시지를 전송한다.

그리고 프렛Fret이라는 스위치도 있다. 프렛에는 악기가 연주 모드인지 또는 음성 변경 모드인지에 따라 두 가지 기능이 있다. 연주 모드에서는 화음이 변경될 때마다 다음 MIDI 채널에서 재생되는 프렛 노이즈 효과를 켜거나 끕니다. 프로그램 모드에서는 프렛 스위치가 음색 변경과 카포 설정을 번갈아가며 수행할 수 있다. 카포Capo는 실제 기타 연주에 쓰는 액세서리로, 특정 프렛의 모든 현을 눌러서 조율을 변경할 수 있는 장치이다. 이를 통해 연주하는 곡의 키를 쉽게 변경할 수 있다. 이 컨트롤을 사용하면 최대 6방향의 자유도를 확보할 수 있으며 가상 카포를 배치할 수 있다. 프렛을 하나씩 내리면 만들어지는 모든 노트에 반음이 더해진다.

인디케이터

제어를 위한 스위치 외에도, 인디케이터 용도로 사용되는 여러 LED가 있다. 코드 스위치가 눌린 것을 보여주는 데 사용되는 넥의 LED에 대해서는 이미 앞에서 다루었고, 그 외에도 여러 LED가 있다. 각각의 스트링을 칠 때 점멸되는 LED도 있다. 이 LED는 음색 변경 또는 프로그램 모드 변경 시 인디케이터 역할을 하여 사운드 모듈에 전송할 악기 번호를 알려주는 역할도 한다. 음색 번호는 2진수로 표시되므로 악기가 불러올 수 있는 음색 번호의 수는 최대 64개이다.

다음으로 옥타브 이동, 피킹 패턴 전환, 프렛 스위치의 상태를 나타내는 세 개의 LED가 있다. 또한 코드를 컬러 코드로 처리하는 RGB LED가 있다. 이것은 실용성보다는 쇼를 위한 것이다. 마지막으로 피킹 속도에 따라 점멸하는 RGB LED가 있다. 이는 단일 노트를 연주하기 전에 픽업 속도 로터리 엔코더를 조정할 때 유용하다.

이 악기의 흥미로운 특징 중 하나는 코드 LED를 제외한 모든 LED가 숨겨져 있다는 것이다. 즉, LED가 켜지기 전에는 그 위치에 LED가 있다는 가시적인 표시가 없다. 반투명 스티렌 커버를 통해 이를 구현하였다.

RGB LED 외의 다른 모든 LED는 빨간색/녹색 LED이며 하나의 패키지에 2개의 LED가 있다. 덕택에 세 가지 색상을 가질 수 있다. 빨간색과 녹색 LED가 모두 켜지면 노란색이 된다. LED가 켜져 있지 않을 때에는 보이지 않기 때문에 이와 같은 숨겨진 LED에 특히 유용하게 쓸 수 있는 부품이다.

라벨지의 사용은 최대한 피했다. 실제 기타에도 픽업 스위치에 어떤 픽업을 제어하는지, 노브가 어떤 영향을 주는지 라벨로 표시하지는 않는다. 듀노캐스터는 최대한 깨끗한 인터페이스를 만들기 위해 노력했다. 한 가지 예외는 넥에 있는 코드 버튼이다. 초보자의 연주 학습을 돕기 위해 코드 LED에 라벨을 부착하였다.

7.2 회로부

듀노캐스터의 전체 회로도를 살펴보기 전에 회로의 일부 구성 요소를 이해하는 것이 필요할 것이다. 그러고 나면 전체 회로를 쉽게 이해할 수 있다. 이전 장에서 다룬 일부 회로가 재사용되지만 여기에서 처음으로 볼 수 있는 회로도 있다.

이 악기의 뼈대는 4개의 16비트 I2C 포트 확장기와 결합한 아두이노이다. 필자는 기성품 아두이노보다는 수제 아두이노를 제작했는데, 다른 구성 요소가 많고 ATmega 프로세서 칩의 여분이 충분했기 때문이다. 하지만 아두이노 나노와 같은 소형 기성품 보드 중 하나를 사용해도 무방하다. 프로그램 업로드를 위해서는 USB 어댑터 보드가 필요하지만, 이 어댑터 보드는 추후에도 계속 사용할 수 있다.

▎포트 확장기

포트 확장기는 5장에서 사용된 확장기의 I2C 버전이다(I2C는 1장에서 논의한 바 있다). I2C 버스에 포트를 8개까지 쉽게 추가할 수 있는데 이 프로젝트에는 4개만 필요하다. 이 프로젝트에서 포트 확장기는 LED, 스위치, 푸시 버튼을 처리한다.

LED는 아두이노가 직접 구동하지만 스위치 입력은 포트 확장기의 기능을 일부 사용한다. 예를 들어, 포트 확장기는 아두이노처럼 각 입력 비트에 대한 선택적인 풀업 저항이 있다. 그러나 아두이노와는 달리 입력 비트를 반전하는 옵션도 있다. 즉, 입력 스위치를 접지를 연결했을 때에도 논리 1을 읽을 수 있음을 의미한다. 일반적으로 스위치를 닫았을 때 입력 포트에 접지가 연결되도록 회로를 구성하므로, 이를 반전시켜서 읽을 수 있다면 보다 직관적인 코드를 작성할 수 있다.

포트 확장기의 또 다른 큰 특징은 인터럽트 트리거링 시스템이다. 인터럽트 출력은 선택한 입력 핀 그룹 중 하나 이상이 상태를 변경할 때마다 항상 LOW로 전환되는 포트 확장기의 출력이다. 이것은 아두이노에서 인터럽트를 트리거하는 데 사용될 수 있지만 이 프로젝트에서는 쓰지 않는다. 대신 이 프로젝트에서는 이 인터럽트 핀을 정기적으로 읽음으로써(폴링polling이라고도 표현한다) 포트 확장기를 읽어야 하는지 아닌지를 판단한다. 이렇게 하면 변경 사항이 있을 때만 모든 비트를 읽으면 되므로 포트 확장기를 효율적으로 쓸 수 있다. 모든 비트를 읽는 데 걸리는 시간이 그리 길지는 않지만(400us), 프로세싱 자원을 절약하려면 무엇인가가 바뀌었을 때만 입력을 확인하는 것이 가장 좋다.

▎스위치

이 프로젝트의 스위치에 그리 특이한 점은 없지만, 기성품을 비롯해서 직접 제작한 유형도 있으니 한번 살펴보고 지나가자.

1. 기성품 스위치

넥에 있는 코드 스위치는 NKK에서 제조한 로우 프로파일 촉감 스위치로, 외관도 괜찮고 가격도 나쁘지 않다. 다양한 색상을 가진 원형 또는 직사각형 스위치로, 이 프로젝트에서는 JF15SP1C를 빨간색, JF15SP1G를 파란색, JF15SP1H를 회색으로 사용했다. 주황색과 녹색도 있다. 물론 꼭 이 스위치를 사용해야 하는 것은 아니며, 순간 접점 스위치이기만 하면 어떤 스위치를 사용해도 무방하다.

토글 스위치의 경우 3방향 스위치를 사용했다. 이는 일반적인 전환 스위치와 비슷하지만 공통 단자가 아무 곳에도 연결되지 않는 중앙 위치가 있다. 이렇게 하면 접지를 공통 단자에 연결하고 다른 두 스위치 접점에 대한 입력을 연결하여 3가지 상태 스위치를 만들 수 있다. 그래서 스위치를 읽을 때 아무 핀도 접지되지 않았거나, 왼쪽 또는 오른쪽이 접지된 세 가지 상태가 존재하게 된다.

2. 터치 스위치 만들기

터치 스위치는 앞의 스위치와 상당히 이질적이다. 이 악기에서의 용도는 특정 피킹 패턴을 한 번 실행하기 위한 것이다. 매우 간단하게 만들 수 있으며, 전면 패널에 서로 가깝게 장착되어 있지만 서로 닿지는 않는 두 개의 나사 머리만으로 구성된다. 이 나사 머리에 손가락을 대면 손가락 피부에 전도도가 매우 작은 전류를 흘리게 되어 논리 레벨로 증폭시킬 수 있다. 기본 회로는 그림 7-3에 나와 있으며 CMOS 기술을 사용하여 만들어진 논리 게이트를 사용한다. 이것들은 매우 높은 입력 임피던스를 가지며 이러한 종류의 트릭에 매우 적합하다.

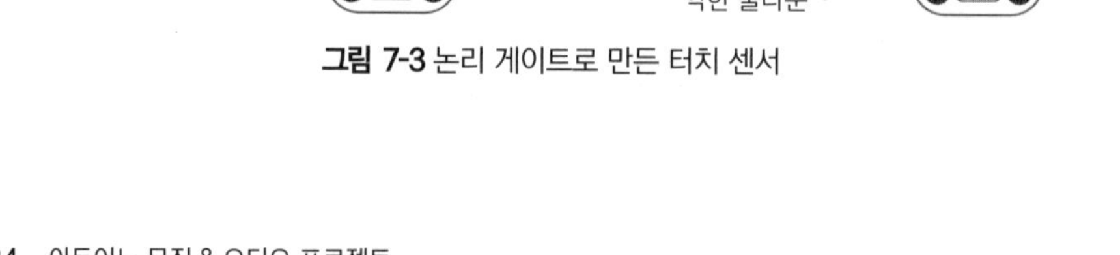

그림 7-3 논리 게이트로 만든 터치 센서

이 회로는 NAND 게이트를 사용한다. 이 게이트는 두 입력 중 하나 이상의 입력이 논리값 0이면 논리값 1을 출력하며, 둘 다 논리값 1일 때만 논리값 0을 출력한다. 하나의 입력은 5V에 직접 연결되어 있으므로, 논리값 1이 들어오고 있다. 다른 입력은 6,800,000옴의 매우 높은 저항값을 갖는 6M8 저항 R1을 통해 접지에 연결된다. 이것은 논리값 0으로 간주되기에 충분하므로 게이트의 기본 출력은 논리 1이다.

터치 접점에 손가락을 대면 낮은 값의 저항과 손가락의 피부 저항을 통해 입력이 +5V로 연결된다. 즉, 손가락만 대면 출력에 논리값 0을 생성할 수 있다. 두 개의 저항 R2와 R3은 회로를 보호하기 위한 것이다. R2는 정전기가 충전된 경우 게이트의 입력에 너무 많은 전류가 흐르지 않도록 방지하고, R3는 접지된 금속에 터치 접점이 우연히 연결된 경우 너무 많은 전류가 흐르는 것을 방지한다.

커패시터는 짧은 고전압의 정전기 버스트를 흡수하고, 사람의 몸이 생성할 수 있는 AC 전원 간섭을 걸러내기 위한 필터 역할을 한다.

3. 반사광 스위치

마지막 스위치는 손가락 패턴을 계속 유지하는 스위치이다. 이것은 적외선 LED와 센서로 구성된 반사광 스위치이다. 기본 개념은 감지 대상이 적외선을 반사해서 센서를 트리거한다는 것이다. 엄지손가락이나 손바닥을 센서의 구멍 위에 대고 약간 위아래로 움직이면 된다. 이 기술은 센서를 강한 외부 빛으로부터 차폐하는 데 유용하다.

로터리 엔코더

마지막 컨트롤러 부품은 로터리 엔코더이다. 연속적 회전 방식의 컨트롤러로, 악기에는 두 개가 사용된다. 4장에서 에코 딜레이를 제어하기 위해 가변 저항을 사용해서 간단한 제어를 수행한 바가 있지만, 일반적인 가변 저항은 보통 회전 각도가 보통 240° 정도로 제한되어 있으며 제어 범위가 아날로그-디지털 변환기(A/D 컨버터)의 해상도로 제한된다.

이러한 문제를 해결하기 위해 로터리 엔코더를 사용할 수 있다. 로터리 엔코더는 1회전당 약 8~16개의 펄스를 생성한다. 훨씬 높은 해상도의 인코더도 있지만 크기가 더 크고 가격이 비싸다. 로터리 엔코더의 단점은 이 신호를 읽기 위해 컴퓨터가 필요하다는 점인데, 아두이노가 바로 컴퓨터이므로 문제가 되지 않을 것이다. 작동 원리에 대해 설명하자면, 인코더는 노브의 회전을 나타내기 위해 두 개의 신호 A와 B를 상승 에지, 하강 에지로 출력한다. 두 신호를 보면 회전 여부는 확실히 알 수 있다. 하지만 노브가 어떤 방향으로 회전하고 있는지 알기 위해서는 두 신호는 직각 위상Quadrature을 분석할 수 있어야 한다. 이것은 그림 7-4의 왼쪽에 나와 있다.

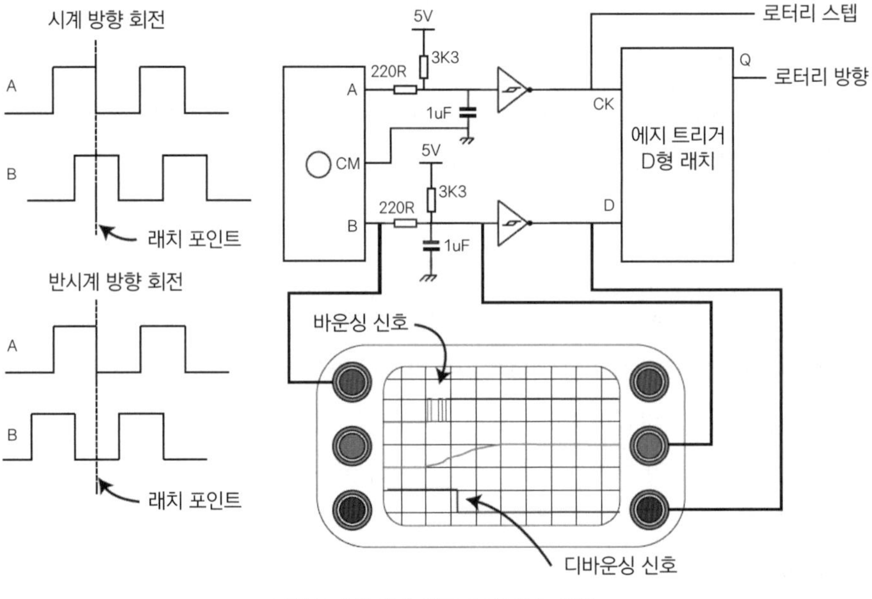

그림 7-4 로터리 엔코더의 직각 위상

노브가 움직이는 방향을 보려면 회전하기 전후의 신호 상태를 비교하자. 노브가 시계 방향으로 움직이는지, 시계 반대 방향으로 움직이는지를 추론할 수 있다.

저가의 기계식 회전축 인코더는 신호가 바운싱하는 경향이 있어 그 처리가 더욱 복잡하다. 즉, 신호의 전환이 깨끗하지 않으며 변경된 후 짧은 시간 동안 빠르게 요동치는 것처럼 보일 수 있다.

이와 같은 노이즈 신호를 읽는 데는 여러 가지 기법이 있지만, 여기에서 사용한 방식은 슈미트Schmitt 입력 버퍼와 커패시터를 사용하여 바운스를 제거한 다음 데이터 래치를 사용하여 펄스에서 방향 신호를 생성하는 것이다. 이 작동 방식은 그림 7-4에 나와 있다. 인코더의 신호는 저항/커패시터 네트워크를 통과하여 디바운싱de-bounced된다. 즉, 엣지의 바운싱이 네트워크에 흡수된다. 슈미트 입력 버퍼는 신호 에지의 선명도를 복구하며, 임계값을 초과하는 전압을 논리값 1로 처리하고 임계값 아래의 전압을 논리값 0으로 처리한다. 일반적인 논리 게이트의 역할이 아니냐고 생각할 수도 있지만, 슈미트 입력에는 임계 전압에 히스테리시스가 있다. 즉 양극 및 음극 펄스에 대해 서로 다른 임계 전압이 있어서, 잡음이 있는 저속 신호가 임계 전압을 통과할 때 발생할 수 있는 발진을 방지한다. 또한 일반 논리 게이트보다 훨씬 느린 속도의 상승 에지를 처리 할 수 있다. 따라서 슈미트 버퍼의 출력을 통해 그림 7-4의 깔끔한 신호를 실제로 얻을 수 있다. 회로도의 삼각형 게이트 기호 안에 있는 작은 기호가 이 히스테리시스를 나타낸다.

에지 트리거 D형 래치는 순간적인 논리 레벨을 기억한다. 데이터 입력(D)의 논리 레벨은 클럭 신호의 상승 에지에서 출력(Q)으로 전송된다. 즉, 클럭 입력이 0에서 1로 바뀔 때 D의 논리 레벨의 스냅샷을 취한다. 이것은 다른 종류의 클럭이 올 때까지 논리 레벨을 출력에 유지하기 때문에 일종의 메모리라고 할 수 있다. 이것은 로터리 엔코더에서 방향을 감지하는 데 필요한 것이다. 즉, 한 신호가 특정 방향으로 전환(0에서 1)할 때 다른 신호의 상태가 회전 방향을 나타낸다. 그렇기 때문에 스텝에 해당하는 신호와 방향에 해당하는 신호가 모두 필요하다.

이를 사용하려면 방향 신호의 상태에 따라 각 스텝 펄스의 누적 합계를 유지하면서 그 값을 증가 또는 감소시켜야 한다. 폴링을 통해 구현하기에 매우 적합한 경우이다. 그림 7-4에서는 신호 A의 하강 에지가 래치 포인트로 표시되었음을 알 수 있다. 디바운싱 회로가 논리 신호를 반전하는 역할도 하므로, 엔코더의 하강 에지가 래치의 상승 에지로 변환되어 이를 트리거하다.

7.3 회로도

듀노캐스터의 설계도는 너무 방대해서 책의 한 페이지에 전부 담을 수 없다. 그래서 전체 회로도를 다섯 개의 부분으로 나누었으며, 탐색을 용이하게 하기 위해 계층적인 구조로 표시하였다. 즉, 주 회로도에 특정 기능을 담은 몇 개의 블록에 포함되어 있으며 해당 블록의 상세한 회로도는 별도의 도면으로 표시하는 방식이다. 각 블록에는 그룹화된 기능을 가진 다른 블록이 더 포함될 수 있다. 이러한 회로도 작성 방식은 전체를 하나의 면으로 펼쳐 그리는 것보다 훨씬 더 좋은 방법이다.

프로세서

그림 7-5는 계층 구조의 최상위 수준을 보여주며 특히 프로세서를 포함한다. 앞에서 언급했듯이, 이것은 아두이노의 일종일 수도 있지만 여기에서는 별도로 구축한 아두이노 호환 시스템에 해당한다.

여기에는 프로세서뿐 아니라 반사광 스위치, MIDI 출력 회로, 전원 레귤레이터, 코드 표시기 RGB LED가 포함되어 있다.

MIDI 출력은 이 책의 다른 모든 프로젝트에서 본 것과 같다. 특이한 점이라면, 이 프로젝트에서는 사용되지 않은 MIDI 핀 중 하나를 사용하여 레귤레이터를 통과하지 않은 전원을 악기로 전달했다. MIDI 플러그(5방향 DIN 플러그)에 핀이 포함되어 있으며, 소켓의 뒤쪽에는 전원용으로 두 개의 전선이 있다. 소켓의 앞면은 일반 MIDI 연결 케이블과 함께 사용되어 사운드 모듈 또는 기타 MIDI 인터페이스로 연결된다.

이 12V는 12V를 5V로 변환하기 위해 레귤레이터에 공급된다. 전원용으로 스위칭 레귤레이터를 사용했는데, 작고, 효율적이며, 시원하게 작동하기 때문이다. 특별한 레귤레이터를 사용할 없으며 일반적인 스위칭 레귤레이터라면 문제없이 작동할 것이다. 필요하다면 라이너 레귤레이터를 사용할 수도 있지만, 이러한 레귤레이터는 지나치게 많은 전력을 열로 변환하기 때문에 조금 발열이 많이 되는 경향이 있다. 라이너 레귤레이터를 사용하는 경우 듀노캐스터의 금속 프레임에 부착하여 방열판 역할을 하게 만드는 편이 좋다. 회로에 전원 선택부가 있으므로 개발 및 테스트 중에는 전원 공급 장치를 레귤레이터에서 USB 전원으로 전환할 수 있다.

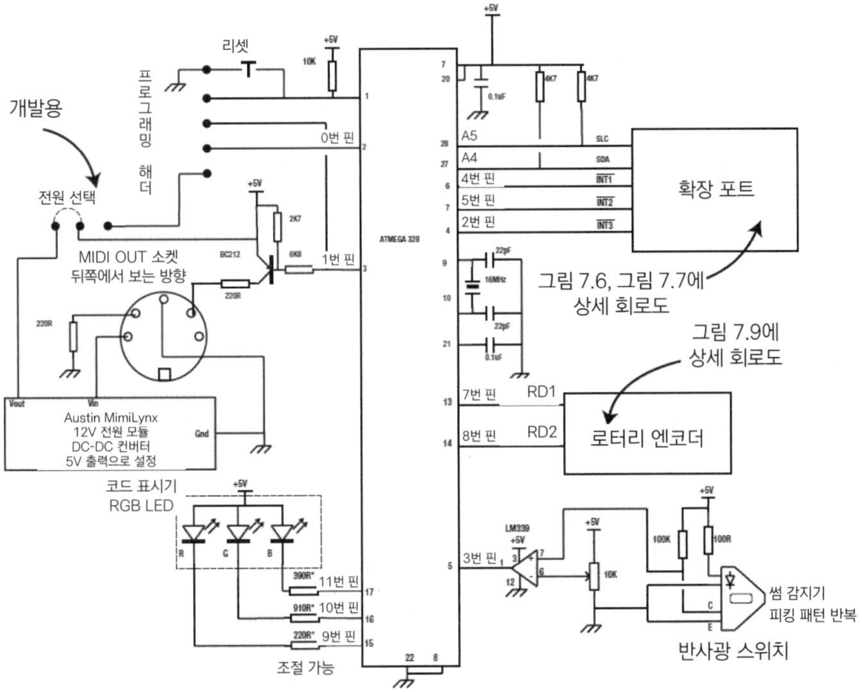

그림 7-5 프로세서: 최상위 계층 회로도

코드 표시기 RGB LED는 아두이노의 PWM(펄스폭 변조) 핀 3개로 구동된다. 이를 통해 점멸 신호를 구현하고 켜짐과 꺼짐 시간의 비율을 소프트웨어의 간섭 없이 쉽게 변경할 수 있다. LED는 전류 싱크를 통해 의해 전원이 공급되는데, 즉 출력 핀이 낮을 때 LED가 켜져 있게 된다. 이 결과로 아날로그 값 255를 출력하면 LED가 꺼지고, 0을 출력하면 LED가 켜지면서 소프트웨어와 신호가 거꾸로 뒤집혀 있게 된다. 이런 구조가 불편하다면, 255에서 밝기 값을 뺀 값을 아날로그 출력에 쓰면 말끔히 해결된다.

반사광 스위치의 출력은 LM339 비교기를 통과하여 천천히 변하는 신호를 IR 센서에서 날카로운 온/오프 전환으로 변환한다. 이 칩은 +ve, -ve 입력의 두 전압을 비교한다. +ve 입력의 전압이 -ve 입력의 전압보다 높으면 출력은 HIGH가 되고 그렇지 않으면 LOW가 된다. 반사광 스위치 출력과 비교하기 위한 전압은 가변 저항으로부터 입력되며, 이를 조정해서 임계점을 설정할 수 있다.

또한 그림 7-5에는 블랙박스 형태로 표시된 서로 다른 두 개의 블록이 있다. 하나는 로터리 인코더, 다른 하나는 포트 확장기에 해당한다. 먼저 포트 확장기를 살펴보자.

포트 확장기

그림 7-6과 7-7에 나와 있는 것처럼 포트 확장기를 구성하는 두 개의 회로도가 있다. 한 번에 하나씩 살펴보자.

그림 7-6은 LED 및 스위치가 부착된 포트 확장기의 회로도를 보여준다. 주소 1의 포트 확장기인 코드 LED용 확장기에는 코드 표시기의 빨간색 LED와 초록색 LED가 모두 6개 달려 있다. 나머지 4개의 녹색 LED는 그림 7-7에 표시된 포트 확장기 주소 2에 연결된다. 이로 인해 프로그래밍이 난해해지기는 하지만, 각 색상당 10개의 LED만 필요하기 때문에 매우 복잡하지는 않다. 빨간색 LED의 저항은 초록색 LED보다 높은데, 이것은 초록색 LED가 높은 순방향 전압을 가지며 동일한 저항이 동일한 밝기를 제공하지 않기 때문이다. 두 LED를 모두 켜서 멋진 노란색을 얻기 위해 서로 다른 저항값을 시도하며 좋은 조합을 시험할 수도 있다.

코드 스위치에 해당하는 주소 0의 포트 확장기는 주로 연주할 코드를 정의하는 10개의 스위치로 구성된다. 포트 확장기에는 내부 풀업 저항이 있기 때문에 스위치를 통해 접지에 연결하기만 하면 된다. 이 확장기의 나머지 6비트는 6개의 초록색 현 LED를 처리한다.

이 회로도에 포함되지 않는 신호로, 포트 주소 0에서 나오는 2개의 결합된 포트 인터럽트 신호와 두 개의 I2C 라인이 있다. 이들은 프로세서로 직접 연결된다. 그러므로 다음 단계로 넘어가서 그림 7-7에 나와 있는 다른 포트 확장기를 살펴보자.

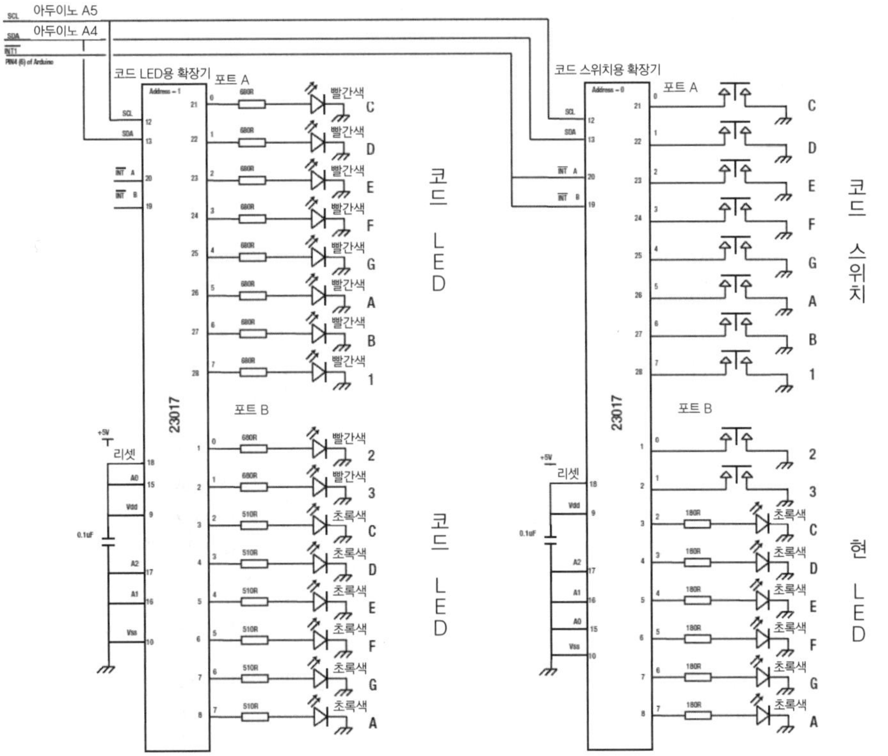

그림 7-6 포트 확장기 0, 1

그림 7-7에서는 더 많은 신호와 함께 더 많은 작업이 진행된다. 주소 2의 현 확장기에는 빨간색 현 LED 6개와 초록색 코드 LED 4개가 있다. 계층 구조의 아래쪽에 있는 다른 다이어그램에 표시된 현 터치 센서에 대한 연결도 있다. 마지막으로, 이 확장기에는 피킹 뱅크와 프렛 스위치 상태를 나타내는 초록색 LED가 있다. 현 터치 센서의 상태가 변경되었을 때 모니터할 수 있도록 이 확장기에서 프로세서로 직접 인터럽트 신호가 연결된다.

주소 4의 제어 포트 확장기에는 제어 스위치와 푸시 버튼이 있다. 플레이와 프렛 스위치는 일반적인 전환 스위치이며 옥타브 시프트와 픽업 패턴 뱅크는 3방향 토글 스위치이다. 마지막으로, 음색 변경을 위한 푸시 버튼은 순간 접점 스위치이다.

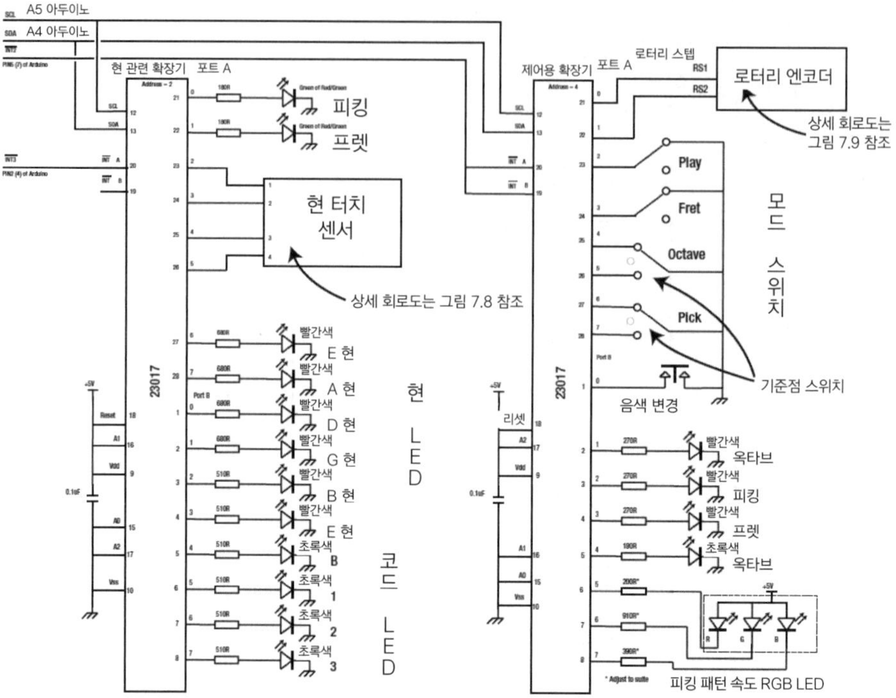

그림 7-7 포트 확장기 2, 4

이 확장기의 다른 입력은 로터리 인코더로 연결되는데 해당 상세 회로도는 별도의 그림으로 살펴볼 것이다. 로터리의 스텝을 입력으로 받으며, 방향 입력은 프로세서에 직접 연결된다. 제어 스위치 또는 로터리 인코더의 모든 변경 사항은 포트의 두 개의 인터럽트 핀으로 신호를 보낸다. 두 인터럽트 핀은 OR 구성으로 연결되어 확장기의 양쪽(포트)에서 변경 사항을 알린다.

이 확장기의 나머지 부분은 제어 스위치 피드백 LED, 피킹 속도 표시기 RGB LED에 사용된다. 이 LED는 화음 LED와 개별 밝기를 제어할 수 없고 켜짐 또는 꺼짐 상태만을 가진다. 3가지 색상이 있으므로 그 조합에 따라 총 7가지 색상을 얻을 수 있다.

▌현 터치 센서

그림 7-8은 4개의 현 터치 센서의 회로도를 보여준다. 기본적으로 그림 7-3과 같은 회로이지만 동일한 패키지에 포함된 4개의 NAND 게이트를 사용한다는 점이 다르다.

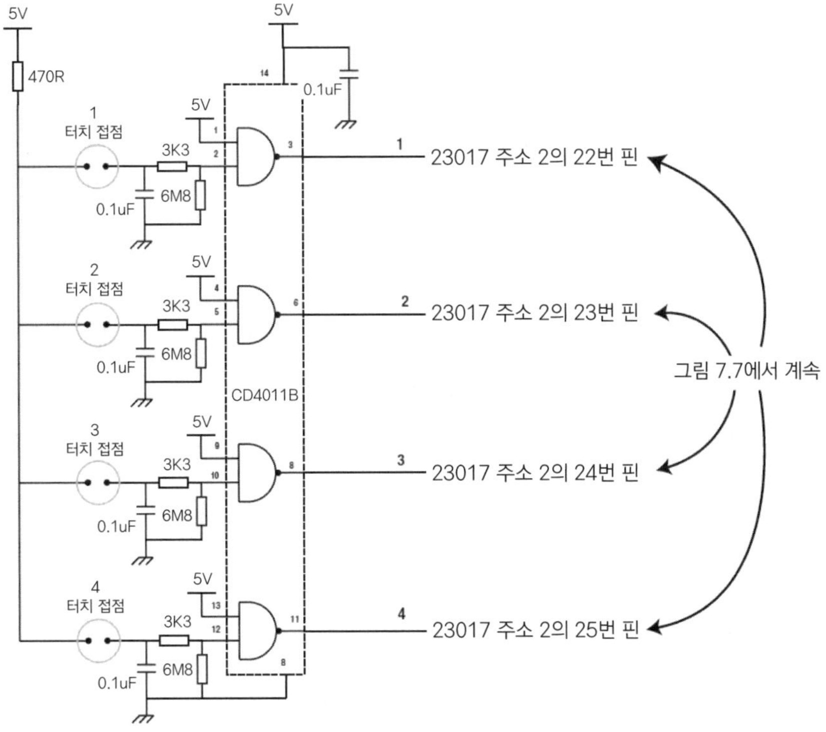

그림 7-8 현 터치 센서

NAND 게이트는 모두 CD4011B 집적 회로에 포함되어 있으며 각 센서의 +5V 연결은 동일한 풀업 저항으로 보호된다. 각 게이트 출력은 그림 7-7의 포트 확장기의 핀으로 연결된다.

▎로터리 엔코더

마지막으로 두 개의 로터리 엔코더 회로를 보여주는 회로도가 그림 7-9에 나와 있다.

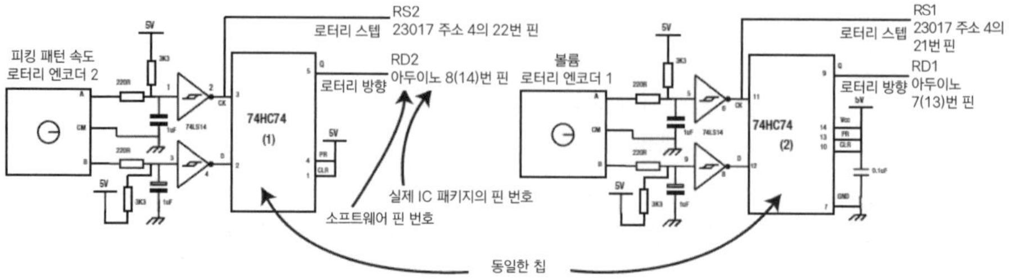

그림 7-9 로터리 엔코더

회로의 동작은 앞에서 이미 다루었지만 실제 회로도는 여기에 처음 소개한다. 단일 IC인 74HC74에는 두 개의 에지 트리거 D형 래치가 있으므로 하나의 칩을 두 회로에 사용할 수 있다. 또한 74LS14에는 여섯 개의 슈미트 입력 버퍼가 있으므로 두 개의 여분이 남는다. IC의 전원 연결은 별도의 블록으로 표시했다.

7.4 회로 조립

회로의 구성을 살펴보았으니 이제 실제로 만들 차례이다. 회로 조립과 회로를 담을 케이스 제작의 두 가지 단계가 있다.

▎케이스 제작

케이스부터 시작하자. 필수적인 것은 아니지만, 최소한 기타 모양의 프레임을 만드는 것이 가장 좋다. 필자는 각진 9/16인치 알루미늄으로 넥을 만들었는데. 21.25인치 길이(달라도 상관없다) 두 개를 붙여서 사각형 단면을 가진 기둥을 만들었다. 이등변삼각형 모양의 본체 프레임은 옆변 8.75인치, 밑변 11/4인치로 만들었다. 7/8~3/8인치 U채널 알루미늄으로 만들어졌으며 두 조각, 넥 및 삼각형을 함께 고정하였다. 스위치와 코드 LED를 위해 드릴로 구멍을 뚫었으며, 전선을 통과시키기 위해 넥과 삼각형을 통과하는 슬롯을 만들었다. 만들어신 프레임의 모습은 그림 7-10 및 7-11에서 확인할 수 있다.

그림 7-10 듀노캐스터의 프레임

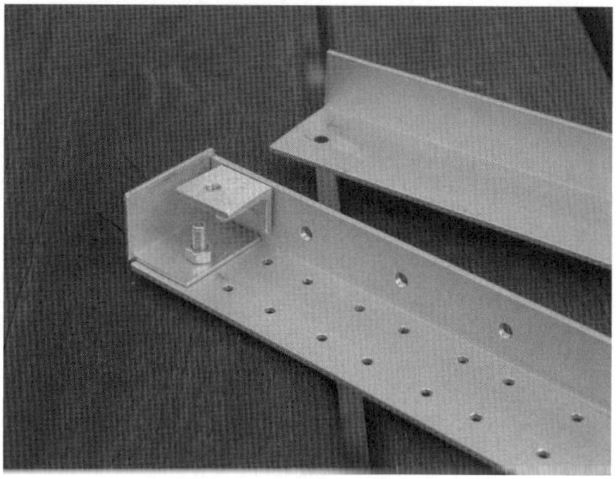

그림 7-11 프레임 끝의 고정쇠

MIDI 소켓은 넥과 같은 가장자리에 있는 삼각형 프레임의 모서리에 부착되었다. 결합된 모습은 그림 7-12와 같다.

그림 7-12 MIDI 소켓

삼각형 프레임의 모서리 형상을 유지하기 위해 동 재질로 몇 개의 모서리 조각을 만들었다. M3 크기의 구멍을 뚫어 전체 형상을 유지하는 데 사용되었으며 모서리마다 하나씩 쓰였다. 그림 7-13에서 확인할 수 있다.

그림 7-13 모서리 고정을 위한 동 조각

삼각형의 앞면 커버는 1/8인치 두께의 스티렌 시트로 만들어졌으며 강한 빛을 비추면 반투명해지는 재질이다. 뒷면 커버는 1/8인치 두께의 회색 ABS 플라스틱 시트로 만들었는데 원한다면 스티렌을 써도 무방하다. 뒷면 커버에는 LED가 잘 비치게 하기 위해 오목한 홈을 만들었는데, 드릴 프레스에 라우터 비트를 고정해서 만들었다. 이것은 삼각형 프레임을 함께 고정하고 있는 고정 나사 중 일부에 닿을 수 있다. 그림 7-14에서 이 홈의 예시를 볼 수 있다.

그림 7-14 뒤판의 오목한 홈

넥에 스위치 커넥터의 구멍을 뚫어서 알루미늄을 장착할 때는 알루미늄과 쇼트되지 않도록 주의해야 한다. 스위치 중심에 작은 접착제를 사용해서 절연하는 방법을 권장한다. 그런 다음 스위치를 구멍에 밀어 넣자. 스위치가 넥과 직각으로 정렬되도록 각도를 조절하고, 스위치 다리가 알루미늄에 닿지 않도록 해야 한다. 사각 스위치의 각도가 틀어지면 미관도, 기능도 흉해지니 시간을 들여서 다듬자. 에폭시를 사용할 수 있지만, 필요한 경우 스위치를 누를 수 있도록 실리콘 실란트를 사용해도 빨간색, 초록색 코드 LED도 넥에 접착시킨다. 그림 7-15는 스위치와 LED 모두에 공통 접지를 연결한 모습이다.

그림 7-15 넥의 스위치와 LED 배선

그림 7-16은 모든 LED와 반사광 스위치를 배선한 모습이다. 알루미늄에서 빛이 반사되는 것을 최소화하기 위해 넥 주위의 스위치 주변은 검은색으로 칠했다.

그림 7-16 반사광 스위치

회로 조립

논리 회로 조립을 위해서는 유로카드Eurocard의 160×100mm 표준 규격 프로토타입 보드를 사용했다. 삼각형 바디의 알루미늄에 맞도록 기판의 코너를 잘라내야 하는데, 그림 7-17에서 이를 볼 수 있다.

그림 7-17 논리 회로 기판

코드와 스위치에 배선을 연결하고 나면 전면 패널 쪽 작업을 시작할 수 있다. LED와 제어부를 배치할 위치를 선택할 수 있는데, 그림 7-18은 필자가 사용한 레이아웃을 보여준다.

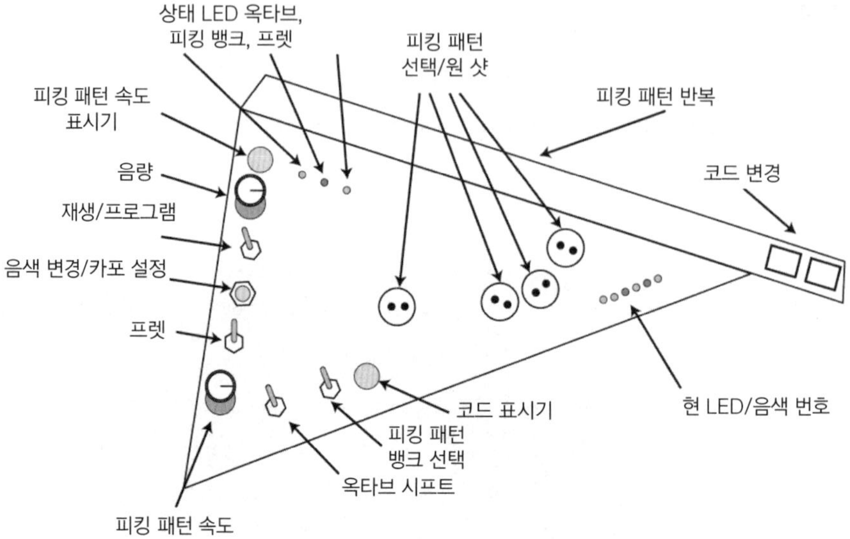

그림 7-18 전면 패널 레이아웃

삼각형 바디의 가장자리를 따라 모든 스위치와 노브를 장착했고, 엄지손가락이 반사광 스위치 위에 놓일 때 나머지 손가락이 닿는 곳을 표시하고 그 위치에 현 터치 센서 스위치를 배치했다. 두 개의 M2 나사를 접촉하지 않을 정도로만 최대한 가깝게 설치하고 각 쌍의 접촉부 주위에 3/8 컴퍼스로 둥근 선 모양을 파냈다. 그런 다음 파낸 홈에 검은 잉크를 채우고 주변을 재빠르게 닦았다. 이렇게 하면 터치 센서 스위치에 멋진 외곽선을 만들 수 있다. 그런 다음 LED를 앞판 스티렌 덮개의 아래쪽에 장착했다. 기둥 드릴을 사용해서 스티렌 두께의 3분의 1 정도 두께로 홈을 파내서 투명도를 높인 후, 안에 LED를 세우고 핫멜트 접착제를 사용하여 고정시켰다. 그림 7-19는 접착 직후 스티렌 패널에 고정된 LED의 모습을 보여준다.

앞판 LED를 모두 고정했다면 다음으로 배선을 해야 한다. 전선이 상당히 많이 쓰일 테지만 케이블 타이를 사용하면 깔끔하게 보이게 작업할 수 있다. 그림 7-20에서 배선을 완성한 모습을 볼 수 있다.

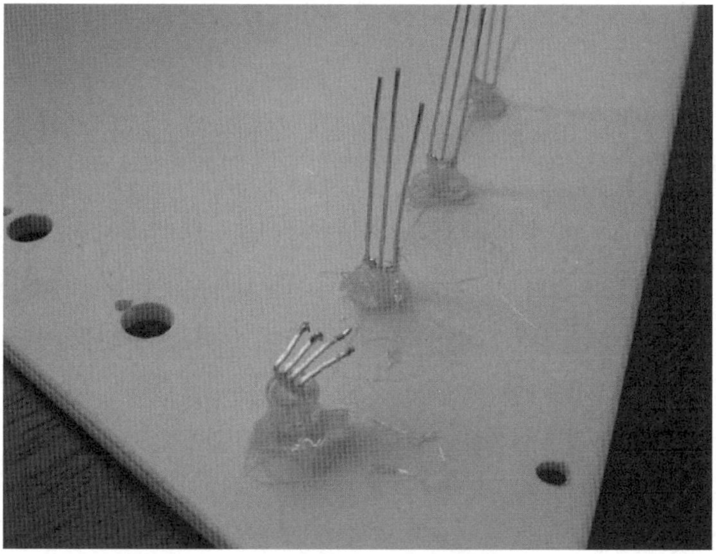

그림 7-19 앞판 뒤쪽에 LED를 고정한 모습

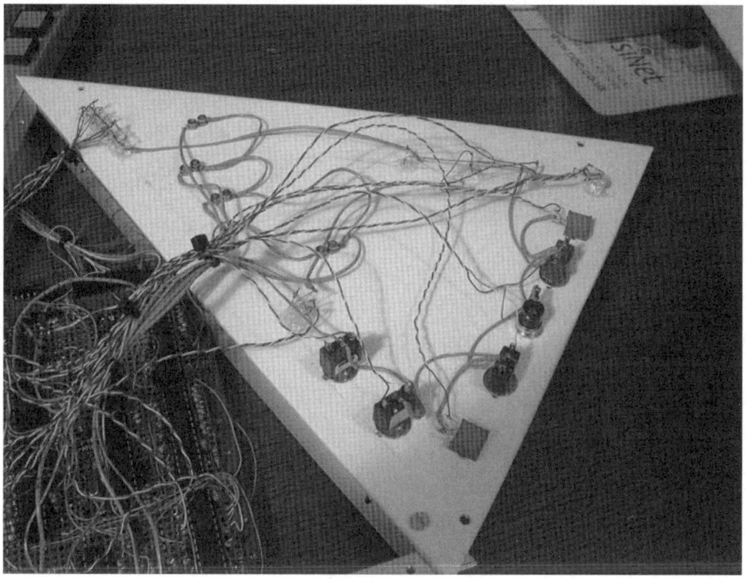

그림 7-20 앞판의 배선

배선이 완료되면 다음은 소프트웨어를 짤 시간이다.

7.5 소프트웨어

소프트웨어는 악기에 생명을 불어 넣는 마법이다. 듀노캐스터의 코드는 지금까지 이 책에서 보았던 대부분의 코드보다 약간 길다. 가독성을 위해 일부 코드를 별도의 파일로 분할했다. 이것들은 메인 코드와 같은 폴더에 포함되어야 한다. 운영체제에서 아두이노 IDE가 프로그램을 저장하는 위치로 이동하여 DunoCaster라는 폴더를 만들자. 해당 폴더에서 텍스트 편집기로 다음과 같은 이름을 가진 4개의 빈 파일을 만들자.

- DunoCaster.ino
- Defines.h
- Variables.h
- Chords.h

다음으로 아두이노 IDE를 열고 DunoCaster 스케치를 열자. 네 개의 탭이 있는 빈 스케치가 나타날 것이다. 이제부터 이 파일에 예제 코드를 입력할 것이다.

헤더 파일

먼저 다룰 파일은 헤더 파일이다. 헤더 파일은 프로세서가 실행할 코드를 포함하지 않고, 대신 메인 코드가 사용할 이름과 값을 설정한다.

1. 해시 정의

먼저, 예제 7-1의 코드를 Defines.h라는 탭에 입력하자.

예제 7-1 해시 정의

```
// hash defines
// Port expander registers
#define IODIR (byte) 0x00
#define IPOL (byte) 0x02
#define GPINTEN (byte) 0x04
#define DEFVAL (byte) 0x06
#define INTCON (byte) 0x08
#define IOCON (byte) 0x0A
#define GPPU (byte) 0x0C
#define INTF (byte) 0x0E
#define INTCAP (byte) 0x10
#define GPIO (byte) 0x12
#define OLAT (byte) 0x14

// Bits in the IOCON register
#define BANK (byte) 0x80
#define MIRROR (byte) 0x40
#define SEQOP (byte) 0x20
#define DISSLW (byte) 0x10
#define HAEN (byte) 0x08
#define ODR (byte) 0x04
#define INTPOL (byte) 0x02

// I2C device addresses
#define chordSwitchAddress 0x20 // address of chord switches
#define chordLEDaddress 0x21 // address of chord red led indicator
#define stringSwitchAddress 0x22 // address of string switches
#define controlSwitchaddress 0x24 // address of control switches & indicators
// Control Switch device bit masks
// Control Switch device bit masks
#define R1S 0x01 // rotary encoder 1 step
#define R2S 0x02 // rotary encoder 2 step
#define playSwitch 0x04 // play
#define fretSwitch 0x08 // Fret control
#define octave1Switch 0x10 // Octave 1
#define octave2Switch 0x20 // Octave 2
#define pick1Switch 0x40 // Pick 1
#define pick2Switch 0x80 // Pick 2
#define pushB 0x0100 // Push button
#define octaveLEDr 0x0200 // Octave LED red
#define octaveLEDg 0x1000 // Octave LED green
#define fretLEDr 0x0800 // Fret LED red
```

예제 7-1 해시 정의(계속)

```
#define fretLEDg 0x02 // Fret LED green
#define pickingLEDr 0x0400 // Mode 2 LED red
#define pickingLEDg 0x01 // Mode 2 LED green

#define pickingSpeedLEDr 0x2000 // RGB LED 2 red
#define pickingSpeedLEDg 0x4000 // RGB LED 2 green
#define pickingSpeedLEDb 0x8000 // RGB LED 2 blue

// String Switch device bit masks
#define m2LEDg 0x01 // Mode 2 LED green
#define m3LEDg 0x02 // Mode 3 LED green
#define finger1 0x20 // Finger 1 touch switch
#define finger2 0x04 // Finger 2 touch switch
#define finger3 0x08 // Finger 3 touch switch
#define finger4 0x10 // Finger 4 touch switch
#define ddrString 0x03c // data direction register for string switch
#define ddrChord 0x03ff // data direction register for chord switch
#define ddrControl 0x01ff // data direction register for control switch

// Arduino pin assignments
#define stringChange 2 // string change button
#define thumbIn 3 // Thumb optical switch
#define chordChange 4 // chord change button
#define controlChange 5 // control I2C indicator

#define R1D 7 // rotary encoder 1 direction
#define R2D 8 // rotary encoder 2 direction
#define chordShowLEDr 9 // RGB LED red (PWM)
#define chordShowLEDg 10 // RGB LED green (PWM)
#define chordShowLEDb 11 // RGB LED blue (PWM)
#define FRET_NOISE 52 // noise for fret slide
```

이렇게 하면 컴파일 타임에 이름 대신 사용할 미리 정의된 숫자가 설정되어, 코드를 보다 쉽게 읽을 수 있다. 예를 들어, '손가락 1(finger 1)' 터치 센서를 나타내는 비트를 알고 싶다면 단순히 숫자 0x20을 읽는 것보다 헤더에 정의된 finger1을 읽는 것이 훨씬 쉽다.

2. 변수 선언

다음으로 코드가 사용할 모든 변수를 설정하는 파일이 있다. 이것은 예제 7-2에 있으며 아두이노 IDE의 Variables.h 탭에 입력해야 한다.

예제 7-2 변수 선언

```
// Variables setup

// The MIDI note value to be played for each string(open strings e3 a3 d4 g4 b4 e5 )
byte note[6] = {52, 57, 62, 67, 71, 76};

int notePlaying[6] = {0, 0, 0, 0, 0, 0}; // note playing on each string - 0 for not sounding

// pattern for strum, strings 0 to 5 pattern end in a 6
const prog_uchar PROGMEM pattern[12][12] = {
            0,1,2,3,4,5,6,6,6,6,6,6,
            5,4,3,2,1,0,6,6,6,6,6,6,
            0,1,2,3,4,5,4,3,2,1,0,6,
            5,4,3,2,1,0,1,2,3,4,5,6,
            1,2,4,3,1,2,4,3,6,6,6,6, // bank 2
            2,3,5,4,2,5,3,4,6,6,6,6,
            1,4,5,2,4,0,5,2,4,6,6,6,
            0,4,2,5,0,4,2,5,6,6,6,6,
            0,5,1,4,2,3,4,2,1,5,0,6, // bank 3
            0,2,4,1,3,5,6,6,6,6,6,6,
            0,1,2,3,0,1,2,3,4,5,6,6,
            0,1,2,3,4,5,3,4,5,6,6,6
    };

// delay between the notes in the picking pattern
const prog_uchar PROGMEM patternDelay[12][12] = {
            2,2,2,2,2,2,2,1,1,1,1,1,
            2,2,2,2,2,2,2,1,1,1,1,1,
            1,1,1,1,1,1,1,1,1,1,1,1,
            1,1,1,1,1,1,1,1,1,1,1,1,
            1,1,1,1,1,1,1,1,1,1,1,1, // bank 2
            1,0,1,2,1,1,1,1,1,1,1,1,
            0,0,0,1,1,2,1,1,2,1,1,1,
            1,1,1,1,1,1,1,1,1,1,1,1,
            0,2,0,2,0,2,0,2,0,2,1,1, // bank 3
            2,2,2,2,2,2,1,1,1,1,1,1,
```

예제 7-2 변수 선언(계속)

```
                1,1,1,1,1,1,1,1,1,1,1,1,
                1,1,1,1,1,1,1,1,1,1,1,1
        };

byte chordColourR[8] = {0, 255, 196, 128, 64, 128, 0, 255}; // red colour for chord
byte chordColourG[8] = {0, 0, 128, 0, 128, 32, 0, 196}; // green colour for chord
byte chordColourB[8] = {0, 0, 0, 64, 0, 128, 196, 230}; // blue colour for chord

// Time variables
int metronome = 0;
unsigned long pickTime, quench;
int currentTriggerState, lastChord = 0, currentChord, lastControl = 0, lastString = 0;

// for bit manipulation of LEDs
int redChordLED = 0, greenChordLED = 0, stringLED = 0, modeLED = 0;
int pickPat = 0; // picking pattern number
int patShift = 0; // shift to add to the picking pattern number

// Playing
int midiChannel = 0; // channel to use
boolean patPlaying = false, playing = true;
int playString = 0; // string to play in picking pattern
int picksInPat = 10; // Number of pick in this pattern
int pickNum = 0; // How far in the pattern you have gone
int delCount = 0, lastDel =0 ; // delay count down for spacing out time between picks
int pat = 0; // picking pattern to use
int voice=0; // index into the voice number to send
boolean capoMode = false; // use the capo or not
boolean push = false; // push button variable
int capo = 0; // capo adding number
int octave = 0; // octave value derived from switches

// control switch states
boolean pick2SwitchState = false, pick1SwitchState = false;
boolean octave1SwitchState = false, octave2SwitchState = false;

int rot1 = 0x40, rot2 = 100;
int rot2PlayStore = 100, rot2StoreVoice = 0;
```

처음 나오는 note 배열은 각 현이 생성할 노트를 정의하는 배열로, 코드 스위치를 누르면 이 배열이 변경되어 현재 연주 중인 음을 저장한다. 새 노트를 울리려면 이전의 노트를 꺼야 한다. 다음으로 피킹 패턴을 정의하는 배열이 있다. pattern[][] 배열은 재생되는 현과 그 순서를 정의한다. 피킹 패턴의 길이는 최대 12개까지 허용된다. 12개를 다 채우지 않고 끝내려면 배열의 나머지 항목을 6으로 채우면 된다.

예를 들어, 배열에 정의된 첫 번째 피킹 패턴은 다음과 같다.

```
0,1,2,3,4,5,6,6,6,6,6,6,
```

이 패턴은 단순히 0에서 5까지 6 개의 현을 모두 재생한다. 나머지 여섯 개의 항목은 무시할 것이므로 모두 6의 값을 할당한다. 이 배열은 현이 선택되는 순서도 정의한다. 그러나 그 타이밍은 patternDelay[][] 배열에 의해 정의된다. 이것은 각 현에 대한 피킹 사이의 시간을 정의하는데, 보통 '다음 피크 비트'를 1로 설정한다. 그러나 때로는 두 개 이상의 현을 함께 연주해야 할 필요가 있으므로, 그때는 지연 값으로 0을 할당한다. 피킹 사이 간격을 더 길게 하기를 원하면 다른 지연 값을 할당할 수도 있다. 필자는 2보다 큰 값을 사용하지 않았지만, 여러 값을 시험해보는 것은 독자의 자유이다.

3개의 chordColour 배열은 RGB 코드 표시기 LED의 색상을 정의한다. 이 코드는 색상을 구성하는 빨간색, 초록색, 파란색의 양을 정의하며 선택한 색상으로 변경할 수 있다. 어떤 LED가 다른 함수에 의해 바뀌었는지 파악하기 위해, LED의 비트 조작을 위해 정의된 변수도 있다. 프로그램이 LED 색상을 변경할 때마다 이러한 변수 중 하나에서 필요한 LED에 해당하는 비트를 변경한 다음 해당 변수가 포트 확장기에 기록된다. 이렇게 하면 한 섹션의 코드가 실수로 다른 LED 세트의 상태를 변경하지 않게 된다. 정의된 나머지 변수는 스케치를 실행할 때 일반적인 용도로 사용된다.

3. 코드 정의

다음 차례는 헤더 파일이다. 아두이노 IDE의 Chords.h 탭에 예제 7-3의 내용을 입력하자.

예제 7-3 코드 정의

```
// look up table for the string notes
const PROGMEM byte chordBank[29][6] = {
            40, 45, 50, 55, 59, 64, // open strings
            40, 47, 52, 56, 59, 64, // E major
            41, 41, 53, 57, 60, 65, // F major
            43, 47, 50, 55, 59, 67, // G major
            33, 45, 52, 57, 61, 64, // A major
            35, 47, 54, 59, 63, 66, // B major
            36, 48, 52, 55, 60, 64, // C major
            38, 38, 50, 57, 62, 66, // D major
            40, 47, 52, 55, 59, 64, // E minor
            41, 41, 53, 56, 60, 65, // F minor
            43, 50, 55, 58, 62, 67, // G minor
            33, 45, 52, 57, 60, 64, // A minor
            35, 47, 54, 59, 62, 66, // B minor
            36, 48, 55, 60, 63, 67, // C minor
            38, 47, 52, 55, 59, 64, // D minor
            40, 47, 50, 56, 59, 64, // E7 major
            41, 41, 51, 57, 60, 65, // F7 major
            43, 47, 50, 55, 59, 65, // G7 major
            33, 45, 52, 57, 61, 67, // A7 major
            35, 47, 51, 57, 59, 66, // B7 major
            36, 48, 52, 58, 60, 64, // C7 major
            38, 38, 50, 57, 60, 66, // D7 major
            40, 47, 52, 55, 62, 64, // E7 minor
            41, 48, 51, 56, 60, 65, // F7 minor
            43, 0, 53, 58, 62, 67, // G7 minor
            45, 0, 55, 60, 64, 69, // A7 minor
            35, 47, 54, 57, 62, 66, // B7 minor
            36, 48, 55, 58, 63, 67, // C7 minor
            38, 50, 53, 65, 62, 69, // D7 minor
};

const PROGMEM byte soundBank[] = {
            25,25,25,25,25,
            26,26,26,26,26,26,
```

예제 7-3 코드 정의(계속)

```
                27,27,27,
                28,28,
                29,29,29,29,29,
                30,30,
                31,31,31,
                32,32,32,
                33,33,33,
                34,34,34,34,34,34,34,
                35,35,
                36,36,36,36,36,36,
                37,37,37,
                38,38,
                39,39,39,39,39,39,39,39,39,39,
                40,40 };

const PROGMEM byte bankLSB[] = {
                0,16,25,43,96,
                0,16,35,40,41,96,
                0,18,32,
                0,32,
                0,40,41,43,45,
                0,43,
                0,40,41,
                0,65,66,
                0,40,45,
                0,18,27,40,43,45,65,
                0,28,
                0,32,33,34,96,97,
                0,27,32,
                0,43,
                0,18,20,24,35,40,64,65,66,96,
                0,64};
```

이러한 배열은 피킹 패턴 및 지연 시간 배열과 같이 프로세서의 프로그램 메모리 공간에 저장된다. 이것은 보통 그 내용이 변경되지 않는 테이블을 저장하는 데 유용하다. 또한 프로세서의 SRAM에서 공간을 차지하지 않는다는 장점도 있다. SRAM은 C언어를 작동시키는 수가 코드와 함께 코드의 변수가 저장되는 곳이다. 모든 임베디드 프로세서에서

SRAM은 용량이 제한되어 있으므로 되도록 사용하지 않는 것이 좋다. 사실, SRAM이 없으면 메모리가 유실되고 변수가 값을 잃어버리는 등 이상한 일이 일어날 것이다.

이 예제에는 코드 키에서 사용할 수 있는 56개의 코드와 개방현 노트가 표시된다. 이 숫자는 코드 연주 시 전송할 기본 MIDI 음표 번호이다. 이것은 코드 스위치와 화음을 위한 세 개의 스위치를 위한 것이다. 처음 두 스위치는 코드의 메이저, 마이너 버전뿐 아니라 메이저, 마이너 코드의 오그먼트 7 코드를 선택할 수 있다. 새끼손가락으로 세 번째 스위치를 조작하면 그 외의 4개의 코드 형식도 선택할 수 있다. 이것들은 처음 4개의 코드 형식에 포함되지 않으며 원하는 대로 정의할 수 있다.

일부 코드에는 첫 번째 또는 두 개의 숫자가 왼쪽으로 이동한 것을 볼 수 있다. 이것은 배열에 영향을 미치지 않지만 원한다면 이 수를 수정할 수 있다. 이 노트는 실제 기타에서 얻을 수 없는 형식인데, 그 이유는 보통 손가락이 물리적으로 해당 자세를 취할 수 없기 때문이다. 이러한 노트를 원하지 않으면 이 숫자를 0으로 대체하자.

예제의 두 번째 부분은 다양한 기타 유형의 MIDI 음색 번호를 정의한다. 이 모듈은 야마하 MU10 기종 사운드 모듈과 함께 작동하도록 설계되었으며, 기본 MIDI 음색 변경 번호는 뱅크 셀렉트 CC 번호의 LSB에 의해 추가 음색으로 보완된다.

필자가 이 방법을 사용해보았을 때, 각 라인은 사운드 뱅크 배열에서 동일한 MIDI 프로그램 변경 값을 가지며 bankLSB 배열의 각 라인은 해당 LSB 뱅크 선택 값이다. 따라서 24(나일론 현 어쿠스틱 기타)의 값으로 주어진 MIDI 음색에는 0, 16, 25, 43, 96의 뱅크 번호로 5가지 변형이 있고 원래 사운드 또는 새로운 대체 사운드를 모두 처리할 수 있다. MU10의 첫 번째 기타 사운드 MIDI 24의 경우 변형은 다음과 같다.

```
0 = Basic General MIDI sound
16 = Bright
25 = Release
43 = Velo Switch
96 = Alternate sound - Ukulele
```

마찬가지로 사운드 모듈에 맞게 다시 사용자 정의할 수 있다. 뱅크 매개 변수를 사용하지 않는 단순한 매개 변수를 쓰면 같은 값에서 같은 음색만 얻을 수 있을 것이다. 사실, MU10에는 몇 가지 변형이 있지만 변형 LED가 현 LED에 표시되고 이들 중 6개만 표시되므로 선택할 수 있는 악기 음색의 최대 개수는 64개로 제한된다. 이 예제에는 의도적으로 기타 사운드만 포함되도록 선택했는데, 기타 음색이 악기의 특성 및 연주 방법과 일치한다고 생각했기 때문이다. 그러나 사운드 모듈의 음색 목록에서 다른 악기를 선택하는 것을 막을 수 있는 방법은 없다. 어쨌든 연주하는 방법이 원래의 악기의 사운드와 일치할 때 사운드가 더 사실적이라고 보는 것이 일반적이다(트럼펫 소리로 기타 스트로크를 치면 어떤 느낌일까?).

▌메인 코드

이제 메인 코드를 살펴볼 차례이다. 그러나 그 전에 스케치의 전반적인 전략과 흐름을 살펴보는 것이 좋을 것이다.

이 악기에는 기본적으로 MIDI 노트 메시지를 생성하는 목적의 연주 모드와 연주 모드에서 사용할 MIDI 음색을 설정하는 프로그램 모드의 두 가지 모드가 있다. 두 가지 모드에서 악기의 작동이 근본적으로 다르므로, 메인 루프가 하는 첫 번째 작업은 현재 악기가 어느 모드에 있는지 판단하고 적절한 조치를 취하는 것이다. 그림 7-21은 코드의 최상위 흐름도를 보여준다.

이 흐름도는 상태를 검사하는 순서이다. 이러한 흐름을 파악하는 것은 loop() 함수를 살펴볼 때 유용하다. 주 코드를 하나의 커다란 덩어리로 보기보다는 6개의 예제로 나누어 살펴볼 것이다. 각 예제는 여기에 제시된 순서대로 아두이노 IDE의 DunoCaster 탭에 추가되어야 한다.

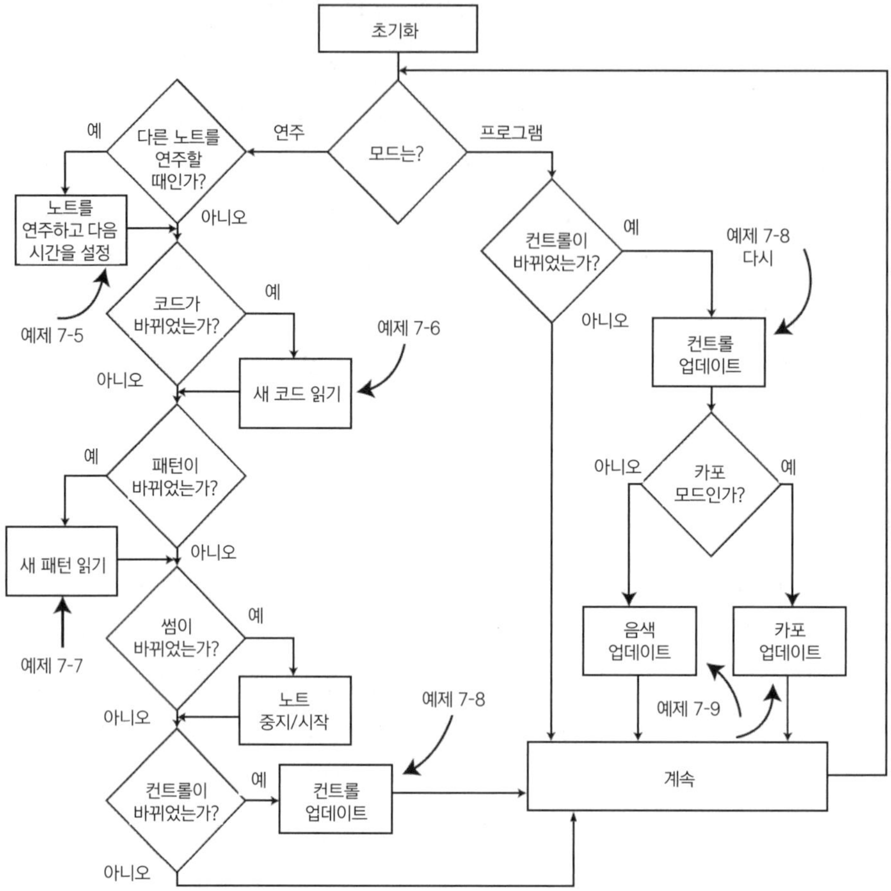

그림 7-21 메인 코드의 흐름도

4. Setup, Loop 함수

예제 7-4는 setup()과 loop() 함수를 보여준다.

예제 7-4 setup과 loop 함수

```
/* DunoCaster Midi Guitar - Mike Cook
*/
// Libraries to include
#include <Wire.h>
#include <Arduino.h>
#include "Chords.h"
#include "Defines.h"
#include "Variables.h"

// Start of code
void setup() {
  // I2C change inputs
  pinMode(chordChange, INPUT_PULLUP);                                    #A
  pinMode(stringChange, INPUT_PULLUP);                                   #A
  pinMode(controlChange, INPUT_PULLUP);                                  #A
  pinMode(thumbIn, INPUT_PULLUP); // Thumb switch                        #A
  pinMode(R1D, INPUT); // Rotary switch 1 direction                      #A
  pinMode(R2D, INPUT); // Rotary switch 2 direction                      #A
  pinMode(chordShowLEDr, OUTPUT); // Tri colour LED Red                  #A
  pinMode(chordShowLEDg, OUTPUT); // Tri colour LED Green                #A
  pinMode(chordShowLEDb, OUTPUT); // Tri colour LED Blue                 #A
  analogWrite(chordShowLEDr, 255); // Tri colour LED Red                 #A
  analogWrite(chordShowLEDg, 255); // Tri colour LED Green               #A
  analogWrite(chordShowLEDb, 255); // Tri colour LED Blue                #A

// Setup I2C devices
  Wire.begin(); // start the I2C interface
  expander_write(chordSwitchAddress, (MIRROR | ODR)<<8, IOCON);          #B
  expander_write(stringSwitchAddress, (MIRROR | ODR)<<8, IOCON);         #B
  expander_write(controlSwitchaddress, (MIRROR | ODR)<<8, IOCON);        #B
  expander_write(chordLEDaddress, (MIRROR | ODR)<<8, IOCON);             #B

  expander_write(chordLEDaddress, 0x0, IODIR); // set to all output
  expander_write(stringSwitchAddress, ddrString, IODIR); // String triggers
  expander_write(stringSwitchAddress, ddrString, GPINTEN); // enable interrupt on change

  expander_write(controlSwitchaddress, ddrControl, IODIR); // Control Switches
  expander_write(controlSwitchaddress, ddrControl, IPOL); // invert switch inputs
  expander_write(controlSwitchaddress, ddrControl, GPINTEN); // enable interrupt on change
  expander_write(controlSwitchaddress, ddrControl & 0xfffC, GPPU); // enable pullups

  expander_write(chordSwitchAddress, ddrChord, IODIR); // top 6 bits output rest to all inputs
```

예제 7-4 setup과 loop 함수(계속)

```
  expander_write(chordSwitchAddress, ddrChord, IPOL); // invert switch inputs so 1 = pressed
  expander_write(chordSwitchAddress, ddrChord, GPINTEN); // enable interrupt on change
  expander_write(chordSwitchAddress, ddrChord, GPPU); // enable pullups on inputs

// set up initial state of the LEDs
  expander_write(chordLEDaddress, redChordLED, OLAT); // turn off all LEDs
  expander_write(stringSwitchAddress, greenChordLED, OLAT); // turn off all LEDs
  expander_write(chordSwitchAddress, stringLED, OLAT); // turn off all LEDs
  expander_write(controlSwitchaddress, modeLED, OLAT); // Initialize Mode red LEDs

  lastString = expander_read(stringSwitchAddress); // get initial state of switches
  lastControl = expander_read(controlSwitchaddress);

// Setup serial / MIDI
   Serial.begin(31250); // MIDI speed
// Serial.begin(9600); // Debug speed
  programChange(midiChannel, 25); // set MIDI voice to guitar
  programChange(midiChannel +1 , 120); // set next channel voice to fret noise
  pickTime = millis() + rot2; // initial basic tempo of notes

  // make sure software thinks all inputs have change
  lastControl = ~expander_read(controlSwitchaddress);
  doControl();
  quench = millis() + 60000UL;
}

//******************** MAIN LOOP **********************************
void loop() {
  if(playing) {
    if(millis() > quench) {                                                    #C
      stopNotes();                                                             #C
      quench = millis() + 60000UL; // don't do anything for 60 seconds
    }
    if(millis() > pickTime) { // time to update notes or tempo LED             #D
      if(patPlaying) {
        if(delCount == 0) doNextPick(); else delCount--;                       #D
      }
      else { pickTime = millis() + rot2; } // set the next time to look at the notes
      metronome++; // Count the periods                                        #D
      if(metronome > 7) { // every 8th tick toggle the light
        // digitalWrite(LEDpin, !digitalRead(LEDpin));                         #D
        if((modeLED & pickingSpeedLEDr) == 0) modeLED ^= pickingSpeedLEDg;
```

예제 7-4 setup과 loop 함수(계속)

```
          modeLED ^= pickingSpeedLEDr;                                      #D
          expander_write(controlSwitchaddress, modeLED, OLAT);              #D
          metronome = 0;                                                    #D
          // Serial.print(" time "); Serial.println(rot2, HEX);
        }
      }
      // check for chord change                                             #E
      if(digitalRead(chordChange) == LOW) { changeChord(); }                #E
      // check for touch sensors
      if(digitalRead(stringChange) == LOW) { doString(); }                  #E
      // check for thumb stimulus
      if(digitalRead(thumbIn) == LOW && patPlaying == false) { patPlaying = true; }  #E
      // check for change to control switches
      if(digitalRead(controlChange) == LOW) { doControl(); }                #E
    }
    else { // if not playing
      if(digitalRead(controlChange) == LOW) {                               #F
        doControl();                                                        #F
        if(!playing) { // incase mode switch has changed to playing         #F
          if(capoMode) doCapo();                                            #F
          else doChangeSound();                                             #F
        }
      }
    }
} // end loop function

#A 프로세서의 I/O 핀 상태를 설정
#B 포트 확장기를 INT 내부 연결 및 오픈 드레인으로 초기화
#C 딸림 노트 확인
#D 사운드 업데이트를 확인하고 필요한 경우 업데이트
#E 컨트롤 입력으로부터 변수 업데이트
#F 프로그래밍 모드의 변수 업데이트
```

가장 먼저 할 일은 외부 라이브러리와 변수와 상수를 정의할 때 다른 탭에 넣은 헤더 파일을 포함시키는 것이다. setup() 함수는 기본적으로 세 부분으로 나뉜다.

5. 입출력 초기화

첫 번째 부분은 아두이노의 I/O 핀을 초기화하고 코드 표시기 LED의 상태를 설정한다. 복잡하지 않은 단순한 코드이다.

6. I2C 초기화

두 번째 부분은 좀 더 복잡하다. 이것은 4개의 I2C 포트 확장기의 상태를 설정한다. 필자가 설정한 방식은 포트 확장기에 있는 두 개의 8비트 포트가 포트 A를 하위 바이트로, 포트 B를 상위 바이트로 간주하게 하는 방식이다. 이렇게 하면 expander_write() 함수의 호출 수가 최소화된다. 각 확장기에 대해 어떤 비트가 입력이고 어떤 출력이 될지 설정해야 한다. 이것은 데이터 방향 레지스터DDR에 논리 1을 쓰는 방식으로 수행된다. 즉, 비트 1은 입력이고 0은 출력을 의미한다. 입력 값을 반전하는 인터럽트 극성 레지스터가 있어서 입력의 논리 0이 논리 1로 읽힌다. 다음으로 입력 핀을 변경하면 인터럽트 출력이 활성화될 때 설정하는 레지스터가 있다. 마지막으로 입력에서 풀업 저항이 활성화되었는지 여부를 설정하는 레지스터가 있다. 이러한 것을 모든 입력에 적용하려면 동일한 비트 패턴을 다른 레지스터에 써야 한다.

7. 외부 장치 초기화

setup() 함수의 마지막 부분에서는 시리얼 속도를 설정하고, 프로그램 변경(음성 변경) 메시지를 보내고 일부 변수의 초깃값을 설정한다. 보 레이트를 9600으로 만드는 행은 주석 처리되어 있는 것을 볼 수 있는데, 시리얼 터미널 창에서 디버그 세션을 실행할 때 이 주석을 해제하고 사용하게 된다. 시리얼 터미널은 MIDI 속도로 실행할 수 없기 때문이다. 프로그램의 진행 상태를 디버킹 창에서 확인하기 위한 여러 코드가 전체적으로 삽입되어 있고 주석 처리되어 있는데, 이러한 코드는 MIDI 모듈에 데이터를 보낼 때에는 주석 처리를 잘 해놓고 비활성화해두는 것이 좋다. 이상한 MIDI 메시지로 해석되기 때문이다.

8. 메인 loop() 함수

loop() 함수는 그림 7-20의 논리를 따른다. 그림에는 표시되어 있지 않지만 예제 코드에 있는 내용은 처음 몇 줄의 딸림 노트 감지 기능이다. 딸림 노트란 무엇일까? 현의 노트를 연주하면 해당 현에서 연주된 이전 노트에 대한 노트 오프 메시지가 전송되는 것이 보통인데, 모든 연주를 마치면 사운드 모듈에 더 이상의 노트 오프 메시지가 전송되지 않는다. 일부 음색은 서스테인 특성 때문에 자동으로 꺼지겠지만, 음색에 따라 노트 오프를 보내지 않으면 무한대로 지속되는 음색이 있다. 따라서 마지막 노트 이후 2초 이내에 새 노트 온을 보내지 않으면 현재 들리는 모든 노트를 끄는 기능이 필요하며, 이를 위한 변수가 quench 변수이다. 노트 온 메시지를 보낼 때마다 이 변수는 현재 시간에 2초를 더한 값으로 업데이트된다. loop()의 맨 위에 있는 코드는 이 시간이 만료되었는지 확인하고, 이 시간이 만료된 경우 소리가 나는 모든 노트를 끄는 함수를 호출한다.

millis 시스템 클럭은 4장의 MIDI 조작 프로그램에서와 같이 노트 생성 시간을 확인할 때 사용된다. 기본 시간 간격은 millis 타이머의 현재 상태 값에 로터리 엔코더 값을 더한 값이다. 즉 로터리 엔코더를 써서 이 시간 간격을 즉시 변경할 수 있다. 이 시간 간격이 8회 경과할 때마다 시간 표시 LED가 점멸되며 속도를 표시한다. 8이라는 값은 필자가 실험적으로 고른 적당한 값이다.

나머지 코드 목록은 함수를 정의하므로, 부분적으로 나누어서 살펴볼 것이다. DunoCaster 탭에서 순서에 상관없이 모든 함수를 넣으면 전체 코드가 완성된다.

9. doNextPick() 함수

예제 7-5는 doNextPick() 함수를 보여준다.

기본적으로 피킹 패턴에서 재생할 다음 현을 가져오고, 이전 노트를 끄고 새 노트를 시작한다. 마지막 노트와 이 노트 사이에 지연이 없는 경우 다음번까지 노트를 계속 유지한다.

예제 7-5 doNextPick() 함수

```
void doNextPick() { // output next note in picking pattern
  do {
    if(pgm_read_byte_near(&pattern[pat][pickNum]) != 6) {                    #A
      int lastString = playString;
      playString = pgm_read_byte_near(&pattern[pat][pickNum]); // get the string to play
      if(note[playString] != 0) { // is there a note to play in this chord
        if(notePlaying[playString]) { // if string is sounding then turn it off
          noteSend(0x80, notePlaying[playString], 0x00, midiChannel);
        }
        if(note[playString] != 0) {
          notePlaying[playString] = note[playString];
          noteSend(0x90, note[playString], rot1, midiChannel);
          quench = millis() + 2000; // 2 seconds auto note off
          // turn off other string LEDs unless last delay was zero
          if(lastDel != 0) stringLED &= 0xf003 ;
          stringLED |= 1 << (playString + 6); // turn on this string LED
          expander_write(stringSwitchAddress, stringLED, OLAT);
        }
        delCount = lastDel = pgm_read_byte_near(&patternDelay[pat][pickNum]);
      }
      pickTime = millis() + rot2;                                            #B
    }
    else { // end of sequence
      patPlaying = false;
      delCount = 0;
      lastDel = 1; // so LED is turned off on next pick
      pickNum = -1; // increment will take it to zero
      // do not update pickTime
      //so that the end of the start of the next pattern immediately follows the last pattern
    }
    pickNum++;
    } while(pgm_read_byte_near(&patternDelay[pat][pickNum]) == 0);          #C
}
```

#A 시퀀스의 마지막 노트가 아닌 경우에만 노트를 연주한다.
#B 패턴에 다른 것이 있으면 다음 피킹을 위한 시간을 설정한다.
#C 한 번에 하나 이상의 현을 피킹하도록 지연이 없는 동안 계속 진행한다.

또한 코드는 현 LED를 업데이트하기 때문에 이를 통해 어느 패턴이 선택되었는지 볼 수 있다. 시퀀스가 끝날 때는 일부 변수를 설정해서 이 함수에 대한 다음 호출을 위한 준비를 한다. 코드는 do … while 루프로 작성되어 최소 한 번 실행되는데, 지연이 없는 경우에는 노트를 가져와서 계속 재생한다.

10. 코드 변경

예제 7-6는 코드를 변경할 때 악기의 동작을 보여준다. LED를 업데이트하고 코드 배열에서 각 현에 대한 새 노트 번호 세트를 가져와야 한다.

예제 7-6 코드 변경

```
// we need to change the chord
void changeChord() {
   int newState =0;
   int mask;
   int chord = 1;
   if(capoMode) {                                                            #A
      noteSend(0x80, FRET_NOISE, 0x00, midiChannel + 1);
   }

   newState = expander_read(chordSwitchAddress); // get bit pattern of chord switches
   if((newState & 0x7f) != 0) { // chord pressed
      redChordLED = 1; // set top chord LED
      greenChordLED = 0xE; // plus light the three after it
      mask = 0xf;
      while((newState & redChordLED) == 0) {                                 #B
         redChordLED = redChordLED << 1;
         greenChordLED = greenChordLED << 1;
         mask = mask << 1;
         chord++; // move to next chord
      }

      rgbSet(chordColourR[chord], chordColourG[chord], chordColourB[chord]);
      LEDwrite(newState & mask, greenChordLED);

      // send fret noise if enabled
      if(capoMode) {
```

예제 7-6 코드 변경(계속)

```
      noteSend(0x90, FRET_NOISE, rot1, midiChannel + 1);
    }

    // add any modifier keys to base chord
    redChordLED = redChordLED << 1;
    if((redChordLED & newState) != 0) chord += 7; // first modifier key
    redChordLED = redChordLED << 1;
    if((redChordLED & newState) != 0) chord += 14; // second modifier key
    redChordLED = redChordLED << 1;
    if((redChordLED & newState) != 0) chord += 28; // third modifier key
  } // end of chord pressed
  else { // chord released
    LEDwrite(0, 0); // turn LEDs off
    rgbSet(0, 0, 0); // turn chord colour LED off
    chord = 0;
    stopNotes(); // all notes off
  } // end of chord released

  // copy bank into current notes
  for(int j = 0; j < 6; j++) {
    note[j] = pgm_read_byte_near(&chordBank[chord][j]);
    if(note[j] != 0) note[j] += octave + capo;                          #C
    // Serial.print(octave, DEC); Serial.print(" note number "); Serial.println(note[j], DEC);
  }
}
```

#A 활성화된 경우 이전 프렛 잡음을 끈다.
#B 스위치와 일치할 때까지 LED 패턴을 이동한다.
#C 재생되는 음만 조정한다.

이 함수는 코드 스위치를 통해 무언가가 변경되었을 때만 호출되므로, newState라는 변수에 스위치의 새로운 상태가 읽혀진다. 새로운 상태는 변경된 스위치가 7개의 코드 키 중 하나이며, 그 뒤에 이어지는 3개의 보조키가 아닌지를 확인한다. 그런 다음 최상위 키의 빨간색 LED에 대한 비트 패턴과 다음 3개에 대한 녹색 LED의 비트 패턴을 슬라이딩으로 계산해서 최상위 비트와 일치하도록 한다. 코드 변수에는 스위치로 누른 키 코드의 번호가 포함된다. 이를 알면 코드 표시기 LED를 설정할 수 있다.

물론 근음뿐 아니라, 3개의 보조 스위치에 의해 코드가 어떻게 변화해야 하는지 알 필요가 있다. 이 작업이 끝나면 코드 룩업 테이블을 사용하여 노트를 노트 배열에 복사하고 옥타브 및 카포 쉬프트 변수에 따라 노트를 복사하면서 수정할 수 있다. 키를 누르지 않으면 코드 LED가 꺼진다. 또한 이 함수의 카포 모드가 설정되어 있으면 프렛 노이즈 MIDI 메시지도 전송한다.

11. 새 피킹 패턴 설정

예제 7-7에 있는 다음 함수는 현 터치 컨트롤 중 하나가 활성화될 때 새로운 핑거 피킹 패턴이 설정되는 방식을 보여준다.

예제 7-7 새로운 피킹 패턴 설정

```
void doString() {
   int string, stringState;
   string = expander_read(stringSwitchAddress);

   // Serial.print(string, HEX); Serial.print(" - ");
   stringState = string ^ lastString;                                  #A

   if((stringState & finger1) != 0) {
      if(((string & finger1) == 0) && (patPlaying == false)) {
         patPlaying = true;                                            #B
         pat = patShift;                                               #C
   } }
   if((stringState & finger2) != 0) {
      if(((string & finger2) == 0) && (patPlaying == false)) {
         patPlaying = true;
         pat=1 + patShift; // pattern to play
   } }
   if((stringState & finger3) != 0) {
      if(((string & finger3) == 0) && (patPlaying == false)) {
         patPlaying = true;
         pat=2 + patShift; // pattern to play
   } }
```

예제 7-7 새로운 피킹 패턴 설정(계속)

```
    if((stringState & finger4) != 0) {
      if(((string & finger4) == 0) && (patPlaying == false)) {
        patPlaying = true;
        pat=3 + patShift; // pattern to play
    } }
    lastString = string;                                                    #D
}

#A 직전에 변경된 현만 필터링해서 걸러낸다.
#B 패턴 재생을 트리거한다.
#C 재생할 패턴을 설정
#D 다음에 이 함수가 호출될 때 현의 새로운 상태를 기억한다.
```

썸 스위치가 연속적인 피킹 스트리밍을 생성하지 않는 경우에만 피킹 패턴이 변경된다. 그렇지 않으면 핑거 스위치를 누른 상태에서 새로운 패턴을 설정하고, 패턴을 한 번 전송하도록 시스템에 알린다. patShift 변수는 패턴 뱅크 스위치에서 가져온 것으로, 핑거 센서와 결합되어 패턴 및 patternDelay 배열에 대한 인덱스를 생성한다. 배열을 사용하면 프로그램 코드를 조금 더 짧게 만들 수 있지만 위 예제처럼 작성한 이유는 학습을 용이하게 하기 위해서이다.

12. 제어 업데이트 함수

다음으로 예제 7-8의 업데이트 제어 함수를 살펴보자. 이 함수의 역할은 컨트롤이 변경되었는지 확인하고, 변경된 사항을 정렬하고, 그에 따라 모드 변수를 설정하고, 상태 LED를 업데이트하는 것이다. 이 함수의 전체적인 흐름은 그림 7-22와 같다.

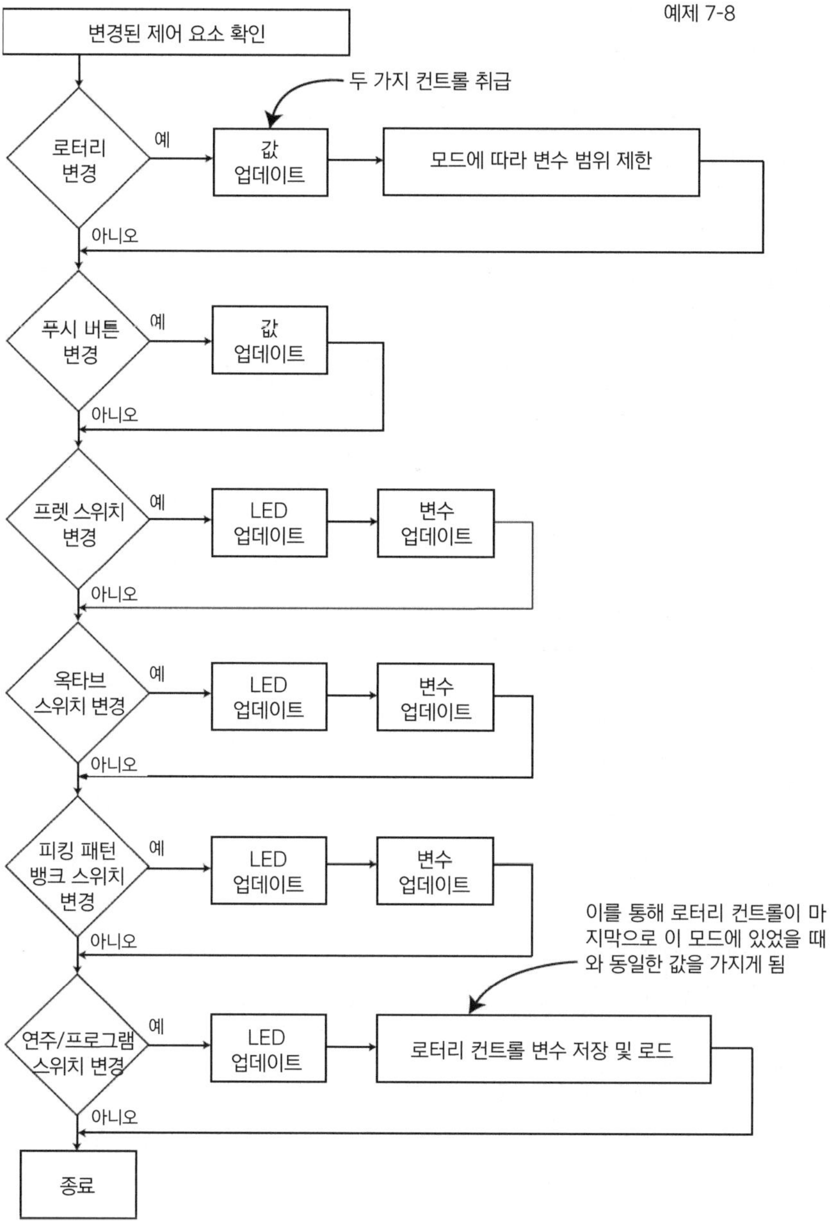

그림 7-22 업데이트 제어 함수의 흐름도

긴 함수인 만큼 많은 작업이 이루어진다. 가장 먼저 할 일은 제어 스위치의 새로운 상태를 얻은 다음, 마지막 상태와의 XOR 연산을 사용하여 이 함수가 마지막으로 호출된 이후에 변경된 비트를 나타내는 change라는 변수를 얻는 것이다. 이 함수는 적절한 비트(스위치)가 변경된 경우에만 작업을 수행한다.

예제 7-8 업데이트 제어 함수

```
void doControl() {
  int control = expander_read(controlSwitchaddress); // get current state of inputs
  int change = control ^ lastControl; // find what had changed
  // Serial.print(control,HEX); Serial.print(" "); Serial.println(change, HEX);

  if((change & R1S) != 0) {                                                    #A
    if(digitalRead(R1D) == LOW) rot1++;
    else {
      if(rot1 > 0) rot1--;
    }
    if(rot1 > 127) rot1 = 127;
    // Serial.print(rot1, DEC); Serial.print(" / "); Serial.println(rot2, DEC);
  }

  if((change & R2S) != 0) {
    if(digitalRead(R2D) == LOW) rot2++;
    else {
      if(rot2 > 0) rot2--;
    }
    // Serial.print(rot1, DEC); Serial.print(" / "); Serial.println(rot2, DEC);
  }

  if((change & pushB) != 0) {                                                  #B
    // Serial.println("push");
    if((control & pushB) == 0) push = true; else push = false;
  }
  // sort out fret switch
  if((change & fretSwitch) != 0) {
    if(control & fretSwitch) {
      modeLED &= ~fretLEDr; // red off
      stringLED |= fretLEDg; // green on
      capoMode = true;
    }
```

예제 7-8 업데이트 제어 함수(계속)

```
  else {
    modeLED |= fretLEDr; // red on
    stringLED &= ~fretLEDg; // green off
    capoMode = false;
  }
  expander_write(controlSwitchaddress, modeLED, OLAT);
  expander_write(stringSwitchAddress, stringLED, OLAT);
} // end of fret switch

// sort out the Octave switch
if(((change & octave1Switch) != 0) || ((change & octave2Switch) != 0)) {
  if((control & octave1Switch) == 0) {
    modeLED &= ~octaveLEDr; // red off                                   #C
    octave1SwitchState = true;                                           #C
  }
  else { #C
    modeLED |= octaveLEDr; // red on                                     #C
    octave1SwitchState = false;                                          #C
  }
  if((control & octave2Switch) == 0) {                                   #C
    modeLED &= ~octaveLEDg; // green off                                 #C
    octave2SwitchState = true;                                           #C
  }
  else {
    modeLED |= octaveLEDg; // green on                                   #C
    octave2SwitchState = false;                                          #C
  }
  expander_write(controlSwitchaddress, modeLED , OLAT);                  #D
  octave = 12;
  if(octave1SwitchState) octave = 0;                                     #D
  if(octave2SwitchState) octave = 24;                                    #D
} // end of octave switch code

// sort out picking bank switch

if(((change & pick2Switch) != 0 ) || ((change & pick1Switch) != 0)) {
  if((control & pick2Switch) == 0) {
    stringLED &= ~pickingLEDg;
    pick1SwitchState =true;
  }
  else {
    stringLED |= pickingLEDg;
    pick1SwitchState =false;
```

예제 7-8 업데이트 제어 함수(계속)

```
    }
    if((control & pick1Switch) == 0) {
      modeLED &= ~pickingLEDr;
      pick2SwitchState = true;
    }
    else {
      modeLED |= pickingLEDr;
      pick2SwitchState = false;
    }
    expander_write(stringSwitchAddress, stringLED, OLAT);
    expander_write(controlSwitchaddress, modeLED, OLAT);
    patShift = 4;
    if(pick2SwitchState) patShift = 0;
    if(pick1SwitchState) patShift = 8;
  } // end of picking bank switch code

  // playing programming switch
  if((change & playSwitch) != 0) {
    // Serial.println("switch 1");
    if((control & playSwitch) == 0) {
      playing = false;
      stopNotes();
      rot2PlayStore = rot2;                                              #E
      rot2= rot2StoreVoice;
      // turn on green string LEDs as a background to the counter display
      expander_write(chordSwitchAddress, 0xfc00, OLAT);
      stringLED &= 0xf03f; // remove red LEDs
      stringLED |= (rot2 << 6) & 0x0fc0; // set LEDs according to the rot2 control
      expander_write(stringSwitchAddress, stringLED, OLAT); // display count
      // Serial.print(" into voice setup "); Serial.println(rot2, HEX);
    }
    else {
      playing = true;
      expander_write(chordSwitchAddress, 0x0000, OLAT); // turn off green LEDs
      stringLED &= 0xf03f; // remove red LEDs
      expander_write(stringSwitchAddress, stringLED, OLAT);
      rot2StoreVoice = rot2; // save and restore rotary 2 values
      rot2 = rot2PlayStore;
      // Serial.print(" into play mode "); Serial.println(rot2, HEX);
    }
  }
  lastControl = control & 0x1FF; // save state to look for change next time
}
```

예제 7-8 업데이트 제어 함수(계속)

#A 로터리 입력 확인 및 조정
#B 푸시 스위치 확인 및 업데이트
#C 3방향 스위치 업데이트
#D 스위치 상태의 결과에 따라 LED 및 오프셋 값 업데이트
#E 다른 모드의 로터리 값 2개 저장 및 복원

먼저 두 개의 로터리 컨트롤을 확인하여 업데이트해야 하는지 확인한다. 업데이트가 필요하다면 방향 핀의 상태에 따라 컨트롤의 변수를 증가시키거나 감소시킨다. 또한 이 코드는 로터리 컨트롤 1이 노트 벨로시티의 0~127 범위를 벗어나는 것을 허용하지 않고 변수의 값을 제한한다. 로터리 컨트롤 2는 0 이상이면서 더 낮은 값으로 제한된다. 피킹 속도를 밀리초 단위로 설정하기 때문에 이 컨트롤에는 상한값이 없으며, 속도가 느려서 제한을 가할 필요도 없다.

다음으로 푸시 버튼 상태가 업데이트된다. 이는 정보에 아무런 영향을 미치지 않으며, 단지 다른 함수가 사용할 변수를 업데이트한다. 프렛, 옥타브 이동, 패턴 뱅크의 컨트롤 스위치는 상태 LED가 업데이트되고 변수를 설정하면서 확인된다.

마지막 섹션에서는 재생/프로그램 모드 스위치를 확인하고 현 LED를 업데이트하여 컨트롤을 반영한다. 로터리 컨트롤 2는 기본적으로는 rot2라는 컨트롤 변수에 적절한 값을 복원하고 저장하는데, 두 모드에서 다른 기능을 가진다. 연주 모드에서는 속도를 조절하고 프로그램 모드에서는 음색 번호를 조절한다. 모드를 전환할 때 값을 저장/복원하는 방식을 통해 모드 변경으로부터 제어를 분리할 수 있다.

13. MIDI 함수

다음 섹션에는 모든 MIDI 메시지를 처리하는 함수가 있다. 이는 예제 7-9에서 볼 수 있다.

예제 7-9 MIDI 함수

```
void doChangeSound() {
  if(rot2 > 63) rot2 = 63;                                                    #A
  if(push) {
    // Serial.print(" sound number "); Serial.print(pgm_read_byte_near(&soundBank[rot2]), DEC);
    // Serial.print(" bank number "); Serial.println(pgm_read_byte_near(&bankLSB[rot2]), DEC);
    bankChange(0, 0);
    bankChange(32, pgm_read_byte_near(&bankLSB[rot2])); // Change the bank LSB
    programChange(midiChannel, pgm_read_byte_near(&soundBank[rot2])); // Change MIDI voice
    expander_write(chordSwitchAddress, 0x0000, OLAT); // turn off green LEDs
    while((expander_read(controlSwitchaddress) & pushB) ==0){ delay(10) ;}      #B
    expander_write(chordSwitchAddress, 0xFC00, OLAT); // turn on green LEDs
    expander_write(stringSwitchAddress, (rot2 << 6) & 0x0fc0 , OLAT); // display count
  }
  else {                                                                      #C
    stringLED &= ~0x0fc0; // clear out the red LEDs
    // display the count
    expander_write(stringSwitchAddress, ((rot2 << 6) & 0x0fc0) | stringLED, OLAT);
  }
}

// plays a MIDI note
void noteSend(byte cmd, byte data1, byte data2, byte chan) {
  cmd = cmd | chan; // merge channel number
  Serial.write(cmd);
  Serial.write(data1);
  Serial.write(data2);
}

// change the voice
void programChange(byte chan, byte data1) {
  chan |= 0xC0; // program change command
  Serial.write(chan);
  Serial.write(data1);
}

// change the bank
void bankChange(byte cmd, byte data1) {
  Serial.write(0xB0 | midiChannel); // control change
  Serial.write(cmd);
  Serial.write(data1);
}

// stop the notes playing on all strings
```

예제 7-9 MIDI 함수(계속)

```
void stopNotes() {
  boolean first = false;
  for(int i = 0; i < 6; i++) {
    if(notePlaying[i] != 0) {
      noteSend(0x80, notePlaying[i], 0x00, midiChannel);
      first = true;                                              #D
      notePlaying[i] = 0;
    }
  }
  if(first) noteSend(0x80, FRET_NOISE, 0x00, midiChannel + 1);
  stringLED &= 0xf003; // red string LEDs off
  expander_write(stringSwitchAddress, stringLED, OLAT);
}

void doCapo() {
  int bar = 0;
  if(rot2 > 6) rot2 = 6;                                         #E
  bar = (0x3f << rot2) & 0x0fc0;

  if(push) {
    capo = rot2;
    expander_write(chordSwitchAddress, 0x0000, OLAT); // turn off green LEDs
  }
  else {
    expander_write(chordSwitchAddress, 0xFC00, OLAT); // turn on green LEDs
    stringLED &= ~0x0fc0; // clear out the red LEDs
  }
  expander_write(stringSwitchAddress, bar | stringLED, OLAT);

  if(push) {
  // do nothing while still held down
    while((expander_read(controlSwitchaddress) & pushB) == 0) { delay(10); }
    expander_write(chordSwitchAddress, 0xFC00, OLAT); // turn on green LEDs
  }
}
```

#A 카포 모드에서의 최댓값과 다르다.
#B 푸시 버튼을 계속 누르고 있는 동안에는 아무것도 하지 않는다.
#C 푸시 버튼을 누르지 않을 때는 현 LED에 로터리 컨트롤을 표시한다.
#D 나중에 프렛 노이즈 끄기 메시지를 보내기 위한 표시자
#E 음색 변경 모드에서의 최댓값과 다르다.

데이터가 전송되면 푸시 버튼을 놓을 때까지 프로그램은 while 루프 내에 머물게 된다. 이렇게 하면 여러 메시지가 전송되지 않는다. 푸시 버튼을 아직 누르지 않은 경우, 볼륨/음성 로터리 엔코더의 현재 값이 현 LED에 2진수로 표시되거나, 카포 모드의 경우에는 카포가 위치하는 프렛을 나타내는 길이가 증가하는 막대로 표시된다. 이러한 LED는 숨겨져 있어 위치를 알 수 없기 때문에 LED 끄는 방식으로는 논리값 0 상태를 나타내기 어렵다. 그러므로 초록색 LED를 켜진 상태로 유지하고, 논리값 1을 빨간색 LED로 나타내면 두 색이 혼합된 노란색 불빛이 논리값 1을 나타내며 초록색은 논리값 0으로 읽힐 수 있다.

첫 번째 함수인 doChangeSound() 함수는 푸시 버튼을 누를 때 음색 변경 메시지(뱅크 변경 + 프로그램 변경)를 보낸다. 나머지 코드는 이 함수가 프로그램 모드에 있을 때만 호출되도록 한다. 볼륨/음성 로터리 엔코더는 최댓값 63으로 제한되며 뱅크 번호를 복구하기 위해 bankLSB 배열을 사용하고 프로그램(음색) 번호를 위해 soundBank 배열을 사용한다. 이러한 배열은 프로세서의 프로그램 메모리에 저장되므로 pgm_read_byte_near() 함수를 사용하여 값을 추출해야 한다.

처음부터 책을 읽었다면 다른 MIDI 함수에 대해서는 이미 익숙할 것이다. 글로벌 변수인 midiChannel에 의해 설정된 채널 번호에서 악기가 MIDI 메시지를 보내는 역할이다.

14. 그 밖의 함수

다음은 LED 제어 등을 수행하는 몇 가지 작은 함수이다. 예제 7-10에서 확인할 수 있다.

예제 7-10 그 밖의 함수

```
// Output Red / Green LEDs
void LEDwrite(int r, int g) {
        int i;
        i = r | (g << 10);
        expander_write(chordLEDaddress, i, OLAT);
        stringLED &= 0x0fc3; // leave the string LEDs alone
        stringLED |= (g << 6) & 0xf003; /// add in the green chord LEDs
```

예제 7-10 그 밖의 함수

```
        expander_write(stringSwitchAddress, stringLED, OLAT);
}

void rgbSet(int r, int g, int b) {
        analogWrite(chordShowLEDr, 255 - r);
        analogWrite(chordShowLEDg, 255 - g);
        analogWrite(chordShowLEDb, 255 - b);
}
```

LEDwrite() 함수를 사용하면, 빨간색/초록색 코드 LED가 단일 확장기에서 연속적인 위치를 차지하지 않기 때문에 생기는 문제를 쉽게 해결할 수 있다. 단순히 각 색상의 개별 비트 패턴을 취한 다음, 두 색상의 비트를 연속된 위치에 있는 것처럼 결합하는 i라는 임시 변수를 생성한다. 이 변수는 정수(16비트)이기 때문에 이보다 더 높은 비트는 단순히 제거되고, 결괏값은 chordLEDaddress에 기록된다. 이렇게 하면 초록색 LED 비트 패턴의 상위 4비트가 stringSwitchAddress 확장기에 기록된다. 그러나 이 확장기에는 현 LED가 연결되어 있으므로, 초록색 코드 표시 LED의 비트가 현 LED의 현재 값과 병합된다. 이렇게 하면 변경되지 않아야 하는 LED에는 영향을 미치지 않으면서 확장기에 쓸 수 있는 비트 패턴을 생성할 수 있다.

다른 함수는 현재 밝기 레벨을 최댓값인 255에서 단순히 빼는 방식으로 코드 디스플레이 LED를 전류 싱크 설정으로 변경한다.

15. 확장기 통신 함수

마지막으로 다룰 함수는 프로그램과 포트 확장기 간의 통신을 처리하는 함수들의 모음이다. 멀티플렉서의 제어 레지스터인 IOCON을 설정하는 방식은 크게 두 가지로, 이 레지스터를 설정함으로써 확장기 레지스터의 레이아웃과 주소를 결정하게 된다. 포트 A와 포트 B에 대한 별도의 레지스터 뱅크로 설정하는 방법, 혹은 다른 모든 주소가 두 포트 간에 스왑되도록 포트를 엮는 방법이 있다. 이 프로그램에서 필자는 각 확장기가 16비트 레지스터를 가진 것처럼 다루기 위해 후자의 방법을 선택했다. 코드 스위치 및 코드 LED와 같은 많은 하드웨어가 8비트 이상을 차지하기 때문에 이 방법을 사용하면 프로그래밍이 쉬우며, 그럼에도 여전히 같은 주소에서 접근할 수 있다. 함수에 전달된 16비트값은 두 개의 8비트값으로 나누어져서 두 개의 별도 바이트로 확장기에 전달된다. IOCON 레지스터에서 주소 증가address increment를 활성화시켜서 사용하기에(기본 옵션이다) 두 개의 연속된 바이트를 쓰면 두 개의 연속적인 제어 레지스터로 등록된다. 예제 7-11에서 코드를 볼 수 있다.

예제 7-11 확장기 통신 함수

```
void expander_write(int address, int data, int reg) {
        Wire.beginTransmission(address);                                    #A
        Wire.write(reg);
        Wire.write(0xff & data); // low byte                                #B
        Wire.write(data >> 8); // high byte                                 #B
        Wire.endTransmission();
}

int expander_read(int address) {
        int data = 0;

        // Send input register address
        Wire.beginTransmission(address);
        Wire.write((byte)GPIO);
        Wire.endTransmission();

        // Connect to device and request two bytes
        Wire.requestFrom(address, 2);
        if (!Wire.available()) { }                                          #C
        data = Wire.read();
        if (!Wire.available()) { }                                          #C
        data |= Wire.read() << 8;
        Wire.endTransmission();
        return data;
}

#A 출력 레지스터 주소 설정
#B 기기에 연결하여 2바이트 전송
#C 데이터가 도착할 때까지 아무것도 하지 않음
```

가장 간단한 것은 write() 함수이다. 확장기의 주소, 쓰고자 하는 데이터, 쓰고자 하는 레지스터를 인수로 받고, 먼저 레지스터 번호를 확장기에 쓴 다음 비트 AND 연산을 사용하여 데이터를 2바이트로 분할하여 하위 8비트를 남겨둔다. 그런 다음 상위 8비트를 전송하기 위해 하위 8비트로 이동하는 오른쪽 시프트 조작을 수행한다. 확장기의 레지스터 번호는 이 두 가지 쓰기 사이에서 자동으로 증가한다. read() 함수는 실제로 확장기의 GPIO 레지스터만 읽지만, 원하는 모든 기능을 수행할 수 있다. 따라서 확장기 주소만 함수에 전달하면 된다. 확장기에서 반환된 두 바이트는 결합되어 함수에서 반환된 16비트 정수를 제공한다.

완성된 악기 연주하기

모든 예제를 따라온 독자라면 지금쯤 완성된 악기를 손에 들고 있을 것이다. 이제 다양한 사운드와 연주 스타일을 통해 이 새로운 악기의 가능성을 탐구할 시간이다. 필자가 게시한 유튜브 동영상이 http://www.youtube.com/watch?v=ehy9xgl4YCs에 게시되어 있는데 예상외의 높은 인기를 누린 바 있다. 악기 제작 단계의 여러 사진과 연주 예시를 담고 있는데, 각 터치 센서를 이용하는 개별 피킹 스타일과 썸 센서를 이용해서 연속 반복하는 피킹 스타일을 볼 수 있다.

스트로크와 같은 빠른 피킹 패턴을 이용하면 가짜 플라멩코 스타일을 쉽게 구현할 수도 있다. 기타를 위한 탭 악보를 보고 연주하는 경우, 키를 눌러 탭 악보의 코드를 짚을 수 있다. 대부분의 코드, 특히 쉽게 연주할 수 있는 탭 음악에서는 대부분 3개의 손가락만으로 필요한 코드를 짚을 수 있다. 즉, 메이저, 마이너, 메이저 7, 마이너 7 코드 조합이다.

7.6 마치며

듀노캐스터는 연주하기 쉽고, 다양한 종류의 사운드를 만들어낸다. 필자는 'House of the Rising Sun'의 연주를 시도했고, 짧은 시간 내에 완주할 수 있었다. MIDI 음색을 사용하면서도 그 사운드와 연주 스타일은 실제 악기와 유사했다. 즉, 듀노캐스터는 악기의 학습 곡선을 완화시키면서도 훌륭한 연주를 만들어낼 수 있는 악기임을 증명한 셈이다.

7.7 도전 과제

이 악기를 확장할 수 있는 방법에는 여러 가지가 있다. 한 가지 방법은 솔로 모드를 사용하여 현 터치 센서가 코드 내의 한 음만 내도록 만드는 것이다. 또한 다른 컨트롤러를 추가해서 노트에 피치 벤딩을 추가하거나 비브라토 컨트롤, 그 밖의 MIDI CC를 추가할 수도 있다. 5장에서 살펴본 포스 센서를 현 터치 센서에 적용하면 트리거 데이터와 함께 노트 벨로시티 데이터를 얻을 수도 있다.

또 다른 아이디어는 4장에서 보았던 MIDI 효과 중 일부를 아르페지에이터처럼 악기에 통합시키는 방법이다. 포트 확장기의 모든 I/O가 사용되는 동안 프로세서에 남아 있는 몇 가지 여분의 입력 라인을 통해 이러한 효과를 제어할 수 있다.

이 악기의 기구부는 필자가 제시한 예시보다 훨씬 작게 만들 수도, 크게 만들 수도 있으며 진짜 기타 같은 형상을 적용할 수도 있다. 독자 여러분의 상상력에 기대를 걸어본다.

08 OSC를 알아보자

이번 장에서는 다음과 같은 내용을 다룰 것이다.

- OSC란?
- OSC의 장점
- 시리얼 인터페이스를 통해 아두이노에서 OSC를 사용하는 방법
- 아두이노와 대화하기 위해 MAX와 PD를 통해 OSC를 사용하는 방법
- WiFi 실드를 장착한 아두이노를 통해 OSC를 사용하는 방법
- 태블릿이나 스마트폰을 사용하여 아두이노와 대화하는 방법
- 아두이노 OSC 키보드를 만드는 방법
- 모노메Monome 소개

지금까지 MIDI 메시지를 사용하여 오디오 장비와 통신할 수 있는 방법을 살펴보고, MIDI가 무엇인지, 어떤 메시지를 사용할 수 있는지 알아보았다. 또한 MIDI를 활용하는 크고 작은 프로젝트를 살펴보았다. 하지만 사운드 및 기타 사항을 제어하는 데 있어서 MIDI가 유일한 방법인 것은 아니다. 이제부터 소개할 것은 오픈 사운드 컨트롤Open Sound Control, 즉 OSC이다. OSC는 MIDI보다 빠르고 유연하며, 최신 컴퓨터 시스템에 더 적합하다. OSC는 아직 MIDI를 완전히 대체할 수 있는 존재는 아니지만(구관이 명관이라 하지 않았는가) 이번 세기 동안 점차적으로 MIDI를 대체할 가능성을 지니고 있으며, 특히 새로운 형식의 제어 메시지에 있어서는 상당한 강점을 가지고 있다.

OSC를 사용하는 앱도 점차 모바일 기기에 보급되고 있으며, 스마트폰 또는 태블릿에서 자신만의 사용자 지정 인터페이스를 얻는 가장 간단한 방법으로 OSC 기반 시스템이 손꼽히고 있다. 이 장에서는 아두이노 시스템의 맥락에서 OSC 메시지의 이론과 사용법을 다루고, MAX/MSP 및 PD와 같은 주요 음악/사운드 생성 언어와 통신하는 방법을 보여줄 것이다.

또한 이 장의 후반부에서는 OSC 메시지를 사용하는 초창기 컨트롤러 중 하나인 모노메에 대해 간략하게 살펴볼 것이다.

8.1 개념

OSC는 UC 버클리의 CNMATCenter for New Music and Audio Technology에서 수행하던 연구를 통해 만들어졌으며, 계속해서 표준을 개발하고 문서를 발간하고 있다. OSC의 매력적인 기능 중 하나는 개방적이고 유연한 특성, 특히 주소 구조에 있다. MIDI가 별도의 입력 및 출력 연결이 있는 지점 간 시스템인 반면, OSC는 URL 유형 주소 구조를 가진 네트워크 기반 시스템이다. 또한 전송할 수 있는 데이터 형식 역시 유연하다. MIDI에서 전송할 수 있는 데이터의 형식은 7비트 또는 14비트 숫자로 제한되는 반면, OSC에서는 훨씬 더 높은 해상도와 크기를 가지는 데이터를 전송할 수 있다. 문자열과 배열뿐 아니라, 4바이트 정수 또는 부동 소수점 숫자를 전달할 수도 있다.

OSC는 네트워크를 통해 전송되도록 설계되었으며 이는 MIDI보다 훨씬 빠른 통신의 가능성을 열어준다. 이는 메시지를 전송하는 시간이 메시지를 전송하는 물리적 방법에 의해 제한되지 않으며, 그 덕택에 물리적 지연이나 대기 시간을 줄일 수 있음을 의미한다.

OSC 메시지는 모두 동시에 처리해야 하는 메시지의 모음인 번들bundle로 보낼 수 있다. OSC 메시지는 또한 여러 장치로 전송될 수 있으며, 장치는 해당 메시지의 어느 부분을 처리할지 결정할 수 있다. 마지막으로 OSC는 다른 장치를 쿼리하는 메시지를 보내고, 시스템이 연결 기능에 맞게 동적으로 조정되게 할 수 있다.

메시지

그렇다면 OSC 메시지는 정확히 무엇이며 어떤 내용을 담는가? 메시지의 중심에는 기본적으로 두 가지가 있는데, 메시지를 전달할 주소 그리고 메시지와 관련된 페이로드 또는 데이터이다. 이 장의 뒷부분에서 볼 수 있듯이 메시지가 전송을 위한 다른 프로토콜로 묶여 있을 수도 있지만 기본적으로는 메시지 자체를 전송한다. 그림 8-1은 OSC 메시지의 기본 구성을 보여준다.

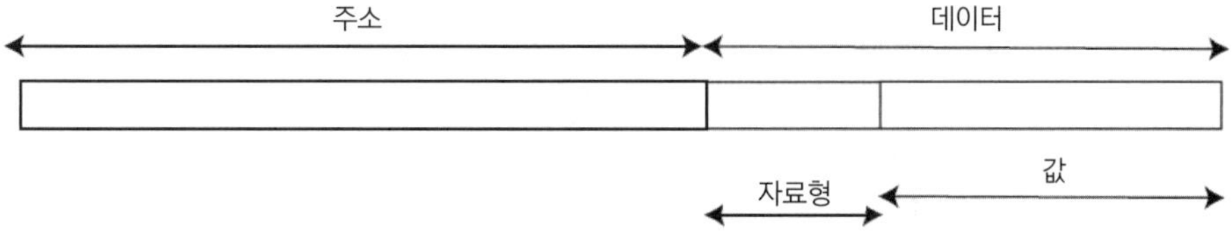

그림 8-1 OSC 메시지의 기본 구조

OSC를 복잡하게 만드는 요소 중 하나는, 메시지의 주소 부분은 데이터 형식과 마찬가지로 읽을 수 있는 일반 텍스트로 되어 있는 반면 데이터 자체는 이진수라는 점이다. 따라서 정상적인 터미널 창에서 메시지를 보고 이해하는 것은 어려운 일이다.

먼저 주소 부분을 살펴보자. OSC의 주소는 웹에서 사용되는 URL이나 컴퓨팅에서 사용되는 경로 이름과 매우 유사한 계층적 시스템이다. 슬래시 문자로 시작하고 슬래시 문자로 구분된 일련의 주소로 구성되는데, 이 주소는 완전히 열려 있어서 사용자의 인터페이스에 맞는 구조를 자유롭게, 논리적인 방법으로 설정할 수 있다. 기존 OSC 주소 구조에 맞게 시스템을 만들면 해당 인터페이스 내에서 사용하고자 하는 비트만 쉽게 골라 선택할 수 있다. 이에 대한 간단한 예를 그림 8-2를 통해 살펴보자.

여기서 오른쪽에는 /led/panel/set이라는 주소가 표시되고, 왼쪽에는 메시지를 정의할 수 있는 시스템의 경로가 표시된다. 이것은 'matrix'의 LED와 'panel'의 LED라는 두 가지 유형이 있음을 보여준다. 각 LED는 켜진 상태set인지 꺼진 상태clear인지에 따라 추가적인 유형을 가질 수 있다. 즉 /led/panel/set라는 주소는 LED를 켠다. 이러한 주소 구조에는 데이터가 필요하지 않으며, 주소에 켜기 또는 끄기 동작이 모두 포함된다. 시스템은 /led/panel/set이라는 메시지를 받자마자 LED를 켜야 한다는 것을 알 수 있으며, 마찬가지로 /led/panel/clear라는 메시지를 받으면 LED를 끌 것이다.

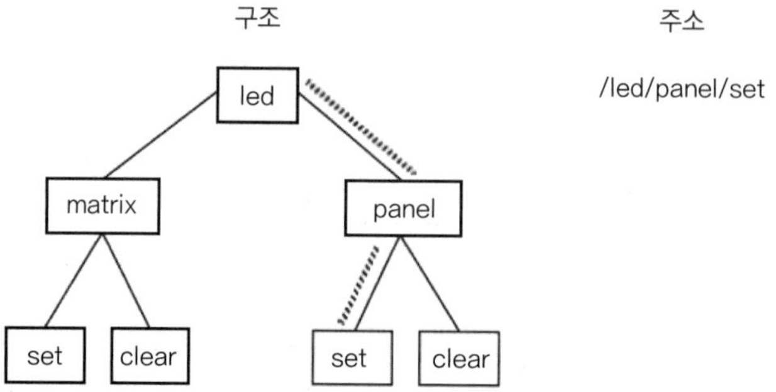

그림 8-2 간단한 OSC 주소 구조

이것은 주소 체계에 상당한 힘과 융통성을 실어 주지만, 유연한 구조 덕에 사용자에게 더 많은 책임을 전가하기도 한다. 이러한 점에서, 패널에 있는 하나의 LED 만 켜거나 끌 수 있는 이 예제는 그리 좋은 예제가 아니다. 메시지가 데이터를 전달할 수 있으며, 패널이 단순히 하나의 LED가 아닌 격자 형태의 여러 LED를 가진다고 가정해보자. /led/panel/set은 패널의 어떤 LED가 바뀌어야 하는지 나타내는 숫자를 가질 수 있다. 또한 2개의 숫자를 가질 수 있기 때문에 변경할 LED의 위치에 해당하는 열과 행을 지정할 수 있다.

이 예제를 다른 방법으로 구현할 수도 있는데, 각 LED에 대한 주소를 지정하고 번호를 켜거나 끌지 여부를 데이터를 통해 결정할 수도 있다. 이렇게 구현된 예는 그림 8-3과 같다.

이 시스템을 사용하면 패널의 각 LED가 자체 주소를 가지며, 전송하는 데이터에 따라 LED를 켜거나 끌 수 있다. 선택은 각자의 몫이다. '올바른' 방법은 없지만 기존 시스템을 참고하여 어떤 종류의 시스템을 사용할지 지정할 수 있다. 주소를 파싱하거나 개별 구성 요소로 분리하는 방식은 설계한 주소 구조의 종류에 따라 달라진다.

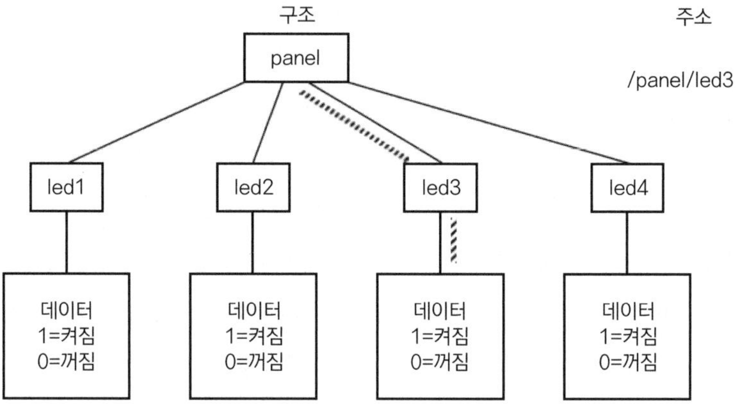

그림 8-2 또 다른 주소 구조

▌데이터 추가

주소 구조에 데이터를 추가하면 어떻게 될까? 마지막 예제에서 살짝 살펴보았는데, 이제부터 더 자세히 알아보자. 각 메시지는 하나의 유형의 데이터만 전달할 수 있지만, 해당 데이터의 인스턴스를 여러 개 가질 수는 있다. 예를 들어, 일반적으로 메시지는 부동 소수점 수를 전달하는데 둘 이상의 값을 전달할 수 있다. 정확히 말하면, 이 값은 32비트 빅 엔디안 IEEE 754 부동 소수점 값이다. 그 구조는 그림 8-4에 나와 있다.

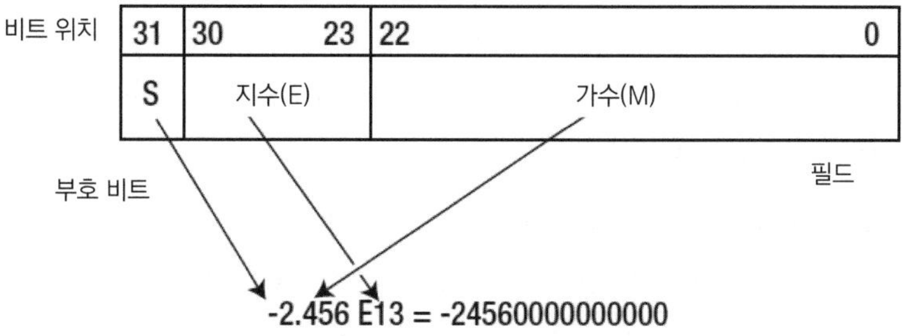

그림 8-4 부동 소수점 자료형

수학 시간이 아니므로 부동 소수점을 설명하는 데에 시간을 할애하고 싶지는 않다. 이 그림을 보여주는 이유는 터미널에서 데이터를 쉽게 해석하기 어려운 이유를 설명하기 위함이다. 네 개의 비트는 세 가지 서로 다른 필드를 포함하며 각 필드는 부호, 지수, 가수 정보를 담는다. 가수를 표현하는 데 23비트만 쓸 수 있으므로 표시할 수 있는 소수 자릿수는 제한되며, 결과적으로 이진수를 통해 구현한 소수이므로 정확한 값이 아닌 근사치를 표현할 수밖에 없다. 이것은 사실상 모든 컴퓨터가 큰 숫자를 처리하는 방식에 해당한다.

표 8-1은 OSC 메시지에서 전달할 수 있는 5가지 기본 유형의 데이터를 보여준다.

쉼표 뒤에 텍스트 문자 형태의 데이터 표시자가 전송되고, 다음으로 데이터가 전송된다. 문자열 형식이 아니라면, 데이터 상태로 이 숫자가 무엇인지 알아보기는 무척 어렵다.

표 8-1 기본 OSC 자료형

자료형 태그	자료형	설명
i	int32	32비트 빅 엔디안 2의 보수 정수
t	OSC-timetag	64비트 빅 엔디안 부동 소수점 시간 태그
f	float32	32비트 빅 엔디안 IEEE 754 표준 부동 소수점
s	OSC-string	null이 없는 아스키 문자 배열과 마지막의 null
b	OSC-blob	int32 크기에 이어지는 다수의 임의 바이트

timetag가 조금 낯설게 보일 수는 있겠지만 이는 인터넷 NTP 형식을 따른다. 처음 32비트는 1900년으로 넘어가는 자정 이후의 초 수를 나타내고, 다음 32비트는 약 200피코초의 정밀도를 가진 초의 소수 부분을 지정한다. 0이 63개 있고 마지막에 1이 있는 특수한 값도 있는데 이는 '즉시'를 의미한다.

사용 가능한 자료형은 위 표에 국한되지 않는다. 언급했듯이, OSC는 공개 표준이므로 자신의 자료형을 자유롭게 만들 수도 있다. 그러나 표준 자료형을 너무 벗어나면 다른 응용 프로그램이 이해하지 못할 위험이 있다. OSC에는 표 8-2에 나와 있는 것처럼 비표준 데이터 유형에 사용해야 하는 대체 데이터 태그가 있다(표 8-2 참조).

표 8-2 비표준 OSC 자료형

자료형 태그	설명
h	64비트 빅 엔디안 2의 보수 정수
d	64비트('더블') IEEE 754 부동 소수점
S	OSC-스트링으로 표현되는 대체 자료형(예로, '심벌'과 '스트링'을 구분하는 시스템에서 이용)
c	32비트로 전송되는 아스키 문자
r	32비트 RGBA 색상
m	4바이트 MIDI 메시지로, MSB에서 LSB 순서로 포트 ID, 상태 바이트, 데이터 1, 데이터 2를 포함
T	참값(True). 인수 데이터에는 바이트가 할당되지 않음
F	거짓값(False). 인수 데이터에는 바이트가 할당되지 않음
N	무(Nil). 인수 데이터에는 바이트가 할당되지 않음
I	무한(Infinitum). 인수 데이터에는 바이트가 할당되지 않음
[	배열의 시작을 알리는 문자. 배열 종료 문자가 오기 전까지 이 뒤에 이어지는 태그는 배열 데이터를 위한 태그
]	배열의 종료를 알리는 문자

대부분 부동 소수점 또는 정수 유형의 데이터를 사용하겠지만, 이 표를 통해 표준에 상당한 자유도가 구현되었음을 알 수 있다.

메시지 보내기

주소와 데이터로 이루어지는 메시지의 기본 구성 요소를 보았으므로, 이제 실제 메시지를 구성하는 방법을 알아야 한다. 메시지는 4의 배수에 해당하는 바이트 길이를 가져야 한다. 정확히 말하자면 메시지, 주소, 데이터 태그, 데이터 모두 4의 배수에 해당하는 바이트를 가져야 한다. 이를 준수하기 위해 4바이트가 안 되는 메시지의 뒷부분에 임의의 바이트를 붙이는 '패딩'을 통해 4바이트를 인위적으로 만드는 경우도 있다. 널null 바이트 또는 0값을 통해 이 패딩을 수행할 수 있다. 자료형 태그는 항상 2바이트(쉼표와 문자)이므로, 4바이트를 채우기 위해 항상 뒤쪽에 두 개의 null이 붙어야 한다. float 및 int 자료형은 이미 4바이트 길이이므로 패딩이 필요 없지만, BLOB 및 문자열 자료형에는 패딩이 필요할 수 있다. 주소는 널로 끝나는 임의의 문자열이기 때문에 일반적으로 패딩이 필요하다. 따라서 4의 배수가 아닌 경우 주소의 크기를 나타내는 null 뒤에 1~3개의 null이 더 필요하다. 이해하기 조금 어려울 수 있지만 그림 8-5를 통해 명확하게 이해할 수 있을 것이다.

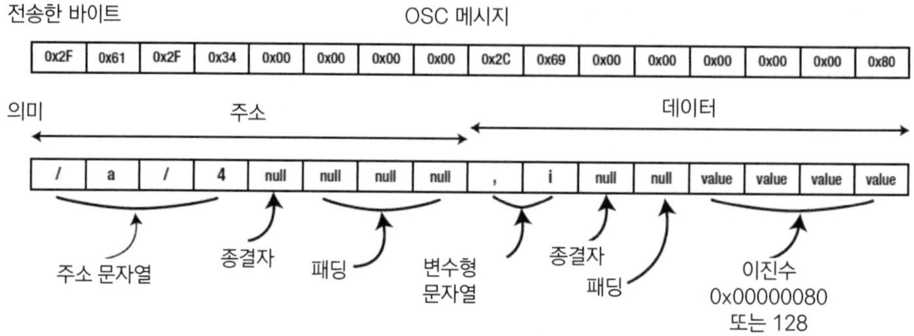

그림 8-5 OSC 메시지와 패딩

그림의 위쪽 상자에 담긴 16진수를 통해 메시지에 담긴 실제 바이트를 볼 수 있으며, 하단에 화살표와 함께 있는 설명을 통해 해당 바이트의 의미를 볼 수 있다. null 바이트는 문자열의 종결자, 메시지 세그먼트를 4바이트의 배수로 만드는 패딩 또는 숫자로서의 0값이라는 세 가지 다른 의미를 나타낼 수 있다. 정수 값은 단순한 2의 보수이며, 그림 8-5의 예를 보면 128의 값을 담고 있다.

이렇게 메시지가 포장되었고, 네트워크를 통해 전송될 준비가 되었다. 전송을 수행하는 데는 여러 가지 방법이 있으며, 어떤 방법이든 이 메시지를 다른 패키지로 묶어야 한다.

SLIP 프로토콜

시리얼 통신 회선을 통해 네트워크 메시지를 보내는 한 가지 방법은 SLIP(직렬 회선 인터넷 프로토콜) 프로토콜을 사용하는 것이다. 아두이노에는 시리얼 인터페이스가 내장되어 있으므로 이 방법을 사용하면 별도의 하드웨어를 추가할 필요가 없다. 또한 인터페이스 대상이 되는 소프트웨어 시스템에도 대체로 네트워크 SLIP 리시버가 내장되어 있다. SLIP 프로토콜은 매우 간단하다. 메시지는 16진수 0xC0로 시작하고 끝나며, 그림 8-6과 같이 OSC 메시지를 마무리하기 위해 이 값을 시작과 끝에 추가하기만 하면 된다.

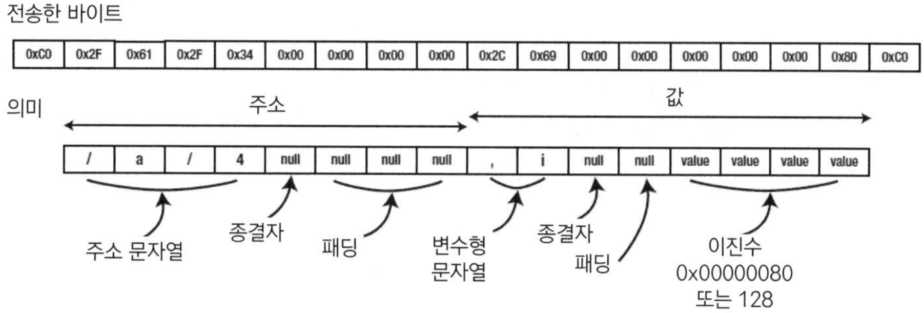

그림 8-6 SLIP 래퍼로 감싼 OSD 메시지

여기까지만 보면 간단해 보이지만, 문제는 메시지 자체에는 0xC0가 포함되어서는 안 된다는 점이다. 0xC0는 인쇄할 수 없는 문자이므로 주소 문자열의 경우는 문제가 되지 않지만, 정수 또는 부동 소수점 값에서는 문제가 될 수 있다. 메시지에 0xC0가 포함되면 SLIP 수신자 소프트웨어는 이 값을 SLIP 메시지의 끝을 알리는 신호로 간주하고, 결국 메시지는 손상되어 작동하지 않는다.

이 문제를 해결하려면 메시지가 SLIP 래퍼로 태그 지정되기 전에 메시지에 0xC0값이 들어 있는지 먼저 검색해야 한다. 0xC0값이 있으면, 해당 바이트를 0xDB와 0xDC 바이트로 대체한다. 하지만 실제 메시지에 0xDB 바이트가 있고 그 뒤에 0xDC 바이트가 오는 경우에는 또 다른 문제가 발생한다. 0xC0의 대체물과 실제 0xDB~0xDC를 혼동해서는 안 되므로, 이 문제를 해결하기 위해 원 데이터에 실제 0xDB~0xDC가 있는지 확인한다. 이것으로 더 이상의 혼란이 생기지 않는다. 따라서 OSC 메시지의 수정된 SLIP 래퍼는 그림 8-7과 같다.

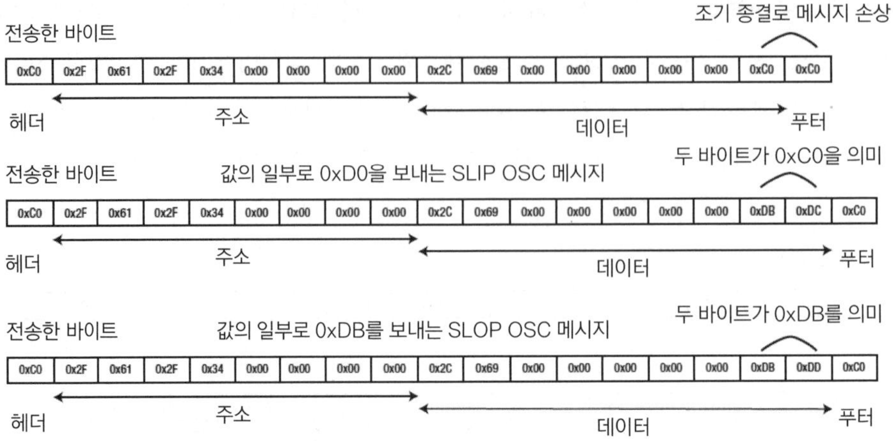

그림 8-7 메시지의 SLIP 래퍼 수정

물론, SLIP 수신 측은 OSC 메시지를 전달하기 전에 이 래핑을 해제해야 한다. 다행히 대부분의 경우 라이브러리를 사용하기에 코드에서 SLIP 프로토콜을 구현하지 않아도 된다.

UDP 프로토콜

다음 단계는 유선 이더넷 소켓을 통해 '실제' 인터넷 프로토콜을 사용하는 것이지만, 아두이노는 이미 여전히 전선을 통해 컴퓨터 또는 OSC 장치에 연결되어 있기 때문에 이를 통해 얻는 장점은 거의 없다. 물론 시리얼USB 연결이 아닌 이더넷 연결이지만, 여전히 유선이라는 점은 마찬가지이다. 따라서 WiFi를 통해 OSC 메시지를 전달하는 것을 다음 단계로 삼는 것이 이치에 맞을 것이다. 이렇게 하려면 아두이노에 WiFi 실드를 연결해야 한다. 예제에서는 공식 아두이노 실드를 사용하겠지만, 다른 좋은 것들도 있다.

이더넷 또는 WiFi를 통해 메시지를 보내려면 다른 프로토콜을 사용해야 한다. 일반적인 네트워크 프로토콜은 TCP이다. TCP는 보내고 싶은 메시지를 여러 패키지로 분리한 다음 패키지를 하나씩 보내고, 수신 측에서 패키지를 조립하는 방식이다. 그런데 인터넷의 단점 중 하나는 패킷이 항상 보낸 순서대로 도착하지 않는다는 것이다. TCP 작업의 일부는 타임스탬프가 매겨진 패킷을 올바른 순서로 조립하는 것이다. 그러나 보내려는 메시지가 짧으면 별도의 패킷으로 분할되지 않으므로, UDP User Datagram Protocol(유저 데이터그램 프로토콜)라고 하는 더 간단하고 빠른 TCP의 변종을 사용하는 것이 더 유리하다.

UDP는 IPTV, VoIP Voice over IP 및 온라인 멀티플레이 게임과 같은 스트리밍 미디어 응용 프로그램에 사용된다. UDP는 '보내고 잊어버리는' 프로토콜 방식으로, 송신자는 메시지가 실제로 전달되었는지 여부를 결코 알 수 없으며 메시지가 전송 도중에 유실될 수도 있다. 하지만 프로토콜이 가벼운 특성 덕택에 아두이노와 같은 임베디드 시스템에는 이상적이다. 이 프로토콜은 데이터 패키지가 수신자에게 도착했는지 확인하고, 송신자가 특정 시간 내에 확인 응답을 받지 못하면 패키지를 다시 전송할 필요성을 없앰으로써 메모리 사용량과 사용 시간을 최소화하였다.

데이터그램 datagram은 1970년대 초반 처음 사용된 이름으로, 데이터 data와 전보 telegram을 연결한 일종의 합성어이다. 이번 장에서는 OSC 메시지에 해당한다고 말할 수 있다. 실제로 직접 코딩을 통해 OSC 메시지를 UDP 패키지로 묶을 일은 거의 없고, 라이브러리를 통해 안전하게 처리할 수 있는 영역의 작업이다. 하지만 관련된 내용이 궁금하면 그림 8-8에서 패키지의 헤더가 어떻게 이루어졌는지 살펴보는 것도 좋을 것이다.

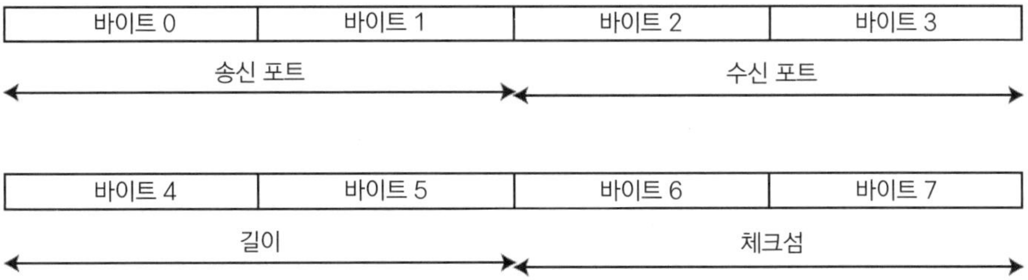

그림 8-8 UDP 패키지 헤더

두 개의 포트, 패키지의 길이, 체크섬 모두가 단 8바이트에 포함된다. 수신자는 데이터에서 체크섬을 계산하고, 헤더에 포함된 체크섬과 계산한 체크섬이 일치하면 데이터가 양호하다고 간주한다.

❙ OSC 번들

이번 장의 마지막 이론 부분이다. 지금까지는 OSC 메시지만 고려했지만 이제 OSC 번들을 고려해야 한다. OSC 번들은 0개 이상의 메시지의 모음으로, OSC 문자열 “#bundle” 다음에 OSC 시간 태그가 오고 그 뒤에 OSC 번들 요소가 온다. 번들 요소는 4바이트 길이의 정수와 OSC 메시지 또는 OSC 번들로 구성된다. 그렇다. 번들은 다른 번들을 포함할 수 있다. 번들은 다른 번들을 포함할 수 있으며, 무한대까지 포함할 수 있다. 물론 실무적으로는 번들이 번들을 아주 많은 단계로 포함하지는 않는다.

번들의 일부는 표 8-3에 나와 있다. 예시로 처음의 두 요소만 표시하였다.

표 8-3 OSC 번들의 시작

데이터	크기	목적
OSD-string “#bundle”	8바이트	데이터가 번들이라는 것을 명시
OSC-timetag	8바이트	전체 번들에 적용되는 시간 태그
첫 번째 번들 요소의 크기	int32 = 4바이트	첫 번째 번들 요소
첫 번째 번들 요소의 내용	필요한 만큼의 바이트	
두 번째 번들 요소의 크기	int32 = 4바이트	두 번째 번들 요소
두 번째 번들 요소의 내용	필요한 만큼의 바이트	
그 외		추가 번들 요소

가능하다면 번들 대신 메시지를 사용하는 것이 좋다. 하지만 번들에는 타임스탬프 속성이 있어서 메시지를 처리할 시기를 정확하게 지정할 수 있다는 장점을 가진다. 심지어 1년 후의 시점도 지정할 수 있다.

OSC의 기본 이론에 대해 살펴보았으므로, 이제 몇 가지 실용적인 예제와 프로젝트를 통해 직접 손으로 익혀보자.

OSC 실습

OSC를 시작하기 위한 가장 좋은 방법은 https://github.com/CNMAT/OSC에서 아두이노용 Berkeley OSC 라이브러리를 다운로드하는 것이다. ZIP 파일의 압축을 풀고, OSC 폴더의 이름을 바꾸고, 아두이노의 라이브러리 폴더에 넣은 다음 IDE를 다시 시작하자. 먼저 SLIP 시리얼 인터페이스를 사용하여 아두이노에서 OSC 메시지를 보내고 받을 것이기 때문에 아두이노 하드웨어를 준비해야 한다.

이 첫 번째 예제는 아두이노에 스위치, LED, 가변 저항을 장착해야 한다. 이 책의 모든 예제를 따라왔다면, 4장의 그림 4-6에서 사용한 구성을 그대로 다시 쓸 수 있다. 아날로그 인풋에 단 하나의 가변 저항이 있으며, 이어지는 예제에서는 각 입력마다 가변 저항을 달아 총 6개를 사용할 수 있다.

통신할 상대

아두이노와 통신을 주고받을 상대가 필요한데, 가장 일반적인 것은 컴퓨터나 랩톱에서 실행되는 응용 프로그램이다. 사용할 수 있는 다양한 응용 프로그램이 있는데, 필자가 선택한 것은 가장 일반적인 PD(퓨어 데이터Pure Data), MAX/MSP 두 가지이다. 이 두 소프트웨어는 음향을 만들고 처리하는 프로그래밍 언어로, 유사한 특성을 가지고 있지만 PD는 무료이며 MAX/MSP는 상용 유료 프로그램이다. 어쨌든 두 언어는 같은 기원을 가지고 있으며 유사한 기능을 수행한다. 이러한 언어의 특징은 기능적 블록을 정의하거나 선택할 때 그래픽 인터페이스를 이용해 연결을 '배선'함으로써 프로그래밍을 하는, 대표적인 그래픽 기반 프로그래밍 언어라는 점이다. 대부분의 미디어 아트 음악가는 이러한 프로그램 중 하나를 사용한다.

먼저 PD의 사용 방법을 살펴본 후 MAX/MSP를 살펴보자. 아직 다운로드하지 않은 경우, http://puredata.info/downloads에서 PD 확장 패키지를 다운로드하고 함께 제공되는 예제를 통해 기본적인 사용 감각을 익혀 보자. MAX/MSP를 사용한다 해도 지금부터 두 언어에 공통된 정보를 다룰 것이므로 PD에 대한 내용이라고 넘어가지 않기를 바란다.

❙ PD 사용하기

아두이노가 컴퓨터의 USB 단자에 연결되어 있으면 시리얼 포트가 된다. 아두이노 IDE가 아두이노를 프로그래밍하기를 원할 때는 시리얼 포트를 IDE로 전환하고, 프로그래밍한 다음, 해제한다. 아두이노에서 시리얼 모니터 아이콘을 클릭하면 아두이노의 시리얼 창으로 USB/시리얼 포트가 다시 전환된다. 그러나 이러한 두 작업은 다른 응용 프로그램에서 USB/시리얼 포트를 사용하지 않는 경우에만 가능하다. 다른 응용 프로그램이 USB/시리얼 포트를 점유하면 컴퓨터의 운영체제가 아두이노 연결을 차단한다. PD 또는 MAX/MSP가 메시지를 읽기 위해 아두이노에 연결하면 IDE는 아두이노에 연결될 수 없으므로, OSC 메시지로 대화하는 아두이노 응용 프로그램을 개발하거나 작업하려면 약간의 우회 작업을 해야 한다. 그림 8-9에서 이러한 상황을 확인할 수 있다.

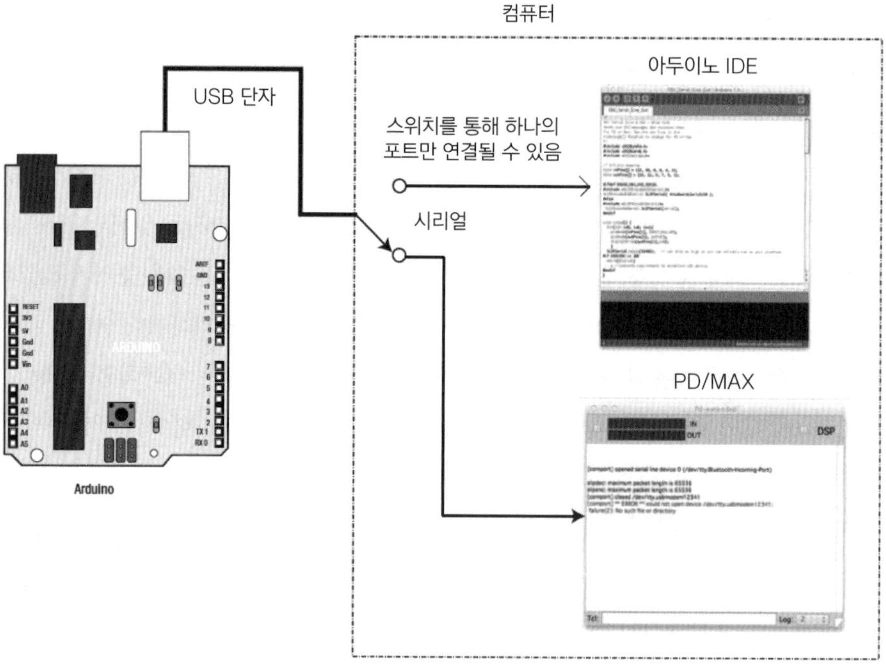

그림 8-9 시리얼 포트 전환

아두이노 코드를 테스트하려면 PD 또는 MAX/MSP에 시리얼 포트를 연결하고 아두이노에 새 프로그램을 업로드하기 전에 연결을 끊어야 한다. PD에 시리얼 포트를 연결하는 것은 쉽다. SLIP 블록을 더블 클릭하면 된다. 그러나 시리얼 포트를 끊고 연결 해제하는 방법은 존재하지 않는 장치에 연결을 시도하는 것과 같다. PD에서는 기본 o.io.slipserial.pd 창을 사용하여 이 작업을 수행할 수 있다. 두 언어 모두 편집 모드와 실행 모드의 두 가지 모드가 있다. 실행 모드에서 o.io.slipserial.pd를 클릭하면 o.io.slipserial.pd 창이 열린다. 그런 다음이 창에서 장치 이름 개체를 클릭하면 아두이노 연결이 끊어지고 기본 창에서 장치 이름 개체를 클릭하면 아두이노가 연결된다. 이것은 그림 8-10에 나와 있으며 그래픽 프로그래밍 언어이기 때문에 이 그림은 코드 예제와 동일한 역할을 한다. PD 및 MAX 세계에서 이 프로그램은 '패치'라는 용어로 알려져 있다.

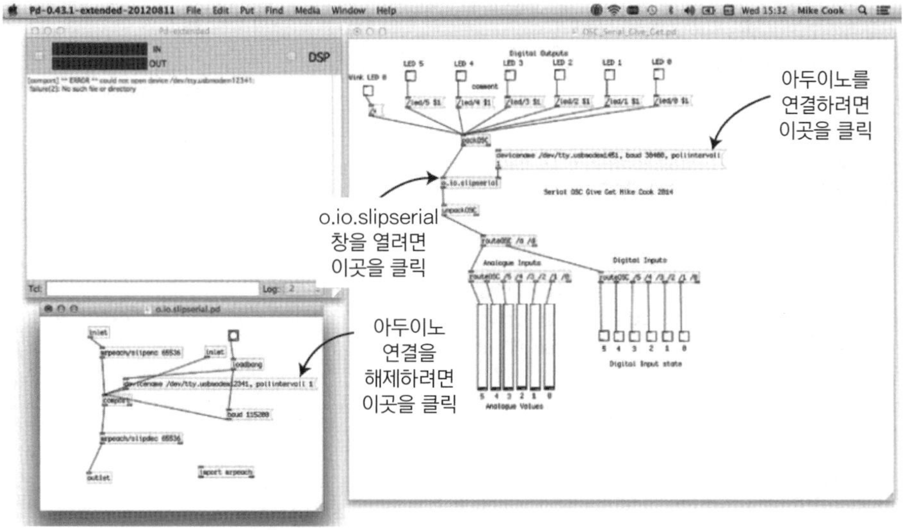

그림 8-10 아두이노와 PD를 연결하고 해제하는 모습

패치를 직접 구성하고 싶지 않다면 책의 웹사이트에서 파일 또는 패치를 다운로드할 수도 있다. 예제에서 바꿔야 하는 부분은 장치 이름 상자의 이름과 시스템에서 사용 중인

포트의 이름이다. PD를 실행 메뉴에서 편집 모드로 전환하여 이 작업을 수행하자. 필자의 시스템의 경우 포트의 이름은 아두이노의 IDE 도구 ➤ 직렬 포트 메뉴에 지정된 대로 /dev/tty.usbmodem1451이다. 이는 컴퓨터에 따라 다를 수 있다.

slipserial 상자에서 들어오는 데이터는 unpackOSC 상자를 통과한 다음 routeOSC 상자에 의해 두 개의 하위 주소(아날로그 주소 범위는 /a, 디지털 주소는 /d)로 분류된다. 그런 다음 이 번호는 전송된 장치를 식별하는 특정 번호로 세분화된다. 따라서 포트 3이 변경되면 아두이노에서 보낸 주소는 /a/3이고, 스위치 3이 변경되면 보낸 주소는 /d/3이 된다. 즉, 장치 번호는 장치 유형의 하위 주소이다.

출력 쪽에서 LED 상자는 bang 상자의 상태에 따라 데이터 0 또는 1과 함께 특정 주소(예: /led/3)를 보낸다. 모든 메시지는 slipserial 드라이버로 전송되기 전에 packOSC 상자와 함께 그룹화된다.

PD 프로그램 설정을 마쳤다면, 다음으로 아두이노가 OSC 메시지를 주고 보내도록 프로그래밍해야 한다. 예제 8-1의 코드가 여기에 해당한다.

예제 8-1 Serial_Give_Get의 아두이노 코드

```
/*
OSC Serial Give & Get - Mike Cook
Sends out OSC messages and receives them
For PD or Max. See the one line in the
rxMessage() function to change for PD or Max
*/

#include <OSCBundle.h>
#include <OSCBoards.h>
#include <OSCMessage.h>

// I/O pin mapping
byte inPins[] = {12, 10, 8, 6, 4, 2};                    #A
byte outPins[] = {13, 11, 9, 7, 5, 3};                   #A
byte numberOfPots = 4;                                   #A

#ifdef BOARD_HAS_USB_SERIAL
```

예제 8-1 Serial_Give_Get의 아두이노 코드(계속)

```
#include <SLIPEncodedUSBSerial.h>
SLIPEncodedUSBSerial SLIPSerial( thisBoardsSerialUSB );
#else
#include <SLIPEncodedSerial.h>
SLIPEncodedSerial SLIPSerial(Serial);
#endif

void setup() {
 for(int i = 0; i < 6; i++) {
  pinMode(inPins[i], INPUT_PULLUP);
  pinMode(outPins[i], OUTPUT);
  digitalWrite(outPins[i], LOW);
 }
 SLIPSerial.begin(38400); // set this as high as you can reliably run on your platform
#if ARDUINO >= 100
 while(!Serial)
  ; //Leonardo requirement to establish USB device
#endif
}

void loop() {
 // sendAutoMessage(); // simulate analogue signals                              #B
 checkAnalogue(); // look at real analog ports
 if(SLIPSerial.available() > 0) rxMessage();
 checkDigital();
 delay(10);
}

void checkDigital() {                                                           #C
 static boolean lastSwitchState[6];
 char messageDigital[] = "/d/3";
 boolean currentSwitchState;

 for(int i = 0; i < 6; i++) {
  currentSwitchState = digitalRead(inPins[i]);

  if( currentSwitchState != lastSwitchState[i] ) {
   lastSwitchState[i] = currentSwitchState;
   messageDigital[3] = char(i | 0x30);
   OSCMessage mssageD(messageDigital);
   mssageD.add((int32_t)currentSwitchState & 1);
   SLIPSerial.beginPacket();
```

예제 8-1 Serial_Give_Get의 아두이노 코드(계속)

```
    mssageD.send(SLIPSerial); // send the bytes to the SLIP stream
    SLIPSerial.endPacket(); // mark the end of the OSC Packet
    mssageD.empty(); // free space occupied by message
   }
  }
}

void checkAnalogue() {                                                    #D
  static int lastAnalogueValue [6];
  char messageAnalog[] = "/a/5";
  int currentAnalogueReading

  for(int i = 0; i < numberOfPots; i++) {
   currentAnalogueReading = analogRead(i);
   if(abs(currentAnalogueReading - lastAnalogueValue[i]) > 2) {
    lastAnalogueValue[i] = currentAnalogueReading;
    messageAnalog[3] = char(i + 0x30);
    OSCMessage msg(messageAnalog);
    msg.add((int32_t)currentAnalogueReading);
    // now send the message
    SLIPSerial.beginPacket();
    msg.send(SLIPSerial); // send the bytes to the SLIP stream
    SLIPSerial.endPacket(); // mark the end of the OSC Packet
    msg.empty(); // free space occupied by message
   }
  }
}

void sendAutoMessage() {
  static int count = 10, ch = 0;
  char messageAnalog[] = "/a/5";
  count += 10;
  if(count> 1023) count = 0;
  ch++;
  if(ch > 6) ch = 0;
  messageAnalog[3] = char(ch + 0x30);
  OSCMessage msg(messageAnalog);
  msg.add((int32_t)count);
  // now send the message
  SLIPSerial.beginPacket();
  msg.send(SLIPSerial); // send the bytes to the SLIP stream
```

예제 8-1 Serial_Give_Get의 아두이노 코드(계속)

```
 SLIPSerial.endPacket(); // mark the end of the OSC Packet
 msg.empty(); // free space occupied by message
}

void rxMessage() {
 // Max uses OSCBundle and PD uses OSCMessage
 OSCMessage messageIN; // comment out for MAX                    #E
 // OSCBundle messageIN; // uncomment for MAX
 int sizeb = 0;
 while(!SLIPSerial.endofPacket()) {
  if((sizeb = SLIPSerial.available()) > 0)
  {
   while(sizeb--) {
    messageIN.fill(SLIPSerial.read());
   }
  }
 }
 if(!messageIN.hasError()) { // error free
  messageIN.route("/led", LEDcontrol);                           #F
  messageIN.dispatch("/w", Awink);                               #G
 }
}

void LEDcontrol(OSCMessage &msg, int matched) {
 boolean state = LOW;
 char whatLED[] = {'/', '1', 0};

 for(int i = 0; i < 6; i++) {
  whatLED[1] = char(i | 0x30);

  if(msg.match(whatLED,matched)) {
   state = LOW;
   if(msg.getInt(0) > 0) state = HIGH;
   digitalWrite(outPins[i], state);
  }
 }
}

void Awink(OSCMessage &msg) {
 for(int i = 0; i < 8; i++) {
  wink(300, 0);
 }
```

예제 8-1 Serial_Give_Get의 아두이노 코드(계속)

```
}

void wink(int del, byte pin) {
  digitalWrite(outPins[pin], HIGH);
  delay(del);
  digitalWrite(outPins[pin], LOW);
  delay(del);
}

#A 아두이노에서 사용하는 핀에 맞게 입력한다.
#B 변화하는 아날로그 값을 전송하려면 주석 처리를 제거한다.
#C 스위치 상태가 변화하면 스위치 메시지를 전송한다.
#D 가변 저항의 상태가 변화하면 아날로그 값을 전송한다.
#E MAX는 번들, PD는 메시지를 사용한다.
#F LED를 켜기 위한 메시지 수신한다.
#G LED를 깜빡이기 위한 메시지 수신한다.
```

이 코드는 LED 상자 중 하나를 클릭할 때마다 PD로부터 메시지를 받는다. 이것은 /LED/n의 주소를 가진 메시지를 전송하며, 여기서 n은 0에서 5까지의 숫자이다. 메시지와 함께 나오는 데이터는 PD 페이지의 LED 상자에 있는 값에 따라 0 또는 1의 정수 변수를 갖는다. 연속 클릭을 토글하면 아두이노에 부착된 LED가 토글된다. 또한 주소 /w가 있는 메시지를 보내면 아두이노가 첫 번째 LED를 8번 깜빡인다.

송신자 측에서는 아두이노가 가변 저항과 디지털 스위치를 모니터링하고, 상태가 변경될 때마다 OSC 메시지를 보낸다. PD는 이 변경 사항을 수신하고 디지털 입력은 상자로, 아날로그 값은 슬라이더 그래픽으로 표시된다. 모든 값은 PD에서 정수 변수로 전송된다.

MAX 사용하기

MAX에도 거의 동일한 설정을 사용할 수 있다. 변경해야 할 사항은 번들을 사용하는 rxMessage() 함수의 첫 번째 줄이다. MAX는 OSC 메시지를 수신할 수 있기 때문에 번들을 보내도록 하면 훨씬 쉽다.

MAX는 상용 프로그램이다. 완전한 기능을 갖춘 30일 무료 평가판을 포함한 다양한 구매 옵션이 있다. 매년 라이센스를 발급받거나, 학생 할인을 받을 수도 있다. 구매 옵션은 회사 웹사이트 http://cycling74.com/products/max/에 나와 있으며 기본 기능은 PD와 유사하지만 사용자 인터페이스가 훨씬 더 매끄럽다. 다양한 색상을 사용하며 사용자 인터페이스도 친숙하다. MAX의 장점 중 하나는 블록의 상호 연결에 대한 기본적인 라우팅을 수행할 수 있는 기능으로, 훨씬 더 깔끔한 창 레이아웃을 제공한다. OSC Serial Give Get 코드를 MAX로 옮긴 그림 8-11을 통해 이를 확인할 수 있다.

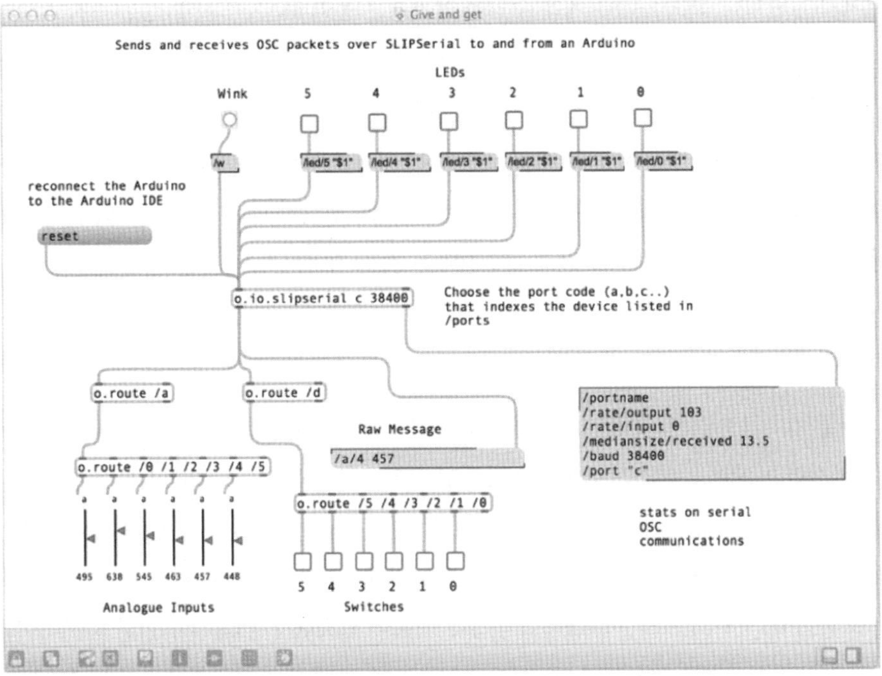

그림 8-11 OSC_Serial_Give_Get의 MAX 버전

배선을 깔끔하게 정리할 수 있게 된 덕분에 여러 창도 깔끔하게 정리할 수 있게 되었다. 그러나 코드의 전반적인 구성은 PD 버전과 거의 동일하다. 주요 차이점은 slipserial 블록

에 사용되는 매개 변수와 packOSC 블록이 필요하지 않다는 점이다. 컴퓨터가 볼 수 있는 모든 시리얼 포트를 나열하는 포트 메뉴가 있는데, 아두이노의 포트는 c로 나열되었으므로 포트를 정의하는 매개 변수는 PD에서 수행해야 하는 것처럼 전체 이름이 아닌 c로 입력되있다. 작동 방식도 PD 버전과 정확히 동일하며, LED를 제어하고 아두이노의 스위치와 가변 저항 상태를 반영하다. 이 파일이나 패치를 직접 만들기 힘들다면 책의 웹사이트에서 다운로드할 수도 있다.

MAX에는 신호 처리 및 비디오 처리와 관련된 확장 프로그램도 있다. PD도 이 분야의 기능을 가지고 있기는 하지만 무료 오픈소스 프로젝트인 관계로 유료 제품보다는 기능이 떨어지는 편이다. PD가 MAX에게 수익을 안겨주는 동안 MAX가 시장 선두 주자로서 전문가 및 아마추어 뮤지션 모두가 가장 많이 사용하는 사운드 생성 응용 프로그램 중 하나가 되었다는 데는 의심의 여지가 없다. 이 분야의 또 다른 큰 응용 프로그램은 에이블톤 라이브Ableton Live(https://www.ableton.com)이다. 에이블톤 라이브 내에서 실행할 수 있는 버전의 MAX도 있다. MAX는 데이터를 보낼 때 OSC 번들과 함께 실행되므로, 앞서 언급한 예제 8-1에서 해당 라인을 변경해야 한다는 것을 기억하자.

OSC 테레민

LED를 켜고 끄고 가변 저항의 값을 읽는 것은 시스템의 기능을 알아보기 위한 좋은 방법이다. 하지만 이 책은 기본적으로 오디오에 관한 책이므로, OSC를 통해 어떻게 소리를 낼 수 있는지 먼저 보도록 하자. 5장에서 MIDI 테레민을 만드는 방법을 함께 살펴보았다. 기본적으로 MIDI는 불연속적인 음표 기반 시스템이기에, 두 개의 거리 센서 입력을 받아 연속적인 음을 내야 하는 테레민을 만들기 위해 잔기술이 필요했다. 이제는 동일한 하드웨어를 사용하고 아두이노를 사용하여 PD로 OSC 메시지를 보내서, PD가 소리를 생성하게 만드는 방법을 살펴볼 것이다.

가장 먼저 해야 할 일은 거리 센서의 데이터를 OSC 메시지로 전환시키는 아두이노 코드를 작성하는 것이다. 그런 다음 PD 프로그램을 만들어 메시지를 수신하고 소리로 변환해야 한다. 예제 8-2의 코드는 아두이노에서 사용한 코드이다.

예제 8-2 OSC 테레민 아두이노 코드

```
/*
OSC Theremin - Mike Cook
Controls a PD Theremin patch
*/
#include <OSCBundle.h>
#include <OSCBoards.h>
#include <OSCMessage.h>

int lastAnalogueValue[2];
float lastValueSent[2];
float changeThreshold[] = {0.2, 0.8};

#ifdef BOARD_HAS_USB_SERIAL
#include <SLIPEncodedUSBSerial.h>
SLIPEncodedUSBSerial SLIPSerial( thisBoardsSerialUSB );
#else
#include <SLIPEncodedSerial.h>
SLIPEncodedSerial SLIPSerial(Serial);
#endif

void setup() {
 analogReference(EXTERNAL);
 SLIPSerial.begin(38400);                                              #A
#if ARDUINO >= 100
 while(!Serial)
   ; //Leonardo requirement to establish USB device
#endif
}

void loop() {
 checkAnalogue(); // look at analog ports 0 & 1
 delay(30); // limit the rate of change
}

void checkAnalogue() {
 char messageAnalog[] = "/a/0";
 int currentAnalogueReading;
 float value_to_send;
 for(int i=0; i<2; i++){
```

예제 8-2 OSC 테레민 아두이노 코드(계속)

```
    currentAnalogueReading = 1027 - analogRead(i);                                #B
    currentAnalogueReading = 1027 - analogRead(i);                                #B
    lastAnalogueValue[i] = currentAnalogueReading;
    messageAnalog[3] = char(i + 0x30);
    OSCMessage msg(messageAnalog);
    if(i == 0) { // conditioning for right hand frequency
     value_to_send = mapfloat((float) currentAnalogueReading, 0.0, 1023.0, 100.0, 2000.0);
    }
    else { // conditioning for left hand amplitude
     if(lastAnalogueValue[0] < 870 && lastAnalogueValue[1] < 870) {
      value_to_send = mapfloat((float) currentAnalogueReading, 0.0, 870.0, 100.0, 0.0);
     }
    else {
      value_to_send = 0.0;
     }
    }
    msg.add((float)value_to_send);
    // now send the message
    if(abs(value_to_send - lastValueSent[i]) > changeThreshold[i] || ( lastValueSent[1]!=
    0.0 && value_to_send == 0.0)) {
     SLIPSerial.beginPacket();
     msg.send(SLIPSerial);                                                         #C
     SLIPSerial.endPacket();                                                       #D
     msg.empty(); // free space occupied by message
     lastValueSent[i] = value_to_send;
    }
  }
}

float mapfloat(float x, float in_min, float in_max, float out_min, float out_max)
{
 return (x - in_min) * (out_max - out_min) / (in_max - in_min) + out_min;
}
```

#A 최대한 높은 값으로 설정해야 PD 패치를 변경할 때 구동에 무리가 없다.
#B 센서 입력값을 반전시킨다.
#C 바이트를 SLIP 스트림으로 보낸다.
#D OSC 패킷의 끝을 표시한다.

이 코드는 왼쪽 및 오른쪽 센서에 해당하는 부동 소수점 값을 보내는 작업만 수행하는 간단한 코드이다. 여기에는 다른 OSC 전송 프로그램에서 이전에 보았던 모든 요소가 포함되어 있다. 센서의 정보는 부동 소수점 데이터와 함께 주소 /a/0 및 /a/1로 전송된다. 이 정보를 어떻게 유용하게 사용할지는 PD에 달려 있다.

PD 패치가 원하는 것은 거리 센서로부터 두 숫자를 취하고, 하나를 사용하여 소리의 음정을 제어하고 다른 하나로는 음량을 제어하는 것이다. 단순하게 들리지만 생각만큼 쉽지는 않다. 첫째, PD는 특정 순간의 음량에 맞게 웨이브 샘플을 생성해야 하며 그 샘플에 진폭 수를 곱하여 결과를 D/A 컨버터로 공급해야 한다. 이 접근법은 이후 장에서 훨씬 자세하게 다루므로 너무 복잡해 보이더라도 걱정하지 말자. 전체 PD 패치는 그림 8-12에 나와 있으며 몇 가지 피드백을 제공하기 위한 인디케이터가 포함되어 있다. 우선, 센서에 의해 주어진 값을 보여주는 두 개의 슬라이더 표시기가 있고 두 번째에는 인쇄 블록이 있어 주파수 센서의 결과를 볼 수 있다.

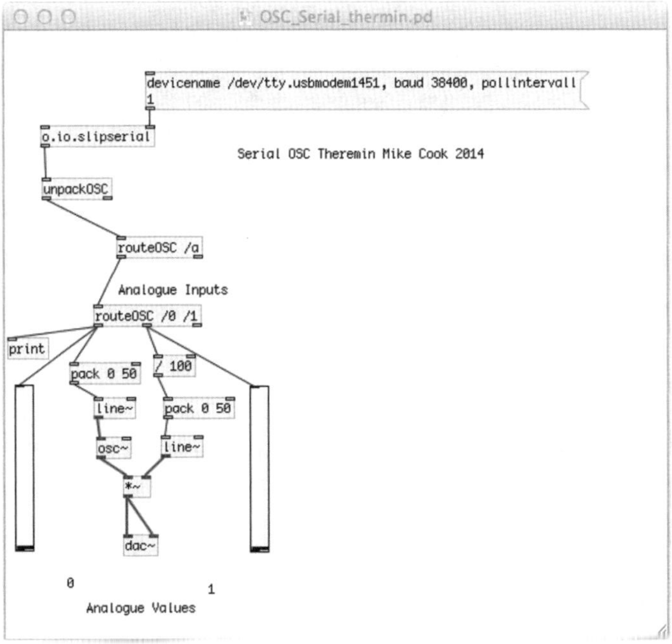

그림 8-12 OSC 테레민의 PD 패치

이 패치의 사운드 생성 부분은 그림 8-13에 나와 있다. 두 개의 데이터 스트림을 바로 사운드 생성기로 전송할 수는 없다(가능하긴 하지만, 결과는 영 쓸만하지 않다). 사람의 귀는 불연속성과 갑작스런 소리의 변화에 매우 민감하기 때문에 먼저 데이터를 부드럽게 해야 한다. line~ 블록이 이를 수행한다. line~ 블록은 이전 데이터와 보낸 데이터 사이에 선형 램프를 생성하다. PD의 블록 이름 끝에 있는 ~은 파형을 처리하는 함수임을 나타내기 때문에, 이름에 ~가 추가된 블록을 앞으로도 많이 보게 될 것이다. line~ 블록은 두 개의 리스트를 인수로 취한다. 첫 번째는 데이터 값이고, 두 번째는 해당 값에 도달하는 데 걸리는 시간(밀리초)이다. 이 램프 함수가 적용될 때 각 값을 사용하여 사운드의 주파수 및 진폭을 제어한다.

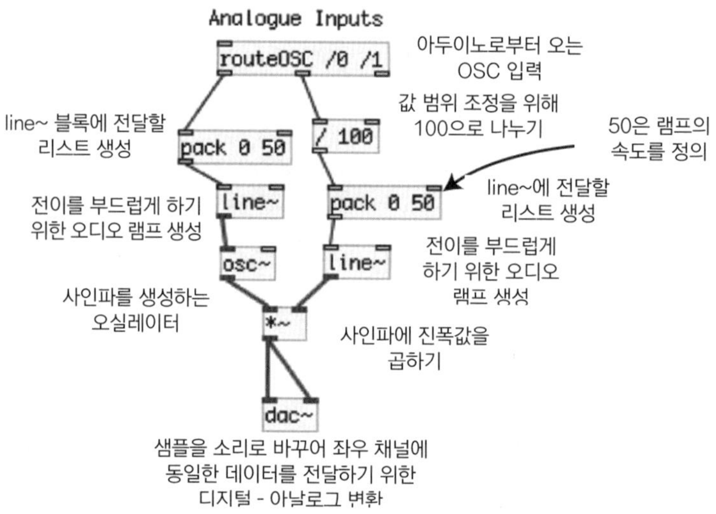

그림 8-13 OSC 테레민 PD 패치의 사운드 생성 부분

패치 블록은 두 값에서 리스트를 생성하다. 첫 번째 값은 처음에는 0이지만 OSC 메시지의 숫자 스트림으로 대체된다. 두 번째 값 50은 고정되어 각 리스트에 첨부되며 램프 시간을 결정한다. line~ 블록의 출력은 오실레이터에 입력되어 소리 파형의 주파수를 제어

한다. 그런 다음 *~ 블록을 사용하여 음량 데이터를 곱해 파형의 진폭을 제어한다. 마지막으로 DAC는 이를 컴퓨터의 스피커로 직접 전송할 수 있는 아날로그 신호로 변환한다. DAC에는 두 개의 입력이 있다. 하나는 왼쪽 채널용이고 다른 하나는 오른쪽 채널용이다. 이 두 입력에 같은 파형을 보내면 모노 사운드가 출력된다.

무선 OSC

지금까지 아두이노는 항상 MIDI 단자 또는 USB 연결로 컴퓨터에 연결되어 있었다. 이더넷 연결을 통해 OSC 메시지를 전송할 수는 있지만 이는 여전히 유선이다. 반면 아두이노에서 WiFi 실드를 사용하면 선 없이 자유롭게 해제할 수 있다. 이 장의 앞부분에서 OSC 메시지를 UDP 형식으로 패킹하는 방법에 대해 설명했으므로, 이제 실제로 이 작업을 수행하는 방법을 살펴보겠다.

아두이노에 연동할 수 있는 WiFi 실드가 몇 종류 있는데, 그중 필자는 공식 아두이노 실드인 http://arduino.cc/en/Main/ArduinoWiFiShield를 사용하였다. 이 실드는 네트워크에 연결되어 있어야 하고 DNS 서버로부터 IP 주소가 주어져야 한다. 그러면 같은 네트워크상의 다른 장치들이 아두이노와 통신할 수 있다. 따라서 아두이노를 WiFi OSC 메시지와 함께 사용하려면 해당 메시지를 보내고 받을 수 있는 다른 장치가 필요하다. 스마트폰이나 태블릿에서 모든 플랫폼에서 실행되는 가장 보편적인 장치 중 하나는 헥슬러Hexler의 Touch OSC(http://hexler.net/software/touchosc)이다. 유료 소프트웨어이지만 $5.00 이하의 충분히 저렴한 가격을 자랑한다. 사용자 지정 레이아웃을 생성하고 정확히 어떤 OSC 메시지를 보낼지 쉽게 지정할 수 있다. 앞으로 이어지는 예제에서도 이 소프트웨어를 사용할 것이다.

터치 OSC

터치 OSC를 사용하면 여러 화면 레이아웃을 사용할 수 있다. 이 첫 번째 예제에서는 "simple"이라는 응용 프로그램과 함께 제공되는 예제 화면 중 하나를 선택했다. 4가지 화면 레이아웃이 있으며, 각각은 화면 상단의 희미한 탭으로 선택된다. OSC 메시지 주소는 화면 번호로 시작하며 제어 주소를 가진다. 제어 주소는 제어 이름 다음에 숫자가 오는 형식이다. "simple" 레이아웃의 첫 번째 화면에 대한 컨트롤 및 주소는 그림 8-14에 나와 있다. 필자는 페이더fader 1~3을 사용하여 RGB LED를 제어하고 페이더 4로 하얀색 LED를 제어했다. 페이더 5는 아두이노의 가변 저항과 함께 움직일 것이다. 모든 페이더는 0과 1.0 사이의 부동 소수점 수를 보낸다. 마지막으로 토글 스위치는 LED 제어 시 페이더보다 우선한다.

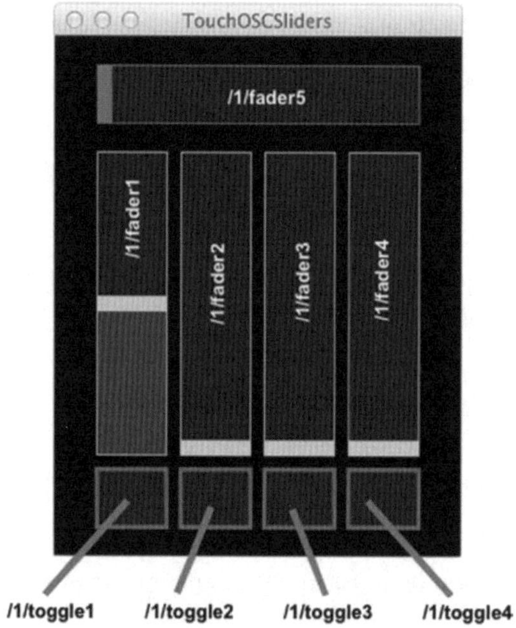

그림 8-14 터치 OSC 화면과 주소

보너스로, 화면 3에서 데이터를 읽는 방법도 여기에 나타냈다. 이것은 아두이노에서 아무것도 제어하지 않지만 패드를 조정할 때 단순히 입력값 스트림을 출력하는 큰 X-Y 패드를 가지고 있다.

아두이노 코드

다음 단계는 WiFi를 통해 통신할 실드로 아두이노를 프로그래밍하는 것이다. 기본적으로 이전에 WiFi 코드와 함께 사용했던 모든 OSC 메시지가 필요하다. 첫 번째 예로 모바일 장치에서 일부 LED를 제어하는 방법을 보여줄 것이다. 그림 8-15와 같이 LED와 가변 저항을 아두이노에 연결해야 한다. 좀 더 흥미로운 것들을 만들기 위해 일반적인 양극 RGB LED를 사용했음을 주목하자. 각 LED의 밝기를 조절하여 다양한 색상을 혼합할 수 있다. 이 가변 저항은 아두이노에서 모바일 장치로 데이터를 보내는 방법을 보여주기 위해 사용되며 페이더 5의 바에 영향을 준다.

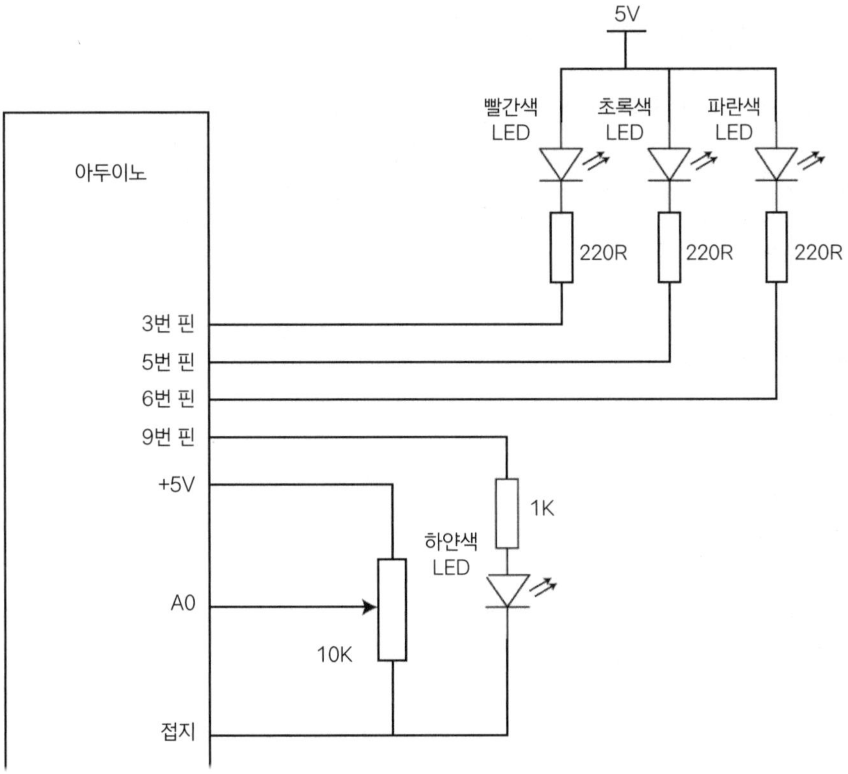

그림 8-15 WiFi 테스트 회로

LED에 전력을 공급하는 방법은 여러 가지가 있다. 백색 LED는 전류 소싱current sourcing에 의해 전력을 공급받는다. 즉 전류가 LED를 통해 아두이노 핀으로 보내진다. 이것은 아두이노 세계에서 가장 인기 있는 방법이다. 그러나 일반적인 전자공학에서 가장 인기 있는 방법은 전류 싱크current sinking이다. 이것은 일반적인 양극 RGB LED에 사용되며, 전류가 5V 전원에서 나오고 아두이노 핀을 통해 접지로 간다. 두 가지 방법의 차이점은 전류 소싱을 사용하면 LED를 켜기 위해 논리값 HIGH를 쓰고, 전류 싱킹을 사용하면 핀에 논리값 LOW를 써야 한다는 점이다.

이 예제의 아두이노 코드는 예제 8-3과 같다.

예제 8-3 아두이노 UDP_OSC 테스트 코드

```
/*
Wi-Fi UDP Send and Receive OSC
Mike Cook Jan 2014
This sketch will wait for an OSC UDP packet on localPort using a WiFi shield.
For use with page 1 & 3 of the "simple.touchosc" layout
based on an example by dlf (Metodo2 srl)
LEDs pins 3,5 & 6 common anode RGB (sink), pin 9 single LED (source)
*/

#include <SPI.h>
#include <WiFi.h>
#include <WiFiUdp.h>
#include <OSCBundle.h>
#include <OSCBoards.h>

int status = WL_IDLE_STATUS;
char ssid[] = "your network";                                           #A
char pass[] = "your password";                                          #B

IPAddress iPad(192, 168, 1, 102);                                       #C
unsigned int inPort = 8000;                                             #D
unsigned int outPort = 8001;                                            #E

byte leds[] = {3, 3, 5, 6, 9}; // first entry just a dummy

WiFiUDP Udp; // instance of the WiFi handler
```

예제 8-3 아두이노 UDP_OSC 테스트 코드(계속)

```
void setup() {
 //Initialise serial and wait for port to open:
 Serial.begin(9600);
 while (!Serial) {
   ; // wait for serial port to connect. Needed for Leonardo only
 }
 Serial.println(" ");
 // check for the presence of the shield:
 if (WiFi.status() == WL_NO_SHIELD) {
  Serial.println("WiFi shield not present");
  // don't continue:
  while(true); // hold here
 }

 // attempt to connect to WiFi network:
 while(status != WL_CONNECTED) {
  Serial.print("Attempting to connect to SSID: ");
  Serial.println(ssid);
  // Connect to WPA/WPA2 network. Change this line if using open or WEP network:
  status = WiFi.begin(ssid, pass);
  // wait 10 seconds for connection:
  delay(10000);
 }
 Serial.println("Connected to wifi");
 printWifiStatus();

 Serial.println("\n Starting connection to server...");
 // if you get a connection, report back via serial:
 Udp.begin(inPort);
 for(int i = 1 ; i < 5; i++) {
  pinMode(leds[i], OUTPUT);
  digitalWrite(leds[i], HIGH);                                              #F
 }
 delay(500);                                                                #F
 digitalWrite(leds[4], LOW);                                                #F
}

void loop() {
 checkAnalogue(); // look at real analog ports
 // if there's data available, read a packet
 OSCMessage messageIN;
 int packetSize = Udp.parsePacket();
 if(packetSize)
```

예제 8-3 아두이노 UDP_OSC 테스트 코드(계속)

```
  {
   while(packetSize--)
    messageIN.fill(Udp.read());
    if(!messageIN.hasError())
    printMessage(messageIN);
   {
   messageIN.route("/1", routeScreen1); // add others for other screens
   messageIN.route("/3", routeScreen3);
   }
  }
}

void checkAnalogue() {
  static int lastAnalogueValue;
  int currentAnalogueReading;
  currentAnalogueReading = analogRead(0);
  if(abs(currentAnalogueReading - lastAnalogueValue) > 2) {
   lastAnalogueValue = currentAnalogueReading;
   OSCMessage msg("/1/fader5");
   msg.add((float)currentAnalogueReading / 1023.0);
   // now send the message to the outPort
   Udp.beginPacket(iPad,outPort);
   msg.send(Udp);
   Udp.endPacket();
   msg.empty(); // empty the bundle ready to use for new messages
  }
}

void printWifiStatus() {
  // print the SSID of the network you're attached to:
  Serial.print("SSID: ");
  Serial.println(WiFi.SSID());

  // print your WiFi shield's IP address:
  IPAddress ip = WiFi.localIP();
  Serial.print("IP Address: ");
  Serial.println(ip);

  // print the received signal strength:
  long rssi = WiFi.RSSI();
  Serial.print("signal strength (RSSI):");
  Serial.print(rssi);
```

예제 8-3 아두이노 UDP_OSC 테스트 코드(계속)

```
 Serial.println(" dBm");
}

// incoming messages

/**
* Route Screen 1 - OSC 5 sliders and 4 toggle switches
*
* called when address matched "/1"
* expected format:
* /1/toggle(N)
* and
* /1/fader(N)
* (N) = is 1 to 4
* (value) = 1.0 or 0.0 or any value in between for a fader
*/

void routeScreen1(OSCMessage &msg, int addrOffset) {
  //match input
  int match = -1;

  for(int i = 1; i < 5; i++) {
    if(msg.match(prefixPulsNumOSCAddress("/toggle", i), addrOffset) != 0) match = i;
  }

  if(match != -1) { // if we have a match for a /toggle address
    float data = msg.getFloat(0);
    if(match == 4)
    if(data == 1.0) analogWrite(leds[match], 255); else analogWrite(leds[match], 0);
    else
    if(data == 1.0) analogWrite(leds[match], 0); else analogWrite(leds[match], 255);
  }
  else { // if not a toggle look for a fader
    for(int i = 1; i < 5; i++) { // don't look for fader 5
      if(msg.match(prefixPulsNumOSCAddress("/fader", i), addrOffset) != 0) match = i;
    }
    if(match != -1) { // if we have a match for a /fader address
      float data = msg.getFloat(0);
      if(match == 4)
      analogWrite(leds[match], data * 255); // set brightness
      else
      analogWrite(leds[match], 255 - (data * 255)); // set brightness
    }
```

예제 8-3 아두이노 UDP_OSC 테스트 코드(계속)

```
 }
}

/**
* Route Screen 3 - XY pad and 4 toggle switches (not matched for)
*
* called when address matched "/1"
* expected format:
* /3/xy
* (value) = two floats between 1.0 and 0.0
* Results printed out in the serial monitor
*/
void routeScreen3(OSCMessage &msg, int addrOffset) {
 char pad[] = "/xy";

 if(msg.match(pad, addrOffset)) {
  float data = msg.getFloat(0);
  Serial.print("X = ");
  Serial.print(data);
  float data2 = msg.getFloat(1);
  Serial.print(" Y = ");
  Serial.println(data2);
  analogWrite(leds[3], data * 255); // set brightness
  analogWrite(leds[4], data2 * 255); // set brightness
 }
}

char * prefixPulsNumOSCAddress(char * prefix, int num) {                    #G
 static char s[12]; // space to construct the string
 int i = 11; // last location in the string
 int len = 0;
 while(prefix[len] != '\0') len++; // find the length of the prefix char array
 s[i--] = '\0'; // add a null at the end

 do
 {
  s[i] = "0123456789"[num % 10];
  --i;
  num /= 10;
 }
 while(num && i); // keep on going until num or i drop to zero

 i++; // compensate for last --i
```

예제 8-3 아두이노 UDP_OSC 테스트 코드(계속)

```
  for(int j = 0; j < len; j++) { // add the prefix string backwards
    s[i - len + j] = prefix[j];
  }
  return &s[i - len]; // return char array and point to first byte
}

void printMessage(OSCMessage &msg) {
  char address[255];
  int len = msg.getAddress(address, 0);
  for(int i = 0; i < len; i++)
  Serial.print(address[i]);
  Serial.print(" with data ");
  float data = msg.getFloat(0);
  Serial.print(data);
  Serial.println(" ");
}

#A 네트워크 SSID(이름)
#B 네트워크 암호(WPA에 쓰이거나, WEP의 키로 쓰인다)
#C OSC를 구동하는 아이패드의 주소
#D OSC 출력 포트에 맞출 로컬 포트
#E OSC 입력 포트에 맞출 로컬 포트
#F 실드의 L9와 하얀색 LED를 깜박여서 연결이 이루어짐을 표시
#G 숫자로부터 주소 스트링을 생성하는 함수
```

이를 테스트하려면 USB 포트를 통해 아두이노를 컴퓨터에 연결하고 시리얼 모니터 창에 피드백 메시지를 표시해야 한다. 이 코드는 USB 연결 없이도 실행되지만 이렇게 테스트하면 어떤 일이 발생하는지 쉽게 볼 수 있다.

이 코드는 LED 4가 전류 소싱으로 전력을 공급받으면서 하나의 LED만으로 레벨을 반전시켜야 한다. OSC를 사용하는 대부분의 작업은 가능한 모든 입력 메시지와 일치하는 문자열을 생성하는 작업이다. 고정된 배열로 이 작업을 수행할 수는 있지만 코드에서 이를 생성할 수 있다면 훨씬 효율적이다. 이것이 바로 prefixPulsNumOSCAddress() 함수가 하는 일이다. 끝에 전달된 숫자를 포함하는 문자열을 생성한다. 이렇게 하면 가능한 모든 메시지를 검색하고 일치하는 번호를 쉽게 반환할 수 있다. 터치 OSC는 추가하는 숫자로 0을 많이 사용하지 않으므로, 필자는 코드를 간단하게 만들기 위해 LED 배열의 첫 번째 요소를 더미로 사용하고 일치된 메시지에 대한 응답으로 어떤 핀을 변경해야 하는지 검색하였다. LED의 조절은 analogWrite() 함수로만 가능하고, 이를 적용할 수 있는 아두이노 보드의 핀 번호 옆에 있는 ~가 표시되는 특정 핀에서만 해당하기 때문에 LED 제어의 자유도는 높지 않은 편이다. 필자는 RGB LED 위에 탁구공을 자른 반쪽을 씌워 디퓨저 역할을 하게 하였다. 즉 빛을 확산시켜 잘 보이게 했다.

다시 말하지만 UDP는 '보내고 잊는' 프로토콜이다. 메시지 일부는 유실될 수도 있다. 라우터 네트워크에서 많은 트래픽이 발생하는 경우 특히 그렇다. 따라서 토글 스위치가 LED 상태와 일치하지 않을 수 있다. 페이더를 조정하는 과정에서는 일정한 정보의 흐름을 보내므로 데이터의 유실 가능성이 비교적 적다. 또한 페이더 스위치와 토글 스위치가 동일한 LED를 제어하고 있으므로 마지막으로 보내지는 메시지가 이전의 설정보다 우선한다.

OSC 건반

오디오에 관한 책이므로, 이 장의 마지막 예로 OSC 건반을 알아보자. 이를 만들기 위해서는 터치 OSC 응용 프로그램에서 사용자 정의 레이아웃을 생성하고 이를 사용하여 아두이노에 OSC 메시지를 보내야 한다. 아두이노는 내장 tone() 함수를 사용하여 노트를 생성할 수 있다. 이 책의 후반부에서 아두이노로 직접 오디오를 생성하는 것에 대해 더 많은 분량을 할애하겠지만, 지금은 단순한 tone() 함수만을 사용할 것이다.

아두이노 핀을 통해 작은 스피커나 헤드폰을 직접 구동할 수 있다. 아주 큰 음량을 얻을 수는 없지만, 간단한 테스트를 하기는 충분하다. 가장 좋은 방법은 오디오 출력을 앰프로 연결하는 것이다. 저렴하면서도 음량이 괜찮은 스피커 앰프가 많이 있으며, 대부분 컴퓨터의 USB 포트에서 전원을 공급받는다. 아두이노 핀의 전류를 안전한 레벨로 제한하기 위한 저항기와 함께 매우 간단한 회로가 필요하며, 회로의 DC 성분이 스피커나 이어폰에 직접 연결되는 것을 막기 위한 커패시터가 필요하다. 이 회로는 그림 8-16에 나와 있다.

여기에 사용된 핀은 8번 핀이지만 tone() 함수는 어떤 핀이든 사용할 수 있다. 커패시터의 값은 그다지 중요하지 않으며 회로에 표시된 것보다 큰 값이 쓰여도 된다.

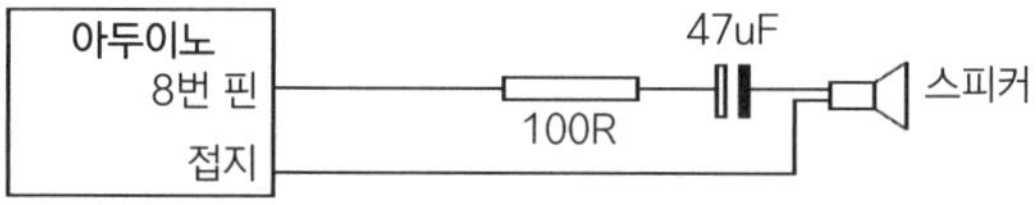

그림 8-16 아두이노 오디오 출력

▌터치 OSC 스크린

샘플 레이아웃 중 일부는 건반을 포함하고 있으며, 해당 레이아웃의 건반 부분만 복사해서 붙여 넣어도 되고 아니면 직접 건반 모양을 만들어도 그리 어렵지 않다. 터치 OSC 편집기가 별도로 필요한데, 무료이므로 다운로드하여 만들면 된다. 직접 만들기가 너무 싫다면, 책의 웹사이트에서 레이아웃 파일을 다운로드받을 수도 있다. 피아노 건반 모양 레이아웃이 준비되면, touch1에서 touch23까지 키의 이름을 지정하고, 터치할 때 기본값 1.0을 사용하고 놓을 때 0.0을 사용하게 하자. 필자의 예시에서 피아노의 백건에는 파란색을 사용하고 흑건에는 녹색을 사용했다. 여기에 더해 각 건반 레이아웃 위에 노트 이름을 표기했다. 그림 8-17은 건반 모양을 편집하는 OSC 편집기의 모습을 보여준다. 이 레이아웃을 저장한 다음 모바일 장치로 전송할 수 있다.

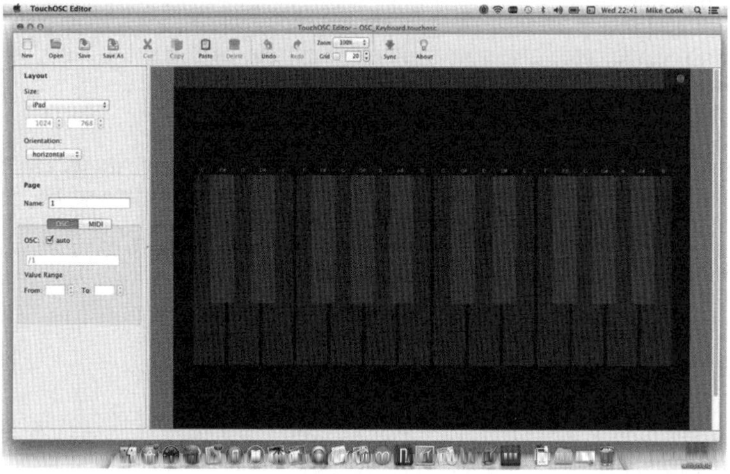

그림 8-17 TouchOSC 편집기

▌터치 OSC 화면

이제 프로젝트를 완료하려면 아두이노 코드가 필요하다. 이번에 볼 코드는 이 장의 다른 코드보다 훨씬 간단하다. 디버그 출력이 필요하지 않기 때문이다. 이것은 단순한 독립형 시스템으로 설계되었다. 라우터의 네트워크에 연결되었음을 표시하기 위해 9번 핀이 HIGH로 설정된다. 이전 프로젝트에서처럼 이 핀을 외부 LED에 연결할 수 있지만 꼭 그럴 필요는 없다. WiFi 실드상에 작은 초록색 표면 실장 LED가 있고 아두이노 9번 핀에 연결되어 있어, 녹색 불빛이 성공적으로 연결되었고 연결 준비가 되었음을 나타내다. 코드는 예제 8-4에서 볼 수 있다.

예제 8-4 OSC 키패드를 위한 아두이노 코드

```
/*
OSC Keypad - Mike Cook Jan 2014
*/
#include <SPI.h>
#include <WiFi.h>
#include <WiFiUdp.h>
#include <OSCBundle.h>
#include <OSCBoards.h>
#define TONE_PIN 8

int notes[] = {262, 262, 277, 294, 311, 330, 349, 370, 392, 415, 440, 466, 494,   #A
523, 554, 587, 622, 659, 698, 740, 784, 831, 880, 932, 988} ;                      #A
int status = WL_IDLE_STATUS;
char ssid[] = "myNetwork"; // your network SSID (name)
char pass[] = "*********"; // your network password (use for WPA, or use as key for WEP)
IPAddress iPad(192, 168, 1, 102); // address of iPad or device running OSC
unsigned int inPort = 8000; // local port to listen on needs to match OSC's outgoing port
unsigned int outPort = 8001; // local port to talk to on needs to match OSC's incoming port
WiFiUDP Udp; // instance of the WiFi handler

void setup() {
 pinMode(9, OUTPUT);
 digitalWrite(9, LOW); // LED off

 //Initialise serial and wait for port to open:
 Serial.begin(9600);
```

예제 8-4 OSC 키패드를 위한 아두이노 코드

```
  while (!Serial) {
   ; // wait for serial port to connect. Needed for Leonardo only
  }
  Serial.println(" ");

  // check for the presence of the shield:
  if (WiFi.status() == WL_NO_SHIELD) {
   Serial.println("WiFi shield not present");
   // don't continue:
   while(true); // hold here
  }

  // attempt to connect to Wifi network:
  while (status != WL_CONNECTED) {
   Serial.print("Attempting to connect to SSID: ");
   Serial.println(ssid);
   // Connect to WPA/WPA2 network. Change this line if using open or WEP network:
   status = WiFi.begin(ssid, pass);
   // wait 10 seconds for connection:
   delay(10000);
  }
  digitalWrite(9, HIGH); // show connected
  Udp.begin(inPort);
}

void loop() {                                                                    #B
  // if there's data available, read a packet
  OSCMessage messageIN;
  int packetSize = Udp.parsePacket();

  if(packetSize)
  {
   while(packetSize--)
   messageIN.fill(Udp.read());
   if(!messageIN.hasError())
   {
    messageIN.route("/1", routeScreen1);
   }
  }
}

/**
* Route Screen 1 - OSC /push(n)
```

예제 8-4 OSC 키패드를 위한 아두이노 코드(계속)

```
*
* called when address matched "/1"
* expected format:
* /1/push(N)
* (N) = is 1 to 4
* (value) = 1.0 for a push or 0.0 for release
*/

void routeScreen1(OSCMessage &msg, int addrOffset) {                    #C
 //match input
 int match = -1;

 for(int i = 1; i < 24; i++) {
  if(msg.match(prefixPulsNumOSCAddress("/push", i), addrOffset) != 0) match = i;
 }

 if(match != -1) { // if we have a match for a /push address
  float data = msg.getFloat(0);
  if(data == 0.0) {
   noTone(TONE_PIN); // stop playing
  }
  else {
   tone(TONE_PIN, notes[match]); // Play note
  }
 }
}

char * prefixPulsNumOSCAddress(char * prefix, int num) {                #D
 static char s[12]; // space to construct the string
 int i = 11; // last location in the string
 int len = 0;
 while(prefix[len] != '\0') len++; // find the length of the prefix char array
 s[i--] = '\0'; // add a null at the end
      do
      {
            s[i] = "0123456789"[num % 10];
            --i;
            num /= 10;
      }
 while(num && i); // keep on going until num or i drop to zero

 i++; // compensate for last --i
```

예제 8-4 OSC 키패드를 위한 아두이노 코드(계속)

```
  for(int j = 0; j < len; j++) { // add the prefix string backwards
    s[i - len + j] = prefix[j];
  }
  return &s[i - len]; // return char array and point to first byte
}

#A 각 노트에 사용할 tone 값의 배열
#B 메인 함수로, /1 주소로 시작하는 메시지를 확인
#C 이 함수는 메시지에 추가되는 숫자를 찾아 tone을 시작하거나 정지
#D 예제 8.3과 동일하며 테스트를 위한 메시지를 생성
```

기본적으로 루프 함수는 /1로 시작하는 메시지 주소를 찾는다. 하나를 찾으면 routeScreen1() 함수를 호출한다. 이렇게 /push1에서 /push23까지의 모든 메시지를 생성하고 수신된 번호를 반영하는 match 변수를 설정한다. 그런 다음 메시지 데이터를 검사하고, 1.0이면 tone() 함수가 배열에서 match의 인덱스 값에 해당하는 값을 주파수로 삼아 실행된다. 데이터가 0.0이면 tone의 소리가 들리지 않는다.

어쩌다 노트 오프에 해당하는 OSC 메시지를 놓치는 경우 음이 계속 울린다. tone() 함수는 소리를 만드는 가장 단순한 방법이기 때문이다.

모노메

마지막으로, 음악 세계에서 혁명을 일으킨 모노메Monome라는 컨트롤러에 대해 간략하게 살펴보고자 한다. 브라이언 크랩트리Brian Crabtree와 켈리 카인Kelli Cain이 2006년에 만든 이 악기는 초창기에는 조잡한 형태를 가지고 있었다. 기본적으로 조명이 내장된 푸시 스위치의 간단한 직사각형 배열로, 레이블, 소리 생성 기능, 설명서가 없으며 재생할 방법이 없었다. 그저 키를 눌러서 OSC 스타일 형식으로 메시지를 주고받는 기능만을 가진 컨트롤러였다. 버튼과 스위치는 물론, 일부 모노메에는 기울기 센서가 있어 악기를 잡는 방법으로도 악기를 제어할 수 있었다.

역설적이게도, 모노메가 흥행에 성공한 이유는 이렇게 '특별한 목적이 없는' 악기였기 때문이다. 모노메 형식의 컨트롤러는 현재 시퀀서, 인스트루먼트, 믹서에서 이펙터 컨트롤러, 게임까지 모든 종류의 어플리케이션에 사용되고 있다. 또한 두 명의 발명가가 이 악기를 판매하는 동안에도 오픈소스로 많은 변종이 설계되고 구현되었다.

초기 모노메의 매력 중 일부는 깔끔하고 미려한 외관과 나무로 된 소재, 주황색 LED 등이다. 그러나 이후의 모노메는 매우 다양한 스위치와 LED 색상을 사용하여 만들어졌다. 아카이Akai의 APC40, 노베이션 런치패드Novation Launchpad, 리비드 인스트루먼트 블록Livid Instruments Block 및 Ohm64와 같은 제품은 모노메를 상용화한 주류 버전으로, 일반적으로 '그리드 기반 컨트롤러'로 알려져 있다.

공통 제어 언어를 사용하면 모노메용 응용 프로그램을 개발하는 모든 사람이 그것을 다른 커뮤니티와 공유할 수 있으며, 이를 개선하거나 간단하게 자신의 음악을 만들거 PD와 MAX에 직접 공급할 수 있다. 원래 모노메는 아두이노 프로세서로 제작되지 않았지만, 모노메의 다양한 변형이 아두이노 기반으로 개발되었다. 필자 역시 아두이노 기반 모노메의 여러 버전을 설계했는데, 이에 대해서는 다음 장에서 설명할 것이다.

모노메 API

모노메 명령어 세트 또는 APIApplication Protocol Interface에는 두 가지 버전이 있으며 둘 다 OSC 기반이다. 원래 명령어는 주소 기반 명령어를 사용하는 반면, 새 명령어는 데이터를 담는 OSC 주소를 사용한다. 표 8-4는 모노메로 전송할 수 있는 표준 모노메 OSC 메시지 중 일부를 보여주며, 표 8-5는 전송된 메시지를 보여준다.

전체 설명과 예제는 http://monome.org/docs/tech:osc에서 확인할 수 있으며 더 많은 정보를 찾을 수 있다. 이 장을 잘 읽었다면 충분히 이해할 수 있을 것이다.

표 8-4 모노메로 전송하는 메시지

주소	데이터	설명
/grid/led/set	x y s	(x, y) 위치의 LED를 상태 s(0 또는 1)로 만든다.
/grid/led/all	s	모든 LED의 상태를 s(0 또는 1)로 만든다.
/grid/led/map	x_offset y_offset s[8]	전체 8x8 버튼을 하나의 메시지로 설정한다.
/grid/led/row x_offset	y s[..]	한 행을 하나의 메시지로 설정한다.
/grid/led/col	x y_offset s[..]	한 열을 하나의 메시지로 설정한다.
/grid/led/intensity	i	밝기에 대한 변수로 쓰인다.
/grid/led/level/set	x y l	개별 LED의 밝기를 설정한다.
/grid/led/level/all	l	전체 LED의 밝기를 설정한다.
/tilt/set	n s	기울기 센서 n의 활성 상태를 설정한다. s가 -1이면 활성, 0이면 비활성이다.

표 8-5 모노메가 전송하는 메시지

주소	데이터	설명
/grid/key	x y s	(x, y)의 키 상태 변화로, 1은 눌린 상태, 0은 눌리지 않은 상태이다.
/tilt	n x y z	기울기 센서 n의 위치 변화로 x, y, z 3개의 정수(8비트)값을 가진다.

모노메의 변형

그리드 기반의 모노메는 다양한 크기로 만들어질 수 있다. 필자의 설계 중 하나는 아마도 그중 가장 작은 축에 속할 텐데, 4×4 크기의 조명 스위치로 만들어진 것이다. 표준 모노메는 64버튼, 즉 8×8 격자로 이루어져 있으며 그 다음으로 많이 쓰이는 것이 128버튼, 즉 16×8 격자로 이루어져 있다. 상용 제품 중 가장 큰 것은 256버튼, 즉 16×16 격자이다. 그 외에도 사람들이 만든 다양한 크기의 모노메가 있다. 조명 또한 원래의 모노메가 가지는 오렌지색 LED 외에도 다양한 변형이 적용되었다. 사람들은 사용 가능한 모든 LED 색상을 사용하여 모노메를 만들었으며, 다색 LED와 점점 더 많은 RGB LED를 사용하여 색상을 거의 무제한으로 변형했다.

그리드 기반 컨트롤러의 대표가 모노메라면, 원형 기반의 컨트롤러로 Acr이라 불리는 새로운 컨트롤러도 있으며, 각각 256개의 LED로 이루어진 2개 또는 4개의 원이 있다. 필자의 독자적 설계 중 하나는 육각형 격자로 설정된 모노메로, 헥소메Hexome라는 이름을 붙였다.

8.2 마치며

OSC는 사운드 및 음악에 대한 제어 메시지를 아두이노 외부로 내보내는 또 다른 방법이다. OSC는 MIDI보다 유연하고 자유로운 형식으로 더 정확한 데이터를 더 빨리 전달할 수 있다. MIDI정도로 넓은 시장에 아직 적용되지는 않았지만 그 확산 속도는 무시할 수 없다. OSC 메시지는 네트워크 친화적이기 때문에 스마트폰 및 태블릿과 같은 많은 모바일 장치에서 사용될 수 있으며, 모바일 앱의 표준으로 점점 더 부각되고 있다. OSC는 빠르게 발전하고 있으며, 앞으로도 표준이 계속 개발되고 확장될 것으로 보인다.

09 그 외의 프로젝트

이번 장에서는 다음과 같은 내용을 다룬다.

- MIDI 진자 악기 만들기
- MIDI로 어린이 장난감 글로켄슈필 제어하기
- 거대한 풋 스위치 키보드 또는 컨트롤러 만들기
- MIDI 비트 머신 만들기

1부의 마지막 순서로, 이 장에서는 아두이노를 사용하여 사운드를 제어할 수 있는 더 많은 프로젝트를 살펴볼 것이다. 이 프로젝트들은 4장, 5장에서 논의된 것보다는 복잡하지만 6장, 7장의 프로젝트보다는 간단하다.

이 장의 프로젝트를 통해 책의 1부에서 배운 내용을 복습하고 활용할 수 있으며, 향후 독자적인 프로젝트를 위한 발판으로 삼을 수 있을 것이다. 두 종류의 컨트롤러(음악 생성기) 그리고 두 종류의 악기(사운드 생성기)를 살펴볼 것이다.

먼저 만들어볼 MIDI 진자를 통해 최면을 유도하는 듯한 반복적인 패턴이 갑자기 변화하는 악기를 만들 수 있다. 다음으로 장난감 악기인 글로켄슈필을 시퀀서나 키보드에서 연주할 수 있는 MIDI 제어 기기로 변환시켜볼 것이다. 이어서 MIDI 풋 페달을 통해 '발로 연주하는' 경험을 만들어낼 수 있다. 그리고 마지막으로 서보 모터를 사용하여 일상의 물건을 두들기며 난타와 같은 퍼포먼스를 만들어내기 위한 프로젝트를 함께 만들어볼 것이다.

9.1 MIDI 진자

MIDI 진자는 진자의 왕복으로부터 음악을 생성하며, 그 결과는 매력적이고 심지어는 최면적이 될 수 있다. 이것은 일반적인 진자 대신에 혼돈의 법칙에 의해 움직이는 진자를 만들기 때문이다. 그 결과 반복적인 패턴으로 움직이다가 예기치 않게 갑자기 바뀌는 움직임을 만들 수 있다. 초기 조건에 대해 극도의 민감한 설계 덕분에 흔들릴 때마다 진자의 운동이 달라진다. 그 변동성을 높이기 위해 사용할 수 있는 소프트웨어 트릭도 있다.

진자는 긴 현의 끝부분에 흔들리는 무게 또는 질량이다. 현의 길이에 따라 규칙적인 왕복 주기가 있다. 따라서 이러한 진자로는 재미있는 사운드를 생성하기 어려울 것이라고 보통 생각할 것이다. 마치 메트로놈처럼. 하지만 진자의 위치를 측정하려고 하다가 그 운동을 방해하게 되고, 덕택에 진자가 규칙적인 운동이 아니라 혼란스러운 운동을 일으킨다면 어떨까? 이 프로젝트는 시스템에 영향을 주지 않으면서 시스템을 측정할 수는 없다는 과학적 사실의 좋은 예이다.

과학적 용어로서 혼돈은 '결정론적인 시스템의 예측 불가능한 상태'이며, 이는 재미있는 음악적 결과를 만들어내는 시스템의 일종이기도 하다. 기본적으로 진자는 자유도가 두 가지이다. 왼쪽으로 또는 오른쪽으로 흔들릴 수 있다. 진자는 대부분의 시간 동안 일종의 타원을 그린다. 진자의 움직임이 끝나는 부분에는 자석을 배치해야 하는데, 이 자석은 두 가지 작업을 수행한다. 첫 번째, 진자가 특정 지점을 넘었다는 것을 보여주기 위해 센서를 트리거하는 데 사용되며, 두 번째, 기계적 킥으로 진자의 왕복 운동을 미묘하게 변경하여 혼돈스러운 움직임을 만들어내기 위해 사용된다.

자석을 감지하는 몇 가지 방법이 있지만, 가장 간단한 방법인 동시에 최대 킥백을 만드는 방법은 리드 스위치이다. 리드 스위치는 전기 접점이 있는 밀폐된 유리관이다. 이 접점은 자기장에 민감하며, 자석이 가까울 때 닫힌다. 리드 스위치는 현관이나 창문의 보안 시스템에도 많이 쓰이는데, 자석을 여닫이문에 장착하고 스위치를 문틀의 상단 끝에 설치하는 방식이 일반적이다. 이 프로젝트에서는 바닥판에 리드 스위치를 마운트하고 그 위에 자석을 매달 것이다. 자석의 각 경로는 MIDI 노트를 트리거하고 기계적 킥을 제공한다. 이 킥 또는 피드백은 리드 스위치 접점을 이동시키기 위해 진자에서 제거된 운동 에너지에서 발생한다. 따라서 스위치가 트리거될 때마다 진자의 속도가 다르게 느려지며, 접근 각도가 매번 달라지므로 진자의 스윙에 약간의 편차가 발생한다.

9.2 센서

리드 스위치를 센서로 사용하는 것은 아주 간단하지만, 자석을 통과할 때 LED가 켜지도록 하면 더 근사할 것이다. 이를 구현하는 간단한 방법은 아두이노로 각 LED를 제어하고 리드 스위치가 닫힐 때마다 트리거하는 것이다. 그러나 이번 예제는 좀 더 정교한 방법을 쓸 법한 예제이다. 따라서 LED가 포함된 센서 회로에서 자기장이 감지되면 자동으로 LED를 켜는 방식을 구현할 것이다. 이것은 부품뿐만 아니라 필요한 배선의 양을 줄인다.

그림 9-1은 센서의 회로를 보여준다.

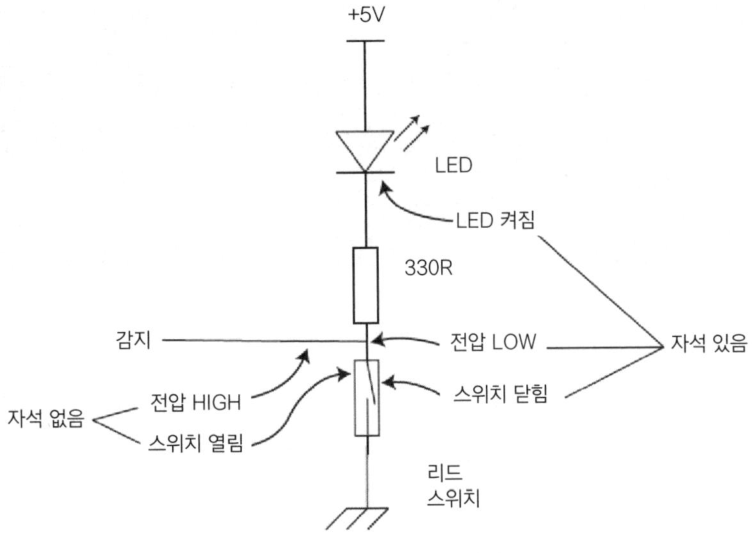

그림 9-1 리드 스위치 센서

자석이 없을 때는 리드 스위치가 열려 있고, 저항과 LED를 통과하는 경로의 전압이 5V이기 때문에 감지 지점의 상태가 HIGH라는 것을 알 수 있다. 그러나 이 감지 라인은 아두이노 입력에 연결되어 있고, 전류가 거의 흐르지 않으므로 LED가 켜지지 않는다. 반면 자석이 리드 스위치 가까이에 오면 스위치가 닫히고, 감지 지점이 접지로 연결된다. 이것은 아두이노에 의해 LOW 입력으로 감지되며, LED 및 저항을 통해 전류가 흘러 LED가 켜지기 때문에 탐지와 피드백이 동시에 이루어지는 일석이조의 효과를 누릴 수 있다.

LED는 자석의 움직임을 방해하지 않아야 하므로 되도록 튀어나오지 않아야 한다. 이러한 구조를 만들기 위한 방법은 두 가지인데, 구멍을 뚫어 바닥판에 장착하거나, 리드 스위치 가까이에 표면 실장형 LED를 사용하는 방법이 있으며 필자는 후자의 방법을 택했다. 이 프로젝트에서는 15개의 센서를 만들어야 하는데, 필자는 이를 위해 그림 9-2와 같이 작은 1.4×0.3인치 스트립 보드에 센서를 고정시켰다.

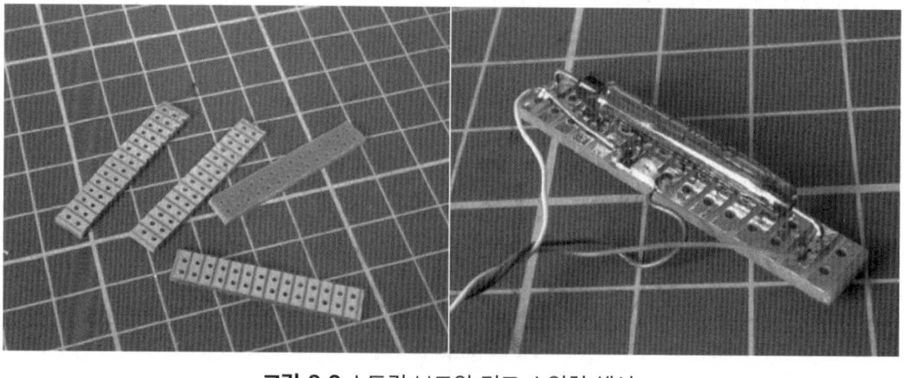

그림 9-2 스트립 보드와 리드 스위치 센서

각 센서에는 +5V, 접지, 감지 라인으로 이루어진 3개의 전선이 필요하다. 표면 실장 LED뿐만 아니라 스트립 보드의 트랙 사이에 표면 실장형 저항도 쓰인다. 상세한 배선은 그림 9-3에서 볼 수 있다.

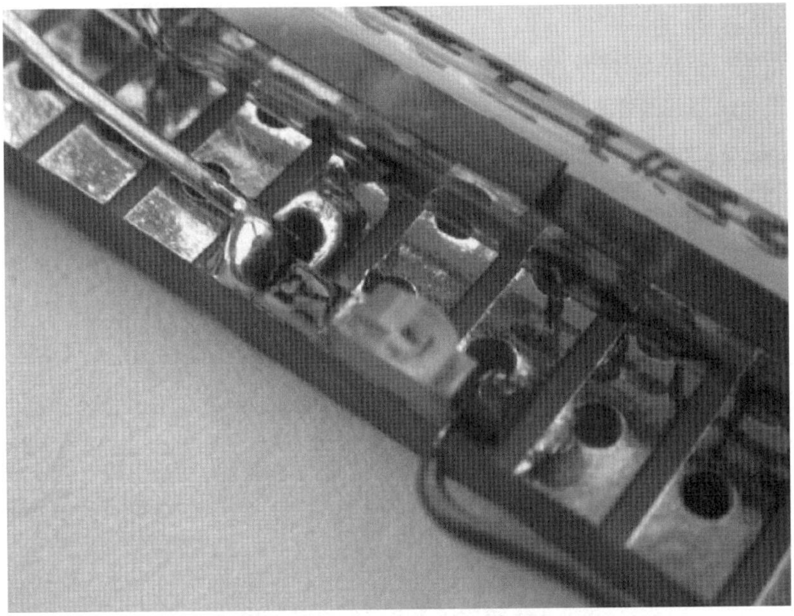

그림 9-3 센서 배선을 클로즈업한 모습

이 센서 보드는 진자가 왕복할 부분에 최대한 가깝도록 바닥판에 장착해야 한다. 이제, 센서 보드를 고정하기 전에 먼저 진자와 진자 지지대를 만들어야 한다.

9.3 진자 지지대

진자 지지대의 길이는 이 시스템의 작동 방식의 핵심이다. 기본적으로 센서를 사용하여 베이스 위에 진자가 떠 있게 만드는 일종의 강체 프레임이 필요하다. 필자는 1/2인치와 5/16인치 두 종류의 U채널 알루미늄을 사용했는데, 그 밖의 다른 알루미늄 압출 재료를 사용해도 무방하다.

필자가 쓴 자석은 39인치 길이로 왕복하는 3/4인치 원형 자석이다. 진자가 충분히 길어야 왕복 경로의 양 끝에서 베이스에 근접해서 리드 스위치를 작동시킬 수 있다. 자석이 가까이 와야 리드 스위치가 작동되기 때문에 배선을 하기 전에 이것을 테스트해야 한다.

진자 지지대는 진자가 가는 실에 매달린 채 T자 모양의 꼭대기에 매달려 있는 모양으로, 어찌 보면 교수대처럼 생겼다. 이 실은 진자의 움직임을 제한하지 않도록 가능한 한 짧고 유연한 재료여야 한다. 그림 9-4에서 진자 지지대의 모습을 볼 수 있다.

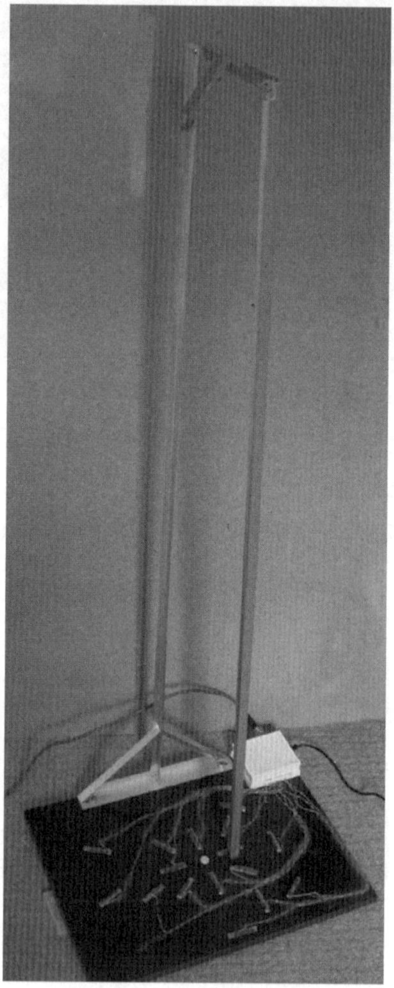

그림 9-4 진자와 지지대

하판의 오른쪽 상단에 있는 상자는 필자가 만든 아두이노 케이스로, 스티렌 시트 재질로 만들어서 RGB LED를 위한 디퓨저 역할도 겸하게 된다. 프로젝트에 시각적인 효과를 더하는 요소라고 볼 수 있다.

9.4 진자 회로도

회로도는 그림 9-5에서 볼 수 있듯이 매우 간단하다. 설계도를 간결하게 정리하고 보기 쉽게 하기 위해 센서 보드를 점선으로 그려 넣었다. 센서 보드에 해당하는 회로가 15개 필요하며, 각각의 센서 보드는 아두이노 센서 라인으로 연결된다.

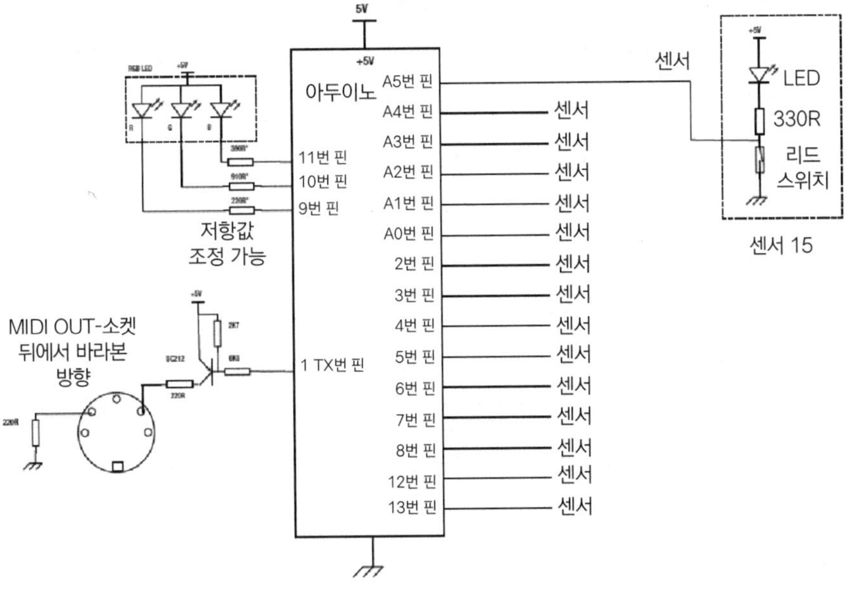

그림 9-5 진자의 회로도

왼쪽에는 일반적인 MIDI 출력 인터페이스와 RGB LED가 있다. 전기적으로 전혀 복잡하지 않은 회로이다.

필자는 제작을 위해 나무로 만들어진 바닥판을 만들어 고광택 페인트로 두 번 칠했다. 그런 다음 실리콘 실러로 이 바닥판에 센서 스위치와 배선을 붙였다. 진자가 움직이지 않을 때 머무르는 바닥판 위치에는 작은 펠트 패드를 붙였다. 이를 통해 진자에 연결되는 실의 적절한 길이를 찾을 수 있었다.

9.5 진자 소프트웨어

진자의 혼란스러운 움직임은 충분히 흥미롭고 역동적이지만, 이 프로젝트는 그 이상의 구현도 가능하다. 각 리드 스위치는 특정 음표에 할당될 수 있다. 자석에 의해 스위치가 활성화되면 노트 온 MIDI 메시지가 전송된다. 그러나 다양한 비트를 추가하려면 해당 노트 할당 또는 맵핑을 고정적으로 하기보다는 동적으로 지정해야 한다. 따라서 하나의 센서가 감지될 때 노트를 보낼 뿐만 아니라 센서와 노트 간의 맵핑을 변경하게 만들었다. 필자는 2차원 배열에 의해 정의된 4개의 맵핑 뱅크를 사용하고, 뱅크 스위치 센서를 사용하여 다른 뱅크로의 맵핑 변경을 트리거했다.

뱅크 변경이 있었음을 보여주는 시각적인 표시와 노트가 전송되었다는 피드백 인디케이터를 구현할 수도 있다. 각 센서에 달린 LED를 활용할 수도 있지만, RGB LED를 추가함으로써 더 화려한 효과를 얻을 수 있다. RGB LED는 각 노트마다 두 가지 색상 사이를 토글한다. 이 두 가지 색상은 맵핑할 뱅크의 맵핑에 따라 달라지며, 이러한 맵핑은 코드 9-1에 표시된 파일에 제공된다. 이러한 파일은 Defines.h라는 파일에 입력하고 IDE의 파일 탭에 추가해야 한다.

예제 9-1 진자 프로젝트의 파라미터 정의 코드

```
// Arduino pin assignments
#define midiChannel (byte)0

// Define constants
#define a3 45                                                        #A
#define b3 47                                                        #A
#define c3 48                                                        #A
#define d3 50                                                        #A
#define e3 52                                                        #A
#define f3 53                                                        #A
#define g3 55                                                        #A
#define a4 57                                                        #A
#define b4 59                                                        #A
#define c4 60 // Middle C (MIDI note value 60)                       #A
#define d4 62                                                        #A
#define e4 64                                                        #A
#define f4 65                                                        #A
#define g4 67                                                        #A
#define a5 69                                                        #A
#define b5 71                                                        #A

// Variable definations
int redLED = 9, greenLED = 10, blueLED = 11; // PWM lines for RGB LED
int bankColourR[8] = { 255, 0, 64, 128, 197, 128, 255, 0 };          #B
int bankColourG[8] = { 0, 255, 128, 255, 128, 210, 255, 64 };        #B
int bankColourB[8] = { 255,255, 255, 197, 255, 128, 64, 32 };        #B
int bankchangeSensor = 2; // sensor for changing banks
int bank = 0; // bank change

const int maxSensors = 15; // number of sensors being used
int sensorLast[maxSensors]; // the last state of the sensors
int sensor[] = {2,3,4,5,6,7,8,12,13,14,15,16,17,18,19}; // sensor pins
char notePlaying[16];
char note[16][4] = {a3, b3, c3, d3, e3, f3, g3, a4, b4, c4, d4, e4, f4, g4, a5, b5,    #C
        b4, c4, d4, e4, f4, g4, a5, b5, a3, b3, c3, d3, e3, f3, g3, a4,    #C
        e3, f3, g3, a4, a3, b3, c3, d3, f4, g4, a5, b5, b4, c4, d4, e4,    #C
        b5, a5, g4, f4, e4, d4, c4, b4, a4, g3, f3, e3, d3, c3, b3, a3     #C
};

#A-각 음표에 대한 MIDI 노트 번호
#B-각 뱅크에서 사용할 색깔
#C-각 뱅크에서 연주할 MIDI 노트의 값
```

이러한 뱅크 맵핑 배열은 모두 변경 가능하므로, 이를 사용하여 실험해보기 바란다. 예를 들어, 음표를 C 이외의 음계 또는 음계 또는 펜타토닉 음계로 맵핑할 수도 있다. 색깔 맵핑은 해당 색깔의 레벨을 나타내는 8비트값(0에서 255)으로 이루어지며 색깔을 더하여 색깔을 혼합할 수 있다. 모든 색깔을 최대 출력으로 올리면 하얀색이 된다.

이제 실제 프로그램 코드가 들어 있는 파일을 살펴보자. 이것은 예제 9-2에 나와 있으며 IDE에 MIDI_Pendulum이라는 이름으로 입력해야 한다.

예제 9-2 진자 스케치 코드

```
/* MIDI Pendulum - Mike Cook Feb 2014
* send MIDI serial data, for magnetic reed switch sensors
*/
#include "Defines.h"                                                    #A

// #define MIDI_TEST // un-comment this line for a test to format the data for the serial monitor

void setup() {
  // set the states of the I/O pins:
  clearNotes(); // remove any notes playing and zero arrays

  for(int i = 0; i < maxSensors; i++) { // initialise sensor inputs
    pinMode(sensor[i], INPUT);
    sensorLast[i] = digitalRead(sensor[i]);
  }

  // Setup serial / MIDI
#ifdef MIDI_TEST
  Serial.begin(9600); // Debug speed
#else
  Serial.begin(31250); // MIDI speed
#endif
  programChange(0xc0, 14);                                              #B
}

//******************** MAIN LOOP ***********************************
void loop() {
  int val;

  for(int i = 0; i < maxSensors; i++) { // scan sensor inputs
```

예제 9-2 진자 스케치 코드(계속)

```
    val = digitalRead(sensor[i]);

    if(val != sensorLast[i]) {
      doSensor(i, val);
      sensorLast[i] = val;
    }
  }
} // end loop function

//******************** Functions ********************************
void doSensor(int s, int v) {                                          #C
  if(v == LOW) { // if we have a make on the sensor
    if(v == bankchangeSensor) { // and it is the bank change sensor
      stopNotes(); // cycle through the sensor / note mapping banks
      bank++;
      if(bank == 4) bank = 0;
      changeLED();
    }
    // play a note
    noteSend(0x90, note[s][bank], 0x60);
    notePlaying[s] = note[s][bank];
    changeLED(); // change LED colour
  }
  else{ // sensor has released
    noteSend(0x80, note[s][bank], 0x00); // turn off the note
    notePlaying[s] = 0;
  }
}

void changeLED() {
  static int toggle = 0;
  // toggle LED depending on the bank
  analogWrite(redLED, bankColourR[((bank << 1) + toggle)]);            #D
  analogWrite(greenLED, bankColourG[((bank << 1) + toggle)]);          #D
  analogWrite(blueLED, bankColourB[((bank << 1) + toggle)]);           #D
  toggle ^= 1; // alternate colour for next time                       #E
}

#ifdef MIDI_TEST
// This is a test so format data for viewing in the serial monitor
void noteSend(byte cmd, byte data1, byte data2) {
  cmd = cmd | char(midiChannel); // merge channel number
```

예제 9-2 진자 스케치 코드(계속)

```
    Serial.print(((cmd >> 4) & 0xf), HEX); // to prevent leading Fs being displayed
    Serial.print((cmd & 0xf), HEX);
    Serial.print(" ");
    Serial.print(data1, HEX);
    Serial.print(" ");
    Serial.println(data2, HEX);
}

// change the voice
void programChange(byte cmd, byte data1) {
    cmd = cmd | char(midiChannel); // merge channel number
    Serial.print(((cmd >> 4) & 0xf), HEX); // to prevent leading Fs being displayed
    Serial.print((cmd & 0xf), HEX);
    Serial.print(" ");
    Serial.println(data1, HEX);
}

#else
// no test so send the stuff out to MIDI
void noteSend(byte cmd, byte data1, byte data2) {
    cmd = cmd | byte(midiChannel); // merge channel number
    Serial.write(cmd);
    Serial.write(data1);
    Serial.write(data2);
}

// change the voice
void programChange(byte cmd, byte data1) {
    cmd = cmd | byte(midiChannel); // merge channel number
    Serial.write(cmd);
    Serial.write(data1);
}
#endif

// stop the notes playing on all notes
void stopNotes() {
    for(int i = 0; i < 16; i++) {
        if (notePlaying[i] != 0) {
            noteSend(0x80, notePlaying[i], 0x00);
            notePlaying[i] = 0;
        }
    }
}
```

예제 9-2 진자 스케치 코드(계속)

```
// stop all the notes playing and initialise arrays
void clearNotes() {
   for(int i = 0; i < 16; i++) {
      noteSend(0x80, note[i][bank], 0x00);
      notePlaying[i] = 0;
   }
}

#A 예제 9-1의 Defines.h 파일을 인클루드함
#B MIDI 음색을 변경. 본 예제에서는 벨 사운드에 해당하지만 다른 음색을 써도 무방
#C 센서 신호 변경이 감지되었을 때 실행하는 코드
#D 배열에서 색깔을 선택
#E ^ 연산자는 '배타적 OR(XOR)' 연산으로, 연산 출력 결과는 0과 1 중 하나가 됨
```

이 코드에는 출력을 디버그하는 데 도움이 되는 몇 가지 추가적인 함수가 포함되어 있다. 디버그 사용 여부는 #ifdef MIDI_TEST문을 사용하여 선택할 수 있다. 이러한 문구는 '컴파일러 지시문'으로 알려져 있는데, 말 그대로 컴파일러에서 코드를 생성하는 방식을 변경하는 역할을 한다. 즉 이 예제에서는 MIDI_TEST라는 레이블을 찾고, 그 다음에 오는 함수를 컴파일한다. 레이블을 찾지 못하면 #else 레이블로 건너뛰고 거기에서 #endif 명령문에 도달할 때까지 컴파일 과정을 계속한다. 이 프로그램에서는 MIDI 메시지에 필요한 이진값 대신 시리얼 모니터 화면에서 MIDI 코드 번호를 표시하는 대체 함수 세트를 전환하는 데 컴파일러 지시문이 사용된다. 프로그램 시작 부분에서 #define MIDI_TEST 줄의 주석 처리를 해제하면 대체 함수를 트리거할 수 있다.

완성된 악기의 모습은 그림 9-6에서 볼 수 있다.

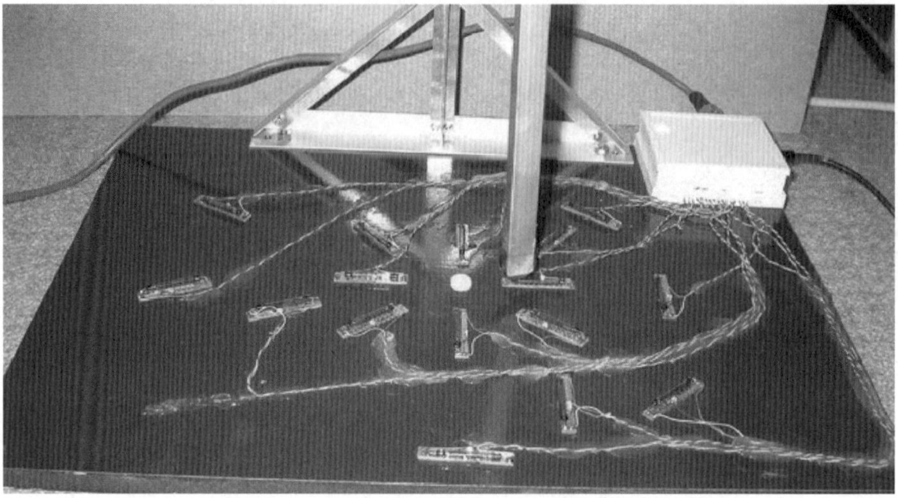

그림 9-6 혼돈의 진자 악기

9.6 MIDI 풋 페달

전시회나 쇼를 위한 거대한 키보드를 원했던 적이 있는가? 필자의 경우 전시회를 위해 셰퍼드 톤shepard tone을 발동시킬 도구가 필요했다. 셰퍼드 톤이란 일종의 음향학적 착란으로, M.C 에셔의 1960년작 'Ascending and Descending(리소그라프)'에서 무한히 상승하는 계단과 같은 시각적 착시를 소리로 옮겨놓았다고 할 수 있다. 셰퍼드 톤을 사용하면 음이 연속적으로 계속 높아지는 것 같은 느낌을 받을 수 있다. 각 노트는 이전의 노트보다 높게 느껴진다. 물론, 그것은 환상일 뿐이며 실제 톤은 그대로 유지되고, 고조파의 혼합만이 바뀐다. 필자는 메이커 페어에서 이 현상을 시연하고 싶었고, 이것이 필자가 MIDI 풋 페달 컨트롤러를 만든 이유이다.

전시 결과는 대성공이었다. 아이들은 정신없이 원을 그리며 전시물 주위를 빙글빙글 달렸고, 소리 역시 계속 상승하는 듯하면서도 제자리를 머물렀다. 이번 절에서는 이 모든 것을 가능케 한 MIDI 컨트롤러에 대해 알아보자.

9.7 풋 스위치

풋 스위치는 민감하면서도 견고해야 한다. 특히 어린이는 밟는 장치를 보면 격한 실험을 시작하기 마련이다. 보안 시스템에 사용되는 압력 매트 스위치를 구입할 수도 있지만, 이는 이 프로젝트에 쓰기에는 너무 크기도 했고 필자는 직접 필요한 도구를 만들고 싶었다.

필자의 선택은 전도성 스티로폼이었다. 전도성 스티로폼은 아두이노 WiFi 실드처럼 정전기에 민감한 집적 회로 및 돌출된 핀이 있는 회로 보드를 포장하는 데 사용되는 스티로폼이다. 물론 압력 감지 시트를 사용할 수도 있다. http://proto-pic.co.uk/pressure-sensitiveconductive-sheet-velostat-linqstat/를 참조하자. 이 웹페이지에는 재료의 용도를 설명하는 PDF 파일도 링크되어 있다.

필자는 MDF 합판을 파내서 오목한 홈을 만들고, 금도금된 전선을 0.1인치 피치 헤더 핀 형태로 배치한 후에 그 위에 전도성 스티로폼을 놓았다. 스티로폼을 밟으면 압축되어 인접한 전선 사이의 저항이 낮아졌다. 배치한 전선의 한쪽을 교차해서 자르고, 자르지 않은 나머지는 반대쪽에서 자른 후 튀어나온 부분을 하나씩이 외곽 전선으로 연결하면 하나의 수제 압력 스위치가 완성된다. 이는 그림 9-7에서 확인할 수 있다.

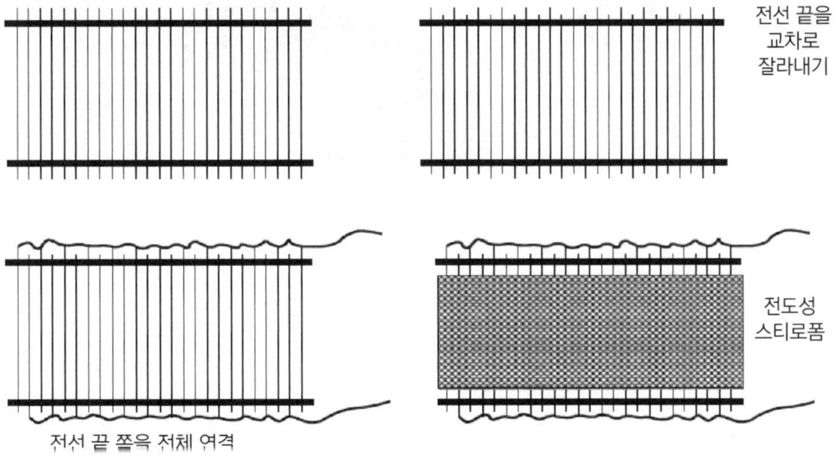

그림 9-7 압력 센서 기반 풋 스위치

만들어진 스위치를 일반적인 플라스틱 폼 포장재로 둘러서 기계적 복원력을 주고, 외관 마감 처리는 커튼 샘플 책에서 구한 천 조각으로 마무리했다. 그림 9-8에서 전체 스위치 제작 과정을 볼 수 있다.

왼쪽 상단에서 선선을 놓기 위한 홈을 볼 수 있고, 왼쪽 하단에서는 포장재를 두른 모습, 오른쪽 하단에서는 그 위에 전도성 폼을 놓은 모습을 볼 수 있다.

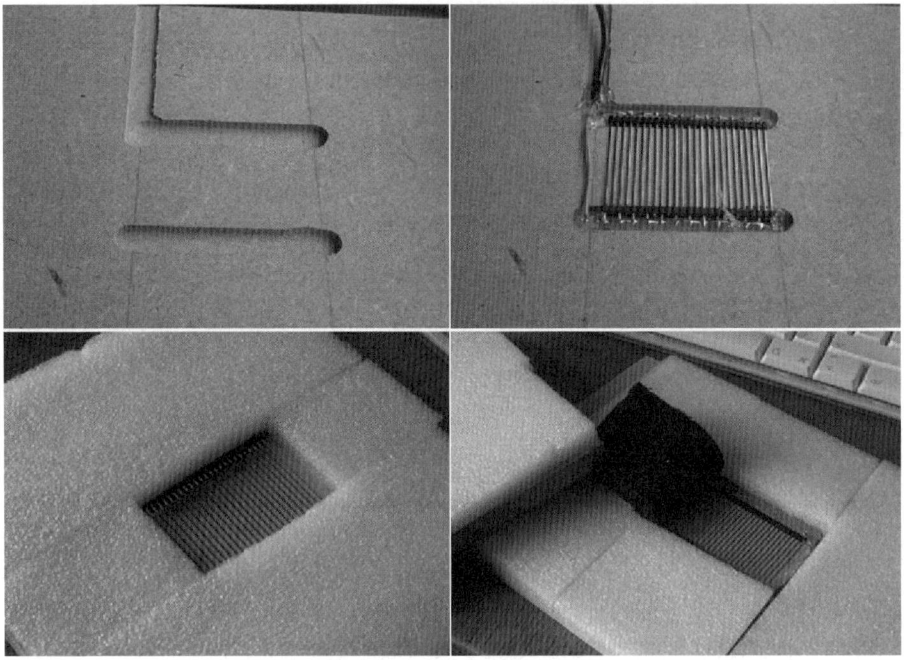

그림 9-8 풋 센서를 만드는 단계

9.8 풋 페달 컨트롤러 회로도

풋 스위치 센서는 위에서 누르는 힘을 받으면 그 저항이 낮아진다. 이제 이것을 아두이노가 이해할 수 있는 신호로 변환해야 한다.

지금까지 이 책에서 다룬 프로젝트는 모두 아두이노를 사용하여 전자부를 구현하였지만, 프로세서와 소수의 구성 요소만을 사용하여 독립형 시스템으로 구축하는 것도 가능하다. 프로젝트가 USB 통신을 필요로 하지 않는 경우에 특히 그렇다. USB를 프로그래밍 및

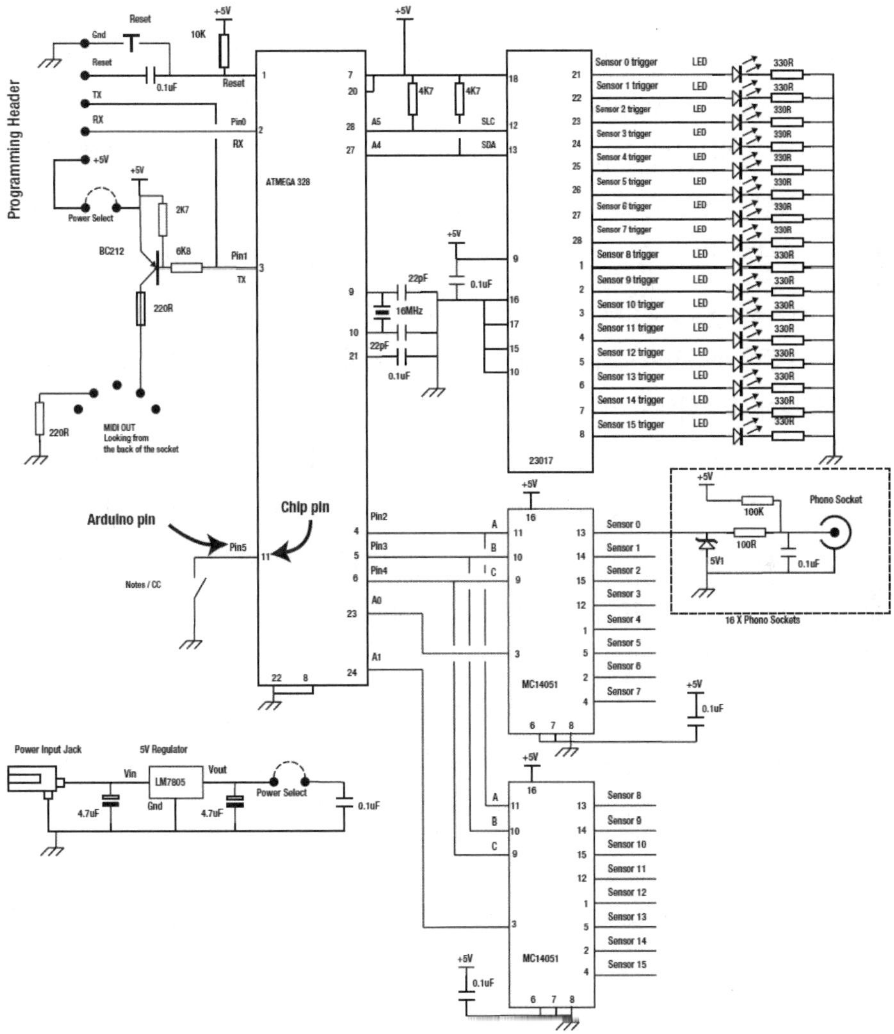

그림 9-9 MIDI 풋 페달 프로젝트의 회로도

개발 단계에서 사용하는 경우 USB-TTL 시리얼 인터페이스 보드를 사용하고 보드에 작은 핀 헤더를 장착하는 것이 훨씬 경제적이다. 그런 다음 프로젝트를 정상적으로 프로그래밍하고 다음 프로젝트에서 해당 인터페이스 보드를 사용할 수 있다.

사용하려는 핀 번호가 아두이노에 호환되는 핀 번호로 표시되므로 아두이노용 회로도를 쉽게 사용할 수 있다. 여기서 AT328 칩 회로 기호 안의 숫자는 칩의 실제 핀 번호이다. USB-to-TTL 직렬 인터페이스 보드에는 리셋 라인과 직렬로 커패시터가 없을 수도 있는데, 그러면 프로그래밍할 때 자동 리셋이 이루어진다. 이 커패시터는 리셋 라인과 직렬로 회로도에 표시된다. 인터페이스가 자동 리셋되지 않는다면 이 커패시터를 분리시키자. 그림 9-9는 독립형 MIDI 풋 스위치 프로젝트의 전체 회로도이다. 여기에는 9V 또는 12V를 외부에서 공급하여 전원을 얻기 위한 5V 레귤레이터가 포함되어 있다. 5V 전원 공급 장치를 사용하는 경우 레귤레이터 회로를 완전히 우회하여 직접 칩에 전원을 공급할 수 있다.

물론 일반적인 상황에서의 작동에는 영향을 미치지 않으며 아무 문제가 없을 거라 생각하면 회로에서 제외해도 된다.

각 센서는 2개의 4051 아날로그 멀티플렉서 중 하나의 입력으로 공급된다. 이러한 멀티플렉서는 아날로그 입력 A0 및 A1에 입력된다. 아두이노 핀 2~4는 멀티플렉서 입력이 출력으로 전환되도록 제어한다. 23017 칩은 16비트 I/O 포트 확장기이며, 각 풋 센서가 트리거될 때 피드백을 제공하는 데 사용된다. LED의 시각적 피드백을 원하지 않는다면 이것을 회로에서 완전히 제거할 수도 있다.

풋 센서는 포노 소켓을 사용하여 보드에 연결되며, 회로도를 간소화하기 위해 인터페이스 회로는 한 번만 표시하였다(실제로는 각 센서마다 하나씩 총 16개를 만들어야 한다). 멀티플렉서 칩 입력의 5V1 제너 다이오드는 큰 정전압이 발생하는 경우 보호 기능을 제공한다.

MIDI 출력 드라이버는 이 책의 다른 프로젝트에서 이전에 본 것과 같다. 마지막으로 아두이노 5번 핀을 켜면 노트 메시지와 CC 메시지를 전송한다. 그림 9-10은 완성된 독립형 시스템을 보여준다. LED는 장치의 뚜껑에 부착되며 USB 프로그래밍 인터페이스는 오른쪽 상단에 있다.

그림 9-10 MIDI 풋 페달 하드웨어

9.9 풋 페달 소프트웨어

하드웨어에 생명을 불어 넣는 것은 소프트웨어이다. 연주자의 발이 센서의 저항을 변화시키는 동안 소프트웨어는 MIDI 메시지를 트리거할 시점을 찾아야 하기 때문에, 특정 임계값 아래의 레벨이 감지될 때까지 센서의 입력값을 모니터링해야 한다. 임계값 아래의 레벨을 감지하면 127의 값을 가진 CC 또는 노트 온 메시지를 트리거할 수 있다. 해당 센서의 판독 값이 임계값을 초과하면 0의 값을 갖는 CC 또는 노트 오프 메시지가 전송된다.

이를 수행하려면 소프트웨어가 각 센서를 계속 모니터링해야 하며 마지막으로 얻은 정보와 현재의 입력값을 계속 비교해야 한다. 이전 프로젝트와 마찬가지로, 이 파일은 두 개의 파일로 나뉜다. 첫 번째는 예제 9-3에 있는 Defines 파일이다

예제 9-3 MIDI 풋 페달 프로젝트의 파라미터 정의 파일

```
// Port expander registers
#define IODIR (byte) 0x00                                                      #A
#define IPOL (byte) 0x02                                                       #A
#define GPINTEN (byte) 0x04                                                    #A
#define DEFVAL (byte) 0x06                                                     #A
#define INTCON (byte) 0x08                                                     #A
#define IOCON (byte) 0x0A                                                      #A
#define GPPU (byte) 0x0C                                                       #A
#define INTF (byte) 0x0E                                                       #A
#define INTCAP (byte) 0x10                                                     #A
#define GPIO (byte) 0x12                                                       #A
#define OLAT (byte) 0x14                                                       #A

// Bits in the IOCON register
#define BANK (byte) 0x80                                                       #A
#define MIRROR (byte) 0x40                                                     #A
#define SEQOP (byte) 0x20                                                      #A
#define DISSLW (byte) 0x10                                                     #A
#define HAEN (byte) 0x08                                                       #A
#define ODR (byte) 0x04                                                        #A
#define INTPOL (byte) 0x02                                                     #A

// I2C device addresses
#define ledAddress (0x20 | 0x0) // address of trigger LED indicators output
#define ddrTrigger 0x00000 // data direction register for trigger indictor LEDs
#define midiChannel (byte) 0

// Arduino pin assignments
const int s0Pin = 2;                                                           #B
const int s1Pin = 3;                                                           #B
const int s2Pin = 4;                                                           #B
const int mux1 = 0; // analogue port multiplexer 1 is read on
const int mux2 = 1; // analogue port multiplexer 2 is read on
const int notesSelect = 5; // MIDI notes or CC

// Variable definitions
int currentState[16]; // current state of sensors
int lastState[16]; // the last state of the sensors
int threshold = 0x90;                                                          #C
int lastLedVal;
```

#A-23017 포트 확장기에 대한 레지스터 및 비트 정의
#B-멀티플렉서 핀 선택
#C-센서 입력값의 판정을 위한 임계값 설정

이 파일에서는 23017 포트 확장기의 레지스터 이름과 비트 이름에 대해 정의하고, 그 뒤에 사용되는 핀 번호를 정의한다. 그리고 주 코드에서 사용되는 변수도 정의된다.

예제 9-4에서 메인 코드의 스케치를 볼 수 있으며 이 코드는 IDE 창의 MIDI_Footsteps 탭에 입력해야 한다.

예제 9-4 MIDI 풋 페달 코드

```
/* Midi Footsteps - Mike Cook Feb 2014
*
* -----------------
* send MIDI serial data, for multiplexed pressure pad sensors
*
*/
#include <Wire.h>
#include "Defines.h"

char control[16] = { 16, 17, 18, 19, 20, 21, 22, 23, 24, 25, 26, 27, 28, 29, 30, 31}; #A
// key of C
char notes[16] = { 48, 50, 52, 53, 55, 57, 59, 60, 62, 64, 65, 67, 69, 71, 72, 74 }; #B

void setup() {
  // set the states of the I/O pins to drive the sensor multiplexer:
  pinMode(s0Pin, OUTPUT);
  pinMode(s1Pin, OUTPUT);
  pinMode(s2Pin, OUTPUT);
  pinMode(notesSelect, INPUT_PULLUP);
  lastLedVal = 0;

  // Setup I2C devices
  Wire.begin(); // start the I2C interface
  gpio_write(ledAddress, (MIRROR | ODR) << 8, IOCON);
  // Initilise registers
  gpio_write(ledAddress, ddrTrigger, IODIR); // Make into outputs
  gpio_write(ledAddress, 0, OLAT); // turn them all off
  doSensorScan(); // get initial states
  saveCurrentState();
  Serial.begin(31250); // MIDI speed
}

void loop() {
```

예제 9-4 MIDI 풋 페달 코드(계속)

```
  doSensorScan();                                                          #C
  lookForChange();                                                         #D
  saveCurrentState();                                                      #E
} // end loop function

void doSensorScan() { // look at all the sensors
  for(int i = 0; i < 8; i++) {
    digitalWrite(s0Pin, i & 0x1);                                          #F
    digitalWrite(s1Pin, (i>>1) & 0x1);                                     #F
    digitalWrite(s2Pin, (i>>2) & 0x1);                                     #F
    currentState[i] = analogRead(mux1); // read mux1 in first 8 array locations
    currentState[i+8] = analogRead(mux2); // read mux2 in last 8 array locations
  }
}

void saveCurrentState() { // save the current state for next time
  for(int i = 0; i < 16; i++) {
    lastState[i] = currentState[i];
  }
}

// the value of threshold determines the on / off point
void lookForChange() {
  int ledVal = 0;
  int ledMask = 1;

  for(int i = 0; i < 16; i++) {
    if(currentState[i] < threshold) ledVal |= ledMask; #G
    ledMask = ledMask << 1;
  }

  if(lastLedVal != ledVal) { // something has changed
    ledMask = 1;
    for(int i = 0; i < 16; i++) {
      if((ledMask & ledVal) != (ledMask & lastLedVal)) {
        if((ledMask & ledVal) == 0) {
          // note off
          if(digitalRead(notesSelect)) {                                   #H
            midiSend(0xB0, control[i], 0x00); // turn off control message
          }
          else {
            midiSend(0x80, notes[i], 0x00); // note off
          }
```

예제 9-4 MIDI 풋 페달 코드(계속)

```
          }
          else{
            // note on
            if(digitalRead(notesSelect)) {                                    #H
              midiSend(0xB0, control[i], 0x7f); // turn on control message
            }
            else {
              midiSend(0x90, notes[i], velocityCalculate(currentState[i])); // note on
            }
          }
        }
        ledMask = ledMask << 1;
      }
      // Update the trigger LEDs
      gpio_write(ledAddress, ledVal, OLAT);
    }
    lastLedVal = ledVal; // record current state of LEDs and MIDI notes / messages
}

byte velocityCalculate(int reading) {
    int velocity;
    velocity = 95; // default velocity
    // velocity = map(reading, 0, threshold, 127, 0);                         #I
    return (byte) velocity;
}

// send a MIDI message
void midiSend(byte cmd, byte data1, byte data2) {
    cmd = cmd | byte(midiChannel); // merge channel number
    Serial.write(cmd);
    Serial.write(data1);
    Serial.write(data2);
}

// change the voice
void programChange(byte cmd, byte data1) {
    cmd = cmd | byte(midiChannel); // merge channel number
    Serial.write(cmd);
    Serial.write(data1);
}

void gpio_write(int address, int data, int reg) {
    // Send output register address
```

예제 9-4 MIDI 풋 페달 코드(계속)

```
    Wire.beginTransmission(address);
    Wire.write(reg);

    // Connect to device and send two bytes
    Wire.write(0xff & data); // low byte
    Wire.write(data >> 8); // high byte
    Wire.endTransmission();
}

#A 각 풋 센서에 대해 전송할 CC 메시지
#B 각 풋 센서에 대해 전송할 노트
#C 전체 센서 값을 읽어 배열에 저장
#D 변경 여부를 확인하고 조치
#E 다음 반복문 구간을 위해 새로운 값을 저장
#F 멀티플렉서 채널 설정
#G 임계값 이내의 센서 위치 표시
#H 스위치의 상태에 따라 MIDI CC 또는 노트 메시지 전송
#I 센서 값에 따라 노트 온 벨로시티를 설정할 경우 주석 해제
```

여기서 볼 수 있는 것은 각 풋 센서 트리거에 보낼 내용을 정의하는 두 개의 배열이다. 하나는 CC 메시지, 다른 하나는 노트에 해당한다. 실제로 보내지는 것은 아두이노 5번 핀에 달린 유닛의 노트/CC 스위치에 의해 결정된다.

loop() 함수는 새로 들어오는 센서 입력값을 보고, 새 값을 이전 값과 비교하고 임계 값을 초과하는 경우 적절한 MIDI 메시지를 보낸다. 마지막으로 다음 반복문 구간에서 새로운 데이터를 테스트하는 데 사용할 수 있도록 새로 읽은 값을 배열에 복사한다. MIDI를 보내고 포트 확장기에 쓰는 기능은 다른 프로젝트와 동일하다.

아날로그 센서이므로 반환하는 아날로그 데이터로 무언가를 할 수 있다. 우선 velocityCalculate() 함수를 살펴보자. 이 함수는 입력값을 취하고 이에 반비례하는 노트 온 벨로시티를 맵핑한다. 하지만 센서 입력값이 임계값 아래로 떨어지자마자 노트가 트리거되기 때문에, 이 방법은 그리 성공적이지 않다. 입력값이 가장 낮은 값까지 떨어지는 데 걸리는 시간은 프로세서 속도에 비해 상대적으로 짧으므로 얻을 수 있는 벨로시티의 범위는 매우 작다. 결국 이 센서를 다시 선택해서 입력값이 안정될 때까지 반복적으로 읽어야 한다. 안정적인 입력값을 읽으면 확보할 수 있는 벨로시티의 범위가 넓어질 것이다. 이는 예제에는 구현되어 있지 않으며, 독자의 연습 문제로 남겨둘 것이다.

어쨌든 거대한 건반을 만들고 싶거나, 음악 계단을 만들거나, 음악과 발을 결합하고 싶은 경우에는 MIDI 풋 페달 프로젝트가 제격이다. 이 장의 시작 부분에서 언급한 셰퍼드 톤에 관심이 있다면 이에 해당하는 PD 패치가 있다. PD의 예제는 다음 경로에 있다: Pure Data ➤ audio.examples ➤ D09.shepard.tone.pd.

9.10 빛으로 연주하는 음악

이 프로젝트를 조금만 개조하면 완전히 새로운 프로젝트를 만들 수 있다. 각 풋 센서는 광센서로 대체될 수 있으며, 보다 구체적으로는 광저항 센서를 사용할 수 있다. 이렇게 하면 빛에 의해 트리거되는 장비 또는 컨트롤러가 생성된다.

이렇게 만든 악기를 연주하는 가장 좋은 방법은 센서에 조명을 비추고 센서 위에 손을 흔들어 그림자를 만들면서 악기를 연주하는 것이다. 그림자는 광센서의 저항을 증가시키고 센서 입력값은 올라갈 것이다. 그런데 이렇게 하려면 기존 풋 센서와는 반대로 음을 트리거해야 한다. 이를 구현하는 간단한 방법은 단순히 기존 코드의 노트 온과 노트 오프를 서로 바꾸는 것이다. 물론 임계값도 조정해야 한다.

9.11 MIDI 글로켄슈필

앞의 두 프로젝트는 아두이노를 컨트롤러로 삼아 음을 트리거링하는 악기였지만, 이제부터는 아두이노를 사용하여 실제로 사운드를 생성하는 악기 프로젝트 두 가지를 살펴볼 것이다.

필자는 1993년에 BBC 컴퓨터용 MIDI 글로켄슈필glockenspiel 프로젝트를 만들었고, 나중에 아두이노 및 MIDI를 이용해서 다시 제작했다. 그러나 필자가 사용한 전자 부품 중 일부는 쓸모없게 되었고, 그래서 이 책을 위해 다시 설계를 하였다. 이 프로젝트는 꽤 오랜 기간 동안 인기를 끌었으며 지금도 필자는 사람들에게 문의 메일을 받고 있다.

새로운 설계본에서 필자는 아두이노의 빠른 실시간 기능을 사용하여 전자 장치를 단순화하고, 현대적인 달링턴Darlington 드라이버 IC를 사용했다. 글로켄슈필과 실로폰을 혼동하는 경우가 많은데, 실로폰에는 나무 블록이나 막대가 있고, 글로켄슈필에는 금속 막대가 있다.

글로켄슈필은 기본적으로 어린이용 장난감이다. 개중에는 조율도 제대로 되지 않은 것들도 있지만, 운이 좋으면 값이 저렴하면서도 조율이 잘 된 것도 찾을 수 있다. 이번 프로젝트의 핵심 아이디어는 글로켄슈필의 각 노트 바 아래에 솔레노이드를 배치하고 활성화되었을 때 바를 치는 것이다. 그림 9-11에서 악기의 모습을 볼 수 있다.

그림 9-11 MIDI 글로켄슈필

9.12 솔레노이드

솔레노이드는 기본적으로 코어에 막대가 들어 있는 전자석이다. 전류가 솔레노이드를 통과하면 막대를 코어로 당기는 자기장을 생성한다. 전류가 제거되면 자력이 손실되고, 중력이나 스프링의 작용으로 막대가 원래 위치로 복원된다. 작은 지름의 익스텐션이 막대에 달리면, 코어로 끌어당기는 주 막대의 작용으로 이 익스텐션이 먼 쪽 끝으로 밀려난다. 이러한 유형의 솔레노이드는 푸시 솔레노이드로 알려져 있으며 이 프로젝트에 사용되는 유형이기도 하다.

이 프로젝트에 필요한 솔레노이드를 찾을 때 신경 쓸 몇 가지 중요한 사항이 있다. 첫 번째는 전압이다. 12V 이하의 솔레노이드가 필요하며, 드라이버 IC가 처리할 수 있도록 가능한 한 400mA 이하의 전류를 쓰는 솔레노이드가 필요하다. 또 다른 주요 사항은 스트로크이다. 스트로크는 솔레노이드의 막대가 작동할 때 얼마나 멀리 밀려나는지 알려준다. 이 수치는 너무 클 필요는 없지만, 너무 작으면 노트 바 아래에 장착하는 것이 어려울 수도 있다. 솔레노이드는 특별히 비싸지는 않지만 이 프로젝트에 8개가 필요하므로 가격을 잘 고려해야 한다.

이 프로젝트의 까다로운 부분은 솔레노이드를 기계적으로 장착하는 부분이다. 필자는 플렉시글라스Plexiglas의 시트를 악기의 아래쪽에 볼트로 고정시켰다. 이것은 솔레노이드를 마운팅 너트로 고정할 수 있는 시트와 노트 바 사이에 간격을 남겼다. 그리고 그 위에 막대가 떨어지지 않도록 볼트 고정 장치를 설치했다. 고정 장치와 너트 사이에 폼 조각을 삽입해서, 비활성화된 솔레노이드에서 막대가 떨어질 때 흔들리는 소리를 줄였다. 솔레노이드 장착 방식을 그림 9-12에서 볼 수 있다.

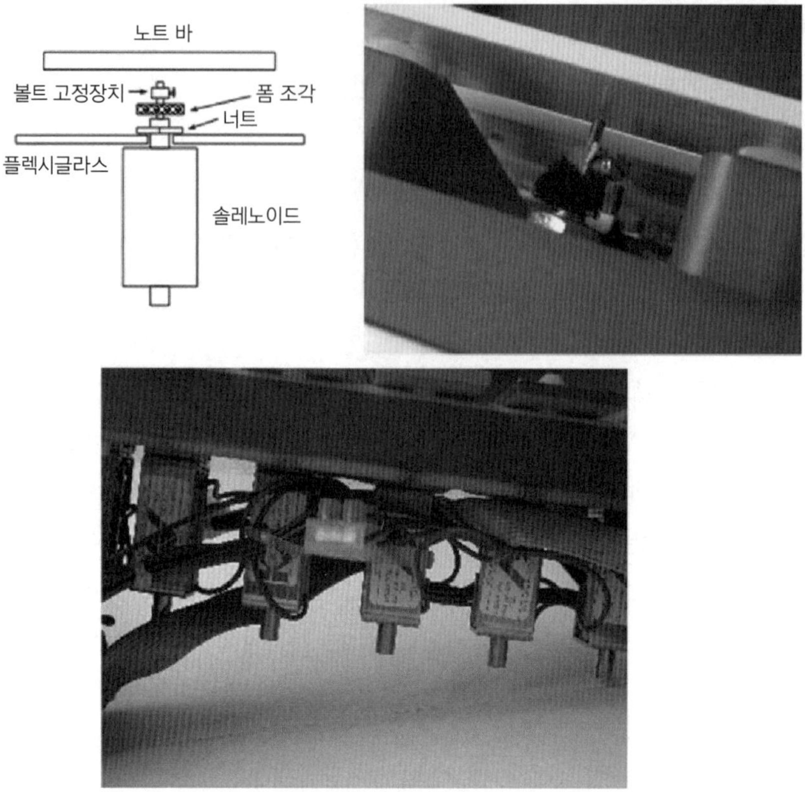

그림 9-12 솔레노이드 설치

마무리로 솔레노이드가 테이블 상단에서 떨어지지 않는 충분한 공간을 확보할 수 있도록 두꺼운 알루미늄으로 끝부분을 만들었다.

9.13 MIDI 글로켄슈필 회로도

이 프로젝트의 설계도는 이 책에서 가장 단순한 것 중 하나이다. UNL2803 칩 하나만 있으면 된다. 이 UNL2803은 달링턴 드라이버로, 전류를 빨아들여 접지로 흘려보내며 코일을 위한 EMF 보호 다이오드가 내장되어 있다. 드라이버 칩의 10번 핀은 common핀으로, 외부 12V 전원 공급 장치에 연결하기만 하면 된다. common핀은 전원 공급 역할이 아니며, 전류가 솔레노이드에서 제거되고 자기장이 사라질 때 발생하는 역전압 스파이크를 억제하는 역할이다. 전체 회로도는 그림 9-13에 나와 있다.

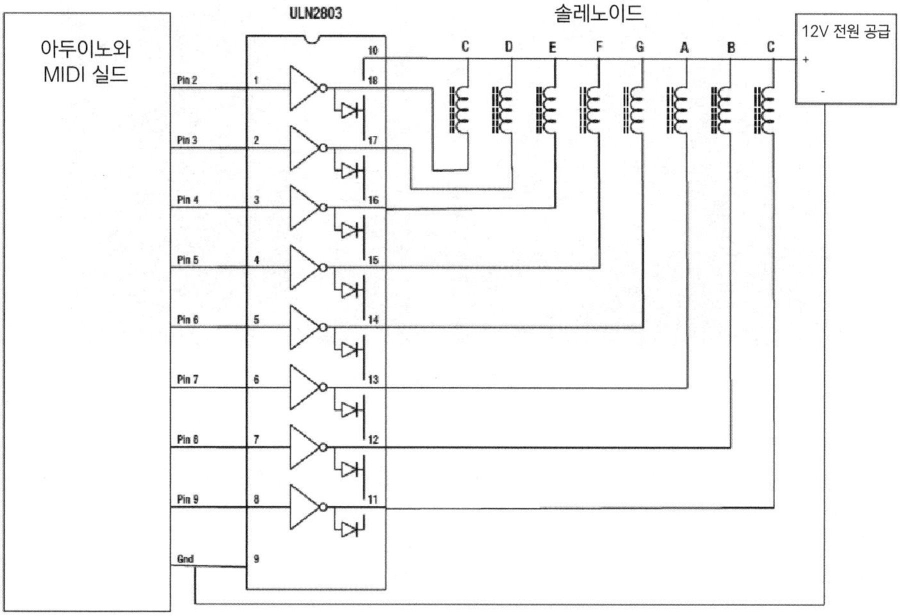

그림 9-13 MIDI 글로켄슈필 회로도

시각적 요소가 더 필요하다면, 각 코일에 병렬로 LED와 저항을 연결해서 코일에 전원이 공급될 때 LED가 켜지게 할 수 있다.

필자는 MIDI 입력 회로와 ULN2803 솔레노이드 드라이버를 스트립 보드에 내장하여 알루미늄 판 중 하나에 마운트했다. 그 위에 아두이노 보드를 마치 실드처럼 결합했는데, 조립된 모습은 그림 9-14에서 볼 수 있다.

그림 9-14 아두이노 설치

아두이노의 핀 간격에 맞추려면 일반적인 스트립 보드에 약간의 변경을 가해야 한다는 점에 유의하자.

9.14 MIDI 글로켄슈필 소프트웨어

이제 프로젝트의 마지막 부분인 소프트웨어를 살펴보자. 하드웨어를 단순화할 수 있는 영리한 프로그래밍이 담겨 있다. 원래의 회로에는 솔레노이드에 대한 펄스 길이를 제어하는 단안정기가 있었는데, 이를 쓰려면 활성화 입력이 있는 드라이버 칩이 필요했다. 소프트웨어에서 솔레노이드 펄스의 지속 시간을 제어하는 방식을 사용함으로써 단순한 달링턴 드라이버를 사용하는 회로를 구현할 수 있었다.

4장에서 다룬 여러 MIDI 프로젝트에서 본 코드도 이번 예제에 반영되어 있다. 기본적으로 MIDI 노트 온 메시지는 솔레노이드를 발사할 것이고, 시스템 시간의 현재 값은 해당 노트의 위치에 배열로 기록된다. 그런 다음 각 루프가 시작될 때 시스템 시간을 점검하면서 솔레노이드를 끌 시간을 확인한다. 솔레노이드 펄스의 길이는 단일 변수로 설정할 수 있다. 이 프로젝트의 전체 코드는 예제 9-5와 같다.

예제 9-5 MIDI 글로켄슈필 아두이노 스케치

```
/* Midi Glock - Mike Cook Feb 2014
* listen for MIDI serial data and fire solenoids for individual notes
*/

byte incomingByte;
byte note;
byte velocity;
int state = 0; // state machine variable
byte baseNote = 60; // lowest note                                    #A

// use different values of baseNote to select the MIDI octave
// 24 for octave 1 -- 36 for octave 2 -- 48 for octave 3 -- 60 for octave 4
// 72 for octave 5 -- 84 for octave 6 -- 96 for octave 7
// play only notes in the key of C (that is no sharps or flats) define pin numbers:-
byte playArray[] = { 2, 0, 3, 0, 4, 5, 0, 6, 0, 7, 0, 8, 9 };         #B
int channel = 0; // MIDI channel
unsigned long noteOnTime[13];                                         #C
unsigned long firingTime = 40; // time to hold the solenoid on

void setup() {
  for(int i = 0; i < 13; i++) {
    if(playArray[i] != 0) {
      pinMode(playArray[i], OUTPUT); // declare the solenoid's pins as outputs
      digitalWrite(playArray[i], LOW); // set to off
    }
  }
  Serial.begin(31250); //start serial with MIDI baud rate
}

//loop: wait for serial data, and interpret the message
void loop() {
  for(int offCheck = 0; offCheck < 13; offCheck++) {                  #D
    if((noteOnTime[offCheck] != 0) && (millis() - noteOnTime[offCheck] > firingTime)) { #D
```

예제 9-5 MIDI 글로켄슈필 아두이노 스케치(계속)

```
      noteOnTime[offCheck] = 0;                                                      #D
      if(playArray[offCheck] != 0) digitalWrite(playArray[offCheck], LOW);          #D
    }
  }
  // see if anything new has arrived
  if(Serial.available() > 0) {
    // read the incoming byte:
    incomingByte = Serial.read();
    switch(state) {
      case 0:
        // look for as status-byte, our channel, note on
        if(incomingByte == (144 | channel)) {
          state = 1;
        }
        // consider follow on mode
        if(incomingByte < 128) {
          // use same noteDown as last time
          note = incomingByte;
          state = 2;
        }
      case 1:
        // get the note to play
        if(incomingByte < 128) {
          note = incomingByte;
          state = 2;
        }
        else {
          state = 0; // reset state machine as this should be a note number
        }
        break;
      case 2:
        // get the velocity
        if(incomingByte < 128) {
          playNote(note, incomingByte); // fire off the solenoid
        }
        state = 0; // reset state machine to start
    }
  }
}

void playNote(byte note, byte velocity) {
  byte playPin;
```

예제 9-5 MIDI 글로켄슈필 아두이노 스케치(계속)

```
    if(velocity != 0) { //only fire solenoids with non zero velocity
      // since we can't play all notes we only action some notes

      if(note >= baseNote && note <= (baseNote + 13)) {
        playPin = playArray[note - baseNote]; // to get a pin number between 2 and 9

        if(playPin != 0) { // if it is a note in the scale
          digitalWrite(playPin, HIGH); // play it if it is one of our notes
          noteOnTime[note - baseNote] = millis(); // time we turned the note on
        }
      }
    }
}

#A 중간 C로부터 시작하며, 이 수치를 바꾸면 옥타브를 바꿀 수 있음
#B 0이면 노트를 플레이하지 않음
#C 솔레노이드가 처음 켜지는 시간
#D 솔레노이드를 써야 하는지 확인
```

baseNote 변수는 글로켄슈필이 응답할 옥타브를 정의한다. 이 예제에서는 중간 C를 가장 낮은 음으로 사용했다. 솔레노이드 활성화하는 MIDI 메시지를 바꾸기 위해 이것을 쉽게 변경할 수는 있지만, 실제로 글로켄슈필이 연주하는 노트는 변경되지 않는다. playArray 변수는 솔레노이드를 발사하는 핀을 정의한다. C 장음계에는 연주해서는 안 되는 음(흑건)이 있는데, 이것들은 핀 번호 0으로 배열 내에 표시된다.

들어오는 메시지를 읽는 상태 머신은 이 책에서 여러 번 사용해 본 코드이므로 자세한 설명은 생략하겠다. 마지막으로, playNote() 함수는 baseNote 변수에서 재생해야 하는 노트를 빼서 playArray에 대한 인덱스를 생성하고, 결과 핀이 재생 가능(0이 아닌)한지 확인한 후 해당 핀을 HIGH로 설정하고, 이벤트가 발생한 시스템 시간을 기록한다.

이렇게 만든 악기를 활용할 때의 문제라면, 하나의 음계로만 연주할 수 있는 음악을 찾는 것이다. 다행히도 초보자와 어린 아이들을 위한 악보 중에는 이러한 음악을 꽤 많이 찾을 수 있다.

물론 이 예제는 하나의 음계에만 한정되지 않는다. 필자는 실제로 이 아이디어를 확장해서 88개 건반을 구현한 예를 본 적이 있으며, 그러한 예가 하나가 아니라 둘이나 된다! 진심으로 존경한다.

9.15 MIDI 비트 머신

이 장의 마지막 악기는 타악기로, 이른바 MIDI 비트 머신이다. 글로켄슈필에서 사용한 솔레노이드보다 더 나은 방식은 서보 메커니즘 또는 서보를 사용하는 방식이다. 서보를 사용하면 소화기, 비스킷 통, 요리 냄비, 심지어 진짜 드럼과 심벌까지도 연주하는 타악기를 만들 수 있다. 모두 MIDI 시퀀서를 사용해서 제어하며, 사용할 서보를 정의하는 노트 번호와 서보가 이동하는 각도를 정의하는 음표의 벨로시티값이 함께 표시된다. 물론, 이 프로젝트를 이해하기 위해서는 우선 서보를 이해해야 한다.

9.16 서보

서보 모터는 모델 항공기 및 애니메트로닉스 제어에 광범위하게 사용된다. 그러나 서보는 단순한 모터가 아니라 복잡한 전자부를 갖춘 시스템이다. 서보 내에는 샤프트와 전위차계를 회전시키는 기어드 모터가 있으며, 샤프트의 위치는 저항의 값을 통해 모니터된다. 서보에 내장된 전자 회로는 샤프트의 위치가 입력 신호에 의해 설정된 각도와 일치하는지 확인한다. 이 입력 신호는 일반적으로 펄스 위치 변조PPM 신호이다.

다행히도 아두이노 핀 중 하나로부터 PPM 신호를 생성할 수 있는 라이브러리가 있다. 서보가 원하는 각도를 쉽게 설정할 수 있다. 각도를 설정해서 라이브러리 함수를 호출하면 서보가 해당 각도로 이동하고, 해당 각도에 도달해서 정지한다. 물론 이것은 최선의 시나리오이며, 상황은 원하는 대로 돌아가지만은 않는다.

우선, 대부분의 서보는 움직임의 각도가 제한되어 있으며 이를 초과하는 신호를 보내면 끝까지 이동해서 멈춘다. 이런 동작을 반복하면 서보가 손상될 수 있다. 그리고 서보는 많은 전류를 소비할 수 있기에 거의 항상 별도의 전원 공급 장치가 필요하다. 또한 전기적 잡음이나 간섭이 많이 발생하는데, 이것은 종종 아두이노를 리셋시키거나 이상하게 작동시킬 수도 있다. 마지막으로, 전형적인 취미 서보는 보통 쓰이지 않는 6.5V로 동작하도록 설계되었다. 5V에서 동작시킬 수는 있지만, 그 전압에서는 최고 속도와 전력을 얻을 수 없다.

서보 모터에는 다양한 크기가 있다. 서보는 출력 가능한 토크의 양으로 분류되며, 그 가격 범위는 수 달러에서 수천 달러에 이르기까지 다양하다. 대부분의 취미용 서보의 가격대는 5달러에서 50달러 사이이다. 일반적으로 서보의 전기적 연결은 접지(검은색), 전원(빨간색), 제어(노란색)의 3개의 전선으로 구성되며, 규격화된 0.1인치 피치의 3핀 소켓을 사용한다. 보다 저렴한 서보 모터는 플라스틱 기어를 사용하기 때문에 수명이 짧다. 금속 기어는 더 수명이 길지만, 어쨌든 많이 사용하면 일부 서보는 소모될 수 있다. 전형적인 취미용 서보의 모습을 그림 9-15에서 볼 수 있다.

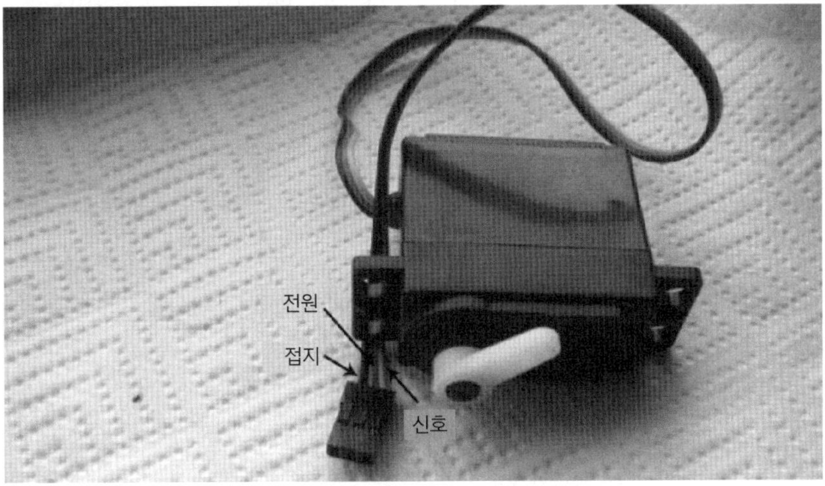

그림 9-15 일반적인 취미용 서보 모터

9.17 MIDI 비트 머신 회로도

이 프로젝트의 회로는 매우 간단하다. 그림 9-16에서 볼 수 있듯이 아두이노에 연결된 서보와 LED가 전부이며, LED는 각 서보의 움직임을 나타낸다. 이 프로젝트에는 MIDI 작동을 표현하는 LED도 포함되어 있다. 노트 번호가 서보의 범위 내에 있지 않더라도 악기가 설정된 채널에 대한 MIDI 정보를 수신하면 LED가 깜박인다.

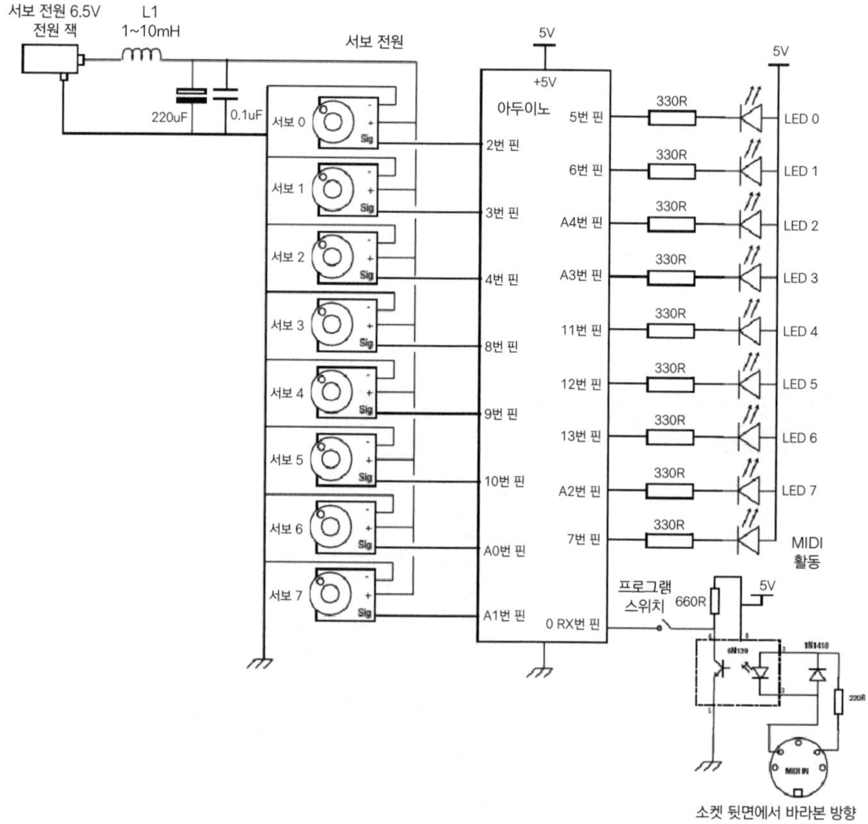

그림 9-16 MIDI 드럼 머신 회로도

오른쪽 아래 부분은 이 책에서 여러 번 다룬 MIDI 입력 회로를 보여주고 있다. 아두이노를 통해 전류 싱크 방식으로 구동되는 8개의 LED가 있으며 왼쪽에는 8개의 서보가 있다. 이 서보는 아두이노에서 나오는 입력 신호를 받으며 아두이노와 공통 접지를 공유한다. 이 서보는 외부 전원을 통해 구동되며, 전기적 간섭 억제를 위해 인덕터를 통해 전원 잭에 연결된다. 인덕터의 값은 크게 중요하지 않다. 또한 디커플링을 돕기 위해 두 개의 커패시터(작은 세라믹 커패시터와 큰 전해질 커패시터)가 병렬로 연결된다.

전원 잭은 적절한 정격 전압 및 전류를 가진 전원 공급 장치에 연결해야 한다. 사용하는 서보의 전원 규격에 정확히 맞으면서 충분한 전류 용량을 가진 전원 공급 장치를 얻을 수 없는 경우도 있는데, 이 경우 포지티브 전원을 두 개 이상의 서보 그룹으로 나누고 각각에 인덕터, 커패시터, 전원 잭을 장착해야 한다.

올바른 출력 전압으로 전원을 공급할 수 없다면 레귤레이터를 만들 수도 있다. 불행하게도 6.5V의 출력을 갖는 고정 전압 레귤레이터는 거의 없다. LM317과 같은 조정 가능한 레귤레이터 중 하나를 사용하여 6.5V 출력을 만들 수 있다. 그림 9-17의 회로는 이러한 레귤레이터를 보여 주며 1.5A 미만의 전류로는 잘 작동한다. 330R 저항은 출력 전압을 제어하며, 이 저항값을 키우면 출력 전압도 올라간다. 만약 전압을 조금 더 높이고 싶다면 이 시리즈와 함께 여분의 10R 저항을 추가하여 6.5V를 만드는 이론값인 340R 이상의 저항을 만들 수 있다. 물론 100R 저항도 허용 오차가 있어 실제 저항값은 미묘하게 다를 것이다. 때로는 이 330R 저항 대신 470R 저항을 사용해서 더 정확하게 올바른 전압을 얻도록 조정할 수도 있다. 입력 전압에 따라 LM317에 방열판이 필요할 수도 있다.

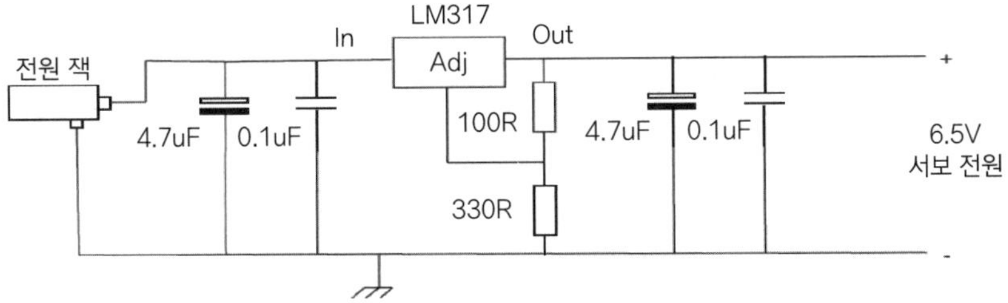

그림 9-17 6.5V 레귤레이터 회로

서보 하나가 잘 작동하는지 확인한 다음, 다른 서보를 한 번에 하나씩 추가하여 전류 및 열 발산에 주의를 기울이는 것이 좋다. 많은 전류가 필요한 대형 서보의 경우, 두 개 또는 그 이상의 회로를 제작해야 할 수도 있다. 이 모든 회로의 접지는 공통으로 연결하되, 전원선은 절대 서로 연결하지 말자. 한 시스템에서 8개 미만의 서보를 동시에 사용할 수 있다.

9.18 MIDI 비트 머신 소프트웨어

소프트웨어는 입력되는 노트 온, 노트 오프 MIDI 메시지를 확인하고 서보를 노트의 벨로시티에 지정된 각도로 동작시켜야 한다. 서보의 동작은 0°에서 127° 사이로 제한된다. 일부 서보는 더 좁은 동작 각도를 가지지만 대부분의 서보에서는 괜찮다. 대부분의 서보는 신호를 받은 후 필요한 각도에 도달하는 사이에 시간이 걸리므로, 서보 각도를 너무 크게 움직이지는 않는 게 좋다. 그러므로 노트 오프, 노트 온에 대한 각도를 일정 범위 내로 제한해놓는 것이 좋다

노트 오프 벨로시티를 사용하여 이 리셋 각도를 지정할 수 있지만, 벨로시티 0을 가진 노트 온 메시지를 노트 오프 대신 사용하는 시스템에서는 이 방식이 잘 작동하지 않을 수 있다. 따라서 필자는 리셋 각도를 구현하기 위해 각 서보와 대해 서로 다른 노트 번호를 리셋 각도로써 정의했다. 이러한 '그림자' 노트 번호는 한 번만 전송하면 되고, 아두이노는 해당 노트 온 벨로시티를 노트 오프를 위한 서보 각도로 저장한다. 노트 오프 위치 배열을 초기화할 때 기본 노트 오프 위치는 소프트웨어에서 미리 정의할 수 있다. 예제 9-6은 전체 아두이노 코드를 보여준다.

예제 9-6 MIDI 비트 머신 아두이노 코드

```
// MIDI Beater by Mike Cook Feb 2014
#include <Servo.h>

Servo beatServo[8]; // create servo object to control a servo

byte midiActivity = 7; // activity LED
byte servoPin[] = {2, 3, 4, 8, 9, 10, 14, 15}; // define what pins the servo is on
byte ledPins[] = {5, 6, 18, 17, 11, 12, 13, 16}; // defines the pins the LEDs are on
byte servoPos[] = {0, 0, 0, 0, 0, 0, 0, 0}; // to determine if LED should be on or off
byte servoOffPos[] = {0, 0, 0, 0, 0, 0, 0, 0};                                 #A
byte lowestServo = 48;                                                          #B
byte lowestServoOff = 28;                                                       #B
int channel = 0;

void setup()
{
  for(int i = 0; i < 8; i++) {
    beatServo[i].attach(servoPin[i]);
    pinMode(ledPins[i], OUTPUT);
    digitalWrite(ledPins[i], HIGH); // turn off LED
  }
  for(int i = 0; i < 8; i++) {
    beatServo[i].write(servoOffPos[i]);                                         #C
  }

  pinMode(midiActivity, OUTPUT);
  digitalWrite(midiActivity, HIGH); // turn off "MIDI for us" light
  Serial.begin(31250); // for MIDI
}

void loop()
{
  checkMIDI();
}

void checkMIDI() {                                                              #D
  static int state=0;
  static boolean noteDown = LOW;
  static byte note;
  byte incomingByte;

  if (Serial.available() > 0) {
```

예제 9-6 MIDI 비트 머신 아두이노 코드(계속)

```
    // read the incoming byte:
    incomingByte = Serial.read();
    switch(state) {
      case 0:
        // look for as status-byte, our channel, note on
        if (incomingByte == (144 | channel)) {
          noteDown = HIGH;
          state=1;
        }
        // look for a status-byte, our channel, note off
        if (incomingByte == (128 | channel)) {
          noteDown = LOW;
          state=1;
        }
        if( ((incomingByte & 0xf) == channel) && (state == 1)) // light up command for us
          digitalWrite(midiActivity, LOW); // turn on MIDI for us light
        else
          digitalWrite(midiActivity, HIGH); // turn off MIDI for us light
        break;
      case 1:
        // get the note to play or stop
        if(incomingByte < 128) {
          note = incomingByte;
          state = 2;
        }
        else {
          state = 0; // reset state machine as this should be a note number
          digitalWrite(midiActivity, HIGH); // turn off MIDI for us light
        }
        break;
      case 2:
        // get the velocity
        if(incomingByte < 128) {
          playNote(note, incomingByte, noteDown); // turn the servo
        }
        state = 0; // reset state machine to start
        digitalWrite(midiActivity, HIGH); // turn off MIDI for us light
    }
  }
}

void playNote(byte note, byte velocity, int down) {
```

예제 9-6 MIDI 비트 머신 아두이노 코드(계속)

```
  byte index = note - lowestServo;
  // if velocity = 0 on a 'Note ON' command, treat it as a note off
  if ((down == HIGH) && (velocity == 0)) {
    down = LOW;
  }
  if(note>= lowestServo && note < lowestServo + 8) { // is it in the range of our servos
    if(down == LOW) velocity = servoOffPos[index]; // make it the off position
    beatServo[index].write(velocity); // make servo move to angle given by velocity
    if(velocity > servoPos[index])
      digitalWrite(ledPins[index], LOW);
    else
      digitalWrite(ledPins[index], HIGH);
    servoPos[index] = velocity;
  }
  else { // set off position
    if((note >= lowestServoOff) && (note < (lowestServoOff + 8))) {              #E
      if(down == HIGH) servoOffPos[note - lowestServoOff] = velocity;           #F
    }
  }
}

#A 노트 오프 메시지에 대한 각도를 담는 배열
#B 가장 낮은 서보 각도에 대한 노트 및 그림자 노트 정의
#C 시작 위치로부터 서보를 구동
#D MIDI 입력 상태 머신
#E 위치 제어 범위 내에 있는지 확인
#F 노트 오프 위치 저장
```

지금까지 이 책의 프로젝트를 모두 따라왔다면 이 코드 역시 친숙할 것이다. 동일한 함수가 많이 등장하는데 일부 수정된 부분도 있다. 여기서는 서보를 구동하기 위해 playNote() 함수가 변경되었다. 노트 번호가 지정된 범위 내에 있는지 확인한 후, beatServo[index].write(velocity)는 서보가 움직이도록 명령한다. 노트가 노트 번호의 그림자 범위 내에 있으면 노트 오프 위치를 정의하는 배열에 벨로시티가 저장된다.

더 넓은 범위의 각도를 원한다면, 수신된 벨로시티값을 두 배로 하면 된다. 물론 이때 정확도는 떨어지게 될 것이다.

9.19 MIDI 비트 머신 구동하기

시스템을 구동시키기 위해 가장 먼저 해야 할 일은 서보를 목표물 위에 올려놓고 타격을 위한 물체를 서보 팔에 고정시키는 것이다. 서보와 이 물체의 조립 상태가 약간의 탄력성을 가지면 훨씬 더 좋은 사운드를 만들어낸다. 필자가 구현한 성공적인 방법 중 하나는 책자 제본에 사용하는 스프링으로 구식 컴퓨터 마우스의 볼을 둘러싸는 방식이었다. 이를 사용하면 공이 타격 대상에 닿고 튀어 오르게 된다. 클램프와 스탠드를 사용하면 더욱 좋다. 조립을 영구적으로 고정하기 임시 배치를 여러 번 시험하는 것이 좋다. 여러 가지를 실험해볼수록 큰 재미를 얻을 수 있고, 상상력과 창의력을 발휘할 수 있다.

비트 머신을 구동하려면 MIDI 시퀀서를 피아노 롤 모드로 설정해야 한다. 피아노 롤 모드에서 각 노트는 블록 모양으로 표시되며 블록의 길이가 노트의 길이에 해당한다. 이 길이를 조정함으로써 서보가 영향을 주는 시간을 조정할 수 있다. 서보가 타격 대상을 치기 위해 너무 먼 각도를 이동해야 된다면, 노트를 발동시키고 실제 소리를 듣는 시간 사이에 지연이 생기게 될 것이다. 또한 노트가 너무 길면 두 개체가 너무 오래 접촉되어 소리가 약해진다. 노트의 길이와 복귀 위치 각도를 섬세하게 설정함으로써 동일한 물체를 가지고도 다양한 사운드를 생성할 수 있다. 언제나 그렇듯 핵심은 반복적인 실험이다.

비트 머신의 활용은 음악 생성에만 국한되지 않는다. 필자의 친구 중에는 트위터에 특정 해시 태그가 있는 트윗이 올라올 때마다 드럼 롤을 연주하는 악기를 만든 친구도 있었다!

9.20 마치며

이것으로 이 책의 1부를 마무리하고자 한다. 지금까지 아두이노를 사용하여 악기 또는 컨트롤러를 만드는 방법을 살펴보았고, MIDI 및 OSC와 같은 표준 메시지와 아두이노를 사용하여 메시지를 조작하는 방법에 대해서 배웠다. 단순한 프로젝트와 복잡한 프로젝트를 모두 다루었으며, 다양한 실험을 할 수 있는 기초를 함께 다루었다.

이 책의 다음 두 부분에서는 지금까지 다룬 내용과 다른 측면으로 아두이노를 활용할 것이다. 아두이노로 다양한 유형의 사운드를 합성하거나 기존의 사운드를 조작하고, 새로운 사운드를 생성하는 방법을 함께 살펴보도록 하자.

제2부

파형의 생성

이 책의 2부에서는 아두이노가 직접 소리를 낼 수 있는 방법을 살펴보자. 파형을 계산하는 법, 톤을 생성하는 법을 익히고 룩업 테이블을 사용하여 복잡한 파형을 생성하고 고유한 사운드를 생성하는 법을 알아보자.

10 소리의 해부학

이번 장에서는 다음과 같은 내용을 다룰 것이다.

- 소리란 무엇인가?
- 음량과 음정을 어떻게 측정할까?
- 같은 음정과 진폭을 가진 사운드가 어떤 차이를 가질 수 있는가?
- 데시벨이란 무엇인가?

소리를 합성하는 방법에 대해 알아보기 전에, 소리가 어떻게 만들어지는지 이해해야 한다. 소리에는 음량, 음정, 음색이라는 세 가지 구성 요소가 있다. 음량은 소리가 얼마나 크게 들리는지, 음정은 소리가 얼마나 높은지를 나타낸다. 음색은 훨씬 더 복잡한 특성으로 소리의 품질이나 특성을 나타낸다. 예를 들어 트럼펫과 피아노로 동일한 가운데 C 노트를 연주할 때, 음량과 음정이 모두 동일해도 두 소리 중 하나는 피아노, 다른 하나는 트럼펫임을 누구나 인식할 수 있다. 음색이 다르기 때문이다.

10.1 소리는 어떻게 만들어질까?

우리는 늘 소리에 둘러싸여 있지만, 1876년에 스코틀랜드의 엔지니어 알렉산더 그레이엄 벨Alexander Graham Bell이 최초의 전화에 대한 미국 특허를 받기 전에는 소리의 본질과 이를 전기적으로 복사하는 방법을 알지 못했다. 1년 후 토마스 에디슨Thomas Edison은 기계적으로 실린더에 소리를 저장하는 특허를 받았다. 두 발명가는 소리의 본질 그리고 소리를 전기적 또는 기계적으로 만드는 법을 이해했다. 그런데 당최 소리란 무엇인가?

기본적으로 소리가 들리면 사람의 귀는 압력을 느끼게 된다. 공기 분자들이 교대로 뭉치고 흩어지면서 공기압이 변화한다. 사람의 귀에는 이 변화에 동조하여 움직이는 고막이 있고, 달팽이관 안에는 서로 다른 크기의 수많은 털세포들이 이러한 공기의 진동을 신경 자극으로 바꾼다. 그래서 우리의 뇌가 소리를 인지할 수 있다. 압력의 변화는 소리와 같은 방향으로 움직이며 이것을 종파라고 부른다. 그러나 이것은 시각적으로 포착하기가 어렵기 때문에 일반적으로 이러한 음파는 Y축을 변위로, X축을 방향으로 표현하는 횡파로 표현된다. 그림 10-1은 동일한 음파를 표현하는 두 가지 방법을 보여준다.

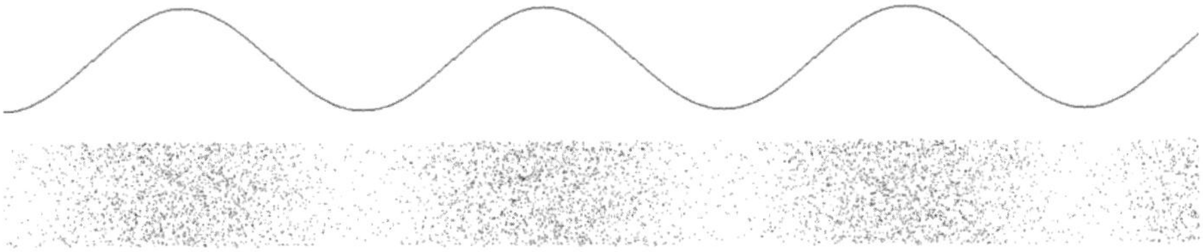

그림 10-1 횡파와 종파

위쪽 그림은 횡파이다. 압력의 변화는 위쪽, 아래쪽 변위로 표시된다. 아래쪽 그림은 공기 분자가 뭉치고 흩어지는 부분을 점으로 구성했다. 두 파 사이의 상관관계를 확인해보자. 위쪽 그림의 압력이 높으면 아래쪽 그림의 점들이 서로 가깝게 나타나고, 위쪽 그림의 압력이 낮으면 아래쪽 그림에서 점들이 더 멀리 떨어져 있다. 아래쪽 그림은 실제로 일어나고 있는 것을 더 잘 나타내지만, 이해하기 쉬운 건 위쪽 그림이다. 실제 이러한 파형은 사인파라고 하는데, 수학의 사인 함수와 같다. 사인파는 태양을 공전하는 지구의 운동으로부터 소리의 근본적인 기본 요소에 이르는 많은 자연 현상에 존재한다. 사인파는 플루트에 의해 생성되는 소리와 매우 흡사하며, 가장 순수한 형태의 사운드이다.

음량, 음정, 음색이 세 가지 특징 중 음량은 피크 간의 진폭으로 정량화할 수 있으며, 이 값이 클수록 소리의 크기가 커진다. 음정은 인접한 피크 간의 간격이 얼마나 가까운지에 따라 정의되며, 음색은 파형의 모양에 따라 달라진다. 그림 10-2에서 볼 수 있듯 하나의 파형을 여러 가지 방법으로 측정할 수 있다.

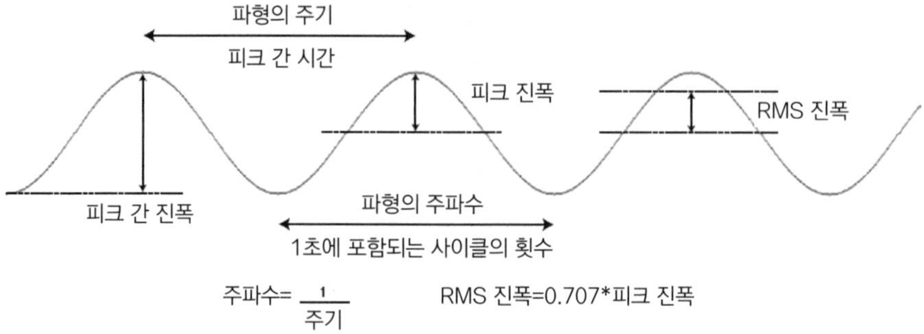

그림 10-2 파형의 측정

기본적으로 두 가지 축을 사용해서 측정한다는 것을 알 수 있다. 수평은 음의 높이를 의미하고, 수직은 음량을 의미한다. 하지만 이를 정량화하는 지표는 여러 가지이다. 먼저 음정 측정을 살펴보자. 인접한 피크 사이의 거리가 파형의 한 사이클에 해당한다. 하나의 사이클이 소요되는 시간은 주기라고 하며, 1초 안에 포함되는 사이클의 수를 주파수라고 한다. 주기와 주파수는 동일한 현상을 일컫는 서로 다른 표현일 뿐이므로, 어느 지표를 사용할지는 각자의 자유이다. 초당 사이클 수를 일컫는 주파수는 보통 헤르츠Hertz라는 단위로 측정된다. 음악에서 중간 C 위의 A는 초당 440사이클, 즉 440Hz의 음정을 가진다. 이 주파수는 튜닝을 위한 고정된 표준으로 사용되며 모든 노트는 이를 기준으로 조율된다. 주파수와 주기는 떼려야 뗄 수 없는 관계인데, 기본적으로 주기의 역수가 주파수이기 때문이다.

진폭은 좀 더 복잡하다. 기본적으로 동일한 것을 3가지 방법으로 표현할 수 있다. 첫 번째는 가장 높은 피크에서 가장 낮은 피크까지 측정한 피크 간 진폭이다. 두 번째는 평균 레벨에서 최고 피크까지의 거리인 피크 진폭이 있다. 사인파에서 피크 진폭은 피크 간 진폭의 절반이다. 세 번째로 RMS 진폭이 있는데 이는 실효값Root Mean Square을 나타내며, 파형의 주기 동안 그 평균적인 높이를 측정한 것이다. 이것은 파형이 가진 힘과 관련이 있으며, 이를 통해 서로 다른 형태의 파형 간에도 힘을 비교할 수 있다. 예를 들어, 대부분의 시간을 0에서 머물다가 짧은 시간 동안 매우 높은 진폭까지 요동치는 파형이 있을 수 있다. 이러한 파형은 한 주기 동안 0 이상의 진폭과 0 이하의 진폭을 반반씩 가지는 파형만큼의 힘을 가지지 못할 것이다. 사인파의 경우 RMS 값은 계산하기 쉬운데, 피크의 진폭에 0.707(루트 2)을 곱한 값이 RMS 값이다.

▎음색: 소리의 개성

소리의 특성은 음색이라고 불리며, 기본적으로 소리를 구성하는 파형의 모양에 의해 결정된다. 또한 대부분의 자연에서 생성된 소리는 소리의 지속 시간에 걸쳐 그 파형이 계속 변하기 때문에 소리의 음색에 중요한 기여를 한다. 조금 더 복잡하게 설명하자면, 서로 다른 파형이 항상 다르게 들리는 것은 아니다. 그림 10-3의 세 가지 파형을 보자. 모두 다르게 보이지만, 모두 똑같은 소리이다.

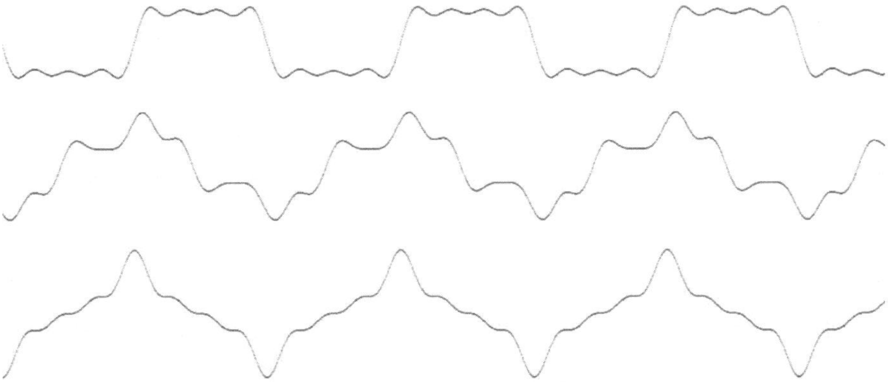

그림 10-3 세 가지 파형, 하나의 소리

그럼 여기서 무슨 일이 일어나고 있는 것인가? 서로 다른 파형은 서로 다른 소리를 생성할 것이라고 보통 생각하겠지만, 중요한 것은 파형의 모양 자체가 아니라 파형의 구성 성분이다. 복잡한 파형은 다양한 사인파의 혼합으로 분해될 수 있으며, 우리가 인지하는 소리를 정의하는 것은 사실 사인파이다. 그림 10-3의 세 가지 파형은 모두 동일한 네 개의 사인파로 이루어져 있지만 각 사인파의 위상이 조금씩 다르게 조합되어 있어 결과적으로 파형의 모양이 달라졌다. 위상이 다르게 조합되었다는 것은 각 사인파의 주기가 시작되는 시점이 다르다는 뜻이며, 이는 사인파가 합쳐진 최종 파형의 형태에 영향을 준다. 그러나 인간의 귀는 위상을 전혀 감지할 수 없으므로 위의 파형은 모두 동일한 소리로 들리게 된다.

참고 사람의 귀는 위상의 변화를 감지할 수는 있지만, 같은 소리의 고조파 사이에 있는 정적인 위상차는 감지할 수 없다. 스테레오 사운드와 같이 두 신호 간에 위상 차이가 있는 경우 스테레오 효과를 파괴할 수 있다. 두 신호 사이의 위상이 스테레오 스테레오에서 사용되는 사운드의 위치에 대한 우리의 인식에 영향을 미치는 것이다.

이 모든 것은 1822년 프랑스의 수학자 조셉 푸리에Joseph Fourier가 발견한 것이다. 푸리에는 열의 이동 방식에 대해 연구하고 있었고, 이 분야에 쓰이는 수학은 사실 소리를 분석하는 데 필요한 수학과 정확히 일치했다. 그는 지구 온난화와 관련하여 온실 효과를 '발견'한 사람이기도 하다.

모든 파형은 사인파의 합으로 구성할 수 있지만, 사인파의 합으로 다른 모든 사인파를 구성할 수는 없다. 각 사인파는 최저 또는 기본 사인파와 배음이라는 측면에서 관련성을 가진다. 다른 파형을 만드는 데 사용할 수 있는 다음 사인파는 2차 고조파라고 하는, 기본 주파수의 두 배 주파수를 가져야 한다. 다음으로 기본 주파수, 즉 기음의 세 배의 주파수를 가지는 파형은 3차 고조파로, 네 배의 주파수를 가지는 파형은 4차 고조파 등으로 계속 이어진다. 각 파형은 기음과 위상이 같을 수도 있고 기음과 위상차를 주기의 1/4만큼 가지고 움직일 수도 있다. 이러한 종류의 파동은 코사인 파로도 알려져 있는데, 한 주기를 완전한 360°라고 할 때 사인파에서 90°만큼 위상차를 가지기 때문에 붙은 이름이다. 그림 10-4는 네 개의 사인파 성분을 더하여 사각파를 생성하는 모습을 보여준다.

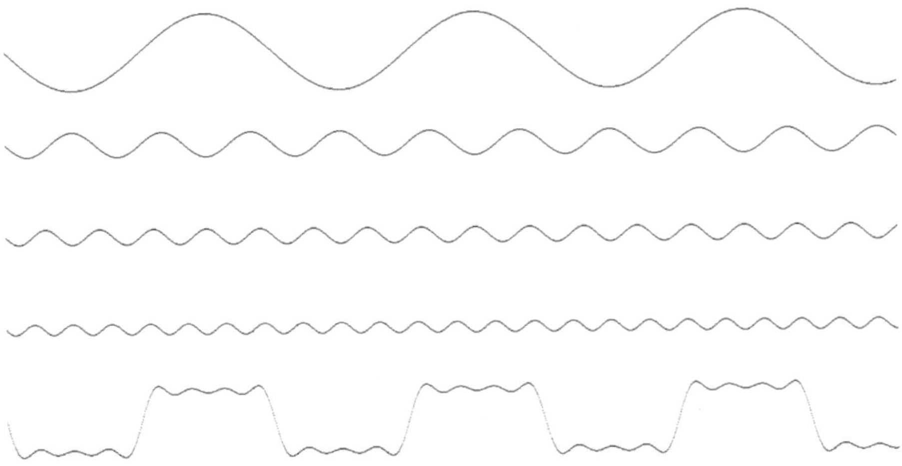

그림 10-4 사각파의 합성

그림 최하단의 파형은 위에 있는 네 개의 파형에 있는 같은 시간대의 진폭을 더함으로써 생성된다. 네 개의 고조파만으로 이루어졌기에 사각파를 제대로 표현하지 못한다. 사각파를 제대로 만들고 싶다면, 기본 파형에 3차 고조파를 기본 파형의 1/3 진폭으로 더하고, 5차 고조파를 기본 파형의 1/5 진폭으로 더하고, 7차 고조파를 기본 파형의 1/7 진폭으로 더하고… 이 합성을 무한 반복해야 한다!

하지만 무한 반복을 걱정할 필요는 없다. 이는 어디까지나 이론적으로 완벽한 사각파를 만들기 위한 것이다. 고조파의 주파수가 인간의 청력의 범위를 초과하면 아무런 의미가 없다. 파형에 고조파를 추가하면 할수록 사각파의 상단과 하단이 더 평평해지고 측면이 가파르게 된다. 그림 10-5는 컴퓨터 프로그램을 통해 206개의 고조파를 조합해서 만든 사각파를 보여준다.

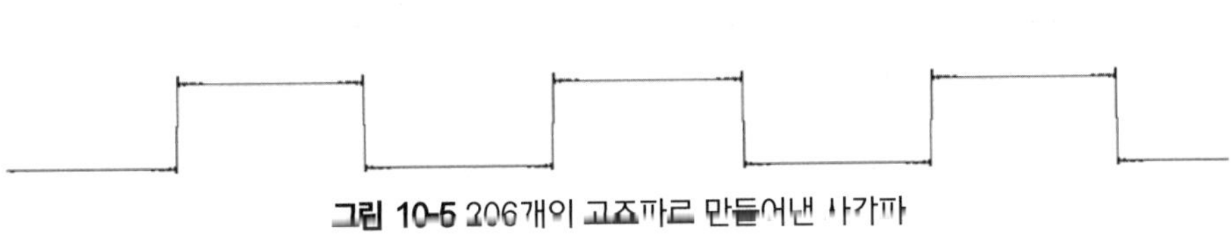

그림 10-5 206개의 고조파로 만들어낸 사각파

이 정도 단계가 되니 거의 정사각형에 가까운 파형이 보인다. 각 사각형의 가장자리에 약간의 진동이 있고, 상승 및 하강 엣지가 상당히 날카로운 것을 볼 수 있다.

요약하자면, 서로 다른 파형을 가지는 소리는 서로 다른 고조파의 합성으로 만들어질 수 있으며, 즉 소리의 음색에 기여하는 것은 이러한 고조파이다.

여기까지 배우고 나면, 어떠한 소리든지 소리를 만들기 위해서는 고조파의 조합을 제어해야 한다고 생각할 수도 있다. 이러한 생각을 바탕으로 만들어진 것이 교회의 파이프 오르간이다. 이 거대한 악기는 건물 자체에 결합되어 있으며 정교한 밸브 장치를 통해 정확한 고조파 조합을 제어할 수 있다. 각 밸브 장치는 오르간 파이프로 가는 공기를 제어하며 각 고조파는 자체 파이프를 가지고 있다. 그런데 생각해보자. 우선, 이러한 구성을 위해 만들어진 악기는 어마어마한 부피를 가지고 있다. 또한, 파이프 오르간의 소리는 다채롭기는 하지만… 어쨌든 항상 파이프 오르간처럼 들린다. 그럼 고조파의 조합을 제어하는 것만으로는 모든 소리를 만들 수 없는 것인가?

그렇다. 사운드를 독창적으로 만드는 것은 고조파 성분뿐만이 아니다. 사실, 실제 악기는 그 노트의 지속 시간 동안 소리의 고조파 성분이 변화한다. 노트를 누르면 4차 고조파가 높은 진폭으로 발생했다가 감쇄되고, 다른 고조파의 진폭이 늘어나면서 더 오래 지속될 수도 있다. 그림 10-6에서 반조 소리의 고조파가 어떻게 변화하는지 살펴보자.

그림 10-6 소리의 고조파가 시간에 따라 변화하는 과정

이 그림은 또한 찰현 악기의 고조파 조합이 변화하는 모습도 보여준다. 시간의 흐름에 따라 고조파의 진폭이 감쇄되는 양상을 주목하자. 이 그림은 실제 현상에 대한 근사치일 뿐이며, 실제 현상은 이것보다 훨씬 더 복잡하다. 이러한 방식의 분석은 모든 악기에 대해 적용 가능하며, 특정 악기가 가지는 음색의 특성을 공정하게 표현한다. 더 깊이 들어가면, 이러한 곡선은 악기의 서로 다른 노트에 따라서도 달라진다. 악기의 구조에 따라서도 곡선이 바뀌므로, 이를 통해 스테인웨이Steinway와 볼드윈Baldwin 그랜드 피아노의 소리를 구분할 수도 있다.

현실감 넘치는 소리를 생성하려면 이 모든 것을 에뮬레이션해야 하고, 이는 상당히 복잡한 과정이다. 흔히 사용하는 타협안은 파형을 생성한 다음, 시간에 따라 변하는 볼륨 컨트롤, 즉 엔벨로프envelope를 적용하는 방식이다. 이 엔벨로프는 보통 4개의 구간으로 단순화되며 ADSR 엔벨로프라고 부른다. 4개의 구간은 그림 10-7에서 볼 수 있는 네 가지 주요 단계(어택attack, 디케이decay, 서스테인sustain, 릴리즈release)를 나타낸다.

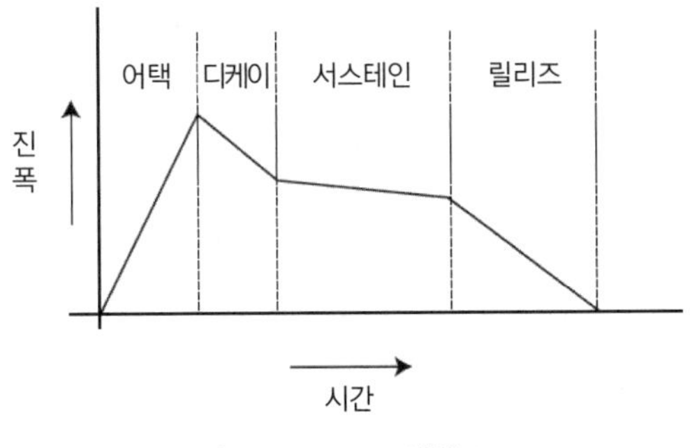

그림 10-7 ADSR 엔벨로프

이런 종류의 컨트롤은 신시사이저에 내장되어 있지만, 실제 악기의 기작을 단순화한 표현일 뿐이다. 4개의 구간이 가지는 길이에는 제한이 없으며 각 구간에서 설정할 수 있는 음량의 변화에도 제약이 없다. 예를 들어, 서스테인 구간 동안 음량을 높이면 EDM에서 자주 쓰이는 스웰 효과를 만들 수 있다.

▎진폭

이제 진폭에 대해 다룰 차례다. 지금까지 필자는 진폭이 소리의 크기에 대한 척도라고 말했다. 하지만 사실 진폭은 보통 신호의 전압 또는 전력의 관점에서 객관적으로 측정되며 사람이 인지하는 소리의 크기와 진폭의 관계는 그리 간단하지 않다. 인간의 귀는 넓은 다이나믹 레인지에서 소리를 들을 수 있으며, 그 반응성은 선형적보다는 대수적logarithmic인 응답을 가진다. 따라서 이 반응을 포착하기 위해 측정값은 로그 변화, 즉 원래의 레벨과 새 레벨의 비율로 표시된다. 이러한 측정 방식의 단위는 전화의 발명자인 알렉산더 그레이엄 벨의 이름을 따서 벨Bel이라고 불리며, 초기에는 전화선의 손실을 측정하는 데 사용되었다. 벨은 사용하기에 너무 큰 단위이므로 일반적으로 벨의 10분의 1인 데시벨dB이라는 단위를 사용한다. 대부분의 사람들은 데시벨이라는 용어에 대해서는 알지만 그 원리를 이해하지는 못한다. 쉽게 설명하자면, 신호의 크기가 두 배로 커지면 6dB가 증가하고, 반으로 줄어들면 6dB가 감소한다고 할 수 있다.

```
dB = 10 X Log10(현재의 출력/이전의 출력) = 10 Log10(변화율)
```

사람들은 보통 로그, 대수를 언급하면 몸을 사리고, 고등학교 수학을 생각하면서 식은 땀을 흘리고는 한다. 하지만 대수는 그리 어려워할 대상이 아니다. 왜 대수 시스템을 사용할까? 대수는 범위를 압축하는 효율적인 방법이며, 이를 통해 숫자의 중요도를 유지하면서도 매우 큰 범위의 숫자를 범위를 줄이는 방법을 제공한다.

하루에 10% 가치를 잃는 주식을 가지고 있다고 가정해보자. 10일 후에는 10% 하락이 10회 반복되어 가치가 0이 될 것이라고 생각할 수 있지만, 사실은 그렇지 않다. 그 주식이 첫날에 100달러 가치가 있다면, 이틀째에 주식은 10% 떨어져 90달러 가치가 된다. 그 다음 날에는 90달러의 10%를 잃고 81달러 가치가 된다. 하루하루 지날 때마다 주식의 가치는 떨어지지만, 그 하락 비율은 첫날과 같은 비율이다. 10일 후에 주식이 가지는 가치는

38.74달러이다! 변경은 일정한 비율이지만, 그 비율은 감소하는 금액에 적용된다. 그림 10-8은 이러한 주가 하락을 보여준다.

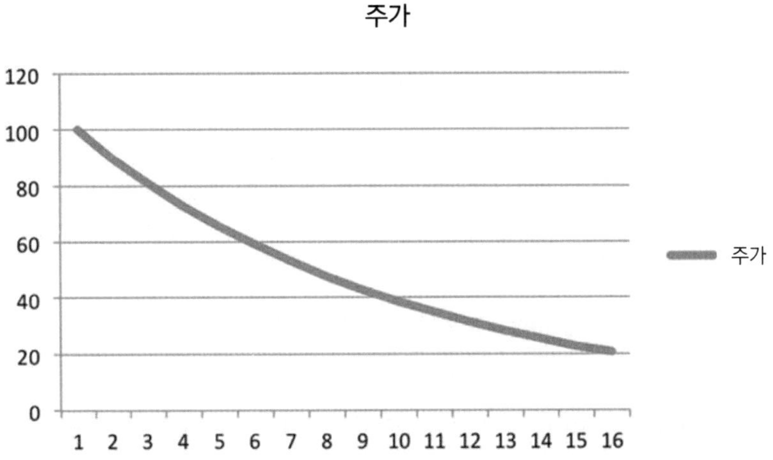

그림 10-8 하루에 10%씩 하락하는 주식 가격의 변화

보다시피 직선이 아니다. 이러한 종류의 곡선을 지수exponential 곡선이라고 한다. 주식 가격이 하루에 10%씩 떨어지면 결코 0의 가치에 도달하지는 않을 것이다. 그러나 30일 후에 주식 가격이 어떻게 될지 예측하는 것은 매우 어렵다. 같은 주가 데이터를 dB 단위로 그려보자. 데시벨은 변화의 척도라는 것을 기억하자. 그 결과는 그림 10-9에 나와 있다.

이제 그래프가 직선이 되었다! 이 직선을 추세선으로 삼으면 이후 어떤 날짜에 어떤 가격이 형성될지 예측할 수 있다. 그래프가 표현하는 가격의 변화는 하루에 -0.4575749dB이다. 로그 함수를 지수 함수에 적용하면 선형 함수로 변화한다. 달리 말하면, 로그 함수는 지수 함수의 역수이고 그 반대의 경우도 마찬가지이다.

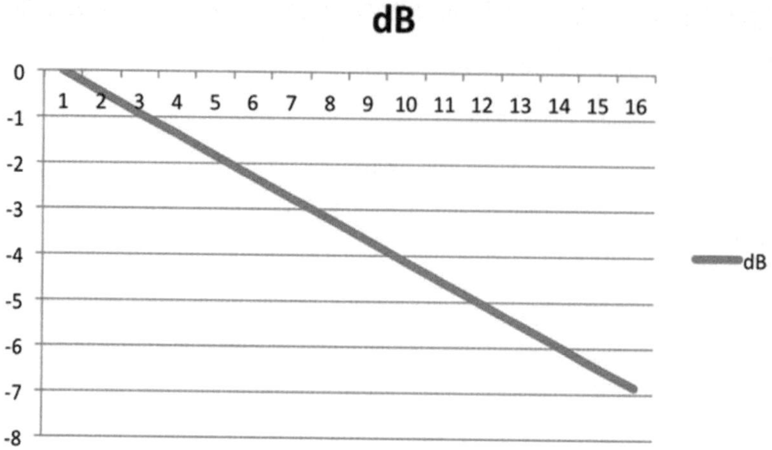

그림 10-9 주가 변화를 데시벨로 표현한 그래프

사람이 인지하는 소리의 크기에 대해서도 마찬가지로 이야기할 수 있다. 사림의 귀의 반응은 선형이 아니며, 자극의 크기에 로그를 취함으로써 선형으로 만들 수 있다. dB의 차이는 사람의 귀에 음량의 차이로 인지될 것이다.

이 모든 것은 오디오 회로의 출력에 관련된 이야기지만, 신호의 전압과도 관련되어 있다. 전력은 전압과 전류의 곱과 같기 때문에, dB 단위로 동등한 변화를 얻으려면 다음 공식을 사용할 수 있다.

```
dB = 20 X Log10(현재의 전압/이전의 전압)
```

6dB만큼의 변화에서 실제 변화 비율은 1.995이지만, 이는 2에 거의 가까운 값이다. dB를 사용하면 캐스케이드 회로의 효과를 쉽게 처리할 수 있다. 6dB의 이득을 가진 증폭기가 있고 그 다음에 10dB의 이득을 가진 증폭기가 있다고 가정해보자. 결합된 두 개의 증폭기의 이득은 dB를 합친 16dB로, 단순하게 계산할 수 있다. 이 시스템을 사용하면 작은

범위의 숫자로 넓은 범위의 물리량을 나타낼 수 있다. 하지만 무엇보다 중요한 점은 소리와 같은 물리적 변화를 사람이 인식하는 방식에 더 가깝게 표현할 수 있다는 것이다.

음향 심리학에 대한 연구를 따르면, 사람이 인지하는 소리의 크기를 두 배로 늘리려면 신호의 크기를 10dB 증가시키면 된다.

dB 측정은 두 개의 물리량의 비율이지만, 때로는 소리가 특정 레벨에 있다고 기술하기도 한다. 예를 들어, 지하철이 지나며 내는 소음의 크기는 95dB이다. 여기서 기준점이 되는 0dB는 사람이 인지할 수 있는 가장 작은 음량이다. 이와 같이 일정한 신호 크기에 대한 상대적인 신호 크기를 표현하는 방식이 존재하며, 그 보편적인 표준은 1밀리와트mW 출력 기반으로 dBm으로 표시된다. 따라서 신호가 3dBm이라면 2배 또는 2mW인 반면, -3dBm은 절반 또는 0.5mW이다. 전자레인지의 일반적인 방사 출력은 60dBm 또는 1kW이지만, GPS 위성에서 수신되는 일반적인 신호는 -127.5dBm 또는 178W이다(aW는 아토와트attowatt, 즉 1018W이다). 작은 수의 범위로 표현할 수 있는 다이나믹 레인지는 엄청나다.

10.2 주파수와 인지

선형이 아닌 것은 음량뿐 아니라, 주파수에도 해당된다. 하나의 노트가 다른 노트의 두 배로 높게 들리려면 소리의 주파수를 두 배로 늘려야 한다. 2배의 주파수는 옥타브라는 단위로 알려져 있으며 음악가들에게 잘 알려진 용어이다. 그러나 주가의 사례와 마찬가지로, 사실 옥타브는 비선형적이다. 100Hz의 노트에서 100Hz만큼 주파수를 올리면 기존 노트에서 한 옥타브를 올린 것처럼 들리지만, 여기서 100Hz를 더 올리면 한 옥타브만큼 완전히 올라가지 않는다. 주파수 역시 로그 스케일로 그렸을 대에만 그래프의 동일한 거리가 동일한 음정 차이로 인식되기 때문이다.

10.3 마치며

지금까지 소리를 구성하는 요소를 확인하고, 소리의 특성을 정의하는 데 사용할 수 있는 매개 변수에 대해 알아보았다. 여기에서 배운 내용을 기억하면서, 이제부터는 아두이노를 사용하여 소리를 만들거나 존재하는 소리를 변조하는 방법을 알아보자.

11 사각파

전자 회로로 소리를 생성하는 가장 간단한 방법은 사각파를 생성하는 것이다. 이전 장에서 보았듯이 사각파는 홀수 고조파의 무한 합이다. 하지만 아두이노 입장에서 사각파는 단순히 디지털 출력 핀을 HIGH로 설정하고, 짧은 시간 이후 다시 LOW로 설정하는 과정을 무한히 반복하면 만들 수 있는 신호이며, 이렇게 만든 신호를 스피커에 연결하면 소리가 날 수 있다. 사각파를 생성하는 방법에는 여러 가지가 있으며, 방식에 따라 효율도 달라진다.

11.1 단순한 사각파 생성

시작하기 전에 하드웨어를 설치해야 한다. 소리를 듣기 위해서는 음향 트랜스듀서, 즉 스피커, 헤드폰 또는 액티브 스피커가 필요하다. 아두이노 핀에 스피커를 직접 연결하면 안 된다. 출력 핀으로부터 전류가 너무 많이 흘러 결국 아두이노가 손상될 수도 있기 때문이다. 적어도 100R의 직렬 저항을 사용해야 한다. 또한 스피커에 DC 성분이 있으면 저항에 손상을 줄 수 있으므로, 커패시터를 직렬로 추가해야 한다. 커패시터의 값은 그다지 중요하지 않지만, 값이 클수록 빠져 나가는 주파수는 낮아진다. 필자는 10~100uF의 값을 추천한다. 대부분의 전력은 스피커가 아닌 저항기로 들어가므로 소리가 아주 크게 들리기는 어렵다. 헤드폰을 사용하는 경우 스피커보다 소리가 크게 들린다.

하나의 핀에서 사운드를 얻는 가장 좋은 방법은 액티브 스피커를 사용하는 것이다. '컴퓨터 스피커'로 판매되는 이러한 종류는 앰프와 스피커가 포함되어 있기 때문에 '액티브' 라고 부른다. 액티브 스피커는 배터리 혹은 전원 어댑터나 USB 소켓에 연결해야 동작한다. 이들은 또한 음량 조절 기능을 가지고 있으며 실험을 위한 출력을 만들기에 좋은 조건을 가지고 있다. 스테레오 스피커가 있다면 아두이노의 두 개의 입력을 동일한 출력 핀에 연결하고 접지를 연결하면 된다. 그림 11-1은 일반적인 아두이노-스피커 연결 방식을 보여준다.

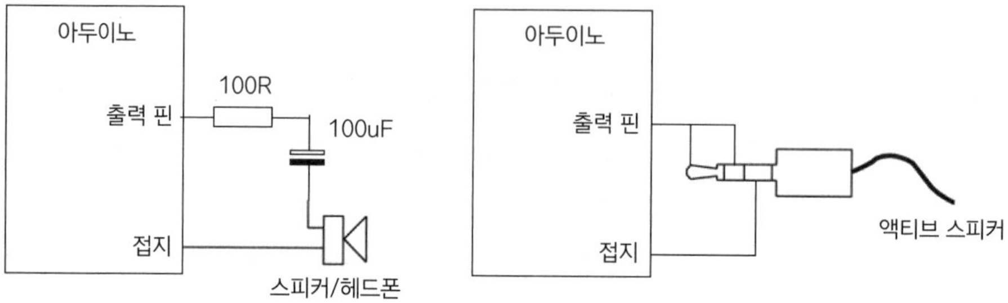

그림 11-1 스피커 연결

아두이노로 소리를 생성하는 가장 간단한 방법은 예제 11-1과 같은 코드를 사용하는 것이다.

예제 11-1 간단한 톤 생성

```
// Ultra simple tone
const byte soundPin = 13;
int halfPeriod = 1000;

void setup() {
  pinMode(soundPin, OUTPUT);
}

void loop() {
  digitalWrite(soundPin, HIGH);
  delayMicroseconds(halfPeriod);
  digitalWrite(soundPin, LOW);
  delayMicroseconds(halfPeriod);
}
```

이 코드는 약 500Hz의 톤을 연속적으로 생성한다. 이 주파수는 톤의 주기 및 주파수를 정의하는 변수 halfPeriod에 의해 설정된다. 이 코드가 만드는 소리는 단순한 연속음으로, 그리 흥미롭지는 않다. 이제 예제 11-2를 통해 더 흥미로운 소리를 살펴보자.

로봇 소리 만들기

예제 11-2 로봇 소리

```
// R2D2
const byte soundPin = 13;

void setup() {
  pinMode(soundPin, OUTPUT);
}

void loop() {
  for(int i; i < 50; i++) {
      note(random(100, 2000));
  }
  delay(2000);
}

void note(int halfPeriod) {
  for(int i = 0; i < 20; i++) {
      digitalWrite(soundPin, HIGH);
      delayMicroseconds(halfPeriod);
      digitalWrite(soundPin, LOW);
      delayMicroseconds(halfPeriod);
  }
}
```

여기에서 코드의 노트 생성 부분은 note()라는 함수에 포함되어 있으며, 이 함수는 halfPeriod를 인수로 취한다. 또한 생성되는 톤의 길이는 20사이클로 제한되어 있는데, 이는 간단한 방식으로 묘한 효과를 낸다. 고주파 음의 20사이클은 저주파 음의 20사이클보다 지속 시간이 짧을 것이다. 즉, 이 기능을 사용하여 고주파 음을 연주하면 짧은 시간 동안 지속되고, 저주파 음은 보다 긴 시간 동안 지속된다. 일반적으로는 이런 효과를 원하지 않지만, 로봇 소리 같은 효과가 발생하게 된다. loop() 함수는 note() 함수를 50회 호출하면서 임의의 숫자를 halfPeriod 인수로 전달한다. 50회가 반복되고 나면 2초의 지연 시간이 있고, 그 뒤에 다시 50회가 이어진다.

주파수에 관계없이 고정된 길이의 음을 원한다면 어떻게 될까? 이를 위해서는 예제 11-3과 같이 일정 시간이 경과할 때까지 노트 생성을 유지해야 한다.

예제 11-3 균일한 러닝 타임의 로봇 소리

```
// Equal Time random tones
const byte soundPin = 13;
void setup() {
  pinMode(soundPin, OUTPUT);
}

void loop() {
  for(int i; i < 30; i++) {
      note(random(100, 2000), 90);
  }
  delay(2000);
}

void note(int halfPeriod, long interval) {
  long startTime = millis();
  while(millis() - startTime < interval) {
      digitalWrite(soundPin, HIGH);
      delayMicroseconds(halfPeriod);
      digitalWrite(soundPin, LOW);
      delayMicroseconds(halfPeriod);
  }
}
```

note() 함수의 음색 생성 부분을 while 루프에 캡슐화하여 특정 시간이 경과할 때까지 계속 유지하므로, 하나의 톤이 충분히 오래 지속되도록 만들 수 있다. 이 시간은 밀리초 단위의 톤 길이를 정의하는 interval이라는 변수를 통해 note() 함수로 전달된다. 이 예에서는 90ms로 고정되어 있지만, 톤 주파수와 마찬가지로 임의의 숫자를 이용하면 새로운 효과를 만들 수 있다. 물론 타이밍이 정확하지는 않다. 주어진 interval만큼의 길이에 해당 톤의 한 주기의 시간 길이가 더해진 만큼 지속되는데, 인지적으로는 그 지속 시간의 차이를 느끼기 어렵다. 이 코드를 수정해서, loop() 함수 내의 지연 호출을 외부 버튼을 눌렀을 때 종료되는 while 루프로 대체하는 방법이 있다. 이렇게 하면 버튼을 누를 때만 로봇이 응답하므로 로봇과의 인터페이스가 생기는 셈이다.

❙ 멜로디 만들기

지금까지는 난수로 톤을 정의했다. 그런데 노트의 주파수와 지속 시간을 정의하는 데이터를 생성할 수 있다면, 멜로디를 재생할 수도 있다. 이 작업을 간단하게 수행하려면 2단계로 수행해야 한다. 먼저 룩업 테이블을 만들어 특정 노트를 생성하기 위한 halfPeriod 카운트 상수를 정의한다. 다음으로 일련의 노트의 순서를 통해 멜로디를 만든다. 중간 C에서 시작하는 한 옥타브에 대해 룩업 테이블을 만든다면, 다음과 같은 데이터를 이용할 수 있다.

표 11-1 각 음정에 대한 주파수

노트	주파수(Hz)	주기(us)	halfPeriod 카운트
C0	261.63	3822.26	1911
D0	293.66	3405.24	1702
E0	329.63	3033.73	1516
F0	349.23	2863.46	1431
G0	391.99	2551.05	1275
A0	440.00	2272.73	1136
B0	493.88	2024.77	1012
C1	523.25	1911.13	955

노트를 정의하면 이제 지속 시간을 정의해야 한다. 이를 위한 방법은 여러 가지이다. 이 예에서는 1이 4분 음표를 나타내며, 2는 2분 음표, 4는 온음표를 의미한다. 노래의 템포에 따라 각 노트를 연주하는 데 필요한 밀리초 수를 얻으려면 이 수에 상수를 곱해야 한다. 이

곱셈 상수를 변경하면 간단히 템포가 변경된다. 이를 수행하는 코드는 예제 11-4와 같다.

예제 11-4 멜로디 연주하기

```
// Do-Re-Mi from the Sound of music
#define C_0 0
#define D_0 1
#define E_0 2
#define F_0 3
#define G_0 4
#define A_0 5
#define B_0 6
#define C_1 7

int pitch[] = {1911, 1702, 1516, 1431, 1275, 1136, 1012, 955};
byte melody[] = {
             C_0, 3, D_0, 1, E_0, 3, C_0, 1, E_0, 2, C_0, 2, E_0, 4,
             D_0, 3, E_0, 1, F_0, 1, F_0, 1, E_0, 1, D_0, 1, F_0, 8,
             E_0, 3, F_0, 1, G_0, 3, E_0, 1, G_0, 2, E_0, 2, G_0, 4,
             F_0, 3, G_0, 1, A_0, 1, A_0, 1, G_0, 1, F_0, 1, A_0, 8,
             G_0, 3, C_0, 1, D_0, 1, E_0, 1, F_0, 1, G_0, 1, A_0, 8,
             A_0, 3, D_0, 1, E_0, 1, F_0, 1, G_0, 1, A_0, 1, B_0, 8,
             B_0, 3, E_0, 1, F_0, 1, G_0, 1, A_0, 1, B_0, 1, C_1, 6,
             B_0, 1, B_0, 1, A_0, 2, F_0, 2, B_0, 2, G_0, 2, C_1, 2,
             G_0, 2, E_0, 2, D_0, 2,
             C_0, 3, D_0, 1, E_0, 3, C_0, 1, E_0, 2, C_0, 2, E_0, 4,
             D_0, 3, E_0, 1, F_0, 1, F_0, 1, E_0, 1, D_0, 1, F_0, 8,
             E_0, 3, F_0, 1, G_0, 3, E_0, 1, G_0, 2, E_0, 2, G_0, 4,
             F_0, 3, G_0, 1, A_0, 1, A_0, 1, G_0, 1, F_0, 1, A_0, 8,
             G_0, 3, C_0, 1, D_0, 1, E_0, 1, F_0, 1, G_0, 1, A_0, 8,
             A_0, 3, D_0, 1, E_0, 1, F_0, 1, G_0, 1, A_0, 1, B_0, 8,
             B_0, 3, E_0, 1, F_0, 1, G_0, 1, A_0, 1, B_0, 1, C_1, 6,
             B_0, 1, B_0, 1, A_0, 2, F_0, 2, B_0, 2, G_0, 2, C_1, 10,
             C_0, 1, D_0, 1, E_0, 1, F_0, 1, G_0, 1, A_0, 1, B_0, 1,
             C_1, 2, G_0, 2, C_0, 2,
             -1, -1 };

const byte soundPin = 13;
int songTempo = 200;

void setup() {
  pinMode(soundPin, OUTPUT);
```

예제 11-4 멜로디 연주하기(계속)

```
}

void loop() {
  int place = 0;
  while(melody[place] != (byte) - 1) {
      note(pitch[melody[place]], melody[place + 1] * songTempo);
      delay(60);
      place += 2;
  }
  delay(4000); // pause before repeat
}

void note(int halfPeriod, long interval) {
  long startTime = millis();
  while(millis() - startTime < interval) {
      digitalWrite(soundPin, HIGH);
      delayMicroseconds(halfPeriod);
      digitalWrite(soundPin, LOW);
      delayMicroseconds(halfPeriod);
  }
}
```

이 코드는 쉽게 기억할 수 있는 건반 입력을 대체하는 간단한 숫자 상수로 대체하는 일련의 #define 문으로 시작한다. 이렇게 하면 멜로디를 정의하는 데이터가 나오는 시점에서 노트를 쉽게 분리할 수 있다. 그런 다음 노트 번호를 halfPeriod 지연값으로 변환하는 pitch라는 배열을 정의한다. 이어지는 melody 배열은 곡의 진행을 정의한다. 각 노트는 두 개의 숫자로 구성되며, 각각 노트 번호와 지속 시간을 의미한다. 악보에서 이를 추출하는 작업은 꽤나 고된 노동이 될 것이다. 이 배열에 포함되는 숫자는 크기가 작기 때문에 바이트 배열로 충분하며 일종의 마커 상수인 -1은 해당 곡의 종료를 나타내는 데 사용된다. 배열의 내용을 보면 두 번째 절이 첫 번째 절과 매우 흡사한 것을 알 수 있다. 즉, 코드를 입력할 때 복사 및 붙여넣기로 시간을 절약할 수 있다. 코드에 멜로디가 많다면 이전 장의 프로젝트에서 사용했던 방법처럼 프로그램 메모리로 멜로디 데이터를 옮기는 것도 고려할

법하다.

곡은 배열의 인덱스로 쓰이는 place라는 포인터를 통해 재생된다. 이 포인터는 배열의 값에 -1이 나오기 전까지 이 배열로부터 노트의 지속 시간과 음정을 추출한다. 배열 인덱스 위치의 노트 번호는 pitch 배열에 대한 인덱스로 사용되며, 실제로 halfPeriod 지연값을 포함한다. 노트의 길이는 인덱스 위치 +1에 있으며, songTempo 변수를 곱해야 실제 노트의 길이 값을 얻을 수 있다. 노래가 연주되고 나면 다시 시작하기 전에 4초 휴식이 있다.

11.2 톤을 생성하기 위한 더 좋은 방법

앞의 방법은 분명 효과가 있지만, 상당한 자원을 소모한다. 음악이 나오는 동안 아두이노는 다른 아무 일도 할 수 없다. 이런 유형의 코드는 시간이 지나가기를 기다리는 delay() 함수에서 대부분의 시간을 소비하기 때문이다. 이는 사용 가능한 프로세싱 능력을 낭비하는 것이다. 그러므로 보다 효율적으로 소리를 생성하는 방법을 살펴보자.

tone() 함수

아두이노에는 사전 정의된 내장 함수가 많이 있으며 tone()은 그중 하나이다. 이 함수는 지정된 지속 시간 동안 정의된 핀에서 톤을 생성하고, 지속 시간이 지정되지 않으면 noTone() 함수가 호출될 때까지 계속 톤을 생성한다. 여기에서 중요한 점은 일단 tone()이 시작되면 프로그램은 이후의 구문 실행을 계속하고 센서를 읽는 것과 같은 다른 동작을 할 수 있다는 점이다. 이 함수의 문법에 대한 자세한 내용은 도움말 메뉴의 아두이노의 참조 섹션에 있는 함수 설명을 참조하자.

tone() 함수는 노트의 음정(Hz)과 지속 시간(ms)을 인수로 받는다. 각각의 노트 이름에 대해 해당 주파수를 정의하는 Tone.h 헤더 파일에서 정보를 읽어오며, 이 함수를 통해 생성되는 노트의 음량을 변경하는 방법은 없다.

참고 함수는 모든 핀에서 음을 출력할 수 있지만 한 번에 하나의 음만 출력할 수 있다. 순차적으로 다른 핀에서 음을 연주할 수도 있지만, 그 전에 먼저 noTone() 함수를 호출해야 한다.

1. tone() 함수 사용의 대가

tone() 함수 역시 자원을 소모한다. 프로세서의 타이머 중 하나를 사용하는데, 아두이노 우노의 경우 timer2를 사용하며 tone()을 사용할 때 핀 3과 11의 PWM 출력이 더 이상 작동하지 않는다는 것을 즉시 알 수 있다. 이것은 timer2가 PWM 파형을 생성하는 데 사용되고, tone()이 이를 사용하는 동안에는 time2가 PWM 생성을 수행할 수 없기 때문이다.

이 타이머를 사용하는 다른 라이브러리도 있는데, 불행히도 아두이노 라이브러리의 이러한 측면, 즉 공유 자원에 대한 자료는 대개 문서화되어 있지 않다. 라이브러리가 사용하고 있는 타이머와 같은 프로세스 자원을 선언할 수 있는 잘 정의된 방법은 없으며 문서에서도 거의 언급되지 않는다. 그래서 일부 라이브러리가 다른 라이브러리와 호환되지 않는 현상이 발행한다. 예를 들어, IR 원격 제어 및 초음파 거리 센서용 라이브러리도 이 타이머를 사용한다. 사용자가 이 문제에 직면했을 때 할 수 있는 일은 거의 없다. 대체할 수 있는 라이브러리를 찾거나, 자신의 코드로 라이브러리를 처리하거나, 대체 타이머를 사용하는 새로운 라이브러리를 다시 작성하는 방법 정도가 해결책이 될 것이다.

2. 함수의 내부

tone() 함수는 아주 영리하다. 어떤 프로세서가 실행 중인지에 따라 동작을 조정한다. 주파수가 주어지면 타이머 예비 설정값과 주 카운터/타이머에서 사용할 카운트다운 값을 결정할 수 있다. 이를 통해 타이머는 halfPeriod에 맞춰서 '타임아웃'된다. 타이머가 '타임아웃'되면 인터럽트가 발생한다. 이 순간에는 일반적으로 실행 중인 프로그램을 중지하고 ISRInterrupt Service Routine이라고 하는 다른 함수를 호출한다. 이 ISR은 필요한 사운드 출력 핀을 단순히 토글(반전)한 다음 반환한다. ISR은 신속하게 수행해야 하는 작업을 수행한 다음 인터럽트가 발생하기 전에 프로그램이 멈췄던 정확한 지점으로 돌아간다. 따라서 중단된 프로그램은 아무 일도 일어나지 않았다고 인식하게 된다.

타이머, 정확히는 카운터 타이머는 프로세서의 하드웨어 주변 장치에 속하는 복잡한 부분이다. 이러한 복잡성은 하나의 타이머가 작동할 수 있는 많은 모드에서 발생한다. 아두이노 우노의 프로세서에 있는 세 개의 타이머에는 몇 가지 고유한 모드와 일반적인 모드가 있다. 이 모든 것은 프로세서의 데이터시트에 설명되어 있지만, 지금 필요한 것은 단순히 음을 생성하는 동작이다. tone() 함수로 할 수 없는 다른 기능이 필요할 때 타이머에 대해 더 자세히 알아보도록 하자.

3. tone()을 이용한 테레민 프로젝트

5장에서 두 개의 IR 거리 센서(음정과 음량 제어용)를 사용하여 MIDI 테레민을 만드는 방법을 살펴보았다. tone() 함수에는 음량 제어가 없기 때문에 이번 프로젝트에는 센서 중 하나만 있으면 된다. 회로도는 그림 5-20에 나와 있으며, 스피커나 앰프에 연결된 출력 핀을 추가하기만 하면 된다. 볼륨을 제어하거나 복잡한 피치 밴드 메시지를 전송할 필요가 없으므로 프로그램이 훨씬 간단하다. 예제 11-5에서 프로그램 코드를 볼 수 있다. 처음 프로그램을 실행한 후 3V3 라인에서 AREF 핀 사이를 연결하는 것을 잊지 말자.

예제 11-5 한손 테레민

```
// Tone function Theremin - Mike Cook

const byte soundPin = 13;
void setup() {
  analogReference(EXTERNAL);
}

void loop() {
  int av1 = 1027 - analogRead(0); // pitch
  if(av1 < 870) { // if hand over sensor
    trackNote(av1);
    }
  else {
    noTone(soundPin);
```

예제 11-5 한손 테레민(계속)

```
    }
}

int trackNote(int freq) {
    int pitch = map(freq, 100, 870, 100, 1000);
    tone(soundPin, pitch);
}
```

이 코드는 단순히 아날로그 입력 핀을 읽고, 그 판독값이 870보다 작으면 거리에 따라 노트를 연주한다. 판독값이 이 값보다 크면 연주가 멈추었다고 가정하고 음 출력을 중단한다. 음정이 낮아질수록 음이 연속적으로 변하지 않고 불연속적으로 변하는데, 이는 map() 함수의 분해능이 점점 증가하기 때문이다. map() 함수 호출 시 마지막 인수를 작게 전달하면 연주 가능한 주파수 범위를 줄이는 대신 불연속적인 음 출력을 방지할 수 있다.

11.3 폴리포닉 톤

동시에 한 가지 이상의 음을 연주하고 싶을 때 사용할 수 있는 몇 가지 라이브러리 솔루션이 있다. 그러나 라이브러리를 사용하면 실제 코드의 동작을 파악하기 어려워지고, 코드의 통합을 어렵게 만드는 경우가 종종 발생한다. 라이브러리에서 할 수 있는 일은 모두 코드로도 직접 작성할 수 있는 일이므로, 이제부터 다성부, 즉 폴리포닉polyphonic 음을 생성하는 방법을 알아보자. 여기에서 핵심은 폴리포닉 출력의 개수가 늘어날수록 프로세서의 부하에 영향을 미치므로 필요 이상을 구현하면 프로세서의 성능이 저하된다는 것이다. 구현해야 할 요구 사항을 이해함으로써 자원을 최적화하고, 또한 무슨 일이 일어나는지 정확하게 이해할 수 있다.

▌이론

이 프로그램의 이론은 매우 간단하며, 이 장의 첫 번째 절에서 설명한 기술과 유사하다. 기본적으로 각 음마다 출력 핀에 자체 활성 카운터가 있다. 이 카운터는 ISR을 트리거하는 타이머에 의해 정해진 속도로 감소한다. 카운터가 0에 도달하면 해당 카운터와 연결된 핀이 토글링된 다음, 카운터는 대상 배열에서 최댓값으로 복원된다. 그림 11-2에 이 흐름이 요약되어 있다.

지금 설명한 것은 단 하나의 음을 발생시킬 경우이다. 폴리포닉을 위해서는 생성하고자 하는 각각의 음에 대해 이를 수행해야 한다. 이를 위해서는 활성 카운터와 대상 카운터에 대해 서로 다른 변수를 사용하여 코드를 복제하면 된다.

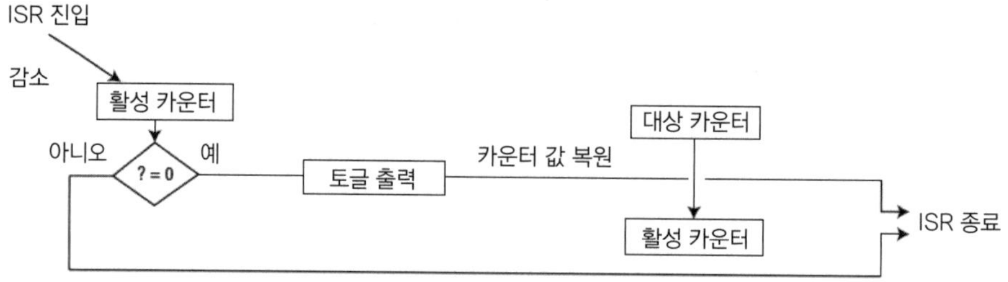

그림 11-2 ISR의 흐름

▌최적화

최적화를 위한 방법이 몇 가지 있다. 기본적으로 주파수 정확도, 폴리포닉 출력 음의 개수, CPU 사용량 간 모든 것을 만족시킬 수는 없으며 절충이 필요하다. 셋 중 두 가지를 만족시키면 다른 하나는 희생시킬 수밖에 없다. 주파수 정확도는 카운터가 얼마나 빠르게 감소하는지에 따라 결정된다. 더 빠르게 감소할수록 필요한 주기/주파수를 정확하게 얻을 수 있다. 그러나 이것은 CPU가 ISR에서 더 많은 시간을 보내야 하고 덕택에 다른 작업에 자원을 적게 할당하게 된다는 것을 의미한다. 물론, 여기에서 '다른 작업'이 무엇인지에 따라 상황은 달라진다. 프로세서가 ISR에서 너무 오랜 시간을 소비하면 매트릭스 디스플레이를 갱

신하는 것과 같은 부하가 큰 작업은 상당한 딜레이를 겪고, 눈에 보이는 깜빡임도 심해질 것이다. 반면, 누름 버튼을 모니터링하는 것과 같은 작업에서는 사용자가 0.1초 정도의 지연을 느끼지 못하기 때문에 프로세서가 ISR에서 오랜 시간을 소비해도 별다른 영향이 없을 것이다. 그럼, 주파수의 정확도는 어느 정도까지 필요할까? 고전 게임의 사운드 효과라면 그리 정확도가 필요하지 않을 것이다. 반면, 고해상도 음원을 재생하는 경우라면 주파수 정확도가 매우 중요하다. 코드를 제어할 수 있기 때문에 자신만의 응용 프로그램에서 목적에 맞게 이를 조정하는 것이 필요하다.

❙ 구현

예를 들어, 전화선에서 신호를 보내기 위해 이중음 시스템을 구현하는 방법을 살펴보자. 요즘은 실제로 다이얼을 사용하지는 않지만, 옛날에는 전화번호를 '다이얼'할 때 '삐' 소리가 들렸다. 그때 어떤 주파수를 사용했는지 궁금할 것이다. 이는 특수한 시스템으로, 각 숫자는 동시에 재생되는 두 개의 음으로 표현된다. 이러한 음은 고조파 관계가 없도록 특별히 고안된 음이다. 이 관계를 알면 음을 숫자로 되돌릴 수 있다. 이 시스템은 DTMFDual Tone MultiFrequency 시스템이라고 불리며, 표 11-2에 표시된 것처럼 8가지 음으로 구성된다.

표 11-2 DTMF 주파수

	1209Hz	1336Hz	1477Hz	1633Hz
697Hz	1	2	3	A
770Hz	4	5	6	B
852Hz	7	8	9	C
941Hz	*	0	#	D

5를 보내려면 1336Hz와 770Hz의 두 가지 음을 생성해야 한다. 이 음은 번호를 보낼 때만 전송되기 때문에, 프로세서는 음 출력이 완료될 때까지 기다릴 것이고 음이 전송되지 않을 때 인터럽트를 끌 수 있어서 높은 인터럽트 속도를 가질 수 있다. 물론, 이를 구현하려

면 표 11-2를 halfPeriod 카운터로 바꿔야 하는데, 기존과 달리 10us이다. 표 11-3에서 볼 수 있다.

표 11-3 DTMF 톤의 카운터

버튼	주파수(Hz)	주기(us)	카운터(10us)
1, 4, 7, *	1209	827.13	41
2,5,8,0	1336	748.5	37
3,6,9,#	1477	677.05	34
A,B,C,D	1633	612.37	31
1,2,3,A	697	1434.72	71
4,5,6,B	770	1298.70	65
7,8,9,C	852	1173.71	59
*,0,#,D	941	1062.70	53

이 단계에서 두 가지 음을 동시에 전송하는 유일한 방법은 각 음마다 하나씩 출력 핀을 할당해서 섞는 것이다. 보통을 아두이노 출력(또는 그와 유사한 다른 출력)을 함께 연결해서는 안 되지만, 이 간단한 애플리케이션에서는 커패시터를 사용하여 두 출력을 혼합하는 것으로 충분하다. 음량 조절 기능이 없는 외부 스피커를 사용하는 경우, 믹서 회로에 외부 스피커를 포함시키는 것이 좋다. 그림 11-3은 두 개의 0.47uF 커패시터와 가변 저항을 사용하는 방법을 보여준다. 최상의 결과를 얻으려면 세라믹 타입이 아닌 커패시터를 사용하도록 하자.

아두이노의 출력 핀 중 어느 핀이라도 사용할 수 있으며, 이 예제에서는 출력 핀 12와 13을 사용한다. 하나의 출력 핀의 변화가 다른 출력 핀에 영향을 미치기 때문에 이 회로는 완벽한 믹서는 아니다. 그림 11-4는 가변 저항을 통해 2개의 출력 핀 신호가 혼합된 신호를 오실로스코프로 측정한 것을 보여준다.

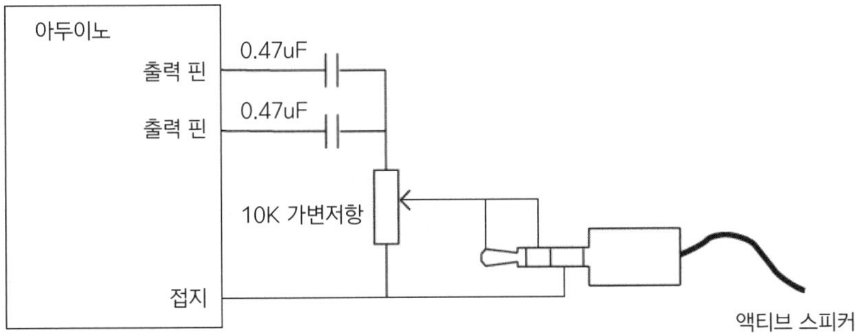

그림 11-3 두 가지 톤 출력의 혼합 출력

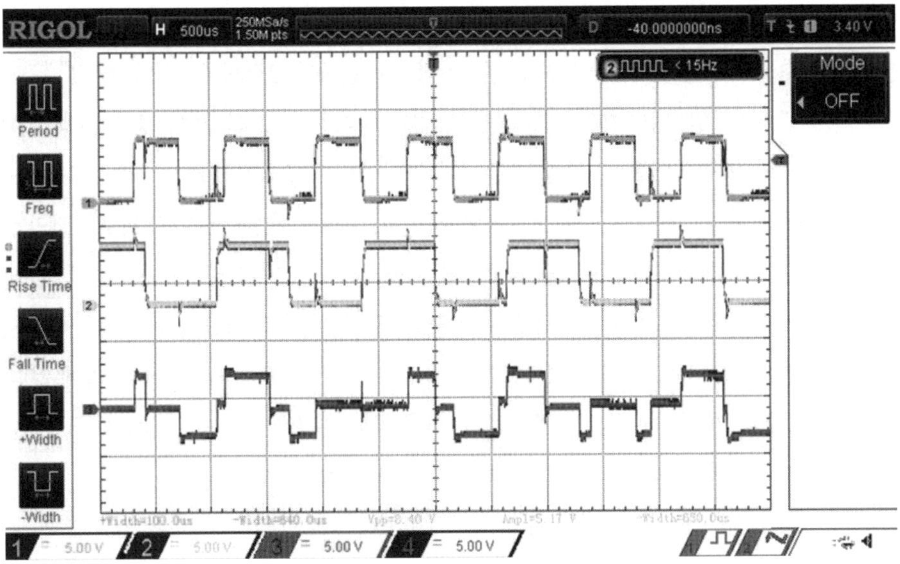

그림 11-4 믹서에서 출력되는 신호

상위 두 개의 트레이스는 각각의 출력 핀이다. 한 신호의 에지가 다른 신호에 어떻게 반영되는지 확인하자. 하단의 트레이스는 상단에 있는 두 개의 사각파가 혼합된 신호이다. 이것은 복잡한 파형으로써 직관적으로 이해하기 어려운 복잡한 모양이다. 하지만 사람의 귀는 하단의 신호를 듣고 두 개의 음을 인식할 수 있다.

이 코드는 프로세서의 timer2를 사용하며 카운터 모드를 사용한다. 이 모드에서 8비트 타이머는 단순히 카운터를 증가시키는 동작을 수행한다. 최댓값(카운터 값 255)에 도달하면, 0으로 복귀한다. 0으로 복귀하면 인터럽트 플래그를 설정하므로 ISR을 트리거하게 된다. 카운터는 프로세서의 클럭에서 프리스케일러 또는 분배기를 통해 증가한다. 이 예제에서는 16MHz 시스템 클럭을 직접 사용하므로 카운터의 증가 속도는 프로세서가 사용하는 최대 속도에 해당한다.

즉, 카운터는 256회의 프로세서 클럭 펄스 이후, 즉 16us마다 한 번씩 0으로 복귀한다. 필요한 인터럽트 속도는 10us라는 점을 감안하면 충분히 빠른 속도가 아니기 때문에, ISR에서 수행해야 할 첫 번째 작업은 카운터를 다른 10us 또는 160회의 클럭 사이클에서 오버플로하는 수로 바꾸는 것이다. 이 수를 찾는 방법은 간단하다. 256에서 160을 뺀 값, 즉 96을 사용하면 된다. 인터럽트마다 카운터에서 해당 숫자를 미리 로드해야 한다. 그러나 여기에도 약간의 오차가 있을 수 있다. 카운터가 인터럽트를 트리거하면 C언어는 ISR에 도달하기 전에 일련의 여러 가지 함수를 수행해야 한다. 이러한 함수가 중단된 프로그램의 상태를 보존하기 때문에 ISR이 종료된 후에 원래 수행하던 프로그램으로 복귀할 수 있다. 이러한 일련의 함수에는 일반적으로 약 20-24 클럭 사이클 정도의 시간이 소요된다. 따라서 카운터에 단순히 96을 로드하면 의도한 인터럽트 속도에 비해 오차가 있을 수 밖에 없다. ISR을 입력할 때 카운터에 있는 값에 96을 더하고 미세 조정을 위해 5를 더해야 한다. 5회의 클럭 사이클이 필요한 것은 바로 아래의 코드 때문이다.

```
TCNT2 = tcnt2 + TCNT2; // reload counter
```

변수 TBC2는 실제로 클럭 펄스를 축적하는 카운터이다. 그래서 여기에 뭔가를 추가하기 위해 컴퓨터는 값의 복사본을 만든 다음, 변수 TCNT2에 데이터를 가져온 다음 이를 함께 더하고 그 결과를 TCNT2에 다시 저장해야 한다. 값을 저장하는 시점에서 TCNT2의 내용은 실제로 컴퓨터가 TCNT2를 추가하기 위해 복사본을 가져왔을 때보다 5만큼 크다. 즉, 보상을 위해 필요한 것보다 5클럭만큼의 시간을 추가해야 한다. 이 작업을 수행하는 코드는 예제 11-6과 같다.

예제 11-6 DTMF 톤

```
// DTMF telephone numbers - Mike Cook

volatile byte tone1period = 1, tone2period = 1;
volatile byte tone1restore = 41, tone2restore = 41;
volatile unsigned int tcnt2;
int toneOn = 90, toneOff = 100;

byte rowTone[] = { 71, 65, 59, 53 };
byte colTone[] = { 41, 37, 34, 31 };
byte pad[4][4] = { '1', '2', '3', 'A',
                   '4', '5', '6', 'B',
                   '7', '8', '9', 'C',
                   '*', '0', '#', 'D' };

ISR(TIMER2_OVF_vect) { // Interrupt service routine to generate the tones
  TCNT2 = tcnt2 + TCNT2; // reload counter
  tone1period--;
  if(tone1period < 1) { // time to toggle the first pin
    tone1period = tone1restore;
    PORTB ^= _BV(5); // toggle pin 13, PB5 direct port addressing
  }
  tone2period--;
  if(tone2period < 1) { // time to toggle the second pin
    tone2period = tone2restore;
    PORTB ^= _BV(4); // toggle pin 12, PB4 direct port addressing
  }
}

void setUpTimer() { // sets the timer going at the decrement rate
TIMSK2 &= ~_BV(TOIE2); // Disable the timer overflow interrupt
  TCCR2A &= ~(_BV(WGM21) | _BV(WGM20)); // Configure timer2 in normal mode
  TCCR2B &= ~_BV(WGM22);
  ASSR &= ~_BV(AS2); // Select clock source: internal I/O clock
```

예제 11-6 DTMF 톤(계속)

```
  TIMSK2 &= ~_BV(OCIE2A); //Disable Compare Match A interrupt (only overflow)
  TCCR2B |= _BV(CS22) | _BV(CS20); // Set bits
  TCCR2B = (TCCR2B & 0b00111000) | 0x1; // select a prescale value of 1:1
  tcnt2 = 96 + 5; // give 10uS interrupt rate + adjustment
  TCNT2 = tcnt2; // pre load the value into the timer
}

void setup() {
  setUpTimer();
  pinMode(13, OUTPUT); // enable the pins you want to use as tone outputs
  pinMode(12, OUTPUT);
  tone1restore = 30;
  tone2restore = 53;
  sendTones("0123 45678#"); // phone number
}

void loop() {
}

void sendTones(char *number) {
  byte digit = 1, point = 0;
  while(digit != 0) {
    digit = number[point];
    if(digit != 0) sendTone(digit);
    point++;
  }
}

void sendTone(byte key) {
  boolean found = false;
  int i = 0, j = 0;
  while(j < 4 && !found) {
    i = 0;
    while(i < 4 && !found) {
      if(pad[j][i] == key) {
        tone1restore = rowTone[j];
        tone2restore = colTone[i];
        tone1period = 1;
        tone2period = 1;
        // generate tones
        TIMSK2 |= _BV(TOIE2); // tone on
        delay(toneOn); // length of tone on
```

예제 11-6 DTMF 톤(계속)

```
          tone1period = 1;
          tone2period = 1;
          // generate tones
          TIMSK2 |= _BV(TOIE2); // tone on
          delay(toneOn); // length of tone on
          TIMSK2 &= ~_BV(TOIE2); // tone off
          delay(toneOff); // length of gap between tones
          found = true;
        }
        i++; // move on row
      }
      j++; // move on coloum
    }
    if(!found) {
      delay(toneOff); // small gap for unknown digits
    }
}
```

위 예제의 loop() 함수에는 아무 내용도 없다. setup() 함수 내에서 sendTones() 함수를 호출하여 전화를 건다. 물론 이 함수의 인수로 실제 전화번호를 입력해야 하는데, 이는 한 번만 '다이얼'된다. 전화를 스피커에 올려놓고, 음량을 올바르게 설정한 다음 리셋 버튼을 눌러 전화를 건다.

참고 이 예제의 실시는 거주 지역에 따라 불법일 수 있다. 미국에서는 괜찮았지만, 영국에서는 엄밀히 말하면, 이 주파수가 단순히 공중으로 방사되는 경우에도 '전화에 장치 연결'하는 행위로 간주된다. 휴대전화에 연결하기 위한 모든 장비는 영국에서 '형식 승인'이 필요하다. 이는 개인에게는 필요하지도 않을뿐더러 가격도 비싼 인증이다.

C언어로 프로그래밍하는 데 약간의 경험이 있더라도 setUpTimer() 함수의 코드는 약간 이상하게 보일 수 있다. 이는 프로세서의 내부 레지스터에 비트를 설정하기 때문이다. 무엇보다도 먼저 이 레지스터가 무엇인지, 무엇을 하는지 알아야 한다. 이 내용은 ATmega328 프로세서의 데이터시트에 자세히 나와 있다. Timer2가 원하는 대로 작동하려면 먼저 레지

스터가 초기화되어야 한다. 레지스터의 개별 비트를 설정하거나 지우기 위해 사용할 수 있는 몇 가지 트릭이 있다. mask라고 하는 변수를 설정해야 하는 경우가 있는데, 이는 변경하려는 비트가 있는 변수가 1로 설정되고 변경하지 않으려는 비트가 0으로 설정된다는 것을 의미한다.

다음으로 레지스터에 비트를 설정하려면 mask와 레지스터 간에 =| 연산자를 사용하여 논리 OR 연산을 수행하자. 설정한 비트를 지우려면, 반대로 mask와 레지스터 간에 &= 연산자를 사용하여 논리 AND 연산을 수행하자. mask의 값을 반전하려면 ~ 연산자를 사용하면 된다. mask의 생성을 돕기 위해서는 _BV() 매크로를 사용한다. 어떤 비트 번호를 설정할지 _BV() 함수의 괄호 안에 인수로 전달하면 해당 마스크가 생성된다. 예를 들어, 최상위 비트 설정을 위한 마스크, 즉 비트 7이 필요하면 _BV(7)을 호출하면 된다. 물론 16진수 0×80이나 2진수 b10000000을 직접 할당할 수도 있고, 1<<7과 같은 비트 시프트를 사용할 수도 있다. 그러나 컴파일러가 상수로 미리 정의된 비트의 이름을 갖고 있기 때문에 mask를 사용하는 방식이 더 적합하다. 레지스터의 이름이 식별하기 어렵다는 점은 아쉬운 점이다. 마스크에 하나 이상의 비트가 설정되어야 하는 경우 여러 마스크를 함께 OR할 수 있다.

카운터 오버플로가 발생하거나 타이머 인터럽트 마스크가 설정되면 ISR이 호출된다. 이것은 그림 11-2의 논리를 따른다. 출력 핀을 토글링할 때, 일반적인 digitalWrite() 함수 호출은 너무 오래 걸리기 때문에 직접적인 포트 어드레싱을 사용한다. 토글링은 EOR (exclusive OR) 연산자 ^= 을 통해 수행할 수 있다. 음을 켜거나 끄는 것은 타이머의 인터럽트 활성화 비트를 설정하거나 지우는 것만으로 간단히 수행할 수 있다.

주어진 문자에 대해 생성할 올바른 두 개의 음을 선택하기 위해서 문자를 포함하는 2차원 배열을 사용할 수 있다. 이 경우, 특정 문자를 보낸 후 일치하는 항목을 발견할 때까지 배열의 행을 하나씩 검색해야 한다. 일치하는 항목을 발견하면, 발견된 행 및 열 인덱스는 rowTone 및 colTone 배열에서 주기 카운트를 찾는 데 사용된다. 짧은 지연 후에 인터럽트가 비활성화되고 음이 멈춘다. 관련된 변수는 모두 바이트 자료형이므로 코드를 빠르게 실행할 수 있지만, 덕택에 최저 주파수는 200Hz 미만으로 제한된다. 물론 이 응용 프로그램에서는 아무런 문제가 없다. 필요한 경우 모든 바이트 자료형을 정수형(int형)으로 변경할 수도 있다.

▌이중음 벤딩

마지막으로, 주기 계산 변수를 변경함으로써 여러 가지 효과를 얻는 방법을 알아보자. 이것은 delay() 함수와 주기 변수의 증가 또는 감소를 통해 매우 쉽게 수행할 수 있다. 예제 11-7은 두 개의 음을 생성하는데, 하나의 음은 음정이 높아지는 동시에 다른 음은 음정이 낮아지는 효과를 구현한다. 코드 재사용을 위해 예제 11-6의 함수 중 두 개를 재사용하였으며, 예제 11-7에는 재사용한 함수를 생략하였다.

예제 11-7 이중음 벤딩

```
// Poly Tone - Mike Cook
volatile byte tone1period = 1, tone2period = 1;
volatile byte tone1restore = 41, tone2restore = 41;
volatile unsigned int tcnt2;

// add function ISR(TIMER2_OVF_vect) from Listing 11-6
// add function void setUpTimer() from Listing 11-6

void setup() {
	setUpTimer();
	pinMode(13, OUTPUT); // enable the pins you want to use as tone outputs
	pinMode(12, OUTPUT);
	TIMSK2 |= _BV(TOIE2); // tone on
}

void loop() {
	// raise tone 2 and drop tone 1 at diffrent rates
	tone1restore += 10; // lower tone 1
	if(tone1restore > 240) tone1restore = 20; // back to initial position
	tone2restore -= 28; // increase tone 2
	if(tone2restore < 20) tone2restore = 240; // back to initial position
	delay(300); // speed of note changes
}
```

delay()에 전달하는 값을 변경하면 개별 음의 소리를 동적 진동으로 크게 변화시킬 수 있다. 증가 및 감소 값을 변경하면 소리의 성격도 변경된다. 증가 및 감소 값이 동일하면 두 음은 서로 동기화된 상태를 유지한다. 그러나 증가 및 감소 값이 서로 다르면 두 음은 복잡한 춤을 형성한다.

시도해볼 수 있는 또 하나의 방법은 값을 한 방향으로 증가시키는 것이 아니라 증가한 후 다시 원래의 값으로 순차 감소하게 만드는 방법이다. 이 외에도 다양한 방법을 직접 고안할 수 있을 것이다.

12 그 외의 파형

사각파는 디지털 프로세서가 생성할 수 있는 가장 간단한 형태의 파형이다. 마지막 장에서 보았듯이 디지털 핀을 HIGH로 설정한 다음 LOW로 만들면 되는 수준의 간단한 작업을 통해 만들 수 있다. 또한 두 개의 파형을 혼합해서 두 파형의 중간값의 파형을 만드는 방식도 살펴보았으며, 이는 두 파형의 레벨이 차이가 있을 때 가능하다는 사실도 알아보았다. 하지만 단순한 파형이 아닌 다양한 파형을 생성하고 다채로운 사운드를 만들려면, 서로 다른 두 레벨의 중간값을 취하는 수준이 아니라 그 이상의 여러 레벨을 필요로 한다. 생성할 수 있는 레벨이 많을수록 미세한 정밀도로 파형을 조각할 수 있다.

12.1 단순히 HIGH/LOW가 아니다!

중간 레벨 출력의 핵심은 D/A 컨버터, 즉 디지털-아날로그 컨버터이다. 이것은 정상적인 논리 전압 외의 전압 레벨을 생성하는 방법이다. D/A 컨버터 역할을 할 수 있는 회로의 종류는 다양하므로, 실습에 들어가기에 앞서 아두이노를 통해 구현할 수 있는 몇 가지 회로를 살펴보겠다.

PWM

PWM은 펄스 폭 변조Pulse Width Modulation를 뜻하는 약어로, 아두이노는 PWM 신호를 생성할 수 있는 회로를 이미 내장하고 있다. PWM에서도 디지털 신호가 HIGH 혹은 LOW 신호를 가지지만, 두 신호의 시간 비율을 쉽게 제어할 수 있다는 것이 특징이다. 이러한 HIGH 신호의 시간 비율과 LOW 신호의 시간 비율을 신호의 듀티 사이클duty cycle이라고 부르며, 듀티 사이클을 변경함으로써 해당 핀의 평균 전압 레벨을 변경할 수 있다. 이를 수행하는 함수의 이름은 오해하기 딱 좋은 analogWrite()라는 이름을 가지고 있다. 초보자들은 종종 이것이 아날로그 출력을 위한 함수라고 생각하지만, 실제로는 그림 12-1과 같이 사각파가 생성된다.

매끄러운 평균 출력을 생성하기 위한 비결은 PWM 직사각형 파에 의해 야기되는 리플을 억제하는 저역 통과 필터를 사용하는 것이다. 불행하게도, 아두이노의 PWM 신호의 기본 주파수는 490Hz 및 980Hz이며, 이는 오디오 출력의 중간값을 생성할 만큼 빠른 속도가 아니다. 오디오 출력을 만들려면 PWM 신호가 오디오 출력의 최고 주파수의 2배 이상의 속도를 가져야 한다. 그 이론적인 이유는 다음 장에서 다루겠지만, 지금은 이 최소 속도가 나이키스트 속도Nyquist rate라고 불린다는 점만 기억하자. 다행스럽게도 클럭의 프리스케일러 분주비를 변경하는 방식으로 PWM 신호의 속도를 간단히 높일 수 있다.

저역 통과 필터의 설계는 약간 까다롭다. 컷오프cutoff 주파수는 필터의 출력이 3dBs만큼 떨어지는 지점이다. 이 주파수 위의 모든 신호가 제거되는 것은 아니다. 그런 일은 결코 일어나지 않는다. 신호의 주파수가 컷오프 주파수보다 높아지면 필터의 출력이 약화된다. 실제로 출력이 0에 도달하지는 않지만 주파수가 높아질수록 신호의 크기가 계속 작아진다. 신호의 감쇠 속도, 즉 롤오프rolloff는 필터의 유형과 필터의 차수order에 따라 다르다. 간단한 RC 필터의 경우 옥타브당 -6dBs의 롤오프를 가진다. 즉, 컷오프 주파수 이상에서 주파수가 2배가 될 때마다 신호의 진폭이 6dBs씩 계속 감소한다. 이러한 필터를 1차 필터라고 한다. 간단한 LC 필터는 옥타브당 -12dB, 즉 두 배 빠른 속도로 롤오프하며 이를 2차 필터라고 한다. 그림 12-2에서 두 필터의 회로도를 볼 수 있다.

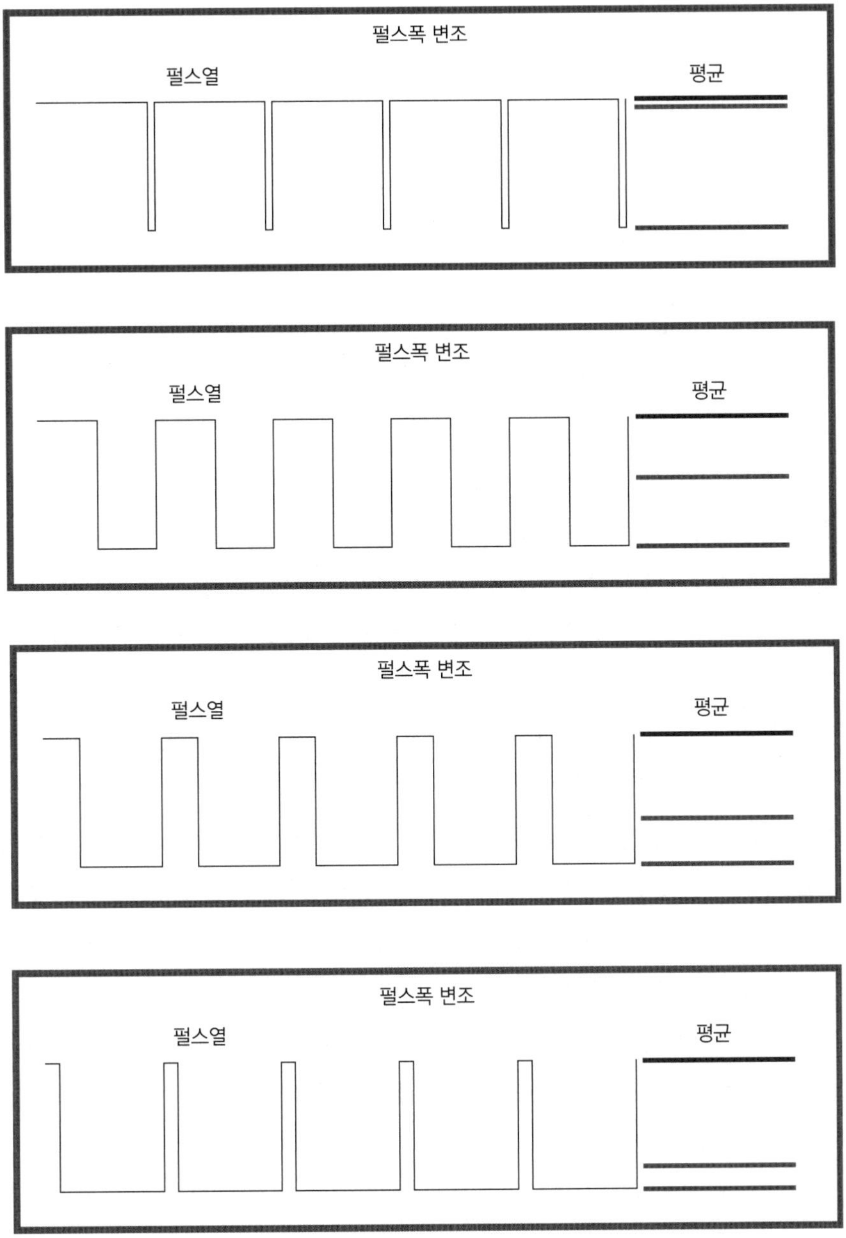

그림 12-1 듀티 사이클 변화에 따른 PWM 신호의 변화

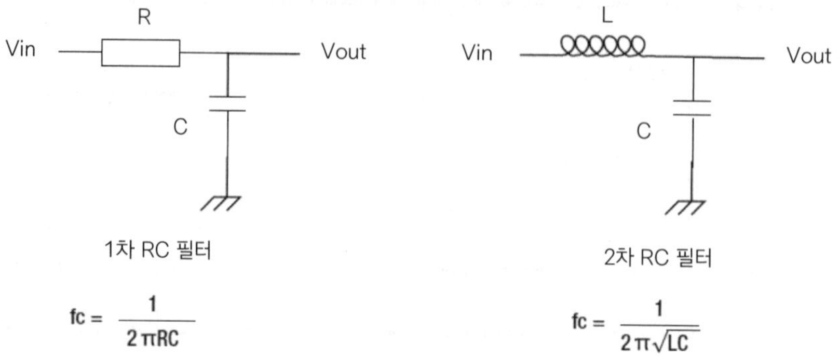

그림 12-2 간단한 RC, LC 필터 회로

낮은 차수의 필터를 다단계로 연결하면 높은 차수의 필터를 얻을 수 있다. 다단계 필터의 각 단의 컷오프 주파수를 설계하면 원하는 어떠한 필터 형태도 얻을 수 있다. 기본적으로, 빠른 초기 롤오프 또는 슬로프의 경사와 최종적인 감쇠 비율 사이에 트레이드 오프 관계가 있으며, 전달 함수의 통과 부분에 있는 리플의 경사도와 정지 부분의 리플의 경사도 사이에 트레이드 오프 관계가 있다.

필터 설계는 고급 수학으로, 복소수 연산을 포함하는 어려운 수학을 포함한다. 필터만을 전문적으로 다룬 책도 많이 있기 때문에, 여기에서는 이 내용에 대해 깊이 들어가지 않고 중요한 몇 가지 부분만 짚고 넘어가고자 한다. 간단한 RC 회로가 좋을 것 같지만, 이를 다단계로 연결하면 입력 및 출력 임피던스 문제가 발생한다. 이러한 종류의 필터는 낮은 임피던스로 구동해야 하고 높은 임피던스 출력을 갖는다. 따라서 1차 필터를 계단식으로 연결할 때 각 섹션 사이에 버퍼 증폭기를 두는 것이 일반적이다. 그러나 연산 증폭기가 있는 경우 2차 액티브 필터를 만들고 다단계로 연결하는 것이 더 낫다. 액티브 필터를 구현하는 방법은 상당히 많지만 가장 많이 사용되는 방법 중 하나는 그림 12-3과 같이 셀런-키 Sallen-Key 구성을 사용하는 것이다.

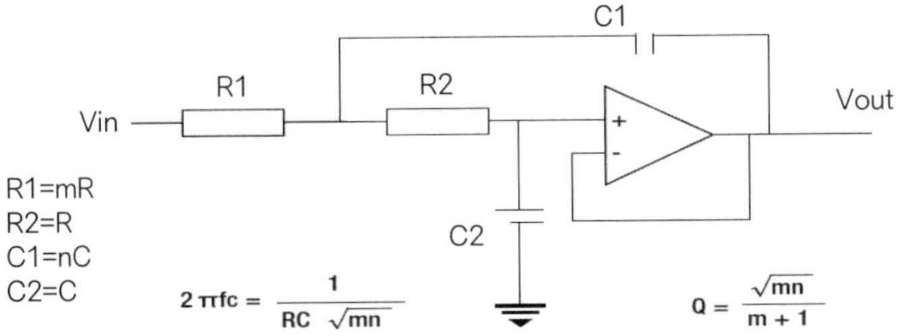

그림 12-3 셀런-키 2차 필터

두 저항 사이의 비율은 m이고 두 커패시터 사이의 비율은 n이다. 이것은 일반적으로 1 또는 2로 설정되지만 그 외의 어떤 값이 되어도 무방하다. 컷오프 주파수 fc는 Q와 마찬가지로 그림에 표시된 공식에 의해 주어지며, 'Q값'이라고 불리는 필터의 Q는 필터 형태가 얼마나 날카로운지를 나타내는 척도이다. 주어진 필터 형태와 차수에 따라 각 2차 필터 섹션의 Fc 및 Q를 설정하는 방법이 있으며, 이러한 필터 요소를 어떻게 결정하느냐에 따라 서로 다른 필터 특성 곡선이 만들어진다. 리플이 없는 평탄한 통과 대역을 가진 필터를 버터워스butterworth 필터라고 한다. 고차 버터워스 필터를 설계하려면 각 2차 섹션의 Q값을 서로 다른 값으로 설정해야 한다. 표 12-1은 다양한 필터에 대한 각 섹션의 Fc와 Q를 보여준다.

표 12-1 버터워스 필터의 설계값

차수	F0	Q
2-단일 섹션	1.0	0.707
4-1번째 섹션	1.0	0.5412
4-2번째 섹션	1.0	1.3306
6-1번째 섹션	1.0	0.5174
6-2번째 섹션	1.0	0.707
6-3번째 섹션	1.0	1.9319
8-1번째 섹션	1.0	0.5098
8-2번째 섹션	1.0	0.6013
8-3번째 섹션	1.0	0.9000
8-4번째 섹션	1.0	2.5629

F0 주파수가 각 필터 섹션에서 동일한지 그리고 차단하고자 하는 주파수가 맞는지 확인하자. Q값은 고차 필터의 각 필터 섹션과 함께 변경된다. 이것들은 모두 셀런-키 회로로 만들 수 있지만, 8차 필터는 각각 다른 Q와 각각 다른 구성 요소 값을 갖는 4개의 회로가 필요하다.

그 외에도 체비셰프Chebyshev, 베셀Bessel, 엘립틱Elliptical(카우어Cauer라고도 부른다)과 같은 다른 여러 유형의 필터가 있다. 이러한 필터들은 모두 통과 대역, 정지 대역에서 리플을 가지며 주어진 필터 차수에 대해 보다 정교한 롤오프를 갖는다. 심지어 일부 필터는 단일 주파수에서 진폭이 0으로 감쇠될 정도로 날카롭다. 모두 흥미로운 소재이지만, 이 책의 주제를 벗어나므로 자세히 다루지는 않겠다.

오디오 응용을 위한 필터를 설계할 때, 감쇠 주파수를 얼마나 근접시켜야 하는지 결정해야 한다. 감쇠 주파수가 더 가까울수록 필터는 가파른 롤오프와 높은 차수를 가져야 한다. 주파수 응답만이 필터의 기준이 아니다. 위상 및 임펄스 응답도 중요하다. 예를 들어, 매우 가파른 컷오프가 있는 필터의 경우, 입력 펄스가 출력에 도달하면서 발진 또는 링잉이 발생하는 경우가 생긴다.

❚ 레지스터 탭

레지스터 탭은 아마도 D/A 컨버터 중 가장 쉽게 이해할 수 있는 형태일 것이다. 레지스터 탭은 일련의 저항으로 구성되며, 저항이 만나는 각 지점, 즉 노드에는 전기적으로 스위칭할 수 있는 아날로그 셀렉터 입력이 위치한다. 이 셀렉터는 논리 신호를 통해 제어할 수 있는 기계식 스위치라고 간주해도 무방하다. 이를 일반적인 회로도로 표현하면 그림 12-4와 같다. 단순성을 위해 3비트를 사용하는 8단계 D/A를 도식화했지만, 이를 확장하면 얼마든지 많은 단계로 늘릴 수 있다.

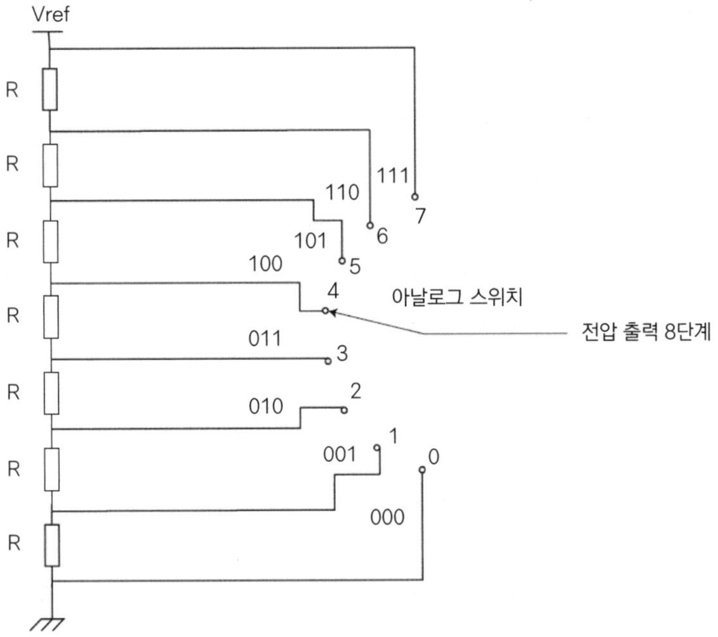

그림 12-4 레지스터 탭 방식의 D/A

모든 저항이 일렬로 배치되어 있기 때문에 높은 위치로 스위치를 연결하면 항상 더 높은 출력이 만들어진다고 보장할 수 있다. 이러한 속성을 단조성monotonicity이라고 한다. 이러한 유형의 컨버터는 설계상으로 단조성이 보장된다. 다른 유형의 D/A 컨버터 중에는 부품의 허용 오차에 따라 완전한 단조성을 획득하기 어려운 종류도 있다. 하지만 기본적으로는, 단조성은 D/A가 가져야 하는 일차적인 속성이다.

이러한 회로는 많은 저항과 아날로그 스위치를 필요로 하지만, 이를 집적 회로로 구현하면 제약이 없어진다. n비트 D/A를 구성하기 위해서는 2^{n-1}개의 저항이 필요하므로, 8비트 컨버터는 255개의 저항을 필요로 한다. 일반적으로 디지털 가변 저항을 구현하는 데 사용된다. 체인의 양 끝에 접근할 수 있기에, 일반 가변 저항처럼 오디오 신호를 피드에 입력할 수 있기 때문이다. 저항의 값에 차등을 주면, 로그 또는 역 로그 그래프를 얻거나 그 밖의 다른 전달 함수 특성을 얻을 수도 있다.

❙ 이진 가중 D/A

출력을 레지스터에 연결하여 각 출력이 출력 비트의 중요도에 따라 출력값의 정확한 부분을 제공하도록 하는 방식도 있다. 바로 이진 가중binary weighted D/A이다. 핀으로부터 나가는 논리 출력은 저항을 통과하여 적절하게 가중치가 적용된 전류를 생성한 다음, 전류 가산기로 합산된다. 전류 가산기의 출력은 아날로그 출력인 전압으로 표현된다. 각각의 연속 저항은 이전 저항값의 두 배가 되므로, 첫 번째 값이 R이면 두 번째 값은 2R, 4R, 8R 등이 된다. 그림 12-5에서 대표적인 회로를 볼 수 있다.

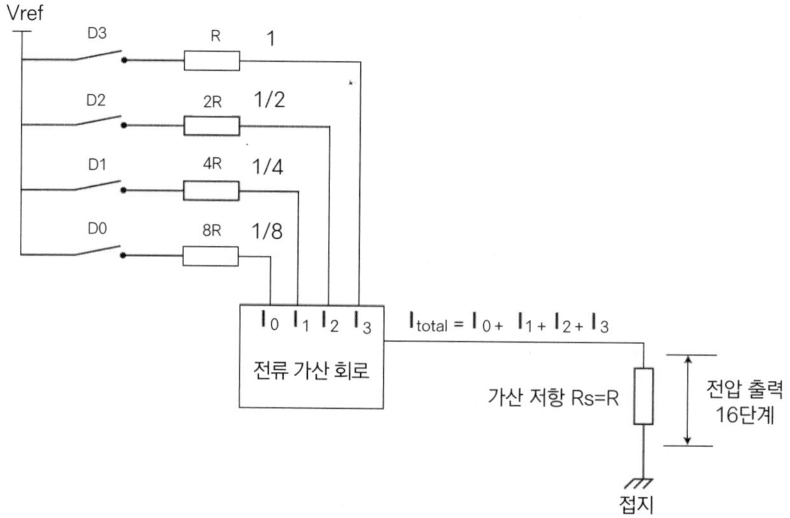

그림 12-5 이진 가중 D/A

이 설계의 문제점은 저항의 절댓값이 비트 수만큼 정밀해야 한다는 점이다. 즉 256레벨을 생성하는 8비트 컨버터의 경우 저항의 허용 오차는 공칭값의 0.39% 이내여야 한다. 12비트 컨버터의 경우, 허용 오차는 0.024%로 줄어든다. 이것은 매우 높은 정확도이며 대량 생산이 어렵다. 저항값을 개별적으로 트리밍하여 정확도를 얻을 수는 있지만, 그 정확도에 대한 측정 역시 정확해야 한다는 난점이 있다. 비트 수가 적으면 큰 문제는 없다. 4비트의 경우 5% 허용 오차를 가지는 저항으로도 구현 가능하다.

R-2R 래더

이 D/A 방식은 해킹 커뮤니티에서 꽤 인기가 있는데, 그 인기는 오해에서 비롯되었다. R과 2R의 값을 가지는 2개의 저항만을 사용하므로 정확한 정밀도가 필요하지 않다는 장점이 있는 D/A 회로인데, 해킹 커뮤니티의 사람들은 두 저항의 상대적인 비율이 지녀야 하는 정확성을 무시하는 경향이 있다. 4비트 컨버터의 경우 허용 오차가 R/32 또는 3% 이내여야 한다. 비트가 추가될수록 허용 오차는 반으로 줄어들며, 이러한 정확도만이 단조성을 보장한다. 1% 정확도의 저항으로 6비트 또는 8비트 R-2R 래더 D/A를 만드는 예시를 인터넷에서 발견할 수도 있는데, 사실상 말도 안 된다. 이 방식의 가장 큰 장점은 저항값 한 가지만 사용해서 D/A 컨버터를 만들 수 있다는 점이다. R 2개를 직렬로 연결해서 2R을 만들거나 또는 2R 2개를 병렬로 연결하여 R을 만들 수 있다. 개별 저항 부품을 써서 정확한 값을 얻는 것보다 집적 회로를 사용해서 정확도를 얻는 편이 훨씬 쉽다. 일반적인 4비트 래더 회로는 그림 12-6에 나와 있다.

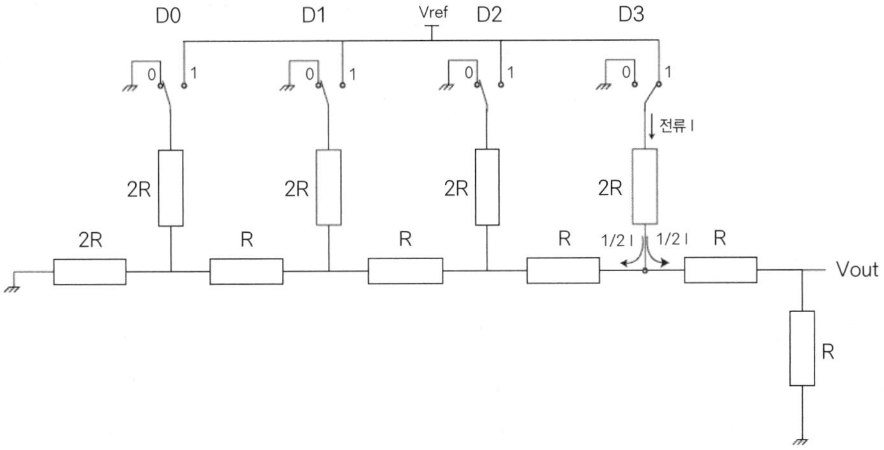

그림 12-6 R-2R 래더 D/A

각 입력은 0V와 일부 전압 레퍼런스(보통 5V 또는 출력 핀) 사이를 스위칭한다. 입력 D3과 최상위 디지털 출력을 고려해볼 때, 저항으로 흐르는 전류 I는 3개의 저항의 접합점, 즉 노드에 도달해서 두 전류로 나뉜다. 반쪽은 오른쪽으로 흐르고 반쪽은 왼쪽으로 흐른다. 노드를 중심으로 양쪽 경로의 저항이 동일하기 때문이다. 다른 입력이 0V가 아닌 레퍼런스로 전환되지 않는 한, 출력으로 흐르는 전류는 I의 절반이며 그 결과 Vref 전압의 절반이 출력된다. 전류는 각 노드에 도달할 때마다 1/2로 분할되므로, D2 입력에서 흘러 들어오는 전류는 D2의 노드에서 한 번, D3의 노드에서 한 번, 총 두 번 분할된다. 따라서 D2의 전류의 1/4만이 출력된다. 마찬가지로 계산하면 D1의 전류는 1/8이, D0의 전류는 1/16이 출력된다. 따라서 디지털 이진수와 동일한 가중치로 출력 전류를 합산하게 된다.

D/A 인터페이스

기성품 D/A 컨버터는 병렬 인터페이스 또는 직렬 인터페이스 형태를 가진다. 병렬 인터페이스를 사용하면 n개의 입력이 모두 동시에 컨버터에 적용되고, 래치 신호를 통해 모든 입력이 동시에 출력될 수 있다. 아두이노 환경에서는 이런 방식은 많은 핀을 필요로 하기 때문에 그리 인기를 끌지 못한다.

반면 직렬 인터페이스는 보통 2개 또는 3개의 핀만 사용한다. I2C 또는 SPI와 같은 버스를 쓸 수도 있고, 시프트 레지스터 방식을 쓸 수도 있다. 직렬 인터페이스의 단점은 필요한 모든 비트를 입력하는 데 시간이 걸린다는 점이다.

12.2 파형 생성

일반적으로 파형은 인터럽트를 사용하여 생성한다. ISR에 진입할 때마다 새로운 샘플이 생성되어 D/A로 출력된다. 이는 프로세서에 상당한 시간적 부하를 가하는데, 샘플을 생성하는 시간이 파형의 최대 주파수에 영향을 미치기 때문이다. 다음 인터럽트가 오기 전에 샘플의 생성을 완료해야 한다. 그래서 보통은 사각파가 가장 효과적이다. 출력 핀을 토글하거나 반전시키기만 하면 샘플을 생성할 수 있기 때문이다. 삼각파나 톱니파 등도 비교적 쉽게 생성할 수 있다. 삼각파를 생성하려면 레벨이 최대에 도달할 때까지 출력을 증가시킨 다음, 스위칭을 통해 출력을 서서히 감소시키면 된다. 톱니파는 더 간단하다. 단순히 출력을 증가시키고, 레벨이 최대에 도달하면 출력을 다시 0으로 설정하면 된다.

하나 이상의 음을 생성하는 것도 그리 어렵지 않다. 출력하기 전에 출력하려는 모든 파형의 샘플을 더하기만 하면 된다. 주의할 점이 있는데, 이러한 연산에는 프로세싱 시간이 필요하며 최대 총 출력이 D/A의 최대 입력을 초과하지 않도록 해야 한다. 만약 총 출력이 D/A의 최대 입력을 넘어서면 높은 값이 순간적으로 낮아지면서 무시무시한 파열음을 만든다.

❙ 톱니파 예시

첫 번째 예제로, 내부 PWM을 사용하면 가장 적은 부품 수로 회로를 구현하는 방법을 살펴보자. PWM 주파수를 평균화하기 위해 출력에 RC(저항, 캐패시터)가 필요하다. 이것을 종종 복구 필터reconstruction filter라고 한다. 1K와 0.1uF를 사용하면 약 1.5KHz의 컷오프 주파수가 만들어진다. 컷오프 주파수는 롤오프가 시작되는 지점이라는 것을 기억하자. 더 높은 주파수에서는 여전히 많은 신호를 얻을 수 있다. 그림 12-7은 톱니파 생성 과정을 그린 블록 다이어그램을 보여준다.

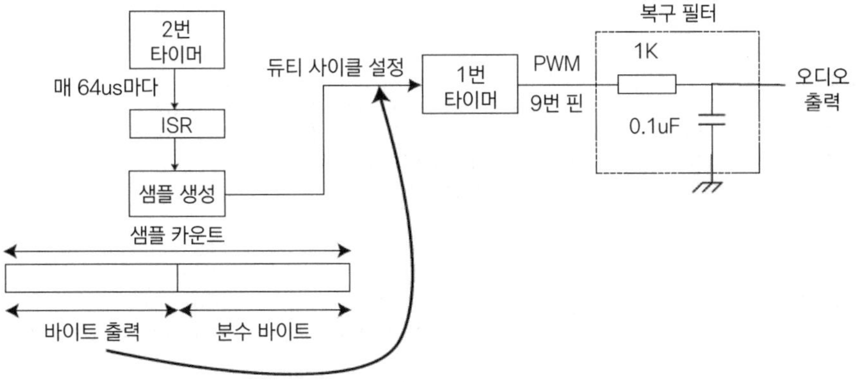

그림 12-7 톱니파 생성

그림 12-7에서 이 파형을 생성하기 위해 두 개의 타이머를 함께 사용한다는 것을 볼 수 있다. Timer2는 이전 장에서처럼 ISR을 트리거하는 데 사용된다. 이 ISR은 파형에서 다음 샘플을 생성한다. 이는 샘플 수에 증가분을 추가하여 수행되며, 증가분은 모두 2바이트 정수이다. 즉, 샘플 수는 2바이트를 차지한다. 이 두 바이트 중 상위 바이트는 PWM 듀티 사이클을 설정하는 데 사용되며, 하위 바이트는 샘플 카운트의 분수 부분으로 남겨둔다. 이 기술은 고정 소수점 분수 또는 누적/오버플로 시스템이라고 부른다. 파형의 주파수를 정밀하게 제어하기 위한 기술로, 이런 방법을 쓰지 않으면 샘플 수 증가마다 너무 큰 주파수 변화가 일어난다. 이를 수행하는 코드는 예제 12-1과 같다.

예제 12-1 PWM 출력을 이용한 톱니파 생성

```
// Sawtooth waveform - using Timer 1's PWM as output
volatile unsigned int sample = 0;
volatile int increment = 0x60; // sets frequency
volatile boolean hush = false;
const byte hushPin = 2;

ISR(TIMER2_COMPB_vect) { // Generate the next sample and send it to the
ISR(TIMER2_COMPB_vect) { // Generate the next sample and send it to the A/D
  if(!hush) { // if playing a note then output the next sample
    sample += increment;
    OCR1AL = sample >> 8; // use sample to change PWM duty cycle
  }
}

void setPWMtimer() {
  // Set timer1 for 8-bit fast PWM output to use as our analogue output
  TCCR1B = _BV(CS10); // Set prescaler to full 16MHz for 2 cycles per sample
  TCCR1A |= _BV(COM1A1); // Pin low when TCNT1=OCR1A
  TCCR1A |= _BV(WGM10); // Use 8-bit fast PWM mode
  TCCR1B |= _BV(WGM12);
}

void setSampleTimer() { // sets timer 2 going at the output sample rate
  TCCR2A = _BV(WGM21) | _BV(WGM20); // Disable output on Pin 11 and Pin 3
  TCCR2B = _BV(WGM22) | _BV(CS22);
  OCR2A = 60; // defines the interval to trigger the sample generation - 30uS or 33.3KHz
```

예제 12-1 PWM 출력을 이용한 톱니파 생성(계속)

```
  TCCR2B = TCCR2B & 0b00111000 | 0x2; // select a prescale value of 8:1 of the system clock
  TIMSK2 = _BV(OCIE2B); // Output Compare Match B Interrupt Enable
}

void setup() {
  pinMode(9, OUTPUT); // Make timer's PWM pin an output
  pinMode(hushPin, INPUT_PULLUP);
  setSampleTimer();
  setPWMtimer();
}

void loop() {
  // gate tone
  if(digitalRead(hushPin)) hush = false; else hush = true;
}
```

Timer2는 30us 또는 33.3KHz마다 인터럽트를 생성하도록 설정된다. 이 PWM 주파수는 인간의 가청 주파수 범위보다 높기 때문에 톱니파의 사운드를 방해하지 않는다. 그렇다고 해서 복구 필터가 필요하지 않은 것은 아니다. 고주파 성분이 오디오 앰프에 혼란을 불러일으킬 수 있기 때문이다. hush 변수는 음소거를 위해 사용되며, loop() 함수에서 핀의 논리 레벨을 모니터링한 후 그 값이 할당된다. 즉, 해당 핀에 연결된 버튼을 누르면 사운드가 멈추게 된다.

Timer1은 16us의 주기 또는 62.5kHz의 주파수를 가지는 빠른 8비트 PWM 모드로 설정된다. 즉, ISR이 호출될 때마다 샘플 번호가 변경되더라도 아날로그 출력 레벨을 설정하는 PWM은 두 사이클을 가진다. PWM의 듀티 사이클과 이에 따른 효과적인 아날로그 출력은 OCR1AL 레지스터에 의해 제어되며, ISR의 샘플 값으로 설정된다. 그러므로 주파수를 설정하는 increment 변수는 다음 수식으로 계산하게 된다.

```
Increment = Frequency * 4.194304
```

이를 유도하는 것은 독자의 몫으로 남겨두도록 하겠다.

❙ 삼각파 예제

삼각파는 톱니파와 비슷하지만, 여기에서는 다른 방식으로 파형을 출력하는 예제를 설명하겠다. 바로 R2-R 래더 방식의 D/A 컨버터를 사용하는 방식이다. R의 값으로는 1K를 사용하였으며, 그 회로도는 그림 12-8에서 볼 수 있다.

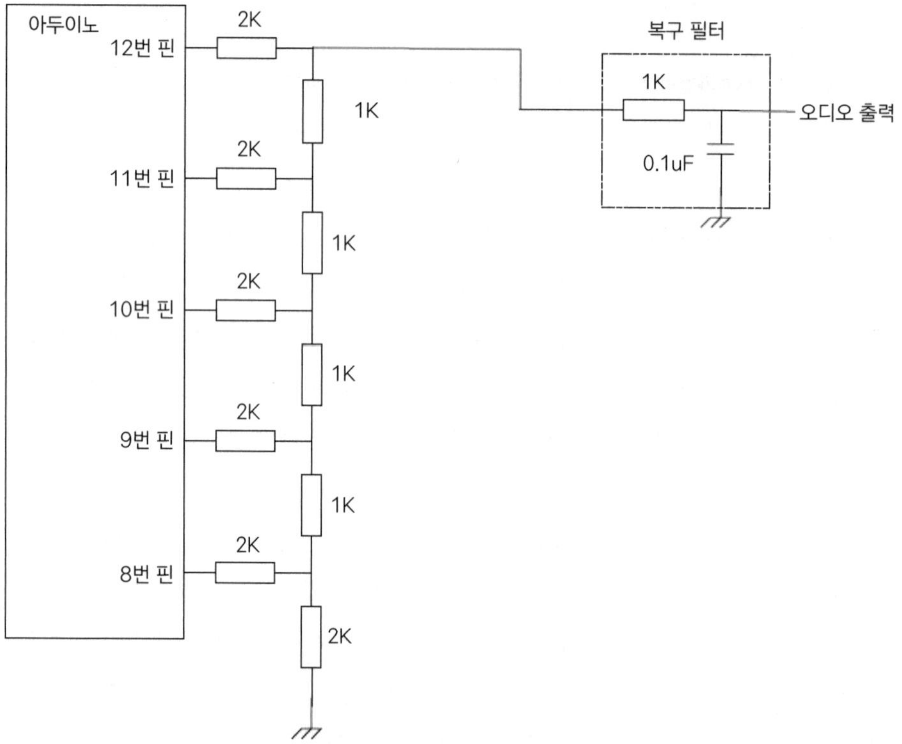

그림 12-8 2R-R 계단 출력

샘플 노이즈를 제거하려면 복구 필터가 필요하다. 8~12번 핀은 동일한 포트 B에 위치하고 있고, 직접 포트 어드레싱을 사용하여 쉽게 설정할 수 있기 때문에 필자는 8~12번 핀을 래더에 연결하기 위한 디지털 출력으로 사용했다. 따라서 5비트, 즉 32레벨 D/A 컨버터를 2% 저항으로 쉽게 구성할 수 있다.

이 예제는 Timer2만을 사용하여 샘플 생성 시간을 제어한다. 래더 D/A 컨버터가 레벨을 처리하기 때문에 PWM은 필요하지 않다. 해당 코드는 예제 12-2에서 볼 수 있으며, 앞의 예제와 매우 비슷하다.

예제 12-2 2R-R 계단 출력을 이용한 삼각파 생성

```
// Triangle wave R2-R ladder output
volatile int sample = 0;
volatile int increment = 0x200; // sets frequency
volatile boolean hush = false;
volatile boolean slope = false;
const byte hushPin = 2;

ISR(TIMER2_COMPB_vect) { // Generate the next sample and send it to the A/D
   if(!hush) { // if playing a note then output the next sample
      if (slope) sample += increment; else sample -= increment;
      if (sample < 0) { // if sample has peaked
         slope = !slope; // reverse direction
         // do a double increment to send it in the right direction
         if (slope) sample += (increment << 1); else sample -= (increment << 1);
      }
      PORTB = (PORTB & 0xE0) | (sample >>10); // output to 2R-R ladder
   }
}

void setSampleTimer() { // sets timer 2 going at the output sample rate
   TCCR2A = _BV(WGM21) | _BV(WGM20); // Disable output on Pin 11 and Pin 3
   TCCR2B = _BV(WGM22) | _BV(CS22);
   OCR2A = 60; // defines the interval to trigger the sample generation - 30uS or 33.3KHz
   TCCR2B = TCCR2B & 0b00111000 | 0x2; // select a prescale value of 8:1 of the system clock
   TIMSK2 = _BV(OCIE2B); // Output Compare Match B Interrupt Enable
}
```

예제 12-2 2R-R 계단 출력을 이용한 삼각파 생성(계속)

```
void setup() {
  DDRB = (DDRB & 0xE0) | 0x1F; // set pins 8 to 12 as outputs
  pinMode(hushPin, INPUT_PULLUP);
  setSampleTimer();
}

void loop() {
  // gate tone
  if(digitalRead(hushPin)) hush = false; else hush = true;
}
```

여기에서 핵심적인 변경 사항은 ISR 함수에 있다. hush 변수 관련 코드는 동일하지만, 부울 변수인 slope를 사용하여 현재 카운팅 방향이 위인지, 아래인지 나타낸다. 샘플 카운터는 int형이며, 그 값이 음수인지 여부를 확인하여 오버플로 또는 언더플로 여부를 결정한다. 이 한계를 벗어나면 슬로프 변수가 토글되고 카운터 증가 또는 감소가 두 번 수행된다. 오버플로(또는 언더플로)를 제거한 다음에는 반대쪽 방향으로 샘플을 변경한다.

샘플은 현재 5비트이지만, 샘플 카운터의 최상위 5비트이다. 이 비트를 1비트씩 오른쪽으로 시프트하여 int형의 부호 비트를 제거한, 다음 9비트를 추가로 시프트하여 샘플 바이트를 출력 비트와 정렬한다. 물론, 하나의 시프트 명령은 두 가지 작업을 함께 수행한다. 그림 12-9는 파형을 오실로스코프로 기록한 모습이다. 파형의 속도를 매우 낮추어 개별 주기를 자세히 볼 수 있게 했다. 오디오 주파수에서는 복구 필터가 이러한 단계를 수행하여 부드럽게 만든다.

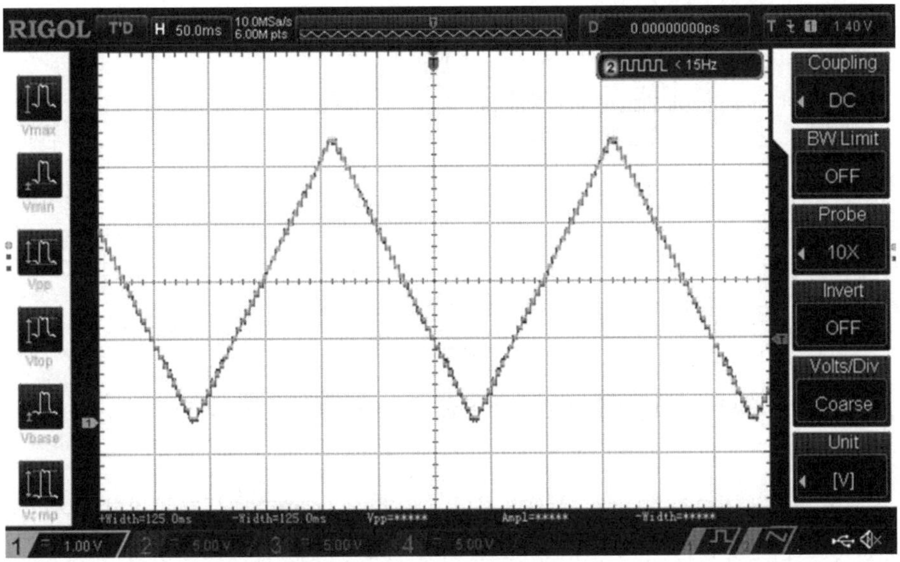

그림 12-9 삼각파 출력

▌파형 테이블 출력

쉽게 생성하기 힘든 더 복잡한 파형을 출력하고 싶다면 어떻게 해야 할까? 사인 파형을 예로 들 수 있다. sin() 함수를 사용하여 쉽게 사인파를 생성할 수 있지만 프로세싱 속도가 느리기 때문에 생성할 수 있는 주파수는 심각하게 낮다. 삼각 함수로 처리할 수 없는 더 복잡한 것을 생성하고 싶다면 어떻게 해야 할까? 그 답은 미리 계산된 룩업 테이블을 사용하여 파형을 담는 방식이다. 이를 위해서는 모든 샘플 출력을 배열에 저장해야 한다. 그러면 ISR은 배열에서 한 번에 하나씩 샘플을 추출하여 D/A 컨버터로 보낸다.

D/A 컨버터를 구현하는 가장 좋은 방법은 특화된 D/A 컨버터 칩을 그대로 사용하는 방식으로, 이번 예제에서는 이를 수행하는 방법을 보여줄 것이다. MCP4981 12비트 D/A 칩은 SPI Serial Protocol Interface 인퍼테이스를 통해 아두이노에 연결되며, 4개의 라인 연결만을 필요로 한다. 그림 12-10에서 회로 구성을 볼 수 있다.

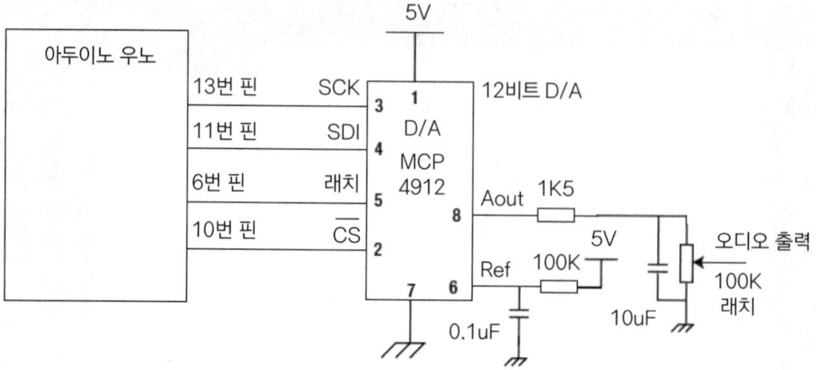

그림 12-10 SPI 인터페이스를 통한 아두이노와 MCP4921의 연결

구동 방식은 간단하다. 먼저 칩 선택 라인(2번 핀)을 LOW로 만들고 시리얼 데이터(4번 핀)와 클럭(3번 핀)을 사용하여 데이터를 칩에 공급한 다음, 칩 선택 라인을 다시 HIGH로 설정한다. 마지막으로 래치(5번 핀)에 펄스를 가하여 데이터를 아날로그 출력으로 전송한다. 12비트 컨버터이므로 2바이트의 데이터를 입력해야 하지만, 12개의 최하위 비트만 사용된다. 핀의 디지털 출력으로 12비트를 순차적으로 출력하는 방식, 즉 비트 충돌bit-bang 방식을 쓸 수도 있고, 이 핀에 있는 아두이노의 내장 SPI 하드웨어를 사용하여 데이터를 매우 빠르게 전송할 수 있다. 설계를 완료하기 위해 5V 전원에서 5V의 전압 레퍼런스를 연결해주고, 커패시터를 통해 필터링을 걸자.

D/A가 12비트 샘플을 사용하기 때문에, 출력하고자 하는 샘플은 그 이하의 크기를 가져야 한다. 그렇지 않으면 신호가 오버플로되어 0으로 돌아갈 수 있다. 파형 테이블의 크기는 보통 인덱스 조작을 쉽게 하기 위해 2의 제곱으로 만들어지지만 그 밖의 원하는 크기로도 만들 수 있다. 이 예제에서는 256개 샘플을 가진 파형 테이블을 사용했다. 정수형 변수의 배열이므로, 이 테이블은 아두이노 우노의 총 읽기/쓰기 메모리의 1/4인 512바이트를 차지한다. 예제의 파형 테이블에는 두 가지 파형이 절반씩 들어 있는데, 첫 번째 절반은 사인파이며 두 번째 절반은 톱니파이다. 파형의 영점이라고 생각되는 부분은 A/D가 출력할 수 있는 범위의 중간 지점이어야 한다. 따라서 12비트를 사용할 경우 그 중간점은 2047,

즉 $2^{11}-1$이다. 이 값으로 버퍼를 모두 채우면 아무 사운드가 나지 않을 것이다. 사인 함수를 사용하면 -1에서 +1의 범위를 구현해야 하므로, 이 중간점 값에 -1과 +1을 곱한 값에 중간점 값을 더해서 샘플값을 만든다. 이 작업을 룩업 테이블 전체의 길이에 걸쳐 2p 라디안 이상의 각도에 대해 수행해야 한다. 파형 테이블의 코드는 예제 12-3과 같다.

예제 12-3 파형 테이블 출력

```
// Wave table output D/A output
#include <SPI.h>
#define CS_ADC_BAR 10
#define AD_LATCH 6

volatile unsigned int sampleIndex = 0;
volatile int increment = 0x200; // sets frequency
volatile boolean hush = false;
const byte hushPin = 2;
int waveTable[256];

ISR(TIMER2_COMPB_vect) { // Look up the next sample and send it to the A/D
  if(!hush) { // if playing a note then output the next sample
    sampleIndex += increment; // increment sample
    ADwrite(waveTable[sampleIndex >> 8]); // output to A/D
  }
}

void setSampleTimer() { // sets timer 2 going at the output sample rate
  TCCR2A = _BV(WGM21) | _BV(WGM20); // Disable output on Pin 11 and Pin 3
  TCCR2B = _BV(WGM22) | _BV(CS22);
  OCR2A = 60; // defines the interval to trigger the sample generation - 30uS or 33.3KHz
  TCCR2B = TCCR2B & 0b00111000 | 0x2; // select a prescale value of 8:1 of the system clock
  TIMSK2 = _BV(OCIE2B); // Output Compare Match B Interrupt Enable
}

void setup() {
  // initilise control pins for A/D & SPI
  pinMode(CS_ADC_BAR, OUTPUT);
  digitalWrite(CS_ADC_BAR, HIGH);
  pinMode(AD_LATCH, OUTPUT);
  digitalWrite(AD_LATCH, HIGH);
  pinMode(hushPin, INPUT_PULLUP);
```

예제 12-3 파형 테이블 출력(계속)

```
  SPI.begin();
  SPI.setDataMode(SPI_MODE3);
  SPI.setClockDivider(SPI_CLOCK_DIV2); // maximum clock speed
  generateTable(); // calculate the lookup table
  setSampleTimer();
}

void loop() {
  // gate tone
  if(digitalRead(hushPin)) hush = false; else hush = true;
}

void generateTable() {
  const float pi = 3.1415;
  float angle;
  int sample = 2048;
  for(int i = 0; i < 128; i++) { // first part of the wave table is a sin
    angle = ((2.0 * pi)) / (128.0 / (float)i);
    waveTable[i] = (int)(2047.0 + 2047.0 * sin(angle));
  }
  for(int i = 128; i < 256; i++) { // second part of the wave table is a saw
    waveTable[i] = sample;
    sample = (sample - 64) & 0xFFF; // keep to 12 bits
  }
}

void ADwrite(int data) { // send data to the A/D
  // digitalWrite(CS_ADC_BAR, LOW); // replace by below
  PORTB &= ~0x4;
  SPI.transfer(((data >> 8) & 0x0f) | 0x70);
  SPI.transfer(data & 0xff);
  //digitalWrite(CS_ADC_BAR, HIGH); // replace by below
  PORTB |= 0x4;
  //digitalWrite(AD_LATCH, LOW); // replace by below
  PORTD &= ~0x40;
  //digitalWrite(AD_LATCH, HIGH); // replace by below
  PORTD |= 0x40;
}
```

generateTable() 함수는 부동 소수점 변수를 사용하여 룩업 테이블의 전반부에 있는

128개의 sin 샘플을 계산한다. 테이블의 후반부에서는 샘플 값이 64만큼 감소된 후 0xFFF와 AND 연산을 수행하므로, 샘플 값이 0 아래로 오면 자동으로 최댓값으로 전환된다. 128개 샘플 중 64의 값은 테이블의 이 섹션에 정확히 두 주기의 톱니파가 있음을 보장한다.

ADwrite() 함수는 실제로 데이터를 D/A로 보내며, 프로세싱 속도를 위해 직접 포트 어드레싱을 사용한다. 동일한 동작을 하는 digitalWrite() 함수를 삭제하지 않고 주석 처리해두었는데, 각 digitalWrite() 함수는 직접 포트 어드레싱에 비해 약 64배 더 프로세싱 시간이 오래 걸린다. 샘플은 두 개의 SPI.transfer() 호출을 사용하여 출력된다. 먼저 상위 4 비트가 4개의 0과 함께 전송된 다음, 8개의 하위 비트가 전송된다.

ISR() 함수는 매우 간단하다. sampleIndex 변수에 증분이 추가된 다음 상위 8개 비트가 파형 테이블을 지정하는 데 사용된다. 따라서 증분 변수가 256보다 작으면 접근된 실제 샘플은 ISR이 호출될 때마다 변경되지 않고, 파형의 주파수를 정밀하게 제어하는 데 필요한 만큼만 변경된다. ISR이 매 30us마다 호출되고 파형에 256개의 샘플이 있으면, 256의 증분이 전체 파형을 출력한다.

```
30 * 256 = 7.68ms 또는 약 130Hz의 주파수
```

증분이 클수록 더 높은 주파수를 얻을 수 있지만, 테이블의 모든 샘플이 실제로 사용되는 것은 아니다. 그러나 대부분의 경우 파형 테이블을 연속적으로 통과할 때마다 매번 다른 샘플이 선택된다. 따라서 전체 표가 필요하다. 그림 12-11은 오실로스코프의 출력 파형을 보여준다.

처음에는 사인파 파형이 있고 그 다음에는 두 주기의 톱니파가 이어진다. 톱니파는 반쪽이 먼저, 그 다음 한 주기 그리고 다시 반쪽이 따라온다. 파형 테이블을 설계할 때는 테이블 시작과 끝에서 불연속성을 방지하기 위해 동일한 0 중간 지점에서 시작하고 끝내는 것

이 중요하다. 오실로스코프에서 파형이 어떻게 보이는지, 불협화음처럼 들리는지 잘 확인하자.

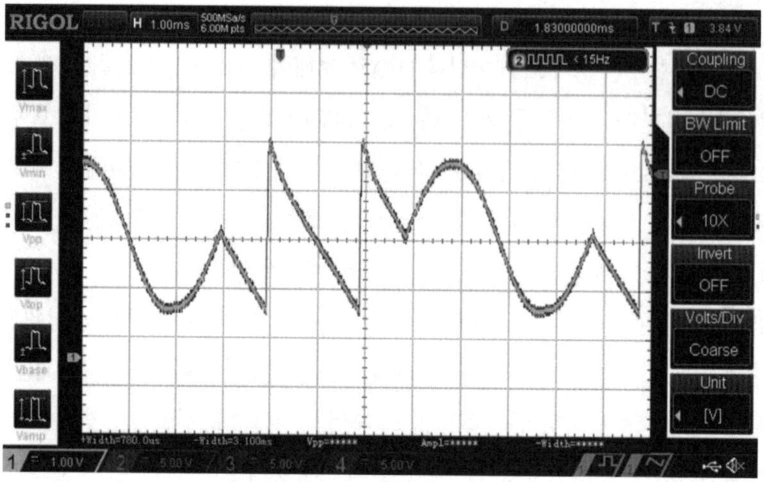

그림 12-11 파형 테이블 출력 파형

다음 장에서는 파형 테이블이 생성하는 사운드를 이용하여 악기를 만들어보자.

13 스푼두이노

스푼두이노를 한 문장으로 설명해야 한다면, 이렇게 말할 수 있을 것이다.

가산 합성 및 파형 테이블 방식을 사용하는, 세계에서 가장 정교한 숟가락 기반 악기

사실, 숟가락 기반 악기가 존재하기나 하던가? 물론, 5장에서 필자가 '스푸노폰'을 다룬 바가 있기는 하다. 하지만 그 외에는 찾아보기 어려울 것이다. 스푼두이노SpoonDuino는 브루넬 대학Brunell University의 축제에서 열린 악기 제작 대회에 참가하기 위해 발명한 것이다. 필자는 마감일 10일 전에 대회에 대해 알게 되었고, 그래서 전체 프로젝트를 10일 이내에 설계, 제작, 프로그래밍해야 했다. 부품을 주문할 시간이 없어서 기존에 가지고 있는 것을 사용했다. 결과는 상당히 만족스러웠으며, 심사위원들도 만족했기에 상을 수여했을 것이다(상은 무려 Novotronic의 MIDI 키보드였다!). 스푼두이노는 이 책에서 가장 복잡한 프로젝트이며, 다른 장에서 다룬 내용과도 관련되어 있다. 스푼두이노를 완성하려면 상당한 기술이 필요하다.

스푼두이노의 비디오는 https://vimeo.com/38466551에서 볼 수 있다.

13.1 스푼두이노란?

스푼두이노의 핵심은 파형 테이블 사운드 생성기로, 이는 사전에 계산된 파형 세트를 출력한다. 각 파형 세트는 2바이트 샘플256개로 이루어진 16개의 파형으로 구성되어 있어, 파형 세트당 8K의 저장 공간이 필요하다. 각 파형은 기본파에서 11번째 고조파까지 혼합되어 구성되며, 세트의 각 파형은 각 고조파에 대해 서로 다른 엔벨로프를 가진다.

스푼두이노는 전도성 패드에 숟가락을 접촉시키는 방식으로 연주하며, 접촉점의 X 및 Y좌표를 계산하여 음을 생성한다. X좌표는 노트의 주파수를 결정하고, Y좌표는 파형 세트를 스캔하는 속도를 결정한다. X, Y좌표를 사운드로 해석하기 위한 모드에도 몇 가지가 있다.

스푼두이노에는 푸시 버튼과 LCD가 장착되어 있어 메뉴 내비게이션을 통한 제어가 가능하다. 다기능 소켓과 함께 내장 오디오 증폭기, 음량 제어도 장착되어 있다. 별도의 추가 스피커를 연결할 수도 있고, 파형 테이블 다운로드 링크를 연결할 수도 있다. 또한, 필요할 경우 충전해서 사용할 수 있는 8개의 AA배터리를 사용한다.

파형 세트는 PC에서 프로세싱Processing에서 작성된 프로그램을 사용하여 계산되며, TouchOSC 앱을 실행하는 아이패드 또는 안드로이드 태블릿을 유저 인터페이스로 활용한다. 일단 파형 세트가 정의되면 디스크에 저장하고 텍스트 이름을 부여한 다음, 이름과 함께 다운로드하여 스푼두이노에 저장할 수 있다. 파형 세트의 정의는 프로세싱에서 저장하고, 나중에 수정 및 조정을 위해 다시 로드할 수 있다. 사용하는 파일 이름의 처음 8글자가 자동으로 파형 이름에 지정된다. 스푼두이노는 내장된 비휘발성 저장 장치에 최대 32개의 파형 테이블 세트를 저장할 수 있으므로, 파형이 저장된 이후에는 스푼두이노를 완전히 독립형으로 사용할 수 있다. 연주하기 전에 파형 세트를 선택할 수 있고, 한 번에 하나의 파형 세트만 재생할 수 있다.

스푼두이노의 하드웨어는 2개의 숟가락을 쓸 수 있도록 설계되었지만, 여기에서 다루는 소프트웨어는 하나의 숟가락만 사용할 수 있는 버전이다. 직접 코드를 수정하면 2개의 스푼을 사용하도록 소프트웨어를 확장할 수도 있다. 그림 13-1은 파형 세트를 정의하는 처리 사용자 인터페이스와 각 파형의 모습을 보여준다.

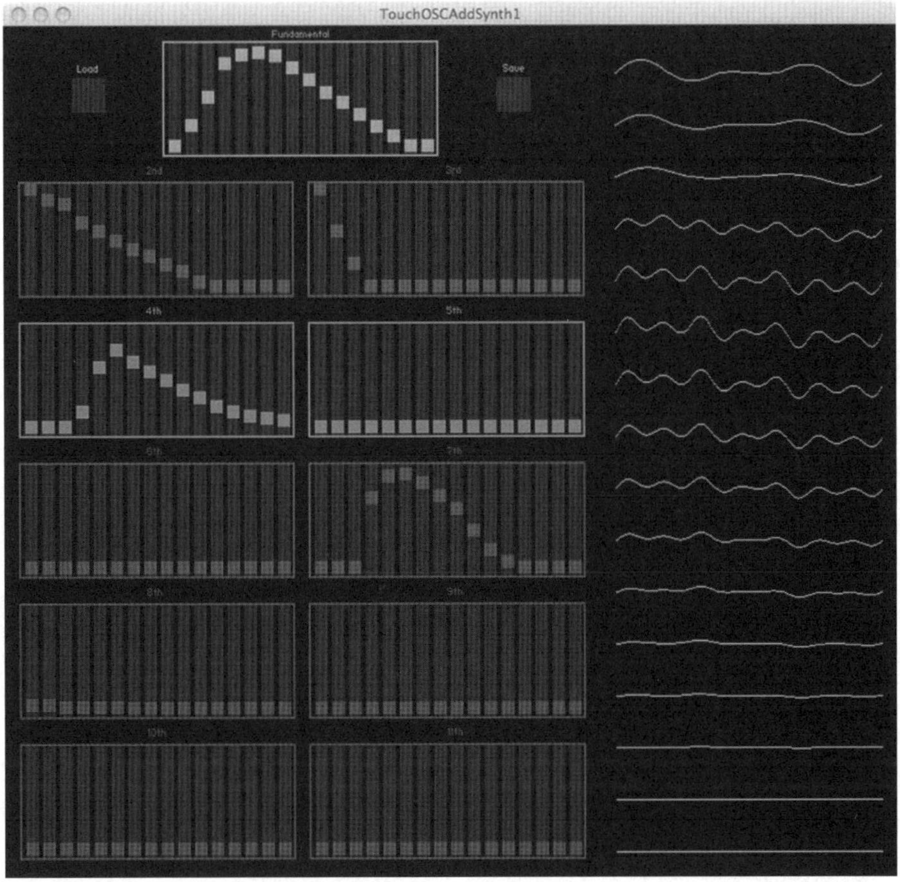

그림 13-1 스푼두이노의 대표적인 파형 세트

이 악기의 핵심은 각 고조파가 자체 엔벨로프를 가질 수 있고, 이를 고조파 상자의 슬라이더 컨트롤로 설정할 수 있다는 점이다. 그림 13-1의 세트에서 기음은 빠르게 최고점까지 올라간 다음 천천히 떨어진다. 반면, 두 번째 고조파는 급격하게 상승하면서 시작되고 빠르게 사라지지 않는다. 세 번째 고조파는 두 번째와 비슷하지만 훨씬 더 빨리 떨어진다. 네 번째 고조파는 약간의 지연 후 정점에 도달하고 다시 떨어지기 시작하며, 일곱 번째 고조파도 비슷한 엔벨로프를 가진다. 위 그림의 파형에는 5번째, 6번째, 8번째, 9번째, 10번째, 11번째 고조파가 없다. 자연적인 소리 역시 지속 시간 동안 고조파의 성분이 변화하면서 섞이기 때문에, 스푼두이노는 이를 나름의 방식으로 에뮬레이션한다고 볼 수 있다. 인터페이스용으로 아이패드를 사용하면 한 번의 손가락 움직임으로 슬라이더를 설정할 수 있다.

▌스푼두이노의 구성 요소

이제 스푼두이노를 작동시키는 데 필요한 구성 요소를 살펴보자. 그림 13-2에서 그 블록 다이어그램을 볼 수 있다.

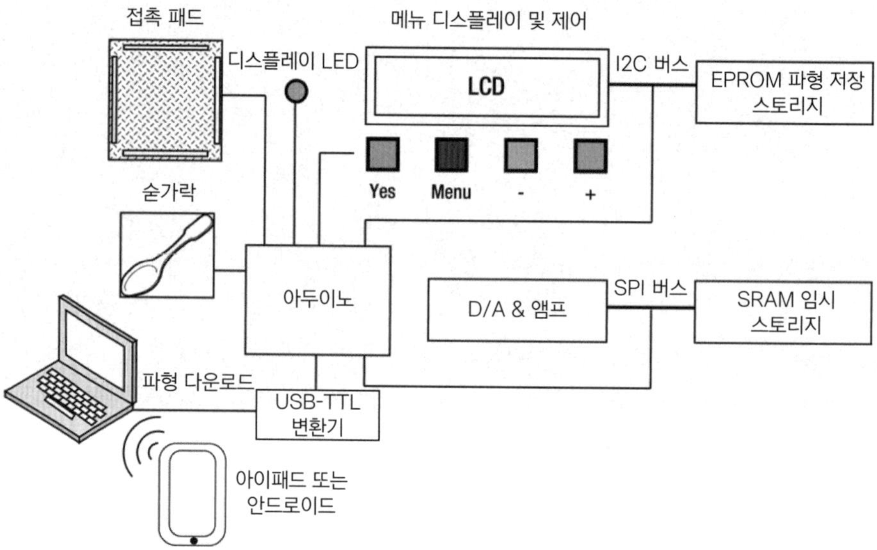

그림 13-2 스푼두이노의 블록 다이어그램

그림 13-2는 파형 세트를 정의하고 다운로드하는 데 필요한 랩톱, 태블릿과 스푼두이노 자체를 보여준다. 메뉴 푸시 버튼, 접촉 패드, 숟가락, RGB 디스플레이 LED와 같이 아두이노에 연결된 일반적인 구성 요소가 먼저 보인다. 다음으로, 프로세싱을 실행하는 랩

톱, WiFi를 통해 태블릿과 통신하여 파형 세트를 정의하고 다운로드하는 임시 요소들이 있다. 파형 저장을 위한 EEPROM과 LCD는 I2C 버스로 연결되고, D/A 및 파형 저장 SRAM은 SPI 버스로 연결된다.

파형은 I2C 버스를 통해 EEPROM으로 다운로드된다. EEPROM은 비휘발성 저장 장치이지만 오디오 파형을 출력하는 속도가 매우 느리다. 스푼두이노에서 재생할 파형 세트를 불러들이기 위한 데이터는 EEPROM에서 SRAM으로 전송해야 한다. 이 과정은 전자공학적 관점에서는 매우 느리지만, 실제로는 0.5초 정도로 사용자 인터랙션 측면에서 볼 때 거의 순간적이다. 이 전송은 자주 수행되지 않으므로, 같은 I2C 버스를 사용하여 LCD를 구동함으로써 아두이노에 필요한 핀 수를 줄일 수 있다.

SPI 버스는 D/A와 SRAM에 모두 연결된다. 2바이트 샘플을 SRAM으로부터 읽고, 필요할 때 ISR을 통해 D/A로 전송한다. D/A의 출력은 필터 및 음량 컨트롤을 거쳐 오디오 앰프로 흘러나간다.

접촉 패드는 5장에서 사용된 터치 스크린과 유사한 방식으로 작동한다. 숟가락은 패드를 가로 지르는 전압을 픽업하는 데 사용된다. 인가한 전압과 픽업된 전압을 비교함으로써, 스푼이 얼마나 접촉하고 있는지 측정하고 X 측정값을 얻을 수 있다. 다음으로 패드의 왼쪽과 오른쪽에서 전압이 제거되고 다시 상단과 하단 방향으로 적용된다. 이를 통해 Y 측정값을 얻을 수 있다.

연주 모드

스푼두이노는 네 가지 모드 중 하나로 재생할 수 있다. 각 모드는 반환된 숟가락의 X, Y좌표를 다른 방식으로 사용한다. 그림 13-3을 통해 네 가지 모드에 대해 알아보자.

각 모드의 이름을 통해 그 특징을 알 수 있다. 정적 모드는 단순히 Y좌표에 의해 주어진 파형 테이블에서 파형을 가져오고 주파수는 X값에서 읽는다. 이것은 주파수의 지속적인 변화이다. 반면 정적 Q(Q는 양자화quantization를 의미한다) 모드는 전체 음에 해당하는 주파수만을 출력한다. 오른쪽의 두 가지 연주 모드는 자동으로 파형 테이블을 순환한다. 샷 모드는 테이블의 모든 파형을 단일 샷으로 실행한다. 이 샷의 속도는 Y좌표에 의해 결정된다. 루프 모드는 테이블이 반복된다는 점을 제외하고는 샷 모드와 비슷하다. 이 모드는 메뉴 인터페이스를 통해 제어할 수 있다.

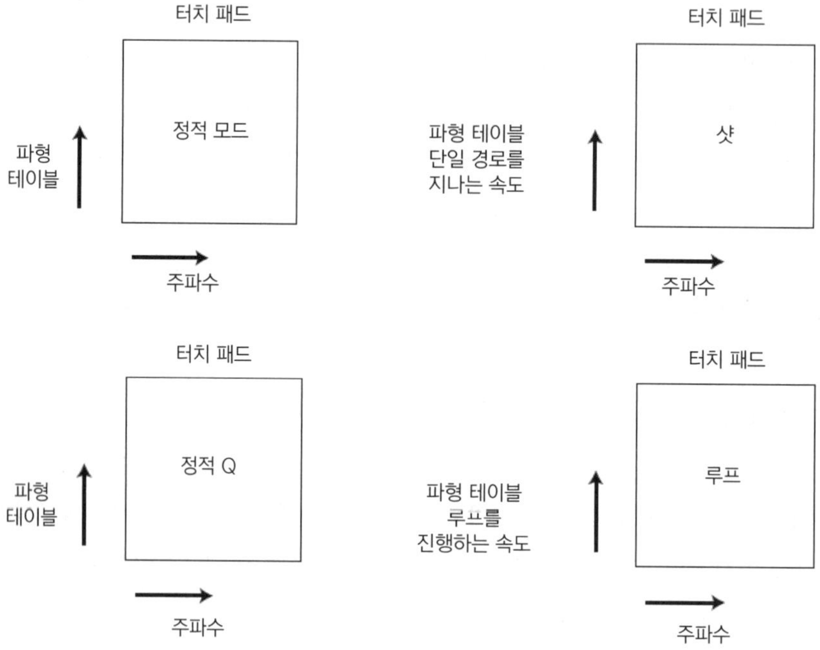

그림 13-3 스푼두이노 연주 모드

▌메뉴 인터페이스

메뉴 조작부는 Menu, Yes, (−), (+) 네 가지 푸시 버튼으로 구성되어 조작하기 쉽다. Menu 버튼을 누르면 재생Play, 로드Load, 저장Save, 파형 가져오기Get Wave의 네 가지 기본 옵션이 순환되며 나타난다. 옵션이 표시된 후 (+), (−) 버튼은 옵션이 제공하는 선택 사항을 차례로 표시한다. Yes 버튼은 해당 옵션을 선택한다. 그림 13-4에 메뉴 인터페이스가 요약되어 있다.

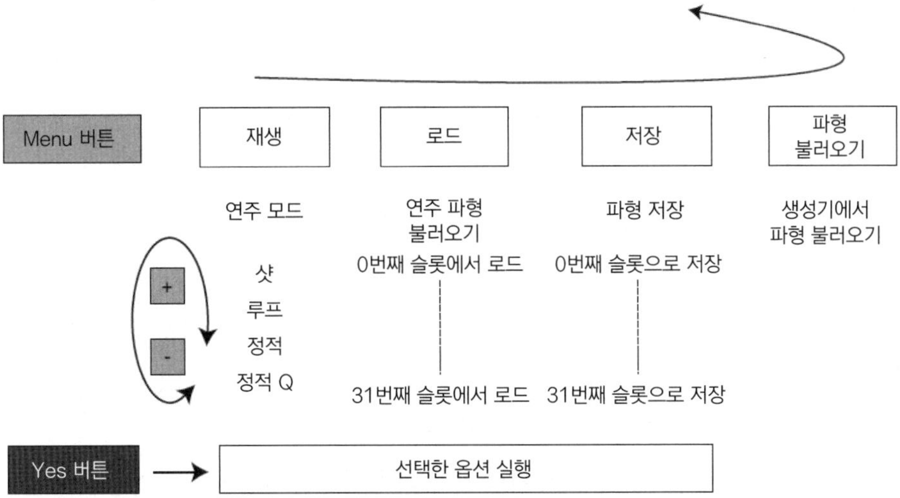

그림 13-4 메뉴 인터페이스

재생할 파형 테이블 세트는 비휘발성 메모리의 파형 테이블 뱅크 또는 처리 파형 생성 프로그램이 실행되는 연결된 컴퓨터에서 로드된다. 이렇게 하면 재생할 사운드 데이터를 빠르고 강력한 메모리에 로드할 수 있다. 휘발성 메모리에 저장된 파형 테이블은 저장 메뉴 옵션을 사용하여 비휘발성 메모리에 저장할 수 있다. 파형 테이블의 각 세트가 생성될 때 8문자의 이름이 주어지며, 이 값은 로드하거나 저장하는 슬롯 번호와 함께 LCD에 표시된다.

13.2 회로도

회로도가 방대하여 지면상에서는 부분별로 표시해야 하지만, 책의 웹사이트에서 확대/축소가 가능한 전체 회로도를 PDF로 받을 수 있다.

▌아두이노와 전원

이 프로젝트에서 필자가 쓴 아두이노는 공식 아두이노가 아니라 Spikenzie Labs의 미누이노Minuino라는 보드이다. 2011년 오픈 하드웨어 소스 컨퍼런스에 참석했을 때 추첨으로 획득한 보드이다. 다른 독립형 회로 또는 스트립 보드를 사용해도 된다. 요점은 보드 내에 USB-시리얼 변환기가 필요 없다는 점이다. 다른 프로젝트에도 사용될 수 있는 변환기를 외부에 연결하였다. USB-시리얼 TTL핀을 전면의 5핀 DIN 소켓에 연결하여, 일반 MIDI 커넥터와 동일한 외형을 가진다. 물론 어떠한 플러그라도 사용할 수 있다. 또한 외부 스피커를 사용할 수 있도록 스테레오 오디오 앰프의 오른쪽에서 두 개의 신호를 전달했다. USB 소켓에 쉽게 접근할 수 있다면 정품 아두이노를 사용해도 무방하다.

배터리 홀더에 담긴 8개의 AA 배터리에서 12V의 전원을 제공하며, 초과 전력을 낭비하지 않는 차원에서 일반적인 선형 레귤레이터가 아닌 소형 스위치 모드 벅 컨버터를 사용하여 12V를 5V로 효율적으로 변환했다. 필자가 사용한 전원 모듈은 Austin MiniLynx

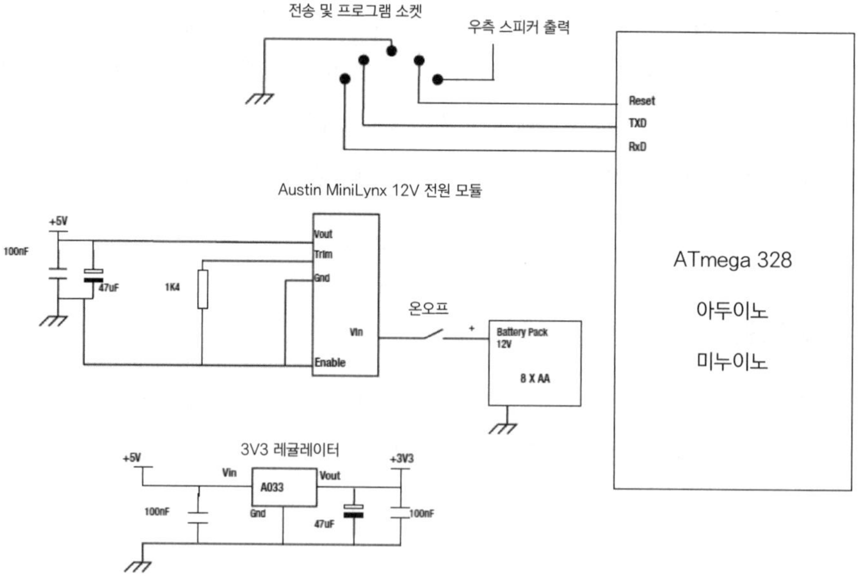

그림 13-5 아두이노 및 전원 회로도

12V 모델이지만, 그 외에도 대안은 많다. 이렇게 하면 배터리가 시스템에 전원을 공급하는 데 필요한 모든 힘을 쏟을 수 있다. 마지막으로, 파형 테이블에 빠르게 접근하기 위해 사용되는 SRAM은 3V3 전원을 필요로 한다. 5V 라인에서 이것을 생성하기 위해 A033 레귤레이터를 사용했다. 물론 이를 대체할 수 있는 선형 레귤레이터도 많이 있다. 모든 부품은 필자의 소장품이었다는 것을 다시 언급하며, 그림 13-5에서 전원 회로를 소개한다.

I2C 버스

I2C 버스는 파형 테이블 뱅크를 영구적으로 유지하기 위한 비휘발성 EEPROM 메모리와 메뉴 옵션을 표시하는 LCD로 구성된다. 이 부분의 회로도는 그림 13-6에서 볼 수 있다.

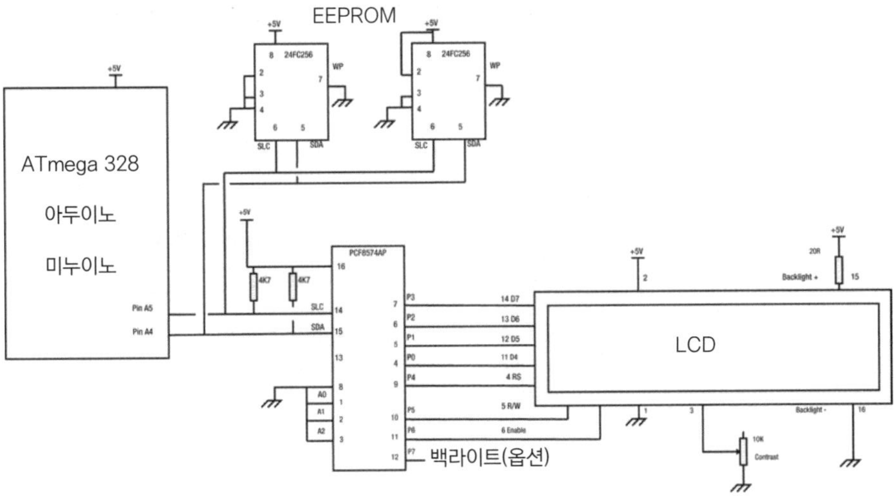

그림 13-6 I2C 버스 부품

I2C의 데이터 및 클럭 라인에는 4K7 풀업 레지스터가 있으며, LCD는 PCF8574AP 인터페이스 칩을 통해 연결된다. 원하면 LCD와 I2C 인터페이스를 함께 사용할 수 있다. 적절한 라이브러리를 사용하여 접근하면 된다. 필요한 경우 LCD 백라이트를 제어하는 데 사

용할 수 있는 예비 라인을 연결할 수 있지만, 백라이트 전원을 끌 이유가 없으므로 배선을 하지 않았다. 필자가 사용한 EEPROM은 2개의 24FC256칩이었는데, 필자가 가진 부품은 표면 실장형 부품이었기 때문에 PCB의 작은 판을 사용하여 스트립 보드를 제작해야만 했다.

SPI 버스

SPI 버스에는 D/A 컨버터와 SRAM 메모리가 모두 포함되어 있어 교대로 접근해야 한다. MCP4921은 12비트 D/A이며 전원 레일에서 파생된 기준 전압이 공급된다. 아날로그 출력은 50K 로그 가변 저항을 거쳐 1K5 및 10nF 복구 필터를 지나 오디오 증폭기의 입력으로 공급된다. 이 앰프는 한 쌍의 컴퓨터 스피커에서 분리한 것으로, 스피커 중 하나에서 내부 앰프를 꺼내 보드에 스피커를 장착했다. 23K256은 32K×8비트 직렬 메모리로 구성된다. 3V3 장치이므로 3V 전압을 공급해야 하며, 또한 신호가 3V3을 초과해서는 안 된다.

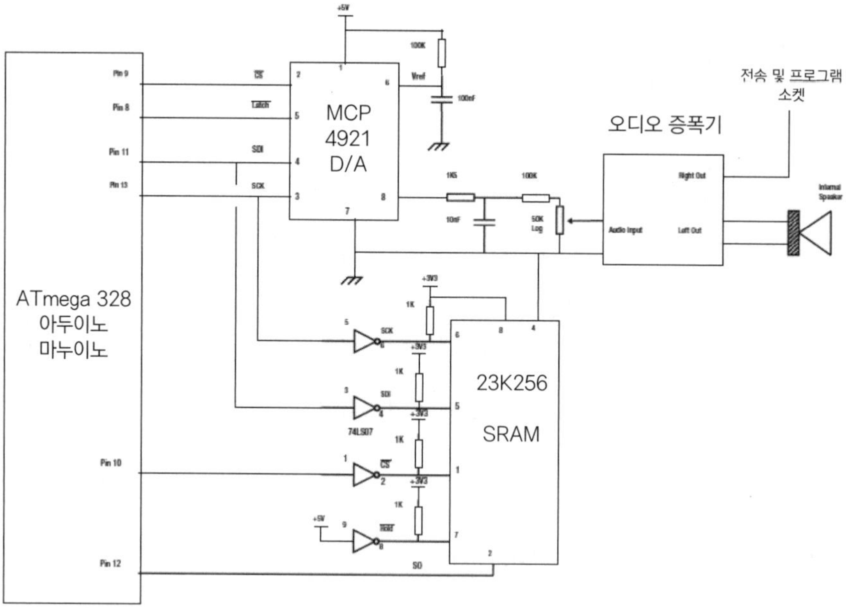

그림 13-7 SPI 버스 회로도

이 현상을 방지하기 위해 아두이노에서 이 칩으로 들어오는 신호는 오픈 콜렉터 비반전 버퍼를 통과한다. 출력은 저항을 통해 3V3까지 풀업되는데, 이것은 저항을 사용한 전압 분배기 방법보다 훨씬 낫다. 메모리에서 다시 신호 아웃(SO)으로 들어가는 전압은 아두이노로 곧장 들어간다. SPI 버스에 연결된 부분의 회로도는 그림 13-7에서 볼 수 있다.

그 밖의 회로

나머지 회로는 전도성 패드, RGB LED, 버튼, 숟가락 등으로 구성된다. 전도성 패드는 전도성 플라스틱 시트로 만들어지는데, 이는 원래 전자 보드의 정전기 방지용 비닐 봉투 용도로 설계된 것이다. 에이다프루트Adafruit에서 VeloSat 또는 Linqstat와 같은 이름의 상품으로 구입할 수도 있다. 기본적으로 각 면에 하나씩 4개의 연결이 있어야 한다. 자세한 내용은 다음 절에서 확인할 수 있다. 숟가락 자체는 두 개의 아날로그 입력에 연결된다. 현재의 소프트웨어에서는 오직 하나의 숟가락만 활성화되었지만, 소프트웨어를 고치면 두 개의 숟가락을 사용할 수 있다. 필자는 중고품 가게에서 1달러를 주고 6개의 숟가락을 구입했다. 유의할 점이 있다면, 손잡이가 절연되어 있으면 전류가 흐를 수 없다는 점이다. 이는 시스템에 잡음이 들어가게 만들고, 소프트웨어가 전도성 패드와 접촉하고 있는지 여부를 알기가 힘들게 만들 것이다.

4개의 메뉴 버튼은 하나의 아날로그 입력 핀을 사용하며, 앞 장에서 다룬 이진 가중 D/A는 각 버튼에 대해 고유한 판독 값을 제공하는 데 사용된다. 버튼은 다른 색상으로도 만들 수 있다. 필자가 7장의 듀노캐스터 프로젝트에서 남은 3가지 색상의 버튼을 사용했다. 마지막으로 LED 표시기는 RGB LED로 구현되었는데, 모든 색상을 소프트웨어에서 구현하지는 않았다. 숟가락이 패드와 접촉하면 빨간색에서 파란색으로 바뀌는 정도이다. 나머지 회로는 그림 13-8에서 볼 수 있다.

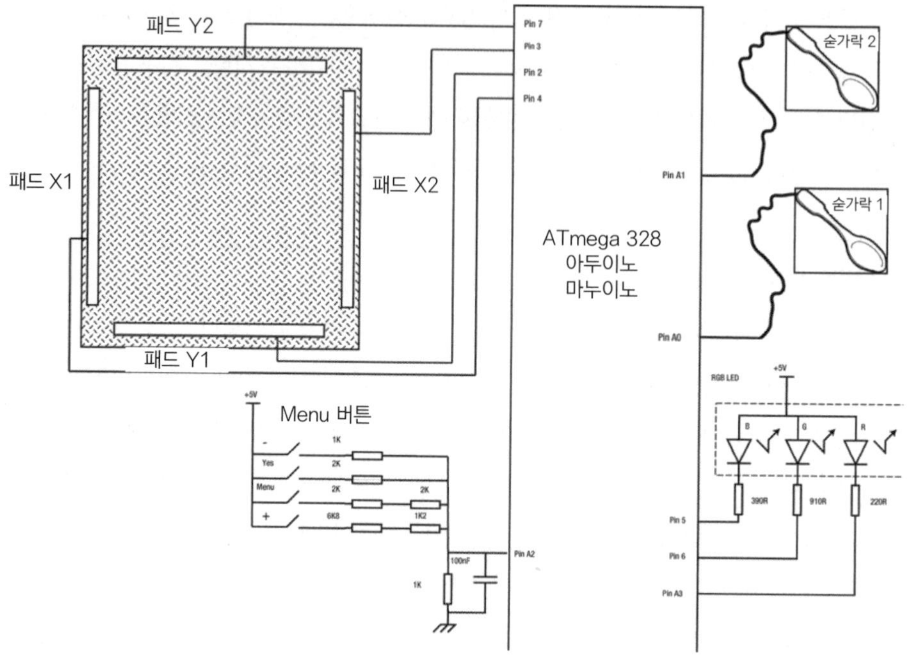

그림 13-8 스푼두이노의 주변 회로

13.3 조립

전체 악기는 소형 비행 케이스(13×8.5×1.75인치)에 내장시켰으며, 1/4인치 두께의 합판 상에 제작하여 케이스에 정확하게 들어갈 수 있게 만들었다. 먼저 부품을 위한 구멍을 뚫은 후 밝은 오크 얼룩 광택제를 두 번 발랐다(그림 13-9).

바닥면 양쪽 측면에는 0.375×1인치 L자 알루미늄 가이드를 에폭시로 부착했다. 에폭시 접착점을 만들기 위해 L자 알루미늄의 짧은 부분을 따라 1mm 구멍을 뚫고, 합판 패널에는 3mm 구멍을 뚫었다. 전자 장치의 대부분은 그림 13-10처럼 같이 3개의 10mm 기둥으로 고정시킨 5×3인치 스트립 보드상에 부착되었다. 기둥은 스트립 보드에 나사로 고정된 다음 나무에 에폭시로 부착되었다. 미누이노 보드는 4개의 M3 나사와 너트로 스트립 보드에 부착되었다.

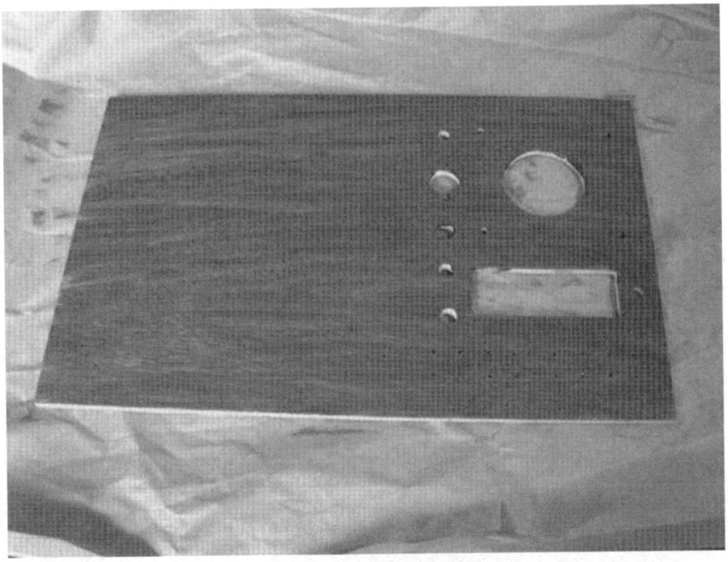

그림 13-9 프론트 패널

그림 13-10 전자 회로 기판과 알루미늄 가이드

다음으로 음량 조절기, 스위치, 숟가락 소켓, Din 커넥터를 페이스 플레이트에 추가했다. 스피커를 연결하고 컴퓨터 스피커에서 빼낸 앰프 보드를 장착했다. 이 단계까지 완성한 모습은 그림 13-11과 같다.

그림 13-11 대부분의 프론트 패널 부품이 장착된 모습

주 회로 기판은 표면 실장형 부품을 고정하는 작은 PCB를 핫 글루로 스트립 보드에 접착시키는 방식으로 제작되었다. 30AWG 규격의 전선으로 배선을 연결하였다. 주 회로 스트립 보드는 그림 13-12와 같이 프론트 패널 구성 요소에 연결된다. 3V3 레귤레이터는 스트립 보드의 밑면에 장착했기 때문에 그림에서는 볼 수 없다.

그림 13-12 배선을 완료한 주 회로 기판

전도성 패드는 1/16인치 두께의 6×6인치 아크릴로 만들어졌다. 드릴 구멍은 각 면 모서리에 하나씩 그리고 가장자리에서 약 1/4인치 중앙에 뚫어 M2.5 나사와 M3 와셔를 수용할 수 있는 직경 2.5mm의 구멍으로 만들었다. 아크릴의 윗면은 Velostat으로 감쌌고 약 1인치의 여분은 아래쪽으로 말아 넣었다. 아크릴과 Velostat 사이에 주름이나 기포가 없도록 하기 위해 스프레이를 사용하기를 권장한다. 패널 전면에 접착성 구리 스트립을 놓으면 패널이 전도성 패드의 각 면과 접촉할 수 있고, 각 면의 중심을 통과하는 나사를 사용하여 전도성 패드의 측면에 전기 연결을 만들었다. 전도성 페인트를 사용하면 전도성과 결합성을 함께 구현할 수 있다. 이 부분은 복잡하고 섬세한 조립이 필요한데, 그림 13-13에서 그 단면을 볼 수 있다.

배터리 홀더는 패널에 핫글루로 접착하고, 다른 구성 요소는 주 회로 보드에 연결하였다. LCD는 핫글루로 모서리에 접착하였다. 핫글루의 장점은 강한 접합부를 형성하면서도 필요하면 도구를 통해 항상 떼어낼 수 있다는 점이다. 이 단계까지 오면 바닥면이 굉장히 난잡해 보인다(그림 13-14).

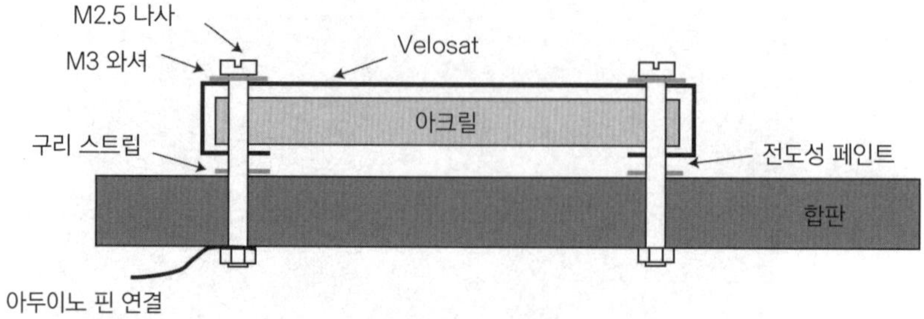

그림 13-13 전도 패드의 단면도

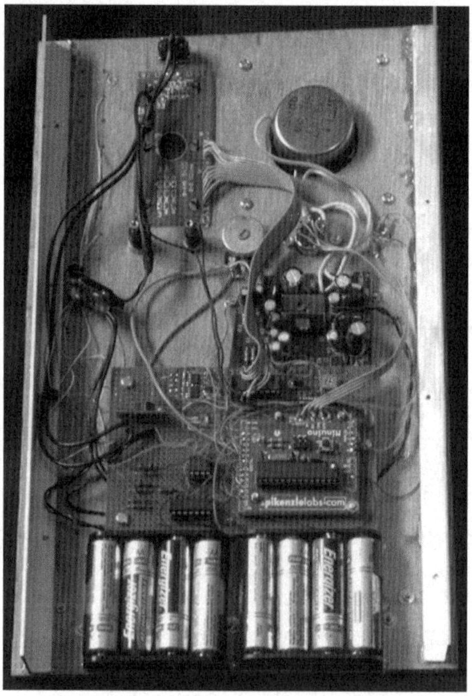

그림 13-14 완성된 바닥면 배선

M3 너트와 볼트를 사용하여 숟가락 손잡이에 전선을 연결했으며, 손에서 절연시키기 위해 손잡이 부분을 아말감으로 감쌌다. 이렇게 하면 잡았을 때 고무 같은 느낌이 난다. 사실 필자 개인적으로는 실을 감아서 손잡이를 패키징하는 방식을 시도했는데, 연주하는 동안 실이 풀어져서 하루도 버티지 못했다. 그림 13-15는 완성된 악기를 보여준다.

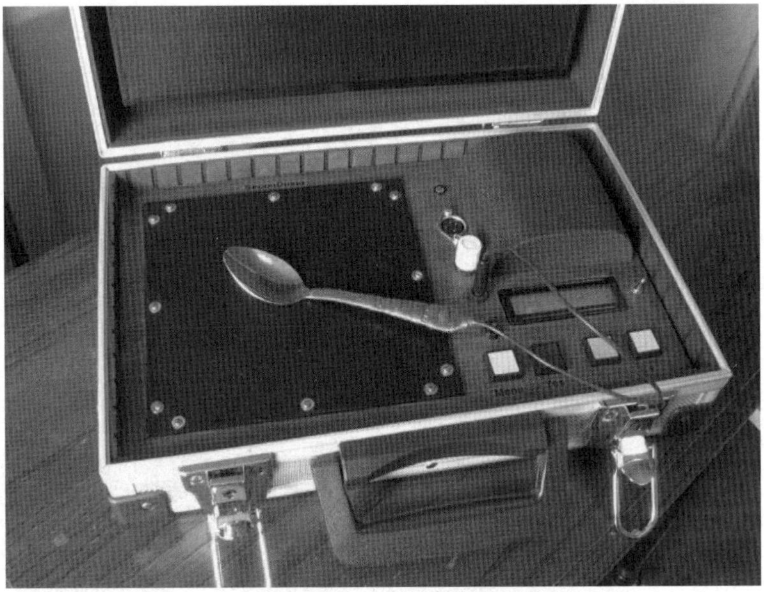

그림 13-15 완성된 스푼두이노

13.4 소프트웨어

스푼두이노의 소프트웨어는 세 부분으로 나뉜다. 아두이노에 탑재되는 임베디드 소프트웨어, 컴퓨터에 탑재되는 소프트웨어 그리고 아이패드 또는 안드로이드 장치의 앱 세 종류이다. 프로세싱 코드로 짠 파형 테이블 계산 프로그램과 아두이노의 코드는 모두 분량이 상당하지만, 중요한 내용이므로 본문에 전체 코드를 수록하였다.

▌아이패드/안드로이드 앱

아이패드 앱을 실제로 배포하려면 애플의 승인을 받아야 하고, 상당한 기다림이 필요하기 때문에 누구나 쉽게 앱을 만들 수 있는 것은 아니다. 다행히도 이 문제를 해결할 수 있는 방법으로 맞춤형 앱을 응용하는 방법이 있다. 여기에서 사용할 앱은 터치 OSC로, 아이패드 터치스크린과의 접촉을 OSC 메시지로 변환한다(8장에서 OSC 메시지를 다룬 바 있다). 안드로이드 장치에서 사용할 수 있는 버전의 터치 OSC도 있다.

앱뿐만 아니라, 사용자 정의 레이아웃을 만들어 장치에 가져올 수 있는 편집기를 무료로 다운로드할 수 있다. 파형의 각 고조파에 대한 엔벨로프를 설정하기 위해 이 도구를 사용하여 슬라이더 뱅크를 만들었다. 레이아웃용 편집기 파일은 책의 웹사이트에 있다(단, 이진 파일이므로 인쇄할 수는 없다). 이 응용 프로그램에 대한 모든 정보는 http://hexler.net/blog/post/touchosc-1.9.0-forandroid-and-ios-out-today에 있다. 화면을 만들고

그림 13-16 스푼두이노 레이아웃을 입힌 터치 OSC 편집기

OSC 메시지를 사용자 정의해서 사전에 정의된 각 객체를 터치할 때 메시지가 전송되게 만드는 것은 어렵지 않다. 그림 13-16은 작동 중인 터치 OSC 레이아웃 편집기의 모습이다.

파형 계산 소프트웨어

파형 테이블을 실제로 계산하는 시스템 부분은 랩톱이나 컴퓨터에서 실행되며, 태블릿에서 입력을 받아 스푼두이노에 데이터를 뱉어낸다. 이 소프트웨어는 프로세싱 언어로 작성한 것으로, 윈도우, 맥 또는 리눅스 운영체제에서 실행되는 자바 형식의 언어이다. 프로세싱은 https://processing.org/에서 무료로 다운로드할 수 있다.

이 프로그램은 태블릿과 아두이노와 통신하며, 두 번째 타사 라이브러리가 필요하다. 다행히도 다운로드 및 설치 작업은 프로세싱 3에 잘 통합되어 있다. controlP5 및 oscP5 라이브러리가 필요하며 나머지는 모두 기본 언어 배포에 포함되어 있다. 전체 코드는 예제 13-1과 같이 상당히 길다.

예제 13-1 프로세싱으로 작성한 파형 계산 소프트웨어

```
/**
* TouchOSC Additave Synth input 1
*
* For an additive synth waveforme definer
* 16 steps per partial
* By Mike Cook November 2015
* Requires Processing 3
* And a tablet running TouchOSC to change the sliders
* If you have trouble connecting then create an adhock network and join that
*/

import processing.serial.*;
import controlP5.*;
import oscP5.*;
import netP5.*;
OscP5 oscP5;
NetAddress myRemoteLocation;
ControlP5 synth;
```

예제 13-1 프로세싱으로 작성한 파형 계산 소프트웨어(계속)

```
Textlabel loadLab, saveLab, fund, h2, h3, h4, h5, h6, h7, h8, h9, h10, h11;

PrintWriter output;
Serial port; // Create object from Serial class
String iPadIP = "169.254.46.38"; // *** change this to the address of your iPad / iPhone ***
String adaptor = "/dev/tty.usbserial-A600eudM"; // ***the name of the device driver
to use ***
String[] lines; // for input of a file
String waveName = "Wave Name";
String savePath;
boolean[] buttonPressed = new boolean[2];
boolean[] multiFadeNeedsRedraw = new boolean[11];
boolean mouseHit = false, loadCallback = false, saveCallback = false;
float[][] multiFade = new float[11][17];
float incSin = TWO_PI/256.0; // conversion for look up table x axis
int[][] waveform = new int[16][256];
int faderHight = 90;
int faderWidth = 245;
int buttonNumber = -1;

void setup() {
  size(850, 790);
  frameRate(30);
  background(0);
  colorMode(RGB, 255);
  for (int i = 0; i < 11; i++) multiFadeNeedsRedraw[i] = true;
  buttonPressed[0] = false;
  buttonPressed[1] = false;
  portConnect();
  // start oscP5, listening for incoming messages at port 8000
  oscP5 = new OscP5(this, 8000);
  // set the local IP address on the iPod to this
  myRemoteLocation = new NetAddress(iPadIP, 8080); // local IP on the iPad
  // in choosing a static IP address make sure it is in the same domain as the host
  defineLables();
  updateiPad();
}

void oscEvent(OscMessage theOscMessage) {
  String addr = theOscMessage.addrPattern();
  println(addr); // uncomment for seeing the raw message
  int startOfNumber = addr.indexOf("/push");
```

예제 13-1 프로세싱으로 작성한 파형 계산 소프트웨어(계속)

```
  if (startOfNumber != -1) { // we have a push button message
    buttonNumber = getNumber(addr, startOfNumber + 5);
    if (theOscMessage.get(0).floatValue() != 0.0) { // for button push
      println("press "+ buttonNumber);
      buttonPressed[buttonNumber -1] = true;
    } else { // for button release
      // println("release "+ buttonNumber);
      buttonPressed[buttonNumber - 1] = false;
    }
    multiFadeNeedsRedraw[0] = true; // just redraw fader 0
  }
  // look for fader messages
  if (addr.indexOf("/1/multifader") != -1) {
    int fader = 0;
    String list[] = split(addr, '/');
    if (list[2].length() == 12) fader = int(list[2].substring(10, 12));
    if (list[2].length() == 11) fader = int(list[2].substring(10, 11));
    fader--; // to compensate for zero based arrays
    // println(fader);
    int x = int(list[3]);
    multiFade[fader][x] = theOscMessage.get(0).floatValue();
    // println(" x1 = "+multiFade[0][x]); // uncomment to see x value
    multiFadeNeedsRedraw[fader] = true;
  }
}

int getNumber(String s, int look) {
  int number = -1, i = 0;
  char p = '0';
  if (s.length() > look) {
    number = 0;
    for (int k = look; k< s.length(); k++) {
      p = s.charAt(look+i);
      i++;
      if (p >= '0' && p <= '9') number = (number * 10) + (int(p) & 0x0f);
    }
  }
  return(number);
}

void draw() {
  // see if screen needs updating
```

예제 13-1 프로세싱으로 작성한 파형 계산 소프트웨어(계속)

```
  for (int i = 0; i < 11; i++) {
    if (multiFadeNeedsRedraw[i] == true) {
      drawFader(i); // only redraw the screen if we need to
      multiFadeNeedsRedraw[i] = false;
    }
  }
  // look at push buttons
  if (buttonPressed[1] || saveCallback) { // the save button
    saveCallback = false;
    calculateWaveform(); // work out the waveform tables
    displayWaveforms();
    buttonPressed[1] = false; // show we have done the action
    saveWave(); // save it to disc
  }
  if (buttonPressed[0] || loadCallback) { // the load button
    loadCallback = false;
    buttonPressed[0] = false; // show we have done the action
    loadWave(); // get it from the disc
  }
}

void calculateWaveform() {
  float sf = scaleFactor();
  float temp;
  // println("scaling factor is " + sf );
  for (int j = 0; j < 16; j++) {
    for (int i = 0; i < 256; i++) { // calculate entries in the table
      temp = 0;
      for (int k = 0; k < 11; k++) { // for each harmonic
        temp += sf * multiFade[k][j + 1] * (sin(i * incSin * (k + 1)));
      }
      waveform[j][i] = int(255 * temp);
    }
  }
}

void displayWaveforms() {
  int y = 48;
  fill(0, 0, 0);
  rect(580, 0, 850, 790); // blank off previous waveform
  strokeWeight(1);
  noFill();
```

예제 13-1 프로세싱으로 작성한 파형 계산 소프트웨어(계속)

```
   stroke(255, 255, 255);
   for (int table = 0; table <16; table++) {
      y = 44 + (48 * table);
      for (int x = 0; x < 255; x++) {
         point(x + 580, y - (waveform[table][x] / 12));
      }
   }
}

float scaleFactor() { // give the overall scale factor for the waveform
   float sum, maxSum = 0.0;
   for (int j = 0; j < 16; j++) { // go through each table
      sum = 0;
      for (int i = 0; i < 11; i++) {
         sum += multiFade[i][j + 1]; // sum the same
      }
      if (sum > maxSum) maxSum = sum; // get the biggest amplitude
   }
   if (maxSum <= 0.0) maxSum = 1; // prevent an infinity
   return(1.0 / maxSum);
}

void drawFader(int fader) { // Update the screen image of the faders
   int xOffset = 137, yOffset = 0;
   color cFill = color(0, 200, 200); // cyan
   // draw the load / save buttons
   noStroke();
   if (buttonPressed[0]) fill(180, 180, 180);
   else fill(90, 90, 90);
   rect(65, 48, 32, 32);
   if (buttonPressed[1]) fill(180, 180, 180);
   else fill(90, 90, 90);
   rect(468, 48, 32, 32);
   // draw faders
   if (fader != 0) {
      xOffset = ((fader + 1) % 2) * (faderWidth + 30);
      yOffset = ((fader + 1) / 2) * 130;
      switch(((fader + 1) / 2)) {
         case 1:
            cFill = color(0, 153, 0); // green
            break;
```

예제 13-1 프로세싱으로 작성한 파형 계산 소프트웨어(계속)

```
      case 2:
        cFill = color(200, 200, 0); // yellow
        break;
      case 3:
        cFill = color(153, 0, 153); // purpul
        break;
      case 4:
        cFill = color(240, 64, 0); // orange
        break;
      case 5:
        cFill = color(250, 30, 30); // red
        break;
    }
  }
  strokeWeight(2);
  noFill();
  stroke(cFill);
  rect(15+ xOffset, 15 + yOffset, faderWidth + 15, faderHight + 15); // outline
  for (int x = 1; x < 17; x++) {
    noStroke();
    fill(40, 40, 40);
    rect(x * 16 + 4 + xOffset, yOffset + 16, 12, faderHight + 13); // blank rectangle
    fill(cFill); // do the solid square marking the position of the fader
    rect(x * 16 + 4 + xOffset, yOffset + 15 + (1 - multiFade[fader][x]) * faderHight, 12, 12);
  }
  calculateWaveform();
  displayWaveforms(); // show the wave at the side of the screen
}

void savePathCall(File selection) {
  if (selection == null) {
    // If a file was not selected
    println("No output file was selected...");
  } else {
    // If a file was selected, print path to folder
    savePath = selection.getAbsolutePath();
    waveName = savePath;
    println("save path" + savePath);
    // nibble away at the path name until we just have the file name
    while (waveName.indexOf('/') != -1) {
      waveName = waveName.substring(1, waveName.length());
    }
```

예제 13-1 프로세싱으로 작성한 파형 계산 소프트웨어(계속)

```
      // now make it 8 long by appending spaces
      while (waveName.length() < 8) waveName = waveName + " ";
      output = createWriter(savePath + ".asw"); // add file extension
      output.println(waveName); // save the file name as part of the file
      for (int i = 0; i < 11; i++) { // for each harmonic slider
        for (int j = 1; j <17; j++) { // for each slider
          output.println(multiFade[i][j]);
        }
      }
      // Tidy up the file
      output.flush(); // Write the remaining data
      output.close(); // Finish the file
    }
}

void saveWave() { // save waveform defination to disc
  selectOutput("select a place to save wavetable", "savePathCall"); // Opens file chooser
  // rest of the action handled by call back function
}

void loadWave() { // load waveform defination from disc
  selectInput("Choose Waveform file", "doLoadWave"); // Opens file chooser
}

void doLoadWave(File selection) {
  int k = 1;
  if (selection == null) {
    // If a file was not selected
    println("No file was selected...");
  } else {
    String loadPath = selection.getAbsolutePath();
    println(loadPath);
    lines = loadStrings(loadPath);
    for (int i = 0; i < 11; i++) { // for each harmonic slider
      for (int j = 1; j <17; j++) { // for each slider
        multiFade[i][j] = Float.valueOf(lines[k]);
        k++;
      }
    }
    for (int i = 0; i < 11; i++) multiFadeNeedsRedraw[i] = true;
    calculateWaveform();
    displayWaveforms(); // show the wave at the side of the screen
```

예제 13-1 프로세싱으로 작성한 파형 계산 소프트웨어(계속)

```
      waveName = lines[0];
      while (waveName.length() < 8) waveName = waveName + " "; // for files with a short wave name
      // println("Waveform name is " + lines[0]);
      updateiPad(); // update the iPad
    }
}

void updateiPad() { // update the iPad
   String message, finalMessage;
   for (int i = 0; i < 11; i++) { // for each fader
      message = "/1/multifader" + str(i + 1);
      for (int j = 1; j < 17; j++) { // for each silder in a fader
         finalMessage = message + "/" + str(j);
         OscMessage myMessage = new OscMessage(finalMessage);
         myMessage.add(multiFade[i][j]); // add an float to the osc message
         oscP5.send(myMessage, myRemoteLocation);
         bufDelay(4); // make sure we don't do thing too fast
      } // end of each slider in a fader
   } // end of for each fader
}

void portConnect() { // Open the port that the SpoonDuino is connected to and use the same speed
   // **********************************
   // if the device you are looking for is
   // not avaliable the program will
   // connect to the first one in the list
   // ************************************
   int portNumber = 99;
   String[] ports;
   // println(Serial.list()); // uncomment for full list of serial devices
   ports = Serial.list();
   for (int j = 0; j< ports.length; j++) {
      if (adaptor.equals(Serial.list()[j])) portNumber = j;
   } // go through all ports
   if (portNumber == 99) portNumber = 0; // if we haven't found our port connect to the first port
   String portName = Serial.list()[portNumber];
   println("Connected to "+portName);
   // port = new Serial(this, portName, 57600);
   port = new Serial(this, portName, 38400);
   port.bufferUntil(10); // call serialEvent every line feed
}
```

예제 13-1 프로세싱으로 작성한 파형 계산 소프트웨어(계속)

```
void serialEvent(Serial port) { // this gets called everytime a line feed is recieved
  String recieved = port.readString() ;
  // println(recieved + " from serial port");
  String startTransfer [] = match(recieved, "send");
  if (startTransfer != null) sendWave();
  else println(recieved);
}

void sendWave() { // send wave table to the SpoonDuino
  float sf = scaleFactor();
  float temp, maxTemp = -2, minTemp = 2;
  int entry, count=0;
  println("now sending " + waveName);
  for (int i = 0; i < 8; i++) port.write(waveName.charAt(i));
  println("scaling factor is " + sf );
  for (int j = 0; j < 16; j++) {
    for (int i = 0; i < 256; i++) { // calculate entries in the table
      temp = 0;
      for (int k = 0; k < 11; k++) { // for each harmonic
        temp += sf * multiFade[k][j + 1] * (sin(i * incSin * (k + 1)));
      }
      if (temp > maxTemp) maxTemp = temp;
      if (temp < minTemp) minTemp = temp;
      entry = 2048 + int(2047 * temp );
      count++;
      port.write((entry >> 8) & 0xff); // send MSB
      port.write(entry & 0xff); // send LSB
    }
  }
  println(" ");
  println("Entry count is "+ count);
  println("max value "+ maxTemp + " minimum value " + minTemp);
}

void defineLables() {
  synth = new ControlP5(this);
  loadLab = synth.addTextlabel("label1")
  .setText("Load")
  .setPosition(66, 36)
  .setColorValue(0xfff0f0f0);
  saveLab = synth.addTextlabel("label2")
  .setText("Save")
```

예제 13-1 프로세싱으로 작성한 파형 계산 소프트웨어(계속)

```
.setPosition(470, 36)
.setColorValue(0xfff0f0f0);
fund = synth.addTextlabel("label3")
.setText("Fundamental")
.setPosition(256, 4)
.setColorValue(0xff00c8c8);
h2 = synth.addTextlabel("label4")
.setText("2nd")
.setPosition(135, 130)
.setColorValue(0xff009900);
h3 = synth.addTextlabel("label5")
.setText("3rd")
.setPosition(420, 130)
.setColorValue(0xff009900);
h4 = synth.addTextlabel("label6")
.setText("4th")
.setPosition(135, 260)
.setColorValue(0xffc8c800);
h5 = synth.addTextlabel("label7")
.setText("5th")
.setPosition(420, 260)
.setColorValue(0xffc8c800);
h6 = synth.addTextlabel("label8")
.setText("6th")
.setPosition(135, 390)
.setColorValue(0xff990099);
h7 = synth.addTextlabel("label9")
.setText("7th")
.setPosition(420, 390)
.setColorValue(0xff990099);
h8 = synth.addTextlabel("label10")
.setText("8th")
.setPosition(135, 520)
.setColorValue(0xfff04000);
h9 = synth.addTextlabel("label11")
.setText("9th")
.setPosition(420, 520)
.setColorValue(0xfff04000);
h10 = synth.addTextlabel("label12")
.setText("10th")
.setPosition(135, 650)
.setColorValue(0xfffa1e1e);
```

예제 13-1 프로세싱으로 작성한 파형 계산 소프트웨어(계속)

```
  h11 = synth.addTextlabel("label13")
  .setText("11th")
  .setPosition(420, 650)
  .setColorValue(0xfffa1e1e);
}

void mousePressed() {
  int x, y;
  x = mouseX;
  y = mouseY;
  // println(x + " " + y);
  if (x > 67 && x < 97 && y > 50 && y < 82) {
    mouseHit= true;
    noStroke();
    fill(180, 180, 180);
    rect(65, 48, 32, 32);
    loadCallback = true;
  }
  if (x > 470 && x < 499 && y > 50 && y < 82) {
    mouseHit = true;
    noStroke();
    fill(180, 180, 180);
    rect(468, 48, 32, 32);
    saveCallback = true;
  }
}

void mouseReleased() {
  if (mouseHit) {
    mouseHit = false;
    noStroke();
    fill(90, 90, 90);
    rect(65, 48, 32, 32);
    rect(468, 48, 32, 32);
  }
}

void bufDelay(long pause) {
  pause = pause + millis();
  while (pause > millis()) {
  } // do nothing
}
```

예제를 그대로 가져온다고 원하는 대로 작동하는 않을 것이다. 각자의 하드웨어와 일치하도록 몇 가지 변수를 수정해야 하는데, 수정해야 하는 행은 다음과 같다.

```
String iPadIP = "169.254.46.38"; // *** change this to the address of your iPad /
iPhone ***
String adaptor = "/dev/tty.usbserial-A600eudM"; // ***the name of the device driver
to use ***
```

첫 번째 행은 태블릿 장치의 터치 OSC 설정 페이지에서 IP 주소(로컬 IP 주소)를 가져오는 부분으로, 네트워크가 장치에 제공하는 IP 주소를 변경하면 이 설정도 변경되어야 한다. 두 번째 행은 아두이노를 연결할 때 도구 메뉴에서 가져올 어댑터 장치 이름으로, 많은 프로세싱 응용 프로그램이 시리얼 장치 목록상에 아두이노의 위치를 추정하지만 이는 높은 확률로 불일치하게 된다. 보통은 장치가 아두이노를 가리키도록 코드를 변경해야 할 것이다.

터치 OSC가 사용하는 기본값과 일치하도록 예제의 두 줄을 변경할 수 있지만, 기본적으로는 터치 OSC 응용 프로그램이 포트 8000에서 통신하고 포트 8080에서 수신 대기하도록 설정해야 한다. 또한 터치 OSC 응용 프로그램에서 '호스트'는 프로세싱을 실행하는 컴퓨터의 IP 주소로 설정되어야 한다. 프로세싱과 태블릿 간의 연결을 확인하고, 컴퓨터 화면에서 슬라이더가 보이면 태블릿에서 슬라이더를 이동하면서 복사해보자. 필자의 경우 네트워크 라우터 중 하나에서 이 구성이 제대로 작동하지 않았는데, 로컬 네트워크의 다른 채널에 애드혹 네트워크를 만들고 컴퓨터와 태블릿을 연결하여 문제를 해결할 수 있었다.

화면의 오른쪽 아래에 표시되는 각각의 파형은 약식 표시이다. 작은 파형 디스플레이에 할당된 공간을 채우기 위해 세트에서 가장 큰 샘플로 확대되는데, 덕택에 하나의 고조파 슬라이더를 변경하면 해당 파형은 커지지만 다른 모든 파형은 상대적으로 작아지는 것을 볼 수 있다.

▍아두이노 코드

예제 13-2는 아두이노에 업로드할 코드이다. 코드 분량은 상당히 많은 편이지만, 아두이노의 프로그램 메모리의 40% 미만을 차지한다. LCD_I2C 라이브러리를 수정한 특별한 버전인 LCD_I2Cm이라는 라이브러리 그리고 더 큰 버퍼에 대처할 수 있도록 필자가 수정한 I2C 라이브러리를 로드해야 한다. 모두 이 책의 웹사이트에서 찾을 수 있다.

예제 13-2 스푼두이노의 아두이노 코드

```
/* SpoonDuino - a musical instrument
* Waveform table synthisister with spoon playing device
* By Mike Cook Nov 2015
*/

#include <SPI.h>
#include <LCD_I2Cm.h>
#include <EEPROM.h>
#include <I2C.h>

#define Xpad1 4
#define Xpad2 3
#define Ypad1 2
#define Ypad2 7
#define spoon1 0
#define blueLED 5
#define greenLED 6
#define redLED 17
#define keys 2
#define CS_BAR 9
#define LATCH 8

#define SR_CS 10 // static RAM chip select bar
#define SR_SI 12 // serial data input
int memoryAddresBase = 0x50;

// initialize the library with the I2C address
LCD_I2Cm lcd(0x20); // send I2C address for PCF8574A with external address lines = 0
boolean button[4]; // array for menu buttons
boolean lastButton[4];
int menu = 0, menuMax = 3;
```

예제 13-2 스푼두이노의 아두이노 코드(계속)

```
String menuTitle[] = {"Play ", "Load ", "Save ", "Get Wave"};
// autoIncDelay - delay before auto increment kicks in
// autoIncPeriod - speed of auto increment
long unsigned int autoIncDelay = 800, autoIncPeriod = 150, autoIncTrigger = 0, autoInc = 0;
int value[] = {3, 0, 0, 0}; // initial values
int valueMax[] = {3, 31, 31, 0}; // maximum value
int valueMin[] = {0, 0, 0, 0}; // mimimum value
// increment for notes C1 D1 E1 F1 G1 A1 B1 C2 D2 E2 F2
int noteLookup[] = {0x1125, 0x133e, 0x159a, 0x16e3, 0x19b0, 0x1cd6, 0x205e, 0x224a,
0x267d, 0x2b34, 0x2dc6 };
// increments for quantised playing
String playMenu[] = {"Shot ", "Loop ", "Static ", "Static Q"}; // choice of playing options
char waveName[] = {'b', 'l', 'a', 'n', 'k', ' ', ' ', ' ', ' '}; // array for wave name
int rawButton;
int xVal1, xVal2, yVal1, yVal2, thresh1, thresh2, key;
boolean retrigger = false;
// ISR variables
volatile long int index = 0;
volatile long int increment = 0x700;
volatile boolean hush = false;
volatile int tableOffset = 0;
boolean tempHush = false;

void setup()
{
  // initilise control pins for A/D
  pinMode(LATCH, OUTPUT);
  digitalWrite(LATCH, HIGH);
  pinMode(CS_BAR, OUTPUT);
  digitalWrite(CS_BAR, HIGH);
  // initilise control pins for SRAM
  pinMode(SR_CS, OUTPUT);
  digitalWrite(SR_CS, HIGH);
  pinMode(SR_SI, INPUT);
  // initilise LED outputs
  pinMode(blueLED, OUTPUT);
  pinMode(greenLED, OUTPUT);
  pinMode(redLED, OUTPUT);
  digitalWrite(redLED, LOW); // turn on red light
  digitalWrite(greenLED, HIGH);
  digitalWrite(blueLED, HIGH);
  Serial.begin(38400); // start serial for output
```

예제 13-2 스푼두이노의 아두이노 코드(계속)

```
  I2c.begin();
  I2c.setSpeed(1); // my hardware would only work at 800KHz
  Serial.println("SpoonDuino running");
  SPI.begin();
  SPI.setBitOrder(MSBFIRST);
  SPI.setDataMode(SPI_MODE0);
  // set status register to byte mode
  digitalWrite(SR_CS, LOW);
  SPI.transfer(0x01); // write to status register
  SPI.transfer(0x41); // page mode with hold disabled
  digitalWrite(SR_CS, HIGH);
  SPI.setClockDivider(SPI_CLOCK_DIV2); // maximum clock speed
  lcd.begin(8, 2);
  // Print introductory message to the LCD.
  lcd.print("SpoonDui");
  lcd.setCursor(0, 1);
  lcd.print("no");
  delay(1000);
  lcd.setCursor(0, 0);
  lcd.print("By Mike ");
  lcd.setCursor(0, 1);
  lcd.print("Cook");
  delay(1500);
  lcd.clear();
  menuSteup(menu); // start off the menu system
  autoIncTrigger = millis();
  hush = true;
  // automatically load in the waveform in slot zero
  romReadWave(0);
  readWaveName(0);
  // set the ISR going
  setSampleTimer();
  TIMSK2 = _BV(OCIE2B); // Output Compare Match B Interrupt Enable
}

boolean dir = true;
long tableTime = 0;
long tableShiftRate = 100;

void loop() {
  doMenu();
  saveButtons();
```

예제 13-2 스푼두이노의 아두이노 코드(계속)

```
  if(millis() > tableTime) {
    if(value[0] == 0 || value[0] == 1) { // if we are in playing modes shot or loop
      if(!hush) { // if we are curently not playing
        if(dir) tableOffset += 512; else tableOffset -= 512;
        if(tableOffset >= 7680) {
          dir = false;
          if(value[0] == 0) hush = true; // stop going on shot mode
        }
        if(tableOffset <= 0) dir = true;
      }
      spoonRead();
      if(hush) tableTime = millis() + 100; else tableTime = millis() + tableShiftRate;
    }
    else { // if we are in another mode , just static or static Q mode for the moment
      spoonRead();
      tableTime = millis() + 50; // update in another 50mS
    }
  }
}

ISR(TIMER2_COMPB_vect) { // Interrupt service routine to read the sample and send it to the A/D
  if(!hush) { // if playing a note then output the next sample
    index += increment;
    outA_D(ramRead(tableOffset + ((index>>8) & 0x1fe)));
  }
}

void setSampleTimer() { // sets timer 2 going at the output sample rate
  TCCR2A = _BV(WGM21) | _BV(WGM20); // Disable output on Pin 11 and Pin 3
  TCCR2B = _BV(WGM22) | _BV(CS22);
  OCR2A = 124; // defines the frequency 120 = 16.13 KHz or 62uS, 124 = 15.63 KHz or 64uS, 248 = 8 KHz or 125uS
  TCCR2B = TCCR2B & 0b00111000 | 0x2; // select a prescale value of 8:1 of the system clock
}

static int workingValue;

void doMenu() {
  if(readButtons()) {
    if(!button[0] && lastButton[0]) { // on menu change button
      menu ++;
      if(menu > menuMax) menu = 0;
      if(menu == 2) value[2] = value[1];
```

예제 13-2 스푼두이노의 아두이노 코드(계속)

```
        workingValue = value[menu];
        menuSteup(menu);
      }
      if(!button[1] && lastButton[1]) { // Accept this menu choice
        value[menu] = workingValue; // save new value
        // do the actions depending on the choice and menu
        tempHush = hush;
        hush = true;
        if(menu == 1) {
          lcd.setCursor(0, 0);
          lcd.print("Loading ");
          romReadWave(workingValue);
          readWaveName(workingValue);
        }
        if(menu == 2) {
          lcd.setCursor(0, 0);
          lcd.print("Saving ");
          romWriteWave(workingValue);
          romWaveName(workingValue);
        }
        if(menu == 3) { // transfer wave table from Processing
          getWaveTable();
        }
        hush = tempHush;
        menuSteup(menu); // restore menu
      }
      if(!button[2] && lastButton[2]) {
        if(workingValue > valueMin[menu]) workingValue--; else workingValue =
valueMax[menu];
        updateValue(menu, workingValue);
        value[menu] = workingValue;
      }
      if(!button[3] && lastButton[3]) {
        if(workingValue < valueMax[menu]) workingValue++; else workingValue =
valueMin[menu];
        updateValue(menu, workingValue);
        value[menu] = workingValue;
      }
    }
  }

void updateValue(int m, int v) {
```

예제 13-2 스푼두이노의 아두이노 코드(계속)

```
    if(m == 0) { lcd.setCursor(0, 1); lcd.print(playMenu[v]); }
    if(m == 1) { // load menu
      lcd.setCursor(5, 0);
      lcd.print(v);
      lcd.spc(2);
      displayLoadWaveName(v);
    }
    if(m == 2) { // save menu
      lcd.setCursor(5, 0);
      lcd.print(v);
      lcd.spc(2);
      displayWaveName();
    }
}

void menuSteup(int n) {
  lcd.setCursor(0, 0);
  lcd.print(menuTitle[n]);
  if(n == 0) { lcd.spc(2); lcd.setCursor(0, 1); lcd.print(playMenu[value[0]]);
lcd.spc(1); }
  if(n == 1) { // load menu
    lcd.print(value[1]);
    lcd.spc(2); // blank off any other value remnents
    displayLoadWaveName(value[1]);
  }
  if(n == 2) { // save menu
    lcd.print(value[2]);
    lcd.spc(2); // blank off any other value remnents
    displayWaveName();
  }
  if(n == 3) { // Get wave menu
    lcd.setCursor(0, 1);
    lcd.spc(8); // blank off any name
  }
}

void readButton(int b) {
  boolean pressed = true;
  switch (b) {
    case 0:
      if((rawButton > 0xc9) && (rawButton < 0xE0)) pressed = false;
      break;
```

예제 13-2 스푼두이노의 아두이노 코드(계속)

```
      case 1:
        if((rawButton > 0x158) && (rawButton < 0x168)) pressed = false;
        break;
      case 2:
        if(rawButton >= 512) pressed = false;
        break;
      case 3:
        if((rawButton > 0x60) && (rawButton < 0x80)) pressed = false;
        break;
    }
    button[b] = pressed;
}
boolean readButtons() {
    boolean change = false;
    rawButton = analogRead(keys) + 8;
    for(int i = 0; i < 4; i++) {
      readButton(i);
      if(button[i] != lastButton[i]) {
        if((i == 2 || i == 3) && button[i] == LOW) { // start off auto increment timer
          autoIncTrigger = millis();
          autoInc = millis();
        }
        delay(30); // debounce delay
        change= true;
      } // debounce delay if a change
    }
    // if(change) Serial.println("button change");
    if((button[3] == LOW || button[2] == LOW) && ((millis() - autoIncTrigger) > autoIncDelay)) {
    // need to auto increment
      if(millis() - autoInc > autoIncPeriod) { // do the auto increment
        autoInc = millis();
        if(button[2] == LOW) {
          if(workingValue > valueMin[menu]) workingValue--; // don't wrap round under auto increment
          updateValue(menu, workingValue);
        }
        if(button[3] == LOW) {
          if(workingValue < valueMax[menu]) workingValue++; // don't wrap round under auto increment
          updateValue(menu, workingValue);
        }
      } // end of do the auto increment
    }
    return change;
```

예제 13-2 스푼두이노의 아두이노 코드(계속)

```
}

void saveButtons() {
  for(int i = 0; i < 4; i++) {
    lastButton[i] = button[i];
  }
}

void ramWrite(int add, int val) { // write val to address add of the SRAM as two bytes
  // digitalWrite(SR_CS, LOW);
  PORTB = PINB & 0xfb;
  SPI.transfer(0x02); // write data to memory instruction
  SPI.transfer((add >> 8) & 0x7f);
  SPI.transfer(add & 0xff);
  SPI.transfer(val >> 8); // write MS nibble first
  SPI.transfer(val & 0xff);
  // digitalWrite(SR_CS, HIGH);
  PORTB = PINB | 0x04;
}

void singleRamWrite(int add, uint8_t val) { // write val to address add as single byte
  // digitalWrite(SR_CS, LOW);
  PORTB = PINB & 0xfb;
  SPI.transfer(0x02); // write data to memory instruction
  SPI.transfer((add >> 8) & 0x7f);
  SPI.transfer(add & 0xff);
  SPI.transfer(val); // write
  // digitalWrite(SR_CS, HIGH);
  PORTB = PINB | 0x04;
}

int ramRead(int add) { // read val from address as two bytes
  int val;
  // digitalWrite(SR_CS, LOW); // pin 10
  PORTB = PINB & 0xfb;
  SPI.transfer(0x03); // read data from memory instruction
  SPI.transfer((add >> 8) & 0x7f);
  SPI.transfer(add & 0xff);
  val = SPI.transfer(0) << 8; // read most significant nibble
  val |= SPI.transfer(0);
  // digitalWrite(SR_CS, HIGH);
  PORTB = PINB | 0x04;
```

예제 13-2 스푼두이노의 아두이노 코드(계속)

```
  return val;
}
uint8_t singleRamRead(int add) { // read val from address as two bytes
  uint8_t val;
  // digitalWrite(SR_CS, LOW); // pin 10
  PORTB = PINB & 0xfb;
  SPI.transfer(0x03); // read data from memory instruction
  SPI.transfer((add >> 8) & 0x7f);
  SPI.transfer(add & 0xff);
  val = SPI.transfer(0);
  // digitalWrite(SR_CS, HIGH);
  PORTB = PINB | 0x04;
  return val;
}

void outA_D(int value) {
  int first;
  first = ((value >> 8) &0x0f ) | 0x40 | 0x20 | 0x10;
  // side A |bufferd| gain 1 | output enabled
  // take the SS pin low to select the chip:
  // digitalWrite(CS_BAR, LOW); // pin 9
  PORTB = PINB & 0xfd;
  SPI.transfer(first); // control and MS nibble data
  SPI.transfer(value & 0xff); // LS byte of data
  // digitalWrite(CS_BAR, HIGH);
  PORTB = PINB | 0x02;
  // digitalWrite(LATCH, LOW); // latch the output pin 8
  // digitalWrite(LATCH, HIGH);
  PORTB = PINB & 0xfe;
  PORTB = PINB | 0x01;
}

void displayWaveName() {
  // send wave name to LCD
  lcd.setCursor(0, 1);
  for(int i = 0; i < 8; i++) {
    lcd.print(waveName[i]);
  }
}

void getWaveTable() { // transfer from processing into the memory
  int val,address = 0;
```

예제 13-2 스푼두이노의 아두이노 코드(계속)

```
    lcd.setCursor(0, 0);
    lcd.print("Getting ");
    Serial.println("send");
    for(int numberOfBytes = 0; numberOfBytes < 8200; numberOfBytes++) { // read all the bytes
        while(Serial.available() == 0) { } // hold until data is in
        if(numberOfBytes < 8) { // get the waveform name
            waveName[numberOfBytes] = Serial.read();
        }
        else { // get the waveform tables
            if(address & 1){ // on odd addresses write to memory
                val |= Serial.read();
                ramWrite(address - 1, val); // save it in memory
            }
            else { // on even addreses just get the most significant byte
                val = Serial.read() << 8;
            }
            address++;
        }
    } // end of reading all the bytes
    menu = 2; // change to save menu
}

void romWriteWave(int number){ // write a waveform from RAM to ROM
    int address, pg, bufferNumber = 0;
    long int time;
    uint8_t buffer[255];
    for(int page = 0; page < 32; page++) { // write waveform over 32 pages
        pg = (number * 32) + page; // get absoloute point in eeprom
        address = memoryAddresBase | ( pg >> 8);
        // now fill up the buffer
        for(int i = 0; i < 256; i++) buffer[i] = singleRamRead(i + (bufferNumber << 8));
        bufferNumber++;
        // now write it to EEPROM
        while(I2c.write2(address, pg & 0xff, 0, buffer, 256) != 0 ) { } // repeat until command is taken
    }
}

void romReadWave(int number){ // read a waveform from ROM to RAM
    int c, address, pg, ramAddress = 0;
    for(int page= 0; page < 32; page++) { // write waveform over 32 pages
        pg = (number * 32) + page; // get absoloute point in eeprom
        address = memoryAddresBase | ( pg >> 8); // create the I2C address of the chip to use
```

예제 13-2 스푼두이노의 아두이노 코드(계속)

```
    for(int i = 0; i < 16; i++) { // read 16 lines for the page
      while(I2c.write(address,pg & 0xff, i << 4) != 0) { } // set up start of read
      I2c.read(address, 16);      // request 16 bytes from memory device ( note maximum
      buffer size is 32 bytes )
      for(int j = 0; j < 16; j++) { // now get the bytes one at a time
        singleRamWrite(ramAddress, I2c.receive()); // receive a byte
        ramAddress++; // move on to next address
      }
    }
  }
}

void romWaveName(int slot) {
  slot = slot << 3; // make it into an eprom address
  for(int i = 0; i < 8; i++) { // store the name in internal EEPROM
    EEPROM.write(slot + i, waveName[i]);
  }
}

void displayLoadWaveName(int slot) {
  slot = slot << 3; // make it into an eprom address
  lcd.setCursor(0, 1);
  for(int i = 0; i < 8; i++) { // get the name in internal EEPROM
    lcd.print((char)EEPROM.read(slot + i));
  }
}

void readWaveName(int slot) {
  slot = slot << 3; // make it into an eprom address
  for(int i = 0; i < 8; i++) { // get the name in internal EEPROM
    waveName[i] = EEPROM.read(slot + i);
  }
}

void spoonRead() {
  key = analogRead(keys);
  if(touching()) { // read the spoon co-ordnates if we are touching the pad
    digitalWrite(redLED, HIGH); // LED off
    analogWrite(blueLED, xVal2 >> 2);
    // take a reading
    setPads(true, false);
    xVal1 = analogRead(spoon1);
```

예제 13-2 스푼두이노의 아두이노 코드(계속)

```
      setPads(false, false);
      yVal1 = analogRead(spoon1);

      switch(value[0]) {
        case 0: // playing mode Shot or loop
          if(!retrigger) break; // exit here if we have not had a retrigger here yet
          tableOffset = 0; // start over
          dir = true; // going up
          retrigger = false;
          // - no I haven't missed out the break I want it to be like this
        case 1:
          hush = false;
          tableShiftRate = (yVal1 - 130) / 8;
          increment = (xVal1 - 80) << 4;
          break;
        case 2: // static mode
        case 3: // static quantisation mode
          hush = false;
          tableOffset = ((yVal1 - 130) / 50) << 9; // make it a whole number of tables
          if(tableOffset < 0) tableOffset =0;
          if(tableOffset > 7680) tableOffset = 7680;
          if(value[0] == 2)increment = (xVal1 - 80) << 4; else increment = quantIncrement();
          break;
      }
    }
    else {
      digitalWrite(redLED, LOW); // LED on
      analogWrite(blueLED, 255); // LED off
      switch(value[0]) {
        case 0:
          retrigger = true;
          break;
        case 1: // playing mode loop
        case 2: // static mode
        case 3: // static quantised mode
          hush = true;
          break;
      }
    }
  }

long int quantIncrement() {
  int quant;
```

예제 13-2 스푼두이노의 아두이노 코드(계속)

```
  quant = (xVal1 - 80) / 88;
  return noteLookup[quant];
}

boolean touching() {
  boolean touch1 = false, touch2 = false;
  ADMUX = 0x4F; // select channel 15, this puts the input mux capacitor to ground
  // Set all te pads to outputs
  pinMode(Ypad1, OUTPUT);
  pinMode(Ypad2, OUTPUT);
  pinMode(Xpad1, OUTPUT);
  pinMode(Xpad2, OUTPUT);
  // put all the pads high
  digitalWrite(Xpad1, HIGH);
  digitalWrite(Xpad2, HIGH);
  digitalWrite(Ypad1, HIGH);
  digitalWrite(Ypad2, HIGH);
  if( analogRead(spoon1) > 980) touch1 = true;
  // put all the pads low
  digitalWrite(Xpad1, LOW);
  digitalWrite(Xpad2, LOW);
  digitalWrite(Ypad1, LOW);
  digitalWrite(Ypad2, LOW);
  if(analogRead(spoon1) < 25) touch2 = true;
  return (touch1 && touch2);
}

void setPads(boolean way, boolean pol) { // initilise xy Pads
  ADMUX = 0x4F; // select channel 15, this puts the input mux capacitor to ground
  delay(1);
  if(way) {
    pinMode(Ypad1, INPUT);
    pinMode(Ypad2, INPUT);
    pinMode(Xpad1, OUTPUT);
    pinMode(Xpad2, OUTPUT);

    if(pol) {
      digitalWrite(Xpad1, LOW);
      digitalWrite(Xpad2, HIGH);
    } else {
      digitalWrite(Xpad1, HIGH);
      digitalWrite(Xpad2, LOW);
```

예제 13-2 스푼두이노의 아두이노 코드(계속)

```
      }
   }
   else {
      pinMode(Xpad1, INPUT);
      pinMode(Xpad2, INPUT);
      pinMode(Ypad1, OUTPUT);
      pinMode(Ypad2, OUTPUT);

      if(pol) {
         digitalWrite(Ypad1, LOW);
         digitalWrite(Ypad2, HIGH);
      } else {
         digitalWrite(Ypad1, HIGH);
         digitalWrite(Ypad2, LOW);
      }
   }
}
```

아두이노 코드 상세

숟가락 접촉을 감지하는 데 사용되는 기법을 이해하려면 설명이 좀 필요할 것이다. 비결은 touching() 함수에 있다. 문제는 숟가락의 전압을 읽는 것만으로는 전도성 패드와 접촉했는지 여부를 알 수 없다는 점이다. 플로팅 상태에서는 아날로그 입력의 간섭 픽업으로 인해 아무것도 읽을 수 없기 때문이다. 그러므로 전도성 패드의 전압에 대해 뭔가 조치를 해야만 하고 숟가락에 포착된 전압이 접촉 상태와 일치하는지 확인해야 한다. 이를 위해 전도성 패드에 연결되는 모든 핀을 HIGH로 설정하고 숟가락에서 고전압이 측정되는지 확인한다. 이 경우 980보다 큰 수치가 읽힐 것이다. 그런 다음 모든 핀을 LOW로 설정하고 숟가락이 25 미만의 값을 읽는지 여부를 확인한, 두 테스트를 통과하면 그 후에는 숟가락으로 패드와 위치 값을 읽을 수 있다.

spoonRead() 함수는 먼저 숟가락의 접촉 여부를 확인하고, 접촉되어 있으면 이를 나타내기 위해 LED를 빨간색에서 파란색으로 변경한다. 다음으로 좌우 방향에 0V와 5V를 인가하는 상태에서 상하 방향의 판독값 2개를 읽고, 상하 방향에 0V와 5V를 인가하는 상태에서 좌우 방향의 판독값 2개를 읽는다.

setPads() 함수는 spoonRead()를 위해 전압을 인가하는 출력 설정 작업과 프로세서 내부에 접지된 A/D 컨버터의 입력 채널을 선택하는 작업을 수행한다. 이 과정에서 이전의 측정에서 D/A 입력의 샘플/홀드 커패시터에 모인 모든 전압을 방전시킨다.

스푼두이노가 컴퓨터에서 파형을 받을 때에는 send 메시지를 보낸다. 그런 다음 8200 바이트를 가져오는데, 이 중 처음 8바이트는 파형의 이름에 해당한다. 각 샘플은 2바이트이기 때문에, 상위 바이트와 하위 바이트를 합쳐서 샘플을 빌드한 다음 고속 SRAM 메모리에 기록한다. 샘플 빌드는 홀수 바이트를 기준으로 수행한다. 파형이 로드되면 메뉴 옵션이 저장 모드로 자동 변경되고, (+) 및 (-) 키를 사용하여 저장하려는 메모리 슬롯을 선택할 수 있다. 이미 있는 슬롯에 파형 테이블 세트를 저장하면 덮어쓰게 된다. 빈 슬롯은 디스플레이에 8개의 정사각형으로 표시된다.

파형을 정의할 태블릿 장치가 없다면, 책의 웹사이트에서 example waves 폴더에 있는 미리 정의된 파형 파일을 로드할 수 있다. 이것은 파형 테이블 자체가 아니라 파형 테이블을 계산하는 데 필요한 각 고조파의 크기이다.

후기

스푼두이노를 장시간 사용하면 플라스틱과 같은 전도성 코팅이 벗겨져 숟가락 접촉이 어려워지는 문제가 있다. 아마도 필자가 재활용 비닐을 사용했기 때문일 것인데, Velostat 플라스틱을 사용해서 코팅하면 더 견고할 것이다. 코팅 플라스틱을 교체하면 악기의 터치 감도를 복원할 수 있다. 사용할 수 있는 파형에도, 필자가 아직 전부 파악해보지 못한 광대한 가능성이 펼쳐져 있다.

제3부

신호 처리

3부에서는 신호처리 이론을 학습한 후, 실제 사운드를 녹음하고 조작하여 여러 가지 인위적인 사운드를 만들어낼 것이다. 역방향 재생 등의 실시간 효과를 비롯하여, 아두이노에서 사운드 샘플을 생성하는 여러 가지 방법이 있다. 디지털 필터와 함께 물리적 시스템을 수학적으로 모델링하여 사운드를 만드는 방법도 알아볼 것이다. 깜박이는 컬러 LED로 가득 찬 프로젝트와 함께 고속 포고어Forgoer 변환을 학습하고, 32비트 아두이노 프로세서를 응용하여 고조파 추가를 통해 파형 여기 효과를 구현하는 법도 알아볼 것이다.

14 샘플링

이제부터 살펴볼 내용은 실제 오디오 신호의 입력을 사용하여 다른 것을 생성하는 신호처리와 관련된 것이다. 보통 간단한 아두이노 우노로는 신호처리를 구현할 수 없다고 이야기하지만, 우노로도 생각하는 것보다 훨씬 많은 것을 할 수 있다. 프로세서를 아두이노 듀에 또는 틴지 3로 확장하면 훨씬 더 많은 작업을 수행할 수 있다. 일단, 재미있는 프로젝트에 뛰어들기 전에 이론을 공부해보자. 여기서 한 가지, 오해하지 말기를. 오디오 애호가를 위한 내용이 아니라 공학적 내용을 학습할 것이다. 즉, 계측기를 통해서 측정할 수 있는 정량적인 내용만을 다룰 것이다. '계측기로 측정할 수 없는 것도 사람의 귀가 인지한다'는 견해를 가지고 값비싼 금도금 커넥터와 귀금속 디지털 리드를 구입하는 오디오 애호가들의 미신을 취급할 계획은 이 책에는 없다.

14.1 사운드를 덩어리로 나누기

앞 장에서는 각 출력 샘플을 즉석에서 계산하여 톱니파와 같은 간단한 파형을 출력하거나, 미리 계산된 파형 테이블(사인파, 다중 고조파 등의 복잡한 파형)을 출력해서 사운드를 생성하는 방법을 살펴보았다. 하지만 이러한 파형은 어떻게 생성되었건 간에, 숫자로 만들어진 여러 샘플의 집합일 뿐이다.

이제부터 이 방식을 뒤집어서, 마이크에서 가져온 것과 같은 실제 사운드에 대해 신속한 일련의 전압 측정을 한 다음 파형으로 다시 출력하는 방식을 살펴보자. 즉, 실제 사운드를 녹음하고 재생한 다음 여러 가지 방법으로 모두 재생하는 것이다. 이때 얻을 수 있는 사운드의 품질은 샘플링 속도, 샘플 해상도라는 두 가지 요소에 의해 크게 좌우된다.

▌샘플링 속도

샘플링 속도는 수신되는 파형을 샘플링하는 빈도이며, 레코딩할 수 있는 가장 높은 주파수와 레코딩의 품질을 결정한다(빠를수록 좋다). 그런데, 어느 정도 수준까지 샘플링 속도가 올라가고 나면, 더 빨라져도 변화를 느끼지 못하게 된다. 다른 만물의 법칙과 마찬가지로 수익 감소의 법칙이 작용하는 것이다.

필요한 샘플링 속도는 정보 이론에 바탕을 둔 엄격한 수학적 기초를 가지고 있으며, 여기서 섀넌Shannon과 나이키스트Nyquist이라는 중요한 이름이 등장한다. 나이키스트 속도는 공학에서 상당히 자주 인용되는데, 간단히 설명하자면 이는 주어진 샘플에 포함된 정보를 복구하기 위한 최소한의 샘플링 속도이다. 샘플링 프로세스를 통해 신호의 기본 주파수를 얻으려면 주기당 적어도 두 샘플씩 샘플링해야 한다. 주기당 샘플 수가 2개 미만으로 나오는 속도로 샘플링을 하면, 샘플링하려는 신호의 주파수 범위 내에서 저주파수 신호를 획득하는 앨리어싱aliasing이 발생한다. 앨리어싱된 신호는 극도로 불균일하고, 일단 생성되면 필터링할 수 없다.

나이키스트 속도보다 큰 샘플링은 흔히 오버샘플링이라고 한다. 일반적으로 샘플 속도는 고정적이므로 주파수 범위의 상단만 나이키스트 속도에 근접하고, 더 낮은 주파수 성분은 오버 샘플링된다. 그림 14-1의 신호는 주기당 9개 샘플 이상 샘플링된다.

맨 위의 그래프는 입력 신호이고 수직 방향 점선은 샘플 시간을 나타낸다. 가운데 그래프는 샘플링 시점에서 파형의 전압 레벨이 다음 샘플 포인트까지 유지된다는 것을 보여준다. 하단 그래프에는 원래 파형이 제거되고 샘플링 후의 파형만이 표시된다.

하단의 그래프를 자세히 살펴보자. 그래프의 첫 인상은 심하게 왜곡된 그래프라는 인상일 것이다. 하지만 실제로 이 신호는 보이는 만큼 나쁘지 않다. 고조파에 대해 배운 것을 기억하자. 왜곡 때문에 이 파형에 여분의 고조파가 있는 것은 사실이지만, 샘플 속도가 사람이 들을 수 있는 최대 주파보다 높기 때문에 이러한 고조파는 들을 수 없다. 샘플 속도가

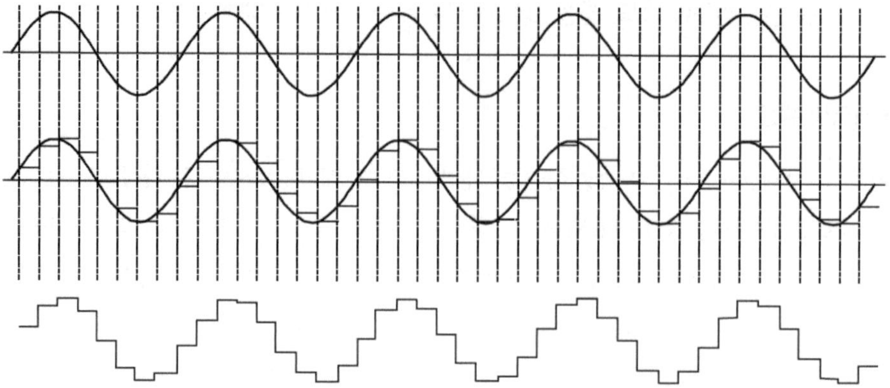

그림 14-1 신호의 오버샘플링

가청 범위 내에 있다고 해도, 이 왜곡은 원래 신호와 연관된 주파수를 가지기 때문에 사운드가 조금 더 풍부해질 것이다. 여기서 주목해야 할 점이 또 하나 있다. 샘플링된 파형은 주기마다 정확히 동일하지 않다. 특히 파형의 봉우리와 골짜기를 살펴보자. 한 사이클에서 다음 사이클까지 동일하지 않다. 이것은 샘플 속도가 샘플링되는 신호와 동기화되지 않기 때문인데, 정보 이론은 여기에서도 원본 신호를 복구할 수 있다고 이야기한다. 여러 주기에 걸쳐 평균을 내면 된다는 것이다.

샘플링 프로세스에는 왜곡이 내재되게 되며, 샘플 속도가 나이키스트 속도일 때 그 왜곡은 최대가 된다. 주기당 더 많은 샘플을 얻을수록 왜곡은 감소한다. 이 왜곡을 샘플 노이즈라고 한다. 특정 샘플링 속도로 고정된 파형을 샘플링할 때의 노이즈를 수학적으로 정의할 수는 있지만, 사람의 귀는 노이즈의 일부 특징에 대해서만 영향을 받기 때문에 그리 유용한 측정이 아니다(이것은 오디오 애호가가 믿는 것과 정반대다). 샘플 노이즈와 사람이 인식하는 노이즈 간의 매칭은 연관성이 떨어지는데, 그 이유 중 하나는 사람의 귀가 고주파수에서 왜곡에 덜 민감하기 때문이다.

1. 앨리어싱

나이키스트 속도보다 낮은 주파수를 가지는 신호를 샘플링하는 경우 문제가 발생한다. 한 사이클당 2개 이하의 샘플을 취하면 앨리어싱이라고 알려진 현상이 일어난다. 이 경우, 샘플링 후 재구성된 파형은 원래 파형보다 훨씬 낮은 주파수의 다른 신호가 된다. 또 다른 문제는, 샘플링하는 신호의 주파수를 약간만 변경해도 재구성된 파형이 가지는 부정확한 주파수가 커지며 샘플링된 신호의 차이가 커진다는 점이다. 그 결과는 심한 왜곡과 잡음을 내포한 사운드가 출력된다. 심지어, 잘못된 신호 자체도 샘플링하려는 신호의 주파수 대역에 있기 때문에 아무리 필터링을 걸어도 잘못된 신호가 제거되지 않는다.

그림을 통해 원리를 살펴보자. 그림 14-2는 한 주기에 한 번 정도만 샘플링되는 파형을 보여준다.

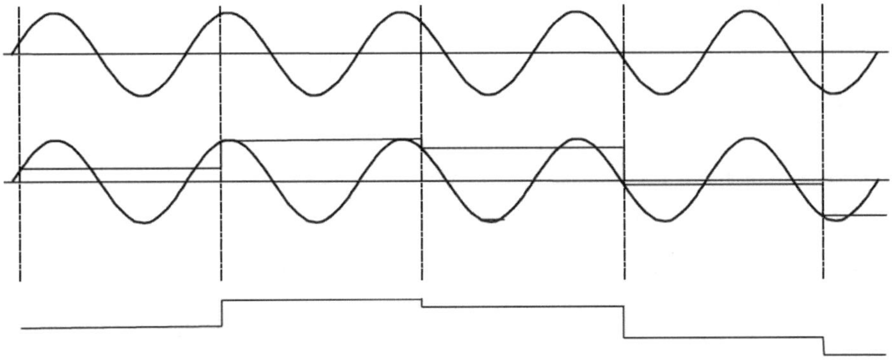

그림 14-2 앨리어싱

그림 14-2는 그림 14-1과 동일한 내용이지만 파형의 주파수만 다르다. 상단 그래프는 원래 신호이고, 중간의 그래프는 한 샘플 시간에서 다음 샘플 시간까지 유지되는 전압 샘플 포인트이며, 하단의 그래프는 샘플링의 결과로 나오는 파형이다. 결과로 생성되는 파형 역시 하나의 신호이지만, 그 주기는 샘플링하려는 원래 파형보다 5배 이상 길다는 점에 주목하자. 이 시점에서 샘플링의 전체 프로세스가 이미 실패했다고 말할 수 있다.

실제로 이는 신호의 높은 주파수 대역에서만 발생한다. 연설이나 음악을 샘플링할 때, 성공적으로 샘플링할 수 있는 최대 에너지를 초과하는 에너지는 그리 많지 않다. 그럼에도 불구하고 앨리어싱이 일어나지 않도록 주의해야 한다. 앨리어싱을 막기 위해서는 신호가 A/D 컨버터의 입력에 도달하기 전에 나이키스트 속도 이하의 컷오프 주파수로 오디오 입력에 로우 패스 필터를 걸어야 한다. 이것을 안티 앨리어싱 필터anti-aliasing filter라고 한다. 때로는 앰프의 주파수 응답에 고주파 영역에 거의 에너지가 없거나, 샘플 속도가 인간의 청력 범위를 벗어나는 정도로 높아 앨리어싱이 방지될 수도 있다. 그럼에도 오디오 신호에 대한 간섭으로 인해 생긴 원치 않는 초음파 신호조차 앨리어싱을 유발할 수 있으며, 이는 가청 간섭을 유발한다.

앨리어싱은 피해야 하는 나쁜 현상이지만, 안티 앨리어싱 필터가 늘 반드시 필요한 것은 아니다. 마이크나 앰프의 빈약한 주파수 응답과 같은 요소가 앨리어싱을 효과적으로 제거할 수도 있다.

양자화 오류

샘플 노이즈 이외에도 신호를 샘플링할 때 발생할 수 있는 또 다른 왜곡 원인이 있다. 샘플 노이즈는 불연속적인 덩어리로 시간을 잘라내는 행위에 의해 발생하는 반면, 샘플 포인트에서 전압 크기를 측정하는 행위가 완벽하지 않기 때문에 일어나는 오류를 양자화 오류 quantization error라고 한다. 모든 A/D는 입력 전압을 숫자로 변환하는데, 입력 전압은 연속적으로 변하는 양이지만 변환되는 숫자는 불연속적인, 즉 이산적인 수치이다. 이러한 단계의 크기는 A/D 컨버터의 해상도에 따라 다르며, 해상도는 비트 단위를 가진다. A/D 컨버터의 해상도가 N비트이면, 2N 단계의 범위 내에 있는 숫자로 변환이 가능하다. 이 해상도의 한계는 샘플링 오류와 비슷한 방식으로 재구성된 신호에 왜곡을 유발한다. 그림 14-3을 보자.

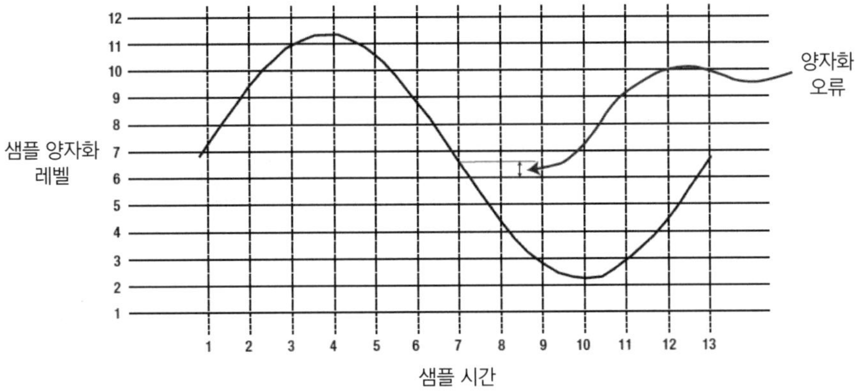

그림 14-3 양자화 오류

샘플 시간은 x축, A/D에서 읽는 값은 y축에 해당한다. 신호의 단계 수를 쉽게 식별할 수 있도록 y축을 넓게 표시하였다. A/D는 입력 신호의 바로 아래에 있는 높은 숫자를 반환한다는 것이다. 예를 들어, 다이어그램의 7번째 샘플에서 A/D가 반환되는 숫자는 6이지만 신호의 전압은 실제로 약 6.5이다. 이 오차의 크기는 최대 1비트의 A/D 해상도 이내에 있다. 표 14-1은 그림 14-3의 A/D에서 반환한 숫자를 보여준다.

샘플 9, 10, 11에서와 같이, 사인파의 피크와 최저점과 같이 파형이 천천히 움직일 때는 샘플링된 신호의 변화를 알 수 없다. 이는 재구성된 파형의 왜곡을 증가시킨다. 완벽한 A/D 컨버터라면 양자화 오류는 이 정도에 그칠 것이다. 현실적으로는, 균일한 레벨 간격을 가지는 A/D 컨버터라고 해도 스텝 크기가 정확하게 동일하지 않다. 이것은 양자화 잡음이 완벽한 A/D에 비해 실제 A/D에서는 더 커질 것임을 의미한다. 샘플 노이즈와 마찬가지로, 이론적 노이즈와 인지된 노이즈는 다를 수밖에 없다.

표 14-1 그림 14-3에서 반환한 샘플 수

샘플 시간	A/D 판독값
1	7
2	9
3	11
4	11
5	10
6	8
7	6
8	4
9	2
10	2
11	2
12	4
13	6

필자가 가장 좋아하는 논문 중 하나로, 1960년대 언젠가 출간된 American Journal of Audiology에 수록된 "양자화 노이즈의 인식에 대한 알코올의 영향"이라는 논문이 있다. 정확하게 측정된 양의 양자화 노이즈가 섞인 음악을 피험자에게 들려주고, 음악 품질을 판단하여 음질에 대해 숫자로 평가하도록 요청하는 실험이 담겨 있는데, 놀랍게도 피실험자가 술을 더 많이 마시면 마실수록 양자화 잡음의 증가에 둔감해진다는 결과가 도출되었다. 논문의 저자는 또한 경마 해설 방송에 여러 수준의 양자화 노이즈를 섞어 방송했는데, 피실험자가 결과에 돈을 걸면 양자화 잡음에 둔감해진다는 사실도 발견하였다. 가끔은 학문적인 삶도 그리 지루하지 않아 보인다.

14.2 샘플 재생

이제 이론적인 배경을 학습하였으니, 아두이노를 사용하여 실제 샘플을 사용하는 프로젝트를 살펴볼 차례다. 아두이노에 사운드의 샘플을 바로 녹음할 수도 있지만, 먼저 사운드를 재생하는 부분에 대해 알아보자. 사운드의 샘플은 상당한 용량을 차지하며, 실제로 아두이노 우노의 읽기/쓰기 메모리는 1/4초 미만의 샘플만을 담을 수 있다. 그나마도 샘플링 속도를 초당 8K 샘플 정도로 유지할 때만 가능하다. 프로그램 메모리를 사용하여 저장 용량을 늘리는 방법도 있지만, 그래 봐야 재생 가능한 사운드의 용량은 3초 정도에 불과하다. 물론 이 정도 용량으로도 충분한 경우도 있을 것이다. 12장에서 다룬 것과 같이 아두이노의 사운드를 출력하는 PWM 시스템을 사용하되, 이번에는 프로그램 플래시 메모리에서 샘플을 가져와서 8KHz 속도로 출력하는 예시를 함께 살펴보자.

▌샘플 얻기

먼저 샘플을 생성하는 방법이, 다음으로 샘플을 아두이노의 프로그램 메모리로 가져 오는 방법이 필요하다. 오늘날 대부분의 컴퓨터와 랩톱에는 마이크, 앰프, A/D 컨버터가 내장되어 있어 많은 프로그램에서 사운드를 녹음할 수 있다. 무료로 제공되는 것들 중 가장 좋은 기능은 http://audacityteam.org에서 다운로드 받을 수 있는 오다시티Audacity로 맥, 윈도우, 리눅스 버전이 모두 있다. 이 프로그램을 사용하면 사운드를 조작하는 많은 일을 할 수 있지만, 이번 예제에서 하고자 하는 작업은 그저 짧은 샘플을 녹음하고 크기를 조정하는 것이다.

샘플 속도를 8,000Hz(프로젝트 비율)로 설정하고 레코딩을 모노로 설정한 다음, 둥근 빨간 버튼을 클릭하여 레코딩을 시작한 다음 네모난 버튼을 클릭하여 중지하자. 화살표와 되감기 버튼을 사용하여 녹음을 재생할 수 있다. 아두이노의 저장 공간은 매우 제한되어 있기 때문에 시작과 끝부분의 무음을 최소화하기 위해 파형을 다듬어야 한다. 파형의 무음 부분을 선택하고 Delete 키를 눌러 이를 삭제하자. 샘플을 가공하였으면 WAV 파일로 저장하자(File ➤ Export Audio 선택). 그런 다음 Format 드롭다운 메뉴에서 Other Uncompressed Files를 선택하고 Options 버튼을 누르자. 팝업 창에서 헤더에 WAV(Microsoft)를 선택하고 encoding은 Signed 16-Bit PCM을 선택하자. OK를 클릭하고 사용할 파일 이름을 입력하자. Save를 클릭한 다음 metadata를 입력하지 않고 OK를 클릭하자. 이렇게 하면 다음 단계를 위한 올바른 파일 포맷을 얻을 수 있다.

아두이노 코드 생성

이 파일로 아두이노 프로젝트에 포함시킬 아두이노 코드 파일을 만들 것이다. 이제 파일에서 사운드 데이터를 개별 바이트로 정의하는 C 코드를 만들어야 한다. 간단하지만 지루한 작업이므로, 필자는 이를 자동화할 수 있는 프로세싱 소프트웨어를 작성했다.

프로그램은 WAV 파일을 읽고 사운드의 최댓값과 최솟값에 해당하는 데이터를 탐색한다. 사운드는 16비트 정수로 저장되며 양수 및 음수가 모두 존재한다. 이를 8비트값으로 바꾸어야 하므로 프로그램은 샘플이 출력값의 전체 범위를 커버하도록 스케일링 계수를 곱한다. 8비트 해상도의 D/A 출력만 처리할 때는 전체 범위가 필요하다. 샘플 크기를 조정한 후 아두이노 IDE로 가져올 준비가 된 .h 파일로 저장된다. WAV 파일에 대해서만 기초적인 확인이 이루어지며, 프로그램은 데이터가 정상적인 파일 위치에 있다고 가정한다(이 때문에 오다시티의 특정 WAV 형식 버전으로 파일을 저장해야 했다). 이를 처리하는 코드는 예제 14-1과 같다.

예제 14-1 .wav 파일을 .h 파일로 전환

```
/**
* Sound Sample - Processing 3
* by Mike Cook
* Converts 16 bit .wav file
* into 8 bit .h file for Arduino sample player
*/

PrintWriter output;
String waveName = "yes";
String loadPath = "blank";
String savePath = "blank";

void loadFile() { // load waveform definition from disc
```

예제 14-1 .wav 파일을 .h 파일로 전환(계속)

```
  selectInput("Choose wav file", "doLoadFile"); // Opens file chooser
}

void doLoadFile(File selection) {
  if(selection == null) {
    println("No file was selected...");
  } else {
    loadPath = selection.getAbsolutePath();
    println(loadPath);
    saveFile(); // place to save results
  }
}

void saveFile() { // load waveform definition from disc
  selectOutput("Save converted file", "doSaveFile"); // Opens file chooser
}

void doSaveFile(File selection) {
  if(selection == null) {
    println("No file was selected...");
  } else {
    savePath = selection.getAbsolutePath();
    waveName = savePath;
    // nibble away at the path name until we just have the file name
    while(waveName.indexOf('/') != -1) {
      waveName = waveName.substring(1, waveName.length());
    }
    println("wave name " + waveName);
    convertWave();
  }
}

void setup()
{
  loadFile();
}

void convertWave() {
  int lsb, msb, a;
  int max = 0, min = 0;
  float scale;
  byte sample[] = loadBytes(loadPath);
```

예제 14-1 .wav 파일을 .h 파일로 전환(계속)

```
  if(sample[8] != 87 || sample[9] != 65 || sample[10] != 86 || sample[11] != 69) {
    println("Error - " + loadPath + " is not a .wav file");
    exit();
  }
  // Print each value, from 0 to 255
  for(int i = 44; i < sample.length; i += 2) {
    // bytes are from -128 to 127, this converts to 0 to 255
    lsb = sample[i] & 0xff;
    msb = sample[i + 1] & 0xff;
    a = lsb | (msb << 8);
    if((a & 0x8000) != 0) a = a | 0xFFFF0000; // sign extend
    if(a > max) max = a;
    if(a < min) min = a;
  }
  println("max = " + max + " min = " + min);
  scale = 255.0 / ((float)max - (float)min);
  println("scale = " + scale);
  int dataLength = (sample.length - 40) / 2;
  println("data length = 0x" + hex(dataLength) +" or " + dataLength + " bytes");
  msb = (dataLength >> 8) & 0xff;
  lsb = dataLength & 0xff;
  // output the sample file
  output = createWriter(savePath + ".h");
  output.print("const PROGMEM byte " + waveName + "[] = { 0x" + hex((byte)lsb) + ", 0x"
+ hex((byte)msb) + ", "};
  for (int i = 44; i < sample.length; i += 2) {
    // Every tenth number, start a new line
    if (((i + 8) % 20) == 0) {
      output.println();
    }
    // bytes are from -128 to 127, this converts to 0 to 255
    lsb = sample[i] & 0xff;
    msb = sample[i + 1] & 0xff;
    a = (lsb | (msb << 8));
    if((a & 0x8000) != 0) a = a | 0xFFFF0000;
    a = int((float)a * scale) + 128;
    if(a > 255) a = 255;
    if(a < 0) a = 0;
    output.print("0x" + hex(a).substring(6, 8));
    if(i < sample.length - 2) output.print(", ");
  }
```

예제 14-1 .wav 파일을 .h 파일로 전환(계속)

```
  // finish it off
  output.print(" };");
  output.flush(); // Write the remaining data
  output.close(); // Finish the file
  println("saved at " + savePath + ".h");
  exit();
}

void draw() { }
```

이것을 실행하면 파일을 로드하기 위한 대화 상자가 나타난다. .wav 파일을 선택한 다음 .h 파일을 저장할 위치를 선택하자. 프로세싱 코드 창 하단의 콘솔에 파형의 이름, 최댓값과 최솟값, 스케일링 계수, 데이터 크기, 로드, 저장 경로 이름과 같은 파일에 대한 정보가 표시된다. 파형의 이름은 파일 이름에서 취해지며, 이는 샘플을 저장하는 데 사용된 배열의 이름과 같다. 이 파일은 텍스트 편집기로 볼 수 있다. 예제 14-2와 같이 보일 것이다.

예제 14-2 .h 파일의 짧은 버전

```
const PROGMEM byte yes[] = { 0xFE, 0x0B, 0x81, 0x81, 0x82, 0x82,
0x95, 0xA3, 0x9A, 0x91, 0x95, 0x8B, 0x88, 0x7D, 0x80, 0x76,
0x6E, 0x75, 0x6C, 0x6A, 0x6E, 0x70, 0x6E, 0x71, 0x7A, 0x77,
0x7B, 0x82, 0x82, 0x84, 0x88, 0x8B, 0x88, 0x89, 0x8B, 0x85,
0x84, 0x85, 0x7F, 0x7F, 0x7D, 0x7E, 0x79, 0x7C, 0x72, 0x71,
0x76, 0x65, 0x68, 0x6D, 0x65, 0x6A, 0x6B, 0x76, 0x77, 0x7A,
0x8F, 0x8A, 0x92, 0x9D, 0x9E, 0xA1, 0x9F, 0xA7, 0x9F, 0x9C,
0x80, 0x80, 0x84, 0x7E, 0x80, 0x80, 0x80, 0x81, 0x7E, 0x80,
0x81, 0x7F, 0x84, 0x7D };
```

전체 샘플을 구성하기에는 턱없이 모자란 수의 샘플이지만, 이를 통해 구조를 파악할 수는 있다. 이것은 아두이노의 프로그램 메모리에 저장된 yes라는 바이트 배열에 대한 정의이다. 처음 두 바이트는 샘플의 크기를 알려주므로, 아두이노는 샘플이 어디까지 이어지는지 알 수 있다. 이제 이 파일을 재생하는 방법을 살펴보자.

아두이노 샘플 재생기

아두이노 샘플 재생기는 Timer1을 사용하여 8비트 D/A 역할을 하는 9번 핀에서 PWM 신호를 생성함으로써 오디오를 출력한다. 그런 다음 Timer2는 8kHz 속도로 인터럽트를 생성하고 PWM 생성기에 샘플을 공급하여 9번 핀의 출력 레벨을 변경한다. Timer2의 인터럽트를 활성화 및 비활성화하여 샘플의 시작 및 정지를 제어할 수 있다. 샘플이 끝나면 ISR은 인터럽트를 비활성화하고, 프로세서는 다시 유휴 자원을 가지게 된다. 샘플은 두 가지 모드로 재생할 수 있다. 첫 번째는 동기식으로, 샘플이 끝날 때까지 재생되고 다른 작업할 수 없다. 두 번째는 비동기식으로, 샘플이 시작된 후에도 프로세서가 다른 작업을 수행할 수 있다. 여기에는 처음부터 샘플을 다시 트리거하는 작업도 포함된다. 물론 한 번에 하나의 샘플만 재생할 수 있으므로, 샘플을 다시 트리거하면 다음 샘플을 재생하기 전에 이미 재생 중인 샘플은 정지된다.

샘플 속도가 8kHz인 8비트 샘플은 전화 음질 정도의 수준을 가지지만, 아두이노라는 점을 감안했을 때 꽤 훌륭한 결과를 들을 수 있다. 3.5초가 그리 긴 길이는 아니지만, "예"와 "아니오" 샘플 사운드를 담은 이 예제는 아두이노 우노 프로그램 메모리의 23%밖에 차지하지 않는다. 아두이노 코드는 예제 14-3과 같다.

예제 14-3 아두이노 샘플 재생

```
// PWM sample player - using Timer 1's PWM as output
// on pin 9 with internal flash memory holding the sample
// By Mike Cook Nov 2015

#include "no.h" // tab containing samples saying "No"
#include "yes.h" // tab containing samples saying "Yes"

volatile int sampleCount = 0;
volatile int sampleLimit = 0; // number of bytes in the sample
```

예제 14-3 아두이노 샘플 재생(계속)

```
volatile const byte *sample;
volatile boolean playing = false;
const byte play1Pin = 2, play2Pin = 3;

ISR(TIMER2_COMPB_vect) { // Generate the next sample and send it to the A/D
  sampleCount++;
  if(sampleCount >= sampleLimit) { // have we finished
    TIMSK2 &= ~_BV(OCIE2B); // interrupts off
    OCR1AL = 0x80; // leave PWM at mid point
    playing = false;
    return;
  }
  OCR1AL = pgm_read_byte_near(&sample[sampleCount]); // use sample to change PWM duty cycle
}

void setPWMtimer() {
  // Set timer1 for 8-bit fast PWM output to use as our analogue output
  TCCR1B = _BV(CS10); // Set prescaler to full 16MHz
  TCCR1A |= _BV(COM1A1); // Pin low when TCNT1=OCR1A
  TCCR1A |= _BV(WGM10); // Use 8-bit fast PWM mode
  TCCR1B |= _BV(WGM12);
  OCR1AL = 0x80; // start PWM going at half maximum
}

void setSampleTimer() { // sets timer 2 going at the output sample rate
  TCCR2A = _BV(WGM21) | _BV(WGM20); // Disable output on Pin 11 and Pin 3
  TCCR2B = _BV(WGM22) | _BV(CS22);
  OCR2A = 250; // defines the interval to trigger the sample generation - 125uS or 8.0KHz
  TCCR2B = TCCR2B & 0b00111000 | 0x2; // select a prescale value of 8:1 of the system clock
  TIMSK2 = _BV(OCIE2B); // Output Compare Match B Interrupt Enable
}

void setup() {
  pinMode(9, OUTPUT); // Make timer's PWM pin an output
  pinMode(play1Pin, INPUT_PULLUP);
  pinMode(play2Pin, INPUT_PULLUP);
  setSampleTimer();
  setPWMtimer();
}

void loop() { // play samples on grounding pins
  if(!digitalRead(play1Pin)) {
    playSample(&yes[0], true); // start playing and then return
```

예제 14-3 아두이노 샘플 재생(계속)

```
  }
  if(!digitalRead(play2Pin)) {
    playSample(&no[0], false); // only return when finished playing sample
  }
}

void playSample(const byte *toPlay, boolean aysync) {
  TIMSK2 &= ~_BV(OCIE2B); // stop any playing
  sample = toPlay;
  sampleLimit = pgm_read_byte_near(&toPlay[0]) | (pgm_read_byte_near(&toPlay[1]) << 8);
  sampleCount = 1;
  playing = true;
  TIMSK2 = _BV(OCIE2B); // allow interrupts
  if(!aysync) { // play sample till the end if not aysync
    while(playing) { } // hold until finished
  }
}
```

이 코드의 대부분은 11장과 12장의 예제를 실습했다면 꽤 친숙할 것이다. Timer2는 125uS 간격으로 ISR 기능을 트리거하도록 설정된다. 여기서 샘플은 프로그램 메모리에서 와서 Timer1의 PWM 생성기로 공급된다. 샘플이 포함된 배열은 예상과 달리 하드 코딩하지 않았는데, 포인터 샘플이 재생되기 전에 설정되어 있으므로 코드에서 샘플을 가져올 위치를 알고 있기 때문이다.

이 예제 뿐 아니라 샘플을 포함하는 코드도 필요하다. Sketch ➤ Add File 메뉴를 선택하고 처리 프로그램으로 작성한 .h 파일을 찾아서 코드 윈도우의 추가 탭에 붙여 넣자. 코드 맨 위에 있는 두 개의 #include 행에는 playSample() 호출에 사용된 매개 변수와 함께 실제 사용 중인 .h 파일의 이름을 반영해야 한다. 이 두 샘플은 두 개의 플레이 샘플 핀 중 하나를 접지함으로써 재생된다.

샘플을 재생하는 두 가지 방법의 차이에 유의하자. play2Pin 및 접지에 연결된 버튼을 누르고 있으면 단어 "no"가 반복적으로 재생된다. 반면에 play1Pin버튼을 누르고 있으면 버튼을 놓을 때까지 사운드가 들리지 않는다. 사운드를 트리거하고 재생했지만 다음 반복

구간에도 버튼이 눌려진 것으로 인식하기 때문이다. loop()가 샘플을 출력보다 훨씬 빠르게 반복되기 때문에 버튼을 놓을 때까지 사운드가 들리지 않는다.

이 시스템은 다른 프로젝트에도 응용할 수 있는데, 프로그램 코드와 샘플 길이를 신중하게 다루면서 유연하게 적용해야 한다.

14.3 더 많은 샘플

더 많은 샘플을 담으려면 추가로 저장 공간을 확보해야 한다. 이를 위한 가장 좋은 도구는 SD 카드이다. 컴퓨터에서 SD카드에 사운드를 탑재한 다음 독립 실행형 프로젝트에서 재생하기 위해, 아두이노 시스템에서 SD카드를 읽게 할 수 있다. 시중에서 판매하는 SD카드 제품을 사용하는 것이 더 안전하다. 가장 간단한 것 중 하나는 에이다프루트에서 제작한 웨이브 실드Wave Shield로, 관련된 예제와 기술 지원 자료를 https://learn.adafruit.com/adafruit-wave-shield-audio-shield-for-alduino에서 쉽게 찾을 수 있다. 완제품 상태로 제공되며 아두이노의 입력 핀에 쉽게 조립할 수 있다.

웹사이트에 웨이브 실드를 설정하고 사용하는 방법에 대한 튜토리얼이 포함되어 있으므로 여기서 다시 설명할 필요는 없을 것 같다. 대신 이 실드를 사용하여 만든 MIDI 샘플 플레이어를 만드는 프로젝트를 선보이고자 한다. 기본적인 아이디어는 간단하다. MIDI 입력 인터페이스를 사용하여 아두이노의 시리얼 입력에 MIDI 데이터를 전달하고, 이를 파싱하여 MIDI 노트 번호를 얻는다. 각 노트 번호는 동일한 이름의 샘플을 트리거하며, 샘플이 이미 재생 중인 경우 새 샘플이 이를 덮어쓴다. 독립형 시스템과 유사하지만 더 많은 샘플을 가지고 있는 프로젝트인 셈이다. 웨이브 쉴드는 오픈소스 하드웨어이다. 원하면 자신만의 버전을 만들 수 있다. 웨이브 실드의 기본 블록 다이어그램은 그림 14-4에 나와 있다.

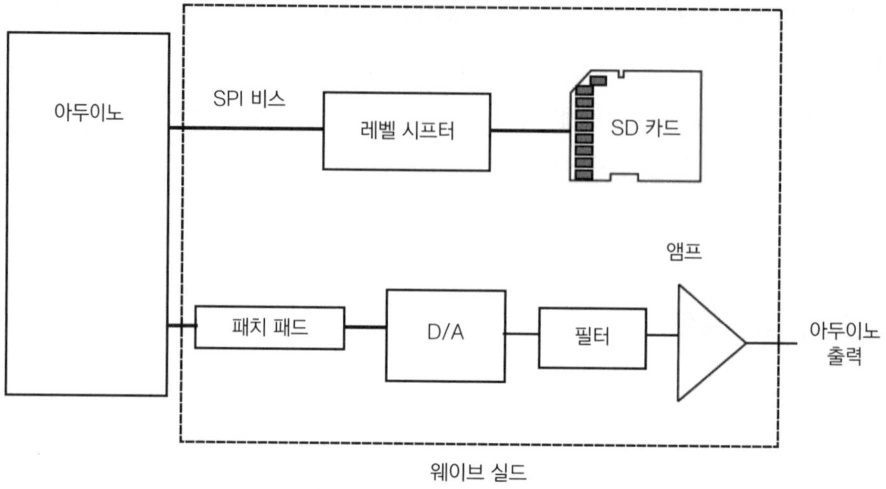

그림 14-4 웨이브 실드의 블록 다이어그램

SD 카드와 A/D 컨버터, 두 가지 주요 구성 요소가 있음을 알 수 있다. SD 카드는 SPI 버스에 고정되어 있지만, A/D 컨버터는 실드의 작은 패치 영역을 통해 모든 핀에 연결할 수 있다. 아쉽게도 A/D 컨버터는 SPI 버스를 사용할 수 없다. 전기적으로 호환되기는 하지만, A/D를 사용하기 위해 SD 카드를 사용할 수 없게 되면 SD 카드에 열려 있는 파일을 닫는 부작용이 있기 때문이다. 즉, 파일을 읽던 저장소가 인식되지 않으면 인식 후 파일을 처음부터 다시 열어서 읽어야 하고 다음 샘플의 올바른 위치를 찾아야 한다. SD 카드 읽기는 그 정도로 빠르지 않다.

대신, A/D는 연결된 핀과 비트 충돌 방식으로 통신한다. 즉, A/D에 연결된 개별 비트를 조작하여 SPI 버스를 에뮬레이션한다. 이는 전용 하드웨어를 사용하는 것보다 느리지만 오디오 샘플을 출력하기에는 충분히 빠르다.

MIDI 샘플 플레이어의 회로는 간단하다. 우선 MIDI 입력 회로가 필요하다. 2장에서 다룬 회로와 동일하니 그림 2-7에 있는 회로를 참조하면 된다. 다음으로 아두이노, 웨이브 실드, 스피커, 상자가 필요하다. 회로 구성은 그림 14-5와 같다.

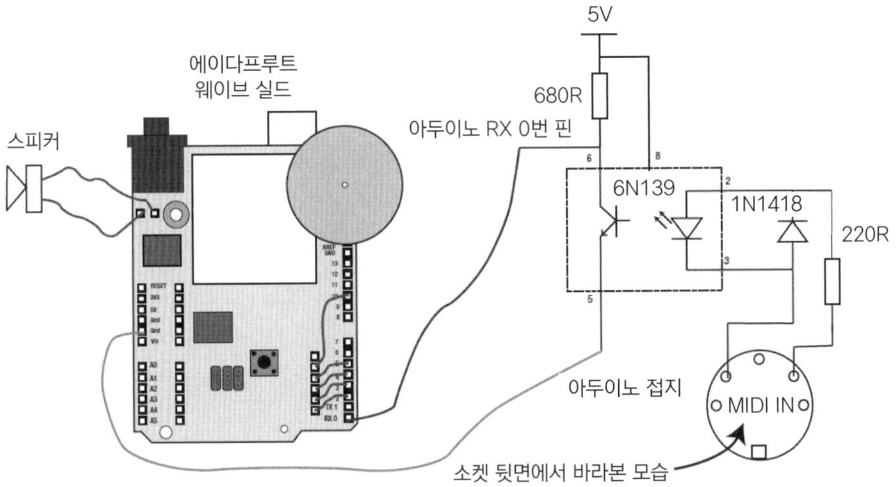

그림 14-5 MIDI 샘플 재생기의 회로 배선

그림 14-6 완성된 MIDI 샘플러

필자는 작은 스트립 보드에 입력 회로를 만들고 전면 패널 기구를 세운 후 입력 회로를

장착했다. 입력 회로는 미디 소켓의 장착 구멍에 부착되어 있어, 패널에 여분의 구멍이 필요하지 않았다. 후면 패널에는 아두이노의 USB 소켓, 전원 잭, 웨이브 실드의 오디오 출력, 음량 조절, SD 카드에 접근할 수 있도록 구멍을 만들었다. MIDI DIN뿐 아니라, 3인치 스피커도 구멍을 통해 부착했다. 전면 패널에는 사실상 라벨만 부착하였다. 완성된 프로젝트의 사진은 그림 14-6에서 볼 수 있다.

이 프로젝트를 위한 아두이노 코드는 예제 14-4와 같다.

예제 14-4 MIDI 샘플 재생기 코드

```
/*
MIDI to sample player by Mike Cook Nov 2015
This will take a byte from the serial port and play the sample corresponding to the MIDI
note on number
so for example if it receives a note on 34 it will play the sample file named 34.WAV
*/

#include <FatReader.h>
#include <SdReader.h>
#include "WaveUtil.h"
#include "WaveHC.h"

SdReader card; // This object holds the information for the card
FatVolume vol; // This holds the information for the partition on the card
FatReader root; // This holds the information for the filesystem on the card
FatReader f; // This holds the information for the file we're play
WaveHC wave; // This is the only wave (audio) object, since we will only play one at a time

// ************ Global variables ********************
byte incomingByte;
byte notePlaying; // MIDI note currently playing > 128 == note off
byte note;
byte velocity;
int noteDown = LOW;
char toPlay[11]; // string array for file to play 00.WAV to 99999.WAV
static int indexToWrite = 0; // For the recursive name generator
int state = 0; // state machine variable 0 = command waiting : 1 = note waiting : 2 = velocity
waiting
```

예제 14-4 MIDI 샘플 재생기 코드(계속)

```
int channel = 0; // MIDI channel to respond to (in this case channel 1) change
this to change the channel number

// MIDI channel = the value in 'channel' + 1
void sdErrorCheck(void)
{ // freeze if there is an error
  if (!card.errorCode()) return;
  while(1);
}

void setup() {
 Serial.begin(31250); // MIDI rate
 // Set the output pins for the DAC control.
 pinMode(2, OUTPUT);
 pinMode(3, OUTPUT);
 pinMode(4, OUTPUT);
 pinMode(5, OUTPUT);
 // if (!card.init(true)) { //play with 4 MHz spi if 8MHz isn't working for you
 if (!card.init()) { //play with 8 MHz spi (default faster!)
  sdErrorCheck();
 }
 card.partialBlockRead(true);
 // Now we will look for a FAT partition!
 uint8_t part;
 for (part = 0; part < 5; part++) { // we have up to 5 slots to look in
  if (vol.init(card, part))
  break; // we found one, lets bail
 }
 if (part == 5) { // if we ended up not finding one :(
  while(1); // then 'halt' - do nothing!
 }
 if (!root.openRoot(vol)) { // Try to open the root directory
  while(1); // Something went wrong,
 }
 playfile("init.WAV"); // play a start up sound
}

void loop() {
 if (Serial.available() > 0) { // read the incoming byte
  incomingByte = Serial.read();
  // add it to the MIDI message
  switch(state) {
```

예제 14-4 MIDI 샘플 재생기 코드(계속)

```
    case 0: // looking for a fresh command
      if (incomingByte == (144 | channel)) { // is it a note on for our channel
        noteDown = HIGH;
        state = 1; // move on to look the note to play in the next byte
      }
      if (incomingByte == (128 | channel)) { // is it a note off for our channel
        noteDown = LOW;
        state = 1; // move on to look the note to stop in the next byte
      }
    case 1:
      // get the note to play or stop
      if(incomingByte < 128) { // have we got a note number
        note = incomingByte;
        state = 2;
      }
      else { // no note number so message is screwed reset to look for a note on for
        next byte
        state = 0; // reset state machine as this should be a note number
      }
      break;
    case 2:
      // get the velocity
      if(incomingByte < 128) { // is it an off velocity
        playNote(note, incomingByte, noteDown); // fire off the sample
      }
      state = 0; // reset state machine to start
    }
  }
}

void playNote(byte note, byte velocity, int down) {
  // if velocity = 0 on a 'Note ON' command, treat it as a note off
  if ((down == HIGH) && (velocity == 0)) {
    down = LOW;
  }
  if(down == LOW && notePlaying == note) {
    wave.stop(); // stop it if it is the current note
    notePlaying = 255; // indicate no note is playing
  }
  if(down == HIGH) { // play a sample with the file name based on the note number
    makeName(note, 0); // generate file name in global array toPlay
    notePlaying = note; // save note number for future stop testing
```

예제 14-4 MIDI 샘플 재생기 코드(계속)

```
  playfile(toPlay); // play it
 }
}

void makeName(int number, int depth) {
 // generates a file name 0.WAV to 9999.WAV suppressing leading zeros
 if(number > 9) {
  makeName(number / 10, ++depth); // recursion
  depth--;
  number = number % 10; // only have to deal with the next significant digit of the number
 }
 toPlay[indexToWrite] = (number & 0xf) | 0x30;
 indexToWrite++;
 if(depth > 0) return; // return if we have more levels of recursion to go
 else { // finish off the string with the wave extension
  toPlay[indexToWrite] = '.';
  toPlay[1+indexToWrite] = 'W';
  toPlay[2+indexToWrite] = 'A';
  toPlay[3+indexToWrite] = 'V';
  toPlay[4+indexToWrite] = '\0'; // terminator
  indexToWrite = 0; // reset pointer for next time we enter
 }
}

void playfile(char *name) {
 // see if the wave object is currently doing something
 if(wave.isplaying) wave.stop(); // something is already playing, so stop it
 // look in the root directory and open the file
 f.open(root, name);
 if (!wave.create(f)) return; // Not a valid WAV
 wave.play(); // start playback
}
```

이 책의 초반부를 잘 읽었다면 MIDI 입력 코드는 익숙할 것이다. MIDI 입력을 받아 파싱하고 노트 온 메시지를 읽는 것이 주된 내용이며, 이 프로젝트에서는 모든 샘플이 같은 음량으로 연주되기 때문에 벨로시티나 음량 파라미터는 의미가 없다.

여기서 새로운 것은 makeName() 함수이다. 이것은 재귀recursion라는 기법을 사용하여 숫자를 이름으로 변환한다. 재귀는 함수가 자기 자신을 호출하는 방식인데, 잘못 작성하면 함수가 자신을 영원히 호출하며 벗어날 수 없게 되기 때문에 위험성이 있다. 어떠한 논리를 구현하기 위해 재귀를 반드시 사용해야 하는지 여부는 언제나 논쟁의 소지를 가지지만, 재귀를 잘 사용하면 재미있고 효율적이며 빠르다는 점은 사실이다. 기본적으로 재귀를 사용하면 코드는 0에서 9까지의 number에 대해서만 검사하면 된다. 숫자가 더 크면 10으로 나누고 makeName()을 다시 호출하게 된다. 숫자가 10 이하가 될 때까지 계속 재귀를 반복한 후, 10 이하가 되면 문자열에 추가한다. 마지막으로 .wav 확장자를 추가하고 숫자를 파일 이름으로 변환한다.

playfile() 함수는 재생 중인 파일을 중지하고 새 파일을 시작한다. 이 함수는 예제 프로젝트뿐 아니라 독자 여러분이 직접 제작하는 MIDI 사운드 생성기에 얼마든지 활용할 수 있을 것이다.

14.4 터치 센서와의 결합

웨이브 실드는 훌륭한 제품이지만, 웨이브 실드의 기능과 아두이노의 기능을 결합한 더 멋진 보드도 있다. 이 장에서 마지막으로 소개할 이 보드의 이름은 베어 컨덕티브 터치 보드Bare Conductive Touch Board로, 5장의 스푸노폰 프로젝트에서 사용한 전도성 잉크를 만드는 제조사에서 개발한 제품이다. 이 보드는 공식적으로 '아두이노 내장Arduino at Heart'을 선언하며 출시되어, 아두이노 코어 IDE 및 기타 라이브러리가 호환된다. 필자는 킥스타터 캠페인으로 이 보드를 구입하였는데, 펀딩 결과도 굉장히 성공적이었다.

이 보드는 아두이노 레오나르도처럼 32u4 칩을 기반으로 하는 아두이노이다(그림 14-7). 기본적으로 핀은 모두 아두이노와 호환 가능하지만, 커넥터는 딸려 있지 않다. 또한 12개의 터치 입력 센서가 마이크로 SD 카드리더, VS10538 칩과 함께 보드에 통합되어 있다. 이 VS10538칩은 MP3 파일을 재생할 수 있으며, 완전한 일반 MIDI 사운드 생성기 역할을 할 수 있다. 32u4 프로세서 칩이기 때문에 보드를 USB MIDI 장치처럼 활용하게 만들 수도 있다. 굉장히 재미있는 요소가 많은 보드로써, 이 보드에 대해 책 한 권을 쓰는 것도 가능할 정도이다.

이 보드는 굉장히 깔끔한 외관을 가지고 있으며, 스피커 및 전원을 연결하자마자 안내를 출력하도록 프로그래밍된 훌륭한 시스템이다. 터치 접촉부는 E0에서 E11로 표시된 보드 상단의 패드로, 각각을 차례로 터치하면서 보드에 대한 안내를 들을 수도 있다.

즉, 이 보드에 탑재된 터치 센서가 샘플 플레이어의 트리거가 될 수 있으므로, 샘플 플레이어 프로젝트를 굉장히 빠르게 만들 수 있다. 지금부터 그 예제를 설명하고자 한다.

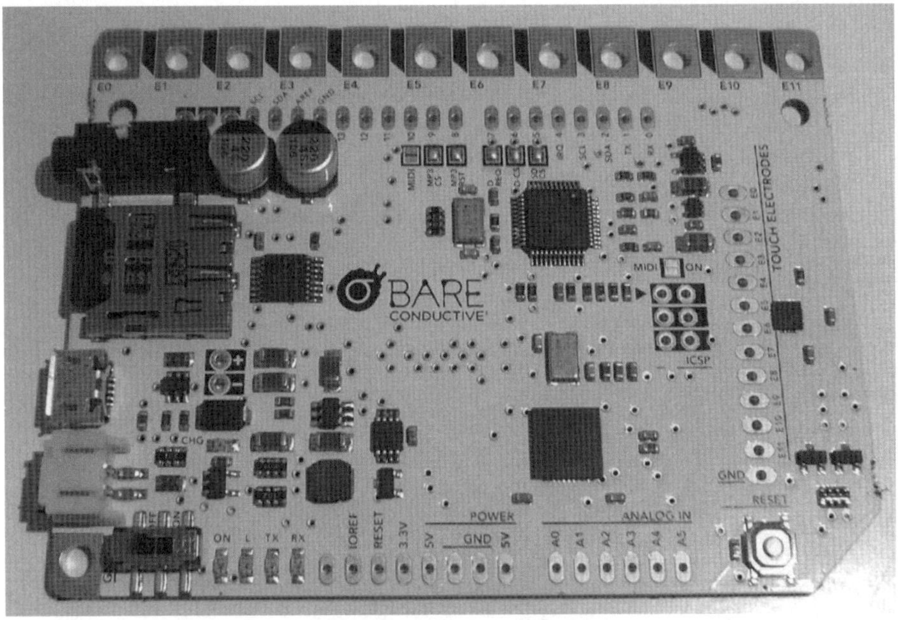

그림 14-7 베어 컨덕티브 터치 보드

우선, 약 14×6인치 크기의 카드보드지를 준비해서 손을 얹고 손가락의 윤곽을 그린다. 다음으로 각 손가락 끝부분에 금속제 패드를 부착하고 밑면의 각각에 전선을 납땜한다. 그런 다음, M3 규격의 너트, 볼트, 와셔로 판지 가장자리에 터치 보드를 장착하고 볼트 머리 아래에 전선을 감아 각 터치 센서에 각 전선을 연결했다. 필자는 전선을 고정하기 위해 핫 글루를 사용했다. 이 작업은 터치 센서의 보정을 위해 필요하다.

마지막으로, 필자는 SD 카드에서 몇 가지 MP3 샘플을 가져와 'Track000'에서 'Track009'로 이름을 지었다. 터치 샘플 플레이어가 완성된 후 처음 전원을 켰으면, 리셋 버튼을 눌러 터치 센서를 보정해야 한다. 전선을 조정해서 보정을 완료하고 나면 문제없이 사용할 수 있다. 완성된 프로젝트의 모습은 그림 14-8에서 볼 수 있다.

그림 14-8 터치 샘플 재생기

15 오디오 효과

지금까지 아두이노를 사용하여 샘플을 재생하는 방법을 살펴보았으니, 다음으로 아두이노를 사용하여 신호처리를 수행하는 방법을 살펴보자. 신호처리를 응용하면 아두이노가 사운드를 받아들이고, 이를 변조한 다음 변조된 사운드를 연속적으로 출력할 수 있다. 아두이노 우노는 읽기/쓰기 메모리가 부족하여 제약이 있지만, 몇 가지 칩을 추가하면 놀라운 오디오 효과를 만들 수 있다.

15.1 사운드 카드 만들기

사운드를 조작하는 방법을 탐색하기 전에, 먼저 아두이노의 메모리 저장 및 오디오 입출력 기능을 확장하기 위한 추가 부품을 살펴보자.

C언어로 변수 및 배열을 저장하는 데 사용할 수 있는 메모리는 추가할 수 없지만, 페이징paging을 위한 가상 메모리를 추가하는 것은 가능하다. 13장의 스푼두이노 프로젝트에서 이 가상 메모리를 사용하는 예제를 다룬 바 있다. 이때 코드에서 드러나는 차이점은 메모리 주소 할당을 명시적으로 처리해야 한다는 점이다. 예를 들어, C에서 변수를 선언하고 이름을 지정하면 컴파일러는 이 변수를 저장하기 위해 메모리 주소를 할당한 다음, 다른 변수가 동일한 주소를 사용하지 않도록 한다. 반면 가상 메모리를 사용하면 프로그램 코드가 이를 명시적으로 수행해야 한다. 예를 들어, 스푼두이노 프로젝트는 EEPROM 저장소를 여러 '슬롯'으로 분할하여 파형 테이블과 그 이름을 저장했다.

이 프로젝트의 경우 영구 메모리는 필요하지 않지만, 조작을 위한 샘플을 저장하기 위해 읽기/쓰기 메모리를 버퍼로 삼아 빠르게 접근한다. 또한 A/D 컨버터는 물론 입력, 출력 앰프를 추가해야 한다. 여러 효과를 전환할 수 있도록 하기 위해 보드에 16단계 스위치를 포함시켰다. 이것은 로터리 스위치로 4개의 핀에 연결된다. 보드의 블록 다이어그램은 그림 15-1에 나와 있다.

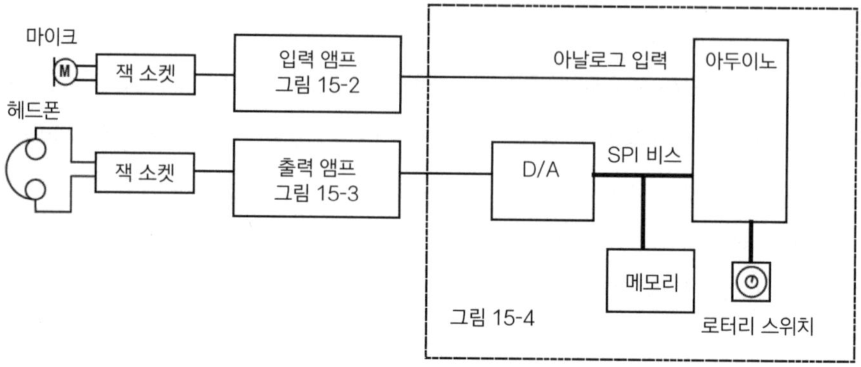

그림 15-1 사운드 카드의 블록 다이어그램

❙ 앰프

사운드 카드는 마이크를 내장한 헤드폰을 사용한다. 중고품 가게에서 가장 싼 타입의 헤드폰을 사용했는데, 이 헤드폰을 구동하고 아두이노의 내부 A/D 컨버터를 구동하는 데 필요한 5V까지의 마이크 신호를 증폭하는 앰프도 필요하다. 이 입력 앰프의 회로도는 그림 15-2에 나와 있다.

이 회로는 MCP602 연산 증폭기op-amp를 사용하는 2단 앰프이다. 패키지 내에 두 개의 앰프가 내장되어 5V 전원으로 작동 가능하며 레일 투 레일rail-to-rail에 가까운 앰프이다. 레일 투 레일이란 출력이 공급 레일에 근접할 수 있다는 의미로, 이 칩은 각 레일의 0.1V 이내의 선형 최댓값을 제공한다. 레일의 40mV 이내에 도달할 수 있지만 마지막 일부는 완전한 선형이 아니다. 물론 가격을 감안할 때 이는 매우 좋은 사양이다.

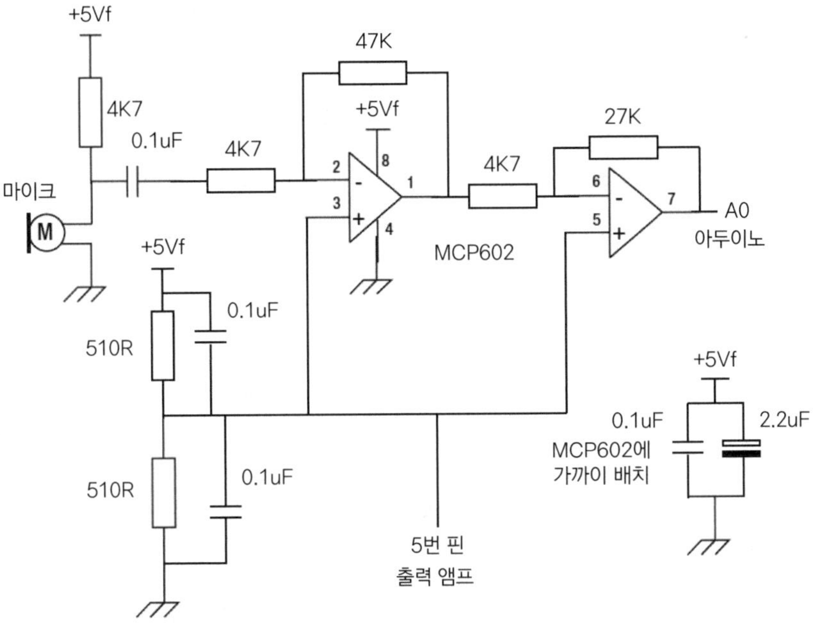

그림 15-2 입력 앰프

반전 증폭기의 게인은 두 저항의 비율일 뿐이므로, 첫 번째 스테이지의 게인은 10, 두 번째 스테이지의 게인은 5.7로 두 게인을 곱한 전체 게인은 57이 된다. 이것은 마이크에서 얻은 출력에 적합하다. 게인을 변경하려면 두 번째 앰프의 피드백 저항(27K)을 변경하자. 두 앰프의 양극 입력은 두 개의 510R 저항으로 생성되는 가상 신호 접지에 연결되며, 두 개의 510R 저항 간에는 디커플링 커패시터가 있다. 이 가상 접지는 출력 앰프에도 사용된다. 마이크는 0.1uF 커패시터를 통해 AC 커플링된다. 5V 전원은 아두이노에서 직접 가져오지 않지만, 먼저 필터링되므로 f 기호를 표기했다. 필터링 회로는 마지막 회로도에 나와 있다.

MCP602는 파워 앰프가 아니지만 헤드폰을 구동하기에 충분한 전류 출력을 가진다. 출력 쇼트 회로는 칩의 절대 전류 등급보다 낮은 22mA이므로, 헤드폰이 앰프를 과부하시키지 않는다. 출력 앰프 회로는 그림 15-3에서 볼 수 있다.

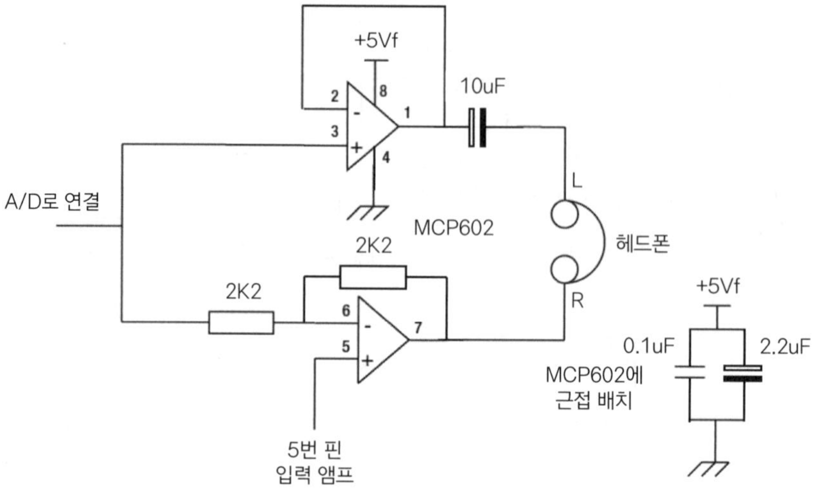

그림 15-3 출력 앰프

낯선 회로로 보일 수 있지만, 차동 신호로 헤드폰을 구동하는 일반적인 회로이다. 접지는 출력 잭 소켓에 연결되지 않고 좌우 신호에만 연결된다. A/D에서 온 신호는 1의 게인으로 반전/비 반전 증폭기로 전송된다. 이렇게 하면 최대 5V 전원으로 헤드폰에서 10V의 전체 스윙을 보장할 수 있다. 10uF 커패시터는 DC가 헤드폰에 유입되지 않도록 한다. 입력 및 출력 앰프는 모두 0.1uF 세라믹 커패시터를 칩 가까이에 있는 파워 레일에 설치해야 한다. 데이터시트에 따르면, 최상의 결과를 얻으려면0.1uF 디커플링 커패시터가 칩의 2mm 이내에 있어야 하며 100mm 이내에 2.2uF가 있어야 한다. 표면 실장형 세라믹 커패시터를 사용하면 보드 아래의 핀에 직접 납땜할 수 있다.

디지털 회로

사운드 카드 보드의 나머지 부분은 그림 15-4에 나와 있으며 메모리, A/D, 재구성 필터, 로터리 스위치, 전원 공급 장치 필터링을 포함한다.

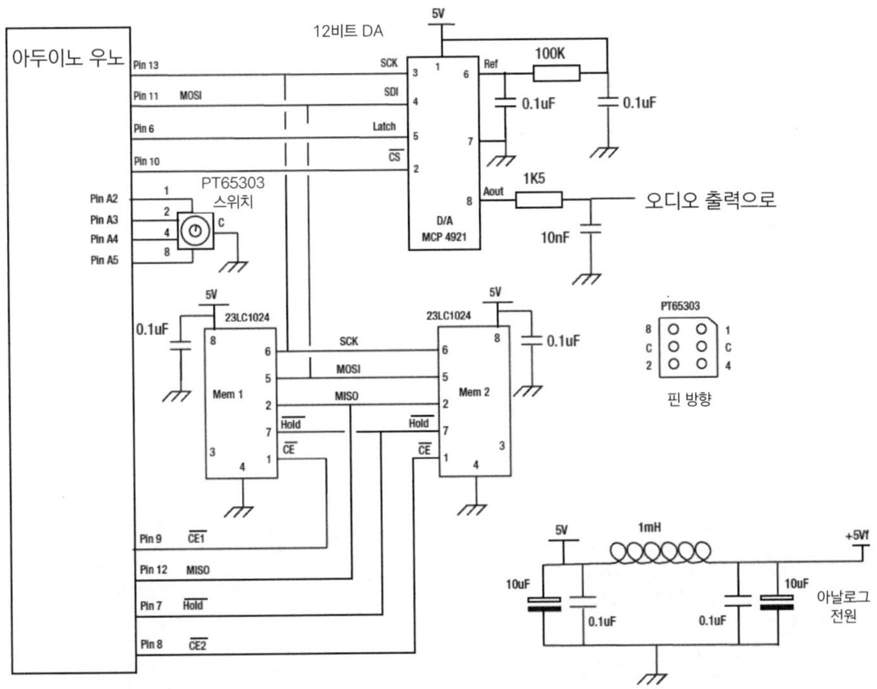

그림 15-4 디지털 회로 전체

파워 필터 회로는 아두이노 핀에서 5V를 취해 필터를 걸러 디지털 노이즈를 줄인다. 이는 파이 회로pi circuit라고 알려진 회로의 역할이다. 필터의 출력은 5Vf로 표시되며 앰프 회로에 공급된다. 인덕터의 값은 그리 중요하지 않으며, 필요한 전류의 양은 무시할 정도로 작아서 전류를 사용하지 않는 인덕터를 찾는 것이 이슈가 될 정도이다. 이러한 종류의 필터를 pi 필터라고 한다. 0.1uF 세라믹 커패시터는 고주파수를 처리하는 역할로, 사실 용량은 큰 영향을 주지 않으며 어떤 유형의 커패시터라도 상관없다.

23LC1024는 128k×8비트로 구성된 1M비트 메모리칩으로, 여기에 표시된 두 개는 총 256K의 메모리를 제공한다. 두 개의 칩을 모두 장착할 필요는 없으며 하나의 칩만 장착하여 대부분의 작업을 수행했다. 이 메모리는 SPI 버스에 연결되어 있으며 12비트 A/D 컨버터와 공유된다. 로터리 스위치는 16개 위치를 선택할 수 있는 4비트 로터리 스위치로 스

위치 위치를 이진수로 출력한다. 4개의 아날로그 입력에 연결되지만, 코드상에서는 일반 디지털 입력으로 사용된다.

▌제작 과정

본 예제에서는 스트립 보드에 실드를 연결하는 형태로 회로를 만들었다. 긴 양면 헤더 핀을 사용하여 디지털 연결용 핀을 8개 이상 구부려 커넥터의 해당 행에 0.05인치 간격으로 연결한다. IC를 사용할 때마다 항상 소켓을 사용하므로 두 번째 메모리칩을 장착하지 않아도 된다(그림 15-5).

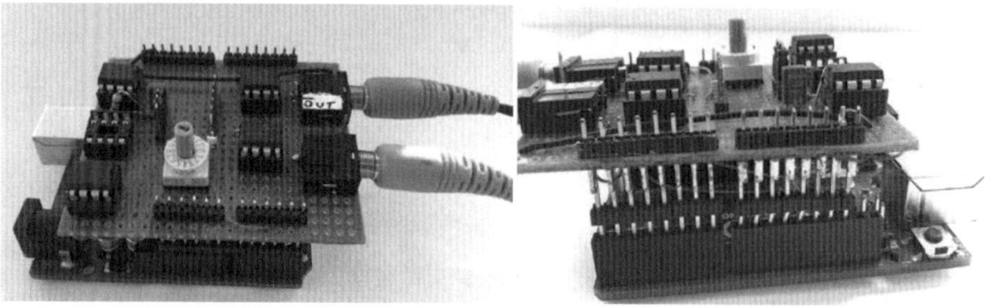

그림 15-5 물리적 기판의 형태

15.2 사운드 카드 사용

아두이노의 A/D 컨버터는 첫 번째 변환을 수행하기 위해 25클럭 사이클을, 이어지는 변환을 수행하기 위해 13클럭 사이클을 사용한다. 이것들은 A/D 컨버터에 공급되는 클럭 사이클이며 프리스케일러 분주 회로를 통해 시스템 클럭으로부터 유도된다. 일반적으로 분주비 128이 사용되며, 아두이노 시스템 클럭이 16MHz인 경우 A/D 클럭은 125kHz가 된다. 즉, 초당 125,000/13 = 9,615의 샘플 속도를 얻을 수 있다. 이 프리스케일러 분주비를 조정하면 훨씬 빠른 샘플링이 가능하다. 데이터시트상에서는 200KHz보다 빠른 속도로

A/D를 구동하는 것에 대해 경고하지만, 최대 1MHz까지 샘플링 속도를 올려도 A/D 분해능을 그리 감소시키지 않는다고 언급하고 있다. 즉, 분주비를 16으로 설정하고 초당 77k 샘플 미만의 속도로 샘플링해도 문제가 없을 것이다. 물론 이것은 A/D 컨버터를 읽을 수 있는 속도일 뿐이다. 이 판독값을 처리하는 속도는 다른 문제이므로, 실제로 초당 처리할 수 있는 샘플 수는 이보다 훨씬 적을 것이다.

기본적으로 사운드 카드는 작은 녹음/재생 시스템이다. 판독값은 아두이노의 내부 10비트 A/D 컨버터에서 가져와 12비트 D/A 출력으로 전송할 수 있다. 이는 실제 프로젝트에 쓰이는 방식은 아니지만 시스템에 대한 간단한 테스트 용도이다. 예제 15-1은 간단한 테스트 코드를 보여준다.

예제 15-1 간단한 입출력

```
// simple input / output - Mike Cook
#include <SPI.h>

#define CS1_BAR 9
#define CS2_BAR 8
#define CS_ADC_BAR 10
#define AD_LATCH 6
#define Hold_BAR 7

void setup() {
  // initialize control pins for SRAM
  pinMode(CS1_BAR, OUTPUT);
  digitalWrite(CS1_BAR, HIGH);
  pinMode(CS2_BAR, OUTPUT);
  digitalWrite(CS2_BAR, HIGH);
  pinMode(CS_ADC_BAR, OUTPUT);
  digitalWrite(CS_ADC_BAR, HIGH);
  pinMode(AD_LATCH, OUTPUT);
  digitalWrite(AD_LATCH, HIGH);
  pinMode(Hold_BAR, OUTPUT);
  digitalWrite(Hold_BAR, HIGH);
  SPI.begin();
  SPI.setDataMode(SPI_MODE3);
```

예제 15-1 간단한 입출력(계속)

```
  SPI.setClockDivider(SPI_CLOCK_DIV2); // 8MHz clock this is the maximum clock speed
  // set up fast ADC mode
  ADCSRA = (ADCSRA & 0xf8) | 0x04; // set 16 times division
  pinMode(2,OUTPUT); // for monitering sample rate
}

void loop() {
  static int sampleIn;
  sampleIn = analogRead(0); // replace with statement below
  //sampleIn = analogRead(0) << 2;
  ADwrite(sampleIn);
  PORTD ^= 0x4; // toggle pin each sample to check sample rate
}

void ADwrite(int data) {
  // digitalWrite(CS_ADC_BAR, LOW); - direct addressing below
  PORTB &= ~0x4;
  SPI.transfer(((data >> 8) & 0x0f) | 0x70);
  SPI.transfer(data & 0xff);
  //digitalWrite(CS_ADC_BAR, HIGH); - direct addressing below
  PORTB |= 0x4;
  //digitalWrite(AD_LATCH, LOW); - direct addressing below
  PORTD &= ~0x40;
  //digitalWrite(AD_LATCH, HIGH); - direct addressing below
  PORTD |= 0x40;
}
```

A/D와 메모리를 위한 SPI 핀을 초기화함으로써 코드가 시작된다(그럼에도 메모리는 쓰이지 않는다). setup() 함수는 SPI 버스를 시작하고 속도를 최대 8MHz로 설정한다. 내부 A/D는 16배의 분주비를 설정하여 속도를 향상시킨다.

loop() 함수는 단순히 A/D로부터 판독값을 취하여 D/A로 출력한다. 이 마지막 작업은 전달된 데이터를 2바이트로 분할하고 SPI 버스를 따라 A/D로 보내는 ADwrite() 함수가 수행한다. 칩 활성화 및 래칭 신호는 칩에 대한 직접적인 포트 접근에 의해 이루어지지만, 그와 동등한 쓰기 명령은 주석 처리되었다. 마지막으로 각 샘플을 처리할 때 2번 핀을 토글한다. 이것은 오실로스코프에서 이 핀을 보고 프로그램이 생성하는 샘플 속도를 확인하기 위한 것이다. 이 프로그램의 경우 44.6kHz의 매우 신뢰할 수 있는 샘플 속도로 클럭킹된다.

A/D와 D/A 컨버터 사이에는 약간의 불일치가 있다. 입력은 10비트, 출력은 12비트이기 때문에 D/A가 만들어낼 수 있는 신호 범위의 1/4만을 만들어낼 수 있다. 샘플을 읽는 코드를 주석 처리된 행으로 바꾸면 입력에 4를 곱하게 되어 이를 일치시킬 수 있다. 물론 이것은 또한 노이즈를 크게 하지만, 신호의 DC 레벨도 범위의 중간으로 이동시킨다. 이러한 팁을 알고 있으면 다음 프로젝트에서 도움이 될 것이다.

음성 변조기

이제 위의 예제를 기반으로 재미있는 변형을 가해보자. 바로 영화나 드라마에서 많이 볼 수 있는 음성 변조기를 만드는 것이다. 위 예제에 코드를 몇 줄만 추가하면 음성 변조기의 기반인 링 모듈레이터를 만들 수 있다.

링 모듈레이터는 단순히 두 개의 신호를 곱한다. 생성된 신호는 두 신호의 합과 차이다. '링 모듈레이터'라는 이름은 오디오 변압기를 사용하여 구성된 음성 변조 회로의 형태로부터 파생된 이름이다. 변조를 위해 사인파를 사용할 수도 있지만, 삼각파를 사용하는 방식이 더 쉬운 방식이다. 앞의 예제 함수에서 loop() 함수를 다음 예제 15-2의 코드로 바꾸자.

예제 15-2 음성 변조기

```
float mod = 0.5;
float increment = 0.0035;
int sampleIn, sampleOut;
int midPoint = 2048;

void loop() {
  // make triangle wave
  mod += increment;
  if(mod > 0.90 || mod < 0.02) {
    increment = -increment;
    mod += increment;
```

예제 15-2 음성 변조기(계속)

```
    }
    sampleIn = (analogRead(0) << 2) - midPoint;
    sampleOut = (float)sampleIn * mod;
    ADwrite(sampleOut + midPoint);
    PORTD ^= 0x4; // toggle pin each sample to check sample rate
}
```

부동 소수점 변수의 사용에 유의하자. 보통 부동 소수점 변수의 처리는 느리기 때문에 사용되지 않지만, 이 프로그램의 샘플링 속도는 16.5KHz로 빠른 편이 아니므로 큰 문제가 되지 않는다. 변수 mod는 0.9와 0.02 사이의 값을 왕복하며 삼각파를 형성한다. mod가 가지는 값의 범위는 if 문의 숫자를 고치는 것만으로 쉽게 변경할 수 있다. loop()를 한 번 이동하는 데 걸리는 시간과 mod의 값을 바꾸는 increment 변수의 크기가 변조의 주파수를 결정한다. 계산을 통해 도출할 수도 있지만, 필자의 경우 오실로스코프의 출력을 확인하면서 주파수가 30Hz에 가까워질 때까지 값을 조정했다.

입력 샘플은 시프트 연산을 통해 최대 12비트를 가지고, 중간값을 빼서 양수/음수 범위를 가지게 된다. 그러면 샘플 범위는 +/-2047이 되고 여기에 변조 변수를 곱하면 링 모듈레이션이 적용된 샘플을 얻을 수 있다. 마지막으로 출력하기 전에 중간값을 다시 샘플에 더하면 DC 레벨이 D/A 출력의 중간점으로 나타난다. 그림 15-6은 변조된 휘파람을 오실로스코프로 측정한 모습을 보여준다.

if문에서 범위값을 변경하여 변조 깊이를 변경할 수도 있다. 12장에서 했던 것처럼, 삼각파 대신에 룩업 테이블을 사용하여 사인파 등의 다른 파형을 실험해볼 수도 있다.

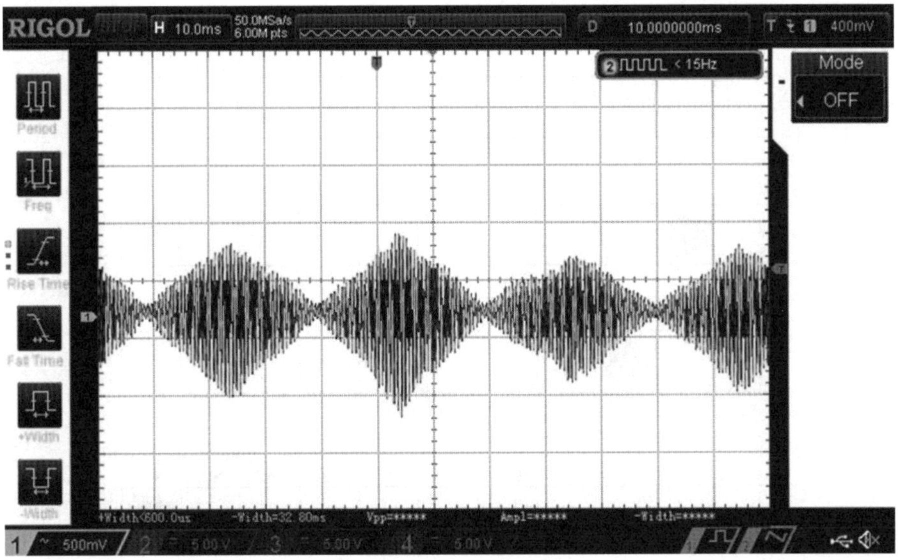

그림 15-6 변조된 휘파람

15.3 그 밖의 효과

추가 메모리를 이용하면 모든 종류의 효과를 생성할 수 있다. 대부분의 코드는 D/A, 메모리, setup() 등에 있어서 공통적인 요소를 공유한다. 이제부터 각 효과와 그 효과를 얻는 데 필요한 짧은 코드를 살펴보고, 이를 모두 조합한 예제를 뒤에서 선보일 것이다.

그러나 그 전에 한 가지 중요한 개념을 이해해야 하는데, 바로 FIFO 메모리라는 개념이다. FIFO는 선입 선출first in, first out을 의미한다. 즉, 샘플을 메모리 버퍼에 넣은 후 버퍼에서 처음 꺼낼 때는 처음 넣었던 샘플을 꺼내게 된다. 이론적으로, FIFO에 입력한 샘플은 출력에 도달할 때까지 위치를 이동하며, 새 샘플이 들어올 때마다 위치를 이동하고 FIFO의 출력부에 도착하여 추출될 때까지 기다린다. 하나의 샘플이 추출되면, 남아 있는 샘플들은 새롭게 비워진 공간을 채우기 위해 뒤로 위치를 이동한다. 그림 15-7에서 이 작동 원리를 볼 수 있다.

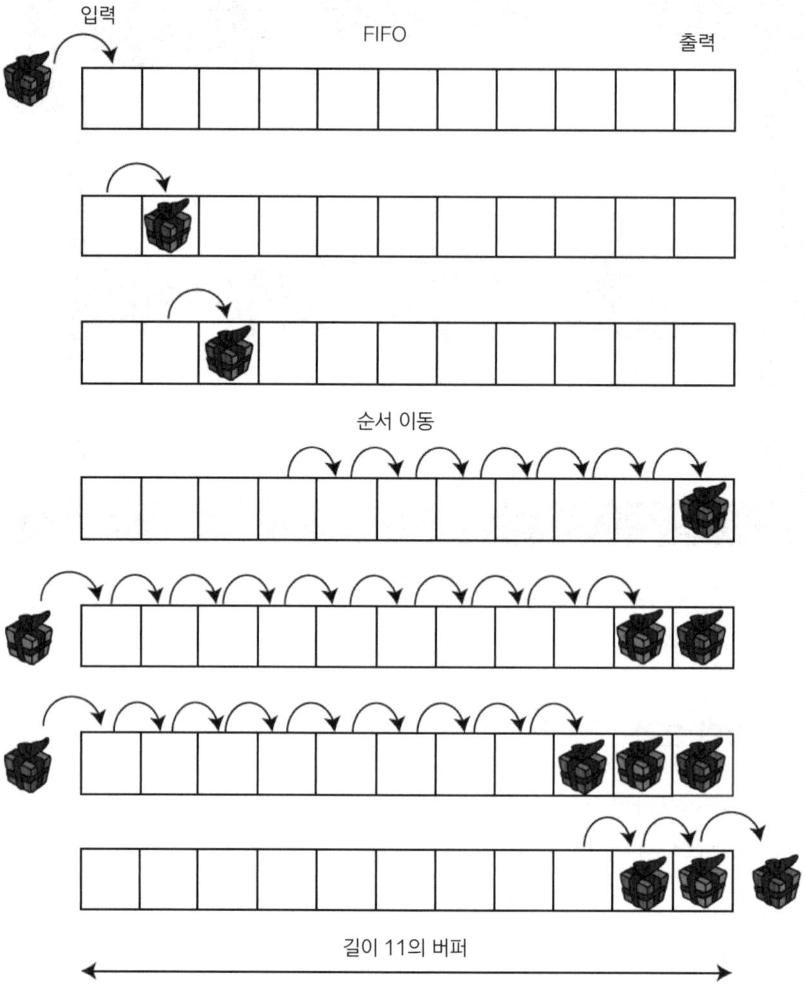

그림 15-7 FIFO

FIFO는 이번에 다룰 모든 효과의 기반이다. FIFO가 작동하는 방식은 개념적으로 간단하지만 실제로 구현하는 데는 많은 시간이 필요하다. 한 곳에서 다른 곳으로 움직이는 모든 메모리 콘텐츠는 많은 시간을 필요로 한다. 하지만 포인터를 이용하면 이를 보다 효율적으로 구현할 수 있다. 고정된 입력 및 출력 위치를 메모리에 두고 입력에서 출력으로 데이터를 옮기는 대신, 데이터는 그대로 있으며 입력 및 출력을 위한 포인터 위치를 이동하는 것이다(그림 15-8).

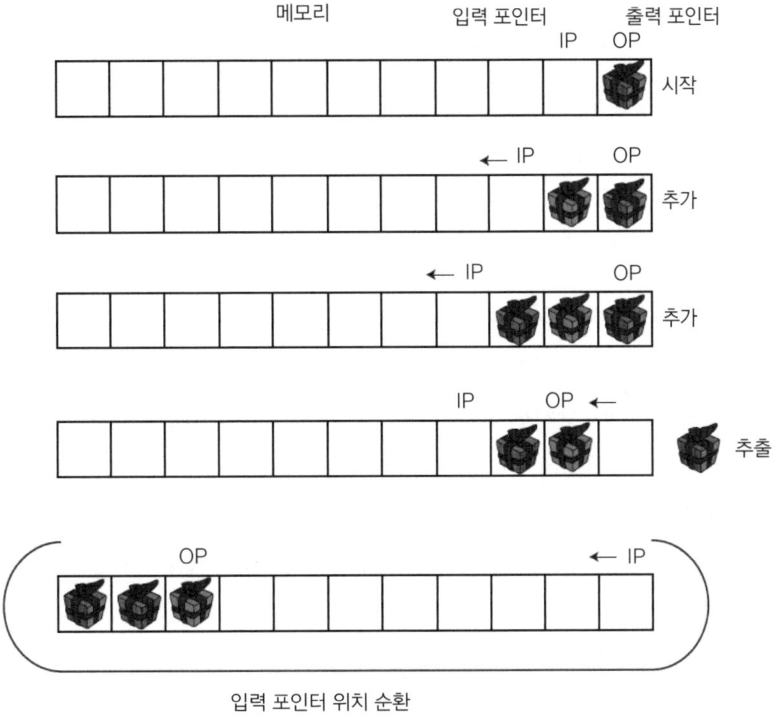

그림 15-8 FIFO의 구현

그림에서 보여주는 것은 출력을 취할 수 있는 메모리 위치를 정의하는 출력 포인터가 있는 메모리 버퍼이다. 입력 포인터는 다음 입력을 넣을 수 있는 메모리 위치이다. 새 샘플이 입력되면 입력 포인터가 한 위치 뒤로 이동한다. 이 작업은 버퍼에 새로운 샘플을 추가할 때마다 반복된다. 버퍼에서 샘플을 꺼낼 때는 출력 포인터의 위치에서 샘플을 가져오고, 출력 포인터를 한 위치 뒤로 이동시킨다. 결국에는 메모리 슬롯이 부족해지겠지만, 이때는 포인터가 메모리의 시작 부분으로 다시 이동한다. 버퍼는 메모리를 할당할 때 샘플을 저장할 수 있다. 이 기술은 원형 버퍼circular buffer라는 이름으로 알려져 있다.

원형 버퍼의 구현에는 몇 가지 방법이 있다. 위 그림에서는 입력 포인터가 다음 빈 공간을 가리키고 출력 포인터는 다음 출력을 가리킨다. 그런데 입력 포인터가 출력 포인터와 같은 위치에 있으면 버퍼가 비어 있게 된다. 또한 다음 빈 공간을 가리키도록 입력 포인터를 움직일 때 다음 빈 공간이 출력 버퍼와 같아지면, 버퍼는 가득 차고 일반적으로 입력 포인터를 이동하지 않는 한 샘플을 잃어버릴 수도 있다. 여기서 포인터를 움직이면 전체 버퍼가 손실된다. 버퍼가 오버플로하지 않는 한 모든 것은 정상적으로 작동한다.

▎딜레이

딜레이는 간단한 효과 중 하나로, 조금 식상하게 느껴질 수는 있지만 어떻게 사용하느냐에 따라 재미있는 효과를 낼 수도 또는 마음을 치료하는 효과를 낼 수도 있다. 사람의 목소리를 작은 딜레이로 피드백하면 화자는 대부분 말을 못 하는 상태가 된다. 화자의 두뇌는 피드백을 기다리는데 딜레이가 이 피드백을 방해하기 때문이다. 누군가에게 딜레이에 연결된 마이크에 대고 책을 읽게 하면, 99%는 첫 번째 문장을 정상적으로 말한 후에 바로 혀가 꼬이게 된다. 필자는 다양한 메이커 쇼에서 이것을 시도해왔으며 항상 큰 웃음을 불러 일으켰다.

물론 이 효과는 재미에만 국한되지 않는다. 말더듬기 증상이 있는 사람들을 훈련시킬 때, 피드백을 무시하고 말하는 훈련을 통해 증상을 완화시키는 데에 사용할 수 있다. 일부 사람들은 약간 지연된 피드백이 있을 때 말하기에 크게 지장을 느끼지 않는데, 이것은 휴대전화가 약간의 반향을 일으키는 데에 사람들이 익숙해졌기 때문이다. 앞에서 이야기한 딜레이 장치를 시험한 사람 중 콜센터 직원 출신이 있었는데, 그녀는 장치가 효과가 없다고 불평했지만, 실제로는 그녀가 오랜 콜센터 경험 덕택에 지연을 감지할 수 없었을 뿐이다. 이것이 선물인지 핸디캡인지는 모르겠다. 어쨌든 좋은 인지심리학적 주체가 될 것이라 생각한다.

딜레이를 어떻게 구현할지 이해하기 위해서는 그림 15-9에 표시된 버퍼 다이어그램을 보는 것이 가장 좋을 것이다.

이 그림에서는 입력 버퍼와 출력 버퍼가 함께 묶여 있으며, 버퍼에 샘플을 넣을 때마다 샘플을 꺼내게 된다. 샘플링 속도와 결합된 입력 포인터와 출력 포인터 사이의 거리는 딜레이를 초 단위로 나타냅니다. 여기서 입력 및 출력 포인터는 오른쪽에서 왼쪽으로 이동한다. 이 알고리즘을 구현하는 코드는 예제 15-3과 같다.

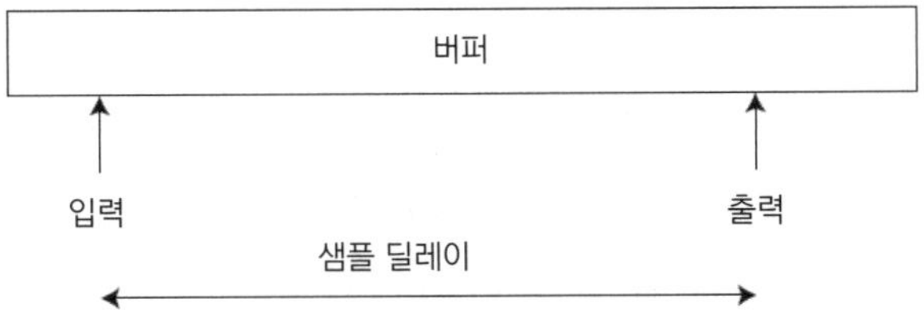

그림 15-9 딜레이 알고리즘

예제 15-3 간단한 딜레이

```
void basicDelay() { // loop time 48.2uS - sample rate 20.83 KHz
  static unsigned int bufferIn = bufferSize, bufferOut = bufferSize - bufferOffset, sample;
  while(1) {
     sample = analogRead(0);
     saveSample(bufferIn, sample);
     sample = fetchSample(bufferOut);
     ADwrite(sample);
     bufferIn++;
     if(bufferIn > bufferSize) bufferIn=0;
     bufferOut++;
     if(bufferOut > bufferSize) bufferOut=0;
  }
}
```

이 코드는 전체의 일부일 뿐이며, 실행을 위해서는 다른 함수가 필요하다. 딜레이 시간은 bufferOffset 변수에 의해 설정되며 입력 포인터와 출력 포인터 사이의 샘플 수이다.

A/D에서 샘플을 읽어 bufferIn 변수에 지정된 위치에 저장한 후, bufferOut 변수에 지정된 위치에서 샘플을 메모리에서 가져와서 A/D 컨버터로 보낸다. 마지막으로 두 포인터가 증가하고, 둘 중 하나가 전체 버퍼 크기를 초과하면 다시 0으로 돌아간다.

bufferOffset 변수는 외부에서 설정되며 서로 다른 지연 길이를 구현할 수 있으며, 그 최댓값은 메모리의 최대 크기와 같다.

에코

에코 효과는 단순한 지연 이상의 의미를 가진다. 에코는 현재 입력과 혼합된 지연이다. 일반적으로 에코는 딜레이가 작으며, 딜레이가 매우 작으면 반향음처럼 들린다. 그림 15-10은 3회의 반사음을 가지는 에코 알고리즘을 보여준다.

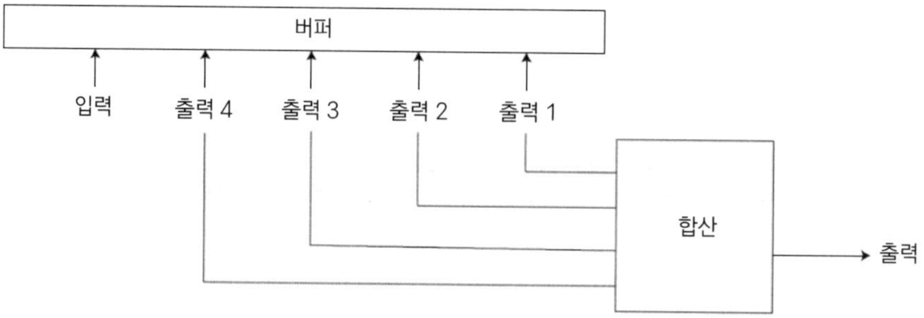

그림 15-10 에코

하나의 입력 포인터와 네 개의 출력 포인터를 볼 수 있는데, 이론상 원하는 만큼 많은 출력 포인터를 가질 수 있다. 모든 버퍼 포인터는 모두 묶여 있으므로 각 출력 포인터 사이에는 고정된 딜레이가 있다. 모든 포인터의 데이터는 함께 합쳐져 최종 출력을 만든다. 포인터 사이에 서로 다른 간격으로 얻을 수 있는 다양한 에코 효과가 있으며, 이는 실험으로 확인할 수 있다. 간격이 크면 단어나 어구가 반복되는 효과를 주며, 간격이 좁아지면 일반적인 에코에 가까워지고, 더 좁아지면 잔향이 된다. 사실 간격을 동일하게 해야 한다는 법도 없다. 이 예제에 해당하는 코드는 예제 15-4와 같다.

예제 15-4 에코의 구현

```
void echo4() { // loop time 95.2uS - sample rate 10.5KHz
  // set up the initial position of the buffer pointers
  static int sample;
  static long bufferIn = bufferSize, bufferOut1 = bufferSize - bufferOffset;
  static long bufferOut2 = bufferSize - bufferOffset2, bufferOut3 = bufferSize - bufferOffset3;
  static long bufferOut4 = bufferSize - bufferOffset4;

  while(1) {
    sample = analogRead(0);
    saveSample(bufferIn, sample);
    sample = fetchSample(bufferOut1);
    sample += fetchSample(bufferOut2);
    sample += fetchSample(bufferOut3);
    sample += fetchSample(bufferOut4);
    sample = sample >> 2; // so as to keep the gain down to 1 to avoid build up of noise
    ADwrite(sample); // output sample
    // adjust the buffer pointers
    bufferIn++;
    if(bufferIn > bufferSize) bufferIn = 0;
    bufferOut1++;
    if(bufferOut1 > bufferSize) bufferOut1 = 0;
    bufferOut2++;
    if(bufferOut2 > bufferSize) bufferOut2 = 0;
    bufferOut3++;
    if(bufferOut3 > bufferSize) bufferOut3 = 0;
    bufferOut4++;
    if(bufferOut4 > bufferSize) bufferOut4 = 0;
  }
}
```

버퍼 포인터는 주 프로그램에서 전역 변수로 정의된 버퍼의 크기, 오프셋에 따라 설정된다. 버퍼 포인터가 설정되면 다음으로 샘플을 읽고 버퍼에 저장한 후, 네 개의 출력 포인터 각각에 있는 샘플을 가져와서 합산한다. 그런 다음 전체 게인을 1 미만으로 유지하기 위해 합계를 4로 나눈다. 나눗셈을 수행하지 않으면 시스템 노이즈가 엄청난 하울링을 일으킬 수 있다. 마지막으로, 버퍼 포인터는 모두 증가되고 오버플로되는 경우에는 처음 위치로 돌아간다.

이 효과를 어디에 사용할 수 있을까? 이를테면, 열차 승강장의 방송을 흉내 낼 수도 있을 것이다. 활용은 독자의 몫이다.

▌음정 올리기

헬륨 가스를 마시면 목소리가 어떻게 될까? 음정이 엄청나게 올라간다. 이를 시뮬레이션하려면 실시간 피치 시프터가 필요하다. 피치 시프터를 구현하기 위해서는 버퍼의 입력, 출력 포인터를 이용하는 새로운 기술이 필요하다. 두 포인터를 고정하는 대신, 출력 포인터가 입력 포인터의 속도의 두 배로 이동하는 기법을 사용하면 출력 주파수가 증가하게 되는데, 버퍼가 오디오의 몇 사이클 정도로 매우 짧은 경우 출력 주파수가 두 배로 증가한다. 이 알고리즘을 그림 15-11에서 볼 수 있다.

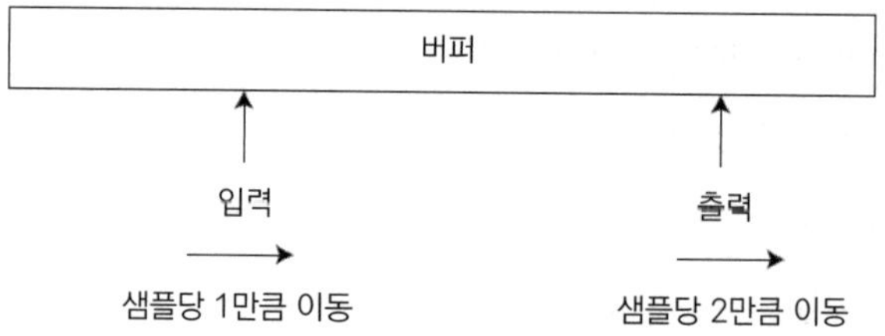

그림 15-11 피치 시프터 알고리즘

여기서 중요한 사항은 버퍼를 올바른 길이로 가져오는 것이다. 출력 버퍼가 입력 버퍼를 추월할 경우 약간의 노이즈가 생길 수 있는데, 아주 큰 문제가 될 정도는 아니다. 예제 15-5에서 구현 예시를 볼 수 있다.

예제 15-5 음정 올리기

```
void pitchUp() {
  static unsigned int bufferIn = 0, bufferOut = 0, sample;
  while(1) {
    sample = analogRead(0);
    saveSample(bufferIn, sample);
    sample = fetchSample(bufferOut);
    ADwrite(sample);
    bufferIn++;
    if(bufferIn > bufferOffset) bufferIn = 0;
    bufferOut +=2;
    if(bufferOut > bufferOffset) bufferOut = 0;
  }
}
```

위 예제는 딜레이 코드와 거의 동일하지만, 유일한 예외는 출력 버퍼 포인터가 두 배로 증가한다는 점이다.

음정 내리기

오르막이 있으면 내리막이 있는 법이다. 이제 음정을 내리는 효과를 구현해보자. 이번에는 출력 포인터를 입력 포인터의 속도의 두 배로 움직이는 것만큼 간단하지 않은데, 이번 경우에는 샘플에 공백이 생길 수 있기 때문이다. 따라서 각 샘플을 이중으로 저장하면서 입력 포인터를 두 배 속도로 이동시켜야 한다. 이 알고리즘은 그림 15-12에서 볼 수 있다.

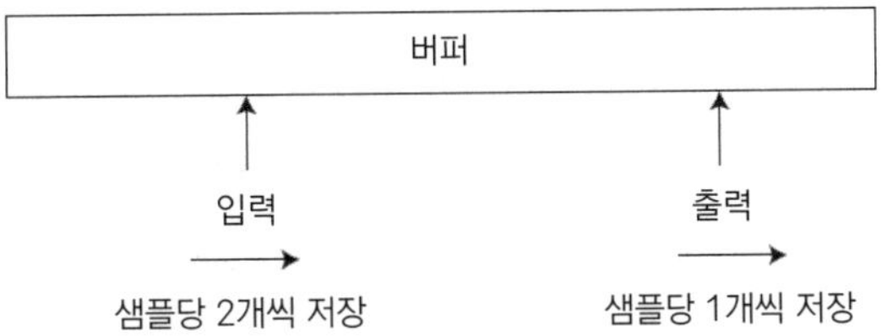

그림 15-12 음정 내리기

이번에도 버퍼는 매우 짧으며, 구현 예시는 예제 15-6과 같다.

예제 15-6 음정 내리기

```
void pitchDown() {
   static unsigned int bufferIn = 0, bufferOut = 0, sample;
   while(1) {
      sample = analogRead(0);
      saveSample(bufferIn, sample);
      bufferIn++;
      if(bufferIn > bufferOffset) bufferIn = 0;
      saveSample(bufferIn, sample);
      bufferIn++;
      if(bufferIn > bufferOffset) bufferIn = 0;
      sample = fetchSample(bufferOut);
      ADwrite(sample);
      bufferOut++;
      if(bufferOut > bufferOffset) bufferOut = 0;
   }
}
```

포인터가 증가할 때마다 오버플로가 일어나지는 않았는지, 그래서 시작점으로 초기화해야 하는지 여부를 늘 확인해야 한다.

역방향 재생

마지막으로, 사운드를 실시간으로 역방향으로 재행하는 효과를 살펴보자. 불가능한 효과라고 생각할 수도 있지만, 그 원리를 알면 의외로 간단하다. 긴 버퍼를 가지고 입력 포인터와 출력 포인터를 반대 방향으로 움직이면 된다. 이 방법을 통해 샘플의 역방향 재생, 다양한 딜레이를 함께 구현할 수 있다. 타이밍만 정확하다면 대부분의 샘플을 역방향으로 재생할 수 있다. 알고리즘은 그림 15-13에서, 구현 예시는 예제 15-7에서 볼 수 있다.

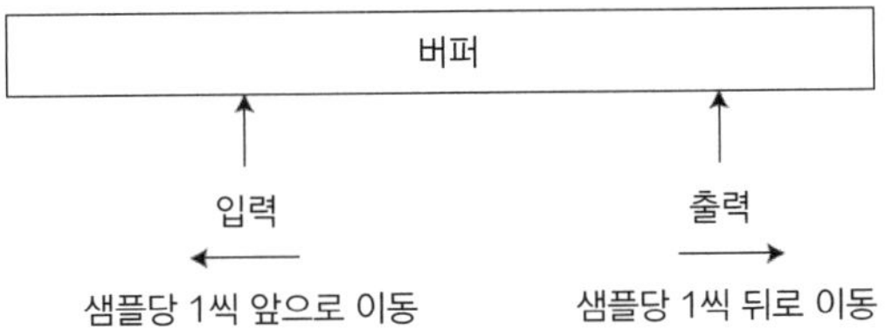

그림 15-13 역방향 재생

예제 15-7 역방향 재생

```
sd void reverse() {
   static long bufferIn = 0, bufferOut = 0, sample;
   while(1) {
      sample = analogRead(0);
      saveSample(bufferIn, sample);
      sample = fetchSample(bufferOut);
      ADwrite(sample);
      bufferIn++;
      if(bufferIn > bufferOffset) bufferIn = 0;
      bufferOut--;
      if(bufferOut < 0 ) bufferOut = bufferOffset;
   }
}
```

딜레이 코드와 거의 동일하지만, 이번에는 출력 버퍼 포인터가 감소하는 것을 볼 수 있다. 영어로 이야기한 것을 이 코드를 통해 역방향 재생하면 러시아어로 말하는 것처럼 소리가 나는 재미있는 현상도 있다.

15.4 완전체 조합

앞에서 말했듯이, 지금까지 다룬 효과에 대한 코드들을 전체 코드로 구현하려면 공통적인 함수와 함께 버퍼 길이를 설정하고 버퍼를 지우는 함수를 하나의 코드에 합쳐야 한다. 코더리 스위치를 계속 확인하지 않고도 효과를 선택하기 위해, 스위치를 읽은 후 효과 프로그램을 준비한 다음 효과 함수에 진입하는 방식으로 예제 코드를 작성했다. 무한 루프 형태로 구현했으므로, 효과를 변경하려면 스위치로 효과 번호를 선택한 후 아두이노의 리셋 버튼을 눌러야 한다. 필자는 이 프로젝트를 전시에 사용하기 위해 사운드 카드, 여분의 리셋 버튼을 가진 스위치 박스를 만들고 확장 케이블로 연결했다(그림 15-14).

그림 15-14 로터리 스위치를 기구와 조립한 모습

모든 효과를 담은 최종 코드는 예제 15-8과 같다.

예제 15-8 완전체 코드

```
/* Audio effects - Mike Cook
A 16 input switch decide the delay / effect
*/

/* the memory chip is 128K bytes - address from 0x0 to 0x1FFFF ( decimal 131071 )
and therefore 64K samples long
*/
#include <SPI.h>

#define CS1_BAR 9
#define CS2_BAR 8
```

예제 15-8 완전체 코드(계속)

```
#define CS_ADC_BAR 10
#define AD_LATCH 6
#define Hold_BAR 7

// All buffer sizes are in samples (2 bytes) not in bytes
// long int bufferSize = 30000; // absoloute size of circular buffer for 2 memory chips
long int bufferSize = 0xFFFF; // maximum address of circular buffer for 1 memory chip
long int bufferOffset = 5000; // distance between input and output points
long int bufferOffset2, bufferOffset3, bufferOffset4;
byte program = 0;

void setup()
{
  // initilise control pins for SRAM
  pinMode(CS1_BAR, OUTPUT);
  digitalWrite(CS1_BAR, HIGH);
  pinMode(CS2_BAR, OUTPUT);
  digitalWrite(CS2_BAR, HIGH);
  pinMode(CS_ADC_BAR, OUTPUT);
  digitalWrite(CS_ADC_BAR, HIGH);
  pinMode(AD_LATCH, OUTPUT);
  digitalWrite(AD_LATCH, HIGH);
  pinMode(Hold_BAR, OUTPUT);
  digitalWrite(Hold_BAR, HIGH);
  SPI.begin();
  SPI.setDataMode(SPI_MODE3);
  SPI.setClockDivider(SPI_CLOCK_DIV2); // 8MHz clock this is the maximum clock speed
  setChipMode(0x40, CS1_BAR); // sequential mode for chip 1
  // set up fast ADC mode
  ADCSRA = (ADCSRA & 0xf8) | 0x04; // set 16 times division
  // set input pull up pins for HEX mode switch
  for(int i = 16; i < 20; i++) {
    pinMode(i, INPUT_PULLUP);
  }
  // read in the HEX (or BCD) mode switch
  for(int i = 19; i > 15; i--) {
    program = program << 1; // move a space for the next bit
    program |= digitalRead(i) & 0x1; // add next bit
  }
  program ^= 0x0f; // invert it
  setUpMyBuffers(program); // initilise buffer pointers
  // blank memory for initial buffer to avoid noise in phones on power up
```

예제 15-8 완전체 코드(계속)

```
  if(program > 7) blankMemory(bufferOffset4); else blankMemory(bufferOffset);
}

void loop() {
  if(program < 5) basicDelay(); // all simple delays of differing length
  if(program == 5) pitchUp();
  if(program == 6) pitchDown();
  if(program == 7) reverse();
  if(program == 8) echo4(); // three echos and a repeat
  if(program == 9) echo4();
}

void echo4() { // loop time 95.2uS - sample rate 10.5KHz
  // set up the initial position of the buffer pointers
  static int sample;
  static long bufferIn = bufferSize, bufferOut1 = bufferSize - bufferOffset;
  static long bufferOut2 = bufferSize - bufferOffset2, bufferOut3 = bufferSize - bufferOffset3;
  static long bufferOut4 = bufferSize - bufferOffset4;

  while(1) {
    sample = analogRead(0);
    saveSample(bufferIn, sample);
    sample = fetchSample(bufferOut1);
    sample += fetchSample(bufferOut2);
    sample += fetchSample(bufferOut3);
    sample += fetchSample(bufferOut4);
    sample = sample >> 2; // so as to keep the gain down to 1 to avoid build up of noise
    ADwrite(sample); // output sample
    // adjust the buffer pointers
    bufferIn++;
    if(bufferIn > bufferSize) bufferIn = 0;
    bufferOut1++;
    if(bufferOut1 > bufferSize) bufferOut1 = 0;
    bufferOut2++;
    if(bufferOut2 > bufferSize) bufferOut2 = 0;
    bufferOut3++;
    if(bufferOut3 > bufferSize) bufferOut3 = 0;
    bufferOut4++;
    if(bufferOut4 > bufferSize) bufferOut4 = 0;
  }
}
```

예제 15-8 완전체 코드(계속)

```
void reverse() {
  static long bufferIn = 0, bufferOut = 0, sample;
  while(1) {
    sample = analogRead(0);
    saveSample(bufferIn, sample);
    sample = fetchSample(bufferOut);
    ADwrite(sample);
    bufferIn++;
    if(bufferIn > bufferOffset) bufferIn=0;
    bufferOut--;
    if(bufferOut < 0 ) bufferOut = bufferOffset;
  }
}

void pitchDown() {
  static unsigned int bufferIn = 0, bufferOut = 0, sample;
  while(1) {
    sample = analogRead(0);
    saveSample(bufferIn, sample);
    bufferIn++;
    if(bufferIn > bufferOffset) bufferIn = 0;
    saveSample(bufferIn, sample);
    bufferIn++;
    if(bufferIn > bufferOffset) bufferIn = 0;
    sample = fetchSample(bufferOut);
    ADwrite(sample);
    bufferOut++;
    if(bufferOut > bufferOffset) bufferOut = 0;
  }
}

void pitchUp() {
  static unsigned int bufferIn = 0, bufferOut = 0, sample;
  while(1) {
    sample = analogRead(0);
    saveSample(bufferIn, sample);
    sample = fetchSample(bufferOut);
    ADwrite(sample);
    bufferIn++;
    if(bufferIn > bufferOffset) bufferIn=0;
    bufferOut += 2;
    if(bufferOut > bufferOffset) bufferOut=0;
```

예제 15-8 완전체 코드(계속)

```
  }
}

void basicDelay() { // loop time 48.2uS - sample rate 20.83 KHz
  static unsigned int bufferIn = bufferSize, bufferOut = bufferSize - bufferOffset, sample;
  while(1) {
    sample = analogRead(0);
    saveSample(bufferIn, sample);
    sample = fetchSample(bufferOut);
    ADwrite(sample);
    bufferIn++;
    if(bufferIn > bufferSize) bufferIn = 0;
    bufferOut++;
    if(bufferOut > bufferSize) bufferOut = 0;
  }
}

void setUpMyBuffers(byte p) {
  bufferSize = 30000;
  switch(p) { // depending on program mode initilise the buffer pointers
    case 0 :
      bufferOffset = 1000; // samples between in and out 0.05 seconds
      break;
    case 1 :
      bufferOffset = 3000; // samples between in and out 0.15 seconds
      break;
    case 2 :
      bufferOffset = 5000; // samples between in and out 0.25 seconds
      break;
    case 3 :
      bufferOffset = 10000; // samples between in and out 0.5 seconds
      break;
    case 4 :
      bufferOffset = 20000; // samples between in and out 1 second
      break;
    case 5 :
      bufferOffset = 1000; // size of buffer for pitch up
      break;
    case 6 :
      bufferOffset = 1000; // size of buffer for pitch down
      break;
    case 7 :
```

예제 15-8 완전체 코드(계속)

```
        bufferOffset = 32000; // size of buffer for reverse
        break;
      case 8 :
        // bufferSize = 100000;
        bufferOffset = 3000; // distance of input pointer to first echo 0.3 seconds
        bufferOffset2 = 6000; // distance of input pointer to second echo 0.58 seconds
        bufferOffset3 = 9000; // distance of input pointer to third echo 0.86 seconds
        bufferOffset4 = 22000; // distance of input pointer to fourth echo 2 seconds
        break;
      case 9 :
        // bufferSize = 100000;
        bufferOffset = 12000; // distance of input pointer to first echo
        bufferOffset2 = 24000; // distance of input pointer to second echo
        bufferOffset3 = 36000; // distance of input pointer to third echo
        bufferOffset4 = 48000; // distance of input pointer to fourth echo 5.1 seconds
        break;
      default :
        bufferOffset = 1000;
  }
}

void setChipMode(int value, int where) {
  digitalWrite(where, LOW); // CE pin
  SPI.transfer(0xff); // reset any double or quad mode
  digitalWrite(where, HIGH); // CE pin
  delay(2);
  digitalWrite(where, LOW); // CE pin
  SPI.transfer(0x01); // write to mode register
  SPI.transfer(value); // the value passed into it
  digitalWrite(where, HIGH); // CE pin
}

int fetchSample(long address) { // given sample address
  int data;
  address = address << 1; // make it into byte address
  //digitalWrite(CS1_BAR, LOW); // CE pin - direct addressing below
  PORTB &= ~0x02;
  SPI.transfer(0x03); // read data from memory in sequence mode
  SPI.transfer((address>>16) & 0xff); // write 3 byte address most significant first
  SPI.transfer((address>>8) & 0xff);
  SPI.transfer(address & 0xff);
  data = SPI.transfer(0) << 8;
  data |= SPI.transfer(0);
```

예제 15-8 완전체 코드(계속)

```
  //digitalWrite(CS1_BAR, HIGH); // CE pin - direct addressing below
  PORTB |= 0x02;
  return data;
}

void blankMemory(long bufferLen) {
  int blank = analogRead(0); // take the current input level and fill memory with it
  for(long memPoint = bufferSize - bufferLen; memPoint <= bufferSize; memPoint++) {
    saveSample(memPoint,blank);
  }
}

int saveSample(long address, int data) { // given sample address
  address = address << 1; // make it into byte address
  //digitalWrite(CS1_BAR, LOW); // CE pin - direct addressing below
  PORTB &= ~0x02;
  SPI.transfer(0x02); // save data from memory in sequence mode
  SPI.transfer((address>>16) & 0xff); // write 3 byte address most significant first
  SPI.transfer((address>>8) & 0xff);
  SPI.transfer(address & 0xff);
  SPI.transfer(data >> 8);
  SPI.transfer(data & 0xff);
  //digitalWrite(CS1_BAR, HIGH); // CE pin - direct addressing below
  PORTB |= 0x02;
}

void ADwrite(int data) {
  // digitalWrite(CS_ADC_BAR, LOW); - direct addressing below
  PORTB &= ~0x4;
  SPI.transfer(((data >> 8) & 0x0f) | 0x70);
  SPI.transfer(data & 0xff);
  //digitalWrite(CS_ADC_BAR, HIGH); - direct addressing below
  PORTB |= 0x4;
  //digitalWrite(AD_LATCH, LOW); - direct addressing below
  PORTD &= ~0x40;
  //digitalWrite(AD_LATCH, HIGH); - direct addressing below
  PORTD |= 0x40;
}
```

중간 범위의 샘플로 메모리를 채우는 코드를 구동할 때는, 효과 사이를 전환하는 과정에서 큰 소음이 발생하지 않도록 하는 것이 중요하다.

메모리에 접근하는 함수는 위 예제에서 처음 접할 것이다. 메모리칩은 바이트, 페이지, 시퀀스의 세 가지 모드로 작동할 수 있다. 시퀀스 모드를 사용할 때는 연속적인 접근 후에 샘플의 첫 번째 바이트 주소를 보낸 다음 주소를 자동으로 읽거나 다음 주소로 쓰면 된다. 원하는 메모리 위치순서가 2바이트만이거나 하나의 샘플일지라도 하나의 주소를 보낼 필요가 있다. 바이트 모드에서는 각 바이트에 대한 주소를 보내야 하며, 페이지 모드는 주소가 지정된 하나의 페이지(32바이트)에 대한 접근을 제한한다. setChipMode() 함수는 시퀀스 모드에 대한 메모리의 모드 레지스터를 설정한다. fetchSample() 함수는 먼저 샘플러 주소에 2로 곱해서 메모리 주소로 변환한 다음 주소의 3바이트를 전송하여 샘플을 검색한다. 마지막으로 샘플의 두 바이트를 읽고 정수로 결합한다. saveSample() 함수는 정수 샘플 값을 2바이트로 분할하여 쓴다는 점을 제외하면 거의 동일하다.

blankMemory() 함수는 A/D 컨버터 입력에서 볼 수 있는 현재 값으로 메모리를 채워, 신호를 DC 레벨, 즉 회로의 무음 수준으로 만든다(물론 그 순간 외부 소음이 없다는 전제 하에서). 그러나 빈 버퍼가 재생되기 시작할 때 클릭이 발생할 수도 있다.

로터리 스위치를 읽은 후 setUpMyBuffers() 함수는 버퍼 포인터가 생성할 효과에 따라 버퍼 포인터를 초기화한다. 그리고 loop() 함수는 그 효과를 위한 함수만 호출한다. 따라서 작동 중에 효과를 변경하려면 로터리 스위치를 변경하고 리셋 버튼을 눌러야 한다. 새로운 효과는 1~2초 후에 일어날 것이다. 역방향 재생과 같은 일부 효과는 시간이 오래 걸리는데, 처음에 긴 버퍼를 비운 후 사운드가 들리기 전에 샘플로 채워야 하기 때문이다. 음정 올리기/내리기와 같이 짧은 버퍼를 가진 효과는 즉시 발동될 수 있다.

10개의 효과만 예제에 구현했으므로, 로터리 스위치가 허락하는 내에서 효과를 더 구현할 수도 있을 것이다. 이는 독자의 프로젝트로 남겨두겠다.

15.5 마치며

앞의 예제 프로젝트를 전시회에서 선보이면, 아두이노에 관해 아는 대부분의 사람들은 아두이노 우노만 가지고도 이런 효과를 구현할 수 있다는 사실에 놀라워한다. 물론, 설명했다시피 이는 모두 버퍼를 이용한 기법이다.

필자가 하고 싶은 작업 중 하나는 축구 경기를 시청할 때 라디오에 딜레이 효과를 주는 것이다. 보통 디지털 TV의 특성상 라디오 중계가 TV 영상보다 최대 5초 앞서는 경우가 많은데, 중계의 품질은 라디오가 훨씬 좋으므로 딜레이를 사용하면 TV와 라디오의 동기화가 가능할 것이다.

16 디지털 필터

아두이노를 사용하여 디지털 이펙트를 구현하는 방법을 살펴보았으니, 이제 특정 형태의 이펙트, 즉 디지털 필터라는 이펙트에 대해 알아보자. 필터filter는 그 값에 따라 각 주파수의 진폭을 변경하는 회로이다. 전통적으로 이러한 필터는 아날로그 전자 장치로 구현되었으며 커패시터, 레지스터, 인덕터 및 연산 증폭기로 구성되었다. 최근에는 아날로그 회로로 필터를 구현하는 스위치드 커패시터 필터switched capacitor filter라는 새로운 방법이 개발되기도 했다. 하지만 디지털 방식으로 필터를 개발하면 프로세서를 통해 저렴하면서도 유연하게 필터를 구현할 수 있다. CPU 리소스가 점점 더 저렴해지면서 이러한 디지털 필터도 함께 유용해지고 있다.

16.1 필터의 종류

필터에는 기본적으로 로우 패스 필터, 하이 패스 필터, 밴드 패스 필터, 노치 필터의 4가지 종류가 있으며, 기본적인 필터 외에 전역 통과 필터, 빗살형 필터와 같은 다른 필터도 있다. 이름에서 알 수 있듯 하이 패스 필터는 고주파 신호를 통과시키고 저주파 신호를 차단하는 반면, 로우 패스 필터는 고주파 신호를 차단하고 저주파 신호를 통과시킨다. 밴드 패스 필터는 두 주파수 사이의 범위의 신호를 통과시키고, 노치 필터는 그 반대로 작용한다.

물론 이는 상당히 단순화된 설명이며, 실제로는 전달 함수transfer function라고도 부르는 필터의 형태에 따라 복잡성이 존재한다. 전달 함수를 설계하는 많은 방법이 있으며 그중 대표적인 세 가지 필터가 버터워스Butterworth, 베셀Bessel, 엘립틱Elliptical 필터로 알려져 있다. 각각의 필터는 그림 16-1과 같이 고유한 특성을 가지고 있다.

이상적인 필터의 모양은 컷오프cutoff 또는 절점 주파수를 기준으로 한쪽은 완전하 통과시키고, 반대쪽은 완전하게 차단하는 직사각형 형태이다. 쉽게 말하면 '벽돌' 필터라고 할 수 있다. 하지만 이러한 필터는 실용적이지도 않고, 바람직하지도 않다. 실제 필터는 절점 주파수 전후로 진동이 발생하며 안정적인 응답을 가지지 못하기 때문이다.

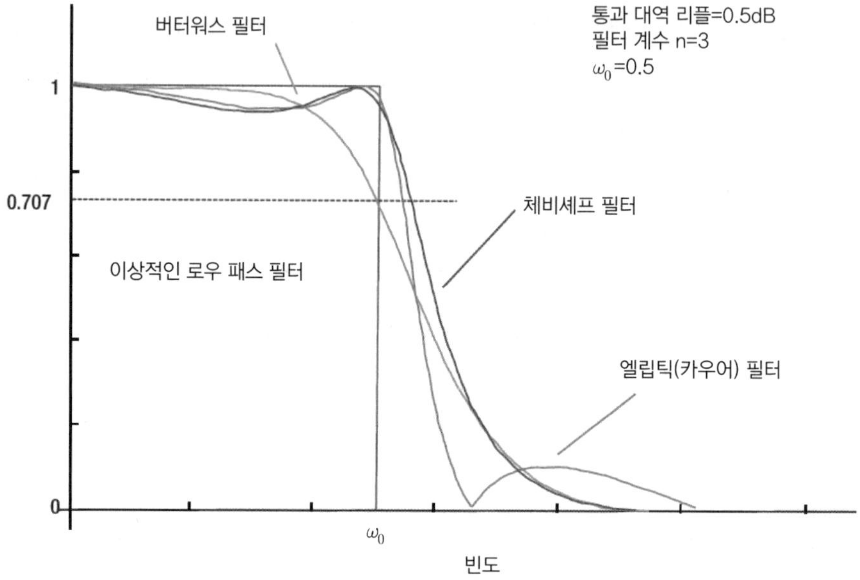

그림 16-1 표준 필터의 형태

버터워스 필터는 최적이라고 할 만큼 평평한 응답 특성을 가진다. 즉, 통과 대역 또는 차단 대역에 리플이 없으며, 컷오프 주변의 하강 속도가 다른 두 필터보다 느린 편이다. 체비셰프 필터는 컷오프 주변의 하강이 더 급격한 반면 통과 대역에 리플이 있고, 엘립틱 필터는 하강이 가장 급격하며 차단 대역에 널 포인트null point가 있다. 즉, 체비셰프와 엘립틱 필터를 사용하면 통과 대역에서 더 많은 파급 효과를 얻을 수 있으므로 더 빠른 폴오프가 가능하다.

필터의 다양한 매개 변수에 대해 자세히 설명하려면 책 한 권을 따로 할애해야 할 것이다. 복잡한 수학을 생략하기 위해, 이 장에서는 필터를 디지털 방식으로 구현하는 몇 가지 방법을 간단히 선보이고자 한다.

참고 복소수Complex number는 실수와 허수의 두 부분으로 구성된 수를 말한다. 허수는 -1의 제곱근에 특정 실수를 곱한 것으로, 이러한 수가 존재할 수 없기 때문에 허수imaginary number라는 명칭으로 부른다. 사실, 특정 복소수의 허수 부분은 실수 부분과 직교하는 성분을 표현하는 것이다. 파형을 표현할 때 실수는 진폭을 표현하며, 허수는 위상을 표현한다. 실수와 허수의 더하기, 빼기, 곱하기, 나누기에는 고유한 규칙이 있다.

로우 패스 필터

이동 평균 필터running average filter는 가장 단순하고 중요한 필터 중 하나이다. 이 필터는 데이터의 급격한 변화를 줄이고 기본 추세를 보여주기 위해 주로 쓰인다. 금융에서 주식 또는 재화의 가격은 종종 200일간의 이동 평균으로 산정하고 차트를 표시한다. 즉, 특정 시점의 가격이 지난 200일간의 평균임을 의미한다. 이러한 이동 평균 필터는 실질적으로 로우 패스 필터이다. 하루하루의 급격한 가격 변동을 제거하기 때문이다. 이러한 평균 가격은 지속적으로 변화하는 가격의 일일 종가 샘플로 간주될 수 있다. 오디오 샘플 역시 마찬가지의 원리를 가지고 있다.

이동 평균 필터는 마지막 n개의 샘플을 더하고 n으로 나눠서 쉽게 구현할 수 있으므로 특별한 기술이 필요 없다. 하지만 이 연산이 다른 필터에 어떻게 적용될 수 있는지 살펴보는 것은 굉장히 유익할 것이다.

이 장의 예제는 아두이노 IDE 버전 1.6.6 이후에 도입된, 도구Tools 메뉴의 시리얼 플롯serial plotting 창을 사용한다. 이 시리얼 플롯을 통해 그래픽적으로 값을 표시할 수 있다. 하나의 창에서 스크롤 없이 500개의 값을 볼 수 있으며, y축의 크기를 자동으로 조절하는 기능도 있다. 이것을 사용하여 버퍼의 내용을 볼 수 있으므로, 입력 및 출력 파형을 확인하는 것이 가능하다.

코드 16-1의 프로그램은 아두이노 우노에서 구현할 수 있는 이동 평균 필터의 소스 코드이다.

예제 16-1 이동 평균 필터

```
// running average filter - Mike Cook
// using byte buffers
// Open up the plot window
const int bufferSize = 250;
byte inBuffer[bufferSize], outBuffer[bufferSize];

void setup() {
  Serial.begin(250000);
  displayWave(); // clear display
  makeWave(2);
  delay(600);
  runningAvfilter(20);
  displayWave();
}

void loop() {
}

void makeWave(int wave) {
  switch(wave) {
    case 0: makeTriangle();
      break;
    case 1: makeSin();
      break;
    case 2: makeSquare();
      break;
    case 3: makeNoise();
  }
}

void makeTriangle() {
  // (increment / bufferSize) determines the number of cycles
  int increment = 8, wave = 0;
  // make a triangle wave
  for(int i = 0; i < bufferSize; i++) {
    wave += increment;
    if(wave > (255 - increment) || wave < 0) {
      increment = -increment;
      wave += increment;
    }
    inBuffer[i] = (byte)wave;
  }
```

예제 16-1 이동 평균 필터(계속)

```
}

void makeSin() {
  // increment controls the frequency
  int count = 0, increment= 10;
  for(int i = 0; i < bufferSize; i++) {
    count += increment;
    if(count > 360) count -= 360;
    inBuffer[i] = (byte)(127+ (127.0 * sin((float)count / 57.2957795)));
  }
}

void makeSquare() {
  int period = 30, count = 0;
  boolean change = true;
  for(int i = 0; i < bufferSize; i++) {
    count++;
    if(count >= period) {
      count = 0;
      change = !change;
    }
    if(change) {
      inBuffer[i] = 255;
    }
    else {
      inBuffer[i] = 0;
    }
  }
}

void makeNoise() {
  randomSeed(analogRead(4));
  for(int i = 0; i < bufferSize; i++) {
    inBuffer[i] = (byte)random(255);
  }
}

void runningAvfilter(int n) {
  int acc;
  for(int i = 0; i < (bufferSize - n); i++) {
    acc = 0;
    for(int j = 0; j < n; j++) {
      acc += inBuffer[i + j];
```

예제 16-1 이동 평균 필터(계속)

```
      }
      outBuffer[i]= acc / n; // save average
   }
}

void displayWave() {
   for(int i = 0; i < bufferSize; i++) {
      Serial.println(inBuffer[i]);
   }
   for(int i = 0; i < bufferSize; i++) {
      Serial.println(outBuffer[i]);
   }
}
```

이 프로그램은 계산된 샘플을 입력 버퍼에 채우면서 다양한 파형을 생성할 수 있다. 입력 버퍼에 필터를 적용한 결과는 출력 버퍼에 저장된다. 마지막으로, 입력 및 출력 버퍼가 서로 옆에 배치되어 입력 파형이 왼쪽에 표시되고 출력 파형은 오른쪽에 표시된다. 모든드는 setup() 함수에 있으므로 한 번만 실행된다.

입력 파형은 makeWave() 함수에 전달된 숫자로 결정되며, 삼각파, 사인파, 사각파 및 무작위 잡음 파형이 될 수 있다. runningAvfilter() 함수는 실제 필터링을 수행하며, 평균을 취하는 데에 사용하는 샘플의 개수가 인수로 전달된다. 마지막으로 두 버퍼를 플롯한다. 함수를 호출할 때 전달하는 인수를 변경하면 파형의 종류 및 평균을 취할 샘플 수를 간단하게 변경할 수 있다. 또한 각 파형의 시작 부분에서 숫자를 변경하면 입력 파형의 주파수도 변경할 수 있다.

위 코드를 실험한 결과(그림 16-2~16-5)는 꽤 재미있다.

입력이 삼각파인 경우, 출력은 사인파에 아주 가깝다. 이는 삼각파를 구성하는 고조파가 제거되어 기본파 성분만 남기 때문이다.

그림 16-3의 경우 파형의 변화는 거의 없지만 진폭이 줄어드는 모습을 가지고 있다. 이는 로우 패스 필터가 작동한 결과이다. 평균을 취할 샘플 수를 변경하면 진폭이 감소하는

정도도 변화한다. 파형의 입력 샘플보다 더 많은 수의 샘플을 평균하면 진폭이 감소하며, 그렇지 않으면 감소하지 않게 된다.

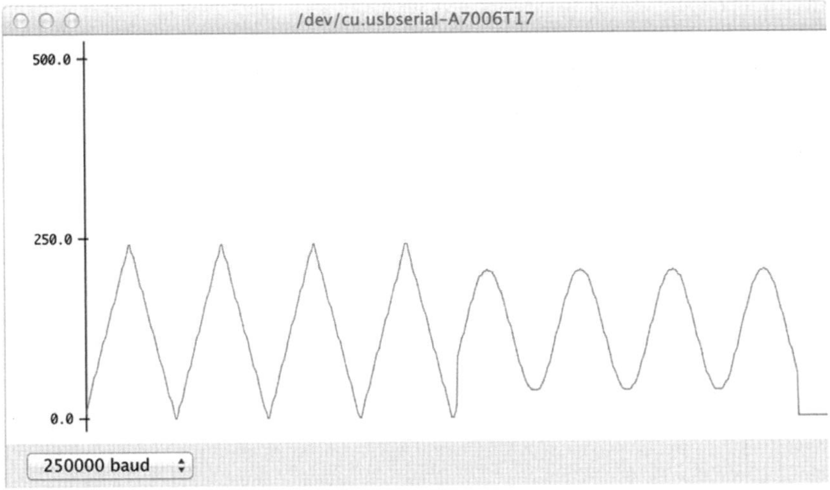

그림 16-2 삼각파

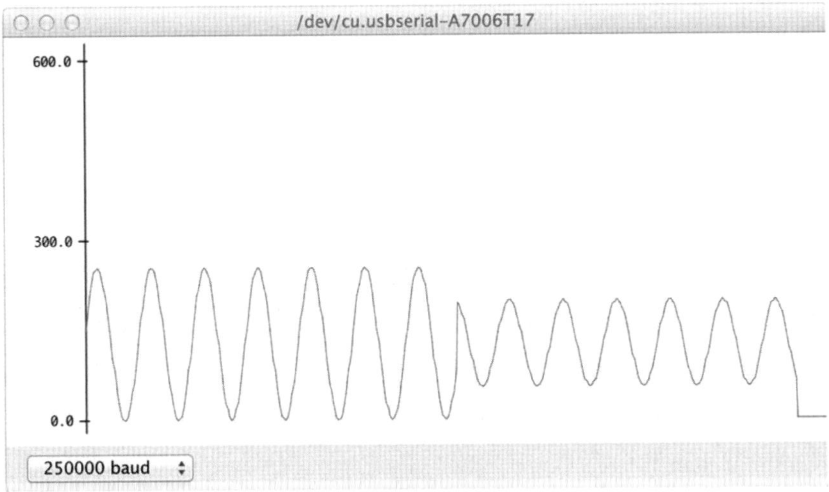

그림 16-3 사인파

사각파의 데이터에서는 실제로 평균을 취하는 과정이 명확히 드러난다. 사각파가 낮은 지점에서 높은 지점으로 급격하게 전환되는 지점에서는 이동 평균 필터로 인해 그 전환의 효과가 나타나는 데 시간이 걸리게 된다. 따라서 최댓값에 도달할 때까지 진폭이 상승한 다음, 반대 방향으로의 전이가 발생할 때까지 필터링된 값은 해당 값에서 정지하게 된다. 즉, 상단이 잘린 모양의 삼각파 모양이 되는 것이다. 평균을 낸 샘플의 수를 변경하면 이 램프의 기울기가 변화하게 된다. 평균을 취하는 샘플 수가 적을수록 경사가 가파르게 되고 잘린 면이 커진다.

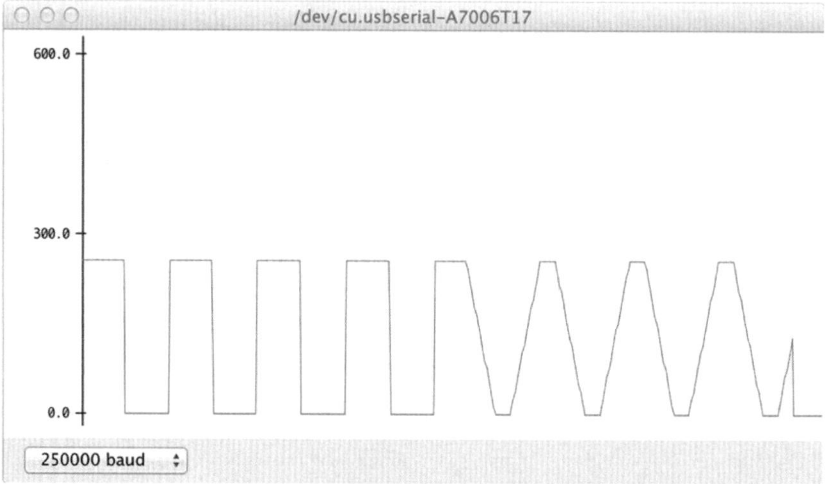

그림 16-4 사각파

그림 16-5의 입력 파형은 화이트 노이즈white noise라고 부르는 난수의 집합이다. 이를 평균화하면 여전히 노이즈가 출력되지만, 주파수와 진폭의 범위가 훨씬 좁아진다. 이러한 출력 파형과 같은 종류를 '브라운 노이즈brown noise'라고 부르는데, 이러한 명칭이 붙은 이유는 '백색' 스펙트럼이 스펙트럼의 빨간색 끝 쪽으로 이동했기 때문이다.

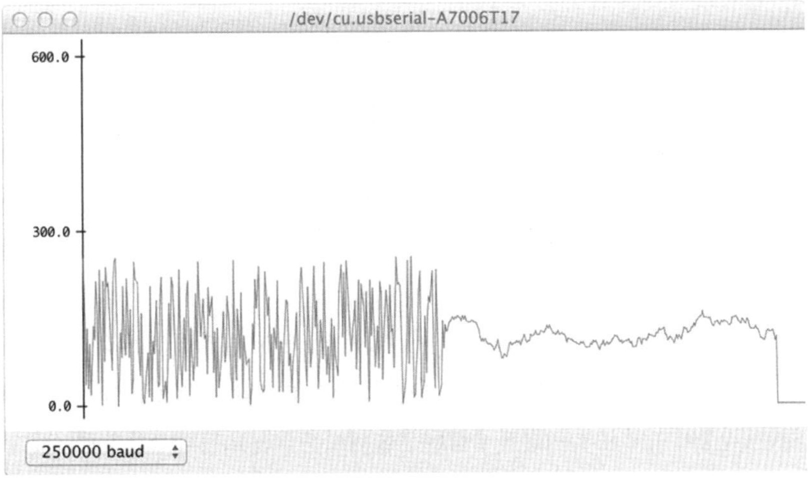

그림 16-5 노이즈

참고 갈색 잡음과 브라우니안Brownian 노이즈를 혼동하지 말자. 브라우니안 노이즈는 작은 범위의 난수를 누산기에 더함으로써 생성된다.

이 프로그램에 사용된 모든 버퍼는 바이트 자료형을 사용한 버퍼이다. 즉, 각 샘플의 동적 범위는 0~255에 한정된다.

1. 필터 표현하기

필터는 하드웨어 회로도처럼 다이어그램으로 표현할 수 있다. 필터에 사용되는 표준 기호와 표기법이 있으며, 특히 디지털 필터링에 대한 도식은 모두 표준 기호와 표기법으로 이루어져 있다. 기본 함수는 딜레이 함수로, 시간을 의미하는 T를 포함하는 직사각형으로 표현된다. 일반적으로 이 딜레이는 하나의 샘플로 이루어진다. 딜레이를 체인으로 배열하면, 제15장에서 사용된 버퍼 다이어그램과 유사하게 시간이 진행됨에 따라 샘플이 다음 딜레이로 전달된다. '+' 기호를 담은 원은 가산기이며, 안에 숫자를 담은 원은 곱셈기이다. 바로 앞에서 취해진 샘플의 인덱스는 n이고, 그 바로 앞에 있는 샘플의 인덱스는 (n-1)이 된다. 입력 샘플을 X, 출력 샘플은 Y로 표기된다. 그림 16-6은 평균 필터의 블록 다이어그램이다.

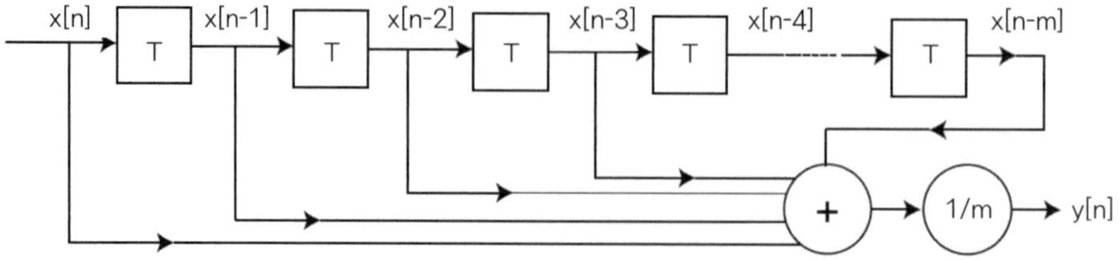

그림 16-6 이동 평균 필터의 블록 다이어그램

각 샘플이 체인 아래의 경로로도 전달되는 것을 볼 수 있다. 이는 평균을 취하고자 하는 샘플의 수만큼 길며, 위의 예시의 경우 그 수는 M이다. 전체를 합하여 1/m을 곱하는(m으로 나누는) 과정이 이어진다. 이렇게 출력된 샘플 y[n]은 최근 m개의 샘플의 평균값이 된다.

산술 연산의 수를 최소화하기 위한 트릭도 있다. 바로, 모든 샘플을 연속적으로 유지하는 방법이다. 버퍼에서 가장 오래 된 샘플을 빼고, 1/m을 곱하기 전에 가장 최신의 샘플을 더하기만 하면 된다. 즉, 아무리 많은 샘플을 평균하더라도 단 2회의 덧셈과(프로세서 관점에서 뺄셈 연산은 덧셈 연산과 동일하다) 1회의 곱셈만 수행하면 된다. 일반적으로, 나눗셈보다 곱셈을 수행하는 것이 더 효율적이다.

노치 필터

이동 평균 필터는 잡음을 제거하는 기능뿐 아니라, 데이터를 필터링하는 기능도 수행할 수 있다. 특정 주파수의 간섭이 있는 경우(예: AC 전원 공급 장치의 주파수 간섭) 특정 주파수 대역 성분을 제거하고 다른 주파수 성분은 그대로 둘 수 있다. 이러한 기능을 위해서는 재귀 필터가 필요하다. 지금까지 살펴본 필터는 재귀적이지 않은 비재귀 필터였다. 즉, 이전의 입력값을 함수에 통과시킨 결과로 출력이 결정되었다. 재귀 필터에서는 출력이 이전의 입력값뿐 아니라 이전의 함수 출력값에 의해 결정된다. 즉 재귀 필터는 피드백 시스템이기 때문에 불안정할 가능성을 내포한다. 신호를 너무 많이 피드백하면 하울링이 발생할 수도 있고, 공진이 일어날 수도 있다. 의외로, 이 효과를 '피드백'이라는 이펙트로 부르며 즐겨 사용하는 기타리스트도 많이 있다. 그림 16-7은 노치 필터의 블록 다이어그램이다.

그림 16-7에 표시된 두 개의 딜레이 체인 중 하나는 이전의 입력을 처리하고, 다른 하나는 이전의 출력을 처리한다. 샘플 중 세 개가 부호 있는 상수와 곱해지는 방식에 주목하자. 음수 값은 합산될 값을 작게 만들고, 양수 값은 합산될 값을 더 크게 만든다.

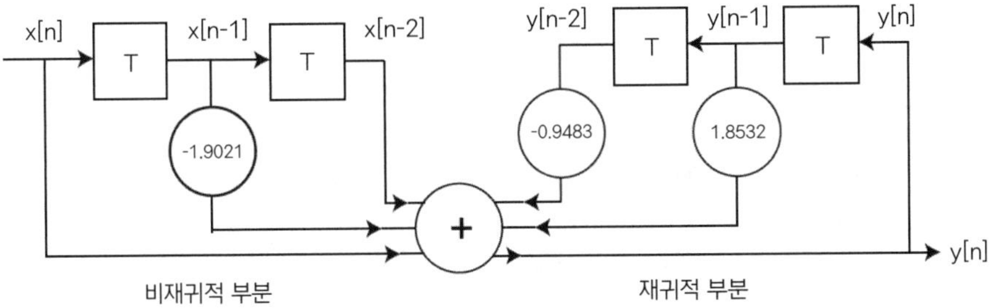

그림 16-7 노치 필터의 블록 다이어그램

참고 대부분의 재귀 필터는 재귀적이지 않은 방식으로도 구현할 수 있다. 그러나 재귀 필터 대신 재귀적이지 않은 방식으로 필터를 설계하면 대개 20~50배의 샘플이 필요하다.

이것이 어떻게 구현되는지 살펴보려면, 다양한 입력 파형에 쓰이는 예제 16-2의 노치 필터를 확인해보자.

예제 16-2 노치 필터

```
// Notch filter - Mike Cook
// using int buffers
// Open up the plot window

const int bufferSize = 250;
int inBuffer[bufferSize];
int outBuffer[bufferSize];

void setup() {
  Serial.begin(250000);
  displayWave(); // clean display
```

예제 16-2 노치 필터(계속)

```
    makeWave(0); // create input buffer wave
    notchFilter(); // do the filtering
    displayWave(); // to the plot window
}

void loop() {
}

void makeWave(int wave) {
    // clear buffers
    for(int i = 0; i < bufferSize; i++) {
        outBuffer[i] = 0;
    }
    for(int i = 0; i < bufferSize; i++) {
        inBuffer[i] = 0;
    }
    switch(wave) {
        case 0:
            makeTriangle();
            makeSin();
            break;
        case 1:
            makeSquare();
        case 2:
            inBuffer[0] = 120; // inpulse
    }
}

void makeSin() {
    // increment controls the frequency
    int count = 0;
    int increment= 18;
    for(int i = 0; i < bufferSize; i++) {
        count += increment;
        if (count > 360) count -= 360;
        inBuffer[i] += (int)(64.0 * sin((float)count / 57.2957795));
    }
}

void makeTriangle() {
    // increment/bufferSize determines the number of cycles
    int increment = 6, wave = 100;
    // make a triangle wave
```

예제 16-2 노치 필터(계속)

```
  for(int i = 0; i < bufferSize; i++) {
    wave += increment;
    if(wave > (120) || wave < -120) {
      increment = -increment;
      wave += increment;
    }
    inBuffer[i] = wave;
  }
}

void makeSquare() {
  int count = 0, limit = 10;
  boolean wave = true;
  for(int i = 0; i < bufferSize; i++) {
    if(wave) inBuffer[i] = 120; else inBuffer[i] = -120;
    count++;
    if(count >= limit) {
      count = 0;
      wave = !wave;
    }
  }
}

void notchFilter() { // for a 20 sample wave
  // prime output buffer
  outBuffer[0] = 0; // inBuffer[0]
  outBuffer[1] = 0; // inBuffer[1]
  for(int i = 2; i < (bufferSize); i++) {
    outBuffer[i] = ((1.8523 * (float)outBuffer[i - 1] - 0.94833 * (float)outBuffer[i - 2]
    + (float)inBuffer[i] - 1.9021 * (float)inBuffer[i - 1] + (float)inBuffer[i - 2]));
  }
}

void displayWave() {
  for(int i = 0; i < bufferSize; i++) {
    Serial.println(inBuffer[i]);
  }
  for( int i = 0; i < bufferSize; i++) {
    Serial.println(outBuffer[i]);
  }
}
```

앞의 예제 코드와 마찬가지로, 모든 동작이 setup() 함수 내에서 이루어지므로 단 한 번만 실행된다. 이 노치 필터는 방해가 되는 사인파가 있는 삼각파, 사각파 및 빈 입력 버퍼의 시작 부분에 있는 단일 샘플의 세 가지 입력 파형 중 하나에 적용할 수 있다. 이 마지막 옵션에 대해서는 나중에 자세히 설명할 것이다. 입력 파형은 플롯 창의 왼쪽에 표시되고 오른쪽에는 출력이 표시된다.

노치 필터는 한 주기에 20개의 샘플을 가진 신호를 추출하도록 설계되었다. 실제 주파수는 샘플 속도에 따라 결정된다. 60Hz 공급 주파수의 경우 이는 초당 1,200 샘플에 해당하며, 50Hz 공급 주파수의 경우 초당 1,000 샘플에 해당한다. 버퍼는 정수 버퍼이므로 코드를 좀 더 쉽게 작성할 수 있다. 결과는 그림 16-8~16-10에서 확인할 수 있다.

그림 16-8은 노치 필터로 제거되는 간섭 신호의 일반적인 경우를 보여주고 있다. 입력 파형은 삼각파에 사인파를 더한 파형이며 오른쪽에는 삼각파만 표시되었다. 약간의 울렁거림이 있지만 더 높은 차수의 필터를 사용하면 이마저도 제거할 수 있다.

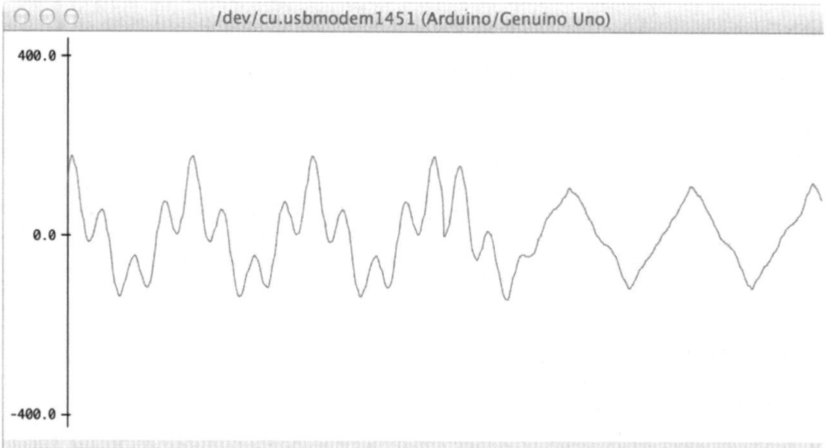

그림 16-8 삼각파에 간섭이 합쳐진 파형

그림 16-9는 필자가 개인적으로 좋아하는 예제이다. 노치 주파수의 사각파가 왜 오른쪽과 같은 파형으로 변화하게 되는 것일까? 10장의 내용을 생각해보자. 파형은 수많은 사인파의 조합으로 표현될 수 있으며, 사각파에는 무한대의 수의 사인파의 조합으로 만들어진다. 이 필터가 수행하는 일은 기본파를 제거하고 무한대의 고조파를 남겨두는 것이다. 출력 파형에 사인파를 다시 추가하는 경우, 파형이 조금 이상해지지만 사각파를 다시 얻을 수 있다.

파형이 바뀌는 중간 지점은 출력 버퍼의 시작에 해당한다. 필터가 작동을 시작할 때 알고리즘은 마지막 두 샘플을 요구하지만 실제로 아직 샘플이 없는 상태이다. 따라서 필터는 정상적인 동작을 하지 못하고, 필터가 안정되어 일정한 출력을 생성하는 데에 약간의 시간이 걸린다. 이렇게 필터의 작동과 함께 일어나는 급격한 변화의 특성은 임펄스 응답impulse response이라는 이름으로 알려져 있다. 필터의 임펄스 응답이 날카로울수록 안정화에 더 많은 시간이 소요된다. 앞에서 이상적인 '벽돌 필터'가 바람직하지 않은 이유는 안정화에 소요되는 시간이 길기 때문이었다. 시작 부분에 0이 아닌 샘플이 하나만 있는 입력을 제공하면 필터의 임펄스 응답을 볼 수 있다(그림 16-10).

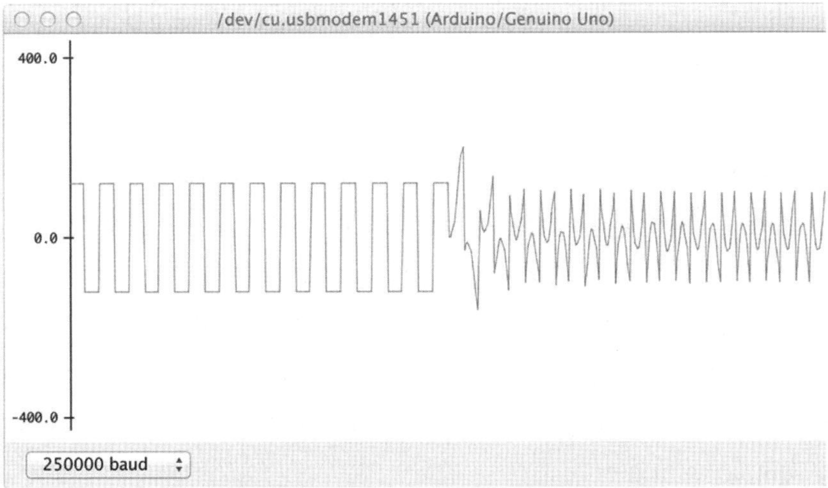

그림 16-9 노치 주파수에 해당하는 사각파의 변화

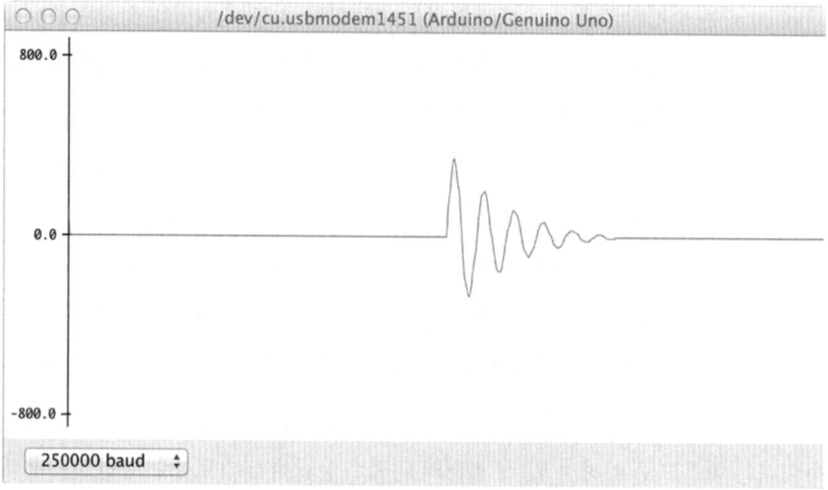

그림 16-10 필터의 임펄스 응답

그림 16-10의 입력값은 y축과 겹쳐져 있어 보기가 어렵지만, 출력의 링잉은 명확하게 알 수 있다. 이것은 노치와 동일한 주파수이다. 어떤 면에서는 회로가 이 주파수에 얼마나 민감한지, 얼마나 빠르게 회로를 삼킬 수 있는지를 보여준다. 임펄스 응답이 클수록 안정화 시간이 길어진다.

❙ 주파수 응답

지금까지 필터의 입력 및 출력 파형을 살펴보았다. 다음으로 필터가 다양한 주파수, 심지어 일반적인 파형이 아닌 신호에 어떤 영향을 미치는지에 대해 알아보자. 이러한 영향을 필터의 주파수 응답 또는 전달 함수라고 한다. 예제 16-3의 프로그램은 7가지 필터 주파수 응답을 차례로 보여준다. 각 필터는 60 또는 100 개의 주파수 파형으로 채워지고 각각 필터링된다. 입출력 변화는 dB로 표시된다. 필터는 한 번에 하나씩 순환하면서 필터 사이에 2초의 지연 시간을 가진다.

예제 16-3 필터의 주파수 응답

```
// DSP filter plot - Mike Cook
// plots the frequency response of 7 filters
// Open up the plot window
const int bufferSize = 250;
int inBuffer[bufferSize];
int outBuffer[bufferSize];
int displayCount = 499;
float att =0.0;

void setup() {
  int steps;
  Serial.begin(250000);
  for(int k = 0; k < 7; k++) {
    clearPlot();
    displayCount = 499;
    if(k < 3) steps = 60; else steps = 100;
    for(int i = 2; i < steps; i++) {
      makeWave(i); // create input buffer wave
      filter(k); // do the filtering
      measure(); //
    }
    while(displayCount > 0) { // shift to end
      Serial.println(att);
      displayCount--;
    }
    delay(2000);
  }
}

void loop() { // do nothing
}

void makeWave(int freq) {
  float count = 0.0;
  float increment = 360.0 / ((float)(bufferSize + 1) / (float)freq);
  for(int i = 0; i < bufferSize; i++) {
    inBuffer[i] = (int)(4960.0 * sin(count / 57.2957795));
    outBuffer[i] = 0;
    count += increment;
    if(count > 360.0) count -= 360.0;
  }
}
```

예제 16-3 필터의 주파수 응답(계속)

```
void measure() {
  int point = bufferSize - 1;
  float accIn = 0.0, accOut = 0.0;
  while(point > 0) {
    if(outBuffer[point] > 0) accOut += (float)outBuffer[point];
    else accOut -= (float)outBuffer[point];
    if(inBuffer[point] > 0) accIn += (float)inBuffer[point];
    else accIn -= (float)inBuffer[point];
    point--;
  }
  att = 10 * log(accOut / accIn);
  for(int i = 0; i < 4; i++) {
    Serial.println(att);
    displayCount--;
  }
}

void filter(int f) {
  switch(f) {
    case 0: average(2);
      break;
    case 1: average(3);
      break;
    case 2: average(4);
      break;
    case 3: notchFilter();
      break;
    case 4: bandPass();
      break;
    case 5: highPass(1);
      break;
    case 6: highPass(-1);
  }
}

void highPass(int n) {
  for(int i = 1; i < (bufferSize); i++) {
    outBuffer[i] = 0.3 * (float)outBuffer[i - 1] + (float)n * 0.3 * (float)inBuffer[i] - 0.3 *
    (float)inBuffer[i - 1];
  }
}
```

예제 16-3 필터의 주파수 응답(계속)

```
void bandPass() {
  for(int i = 2; i < (bufferSize); i++) {
    outBuffer[i] = (0.9 * (float)outBuffer[i - 1] - 0.8 * (float)outBuffer[i - 2] + (float)inBuffer[i]);
  }
}

void notchFilter() { // for a 20 sample wave
  for(int i = 2; i < (bufferSize); i++) {
    outBuffer[i] = ((1.8523 * (float)outBuffer[i - 1] - 0.94833 * (float)outBuffer[i
    - 2] + (float)inBuffer[i] - 1.9021 * (float)inBuffer[i - 1] + (float)inBuffer[i -
    2]));
  }
}

void average(int n) {
  int acc;
  for(int i = 0; i < (bufferSize - n); i++) {
    acc = 0;
    for(int j = 0; j < n; j++) {
      acc += inBuffer[i + j];
    }
    outBuffer[i]= acc / n; // save average
  }
}

void clearPlot() {
  for(int i = 0; i < 500; i++) {
    Serial.println(0);
  }
}
```

filter() 함수는 7개의 필터 중 어느 필터를 사용할지 결정한다. 이전 버전에서 보았던 노치 필터의 이동 평균 버전이라고 할 수 있는 밴드 패스, 하이 패스, 로우 패스 필터도 있다. 코드를 보면 로우 패스 필터가 따로 없고, 대신 중간 인수가 음수인 하이 패스가 쓰이는 것을 볼 수 있다. 이렇게 하이 패스 필터를 로우 패스 필터로 바꾸는 것만으로도 충분하다.

makeWave() 함수는 전달된 인수에 해당하는 주파수로 사인파를 만든다. 보통 0에서

100까지의 범위이지만, 평균 필터의 경우에는 평균화가 한 주기에 걸쳐 있지 않도록 60으로 제한된다. 평균이 한 주기를 넘어서면, 그 응답은 엘립틱 필터처럼 높은 주파수에서 증가하게 될 것이다. average() 함수에 전달하는 숫자를 늘려보면서 직접 확인해보자.

하나의 주파수가 필터링되면, measure() 함수가 입력 및 출력의 상대적 크기를 계산한다. 이것은 버퍼의 모든 샘플 값을 합산하는 방식이라 이상한 방식으로 보일 수도 있다. 뿐만 아니라 음수 값을 빼는 방식이라 총합이 더 커진다. 이런 방식을 사용하는 이유는, 사실상 이 함수의 목적이 파형의 RMS값을 측정하는 것이기 때문이다. 제곱된 비트는 음수값을 효과적으로 제거하여 양수로 만든다. 루트를 취할 필요는 없다. 왜냐하면 입력 버퍼의 총 개수와 출력 버퍼의 총 개수의 비율이 실질적으로 루트 효과를 가지기 때문이다. 이 비율의 로그에 약 10을 곱하면 dB 단위의 응답을 얻을 수 있어서 플롯을 통해 쉽게 확인할 수 있다.

이 함수는 각 측정에 대해 4개의 점을 플롯하고 각 플롯의 displayCount 변수를 감소시킨다. 필터의 전체 스위프가 끝나면 디스플레이는 디스플레이 왼쪽의 한 플롯 지점 내로 이동한다. IDE 소프트웨어의 버전에 따라 약간 차이가 있어서, IDE 소프트웨어의 한 점이 더 멀리 이동하면 자동 크기 조정을 완전히 망칠 수도 있다. 그래서 displayCount 변수를 초기에 500이 아닌 499로 설정하는 것이 좋다. 그림 16-11은 이 프로그램에서 확인한 밴드 패스 출력을 보여준다.

보통 이러한 필터는 편의상 부동 소수점 연산을 사용하는데, 부동 소수점 연산은 정수 연산에 비해 속도가 느리다. 따라서 고정 소수점 산술이 자주 사용된다. 이는 그리 복잡하지 않다. 모든 숫자를 1,000배 이상으로 만들고 연산한 후 1,000을 나누는 방식이라고 이해하면 된다.

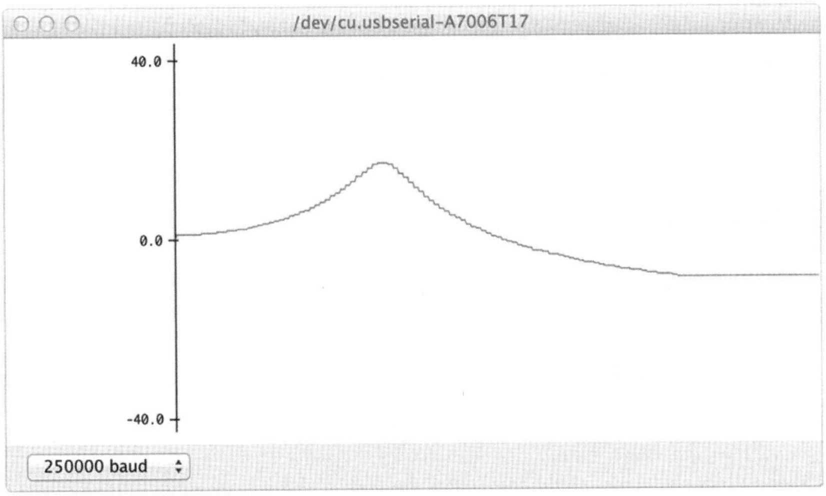

그림 16-11 밴드 패스 필터의 반응

16.2 푸리에 변환

10장에서는 파형 함수가 고조파 성분의 합으로 만들어지므로, 푸리에Fourier 합성이라고 알려진 사인파와 코사인파의 집합으로 파형을 만들 수 있다고 설명했다. 이 과정은 반대로도 이루어질 수 있다. 즉, 파형 함수를 가져와서 고조파 성분으로 분해할 수 있다. 이를 푸리에 분석Fourier Analysis이라고 하며, 이를 위해서는 푸리에 변환Fourier Transform으로 통칭되는 일련의 수학적 연산이 필요하다.

또한 푸리에 변환에 필요한 계산 횟수를 줄이는 단축 방법이 있으며 이것을 고속 푸리에 변환FFT: Fast Fourier Transform이라고 부른다. 이 과정은 더더욱 복잡한 수학이 필요하지만, 다행스럽게도 많은 사람들이 수학을 위한 도구를 간소화한 덕택에 FFT는 거의 블랙박스로 취급할 수 있다. 어떤 입력을 넣고, 출력을 어떻게 해석해야 하는지만 잘 이해하면 된다. 아두이노를 위한 FFT의 가장 좋은 구현 예 중 하나를 오픈 뮤직 랩Open Music Labs의 웹사이트에서 내려받을 수 있다(http://wiki.openmusiclabs.com/wiki/ArduinoFFT?action=

AttachFile&do=get&target=ArduinoFFT2.zip). 파일을 다운로드하고 폴더의 압축을 풀면 FFT라는 폴더가 있으며, 이 폴더를 아두이노 라이브러리 폴더로 끌어다 놓고 IDE를 다시 시작하자.

처음 만나는 FFT

이 FFT 라이브러리와 함께 제공되는 예제 중 하나는 fft_adc_serial이며, 이 예제는 아두이노의 A/D 컨버터에서 받은 신호를 샘플링하여 그 결과를 시리얼 포트 창에 출력한다. 의미 없는 숫자만 계속 출력되기 때문에 그다지 쓸모가 있는 예제는 아니지만, 이 예제 프로그램을 조금 고치면 FFT가 수행할 수 있는 것을 좀 더 자세히 설명할 수 있다. 예제 16-4를 살펴보자.

예제 16-4 FFT의 구현

```
/*
fft_adc_plot_slow - by Mike Cook
Sampling at 8.88KHz
*/

#define LOG_OUT 1 // use the log output function
#define FFT_N 256 // set to 256 point fft

#include <FFT.h> // include the library

int timer0;

void setup() {
   Serial.begin(250000); // use the serial port
   timer0 = TIMSK0; // save normal timer 0 state
   TIMSK0 = 0;
   pinMode(8, INPUT_PULLUP); // for freezing the display
   // pinMode(2, OUTPUT); // for monitering sample rate
}

void loop() {
```

예제 16-4 FFT의 구현(계속)

```
  int k;
  while(1) { // reduces jitter
    TIMSK0 = 0; // turn off timer0 for lower jitter
    cli(); // UDRE interrupt slows this way down on arduino1.0
    // PORTD |= 0x4; // set pin 2 high to time 256 samples
    for (int i = 0 ; i < 512 ; i += 2) { // save 256 samples
      k = (analogRead(0) - 0x0200) << 6;
      fft_input[i] = k; // put real data into even bins
      fft_input[i + 1] = 0; // set odd bins to 0
    }
    // PORTD ^= 0x4; // clear pin 2 high to time 256 samples
    fft_window(); // window the data for better frequency response
    fft_reorder(); // reorder the data before doing the fft
    fft_run(); // process the data in the fft
    fft_mag_log(); // take the output of the fft in log form
    sei(); // enable interrupts
    TIMSK0 = timer0; // restart the timer
    // send out the bins to the plotter
    for (byte i = 0 ; i < FFT_N / 2 ; i++) {
      for(byte j = 0; j < 3; j++) { // each bin three times
        Serial.println(fft_log_out[i]); // send out the data
        // Serial.println(fft_oct_out[i]); // send out the data
      }
    }
    for(byte j = 0; j < 116; j++) Serial.println(0);
    delay(2000);
    // while(digitalRead(8)) { } // hold until this pin is low
  }
}
```

이 코드는 간단한 디지털 읽기 함수를 사용하고 A0 아날로그 입력에서 약 8.88KHz로 샘플을 받는다. 타이머 0은 비활성화되었고, 샘플링 중에 인터럽트는 금지되어 샘플 시간의 오차를 줄였다. 일단 샘플을 얻고 나면 정상적인 인터럽트와 함께 나머지 처리를 수행할 수 있으며 delay() 함수도 작동할 수 있다. 또한 8번 핀에 푸시 버튼 형태로 몇 가지 컨트롤을 추가했는데, 이를 써서 다른 샘플 세트를 트리거하거나 실행/홀드 스위치로 사용할 수 있다. 각 샘플은 다음 샘플을 취하기 전에 2초 동안 표시된다.

샘플은 빈bin이라는 알려진 버퍼에 저장된다. 짝수 번째의 빈에는 샘플의 실수 부분이, 홀수 번째의 빈에는 샘플의 허수 부분이 들어간다. 하드웨어에서 취한 실제 샘플에는 허수가 없기 때문에 허수 부분은 0으로 채워진다. 샘플링 중에 핀 2를 올리면 오실로스코프에서 샘플 프로세스를 측정할 수 있는 옵션도 있다. FFT가 완료되면 결과가 시리얼 플롯 창에 표시된다.

이 코드를 사용하여 다양한 주파수의 신호 생성기에서 만들어낸 사인파 신호를 측정한 결과를 그림 16-12에서 볼 수 있다.

사인파에 대해 FFT를 수행한 결과는, 신호의 주파수에 해당하는 큰 수의 단일 빈이어야 한다. 하지만 실제로 얻는 결과는 큰 값을 가지는 빈 주위로 피크가 퍼지는 형상의 그래프이다. 주파수가 증가함에 따라 그림 16-12와 같이 최댓값을 가지는 빈 역시 x축의 오른쪽으로 이동하는 것을 볼 수 있다. 그런데 6,400Hz에 해당하는 마지막 그래프를 살펴보자.

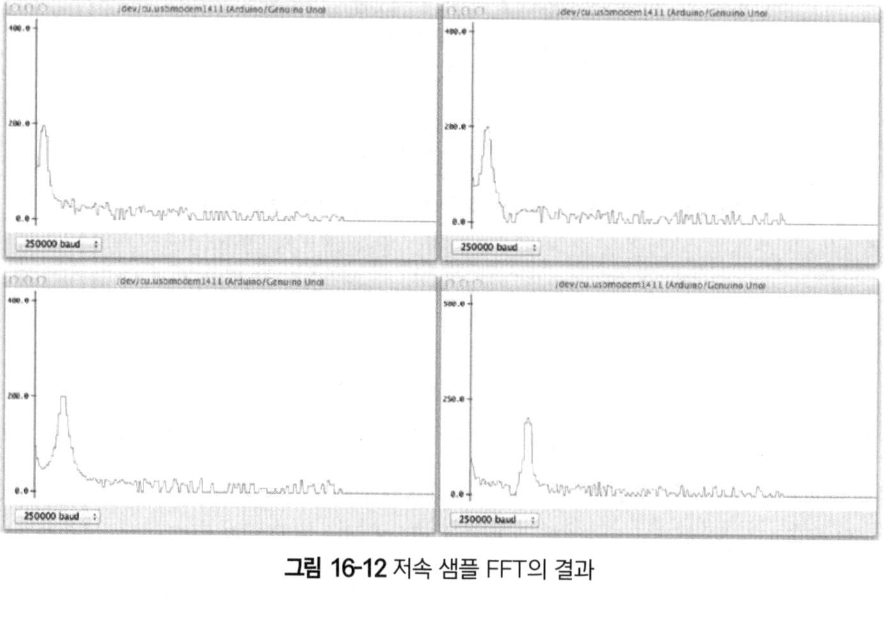

그림 16-12 저속 샘플 FFT의 결과

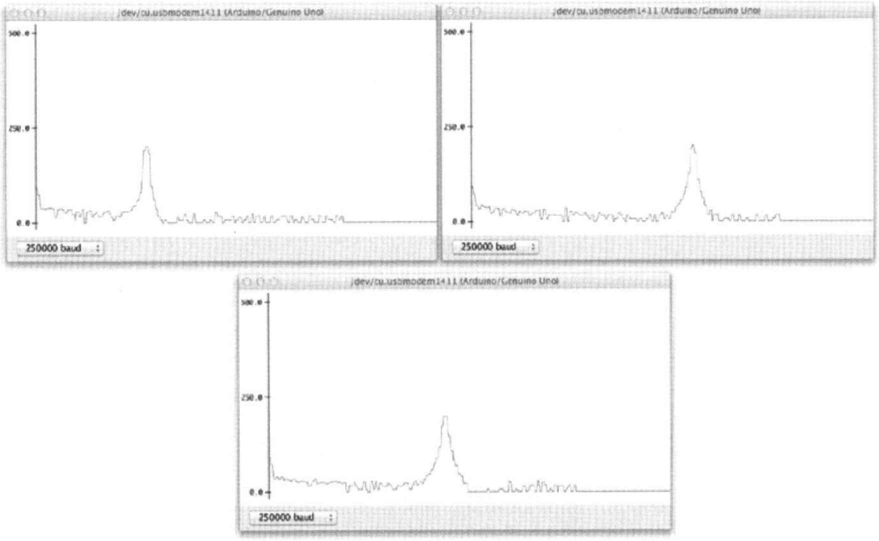

그림 16-12 저속 샘플 FFT의 결과(계속)

이전에 보았던 나이키스트 속도를 기억하는가? 8.88kHz의 샘플링 속도에서 앨리어싱 없이 샘플링할 수 있는 가장 높은 주파수는 4.44kHz이므로, 마지막 그래프의 주파수는 샘플링 속도에 비해 너무 빠르기 때문에 앨리어싱된 피크가 나타나는 것을 볼 수 있다.

피크가 퍼지는 현상과 피크 바깥의 노이즈는, 입력 파형의 전체 사이클을 받을 수 없기 때문에 발생한다. 푸리에 변환은 주기 신호가 무한히 반복되고 있다고 가정한다. 하지만 한정된 길이의 샘플 집합에서 마지막 샘플을 첫 번째 샘플과 이어서 반복시키면 파형에 불연속이 생기고, 이는 피크가 퍼지고 노이즈가 생기는 결과로 이어진다. 이 효과를 최소화하기 위해 버퍼의 시작과 끝부분의 신호를 약화시키는 방법이 있는데, 이 기법을 '윈도잉windowing'이라고 하며 이를 위한 라이브러리로 fft_window 함수가 있다. 여러 종류의 윈도잉 함수가 있지만 이 라이브러리는 그중 핸Hann 윈도잉만 사용한다. 핸 윈도잉은 기본적으로 샘플 전체에 적용되는 cos 함수라고 할 수 있는데, 그림 16-13은 이 함수 그리고 이 함수를 버퍼에 적용하기 전과 후에 입력 버퍼의 파형을 보여준다.

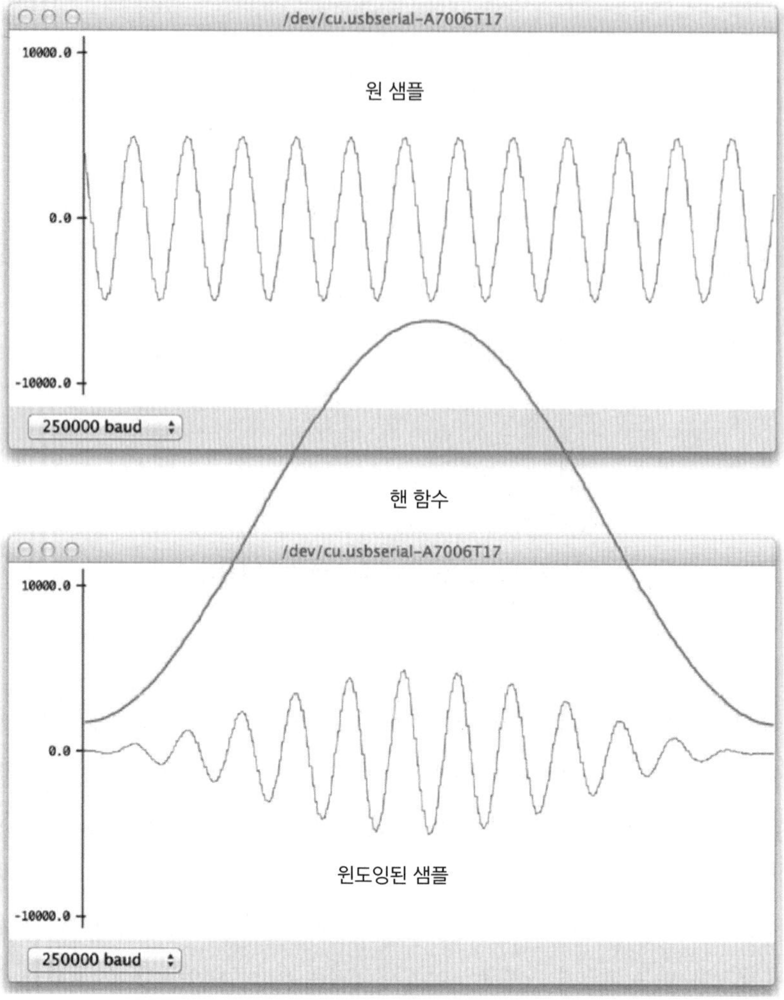

그림 16-13 윈도우

샘플링 속도는 샘플의 개수와 함께 변환 후에 빈이 포함할 내용을 정의한다. 사실, FFT의 출력은 양의 주파수와 음의 주파수로 구성된 대칭형이다. 여기서 음의 주파수는 아무것도 의미하지 않으며 여기에 표시되지도 않는다. 양의 주파수만이 표시되며, 이에 대한 자세한 내용을 탐구하고 싶다면 다른 신호처리 관련 서적을 살펴보기를 권한다.

라이브러리 예제에는 D/A 컨버터를 실행하여 이전 샘플을 조작하고 저장할 때 다음 샘플을 수집할 수 있도록 샘플링 속도를 높이는 몇 가지 기법이 있다. 이 방법으로 샘플링 속도가 최대 38.2kHz까지 올라갈 수 있으며, 나이키스트 속도는 19.1kHz이다. 예제 16-5와 같이 이 코드를 이 디스플레이에 맞게 수정했다.

예제 16-5 고속 샘플링 FFT

```
/*
fft_adc_serial.pde - Modified by Mike Cook
38.2kHz sample rate
guest openmusiclabs.com 7.7.14
example sketch for testing the fft library.
it takes in data on ADC0 (Analog0) and processes them
with the fft. the data is sent out over the serial
port at 250kb.
*/

#define LOG_OUT 1 // use the log output function
#define FFT_N 256 // set to 256 point fft

#include <FFT.h> // include the library
int timer0;
void setup() {
  Serial.begin(250000); // use the serial port
  timer0 = TIMSK0;
  ADCSRA = 0xe5; // set the adc to free running mode
  ADMUX = 0x40; // use adc0
  DIDR0 = 0x01; // turn off the digital input for adc0
  pinMode(8, INPUT_PULLUP); // for freezing the display
}

void loop() {
  while(1) { // reduces jitter
    TIMSK0 = 0; // turn off timer0 for lower jitter
    cli(); // UDRE interrupt slows this way down on arduino1.0
    for(int i = 0 ; i < 512 ; i += 2) { // save 256 samples
      while(!(ADCSRA & 0x10)); // wait for adc to be ready
      ADCSRA = 0xf5; // restart adc
```

예제 16-5 고속 샘플링 FFT(계속)

```
      byte m = ADCL; // fetch adc data
      byte j = ADCH;
      int k = (j << 8) | m; // form into an int
      k -= 0x0200; // form into a signed int
      k <<= 6; // form into a 16b signed int
      fft_input[i] = k; // put real data into even bins
      fft_input[i + 1] = 0; // set odd bins to 0
    }
    fft_window(); // window the data for better frequency response
    fft_reorder(); // reorder the data before doing the fft
    fft_run(); // process the data in the fft
    fft_mag_log(); // take the output of the fft in log form
    fft_mag_octave();
    sei(); // enable interrupts
    TIMSK0 = timer0; // restart the timer
    // send out the bins to the plotter
    for(byte i = 0 ; i < FFT_N / 2 ; i++) {
      for(byte j = 0; j < 3; j++) { // each bin three times
        Serial.println(fft_log_out[i]); // send out the data
      }
    }
    for(byte j = 0; j < 116; j++) Serial.println(0);
    // while(digitalRead(8)) { } // hold until this pin is low
    delay(2000);
  }
}
```

400Hz의 사인파 입력에 대해 이 코드를 실행하고, 같은 주파수의 사각파에 대해 다시 실행하면 나이키스트 속도까지 이르는 고조파를 확인할 수 있다(그림 16-14).

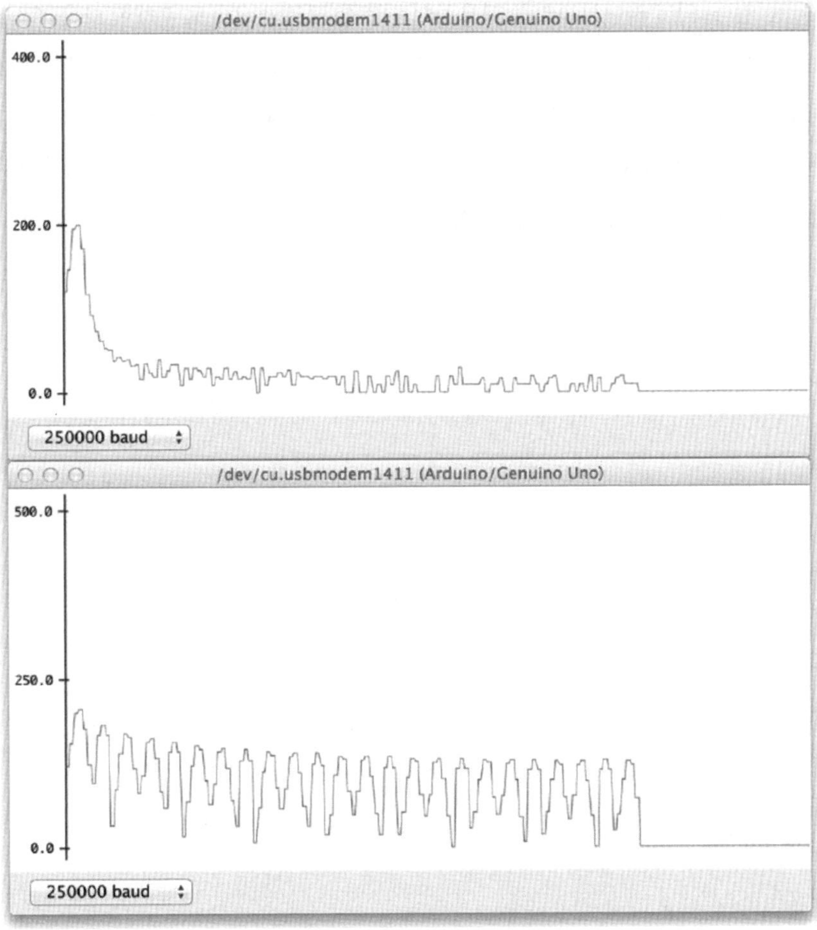

그림 16-14 사인파와 사각파

16.3 마치며

지금까지 아두이노 우노의 제한된 연산 능력만 사용해서 디지털 신호 처리를 적용하는 기법을 살펴보았다. 이러한 기법을 각 샘플의 처리량에 따라 제한된 주파수 범위에서 필터로 사용할 수 있다. FFT 라이브러리를 사용하여 신호를 고조파 요소로 분해한 다음 주파수와 고조파를 측정하는 방법도 살펴보았다. 이를 응용하면 튜닝을 위한 측정기로도 사용할 수 있을 것이다. 물론 실제로는 이론만큼 단순하지 않다. 실제 악기를 사용하면 음표의 지속 시간에 따라 고조파 성분이 달라지며 기음이 항상 가장 강한 고조파는 아니기 때문이다. 다음 장에서는 이 장에서 배운 이론을 활용하는 몇 가지 프로젝트를 살펴볼 것이다.

17 DSP 프로젝트

지금까지 아두이노를 어떻게 신호처리에 활용하는지 알아보았다. 아두이노 듀에 또는 제로를 사용하면 사운드를 만들어내는 프로젝트에 훨씬 빠른 프로세서를 적용할 수 있을 것이다. 본 장에서는 아두이노 듀에를 사용해서 프로젝트를 만들었지만 아두이노 제로를 사용하지 못할 이유는 없다. 두 모델 모두 충분한 메모리와 빠른 프로세서를 가지고 있고, A/D 및 D/A가 내장되어 있어 아두이노 우노보다 훨씬 우수한 음질을 제공할 수 있다. 이번 마지막 장에는 4가지 프로젝트를 소개한다. 아두이노 듀에를 통한 MIDI 활용, 현악기 모델링 신시사이저, 전달 함수를 사용하는 오디오 익사이터, 음향-조명 쇼를 만드는 방법을 각각 알아보자.

17.1 프로세서의 이해

아두이노 듀에와 그 후속 모델인 아두이노 제로는, 아두이노 우노를 비롯한 아트멜Atmel 8비트 프로세서 기반의 아두이노에서 한 단계 상위 단계에 있는 시리즈이다. 듀에와 제로는 32비트 코어를 가지고 있는데, 이는 모든 내부 레지스터와 메모리가 32비트라는 의미이다. 즉, 아두이노 우노에서 멀티바이트 연산으로 처리하던 것을 단일 명령어로 처리할 수 있다. 프로세서의 클럭 속도가 동일해도 명령어를 적게 사용할 수 있는 것이다. 듀에의 기본 클럭은 84MHz이며 제로는 48MHz이다.

듀에와 제로는 외형적으로 확연한 차이를 가지고 있다. 듀에는 아두이노 메가를 잇는 큰 보드 크기를 가지고 있다. 반면 제로는 아두이노 우노와 같은 크기를 가진다. 두 보드 모두 3V3에서 작동하며, 이는 입문자용 모델이 아니라는 뜻이기도 하다. 3V3 시스템의 안정성은 아두이노 우노에 비해 훨씬 떨어진다. 즉, 너무 많은 전류를 끌어내는 외부 회로에 의해 핀이 손상되기 쉽고, 접지에 쇼트시키는 실수로 인해서도 핀이 쉽게 손상될 수 있다.

듀에는 '고전류형' 및 '저전류형' 두 종류의 핀을 가지고 있다. 고전류형 핀은 소스 전류가 15mA, 싱크 전류가 9mA이며, 이는 우노의 핀이 소스 및 싱크 전류 40mA라는 점과 명백히 대조적이다. 저전류형 핀은 소스 전류가 3mA이고 싱크 전류가 6mA로, 잘못 다루면 쉽게 손상된다.

이와 대조적으로, 제로는 소스 전류 및 싱크 전류 제한 조건이 훨씬 복잡하다. 최대 소스 전류는 14mA이고 싱크 전류는 19.5mA이지만, 이것은 하나의 핀이 가지는 정격이 아니라 하나의 클러스터가 가지는 정격으로써, 제로의 48핀 패키지 칩에서 하나의 클러스터는 2핀에서 16핀까지 다양한 범위를 가질 수 있다. 이러한 복잡한 조건에서는 설계에 훨씬 신중을 기해야 한다.

듀에와 제로의 컴퓨팅 자원은 충분하고도 남는 수준이다. 듀에는 96k SRAM을 비롯하여 512k의 프로그램 메모리가 있으며, 제로는 32k SRAM과 256k의 프로그램 메모리가 있다. 듀에의 가장 큰 장점은 아트멜의 임베디드 디버거EDBG가 포함되어 있어 추가 하드웨어 없이 디버그가 가능한 환경을 제공한다는 점이다. 이를 통해 코드에 중단점을 삽입하는 등의 작업을 수행할 수 있으므로 프로그램의 모든 순간에 변수의 상태를 검사할 수 있으며, 코드를 한 줄씩 실행하면서 상황이 어떻게 변하는지 확인할 수 있다.

▌주변 회로

두 모델 모두 아두이노 우노의 10비트보다 높은 해상도의 A/D 컨버터를 내장하고 있다. 듀에는 트루 12비트 D/A 1개를, 제로에는 트루 10비트 D/A 1개를 가지고 있으며, 둘 모두 12비트 컨버터이다. 이러한 트루 D/A는 PWM 생성기와는 다르다. 듀에와 제로의 D/A 출력은 2개씩 있으며, 레일-투-레일rail-to-rail을 지원하지는 않지만 초당 350,000 샘플 속도의 출력이 가능하다.

듀에와 제로 모두 3개의 카운터 타이머를 가지고 있으며 각 카운터는 3개의 채널을 가지고 있으므로 마치 9개의 타이머가 있는 듯한 효과가 발생한다. 또한 제로에는 시계/달력 기능을 가진 32비트 실시간 타이머가 내장되어 있다. 이러한 타이머는 아두이노 우노의 타이머보다 훨씬 복잡하기 때문에, 우노에서 사용 가능한 타이머 코드는 듀에나 제로에서 실행할 수 없다.

듀에와 제로는 우노와 많은 차이가 있다. 예를 들어, 터치 컨트롤러 주변 회로가 있고 이는 용량성 터치 센서로 작동한다. 그리고 호스트 또는 클라이언트와의 통신을 위한 USB 인터페이스, 디지털 사운드 시스템을 함께 연결하는 I2S 사운드 컨트롤러, CPU 개입 없이 주변 장치와 직접 통신할 수 있는 이벤트 시스템 또는 DMA도 내장되어 있다.

17.2 듀에 사용하기

아두이노 듀에에는 지금까지 책에서 등장한 모든 프로젝트에 응용 가능하지만, 한 가지 문제가 있다면 MIDI 인터페이스에 대한 제약이 있다는 점이다. 듀에는 저전류 3V3 인터페이스를 가지고 있는데 있으며 MIDI는 5V로 사용하도록 설계되었기 때문이다. 따라서 MIDI 인터페이스를 사용하려면 약간 다른 회로를 사용해야 한다.

반면 듀에가 가진 장점은 메가와 마찬가지로 4개의 시리얼 포트를 가지고 있다는 점이다. 즉, USB 및 프로그래밍 컴퓨터와의 통신을 위해 하나를 유지하고, 나머지 세 개 중 하나를 MIDI로 사용할 수 있다. 즉, MIDI 콘솔과 동시에 디버그 메시지를 실행할 수 있으며, 프로그래밍 스위치를 사용하여 MIDI 시스템을 격리할 필요가 없다. 그림 17-1은 듀에 MIDI 인터페이스의 회로도이다.

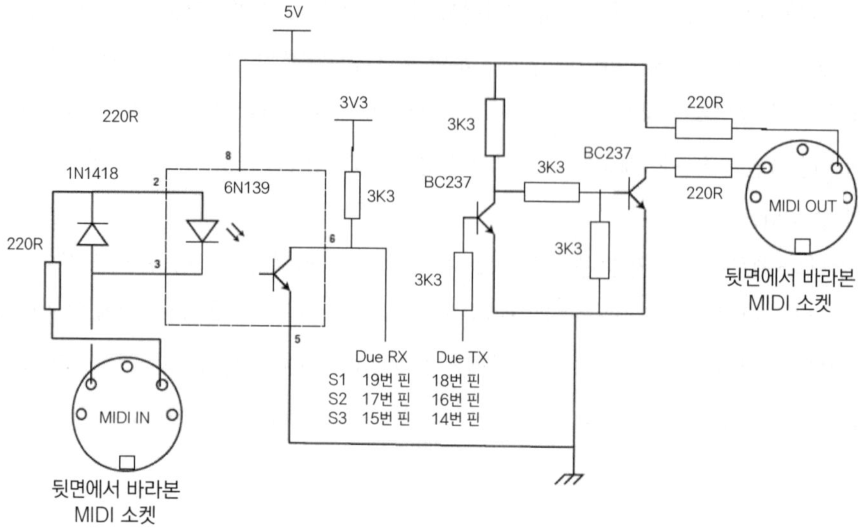

그림 17-1 듀에 MIDI 인터페이스

입력 회로는 옵토아이솔레이터의 출력 트랜지스터가 3V3 레일까지 끌어올려진다는 점을 제외하고는 이전과 매우 유사하다. 송신 측에서는 듀에의 출력이 먼저 NPN 스위칭 트랜지스터로 전달되어 최대 5V까지 신호를 증폭하지만, 이 신호는 상태이므로 다시 올바른 방향으로 전환되기 위해 다른 트랜지스터를 거쳐야 한다. 마지막으로, 출력은 일반적인 LOW 사이드가 아닌 HIGH 사이드에서 전환된다.

시리얼 포트 1, 2, 3 중 하나를 사용할 수 있으며, 그림 17-1을 통해 각 포트의 핀 연결을 확인할 수 있다. 어떤 포트를 사용하든, 소프트웨어가 해당 포트의 MIDI를 전송하는지 확인해야 한다. 다음 코드 17-1은 듀에의 시리얼 포트 1을 사용하여 MIDI 노트를 출력하는 프로그램 코드이다.

예제 17-1 듀에를 위한 MIDI 노트 출력 코드

```
/* Midi note fire for the Due - Mike Cook
* using serial 1
*/
#define midiChannel (byte)0 // Channel 1

// Start of code
void setup() {
  // Setup serial1
  Serial1.begin(31250); // MIDI speed
}

void loop() {
  int val;
  val = random(20, 100);
  noteSend(0x90, val, 127);
  delay(200);
  noteSend(0x80, val, 127);
  delay(800);
} // end loop function

// plays a MIDI note
void noteSend(byte cmd, byte data1, byte data2) {
  cmd = cmd | midiChannel; // merge channel number
  Serial1.write(cmd);
  Serial1.write(data1);
  Serial1.write(data2);
}
```

이전의 코드와 차이가 있다면 Serial 대신 Serial1을 사용한다는 것뿐이다. MIDI는 느린 프로토콜이므로 이렇게 해서 특별히 얻는 게인은 없다. 그러나 듀에는 더 많은 수의 아날로그 입력을 처리할 수 있으며, 우노의 100uS보다 훨씬 빠른 샘플당 3.2uS의 속도로 아날로그 값을 읽는 것이 훨씬 빠르다. 이것은 대규모 미디 컨트롤러를 위해 여러 개의 입력 센서를 훨씬 빠르게 스캔하는 데에 큰 도움이 된다.

MIDI 라이브러리는 똑같은 방식으로 작동한다. 주의할 점은 time이라는 단어를 변수로 사용하려고 하면 컴파일 에러가 난다는 점이다. 이를 해결하려면 '찾아 바꾸기'로 변수

이름을 변경해야 한다. 또 하나의 주의 사항은 라이브러리를 사용하는 경우 기본 시리얼 포트를 사용해야 한다는 점이다. 이 책의 전반부에서 MIDI에 대해 광범위하게 다루었기 때문에, 여기에서는 듀에의 프로세서를 활용하는 예제를 집중적으로 살펴보자.

17.3 피지컬 모델링

지금까지 사운드를 생성하는 방법으로 파형을 정의하거나 신호를 샘플링하는 방법을 알아보았다. 이제 소개할 피지컬 모델링은 악기의 수학적 모델을 설정하고 컴퓨터가 이를 구동하도록 하는 방법이다. 이 방법의 장점은 모델의 매개 변수를 조절함으로써 예상되는 사운드를 생성할 수 있고, 이를 통해 직관적인 사운드 제어가 가능하다는 점이다. 예를 들어, 드럼 피의 강성을 바꾸면 드럼의 피치도 바뀌게 된다.

이 주제는 매우 수학적이지만, 가장 간단한 모델 중 하나인 현악기 모델링을 예로 들면 쉽게 접근할 수 있다. 연주자가 현악기의 줄을 퉁기면, 현에 에너지 또는 변위가 전달되고 이는 현을 따라 양쪽의 고정점으로 전파되었다가 다시 반사되이 돌아온다. 양 끝에서 발생하는 각 반사에서 약간의 에너지가 손실되므로 현의 진동은 시간이 지날수록 작아지다가, 결국은 사라진다. 고정점 근처에서 현을 퉁겼는지 또는 중간 부분에서 현을 퉁겼는지 여부에 따라 다른 소리를 낼 수도 있다. 진동 주파수는 현의 길이와 장력에 의해 따라 결정된다. 이 모든 것은 미분 방정식을 사용하여 모델링할 수 있으며, 길이를 따라 현의 여러 지점이 가지는 차이를 반영할 수 있다.

모델을 정하고 나면, 해당 모델의 연산량을 사용 가능한 컴퓨팅 성능 범위 내로 한정하도록 단순화할 수 있다. 현악기 모델링 중 가장 단순한 모델은 카플러스 스트롱Karplus Strong 알고리즘으로 알려져 있으며 그 결과는 아주 놀랍다.

❙ 카플러스 스트롱 알고리즘

이 알고리즘은 딜레이 라인을 통해 현을 시뮬레이션하며, 딜레이 라인의 길이는 샘플 속도와 함께 출력의 기본 주파수를 결정한다. 딜레이 라인의 출력은 신호 출력이 되며, 추가적으로 필터링되어 딜레이 라인의 시작점으로 피드백된다. 딜레이 라인 앞부분의 데이터는 연주되는 현을 나타내며 음의 음색에 영향을 미친다. 그림 17-2를 통해 프로세스의 블록 다이어그램을 확인할 수 있다.

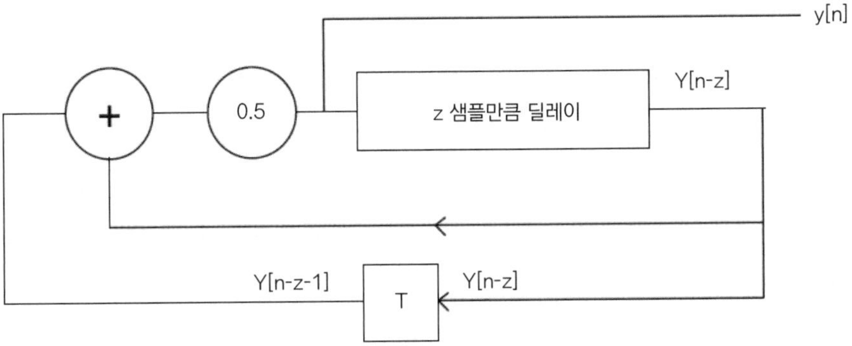

그림 17-2 카플러스 스트롱 알고리즘의 블록 다이어그램

딜레이는 z개의 샘플만큼 이루어지며, 그림에서는 샘플 각각에 대해 모두 시간 지연 상자를 표시하는 대신 긴 상자로 이를 표현하였다. 필터는 딜레이 라인에서 마지막 두 샘플의 단순 평균에 해당한다. 이는 출력 샘플 Y[n-z]가 하나의 샘플 주기만큼 지연되어 Y[n-z-]가 산출된 다음, 두 샘플을 합산하고 2로 나누어 평균한 것으로 표시된다. 딜레이 라인을 구현하려면 샘플 버퍼를 사용해야 하며, 15장에서 보았듯 샘플 자체보다는 입력 및 출력 포인터가 이동하게 된다. 그림 17-3에서 이 알고리즘을 버퍼로 도식화하고 있다.

입력 포인터와 출력 포인터 사이의 거리가 버퍼의 길이를 결정한다. 이것은 15장에서 본 다이어그램과 다르지 않지만, 이번에는 듀에의 내부 메모리가 충분하기 때문에 외부 메모리가 필요하지 않다. 여분의 딜레이가 없는 대신 메모리의 마지막 두 샘플에 대한 포인터가 있으므로, 출력 포인터가 이동하면 후행 포인터는 이전 출력에 대해 앞 포인터가 수행한 것과 동일한 샘플을 선택한다.

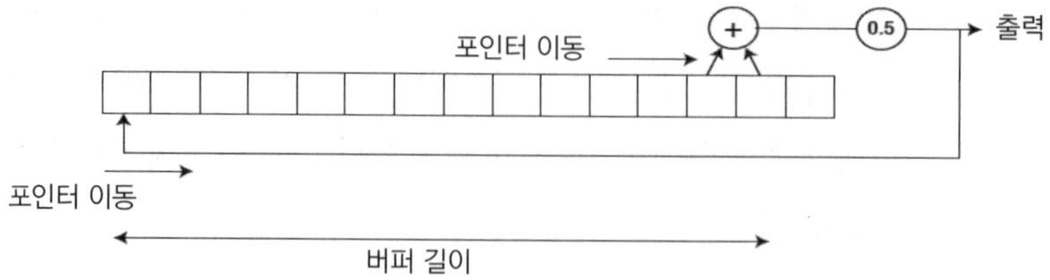

그림 17-3 카플러스 스트롱 버퍼 구현

버터의 초기 상태가 전체 시스템을 작동하게 하며, 무작위적 노이즈의 짧은 버스트를 통해 전체를 멈추게 할 수 있다. 채워지는 버퍼의 수가 많을수록 시뮬레이션된 퉁기기의 강도가 세진다. 시간이 지남에 따라 버퍼의 값은 계속 작아지다가 결국 0이 되어 현은 진동을 멈추게 된다. 현을 다시 퉁기려면 버퍼를 다시 초기화해야 한다. 예제 17-2를 통해 이 과정을 살펴보자.

예제 17-2 카플러스 뷰어

```
// Karplus viewer - Mike Cook
// using int buffers
// Open up the plot window

const int bufferSize = 500;
int outBuffer[bufferSize];
void setup() {
  Serial.begin(250000);
  primeBuffer();
  delay(2000);
}

void loop() {
  for(int i = 0; i < bufferSize; i++) {
    karplus();
  }
}

void primeBuffer() {
  // clear buffers
```

예제 17-2 카플러스 뷰어(계속)

```
   int displayCount = 500;
   for(int i = 0; i < 480; i++) {
      outBuffer[i] = random(16000) - 8000;
      Serial.println(outBuffer[i]);
      displayCount--;
   }
   // outBuffer[0] = 8000;
   // outBuffer[1] = -8000;
   while(displayCount> 0) {
      Serial.println(0);
      displayCount--;
   }
}

void karplus() {
   static int inPoint = bufferSize -1;
   static int outPoint1 = 0;
   static int outPoint2 = 1;

   outBuffer[inPoint] = (outBuffer[outPoint1] + outBuffer[outPoint2]) >> 1;
   Serial.println(outBuffer[inPoint]);
   // move pointers
   inPoint++;
   if(inPoint >= bufferSize - 1) inPoint = 0;
   outPoint1++;
   if(outPoint1 >= bufferSize - 1) outPoint1 = 0;
   outPoint2++;
   if(outPoint2 >= bufferSize - 1) outPoint2 = 0;
   Serial.flush(); // wait until buffer empties - gives a smoother graph
}
```

이 코드의 출력을 통해 버퍼의 상태를 알 수 있다. 3~4분이 지나면 출력이 부드러워지고 주파수가 낮아진다. 축의 척도를 계속 주시하면, 디스플레이가 같은 크기로 유지되는 것처럼 보이더라도 축의 숫자는 점점 작아지는 것을 알 수 있다. 버퍼를 그래픽으로 출력하는 데 너무 많은 시간이 걸리기 때문에 실제로 출력이 사라지는 것을 볼 때까지는 오랜 시간이 길린다. 실시간으로 소리를 출력할 때 이 소리의 지속 시간은 1초 또는 2초 미만이다.

실제로 이를 구현하고 소리를 들으려면 듀에를 스피커에 연결해야 한다. 아날로그 출력의 전류 출력 용량은 3mA로 매우 제한되어 있으므로, 이를 보호하기 위해 1K5 저항을 직렬로 연결해야 한다. 이렇게 하면 종단에 커패시터를 연결해서 재구성 필터의 역할을 할 수 있다. 하드웨어 구성은 그림 17-4를 참조하자. 사운드를 트리거하기 위해 푸시 버튼을 추가하자. 각 음마다 하나씩의 버튼을 연결하면 된다.

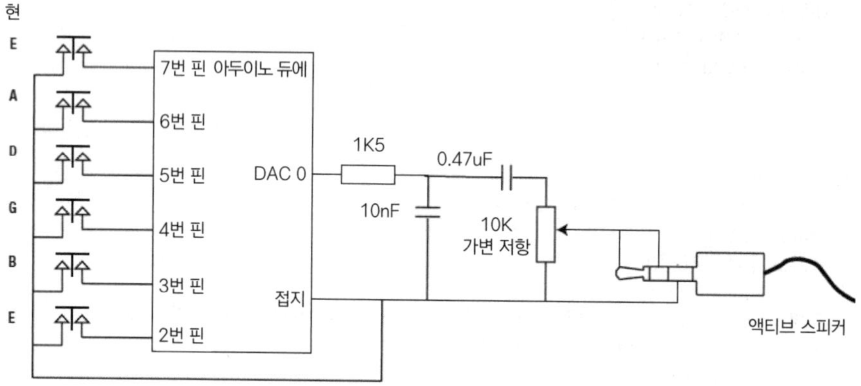

그림 17-4 듀에 사운드 출력 회로

이 회로는 기타의 개방현에 해당하는 음을 발생시키도록 설계되었다. 그림 15-3의 회로를 사용해도 무관하지만, 액티브 스피커가 있는 경우 이 회로가 더 간단할 것이다. 출력되는 음의 음정을 조절하기 위해서는 그에 맞게 버퍼 길이를 설정해야 한다. 필자의 경우 샘플링 주파수를 41kHz로 설정했으므로, 버퍼 길이는 아래와 같이 산출된다.

```
Buffer Length(버퍼 길이) = 41000/Pitch(음정)
```

예제 17-3의 코드는 버튼을 눌렀을 때 현을 퉁기는 사운드를 생성한다.

예제 17-3 현악기 튕기기 모델링

```
// Karplus - Strong string synth for the Due - by Mike Cook
// code for the Arduino Due
// takes up 3.8uS time in the interrupt
// every 22.8 uS ( sample rate )

const int bufferMax = 550;
volatile int outBuffer[bufferMax];
volatile int bufferSize = 200;
volatile int inPoint = bufferSize - 1;
volatile int outPoint1 = 0;
volatile int outPoint2 = 1;
const byte trigger[] = {7, 6, 5, 4, 3, 2}; // pin to trigger the sound
// 41000 divided by frequency = buffer size required
int bufferToUse[] = {535, 401, 300, 225, 179, 134};
boolean lastPush[6];

void setup() {
   Serial.begin(250000);
   pinMode(13, OUTPUT);
   for(int i = 0; i < 6; i++) {
      pinMode(trigger[i], INPUT_PULLUP); // strike string
   }
   analogWriteResolution(12);
   analogWrite(DAC0, 2048);
   setupTimer();
}

void setupTimer() {
   pmc_set_writeprotect(false);
   pmc_enable_periph_clk(ID_TC4); // enable the timer clock
   // we want wavesel 01 with RC
   TC_Configure( /* clock */ TC1, /* channel */ 1, TC_CMR_WAVE |
   TC_CMR_WAVSEL_UP_RC | TC_CMR_TCCLKS_TIMER_CLOCK2);
   TC_SetRC(TC1, 1, 238); // sets to about 44.1 kHz interrupt rate
   TC_Start(TC1, 1);
   // enable timer interrupts
   TC1->TC_CHANNEL[1].TC_IER = TC_IER_CPCS;
   TC1->TC_CHANNEL[1].TC_IDR = ~TC_IER_CPCS;
   // Enable the interrupt in the nested vector interrupt controller
   // TC4_IRQn where 4 is the timer number * timer channels (3) + the channel number
   ( = (1 * 3) + 1)
   // for timer1 channel1
```

예제 17-3 현악기 퉁기기 모델링(계속)

```
    NVIC_EnableIRQ(TC4_IRQn);
}

void loop() {
    boolean push;
    for(int i = 0; i < 7; i++) {
        push = digitalRead(trigger[i]);
        if(push == false && lastPush[i] == true) {
            bufferSize = bufferToUse[i];
            primeBuffer(512, 8);
            noInterrupts();
            inPoint = bufferSize - 1;
            outPoint1 = 0;
            outPoint2 = 1;
            interrupts();
        }
        lastPush[i] = push;
    }
}

void primeBuffer(int energy, int stroke) {
    int primeSample = 0;
    for(int i = 0; i < bufferSize / stroke; i++) {
        outBuffer[i] = random(energy) - energy >> 1;
        primeSample++;
    }
    while(primeSample < bufferMax - 1) {
        outBuffer[primeSample] = 0;
        primeSample ++;
    }
}

void TC4_Handler()
{
    // digitalWrite(13, HIGH); // time ISR - flag start
    TC_GetStatus(TC1, 1); // clear status to allow the timer interrupt to trigger again
    outBuffer[inPoint] = (outBuffer[outPoint1] + outBuffer[outPoint2]) >> 1;
    dacc_write_conversion_data(DACC_INTERFACE, outBuffer[inPoint] + 2048);
    // move pointers
    inPoint++;
    if(inPoint >= bufferSize - 1) inPoint = 0;
    outPoint1++;
```

예제 17-3 현악기 퉁기기 모델링(계속)

```
    if(outPoint1 >= bufferSize - 1) outPoint1 = 0;
    outPoint2++;
    if(outPoint2 >= bufferSize - 1) outPoint2 = 0;
    // digitalWrite(13, LOW); // time ISR - flag end
}
```

위 코드 역시 책의 다른 코드와 유사하게 작동한다. 복잡한 점이 단 하나 있다면, 듀에의 타이머가 쓰이는데 그 작동 방식이 우노와 다르다는 점이다. 기본적으로 타이머는 Timer/Counter 1이 41kHz의 속도로 인터럽트를 생성하며 TC4_Handler() 함수를 호출하도록 설정되어 있다. 바로 이 부분이 카플러스 스트롱 알고리즘을 구현하는 부분이다. 처음에는 상태 플래그 비트를 초기화하는 작업이 필요하다. 그 후에는 사실상 인터럽트를 인지하여 함수가 자동으로 다시 트리거된다. 함수가 호출된 후에는 버퍼가 업데이트되고, 출력이 내부 D/A 컨버터에 기록된다. 코드의 나머지 부분에는 포인터를 이동해서 끝까지 도달했을 때 처음으로 돌아가는 것을 확인하는 작업만이 남아 있다. 마지막으로, 이 함수는 ISR에서 쓴 시간을 외부에서 측정할 수 있도록 비트를 높이거나 낮추기 위한 선택적 명령 세트로 둘러싸여 있다.

primeBuffer() 함수는 버퍼를 초기화하는 함수로, 줄을 퉁기는 역할을 한다고 할 수 있다. 함수에는 에너지, 스트로크라는 두 개의 인자가 입력으로 전달된다. 스트로크는 얼마나 많은 버퍼가 난수로 채워지는지를 정의하며, 에너지는 이 난수의 범위를 정의한다. 두 가지 모두 음색에 변화를 주는 효과가 있으며, 이러한 인자를 수정하며 변화를 듣는 것은 즐거운 일이다. 인터럽트는 항상 실행 중이며, 버퍼에 인가되는 버스트 노이즈를 통해 음이 멈추게 된다는 점을 기억하자.

그런데 문제가 하나 있다. 이 코드는 모노포닉monophonic하게 음을 출력한다는 점이다. 즉, 한 번에 하나의 음만 생성할 수 있다. 그래서 필자는 ISR에 걸리는 시간이 거의 없었다는 점에 고무되어 이 코드의 대위법 버전을 작성했다. 기본적으로, 단일 변수를 배열로 바꾸고 적절하게 액세스하면 된다. 예제 17-4를 살펴보자.

예제 17-4 폴리포닉 현악기 구현

```
// Polyphonic Karplus - Strong string synth for the Due - by Mike Cook
// code for the Arduino Due
// takes 11.7uS time in the interrupt
// every 22.8 uS ( sample rate )

const int bufferMax = 550;
volatile int outBuffer[6][bufferMax];
volatile int inPoint[6];
volatile int outPoint1[6];
volatile int outPoint2[6];
volatile int bufferSize[] = {535, 401, 300, 225, 179, 134};
const byte trigger[] = {7, 6, 5, 4, 3, 2}; // pin to trigger the sound
boolean lastPush[6];

void setup() {
  pinMode(13, OUTPUT);
  for(int i = 0; i < 6; i++) {
    pinMode(trigger[i], INPUT_PULLUP); // strike string
    inPoint[i] - bufferSize[i] - 1;
    outPoint1[i] = 0;
    outPoint2[i] = 1;
  }
  analogWriteResolution(12);
  analogWrite(DAC0, 2048);
  setupTimer();
}

void setupTimer() {
  pmc_set_writeprotect(false);
  pmc_enable_periph_clk(ID_TC4); // enable the timer clock
  TC_Configure(TC1, 1, TC_CMR_WAVE | TC_CMR_WAVSEL_UP_RC | TC_CMR_TCCLKS_TIMER_CLOCK2);
  TC_SetRC(TC1, 1, 238); // sets to about 44.1 Khz interrupt rate
  TC_Start(TC1, 1);
  TC1->TC_CHANNEL[1].TC_IER = TC_IER_CPCS;
  TC1->TC_CHANNEL[1].TC_IDR = ~TC_IER_CPCS;
  NVIC_EnableIRQ(TC4_IRQn);
}
```

예제 17-4 폴리포닉 현악기 구현(계속)

```
void loop() {
  boolean push;
  for(int i = 0; i < 7; i++) {
    push = digitalRead(trigger[i]);
    if(push == false && lastPush[i] == true) {
      primeBuffer(512, 16, i);
      noInterrupts();
      inPoint[i] = bufferSize[i] - 1;
      outPoint1[i] = 0;
      outPoint2[i] = 1;
      interrupts();
    }
    lastPush[i] = push;
  }
}

void primeBuffer(int energy, int stroke, int bufferNo) {
  int primeSample = 0;
  for(int i = 0; i < bufferSize[bufferNo] / stroke; i++) {
    outBuffer[bufferNo][i] = random(energy) - energy >> 1;
    primeSample++;
  }
  while(primeSample < bufferMax - 1) {
    outBuffer[bufferNo][primeSample] = 0;
    primeSample++;
  }
}

void TC4_Handler()
{
  // digitalWrite(13, HIGH); // time ISR - flag start
  TC_GetStatus(TC1, 1); // clear status to allow the timer interrupt to trigger again
  int acc = 0;
  for(int b = 0; b < 6; b++) {
    outBuffer[b][inPoint[b]] = (outBuffer[b][outPoint1[b]] + outBuffer[b][outPoint2[b]]) >> 1;
    acc += outBuffer[b][inPoint[b]];
    // move pointers
    inPoint[b]++;
    if(inPoint[b] >= bufferSize[b] - 1) inPoint[b] = 0;
    outPoint1[b]++;

    if(outPoint1[b] >= bufferSize[b] -1) outPoint1[b] = 0;
    outPoint2[b]++;
```

예제 17-4 폴리포닉 현악기 구현(계속)

```
        if(outPoint2[b] >= bufferSize[b] -1) outPoint2[b] = 0;
    }
    dacc_write_conversion_data(DACC_INTERFACE, acc + 2048);
    // digitalWrite(13, LOW); // time ISR - flag end
}
```

사실 이 코드의 결과는 썩 시원치 않다. 두 번째 음이 시작될 때 기존의 음이 페이드아웃되기 때문이다. 앞의 모노포닉 버전 코드에서는 이상한 소리를 듣지 못했지만, 폴리포닉 버전을 실행한 후에 모노포닉 버전을 다시 실행하면 새 음이 시작될 때 기존의 음이 잘리는 것을 들을 수 있었다.

또한 ISR에서 소요한 시간이 단순히 모노포닉 버전의 6배가 아니라는 점도 짚고 넘어가자. digitalWrite() 함수로 타이밍 핀을 높이거나 낮추는 데 꽤 많은 시간이 걸리기 때문에, 측정된 것보다 더 많은 프로세서 리소스가 소요된다.

현악기 튕기기를 모델링하는 다른 방식도 있다. 두 개의 버퍼를 사용하고 딜레이 라인의 중간에서 샘플을 추출하는 방법이다. 이 방식은 더욱 사실적인 소리를 만들어내지만, 더 많은 메모리와 프로세서 성능을 필요로 한다. 자세한 내용은 온라인에서 검색해서 알아보도록 하자.

17.4 오디오 익사이터

1970년대에는 전문 녹음 스튜디오를 위한 오디오 익사이터audio exciter 이펙터 박스를 제작하는 회사가 있었다. 구입은 불가능했고, 1시간 정도 임대만 가능했으며 그나마도 장비 사용을 위한 전문 기술자가 딸려왔다. 그 내부가 어떻게 돌아가는지는 철저히 비밀로 감춰졌지만, 어쨌든 이 장비는 최종 믹스에 놀라운 요소를 줄 수 있었고 많은 히트곡에서 사용되었다. 실제로 그 이펙트가 한 일은 사운드에 고조파를 도입하는 일이었다. 말하자면, 화성적으로 제어되는 디스토션이다. 이제부터 작업이 어떻게 이루어지는지 알아보고, 듀에로 자신만의 버전을 만드는 방법을 알아보자.

비결은 제어 가능한 전달 함수를 사용하는 것이다. 전달 함수는 웨이브 쉐이핑wave shaping이라고도 부른다. 전달 함수는 단순히 시스템의 입력과 출력 사이의 관계이며, 일반적으로 이 함수는 기울기가 1인 간단한 직선 형태를 가진다. 즉, 이러한 함수는 입력이 그대로 출력이 되는 형태의 함수이다. 너무 당연한 이야기를 하는 것이 아닌가 싶겠지만, 조금만 참고 그림 17-5의 직선형 전달 함수를 차근차근 살펴보자.

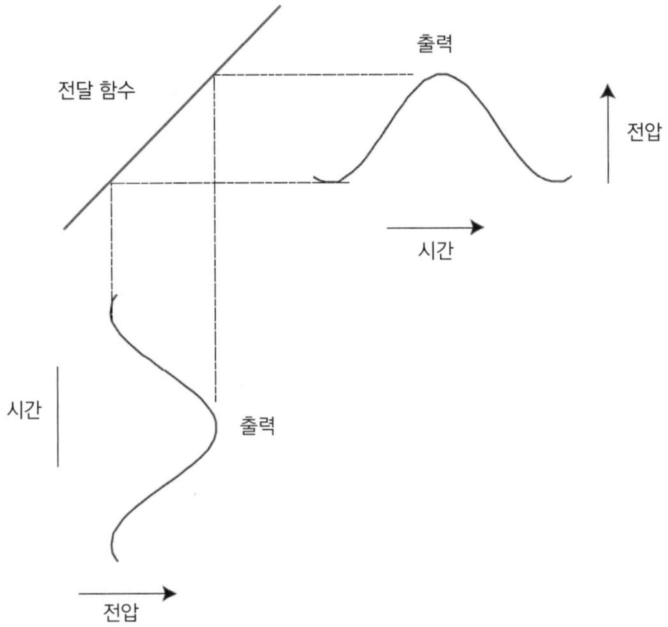

그림 17-5 일대일 전달 함수

여기서 볼 수 있는 것은 입력 전압이 직선 형태의 전달 함수를 거쳐 출력으로 전달된다는 점이다. 입력의 각 점은 출력의 동일한 점에 맵핑된다. 전달 함수의 기울기가 더 가파르다면, 입력 파형의 피크가 출력 파형의 더 높은 피크에 맵핑된다고 상상할 수 있을 것이다.

즉, 출력 신호의 진폭이 커지는 것이다. 반면 전달 함수의 기울기가 작으면 출력은 입력보다 작아질 것이다. 따라서 음량 컨트롤은 기울기가 가변적인 선형 전달 함수로 생각할 수 있으며, 음량 노브는 전달 함수의 기울기를 제어한다고 할 수 있다.

이제 이 전달 함수가 직선이 아니라 곡선일 때 어떤 일이 일어날지 생각해보자(그림 17-6).

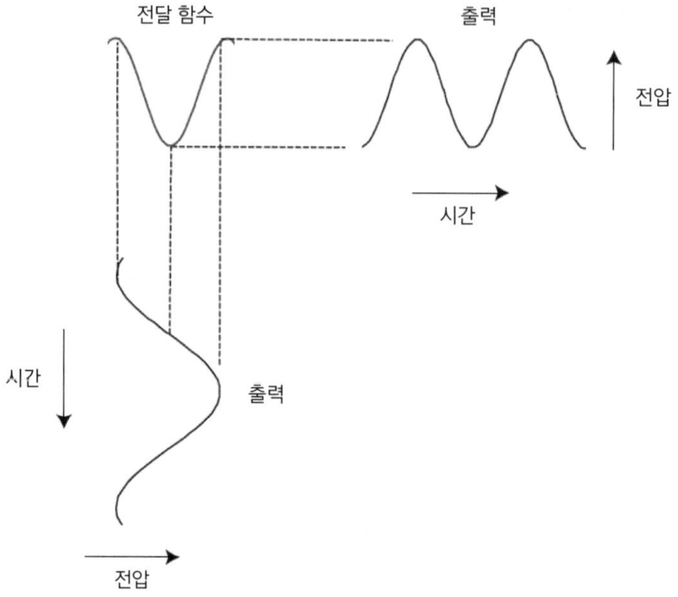

그림 17-6 곡선형 전달 함수

여기서 전달 함수는 입력 신호가 낮을 때와 높을 때의 두 가지 피크를 가진다. 입력 신호가 중간 크기를 가지면 출력 신호는 최소가 된다. 출력 파형이 입력 파형의 두 배의 주파수를 가지는 것을 볼 수 있다. 입력 신호가 전달 함수의 전체 진폭 범위에 걸쳐 있기 때문에 가능한 현상이다.

자, 그러면 프로세서에서 어떻게 이러한 전달 함수를 구현할 수 있을까? 입력 파형은 단순히 샘플 시퀀스이고, 샘플은 숫자라는 점을 기억하자. 임의의 전달 함수를 구현하려면 해당 숫자를 사용하여 검색 테이블을 지정하고 해당 주소의 내용을 출력값으로 사용하면 된다. 따라서 전달 함수는 검색 테이블의 메모리 내용으로 정의된다(그림 17-7).

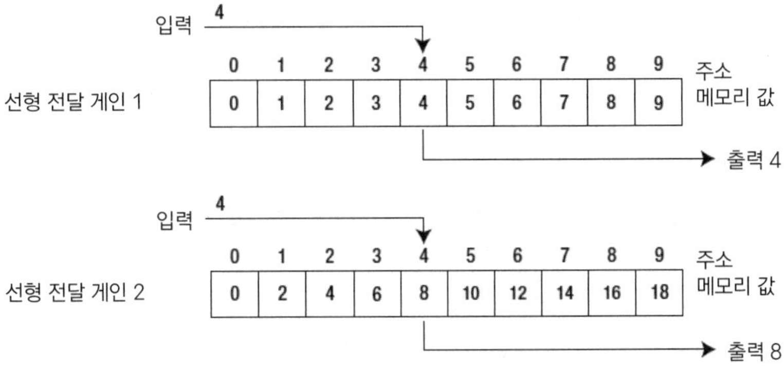

그림 17-7 검색 테이블로 정의한 전달 함수

위쪽 테이블에서 주소에 담긴 값은 주소 자체와 동일하므로 입력값이 그대로 출력된다. 그러나 아래쪽 테이블에서는 주소에 담긴 값이 주소의 두 배로, 이는 2의 게인을 가진 전달 함수라고 할 수 있다. 물론 단순히 입력값에 2를 곱해도 이를 구현할 수 있다. 하지만 위의 방식을 사용하면 상상할 수 있는 전달 함수를 모두 구현할 수 있다. 각 입력 지점에 대해 얻고자 하는 원하는 출력으로 메모리를 채우기만 하면 된다. 샘플 해상도가 12비트일 경우 이는 검색 테이블에 4,098개의 항목이 필요하며, 항목당 2바이트로 검색 테이블의 총 메모리 크기가 8K임을 알 수 있다.

덧붙여, 이 방식은 자동차의 엔진 관리 컴퓨터가 작동하는 방식과 정확히 동일하다. 많은 센서가 검색 테이블의 주소를 형성하고, 주소에 담긴 값은 액추에이터를 제어한다. 예를 들어, 가속 페달로부터의 입력은 기화기 및 점화 타이밍으로 출력된다.

어떤 전달 함수를 사용할까?

임의의 전달 함수를 구현하는 메커니즘과는 별도로, 특정한 전달 함수가 어떤 효과를 가져오는지를 아는 방법은 다른 문제이다. 다행히도 이것은 체비셰프에 의해 오래 전에 해결되었다. 16장에서 다룬 체비셰프 필터를 만든 바로 그 인물이다. 그는 기본 주파수를 가진 -1에서 +1까지의 입력 범위로부터 다양한 배음을 출력하는 일련의 다항식을 만들었다(표 17-1).

표 17-1 다항 함수

배음	다항식
기음	X
제2 고조파	$2X^2-1$
제3 고조파	$4X^3-3X$
제4 고조파	$8X^4-8X^2+1$
제5 고조파	$16X^5-20X^3+5X$
제6 고조파	$32X^6-48X^4+18X^2-1$
제7 고조파	$64X^7-112X^5+56X^3-7X$
제8 고조파	$128X^8-256X^6+160X^4-32X^2+1$

파형을 완전히 고조파로 바꾸는 극단적인 선택을 원치 않는다면, 이러한 다항식을 여러 가지 방법으로 섞을 수도 있다. 각각의 배음을 어느 정도로 원하는지에 따라 계수만 곱해주면 된다. 계수가 가질 수 있는 최댓값은 1이다. 즉, 출력 파형을 제3 고조파의 절반과 제7 고조파의 절반으로 구성하려면 다음과 같은 전달 함수가 필요하다.

$$F = 0.5(4X^3-3X) + 0.5(64X^7-112X^5+56X^3-7X)$$

이를 그래프로 표현하면 그림 17-8과 같다.

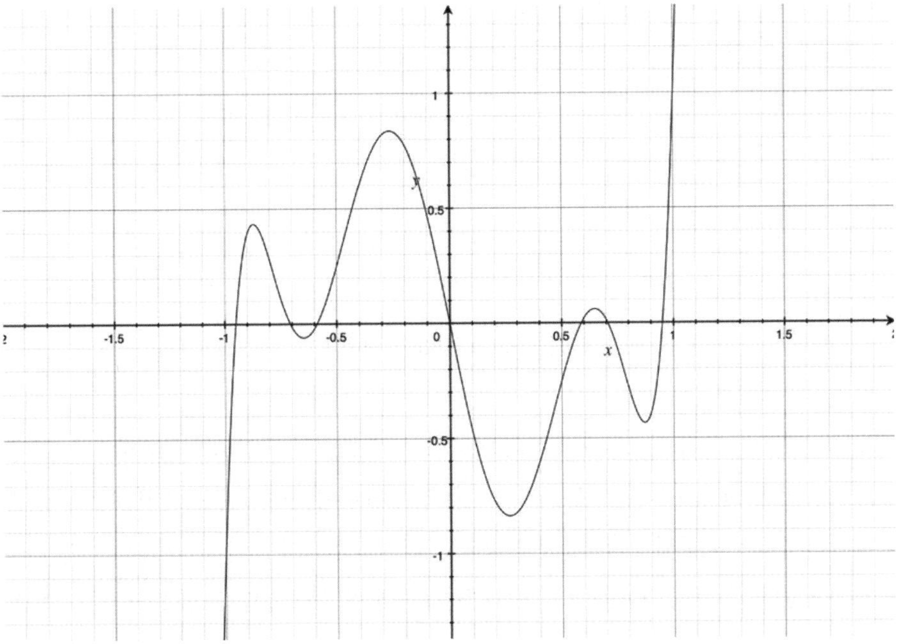

그림 17-8 제3 고조파와 제7 고조파를 반씩 섞은 전달 함수

출력에 혼합되는 고조파의 각 요소 크기를 제어하기 위한 컨트롤러로 가변 저항을 사용할 수도 있지만, 아두이노 듀에를 사용해도 8개의 고조파 다항식을 혼합하는 4098 계산에는 약 7초가 소요된다. 그러므로 검색 테이블을 업데이트하기 위한 푸시 버튼을 사용하는 편을 더 권장한다.

듀에에 신호를 보내기 위해 그림 15-2의 앰프 회로를 사용할 수 있는데, 여기에서 5V가 아닌 3V3에 앰프의 전원을 연결해야 한다. 앰프는 3V3 전압 입력으로 작동하며, 이렇게 하면 입력 신호가 듀에의 전원 레일 외부로 전달되지 않도록 차단할 수 있다. 만약 회로에서 게인이 필요하지 않은 경우 그림 17-9에 표시된 회로 중 하나를 사용할 수도 있다.

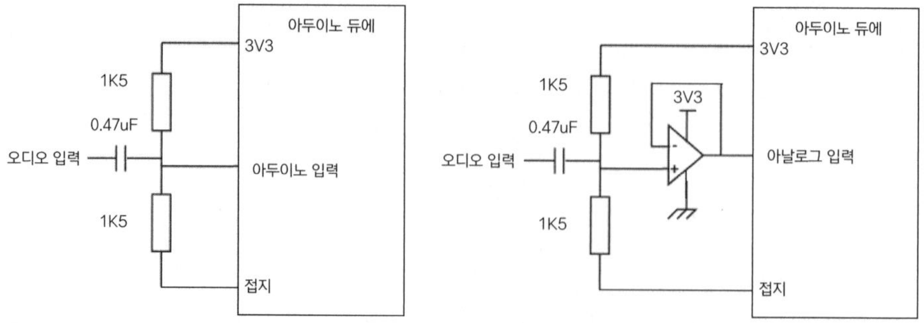

그림 17-9 아두이노 입력 회로

그림 17-9 왼쪽의 회로는 최소한의 회로로써, 신호를 절반 정도만 통과시킨다. 이 회로는 라인 레벨 신호 또는 신호 생성기가 있는 경우에 유용하다. 오른쪽의 회로는 전압 팔로어 연산 증폭기를 통해 오디오를 버퍼링하고, 듀에의 입력단을 어느 정도 보호하는 기능도 추가되었다. 두 개의 저항을 추가해서 게인을 확보할 수도 있다. 그림 17-10은 오디오

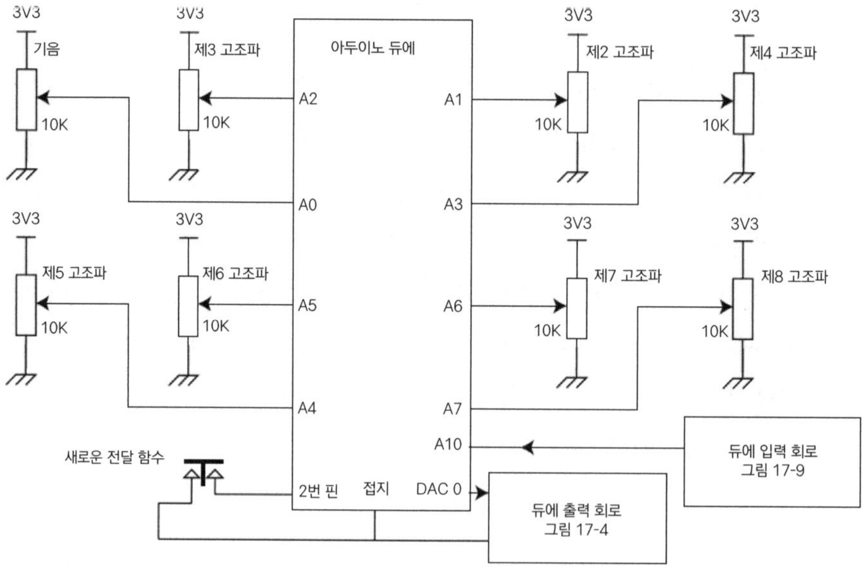

그림 17-10 오디오 익사이터 회로도

익사이터의 전체 회로도이다.

이 회로는 기본적으로 8개의 가변 저항이 8개의 아날로그 입력에 연결되어 있으며, 오디오 입력은 A10으로 연결된다. 오디오 출력은 DAC 0에서 출력 회로를 거쳐서 나가게 된다. 오디오 익사이터를 구동하는 코드는 아래의 예제 17-5와 같다.

예제 17-5 오디오 익사이터

```
// Audio Exciter Due - Mike Cook
// code for the Arduino Due
// sample every 22.8uS 44.1KHz

volatile int16_t transferFunction[4096];
const int nPots = 8;
float potPram[nPots];
int pot[nPots], lastPot[nPots];
int potPin[nPots] = {0, 1, 2, 3, 4, 5, 6, 7};
int samplePin = 10; // input to take the audio from
volatile boolean taken = true;
volatile int sample = 0;
const int triggerPin = 2;
const int timePin = 13;

void setup() {
  Serial.begin(250000);
  REG_ADC_MR = (REG_ADC_MR & 0xFFF0FFFF) | 0x00020000; // master A/D clock
  adc_init(ADC, SystemCoreClock, ADC_FREQ_MAX, ADC_STARTUP_FAST);
  pinMode(timePin, OUTPUT);
  pinMode(triggerPin, INPUT_PULLUP); // trigger new lookup
  analogWriteResolution(12);
  analogReadResolution(12);
  analogWrite(DAC0, 2048);
  getPots();
  displayTransfer(); // remove if not displaying plot
  setupTimer(); // go
}

void setupTimer() {
  pmc_set_writeprotect(false);
  pmc_enable_periph_clk(ID_TC4); // enable the timer clock
  /* we want wavesel 01 with RC */
```

예제 17-5 오디오 익사이터(계속)

```
  TC_Configure(/* clock */TC1,/* channel */1, TC_CMR_WAVE | TC_CMR_WAVSEL_UP_RC
   | TC_CMR_TCCLKS_TIMER_CLOCK2);
  TC_SetRC(TC1, 1, 238); // sets to about 44.1 Khz interrupt rate
  TC_Start(TC1, 1);
  // enable timer interrupts
  TC1->TC_CHANNEL[1].TC_IER = TC_IER_CPCS;
  TC1->TC_CHANNEL[1].TC_IDR = ~TC_IER_CPCS;
  /* Enable the interrupt in the nested vector interrupt controller */
  /* TC4_IRQn where 4 is the timer number * timer channels (3) + the channel number (=
  (1 * 3) + 1) for timer1 channel1 */
  NVIC_EnableIRQ(TC4_IRQn);
}

void TC4_Handler() // measured at 3.2uS
{
  //digitalWrite(timePin, HIGH); // time ISR - flag start
  TC_GetStatus(TC1, 1); // clear status to allow the timer interrupt to trigger again
  sample = transferFunction[sample];
  dacc_write_conversion_data(DACC_INTERFACE, sample);
  taken = true;
  //digitalWrite(timePin, LOW); // time ISR - flag end
}

void loop() {
  if(taken) sample = {
    analogRead(samplePin);
    taken = false;
  }
  if(!digitalRead(triggerPin)) {
    noInterrupts();
    getPots();
    interrupts();
    displayTransfer(); // remove for faster update
  }
}

void getPots() {
  float sum = 0.0;
  for(int i = 0; i < nPots; i++) {
    pot[i] = analogRead(potPin[i]);
  }
  // work out pot paramaters
```

예제 17-5 오디오 익사이터(계속)

```
  for(int i = 0; i < nPots; i++) {
    sum += (float)(pot[i]) / 1023.0;
  }
  for(int i = 0; i < nPots; i++) {
    potPram[i] = ((float)(pot[i]) / 1023.0) / sum;
  }
  makeLookup(); // create new lookup table
}

void makeLookup() {
  float res = 2.0 / 4096.0;
  float n = -1;
  float value = 0;
  for(int i = 0; i < 4096 ; i++) {
    value = potPram[0] * fundmental(n) + potPram[1] * secondH(n) + potPram[2] * thirdH(n) +
    potPram[3] * forthH(n) + potPram[4] * fifthH(n) + potPram[5] * sixthH(n) +
    potPram[6] * seventhH(n) + potPram[7] * eighthH(n);
    transferFunction[i] = (int16_t)(value * 2047 + 2047);
    n += res;
  }
}

float fundmental(float n) {
  return n;
}

float secondH(float n) {
  n = 2 * pow(n, 2.0) - 1;
return n;
}

float thirdH(float n) {
  n = 4 * pow(n, 3.0) - 3 * n;
  return n;
}

float forthH(float n) {
  n = 8 * pow(n, 4.0) - 8 * pow(n, 2.0) + 1;
  return n;
}

float fifthH(float n) {
```

예제 17-5 오디오 익사이터(계속)

```
    n = 16 * pow(n, 5.0) - 20 * pow(n, 3.0) + 5 * n;
    return n;
}

float sixthH(float n) {
    n = 32 * pow(n, 6.0) - 48 * pow(n, 4.0) + 18 * pow(n, 2.0) - 1;
    return n;
}

float seventhH(float n) {
    n = 64 * pow(n, 7.0) - 112 * pow(n, 5.0) + 56 * pow(n, 3.0) - 7 * n;
    return n;
}

float eighthH(float n) {
    n = 128 * pow(n, 8.0) - 256 * pow(n, 6.0) + 160 * pow(n, 4.0) - 32 * pow(n, 2.0) + 1;
    return n;
}

void displayTransfer() {
    for(int i = 0; i < 500; i++) {
        Serial.println(transferFunction[i * 8]);
    }
    for(int i = 0; i < 96; i++) {
        Serial.println(0);
    }
}
```

큰 문제가 하나 있는데, 바로 인터럽트 서비스 루틴 내에서 analogRead() 함수를 사용하여 A/D 샘플을 가져올 수 없다는 점이다. 그래서 약간의 트릭을 사용해야 한다. ISR 루틴이 입력 샘플을 한 번 읽고 나면 taken이라는 플래그가 true로 설정된다. 그 다음, loop 함수에서 taken의 상태를 읽어 true임이 확인되면 analogRead()를 호출하여 다음 샘플을 가져온다. 이러한 방식을 통해 샘플링 주파수가 출력을 처리하는 ISR에 종속된다. 입력 샘플이 transferFunction 배열에 접근하여 출력 샘플을 가져오는 인덱스로 사용된다는 점에도 유의하자.

loop() 함수는 필요할 때 샘플을 가져오고, 전달 함수 버튼의 상태를 확인한다. 버튼을 누르면 getPots() 함수가 가변 저항을 읽지만, 절댓값이 아닌 상댓값을 읽는 것에 가깝다. 즉, 각각의 가변 저항은 각 고조파의 비율을 나타내므로 하나의 고조파 진폭을 올리면 다른 모든 고조파의 진폭이 줄어들어 전체의 합은 1로 유지된다. 이것은 여러 단계로 이루어진다. 먼저 모든 가변 저항의 값을 읽은 뒤 정규화하고 합산한다. 다음으로 정규화된 값을 합계로 나누어 각 고조파에 대한 곱셈 계수를 얻는다. 마지막으로 makeLookup() 함수는 각 고조파의 다항식에 대해 별도의 함수를 사용하여 조회 테이블을 계산한다. 디지털화된 입력 신호의 전체 범위를 다루는 다항식의 X 값은 −1에서 +1 사이의 범위를 가져야 하므로, −1에서 시작하여 2/4098단계로 증가하게 된다.

이 함수의 실행에는 약 7초가 걸리고, 조회 테이블을 업데이트하는 동안에는 액세스가 불가능하다. 함수 실행 도중에 외부 액세스가 일어나면 무작위적인 출력 그리고 이로 인한 출력 핀의 고주파 노이즈가 발생할 것이다. 이 문제를 방지하기 위해, 업데이트 중에는 인터럽트 기능이 꺼지고 업데이트 종료 후에 인터럽트가 다시 활성화된다. displayTransfer() 함수는 업데이트 종료 후 플롯 창에 조회 테이블을 표시하지만, 필요하지 않다면 생략할 수도 있다.

고조파 출력이 순수한 정현파가 아니며, 다른 고조파 성분도 출력에 섞여있음을 알 수 있다. 이펙트를 과도하게 사용하면 귀가 피곤해지고 쉽게 적응해버리기 때문에, 일반적인 오디오 믹스에서는 오디오 익사이터를 아껴서 사용해야 한다. 하지만 기타 페달과 같은 이펙터 전용 장치에는 영구적으로 사용하는 것도 가능하다. 다른 전달 함수도 실험해볼 수 있다. 입력 신호가 모든 입력 범위의 값을 포함할 때만 전달 함수의 모든 효과를 얻을 수 있음을 기억하자.

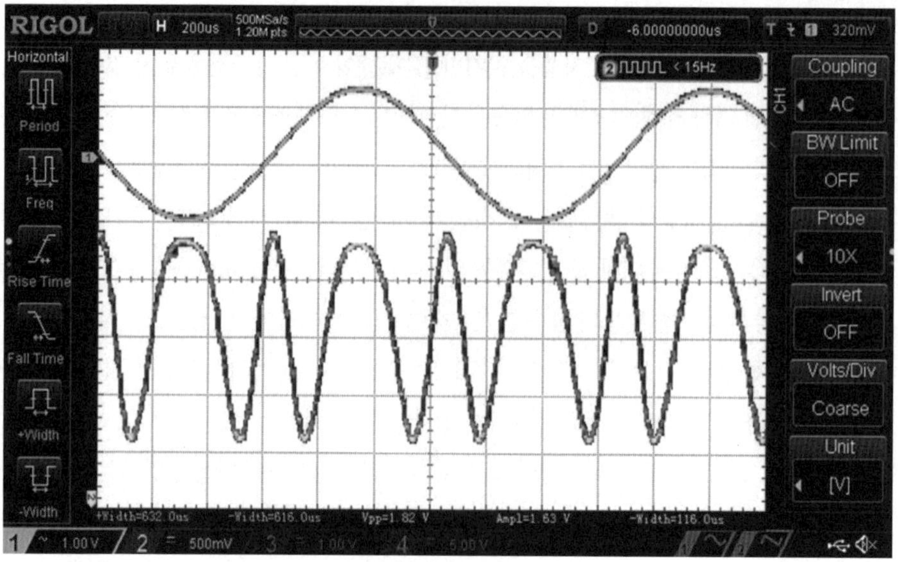

그림 17-11 제4 고조파 출력

17.5 뮤직 라이트 쇼

필자는 1960년대부터 음향으로 조명으로 변환하는 작업을 시작하였으며, 오늘날에는 프로세서와 LED 기술로 인해 상당히 놀라운 진전이 일어났다. 이러한 종류의 프로젝트는 언제나 인기가 있으며 극적인 효과를 가지고 있다. 최근 WS2812b 컨트롤러가 내장된 RGB LED스트립의 등장은 대규모 LED 프로젝트를 위한 게임 체인저가 되었다. 이번에 다룰 프로젝트에서는 듀에를 통해 FFT를 실행하여 음악의 실시간 변화 스펙트럼을 표시하며, WS2812b LED 스트립으로 만든 LED 매트릭스를 구동할 것이다.

WS2812b LED 스트립에는 LED의 밀도에 따라 3가지 종류가 있다. 즉, 미터당 30, 60 및 120 개의 LED를 포함하는 스트립이 있으며, 이 프로젝트를 위해서는 미터당 60개의 LED가 들어 있는 종류가 적합하다. 이러한 스트립은 보통 4M 길이로 판매되므로, 미터당 60개로 총 240개의 LED가 하나의 스트립에 포함된다. 이러한 스트립은 길이 방향으로 잘라서 포개서 격자로 만들 수도 있고, 보드에 올려붙이거나, 직물 위에 붙여서 '베네치안 블라인드'를 만들 수도 있다. LED를 몇 차원으로 제어할지도 선택할 수 있는데, 사용하고자 하는 차원을 결정하기 전에 먼저 1차원 방향으로 스트립을 제어하는 기본 프로젝트에 익숙해지는 것이 좋을 것이다.

스트립의 방수 가능 여부에 따라서도 2가지 유형이 있다. 이번 프로젝트에서는 방수 유형을 사용하지 않을 것이다(비교적 저렴하다). 스트립은 얇은 PCB 재질로 되어 있어 LED 사이의 공간을 얼마든지 잘라서 사용할 수 있으며, LED 모듈을 잇는 3개의 배선이 어떤 식으로든 연결되기만 하면 잘 작동한다. 이번 프로젝트에서는 각 스트립에 12개의 LED가 있는 20개의 스트립을 통해 매트릭스 구조를 만들 것이다(그림 17-12).

배선이 한 열의 최상단 지점에서 다음 열의 최상단 지점으로 그리고 한 열의 최하단 지점에서 다음 열의 최하단 지점으로 연결되는 방식에 주목하자. 이러한 방식은 서펀틴 래스터serpentine raster라는 이름으로 알려져 있으며, 필요한 배선의 양을 최소화하기 위한 좋은 방식이다. 필요한 배선의 양이 줄어드는 만큼, 신호가 감쇠하는 정도도 줄일 수 있다. 하지만 배열 방식과 무관하게, LED의 번호는 스트립의 시작부터 끝까지 순차적으로 매겨진다. 따라서 매트릭스의 X, Y좌표를 LED의 위치 번호로 변환하려면 약간의 계산이 필요하다. 홀수 열에 대해서는 LED 위치가 Y좌표의 값과 X좌표의 값에 해당 열의 LED 수를 곱한 값으로 간단하게 계산하면 된다. 그러나 짝수 열의 경우 열의 LED 수에서 1을 뺀 다음 Y값을 빼고, X좌표에 열의 LED 수를 곱한 수를 더해야 한다. 다행히도 변환 함수를 한 번 작성하고 나면 이러한 복잡한 원리를 잊어도 된다. 변환 함수를 통해, 매트릭스 좌표를 입력하고 연속 스트립에 해당하는 LED의 위치 번호를 출력할 수 있다.

네오픽셀은 WS2812b LED의 브랜드 이름인데, 이를 따서 만든 에이다프루트의 네오픽셀Neopixel 라이브러리는 LED를 하나의 긴 버퍼로 취급한다. 이 버퍼의 값을 설정하여 원하는 패턴을 설정한 다음 라이브러리의 show() 메소드를 사용하면 전체 버퍼를 LED로 전송하게 된다. 각 LED는 밝기와 색상을 결정하는 8비트값을 가진다.

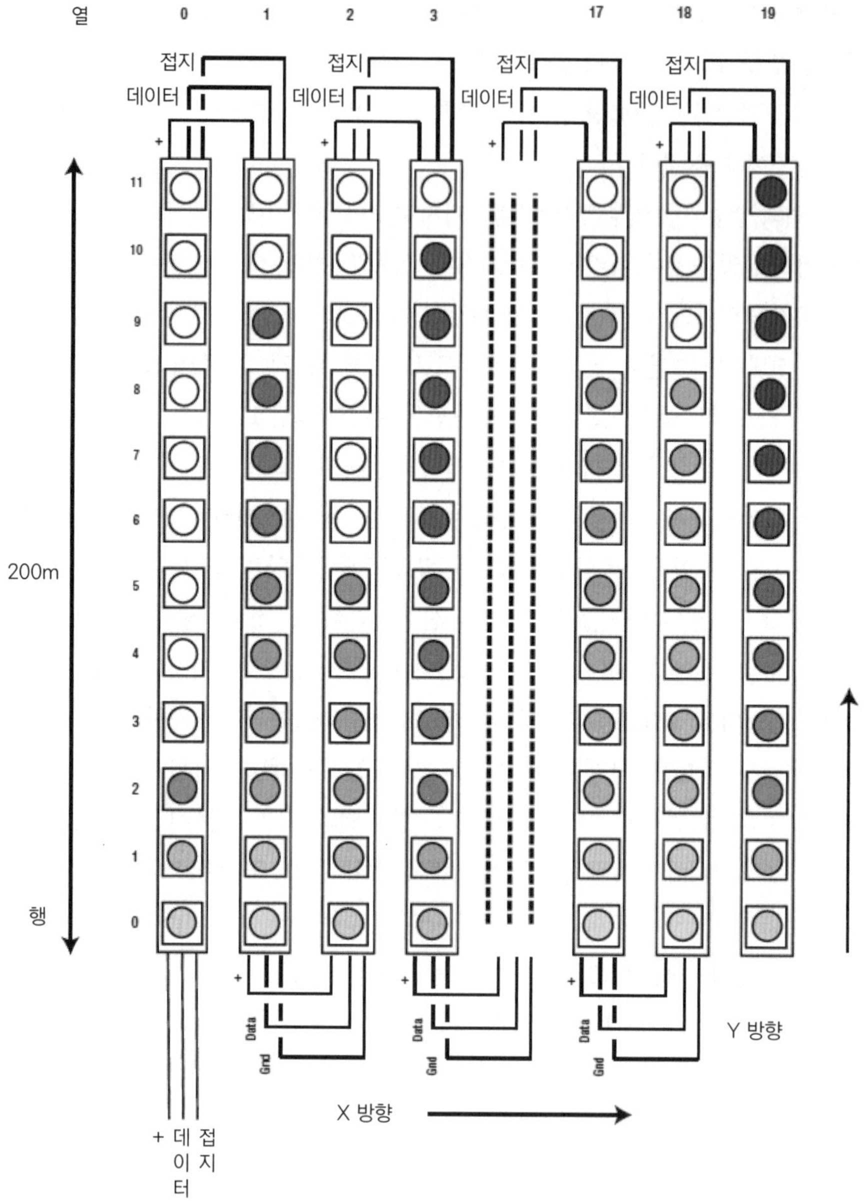

그림 17-12 매트릭스 배선

다음으로, 입력 사운드를 주파수 리스트로 바꾸는 작업이 이어진다. 이번에는 16장에서 다룬 FFT를 사용할 것이다. 그런데 16장에서 다룬 프로젝트는 아두이노 우노에 최적화되어 있었으며, 최상의 결과를 얻으려면 아두이노 듀에에 최적화된 코드가 필요하다. 이번 프로젝트에 사용할 코드는 https://coolarduino.wordpress.com/2014/09/25/splitradixreal-fft-library/에서 발췌한 것으로, 훌륭한 속도로 잘 작동한다. 여기에 더해, 프로세서의 DMA 컨트롤러를 사용하여 A/D 컨버터를 자동으로 읽는 시스템이 추가된다. DMA는 Direct Memory Access(직접 메모리 액세스)의 약자이며, 프로세서의 관여 없이 한 위치에서 다른 위치로 하드웨어가 직접 데이터 블록을 전송하는 방식을 말한다. 데이터의 소스, 이동 대상 및 바이트 수를 설정하기만 하면 곧바로 전송이 이루어진다. 다행히도 DMA에 관한 대부분의 작업은 라이브러리와 함께 제공되는 데모 프로그램을 통해 이루어진다(필자가 이 프로젝트를 위해 무자비하게 해킹한 버전이다).

그런고로, 코드를 살펴보기 전에 하드웨어를 먼저 살펴보아야 한다. 여기서 한 가지 문제는 듀에에는 3V3 출력이 있고, 네오픽셀은 5V 데이터 신호를 필요로 한다는 점이다. 고속 데이터 신호이므로 오래된 트랜지스터로는 충분히 빠른 신호를 구성할 수 없으므로, 74LS14를 사용했다. 74LS14는 6개의 반전 버퍼로 구성되어 있다. 물론 그중 두 개만 사용하면 된다. 신호의 전압을 높이기 위한 버퍼 한 개 그리고 반전된 신호를 다시 반전시키기 위한 버퍼 하나이다. 이를 통해 듀에가 생성한 작은 전압 신호를 LED 제어를 위한 신호로 변환할 수 있다. 이 출력은 LED 데이터 라인의 반사를 줄이기 위해 저항을 한 번 거치게 된다. 데이터 신호와 별도로, 파워 서플라이에 디커플링 회로가 필요하다. 디커플링을 제외하면 회로도의 커패시터는 최소한 사용해야 하며, 총합 10,000uF 이하로 유지하는 것이 좋다. 이 회로도는 그림 17-13에서 볼 수 있다.

각 LED는 세 가지 색상이 최댓값일 때 60mA를 소모한다. 따라서 240개의 LED가 포함된 스트립은 총 14.4A의 전류를 소모한다. 이런 종류의 전원 공급 장치는 가격이 비쌀 뿐 아니라, 대부분의 프로젝트에서는 필요 이상으로 지나친 사양이다. LED가 흰색으로 설정되지 않는다고 가정하면, LED당 최대 20~40mA(즉, 스트립 총합 5~10A 이내)로 전류가 제한된다. 모든 LED가 같은 순간에 켜져 있지는 않는다는 점을 고려하면(최대 3/4만 동시에 켜져 있다고 가정) 전원에 대한 요구 사항이 훨씬 넉넉해질 것이다. 사실, 필자의 경우 이 프로젝트에서 최소한의 전원이라고 할 수 있는 4Amp 5V 전원을 사용했다. 이 정도의 전원이라도 별도의 외부 전원으로 공급되어야 한다.

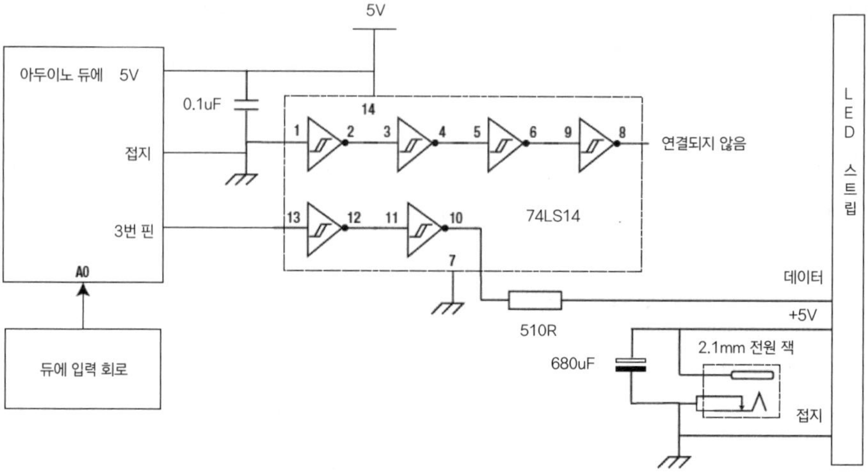

그림 17-13 라이트 쇼를 위한 회로도

하드웨어 구성이 모두 끝났다면, 코드를 작성할 차례이다(예제 17-6 참조).

예제 17-6 라이트 쇼

```
/*
* Light spectrum - FFT by Mike Cook
* for Arduino Due & Neopixel strip
* Each bin covers 23.4375 Hz
*/

#include <SplitRadixRealP.h>
#include <Adafruit_NeoPixel.h>
```

예제 17-6 라이트 쇼(계속)

```
#define NEOPIXEL_PIN 3 // pin connected to the NeoPixels
#define NUMPIXELS 240 // number of LEDs 240 LEDs in 4 meters
#define xMax 20 // maximum number of coloumns
#define yMax 12 // maximum number of rows

#define SMP_RATE 48000UL
#define CLK_MAIN 84000000UL
#define TMR_CNTR CLK_MAIN / (2 *SMP_RATE)

// FFT_SIZE IS DEFINED in Header file Radix4.h
// #define FFT_SIZE 2048

#define MIRROR FFT_SIZE / 2 // mirror image of bins
#define INP_BUFF FFT_SIZE // input buffer for samples

volatile uint16_t sptr = 0;
volatile int16_t flag = 0;
uint16_t inp[2][INP_BUFF] = {0}; // DMA likes ping-pongs buffer
int f_r[FFT_SIZE] = {0};
int out1[MIRROR] = {0}; // Magnitudes
int out2[MIRROR] = {0}; // Magnitudes
const int dc_offset = 2047; // vertual ground

Adafruit_NeoPixel pixels = Adafruit_NeoPixel(NUMPIXELS, NEOPIXEL_PIN, NEO_GRB +
NEO_KHZ800);
SplitRadixRealP radix;

//const int binSplit[] =
{1,4,9,13,17,22,26,30,35,38,43,85,128,171,213,256,299,341,384,469,512};
//Alternative bin split
const int binSplit[]
={1,4,5,7,9,12,15,20,25,32,43,55,71,92,119,154,196,252,324,427,555,713};
int binTotal[20];
int angleInc = 360 / (xMax / 2);
int partAngleInc = angleInc / yMax;

// cosmetic value to scale bins by - set to tasteint scale[] =
{1,1,1,1,1,1,1,1,1,1,1,1,1,1,1,1,1,1,1,1};

void pio_TIOA0() { // Configure Ard pin 2 as output from TC0 channel A (copy of trigger event)
  PIOB->PIO_PDR = PIO_PB25B_TIOA0 ; // disable PIO control
  PIOB->PIO_IDR = PIO_PB25B_TIOA0 ; // disable PIO interrupts
```

예제 17-6 라이트 쇼(계속)

```
  PIOB->PIO_ABSR |= PIO_PB25B_TIOA0 ; // switch to B peripheral
}

void timer_setup() {
  pmc_enable_periph_clk(TC_INTERFACE_ID + 0 * 3 + 0); // clock the TC0 channel 0
  TcChannel * t = &(TC0->TC_CHANNEL)[0] ; // pointer to TC0 registers for its channel 0
  t->TC_CCR = TC_CCR_CLKDIS ; // disable internal clocking while setup regs
  t->TC_IDR = 0xFFFFFFFF ; // disable interrupts
  t->TC_SR ; // read int status reg to clear pending
  t->TC_CMR = TC_CMR_TCCLKS_TIMER_CLOCK1 | // use TCLK1 (prescale by 2, = 42MHz)
  TC_CMR_WAVE | // waveform mode
  TC_CMR_WAVSEL_UP_RC | // count-up PWM using RC as threshold
  TC_CMR_EEVT_XC0 | // Set external events from XC0 (this setup TIOB as output)
  TC_CMR_ACPA_CLEAR | TC_CMR_ACPC_CLEAR |
  TC_CMR_BCPB_CLEAR | TC_CMR_BCPC_CLEAR ;
  t->TC_RC = TMR_CNTR; // counter resets on RC, so sets period in terms of 42MHz clock
  t->TC_RA = TMR_CNTR /2; // roughly square wave
  t->TC_CMR = (t->TC_CMR & 0xFFF0FFFF) | TC_CMR_ACPA_CLEAR | TC_CMR_ACPC_SET;
  // set clear and set from RA and RC compares
  t->TC_CCR = TC_CCR_CLKEN | TC_CCR_SWTRG ;
  // re-enable local clocking and switch to hardware trigger source.
}

void adc_setup() {
  pmc_enable_periph_clk(ID_ADC);
  adc_init(ADC, SystemCoreClock, ADC_FREQ_MAX, ADC_STARTUP_FAST);
  NVIC_EnableIRQ(ADC_IRQn); // enable ADC interrupt vector
  adc_disable_all_channel(ADC);
  adc_enable_interrupt(ADC, ADC_IER_RXBUFF);
  ADC->ADC_RPR = (uint32_t) inp[0]; // DMA buffer
  ADC->ADC_RCR = INP_BUFF;
  ADC->ADC_RNPR = (uint32_t) inp[1]; // next DMA buffer
  ADC->ADC_RNCR = INP_BUFF;
  ADC->ADC_PTCR = 1;
  adc_set_bias_current(ADC, 0x01);
  adc_enable_channel(ADC, ADC_CHANNEL_7); // AN0
  adc_configure_trigger(ADC, ADC_TRIG_TIO_CH_0, 0);
  adc_start(ADC);
}

void ADC_Handler(void) {
  if((adc_get_status(ADC) & ADC_ISR_RXBUFF) == ADC_ISR_RXBUFF) {
```

예제 17-6 라이트 쇼(계속)

```
      flag = ++sptr;
      sptr &= 0x01; // alternate buffer to use
      ADC->ADC_RNPR = (uint32_t)inp[sptr];
      ADC->ADC_RNCR = INP_BUFF;
   }
}

void setup() {
   Serial.begin(250000); // fast baud
   pixels.begin(); // This initialises the NeoPixel library
   wipe();
   pixels.show();
   adc_setup();
   timer_setup();
   pinMode(2, INPUT); //
}

inline int mult_shft12(int a, int b) {
   return((a * b) >> 12);
}

void loop() {
   if(flag) {
      uint16_t indx_a = flag - 1;
      uint16_t indx_b = 0;
      for (uint16_t i = 0, k = (NWAVE / FFT_SIZE); i < FFT_SIZE; i++) {
         uint16_t windw = Hamming[i * k];
         f_r[i] = mult_shft12((inp[indx_a][indx_b++] - dc_offset), windw);
      }
      radix.rev_bin(f_r, FFT_SIZE);
      radix.fft_split_radix_real(f_r, LOG2_FFT);
      radix.gain_Reset(f_r, LOG2_FFT - 1);
      radix.get_Magnit1(f_r, out1);
      radix.get_Magnit2(f_r, out2);
      // Magnitudes:-
      bufferToBinTotal();
      //showBins(); // show in plot window
      binsToLEDs();
      // delay(200);
      flag = 0;
   }
}
```

예제 17-6 라이트 쇼(계속)

```
void bufferToBinTotal() {
  int number = 0;
  for(int i = 0; i < 20; i++) {
    number = 0;
    binTotal[i] = 0;
    for(int k = binSplit[i]; k < binSplit[i + 1]; k++) {
      binTotal[i] += out1[k];
      number++;
    }
    binTotal[i] = binTotal[i] / number;
  }
}

void showBins() { // to plot window
  int bin = 0;
  for(int i = 0; i< 20; i++) {
    for(int k = 0; k < 15; k++) {
      Serial.println(binTotal[i]);
    }
    for(int k = 0; k < 10; k++) {
      Serial.println(0);
    }
  }
}

void binsToLEDs() {
  wipe();
  for(int i = 0; i < 20; i++) {
    setStrip(i, binTotal[i] / scale[i]);
  }
  pixels.show();
}

void setStrip(int strip, int height) {
  int stripColour;
  int angle = angleInc * strip;
  if(height > yMax) height = yMax;
  for(int y = 0; y < height; y++) {
    stripColour = colorH(angle + (y * partAngleInc));
    pixels.setPixelColor(getPixPos(strip, y) , stripColour);
  }
}
```

예제 17-6 라이트 쇼(계속)

```
int getPixPos(int x, int y) { // for a serpentine raster
  int pos;
  if(x & 0x1) {
    pos = x * yMax + (yMax - 1 - y);
  } else {
    pos = x * yMax + y;
  }
  return pos;
}

inline int colour(int a, int b, int c) {
  return ((a << 16) | (b << 8) | c);
}

int colorH(int angle) { // # color returned H = angle, S = 1, V = 1
  // # get angle in range 0 to 255
  while (angle < 0) angle += 256;
  while (angle > 255) angle -= 256;
  if (angle < 85) return colour(255 - angle * 3, angle * 3, 0);
  if (angle < 170) {
    angle -= 85;
    return colour(0, 255 - angle * 3, angle * 3);
  }
  angle -= 170;
  return colour(angle * 3, 0, 255 - angle * 3);
}

void wipe() {
  for(int i = 0; i < NUMPIXELS; i++) {
    pixels.setPixelColor(i, pixels.Color(0, 0, 0));
  }
}
```

이 코드의 앞부분은 입력 샘플을 다루는 DMA 핸들러와 타이머 설정에 대한 부분이다. 관례상 대문자로만 이루어진 것은 모두 define 문을 통해 정의된 상수이다. 타이머 설정과 핸들러에 관련된 define 상수 대부분은 아두이노 IDE의 프로세서 특정 파일에 정의된 주소와 비트 번호에 해당하며, 다른 것들은 FFT 라이브러리의 일부이다.

loop() 함수는 플래그 변수의 값을 검사하여 데이터가 가득찬 버퍼가 읽혔는지 여부를 표시한다. 해밍 윈도우가 있으면 버퍼에 적용된다(이전 장에서 사용된 해닝 윈도우와 다르다). 다음으로 FFT를 완료하기 위해 다양한 함수가 호출된다. FFT가 완료된 후에는 LED 출력을 위한 데이터 변환 작업이 시작된다. 1,024개의 실제 데이터와 48KHz의 샘플링 주파수 그리고 주기당 2개의 샘플이 있으므로, 각 bin은 (48,000/2)/1,024 = 23.4375Hz를 나타낸다. 이 모양이 실제 음에 더 가깝게 보이게 하려면 bin을 20개의 디스플레이 열에 로그 형식으로 모아야 한다. 이를 위해 각 디스플레이 열의 평균 bin 수를 포함하는 binSplit이라는 배열을 정의하고, bufferToBinTotal() 함수로 이 배열의 평균을 산출한다. 이렇게 산출한 평균값을 가지고 binsToLEDs() 함수를 사용해서 숫자를 LED 색상으로 변환할 것이다. binsToLEDs() 함수는 LED 표시를 위해 입력값을 스케일링하는 역할을 한다. 스케일링을 위한 제수는 각 디스플레이 열마다 다른 숫자가 될 수 있지만 처음에는 모두 1로 설정된다. 음악이 특정 주파수 범위에서 정점에 도달할 때 해당 bin 합계 값을 제수로 사용할 수도 있다. 대부분 시각적인 효과에 대한 영향만 가지므로, 전체 열이 대부분 표시되지 않도록 실험을 통해 값을 찾아보자.

색상을 배열하는 방식을 설명하자면, 각 열에는 기본 색이 있으며 열을 따라 배열된 LED의 인덱스가 늘어남에 따라 색이 조금씩 달라진다. 원한다면 색의 변화율을 변경할 수도 있다. 색상 형성의 기본은 HSV 색상 공간 모델이며, colorH() 함수가 이를 처리하는 역할이다. colorH() 함수는 0에서 360까지의 각도를 RGB 숫자 세트로 변환하여 네오픽셀의 버퍼를 채운다.

setStrip() 함수는 하나의 디스플레이 열 전체를 binTotal 배열에 담긴 숫자로 채우는 역할을 한다. 이 함수 내에서 서펀틴 래스터 위치 변환이 일어난다.

이와 같은 코드의 조합을 통해 음악에 매우 민감하게 반응하는 디스플레이가 탄생한다. 심지어 트랙 사이 또는 음악의 일시중지 중에 소리가 들리지 않을 때에는 불이 켜지지 않는다. 이러한 디스플레이를 원하는 사람은 많지만 이 정도 수준으로 만들기는 쉽지 않을 것이다.

17.6 마치며

이 프로젝트는 듀에의 강력한 처리 능력과 풍부한 메모리를 활용한 하나의 예시이다. 샘플 처리의 중요성이 큰 프로젝트일수록, A/D 및 D/A 컨버터의 해상도를 높여서 좋은 효과를 얻을 수 있다. 이 책에 수록된 프로젝트는 디지털 컴퓨터와 오디오에 관심을 가지는 사람들에게 열어주는 광범위한 가능성의 시작일 뿐이다.

이 분야의 프로젝트에 쓸 만한 라이브러리에도 다양한 종류가 있으며, 가장 유용한 것 중 하나로 폴 스토프레겐Paul Stoffregen이 개발한 DSP 프로세스용 웹 기반 그래픽 도구가 있다. http://www.pjrc.com/teensy/td_libs_Audio.html에서 확인할 수 있다.

감사의 글

편집자 마크 파워스Mark Powers의 많은 도움과 격려에 대해 감사드리며, 이 책을 믿고 추진해 주신 미셸 로우먼Michelle Lowman에게도 감사의 말씀을 전합니다. 또한 이 책의 제작에 참여한 에이프레스Apress의 다른 모든 전문가 그리고 정교하면서도 감성적인 카피 편집을 진행해 주신 케지아 엔슬리Kezia Endsley에게 감사드립니다.

아두이노 프로젝트의 창시자인 마시모 반지Massimo Banzi, 데이비드 쿠아르티엘레스David Cuartielles, 톰 이고에Tom Igoe, 데이비드 멜리스David Mellis에게도 감사를 전합니다. 이들 없이는 오늘날의 메이커 운동은 없었을 것입니다.

옮긴이의 글

소리를 다루는 것은 언제나 즐겁습니다. 소리는 우리 삶의 일부이고, 눈에 보이지 않기에 간과되고는 하지만 우리 감각의 큰 비중을 차지하며 음악이라는 형태로 놀라운 즐거움을 줍니다. 소리에 대한 기술적인 접근은 이러한 즐거움을 무한한 가능성으로 확장합니다. 전자음악의 발달과 함께 새로운 음악 장르와 음향 효과가 지속적으로 등장했습니다. 이러한 기술적인 접근은 소규모 엘리트 엔지니어 그룹의 전유물로 여겨지고는 했지만, 이제는 더 이상 그렇게 이야기하도 힘들 것 같습니다. 다양한 오픈소스 하드웨어와 소프트웨어의 발달 덕분입니다.

아두이노, MIDI, OSC, 프로세싱… 몇 가지 조합을 통해서 만들어낼 수 있는 소리와 음악의 메커니즘은 무궁무진합니다. 창의적인 아이디어만 있다면 세상에 존재하지 않는 악기, 소리를 통해서 제어할 수 있는 인터페이스, 완전히 새로운 소리의 합성까지 DIY로 가능합니다. 물론, 이를 만들어내고자 하는 열정과 그 원리를 이해하고자 하는 노력이 필요하지만, 이를 발현하는 것이 이 책의 역할이 아닐까 합니다.

이 책에 등장하는 프로젝트와 예제는 다분히 특화된 내용을 담고 있으며, 저자 역시 독자 여러분이 이 책의 내용을 그대로 따라 하기를 원하는 것은 아닐 것입니다. 원리와 도구를 숙지하고 자신의 아이디어를 구현하기 위한 영감을 얻어갈 준비만 되어 있다면, 이 책은 기술을 통해 소리와 음악을 다루고자 하는 여러분의 훌륭한 길잡이가 될 것입니다.

감사합니다.

Regards,

Jisoon Lim

찾아보기

ㅈ

ㅊ

ㅋ

ㅌ

ㅍ

저자 및 역자 소개

:: 저 자

마이크 쿡 Mike Cook

1960년대에 학교에 다닐 때부터 전자제품을 만들어왔다. 지금은 은퇴하고 프리랜서로 일하고 있으며, 전선에 둘러싸여 메이커 페어에서 전시회를 하고, Gruppy Mike로서 아두이노 포럼을 순찰하고 있다.

:: 역 자

임지순

낮에는 계약서와 코드를 두드리고, 밤에는 건반과 베이스를 난도질하는 공학/음악의 주변인. 사회적인 덕후로서 생존하기 위해 오늘도 코드 그리고 글과 씨름하고 있다. 메이커 그룹 'DTMR'의 멤버.

손민식

산업디자인을 공부한 국내 IT기업 인터랙션 디자이너. 악기를 취미로 시작한 이후 소리가 어떻게 만들어지는지 궁금해했고, 급기야는 '내 마음대로 소리를 낼 수 있는 재미있는 물건'을 만들고 싶다는 꿈을 가지고 다양한 실험을 계속하고 있다. 메이커 그룹 'DTMR'의 멤버.

아두이노 뮤직 & 오디오 프로젝트

Arduino Music & Audio Projects

초판인쇄 2020년 2월 20일
초판발행 2020년 2월 28일

저 자 마이크 쿡(Mike Cook)
역 자 임지순, 손민식
펴 낸 이 김성배
펴 낸 곳 도서출판 씨아이알

책임편집 박영지, 최장미
디 자 인 윤현경, 윤미경
제작책임 김문갑

등록번호 제2-3285호
등 록 일 2001년 3월 19일
주 소 (04626) 서울특별시 중구 필동로8길 43(예장동 1-151)
전화번호 02-2275-8603(대표)
팩스번호 02-2265-9394
홈페이지 www.circom.co.kr

I S B N **979-11-5610-806-1 93560**
정 가 **30,000원**